中国国家标准汇编

2008年修订-10

中国标准出版社 编

中国标准出版社
北 京

图书在版编目（CIP）数据

中国国家标准汇编：2008年修订.10/中国标准出版社编.—北京：中国标准出版社，2009

ISBN 978-7-5066-5391-6

Ⅰ.中…　Ⅱ.中…　Ⅲ.国家标准-汇编-中国-2008　Ⅳ.T-652.1

中国版本图书馆CIP数据核字（2009）第105090号

中国标准出版社出版发行
北京复兴门外三里河北街16号
邮政编码:100045
网址 www.spc.net.cn
电话:68523946　68517548
中国标准出版社秦皇岛印刷厂印刷
各地新华书店经销
*
开本 880×1230　1/16　印张 38　字数 1 128 千字
2009年7月第一版　2009年7月第一次印刷
*
定价 200.00 元

出 版 说 明

1.《中国国家标准汇编》是一部大型综合性国家标准全集。自1983年起,按国家标准顺序号以精装本、平装本两种装帧形式陆续分册汇编出版。它在一定程度上反映了我国建国以来标准化事业发展的基本情况和主要成就,是各级标准化管理机构,工矿企事业单位,农林牧副渔系统,科研、设计、教学等部门必不可少的工具书。

2.《中国国家标准汇编》收入我国每年正式发布的全部国家标准,分为"制定"卷和"修订"卷两种编辑版本。

"制定"卷收入上年度我国发布的、新制定的国家标准,顺延前年度标准编号分成若干分册,封面和书脊上注明"20××年制定"字样及分册号,分册号一直连续。各分册中的标准是按照标准编号顺序连续排列的,如有标准顺序号缺号的,除特殊情况注明外,暂为空号。

"修订"卷收入上年度我国发布的、被修订的国家标准,视篇幅分设若干分册,但与"制定"卷分册号无关联,仅在封面和书脊上注明"20××年修订-1,-2,-3,……"字样。"修订"卷各分册中的标准,仍按标准编号顺序排列(但不连续);如有遗漏的,均在当年最后一分册中补齐。需提请读者注意的是,个别非顺延前年度标准编号的新制定的国家标准没有收入在"制定"卷中,而是收入在"修订"卷中。

读者配套购买《中国国家标准汇编》"制定"卷和"修订"卷则可收齐上一年度我国制定和修订的全部国家标准。

3. 由于读者需求的变化,自1996年起,《中国国家标准汇编》仅出版精装本。

4. 2008年制修订国家标准共5946项。本分册为"2008年修订-10",收入新制修订的国家标准38项。

中国标准出版社

2009年5月

目　　录

ICS 25.040
N 18

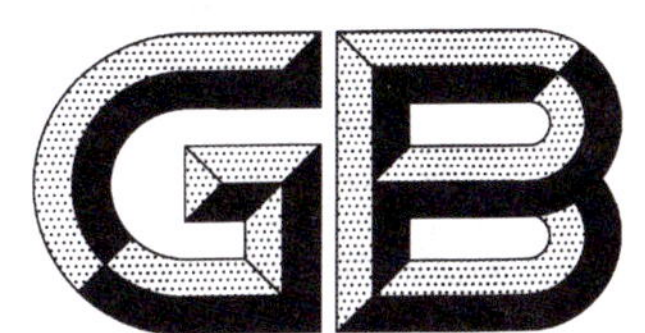

中华人民共和国国家标准

GB/T 2613—2008
代替 GB/T 2613—1989 等

工业过程测量和控制系统用电动仪表通用技术条件

Electronic instrument general technical specification for industrial-process measurement and control system

2008-07-02 发布　　　　2009-02-01 实施

中华人民共和国国家质量监督检验检疫总局
中国国家标准化管理委员会　发布

前　言

GB/T 2613《工业过程测量和控制系统用电动仪表通用技术条件》是由原DDZ-Ⅲ系列电动单元组合仪表中计算器、调节器、配电器、指示仪、记录仪、积算器、比值给定器、安全栅、Q型操作器、电源箱以及工作信号的各个标准合并而成，被代替标准如下：

GB/T 2613—1989　DDZ-Ⅲ系列电动单元组合仪表工作信号；

GB/T 11005.1—1989　DDZ-Ⅲ系列电动单元组合仪表　计算器；

GB/T 11005.2—1989　DDZ-Ⅲ系列电动单元组合仪表　调节器；

GB/T 11005.3—1989　DDZ-Ⅲ系列电动单元组合仪表　配电器；

GB/T 13637—1992　DDZ-Ⅲ系列电动单元组合仪表　指示仪；

GB/T 14061—1993　DDZ-Ⅲ系列电动单元组合仪表　记录仪；

GB/T 14062—1993　DDZ-Ⅲ系列电动单元组合仪表　积算器；

GB/T 14063—1993　DDZ-Ⅲ系列电动单元组合仪表　比值给定器；

GB/T 14065—1993　DDZ-Ⅲ系列电动单元组合仪表　安全栅；

GB/T 14068—1993　DDZ-Ⅲ系列电动单元组合仪表　Q型操作器；

GB/T 14069—1993　DDZ-Ⅲ系列电动单元组合仪表　电源箱。

为便于使用，对原标准做了下列修改：

a) 按GB/T 1.1—2000对所代替的11个标准进行了整合并修改；

b) 原调节器标准中的“再调时间”改为“积分时间”，“预调时间”改为“微分时间”；

c) 原标准中的“射频干扰试验”改为“射频电磁场辐射抗扰度试验”；

d) 增加了附录C(规范性附录)　仪器仪表运输、运输贮存基本环境条件及试验方法；

e) 增加了附录D(规范性附录)　工业过程测量和控制系统用电动和气动模拟计算器　性能评定方法。

本标准的附录A、附录C和附录D是规范性附录，本标准的附录B是资料性附录。

本标准由中国机械工业联合会提出。

本标准由全国工业过程测量和控制标准化技术委员会(SAC/TC 124)第二分技术委员会归口。

本标准负责起草单位：西南大学、中国四联仪器仪表集团有限公司。

本标准参加起草单位：机械工业仪器仪表综合技术经济研究所、北京机械工业自动化研究所。

本标准主要起草人：赵亦欣、黄伟、张建成、刘进。

本标准参加起草人：冯晓升、谢兵兵。

本标准所代替标准的历次版本发布情况为：

——GB/T 2613—1981，GB/T 2613—1989；

——GB/T 11005.1—1989，GB/T 11005.2—1989，GB/T 11005.3—1989；

——GB/T 13637—1992；GB/T 14061—1993；GB/T 14062—1993；GB/T 14063—1993；GB/T 14065—1993；

——GB/T 14068—1993；GB/T 14069—1993。

引　言

《工业过程测量和控制系统用电动仪表通用技术条件》主要研究由DDZ-Ⅲ系列电动单元组合仪表中计算器、调节器、配电器、指示仪、记录仪、积算器、比值给定器、安全栅、Q型操作器、电源箱的通用技术条件，以及工作信号等内容组成。

本标准通过提供以下内容，旨在为DDZ-Ⅲ系列电动单元组合仪表的设计、开发、研究提供指导：

——DDZ-Ⅲ系列电动单元组合仪表的型号、规格及参数；

——DDZ-Ⅲ系列电动单元组合仪表的技术要求；

——DDZ-Ⅲ系列电动单元组合仪表的试验方法和检验规则。

工业过程测量和控制系统用
电动仪表通用技术条件

1 范围

本标准规定了DDZ-Ⅲ系列电动单元组合仪表中计算器、调节器、配电器、指示仪、记录仪、积算器、比值给定器、安全栅、Q型操作器，以及电源箱的基本参数、质量指标及评定方法，并规定了DDZ-Ⅲ系列电动单元组合仪表之间传输信息用的模拟直流信号。

本标准适用于DDZ-Ⅲ系列电动单元组合仪表计算器，包括加减器、乘除器及开方器，以下简称计算器；DTZ型调节器(以下简称调节器)，DDZ-Ⅲ系列电动单元组合仪表中的其他调节器也可参照使用；配电器；单针指示仪、双针指示仪、色带指示仪和指示报警仪，以下统称指示仪；记录仪；积算器；比值给定器(以下简称比值器)；隔离型检测端安全栅和操作端安全栅(以下的检测端安全栅简称检测栅，操作端安全栅简称操作栅，统称安全栅)，其他安全栅也可以参照使用；Q型操作器(以下简称操作器)；电源箱，采用铁磁谐振原理的电源箱可参照使用。

本标准规定的电流信号，适用于DDZ-Ⅲ系列电动单元组合仪表在控制室与现场之间的信息传输，一般不适用于控制室内的信息传输；本标准规定的电压信号，适用于DDZ-Ⅲ系列电动单元组合仪表在控制室内的信息传输；本标准不适用于单元仪表内部的信息传输；本标准不适用于DDZ-Ⅲ系列电动单元组合仪表中个别特殊功能的单元仪表，也不适用于断续信号工作的DDZ-Ⅲ系列电动单元组合仪表，对某些与DDZ-Ⅲ系列电动单元组合仪表配合使用的仪表可参照采用。

2 规范性引用文件

下列引用文件中的条款通过本标准的引用而成为本标准的条款。凡是标注日期的引用文件，其随后所有的修改单(不包括勘误的内容)或修订版均不适用于本标准，然而，鼓励根据本标准达成协议的各方研究是否可使用这些文件的最新版本。凡是不标注日期的引用文件，其最新版本适用于本标准。

GB/T 2423.4 电工电子产品环境试验 第2部分：试验方法 试验D_b 交变湿热(12 h+12 h循环)(GB/T 2423.4—2008，IEC 60068-2-30:2005，IDT)

GB/T 2828.1 计数抽样检验程序 第1部分：按接收质量限(AQL)检索的逐批检验抽样计划(GB/T 2828.1—2003，ISO 2859-1:1999，IDT)

GB/T 3386.1—2007 工业过程控制系统用电动和气动模拟图纸记录仪 第1部分：性能评定方法(IEC 60873-1:2003，IDT)

GB 3836.1 爆炸性气体环境用电气设备 第1部分：通用要求(GB 3836.1—2000，eqv IEC 60079-0:1998)

GB 3836.4 爆炸性气体环境用电气设备 第4部分：本质安全型“i”(GB 3836.4—2000，eqv IEC 60079-11:1999)

GB/T 15464 仪器仪表包装通用技术条件

GB/T 17212 工业过程测量和控制 术语和定义(GB/T 17212—1998，idt IEC 60902:1987)

GB/T 17626.3 电磁兼容 试验和测量技术 射频电磁场辐射抗扰度试验(GB/T 17626.3—2006，IEC 61000-4-3:2002，IDT)

GB/T 18271.2—2000 过程测量和控制装置 通用性能评定方法和程序 第2部分：参比条件下的试验(idt IEC 61298-2:1995)

GB/T 18271.3　过程测量和控制装置　通用性能评定方法和程序　第3部分:影响量影响的试验(GB/T 18271.3—2000,idt IEC 61298-3:1998)

GB/T 20819.1—2007　工业过程控制系统用模拟信号控制器　第1部分:性能评定方法(IEC 60546-1:1987,MOD)

GB/T 20819.2　工业过程控制系统用模拟信号控制器　第2部分:检查和例行试验导则(GB/T 20819.2—2007,IEC 60546-2:1987,MOD)

3　术语和定义

GB/T 3386.1、GB/T 20819.1—2007、GB 3836.1、GB 3836.4 和 GB/T 17212 确立的以及下列术语和定义适用于本标准。

3.1

输入信号　input signal

从仪表输入端加入的信号,在控制系统中相当于被控值。

3.2

偏差　deviation

调节器处于开环情况下,输入信号与给定值之间的差值。

3.3

同步误差　synchronous error

被控值指示表与给定值指示表在同一刻度值、同向行程实测误差之差的平均值。

3.4

输入电阻对信号影响　input resistance influence for signal

由于调节器输入阻抗等参数所引起输入端取压电阻两端信号电压的变化值。

3.5

“手动1”操作　‘manual 1’ operation

输出信号幅值变化大小与手动操作件连续作用的时间相关;输出信号变化的方向与操作件标志有关。“手动1”操作也称“软手操”或“速度手操”。

3.6

“手动2”操作　‘manual 2’ operation

输出信号大小与操作件位置相对应。“手动2”操作又称“硬手操”或“位置手操”。

3.7

输出保持性　output retention

调节器处于“手动1”位置,但不进行“手动1”操作,输出保持不变的性能。

3.8

配电器　distributor

为二线制变送器提供电源并为其传输信号的一种仪表。

3.9

配电电压　distribution voltage

为二线制变送器提供的电源电压值。

3.10

报警值　alarm value

进入报警状态时所对应的输入信号值。

3.11

报警预设值　alarm pre-set value

预先设定的报警值。

3.12

消警范围　cancel alarm range

从进入报警状态到退出报警状态时所对应的输入信号之差值。

3.13

报警重复性误差　alarm repeatability error

同一报警设定值处，重复测得的报警值相互一致的程度。

3.14

平均误差　average error

对应每一个标度值所对应的上行程和下行程读得误差的算术平均值。

3.15

回差　hystersis error

同一个标度值所对应的上行程平均误差与下行程平均误差之间的差值。

3.16

检测端安全栅　detection terminal safety barriter

为二线制变送器提供电源并为其传输信号的一种安全栅。

3.17

操作端安全栅　operation terminal safety barriter

安装在非本安电路通向本安电路处的安全栅。

4　信号、规格及参数

4.1　信号

4.1.1　工作信号范围

工作信号范围见表1。

表1　工作信号范围

工作信号类型	范　　围
电流信号	4 mA～20 mA DC
控制室内信号传输电压信号	1 V～5 V DC

4.1.2　交流分量

除非仪表有特殊规定，工作信号中的交流分量有效值相对于信号范围上、下限之差的百分数应不超过1.0%。

4.1.3　负载电阻

电流信号的负载电阻范围应小于表2规定值。

表2　负载电阻

序　　号	负　载　电　阻
1	250 Ω～350 Ω(其中250 Ω为接收信号仪表的输入电阻)
2	250 Ω～750 Ω(其中250 Ω为接收信号仪表的输入电阻)
注1：序号1适用于二线制变送器传感器。 注2：序号2适用于向现场仪表传输控制信号的控制室仪表。	

4.2 型号、规格

4.2.1 计算器的型号、规格

计算器型号、规格见表 3。

表 3 计算器型号、规格

<table>
<tr><th>名　称</th><th>型　号</th><th colspan="2">运　算　式</th><th>结构模式</th></tr>
<tr><td rowspan="6">加减器</td><td>DJJ-1200</td><td rowspan="6">$Y=\sum_{i=1}^{n}\pm K_{ai}\cdot X_i$</td><td>$n=2$</td><td>架装式</td></tr>
<tr><td>DJJ-1201</td><td>$n=2$</td><td>盘装式</td></tr>
<tr><td>DJJ-1300</td><td>$n=3$</td><td>架装式</td></tr>
<tr><td>DJJ-1301</td><td>$n=3$</td><td>盘装式</td></tr>
<tr><td>DJJ-1000</td><td>$n=4$</td><td>架装式</td></tr>
<tr><td>DJJ-1001</td><td>$n=4$</td><td>盘装式</td></tr>
<tr><td rowspan="3">乘除器</td><td>DJS-1000</td><td colspan="2">$Y=\frac{X_1\cdot X_2}{X_3}$</td><td rowspan="3">架装式</td></tr>
<tr><td>DJS-2000</td><td colspan="2">$Y=K_{m1}\frac{X_1}{X_3}$</td></tr>
<tr><td>DJS-3000</td><td colspan="2">$Y=\sqrt{X_1\cdot X_2}$</td></tr>
<tr><td>乘除器</td><td>DJS-4000</td><td colspan="2">$Y=K_{m2}\cdot X_1\cdot X_2$</td><td rowspan="2">架装式</td></tr>
<tr><td>开方器</td><td>DJK-1000</td><td colspan="2">$Y=K_e\sqrt{X}$</td></tr>
</table>

注 1：X、$X_1\sim X_4$——各通道的输入信号，以输入量程的百分数表示；

Y——输出信号，以输出量程的百分数表示；

$K_{a1}\sim K_{a4}$——各通道加减系数，均可在 0.5%～200% 范围内连续可调；

K_{m1}——除法运算系数，取 100；

K_{m2}——乘法运算系数，取 $\frac{1}{100}$；

K_e——开方系数，取 10。

注 2：当输入、输出信号以电压值表示时，表中运算式、运算系数等均应作相应变化。

4.2.2 调节器的型号、规格

调节器型号、规格见表 4。

表 4 调节器型号、规格

<table>
<tr><th>产品名称</th><th>型　号</th><th>规格参数</th><th>指示型式</th></tr>
<tr><td>全刻度指示调节器</td><td>DTZ-2100</td><td rowspan="2">比例带 X_p：2%～500%
微分时间 T_D：0.04 min～10 min
积分时间 T_I：0.01 min～2.5 min，0.1 min～25 min
干扰系数 A：$A=1+\frac{T_D}{T_I}$
微分增益 V_D：5～10 倍（13.9 dB～20 dB）</td><td>0%～100%
全刻度指示</td></tr>
<tr><td>偏差指示调节器</td><td>DTZ-2200</td><td>0%～±25%
偏差指示</td></tr>
</table>

4.2.3 配电器的型号、规格

配电器型号、规格见表 5。

表 5　配电器型号、规格

产　品　型　号	规　　格
DFP-2100	双回路隔离式
DFP-5100	五回路隔离式

4.2.4　指示仪的型号、规格

指示仪的型号、规格见表 6。

表 6　指示仪型号、规格

型　　号	名　　称	规　　格
DXZ-1000	单针指示仪	单针指示(电流输入)
DXZ-1001		单针指示(电压输入)
DXZ-2000	双针指示仪	双针指示(电流输入)
DXZ-2001		双针指示(电压输入)
DXD-1000	单色带指示仪	单色带指示(电压输入)
DXD-1100		单色带指示,带单点上、下限报警(电压输入)
DXD-2000	双色带指示仪	双色带指示(电压输入)
DXD-2100		双色带指示,带单点上、下限报警(电压输入)
DXD-2200		双色带指示,带两点上、下限报警(电压输入)
DXB-1100	指示报警仪	单针指示,带上限报警(电压输入)
DXB-1200		单针指示,带下限报警(电压输入)
DXB-1300		单针指示,带上、下限报警(电压输入)
DXB-1400		单针指示,带上上限报警(电压输入)
DXB-1500		单针指示,带下下限报警(电压输入)
DXB-1600		单针指示,报警形式由用户选择(电压输入)

4.2.5　记录仪的型号、规格

记录仪的型号、规格见表 7。

表 7　记录仪型号、规格

型　　号	名　　称	规　　格
DXJ-1000	单笔记录仪	单针指示、单笔记录
DXJ-1100		单针指示,单笔记录,单点上、下限报警
DXJ-2000	双笔记录仪	双针指示、双笔记录
DXJ-2100		双针指示,双笔记录,单点上、下限报警
DXJ-2200		双针指示,双笔记录,双点上、下限报警

4.2.6　积算器型号、规格

积算器的型号、规格见表 8。

表 8　积算器型号、规格

<table>
<tr><th>型　　号</th><th>产品名称</th><th>积算速度</th><th>带开方输出功能</th></tr>
<tr><td>DXS-1100</td><td>比例积算器</td><td rowspan="2">快挡:1000 字/h
慢挡:100　字/h</td><td>无</td></tr>
<tr><td>DXS-2100</td><td>开方积算器</td><td>有</td></tr>
<tr><td>DXS-1300</td><td>比例积算器</td><td rowspan="2">1～999 字/h 连续可用</td><td>无</td></tr>
<tr><td>DXS-2300</td><td>开方积算器</td><td>无</td></tr>
<tr><td colspan="4">注:积算速度以输入信号为量程的 100%时进行计算,除用户有特殊要求外,积算速度均以 1000 字/h 调整出厂(DXS-1300 及 DXS-2300 型积算器为 999 字/h)。</td></tr>
</table>

4.2.7　比值器型号、规格

比值器的型号、规格见表 9。

表 9　比值器型号、规格

型　　号	规　　格	结构型式	显示参数
DGB-1101	$Y=nX$	架装式	比值数
DGB-2101	$Y=nX+\alpha$	架装式	比值数
DGB-3101	$Y=nX+\beta$	架装式	比值数
DGB-1300	$Y=nX$	盘装式	比值数、输入、输出
DGB-2300	$Y=nx+\alpha$	盘装式	比值数、输入、输出
DGB-3300	$Y=nX+\beta$	盘装式	比值数、输入、输出

注:Y——输出信号,以量程的百分数表示;
X——输入信号,以量程的百分数表示;
n——比值数;
α——内偏置系数,以输出量程的百分数表示;
β——外偏置系数,以输出量程的百分数表示。

4.2.8　安全栅型号、规格

安全栅的型号、规格见表 10。

表 10　安全栅型号、规格

型　　号	名　　称	规　　格
DFA-1100	检测端安全栅	单回路
DFA-1200	检测端安全栅	双回路
DFA-1300	检测端安全栅	单回路
DFA-1400	检测端安全栅	双回路
DFA-1500	检测、检测端安全栅	两个单回路

4.2.9　Q 型操作器型号、规格

Q 型操作器的型号、规格见表 11。

表 11　Q 型操作器型号、规格

产品名称	型　号	规　格			
		带输入指示	带输出指示	带手动-自动切换	机箱深度/mm
Q 型固定式操作器	DFQ-1000	—	√	—	630
	DFQ-1001	—	√	—	360
	DFQ-2000	√	√	—	630
	DFQ-2001	√	√	—	360
	DFQ-1100	—	√	√	630
	DFQ-1101	—	√	√	360
	DFQ-2100	√	√	√	630
	DFQ-2101	√	√	√	360
Q 型手提式操作器	DFQ-2010	√	√	—	——
注：表中"√"表示具有该项功能。					

4.2.10　**电源箱型号、规格**

电源箱的型号、规格见表 12。

表 12　电源箱型号、规格

型　号	额定直流输出		额定交流输出	
	电压/V	电流/A	电压/V	电流/A
DFY-1110	24	1	24	0.25
DFY-1111		1		0.25
DFY-2110		5		1
DFY-3110		10		2
注：DFY-1110 与 DFY-1111 两种电源箱区别仅在于外型尺寸。				

4.3　输入输出参数

4.3.1　计算器输入输出参数

计算器输入输出参数见表 13。

表 13　计算器输入输出参数

名　称	参　数
输入输出信号	1 V～5 V DC
电压输出端负载电阻	≥40 kΩ
辅助输出信号	4 mA～20 mA DC
辅助输出端负载电阻	≤100 Ω

4.3.2　调节器输入输出参数

调节器输入输出参数见表 14。

表 14　调节器输入输出参数

名　称	参　数
输入	1 V～5 V DC
外给定	4 mA～20 mA DC，输入电阻为 250 Ω
输出	4 mA～20 mA DC，负载电阻为 250 Ω～750 Ω

4.3.3　配电器输入输出参数

配电器输入输出参数见表 15。

表 15　配电器输入输出参数

参数名称	参　　数
输入信号	4 mA～20 mA DC
配电电压范围	18.5 V～28.5 V DC
输出信号	1 V～5 V DC
辅助输出信号	4 mA～20 mA DC
辅助输出端负载电阻	≤50 Ω

4.3.4　指示仪输入输出参数

电流输入的指示仪输入信号为:4 mA～20 mA DC;电压输入的指示仪输入信号为:1 V～5 V DC。

4.3.5　记录仪输入参数

记录仪输入信号为:1 V～5 V DC。

4.3.6　积算仪输入输出参数

积算仪输入输出参数见表 16。

表 16　积算仪输入输出参数

参数名称	参　　数
输入信号	1 V～5 V DC
计数脉冲频率输出	0 Hz～0.278 Hz(除制造厂另有规定外)
开方积算器开方输出(DXS-2100 型)	1 V～5 V DC

4.3.6.1　积算显示

积算器以机械计数器显示,位数不少于 6 位。

4.3.6.2　开方积算器开方输出与输入关系式(DXS-2100)

开方积算器开方输出 与输入之间的关系式见式(1):

$$Y = k_e \sqrt{X} \quad \cdots\cdots (1)$$

式中:

Y——开方输出信号,以输出信号量程的百分数表示;

X——输入信号,以输入信号量程的百分数表示;

k_e——开方系数,$k_e=10$。

注:当输入输出以电压值表示时,关系式及开方系数值均应作相应变化。

4.3.7　比值器输入输出参数

比值器输入输出参数见表 17。

表 17　比值器输入输出参数

参数名称	参　　数
输入信号	1 V～5 V DC
输出信号	4 mA～20 mA DC
负载电阻	250 Ω～350 Ω
外偏置输入信号	4 mA～20 mA DC

4.3.8　安全栅输入输出参数

安全栅输入输出参数见表 18。

表 18 安全栅输入输出参数

参数名称	参数	
	检测端安全栅	操作端安全栅
输入信号	4 mA～20 mA DC	4 mA～20 mA DC
配电电压	18.5 V～28.5 V DC	—
输出信号	1 V～5 V DC	4 mA～20 mA DC
负载电阻	—	250 Ω～750 Ω
辅助输出信号	4 mA～20 mA	—
辅助输出端负载电阻	≤50 Ω	—

4.3.9 Q 型操作器输入输出参数

Q 型操作器输入输出参数见表 19。

表 19 Q 型操作器输入输出参数

参数名称	参数
输入信号	1 V～5 V DC
输出信号	4 mA～20 mA DC
负载电阻	250 Ω～750 Ω

4.3.10 电源箱输入输出参数

输入参数为:220 V AC;输出参数为:24 V DC 和 24 V AC。

4.4 正常工作条件

a) 环境温度:5 ℃～40 ℃;

b) 相对湿度:10%～75%;

c) 大气压力:86 kPa～108 kPa;

d) 周围空气中应不含有对铬、镍镀层,有色金属及其合金起腐蚀作用的介质,应不含有易燃、易爆的物质。

4.5 电源

计算器、调节器、配电器、电压输入的指示仪、记录仪、积算仪、比值器、安全栅、Q 型操作器的供电电压为 24 V 直流电压,允许偏差±5%,纹波含量小于 1.0%。

电流输入的指示仪不要供电。

记录仪走纸机构由电压为 24 V、允差±15%,频率为 50 Hz、允差±1.0%的交流电源供电。

电源箱供电电压为交流 220 V,允差±10%,谐波含量小于 5%,频率为 50 Hz,允差±1.0%。

4.6 防爆及标志

安全栅为本安型仪表的关联设备。

安全栅有关防爆的技术要求、审查和检验,均由国家指定的防爆检验单位,根据本标准规定的等级标志,按 GB 3836.1 与 GB 3836.4 规定进行,并取得该防爆等级的合格证。

对于本安系统,则与安全栅相连接的现场仪表均应为符合 GB 3836.1 与 GB 3836.4 规定并取得合格证的本安型仪表。

安全栅防爆标志为(i_b)ⅡCT6。

5 技术要求

5.1 通用技术要求

5.1.1 计算器通用技术要求

计算器通用技术要求见表 20。

表 20 计算器通用技术要求

<table>
<tr><th>序号</th><th colspan="4">项 目 名 称</th><th>单 位</th><th>指 标</th></tr>
<tr><td rowspan="6">1</td><td rowspan="6">基本误差限</td><td colspan="3">加减器</td><td rowspan="10">%</td><td>±0.5</td></tr>
<tr><td colspan="2" rowspan="3">乘除器</td><td>$X_3>32.5\%$</td><td>±0.5</td></tr>
<tr><td>$15\%<X_3\leqslant 32.5\%$</td><td>±1.0</td></tr>
<tr><td>$7.5\%<X_3\leqslant 15\%$</td><td>±2.0</td></tr>
<tr><td colspan="2" rowspan="2">开方器</td><td>$X>1.0\%$</td><td>±0.5</td></tr>
<tr><td>$X=1.0\%$</td><td>±1.0</td></tr>
<tr><td>2</td><td colspan="4">回差</td><td>|γ|</td></tr>
<tr><td>3</td><td colspan="4">重复性</td><td>0.5|γ|</td></tr>
<tr><td>4</td><td colspan="4">小信号切除点</td><td>0.5～<1.0</td></tr>
<tr><td>5</td><td colspan="4">加减系数标度误差</td><td>±5.0</td></tr>
<tr><td>6</td><td colspan="4">环境湿度对输出影响</td><td>%/10 ℃</td><td>|γ|</td></tr>
<tr><td>7</td><td colspan="4">相对湿度对输出影响[a]</td><td rowspan="4">%</td><td>—</td></tr>
<tr><td>8</td><td colspan="4">安装位置对输出影响</td><td>0.1</td></tr>
<tr><td>9</td><td colspan="4">倾跌对输出影响</td><td>0.1</td></tr>
<tr><td rowspan="2">10</td><td colspan="2" rowspan="2">机械振动
f:10～25 Hz
s:0.075 mm</td><td colspan="2">对输出影响</td><td>|γ|</td></tr>
<tr><td colspan="2">对机械结构影响</td><td>—</td><td>无松动、无损耗</td></tr>
<tr><td>11</td><td colspan="4">电源电压变化对输出影响</td><td>%</td><td>|γ|</td></tr>
<tr><td rowspan="2">12</td><td colspan="2" rowspan="2">电源短时中断</td><td colspan="2">持续时间[a]</td><td>s</td><td>—</td></tr>
<tr><td colspan="2">输出变化量[a]</td><td>%</td><td>—</td></tr>
<tr><td rowspan="3">13</td><td colspan="2" rowspan="3">电源降低</td><td colspan="2">输出最大瞬时变化量[a]</td><td>%</td><td>—</td></tr>
<tr><td colspan="2">持续时间</td><td>s</td><td>—</td></tr>
<tr><td colspan="2">输出变化量</td><td>%</td><td>—</td></tr>
<tr><td>14</td><td colspan="4">电源反向对输出影响</td><td>%</td><td>0.1</td></tr>
<tr><td rowspan="2">15</td><td colspan="2" rowspan="2">共模干扰
(支流共模电压取 5 V)</td><td colspan="2">对输出影响</td><td rowspan="2">%</td><td>|γ|</td></tr>
<tr><td colspan="2">交流纹波含量[a]</td><td>—</td></tr>
<tr><td rowspan="2">16</td><td colspan="2" rowspan="2">串模干扰</td><td colspan="2">允许干扰量</td><td>V</td><td>不低于 0.1</td></tr>
<tr><td colspan="2">交流纹波含量[a]</td><td>%</td><td>—</td></tr>
</table>

表 20（续）

序号	项　目　名　称		单　位	指　　标
17	外磁场干扰对输出影响		%	$\|\gamma\|$
18	射频电磁场辐射抗扰度对输出影响			—
19	接地对输出影响			$0.5\|\gamma\|$
20	负载变化对输出影响（仅对电压输出端检查）			$0.5\|\gamma\|$
21	工作寿命加速试验对输出影响			$0.5\|\gamma\|$
22	输入过范围对输出影响			$0.5\|\gamma\|$
23	始动漂移[a]			—
24	长期漂移			$\|\gamma\|$
25	耗电量		W	1.5
26	输出交流分量	有效值	%	1.0
		峰-峰值[a]		—
		电网频率含量[a]		—
27	绝缘强度（输入，输出电源端子短接-地 500 V）		—	无击穿无飞弧
28	绝缘电阻（输入，输出电源短接-地）		MΩ	不低于 20
29	阶跃响应时间		s	6
30	频率响应高频截止频率[a]		Hz	—

注 1：表中第 1 项中的“X_3”为除数输入信号。
注 2：表中“γ”表示基本误差限值。
注 3：表中第 10 项“f”为频率范围；“s”为峰值振幅。
注 4：进行第 21 项试验时，先预热24 h。

[a] 该项目及指标均由制造厂与用户协商确定。

5.1.2 调节器通用技术要求

调节器通用技术要求不超过表 21 规定。

表 21　调节器通用技术要求

序号	项　目　名　称		单　位	指　　标
1	静　　差		%	±0.5
2	给定值指示	平均误差	%	±1.0
		回差		±0.5
3	比例带	最大值（500%）处刻度差	%	±25
		中间值（100%）处刻度误差		+100 −50
		最小值（2%）处刻度误差		±50
4	积分时间	最大值（25 min）处刻度差	%	+50 −25
		中间值（1 min）处刻度误差		+100 −50
		最小值（0.01 min）处刻度误差		+100 −50

表 21（续）

<table>
<tr><th>序号</th><th colspan="2">项 目 名 称</th><th>单 位</th><th>指 标</th></tr>
<tr><td rowspan="3">5</td><td rowspan="3">微分[a] 时间</td><td>最大值(10 min)处刻度误差</td><td rowspan="3">%</td><td>+50
−25</td></tr>
<tr><td>中间值(1 min)处刻度误差</td><td>+100
−50</td></tr>
<tr><td>最小值(0.04)处刻度误差</td><td>+100
−50</td></tr>
<tr><td rowspan="2">6</td><td rowspan="2">环境温度</td><td>对静差影响</td><td rowspan="2">%/10 ℃</td><td>0.5</td></tr>
<tr><td>对内给定影响</td><td>0.25</td></tr>
<tr><td rowspan="2">7</td><td rowspan="2">相对湿度</td><td>对静差影响[b]</td><td rowspan="2">%</td><td>—</td></tr>
<tr><td>对内给定影响[b]</td><td>—</td></tr>
<tr><td>8</td><td colspan="2">安装位置变化对静差</td><td>%</td><td>0.1</td></tr>
<tr><td>9</td><td colspan="2">倾跌对静差影响</td><td>%</td><td>0.1</td></tr>
<tr><td rowspan="3">10</td><td rowspan="3">机械振动；
频率 10 Hz～25 Hz
峰值振幅 0.075 mm</td><td>对静差影响</td><td rowspan="2">%</td><td>0.5</td></tr>
<tr><td>对内给定影响</td><td>0.25</td></tr>
<tr><td>对机械结构影响</td><td>—</td><td>无松动、无损坏</td></tr>
<tr><td rowspan="2">11</td><td rowspan="2">电源电压变化</td><td>对静差影响</td><td rowspan="2">%</td><td>0.25</td></tr>
<tr><td>对内给定影响</td><td>0.125</td></tr>
<tr><td rowspan="2">12</td><td rowspan="2">电源长时中断</td><td>对静差影响[b]</td><td rowspan="2">%</td><td>—</td></tr>
<tr><td>对内给定影响[b]</td><td>—</td></tr>
<tr><td rowspan="2">13</td><td rowspan="2">电源短时中断</td><td>输出瞬时变化持续时间[b]</td><td>s</td><td>—</td></tr>
<tr><td>永久变化量[b]</td><td>%</td><td>—</td></tr>
<tr><td rowspan="3">14</td><td rowspan="3">电源电压低降</td><td>输出变化量[b]</td><td rowspan="2">%</td><td>—</td></tr>
<tr><td>输出瞬时变化量[b]</td><td>—</td></tr>
<tr><td>输出瞬时变化持续时间[b]</td><td>s</td><td>—</td></tr>
<tr><td rowspan="2">15</td><td rowspan="2">电源反向</td><td>对静差影响</td><td rowspan="2">%</td><td>0.1</td></tr>
<tr><td>对内给定影响</td><td>0.1</td></tr>
<tr><td rowspan="2">16</td><td rowspan="2">共模干扰</td><td>对输出影响</td><td rowspan="2">%</td><td>0.5</td></tr>
<tr><td>输出交流感应[b]</td><td>—</td></tr>
<tr><td rowspan="2">17</td><td rowspan="2">串模干扰</td><td>允许干扰量</td><td rowspan="2">V</td><td>不低于 0.2</td></tr>
<tr><td>输出交流感应[b]</td><td>—</td></tr>
<tr><td rowspan="2">18</td><td rowspan="2">外磁场干扰</td><td>对静差影响</td><td rowspan="2">%</td><td>0.5</td></tr>
<tr><td>对内给定影响</td><td>0.25</td></tr>
<tr><td>19</td><td colspan="2">接地对输出影响</td><td>%</td><td>0.25</td></tr>
<tr><td>20</td><td colspan="2">负载变化对静差影响</td><td>%</td><td>0.25</td></tr>
<tr><td>21</td><td colspan="2">时间对静差影响</td><td>%</td><td>0.25</td></tr>
<tr><td>22</td><td colspan="2">耗电量</td><td>W</td><td>5.0</td></tr>
</table>

表 21（续）

<table>
<tr><th>序号</th><th colspan="2">项 目 名 称</th><th>单 位</th><th>指 标</th></tr>
<tr><td rowspan="3">23</td><td rowspan="3">输出交流分量</td><td>有效值</td><td rowspan="3">%</td><td>1.0</td></tr>
<tr><td>峰-峰值[b]</td><td>—</td></tr>
<tr><td>电网频率分量[b]</td><td>—</td></tr>
<tr><td>24</td><td colspan="2">绝缘强度(输入、输出与电源短接-地 500 V)</td><td>—</td><td>无击穿、无飞弧</td></tr>
<tr><td>25</td><td colspan="2">绝缘电阻(输入、输出对电源短接-点-地)</td><td>MΩ</td><td>不低于 20</td></tr>
<tr><td rowspan="2">26</td><td colspan="2">输入过载对静差影响</td><td rowspan="2">%</td><td>0.25</td></tr>
<tr><td colspan="2">给定过载对静差影响</td><td>0.25</td></tr>
<tr><td rowspan="3">27</td><td rowspan="3">频率响应[a]</td><td>比例作用高频截止频率[b]</td><td>Hz</td><td>—</td></tr>
<tr><td>积分增值 V_i($f \leqslant 5\times10^{-4}$ Hz 时)[b]</td><td rowspan="2">dB</td><td>—</td></tr>
<tr><td>微分增益 V_D[b]</td><td>—</td></tr>
<tr><td colspan="5">注 1：若需进行积分时间为 1 min 标度值测试时，则应取 0.01 min～2.5 min 刻度中的标度值。
注 2：进行第 21 项试验时，先预热24 h。</td></tr>
<tr><td colspan="5">[a] 测量微分时间时，由于本调节器积分作用不能切除，因此实测微分时间应加以修正，详见附录 A。
[b] 该项目及指标由制造厂与用户协商确定。
[c] 该项目试验中，所测得的幅频特性与 GB/T 20819.1—2007 中的示例稍有差异，详见附录 B。</td></tr>
</table>

5.1.3 配电器通用技术要求

配电器通用技术要求见表 22。

表 22 配电器通用技术要求

<table>
<tr><th>序号</th><th colspan="2">项 目 名 称</th><th>单 位</th><th>指 标</th></tr>
<tr><td>1</td><td colspan="2">基本误差</td><td rowspan="4">%</td><td>±0.2</td></tr>
<tr><td>2</td><td colspan="2">回差</td><td>0.2</td></tr>
<tr><td>3</td><td colspan="2">重复性</td><td>0.1</td></tr>
<tr><td>4</td><td colspan="2">端基一致性</td><td>±0.2</td></tr>
<tr><td>5</td><td colspan="2">配电电压范围</td><td>V</td><td>18.5～28.5</td></tr>
<tr><td>6</td><td colspan="2">环境温度影响</td><td>%/10 ℃</td><td>0.25</td></tr>
<tr><td>7</td><td colspan="2">相对湿度影响</td><td rowspan="3">%</td><td>—</td></tr>
<tr><td>8</td><td colspan="2">安装位置影响</td><td>0.1</td></tr>
<tr><td>9</td><td colspan="2">倾跌影响</td><td>0.1</td></tr>
<tr><td rowspan="2">10</td><td rowspan="2">机械振动</td><td>对输出影响</td><td>%</td><td>0.2</td></tr>
<tr><td>对机械结构影响</td><td>—</td><td>无松动、无损坏</td></tr>
<tr><td>11</td><td colspan="2">电源电压变化影响</td><td>%</td><td>0.2</td></tr>
<tr><td rowspan="2">12</td><td rowspan="2">电源短时中断
500 ms</td><td>输出瞬时变化持续时间[a]</td><td>s</td><td>—</td></tr>
<tr><td>输出变化量[a]</td><td>%</td><td>—</td></tr>
<tr><td rowspan="3">13</td><td rowspan="3">电源电压低降</td><td>输出瞬时最大变化量[a]</td><td>%</td><td>—</td></tr>
<tr><td>持续时间[a]</td><td>s</td><td>—</td></tr>
<tr><td>输出变化量[a]</td><td>%</td><td>—</td></tr>
</table>

表 22（续）

序号	项 目 名 称		单 位	指 标
14	电源反向对输出影响		%	0.1
15	共模干扰	对输出影响	%	0.2
15	共模干扰	交流感应[a]	%	—
16	串模干扰	允许干扰量	mV	40
16	串模干扰	交流感应[a]	mV	—
17	外磁场干扰对输出影响		%	0.2
18	射频电磁场辐射抗扰度对输出影响		%	—
19	接地对输出影响		%	0.2
20	负载变化对输出影响		%	0.2
21	工作寿命加速试验对输出影响		%	0.2
22	始动漂移		%	—
23	长期漂移		%	0.25
24	耗电量	DFP-2100	W	2.5
24	耗电量	DFP-5100	W	7.0
25	交流分量	有效值	%	1.0
25	交流分量	峰-峰值[a]	%	—
25	交流分量	电网频率含量[a]	%	—
26	绝缘强度		—	无击穿、无飞弧
27	绝缘电阻		MΩ	不低于 20
28	阶跃响应时间		s	6
29	频率响应 高频截止频率		Hz	—

注：进行序号 21 试验时，应先预热24 h。

[a] 该项目及指标有制造厂与用户协商确定。

5.1.4 指示仪通用技术要求

5.1.4.1 与精确度有关的技术要求

指示仪与精确度有关的技术要求见表 23 规定。

表 23 指示仪与精确度有关的技术要求

序 号	项 目 名 称	单 位	指 标
1	基本误差限	%	±1.0
2	回差	%	0.5
3	同步误差(仅适用于电压输入的双针指示仪)	%	1.0
4	端基一致性误差	%	±1.0
5	重复性误差	%	0.4
6	死区	%	0.5

注：表中单位栏内为百分号的指标值，均为对应量程的百分数。

5.1.4.2 **报警功能要求**

对具有报警功能的色带指示仪和指示报警仪，报警功能要求见表24。

表24 指示仪与报警功能有关的技术要求

序号	项目名称			单位	指标
1	报警范围	上限	最大值	%	≥100
			最小值	%	≤25
		下限	最大值	%	≥75
			最小值	%	≤0
2	报警重复性误差			%	≤0.4
3	消警范围			%	0.5～3.0
注：表中单位栏内为百分号的指示值，均为对应量程的百分数。					

5.1.4.3 **与影响量有关的技术要求**

指示仪与影响量有关的技术要求见表25。

表25 指示仪与影响量有关的技术要求

序号	项目名称		单位	指标	
				电压输入指示仪	电流输入指示仪
1	环境温度影响	下限值变化量	%10 ℃	≤1.0	
		量程变化量	%10 ℃	≤1.0	
		报警值变化量	%10 ℃	≤0.5	无
2	相对湿度影响	下限值变化量	%	—	
		量程变化量	%	—	
3	安装位置影响	下限值变化量	%	≤0.4	
		量程变化量	%	≤0.4	
4	倾跌对输出影响($\Delta h \leqslant 100$ mm)	下限值变化量	%	≤0.4	
		量程变化量	%	≤0.4	
5	机械振动(f:10 Hz～25 Hz s:0.075)	下限值变化量	%	≤1.0	
		量程变化量	%	≤1.0	
		报警值变化量	%	≤0.5	无
		对机械结构影响	—	无松动 无损坏	
6	电源电压变化影响	下限值变化量	%	≤1.0	无
		量程变化量	%	≤1.0	无
		报警值变化量	%	≤0.5	无
7	电源短时中断(500 ms)引起示值永久变化量		%	—	无
8	电源电压低降引起示值永久变化量[a]		%	—	无
9	电源反向影响	下限值变化量[a]	%	—	无
		量程变化量[a]	%	—	无

表 25（续）

序号	项目名称		单位	指标	
				电压输入指示仪	电流输入指示仪
10	共模干扰影响（直流 5 V，交流 220 V、50 Hz）	下限值变化量	%	≤1.0	无
		量程变化量	%	≤1.0	无
11	串模干扰影响（交流 40 mV、50 Hz）	下限值变化量	%	≤1.0	无
		量程变化量	%	≤1.0	无
12	外磁场影响	下限值变化量	%	≤1.0	
		量程变化量	%	≤1.0	
13	接地影响	下限值变化量	%	≤0.5	无
		量程变化量	%	≤0.5	无
14	加速寿命影响	下限值变化量[a]	%	—	
		量程变化量[a]	%	—	
15	过范围影响（过范围值为量程的 200%）	下限值变化量	%	≤0.5	
		量程变化量	%	≤0.5	
16	始动漂移量[a]		%	—	≤1.0
17	长期漂移（7 d ～30 d）	下限值变化量	%	≤1.0	无
		量程变化量	%	≤1.0	无

注 1：表中单位栏内为百分号的指示值，均为对应量程的百分数。

注 2：第 4 项中的“Δh”为试验时底边距台面的最大距离。

注 3：第 5 项中，“f”和“s”分别为振动试验时所取的频率范围和位移振幅。

[a] 该项目及指标均由制造厂与用户协商确定。

5.1.5 记录仪通用技术要求

5.1.5.1 与精确度有关的技术要求

记录仪与精确度有关的技术要求见表 26。

表 26 记录仪与精确度有关的技术要求

序号	项目名称		单位	指标
1	基本误差限	指示	%	±1.0
		记录	%	±1.5
2	回差	指示	%	0.5
		记录	%	1.0
3	端基一致性（指示）		%	±1.0
4	重复性误差（指示）		%	0.4
5	死区	指示	%	0.5
		记录	%	0.75

注：表中单位栏内为百分号的指示值，均为对应量程的百分数。

5.1.5.2 **报警功能要求**

对具有报警功能的记录仪,报警功能要求见表 27。

表 27 记录仪与报警功能有关的技术要求

序号	项目名称			单位	指标
1	报警范围	上限	最大值	%	≥100
			最小值	%	≤25
		下限	最大值	%	≥75
			最小值	%	≤0
2	报警重复性误差			%	≤0.4
3	消警范围			%	0.5~3.0
注:表中单位栏内为百分号的指示值,均为对应量程的百分数。					

5.1.5.3 **与影响量有关的技术要求**

记录仪与影响量有关的技术要求见表 28。

表 28 记录仪与影响量有关的技术要求

序号	项目名称		单位	指标
1	环境温度影响	下限值变化量	%/10 ℃	≤1.0
		量程变化量	%/10 ℃	≤1.0
		报警值变化量	%/10 ℃	≤0.5
2	相对湿度影响	下限值变化量[a]	%	—
		量程变化量[a]	%	—
3	安装位置影响	下限值变化量	%	≤0.4
		量程变化量	%	≤0.4
		记录质量	%	不漏水不断线
4	倾跌影响 (Δh≤100 mm)	下限值变化量	%	≤0.4
		量程变化量	%	≤0.4
5	机械振动 (f:10 Hz~25 Hz s:0.075 mm)	下限值变化量	%	≤1.0
		量程变化量	%	≤1.0
		报警值变化量	%	≤0.5
		对机械结构影响	—	无松动、无损坏
6	电源电压变化影响	下限值变化量	%	≤1.0
		量程变化量	%	≤1.0
		报警值变化量	%	≤0.5
7	电源短时中断(500 ms)引起示值永久变化量[a]		%	—
8	电源电压低降引起示值永久变化量[a]		%	—
9	电源反向	下限值变化量[a]	%	—
		量程变化量[a]	%	≤1.0
10	共模干扰影响(直流 5 V,交流 220 V、50 Hz	下限值变化量	%	≤1.0
		量程变化量	%	≤1.0

表 28（续）

序 号	项 目 名 称		单 位	指 标
11	串模干扰影响（交流 40 mV、50 Hz）	下限值变化量	%	≤1.0
		量程变化量	%	≤1.0
12	外磁场影响	下限值变化量	%	≤1.0
		量程变化量	%	≤1.0
13	接地影响	下限值变化量	%	≤0.5
		量程变化量	%	≤0.5
14	加速寿命影响	下限值变化量[a]	%	—
		量程变化量[a]	%	—
15	过范围影响（过范围值为量程的 200%）	下限值变化量	%	≤0.4
		量程变化量	%	≤0.4
16	始动漂移量[a]		%	—
17	长期漂移（7 d～30 d）	下限值变化量	%	≤1.0
		量程变化量	%	≤1.0

注 1：表中单位栏内的百分号均指对应量程的百分数。

注 2：第 4 项中的“Δh”为倾跌试验时底边距台面的最大距离；

注 3：第 5 项中，“s”为振动试验所取的位移振幅；“f”为振动试验所取的频率范围。

[a] 该项目及指标均由制造厂与用户协商确定。

5.1.6 积算器通用技术要求

积算器通用技术要求见表 29。

表 29 积算器通用技术要求

序 号	项 目 名 称				单 位	指 标
1	基本误差限	比例积算器		$X>5$	%	±0.5
		开方积算器	积算输出	$X=1$	%	±1.5
				$X>1$	%	±1.0
			开方输出	$X=1$	%	±1.0
				$X>1$	%	±0.5
2	回差				%	$\|\gamma\|$
3	重复性				%	$0.5\|\gamma\|$
4	小信号切除点（对开方积算器）				%	0.5～(<1.0)
5	开方指示表			平均误差	%	±2.5
				回差	%	1.25
6	环境温度对输出影响				%/10 ℃	$\leqslant\|\gamma\|$
7	相对湿度对输出影响[a]				%	—
8	安装位置对输出影响				%	≤0.2
9	倾跌对输出影响				%	≤0.2

表 29（续）

序号	项目名称		单位	指标
10	机械振动	对输出影响	%	≤|γ|
		对机械结构影响	—	无松动、无损坏
11	电源电压变化对输出影响		%	≤|γ|
12	电源短时中断对输出影响[a]		%	—
13	电源电压低降对输出影响[a]		%	—
14	电源反向对输出影响		%	≤0.1
15	共模干扰对输出影响		%	≤|γ|
16	串模干扰允许值		mV	≥40
17	外磁场干扰对输出影响		%	≤|γ|
18	射频电磁场辐射抗扰度对输出影响[a]		%	—
19	接地对输出影响		%	≤0.5|γ|
20	工作寿命加速试验对输出影响		%	≤|γ|
21	输入过范围对输出影响		%	≤0.5|γ|
22	长期漂移	漂移量	%	≤|γ|
		积算基本误差	%	γ
		开方积算器小信号切除点	%	0.5～(＜1.0)
23	耗电量		W	≤5.0
24	绝缘强度			无击穿、无飞弧
25	绝缘电阻		MΩ	≥20

注1：表中单位栏中的百分数均指对应量程的百分数。

注2：表中 X 为输入信号，以量程的百分数表示，γ 为基本误差限指标的代号。

注3：表中第1项规定的基本误差限，除开方输出项目外，均分为计数脉冲频率基本误差限与积算基本误差限两部分，指标相同。

注4：表中除第1项外，“输出”均指计数脉冲频率输出。

[a] 该项目与指标均由制造厂与用户协商确定。

5.1.7 比值器通用技术要求

比值器通用技术要求见表30。

表 30 比值器通用技术要求

序号	项目名称		单位	指标
1	基本误差限		%	±1.0
2	回差		%	1.0
3	重复性		%	0.5
4	偏置范围		%	−100～+100
5	输入指示表	平均误差	%	±1.0
		回差	%	1.0
6	输出指示表	平均误差	%	±2.5
		回差	%	2.5

表 30（续）

序号	项目名称		单位	指标
7	比值数指示误差		%	±5.0
			%	±1.5
8	环境温度对输出影响		%/10 ℃	≤0.5
9	相对湿度对输出影响		%	--
10	安装位置对输出影响		%	≤0.2
11	倾跌对输出影响		%	≤0.2
12	机械振动	对输出影响	%	≤0.5
		对机械结构影响	—	无松动、无损坏
13	电源电压变化对输出影响		%	≤0.5
14	电源短时中断	输出瞬时变化持续时间[a]	s	—
		输出变化量[a]	%	—
		输出瞬时最大变化量[a]	%	—
15	电源电压低降	持续时间[a]	s	—
		输出变化量[a]	%	—
16	电源反向对输出影响		%	≤0.1
17	共模干扰	对输出影响	%	≤0.5
		交流分量有效值变化量[a]	%	—
18	串模干扰	允许干扰量	mV	≥40
		交流分量有效值变化量[a]	%	—
19	外磁场干扰对输出影响		%	≤0.5
20	射频电磁场辐射抗扰度对输出影响		%	—
21	接地对输出影响		%	≤0.25
22	负载变化对输出影响		%	≤0.25
23	工作寿命加速试验对输出影响		%	≤0.25
24	输入过载对输出影响		%	≤0.25
25	始动漂移		%	—
26	长期漂移[a]		%	≤0.5
27	耗电量		W	≤2.5
28	输出交流分量	有效值	%	≤0.1
		峰值[a]	%	—
		电网频率含量[a]	%	—
29	绝缘强度		—	无击穿、无飞弧
30	绝缘电阻		MΩ	≥20
31	阶跃响应稳定时间		s	≤6
32	频率响应-高频截止频率[a]		Hz	—
注：表中单位栏中百分号均指对应量程的百分数。				
[a] 该项目及指标由制造厂与用户协商确定。				

5.1.8 安全栅通用技术要求

安全栅通用技术要求见表31。

表31 安全栅通用技术要求

序号	项目名称		单位	指标	
				检测栅	操作栅
1	基本误差限		%	±0.2	±0.5
2	回差		%	≤0.2	≤0.5
3	重复性		%	≤0.1	≤0.25
4	端基一致性		%	±0.2	±0.5
5	配电电压范围		V	18.5～28.5	—
6	环境温度对输出影响		%/10℃	≤0.2	≤0.5
7	相对湿度对输出影响[a]		%	—	
8	安装位置对输出影响		%	≤0.1	≤0.2
9	倾跌对输出影响		%	≤0.1	≤0.2
10	机械振动	对输出影响	%	≤0.2	≤0.5
		对机械结构影响	—	无松动、无损坏	
11	电源电压变化对输出影响		%	≤0.2	≤0.5
12	电源短时中断	输出瞬时变化持续时间[a]	S	—	
		输出永久变化量[a]	%	—	
		输出瞬时最大变化量[a]	%	—	
13	电源降低	持续时间[a]	s	—	
		输出永久变化量[a]	%	—	
14	电源反向对输出影响		%	≤0.1	
15	共模干扰	对输出影响	%	≤0.2	≤0.5
		输出交流分量有效值变化量[a]	%		
16	串模干扰	允许干扰量	mV	≥40	
		输出交流分量有效值变化量[a]	%	—	
17	外磁场干扰对输出影响		%	≤0.2	≤0.5
18	射频电磁场辐射抗扰度对输出影响[a]		%	—	
19	接地输出影响		%	≤0.1	
20	负载变化对输出影响		%	≤0.2	≤0.5
21	工作寿命加速试验对输出影响		%	≤0.2	≤0.5
22	输入过范围对输出影响[a]		%	—	
23	始动漂移[a]		%	—	
24	长期漂移		%	≤0.25	≤0.5

表 31（续）

序 号	项 目 名 称			单 位	指 标	
					检测栅	操作栅
25	耗电量		DFA-00、1300	W	≤2	
			DFA-1200、1400、1500	W	≤4	
26	交流分量		有效值	%	≤1.0	
			峰-峰值[a]	%	—	
			电网频率含量[a]	%	—	
27	绝缘强度	检测栅	输入短接-地 500 V	—	无击穿、无飞弧	
			输出、电源短接-地 1 500 V			
		操作栅	输出短接-地 500 V			
			输入、电源短拉-地 1 500 V			
28	绝缘电阻		输入短接-地	MΩ	≥50	
			输入短接-输出短接	MΩ	≥50	
			电源短接-地	MΩ	≥100	
29	阶跃响应			s	≤6	
30	频率响应 高频截止频率[a]			Hz	—	
注：表中单位栏中的百分号均指对应量程的百分数。						
[a] 该项目及指标由制造厂与用户协商确定。						

5.1.9 Q型操作器通用技术要求

Q型操作器通用技术要求见表 32。

表 32 Q型操作器通用技术要求

序 号	项 目 名 称		单 位	指 标	
				手提式	固定式
1	自动输出基本误差限		%	—	±0.5
2	自动输出回差		%	—	0.5
3	输入指示表	平均误差	%	±2.5	±1.0
		回差	%	2.5	1.0
4	输出指示表	平均误差	%	±2.5	±2.5
		回差	%	2.5	2.5
5	手操作输出范围	上限	%	≥100	
		下限	%	≤0	
6	环境温度对输出影响		%/10 ℃	≤0.5	
7	相对温度对湿度影响[a]		%	—	
8	安装位置对输出影响		%	≤0.2	
9	倾跌对输出影响		%	≤0.2	
10	机械震动	对输出影响	%	≤0.5	
		对机械结构影响	—	无松动、无损坏	

表 32（续）

序号	项目名称		单位	指标	
				手提式	固定式
11	电源电压变化对输出影响		%	≤0.5	
12	电源短时中断	输出瞬时变化持续时间	S	—	
		输出变化量[a]	%	—	
13	电源降低	输出瞬时最大变化量[a]	%	—	
		持续时间[a]	S	—	
		输出变化量[a]	%	—	
14	电源反向对输出影响			≤0.2	
15	共模干扰	对输出影响	%	≤0.5	
		交流分量有效值变化量[a]	%	—	
16	外磁场干扰对输出影响		%	≤0.5	
17	射频电磁场辐射抗扰度对输出影响[a]		%	—	
18	接地对输出影响		%	≤0.5	
19	负载变化对输出影响		%	≤0.5	
20	始动漂移[a]		%	—	
21	长期漂移		%	≤0.5	
22	耗电量		W	≤0.2	
23	交流分量	有效值	%	≤0.1	
		峰-峰值[a]	%	—	
		电网频率含量[a]	%	—	
24	绝缘强度		—	无击穿、无飞弧	
25	绝缘电阻		MΩ	≥20	
注：表中单位栏中的百分号均对应量程的百分数。					
[a] 该项目及指标由制造厂与用户协商确定。					

5.1.10 电源箱通用技术要求

电源箱通用技术要求见表 33。

表 33 电源箱通用技术要求

序号	项目名称		单位	指标
1	直流输出电压指示	平均误差	%	±5.0
		回差	%	2.5
2	直流输出电流指示	平均误差	%	±5.0
		回差	%	2.5
3	输出电压范围（输出电流不低于额定输出的 10%）	直流	V	24±1
		交流	V	24±1
4	环境温度对输出影响		%/10 ℃	≤1.0
5	相对湿度对输出影响[a]		%	—

表 33（续）

序号	项目名称		单位	指标
6	安装位置对输出影响		%	≤0.2
7	倾跌对输出影响		%	≤0.2
8	机械振动	对输出影响	%	≤1.0
		对机械结构影响	—	无松动、无损坏
9	电源影响	电压变化对输出影响	%	≤1.0
		频率变化对输出影响	%	≤2.0
10	电源短时中断(100 ms)对输出影响[a]		%	—
11	电源电压低降对输出影响[a]		%	—
12	电源瞬时过压对输出影响		%	≤0.5
13	接地对输出影响		%	≤0.5
14	负载变化对输出影响		%	≤1.0
15	长期漂移		%	≤1.0
16	耗电量	DFY-1110、1111	W	≤100
		DFY-2110	W	≤400
		DFY-3110	W	≤600
17	输出交流分量	有效值	mV	≤40
		峰-峰值[a]	mV	—
		电网频率含量[a]	mV	—
18	绝缘强度	电源短接-地 1 500 V	—	无击穿、无飞弧
		输出短接-地 500 V	—	无击穿、无飞弧
19	绝缘电阻	输出短接-地	MΩ	≥20
		电源短接-输出短接	MΩ	≥50
注1：除另外说明外，表中“输出”均指直流输出电压。 注2：表中单位栏中的百分号均指对应额定输出电压或电流的百分数。				
[a] 该项目及指标由制造厂与用户协商确定。				

5.2 其他技术要求

5.2.1 计算器的其他技术要求

5.2.1.1 外观和技术检查

计算器的外壳和零件表面覆盖层、面板及铭牌等均应光洁完好，不得有剥落及伤痕等缺陷，紧固件不得有松动、损伤等现象，可动部分应灵活、可靠。

5.2.1.2 输入电阻对信号影响

计算器输入电阻对信号影响，应不超过量程的±0.2%(输入端取压电阻为 250 Ω)。

5.2.1.3 抗运输环境性能

计算器在运输包装条件下，应符合附录C的要求，其中，高温选 55 ℃；低温选 −40 ℃；相对湿度选 95%(25 ℃)；自由跌落高度选 250 mm。

5.2.2 调节器的其他技术要求

5.2.2.1 指示表刻度误差

调节器其他指示表刻度误差应不超过表 34 规定。

表 34 调节器的指示表刻度误差技术要求

指示表名称	被控值指示表/偏差指示表	输出指示表
平均误差	±1.0%	±.5%
回差	0.5%	1.25%
同步误差	1.0%	

5.2.2.2 输入电阻对信号影响

调节器输入电阻对信号影响，应不超过量程的±0.2%(输入端取压电阻 250 Ω)。

5.2.2.3 "自动-手动"切换

调节器"自动-手动"切换误差应不超过表 35 规定。

表 35 调节器的"自动-手动"切换误差技术要求

切换方向	切换方式	切换误差	瞬时变化值
自动→手动 1	非平衡	±0.5%	—
手动 1→自动	非平衡	±0.5%	±10.0%
手动 1→手动 2	平衡	±5.0%	—
手动 2→手动 1	非平衡	±0.5%	—
注：表中"平衡"系指需人工将手动操作指针调整到与自动输出指示相一致后再进行切换，"非平衡"则指毋需手工调整即可切换。			

5.2.2.4 手动操作

● "手动 2"操作指示误差

"手动 2"操作指示误差不超过量程的±5.0%，手操范围上限值应不小于 100%，下限值不大于 0%。

● "手动 1"操作

"手动 1"操作有两种类型(由制造厂选定其中一种)：

a) 线性形：全行程时间分 6 s 及 100 s 两挡，误差均应不超过规定时间的±30.0%；

b) 非线性形：全行程时间为 8 s，误差应不超过规定时间的±25%；从起始到变化全行程的 25% 所需时间应为实测全行程时间的 35%以上。

5.2.2.5 输出保持特性

在"手动 1"位置，调节器输出在 1 h 内变化不超过量程的±1.0%。

5.2.2.6 外观

调节器的外壳和零件表面的被覆层、面板及铭牌等均应光洁完好，不得有剥落及伤痕等缺陷；紧固件不得有松动、损伤等现象；指示仪表不得有卡针、呆滞等现象；可动部分应灵活、可靠。

5.2.2.7 抗运输环境性能

调节器在运输包装条件下，应能符合附录 C 的要求。其中：高温选 55 ℃；低温选－40 ℃；相对湿度选 95%(25 ℃)；自由跌落高度选 250 mm。

5.2.3 配电器的其他技术要求

5.2.3.1 外观

配电器外壳和零件表面覆盖层、面板及铭牌等均应光洁完好，不得有剥落及伤痕等缺陷，紧固件不得有松动、损伤等现象。

5.2.3.2 抗运输环境性能

配电器在运输包装条件下，应符合附录C的要求。其中：高温选55 ℃；低温选－40 ℃；相对湿度选95%(25 ℃)；自由跌落选250 mm。

5.2.4 指示仪的其他技术要求

5.2.4.1 绝缘强度

将指示仪输入、电源等端子短接成一点，该短接点与接地点之间，应能承受有效值为500 V，频率为50 Hz试验电压的绝缘强度试验，试验后应无击穿及飞弧现象。

5.2.4.2 绝缘电阻

将指示仪的输入、电源等端子短接成一点，该短接点与接地端子之间的绝缘电阻应不小于20 MΩ(试验电压为500 VDC)。

5.2.4.3 输入端短路与开路影响

电压输入的指示仪在输入短路与开路试验后，示值变化应不超过量程的0.4%。

5.2.4.4 阶跃响应

在阶跃量为输入量程80%的阶跃信号作用下，指示仪的行程时间应不大于6 s，过冲量应不超过量程的20%。

5.2.4.5 耗电量

色带指示仪最大耗电量应不超过表36规定值，其他电压输入的指示仪最大耗电量应不超过3 W。

表36 色带指示仪的最大耗电量

产品型号	耗电量/W
DXD-1000	10
DXD-1100	10
DXD-2000	16
DXD-2100	16
DXD-2200	16

5.2.4.6 外观

指示仪外壳和零件表面覆盖层、面板及铭牌等均应光洁完好，不得有剥落及伤痕等缺陷，紧固件不得有松动、损伤等现象，可动部分应灵活、可靠。

5.2.4.7 输入电阻对信号影响

电压输入的指示仪，输入电阻对信号影响应不超过量程的±0.2%(输入端取压电阻为250 Ω)。

5.2.4.8 抗运输环境性能

指示仪在运输包装条件下，应符合附录C的要求。其中：高温选55 ℃；低温选－40 ℃；相对湿度选95%(25 ℃)；自由跌落高度选250 mm。

5.2.5 记录仪的其他技术要求

5.2.5.1 绝缘强度

将记录仪输入、电源等端子短接成一点，该短接点与接地点之间，应能承受有效值为500 V，频率为50 Hz试验电压的绝缘强度试验，试验后应无击穿及飞弧现象。

5.2.5.2 绝缘电阻

将记录仪的输入、电源等端子短接成一点，该短接点与接地端子之间的绝缘电阻应不小于20 MΩ(试验电压为500 V DC)。

5.2.5.3 记录质量

● 长期记录质量

记录仪的长期记录质量应满足下列要求：

a) 录迹无中断；

b) 线条宽度不大于 0.6 mm；

c) 记录纸走纸应正常，记录纸无歪斜折皱或扯破等现象。

● 涂污

记录仪在记录纸完全“涂色”所对应频率的信号作用下，应满足下列要求：

a) 录迹无中断；

b) 记录纸无破损，不应有墨水渗透形成水滴和污斑现象。

5.2.5.4 输入端短路和开路影响

记录仪在短路与开路试验后，示值变化应不超过量程的 0.4%。

5.2.5.5 频率响应

记录仪当记录的相对增益衰减到 0.7 时，所对应的输入信号频率应不低于 0.4 Hz。

5.2.5.6 阶跃响应

记录仪在阶跃量为输入量程 80%的阶跃信号作用下，行程时间应不大于 5 s，过冲量应不超过量程的 20%。

5.2.5.7 走纸速度误差

记录仪走纸速度误差应不超过设定值的±0.5%。

5.2.5.8 耗电量

记录仪最大耗电量应不超过表 37 规定值。

表 37 记录仪的最大耗电量

产品型号	交流功耗/V·A	直流功耗/W
DXJ-1000	10	10
DXJ-1100		10
DXJ-2000		16
DXJ-2100		16
DXJ-2200		16

5.2.5.9 外观

记录仪外壳和零件表面覆盖层、面板及铭牌等均应光洁完好，不得有剥落及伤痕等缺陷，紧固件不得有松动、损伤等现象，可动部分应灵活、可靠。

5.2.5.10 输入电阻对信号影响

记录仪输入电阻对信号影响，应不超过量程的±0.2%(输入端取压电阻为 250 Ω)。

5.2.5.11 抗运输环境性能

记录仪在运输包装条件下，应符合附录 C 的要求。其中：高温选 55 ℃；低温选−40 ℃；相对湿度选 95%(25 ℃)；自由跌落高度 250 mm。

5.2.6 积算器的其他技术要求

5.2.6.1 外观

积算器外壳和零件表面覆盖层、面板及铭牌等均应光洁完好，不得有剥落及伤痕等缺陷；紧固件不得有松动、损伤等现象；可动部分应灵活可靠。

5.2.6.2 输入电阻对信号影响

积算器输入电阻对信号的影响应不超过量程的±2%(输入端取电阻为 250 Ω)。

5.2.6.3 抗运输环境性能

积算器在运输包装条件下，应符合附录 C 的要求。其中：高温选 55 ℃；低温选−40 ℃；相对湿度选 95%(25 ℃)；自由跌落高度选 250 mm。

5.2.7 比值器的其他技术要求

5.2.7.1 外观和技术检查

比值器的外壳和零件表面覆盖层、面板及铭牌等均应光洁完好，不得有剥落及伤痕缺陷，紧固件不得有松动、损伤等现象，可动部分灵活、可靠。

5.2.7.2 输入电阻对信号影响

比值器输入电阻对信号的影响应不超过量程的±0.2%(输入端取电阻为 250 Ω)。

5.2.7.3 抗运输环境性能

比值器在运输包装条件下，应符合附录C的要求，其中：高温选 55 ℃；低温选－40 ℃；相对湿度选95%(25 ℃)；自由跌落高度选 250 mm。

5.2.8 安全栅的其他技术要求

5.2.8.1 本安电路要求

- 本安电路额定值

最高开路电压：≤35 V

最大短路电流：≤35 mA

- 最高允许电压

最高允许直流电压：220 V

最高允许交流电压(有效值)：220 V

5.2.8.2 外观

安全栅外壳和零件表面覆盖层、面板及铭牌等均应光洁完好，不得有剥落及伤痕等缺陷，坚固件不得有松动、操作等现象。

5.2.8.3 抗运输环境性能

安全栅在运输包装条件下，应符合附录C的要求。其中：高温选 55 ℃；低温选－40 ℃；相对湿度选95%(25 ℃)；自由跌落高度选 250 mm。

5.2.9 Q型操作器的其他技术要求

5.2.9.1 外观

操作器外壳和零件表面覆盖层、面板及铭牌等均应光洁完好，不得有剥落及伤痕等缺陷；坚固件不得有松动损伤等现象；可动部分应灵活可靠。

5.2.9.2 输入电阻对信号影响

操作器输入电阻对信号的影响应不超过量程的±0.2%(输入端取压电阻为 250 Ω)。

5.2.9.3 抗运输环境性能

操作器在运输包装条件下，应符合附录C的要求，其中：高温选 55 ℃；低温选－40 ℃；相对湿度选95%(25 ℃)；自由跌落高度选 250 mm。

5.2.10 电源箱的其他技术要求

5.2.10.1 报警及保护功能

a) 直流输出电压上限报警设定点：28 V±1 V。

b) 直流输出电压下限报警设定点：22 V±0.8 V。

c) 直流输出电流过流报警设定点：额定输出电流的 120%～150%。

d) 直流输出电流过流或负载短路时，电源应具有自动保护功能并进行报警，负载恢复正常时，应自动恢复正常工作。

e) 电源箱报警时，报警继电器应处于非励磁状态，并输出一组常开常闭接点信号。

f) 上限报警时，应能自动切换到备用电源，手动复位后恢复电源箱供电。对 DFY-2110 及 DFY-3110 电源箱切换到备用电源时，应有灯光显示。

g) 下限报警时，消警范围应不超过输出电压值的－0.5%～－3.0%。

注：消警范围为电源从进入报警状态到退出报警状态所对应输出直流电压之差值。

5.2.10.2 外观

电源箱外壳和零件表面覆盖层、面板及铭牌等均应光洁完好，不得有剥落及伤痕等缺陷，紧固件不得有松动、损伤等现象。

5.2.10.3 抗运输环境性能

电源箱在运输包装条件下，应符合附录C的要求。其中：高温选55 ℃；低温选－40 ℃；相对湿度选95%(25 ℃)；自由跌落高度选250 mm。

6 试验方法与检验规则

6.1 试验条件

6.1.1 计算器试验条件

除条文中另有规定以及下列补充规定外，均按附录C规定。

a) 将全部输入信号的负端与电源负端短接；

b) 辅助输出信号端短接。

6.1.2 调节器试验条件

除条文中另有规定者外，均按GB/T 20819.1—2007的有关规定，并作如下补充：

a) 试验时，除条文中另有规定者外，输入与给定信号的负端均应与电源负端短接；

b) “测量-校正”开关置于“测量”；

c) 为便于检查，通常以调节器输出电流在负载电阻250 Ω两端的电压降作为调节器输出信号；

d) 输入信号由恒流源的稳定电流在250 Ω电阻两端的压降给出。

6.1.3 配电器试验条件

除条文中另有规定者外，均按附录D的有关规定：

a) 试验时，电压输出端不接负载；

b) 辅助输出信号端短接；

c) 除非条文中另有规定，一般试验接线参考图1进行，非测试的配电回路输入端并接2 kΩ(1/2 W)电阻；

d) 除非条文中另有规定，影响量对配电器的影响均以配电器输出变化量来确定。试验时，配电器输出调整在量程的50%处。

6.1.4 指示仪试验条件

除条文中另有规定以及下列补充规定外，均按GB/T 3386.1有关规定。

a) 读取示值时，肉眼、指针针尖及所示标度线中心三点应处在同一水平线。

b) 有报警功能的指示仪，报警接点的动作情况用欧姆表监测；根据技术要求对报警功能进行影响两试验时，报警设定值均为置于量程的50%。

c) 基本试验参考图2接线。图中，开关K置于闭合状态。

6.1.5 记录仪试验条件

除条文中另有规定以及下列补充规定外，均按GB/T 3386.1有关规定。

a) 有报警功能的记录仪，根据技术要求对报警功能进行影响量试验时，报警设定值均置于量程的50%，并用欧姆表监测报警接点的动作情况；

b) 对记录仪进行记录精确度与记录质量检查时，均应使用由制造厂认可或提供的记录纸与墨水；

c) 记录速度置于20挡；

d) 走纸机械由电压有效值为24 V、允差为±3.0%的交流电供电；

e) 基本试验参考图3接线，图中开关K置于闭合状态。

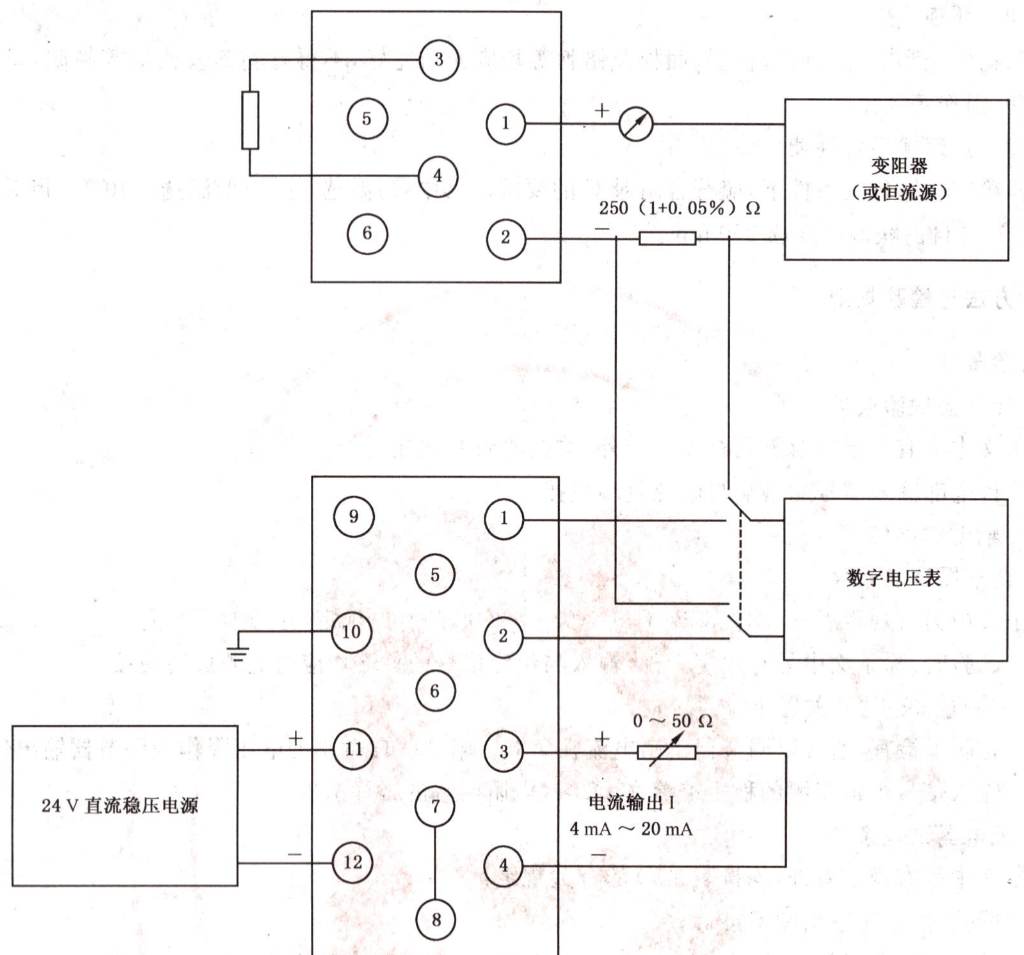

图 1　配电器基本试验接线图(以 DFP-2100 型为例)

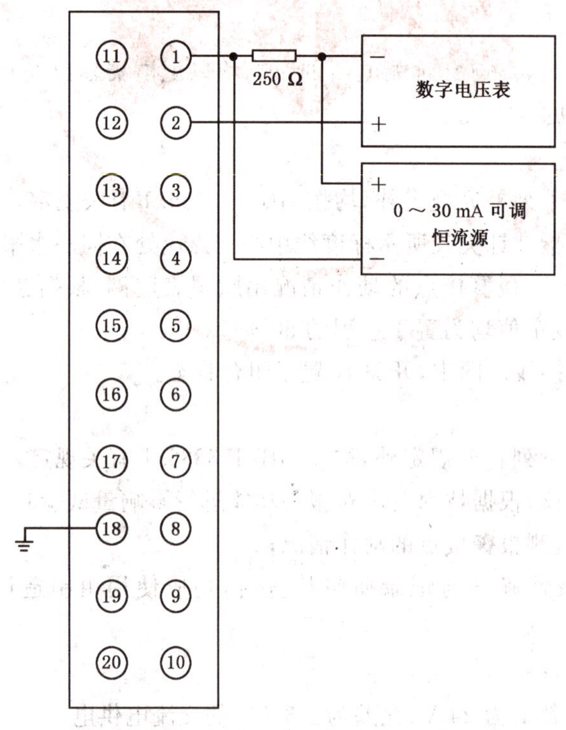

a) DXZ-1000

图 2　指示仪基本试验接线图(以 DXD-1000 和 DXZ1000 型为例)

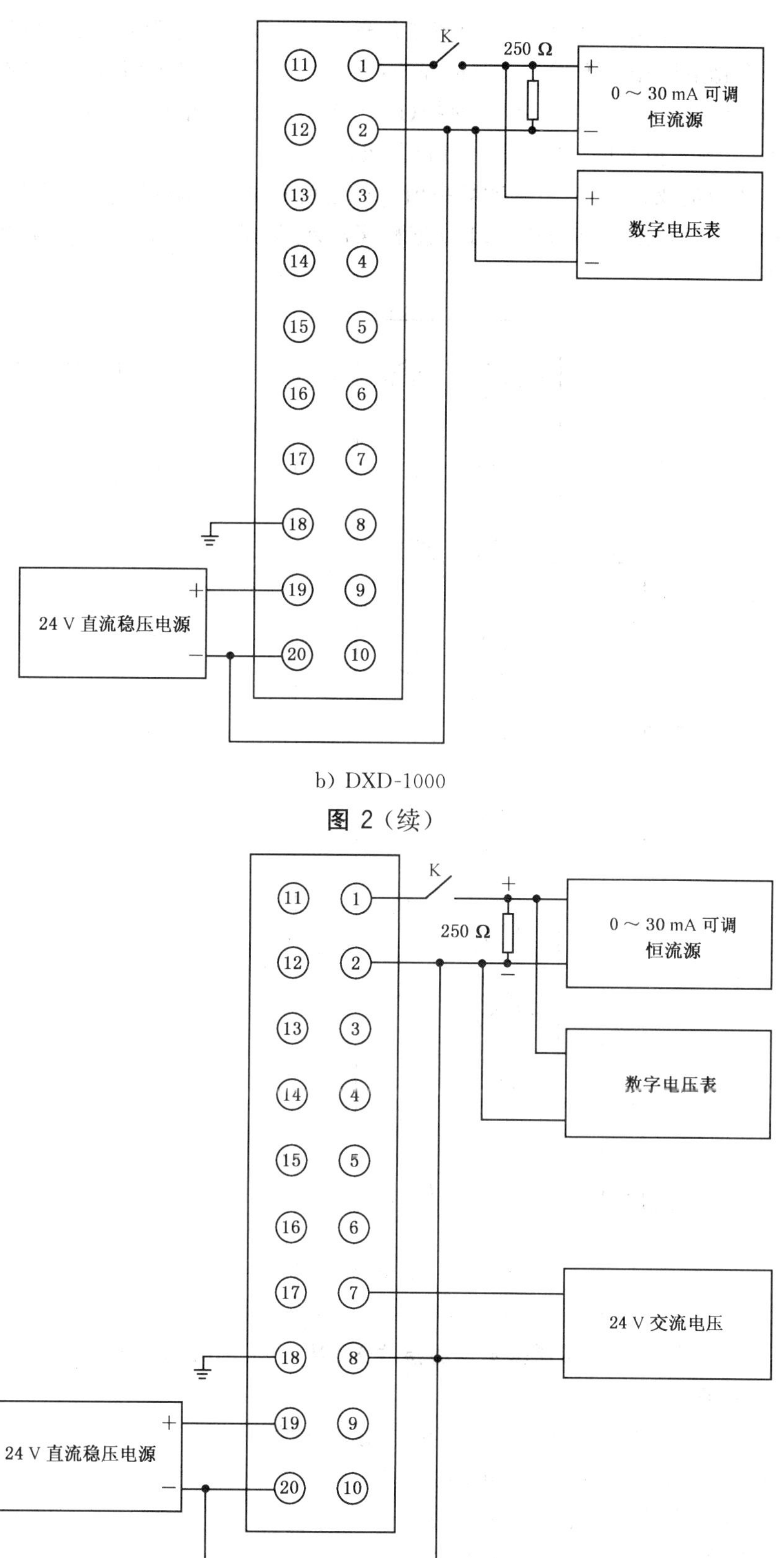

b) DXD-1000

图 2（续）

图 3　记录仪基本试验接线图(以 DXJ-1000 型为例)

6.1.6　积算器试验条件

除条文中另有规定以及下列补充规定外，均按附录 D 有关规定。

a) 影响量对输出的影响，以计数脉冲频率变化量相对于输出计数脉冲频率量程的百分数表示；开方输出的变化量以相对于开方输出量程的百分数表示；试验时输出调整在量程的50%处；
b) 试验时，积算速度置于1 000字/小时挡(DXS-13000、2300型积算器置于999字/h)；
c) 接通电源后，输入量程的100%信号进行预热；
d) 条文中所述测量或记录"计数脉冲频率值"，均指用测量周期再换成频率方法所得的值；
e) 基本试验均按图4接线(除DXS-2100型积算器外，端子13与14不接数字电压表)，图中开关K处于闭合状态。

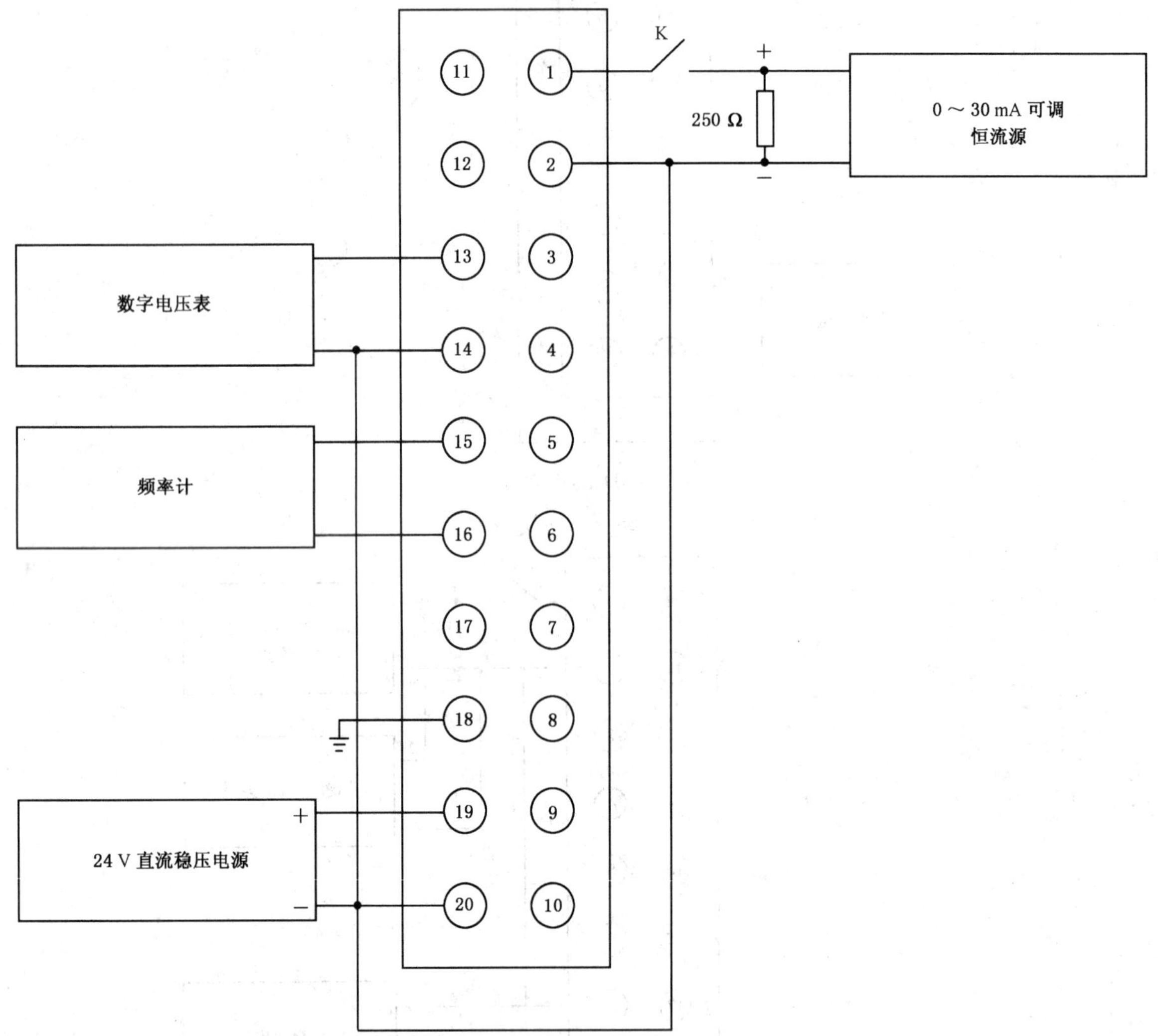

图4 积算器基本试验接线图(以DXS-2100型为例)

6.1.7 比值器试验条件

除条文中另有规定以及下列补充规定外，均按附录D有关规定。

a) 将输入信号、外偏置信号的负端与电源负端短接；
b) 内、外偏置均置于0%，比值数示值置于1；
c) 基本试验参考图5接线，图中有关K处于闭合状态；
d) 影响量试验时，将比值器的比值数示值置于1，内外偏置均为0%，使输出信号稳定在量程的50%处，测量输出变化量。

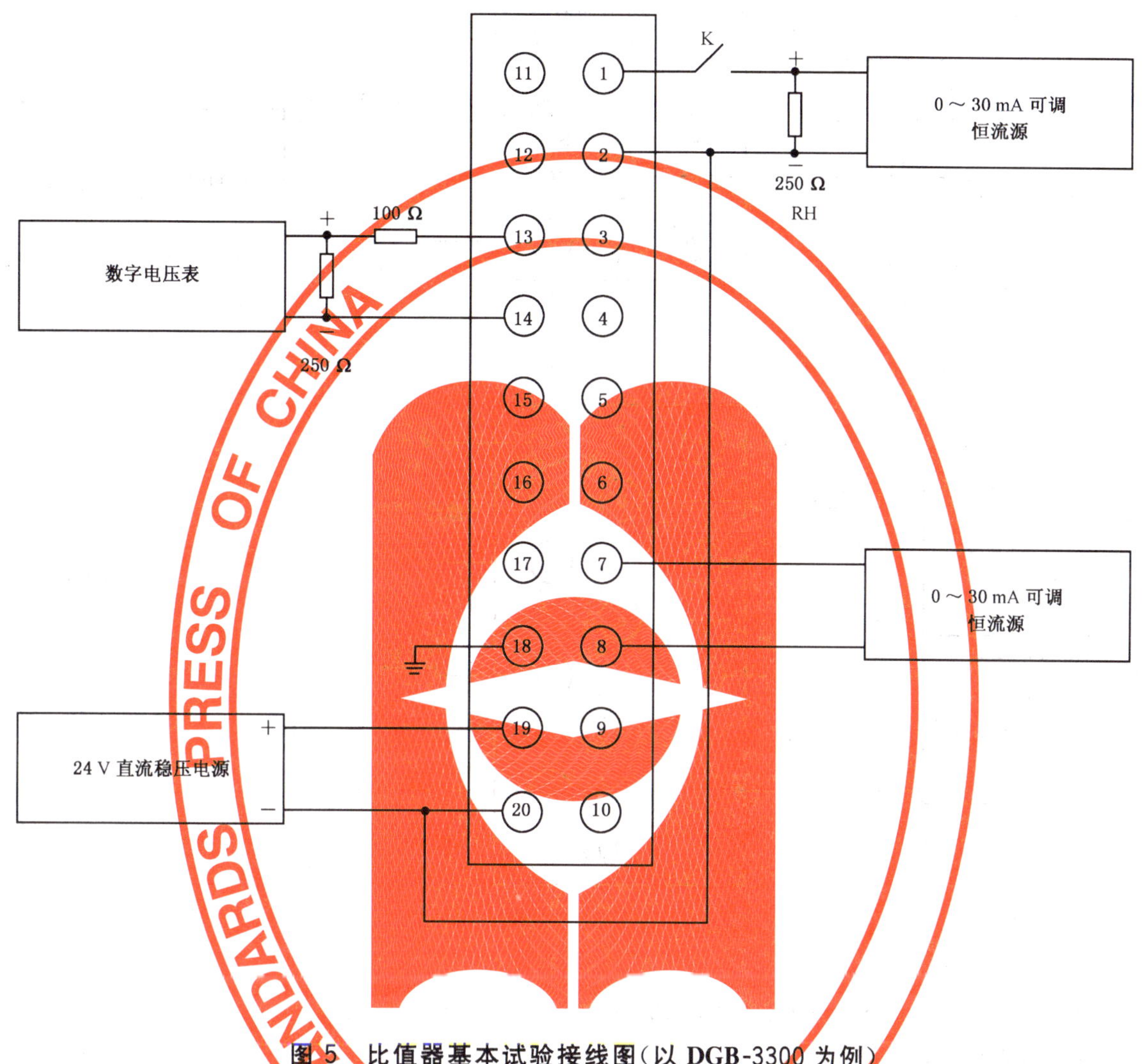

图 5　比值器基本试验接线图(以 DGB-3300 为例)

6.1.8　安全栅试验条件

除条文中另有规定以及下列补充规定外，均按附录 D 有关规定。

a)　试验时，电压输出端不接负载，操作端安全栅负载电阻接 750 Ω；

b)　辅助输出信号端短接；

c)　基本试验参考图 6 接线；

d)　对双检测端安全栅非测试的输入端接电阻 2 kΩ；

e)　对双操作端安全栅，非测试的输入端加入约为量程的 50%信号。

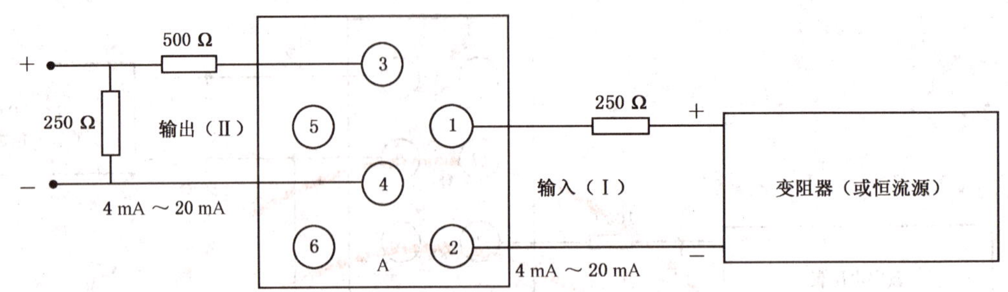

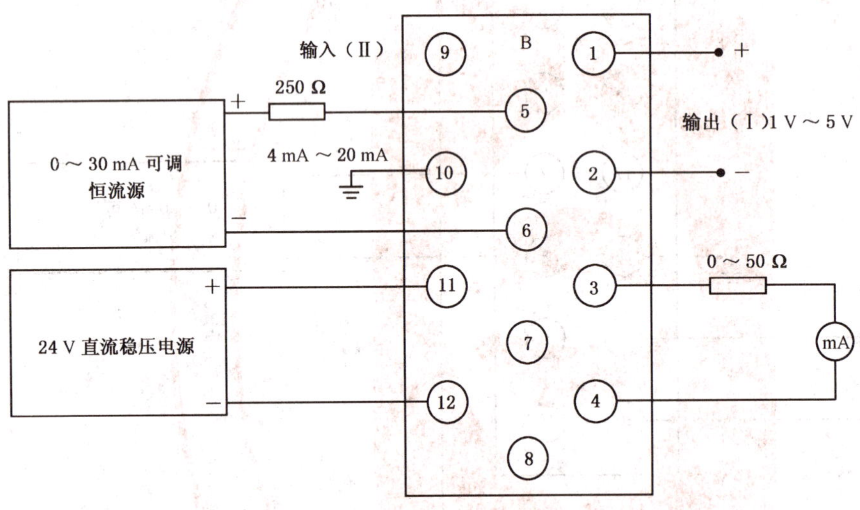

图 6　安全栅基本试验接线图(以 DFA-1500 为例)

6.1.9　Q 型操作器试验条件

除条文中另有规定以及下列补充规定外，均按附录 D 有关规定。

a)　基本试验参考图 7 接线，图中形状 K 置于闭合状态；

b)　为便于测试，通常以输出信号电流在取压电阻 250 Ω 两端的电压降作为输出信号；

c)　影响量试验时，将操作器切换到手动位置，操作手动输出，使输出稳定在量程的 50% 处，测量输出变化量。

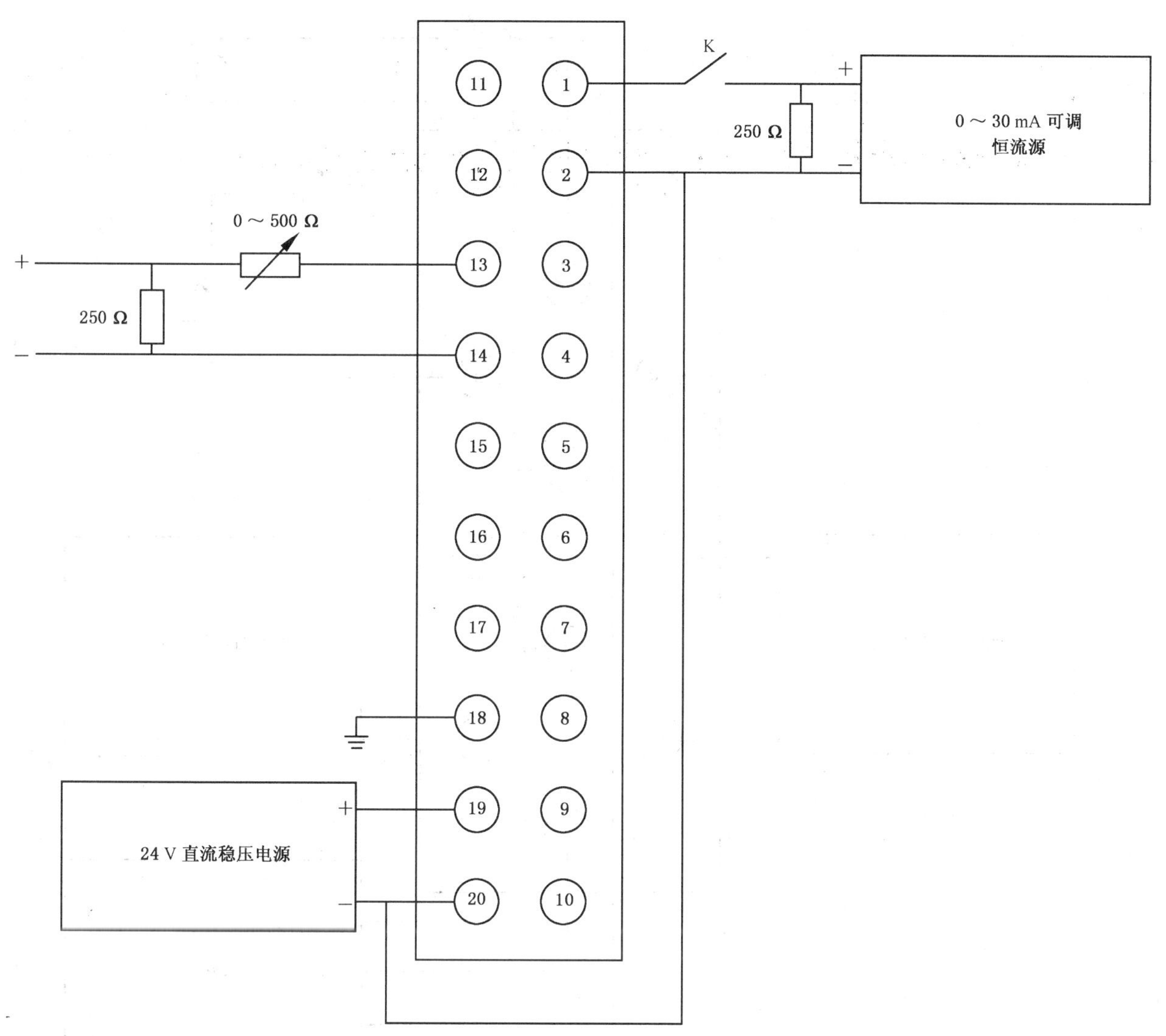

图 7　Q 型操作器基本试验接线图(以 DFQ-2000 为例)

6.1.10　电源箱试验条件

除条文中另有规定以及下列补充规定外,均按附录 D 有关规定。

a)　基本连线参考图 8 接线;

b)　试验前,预热时间为 1 h;

c)　影响量试验时,将直流输出电流定在额定值,交流输出端负载开路,测量直流输出电压变化量。

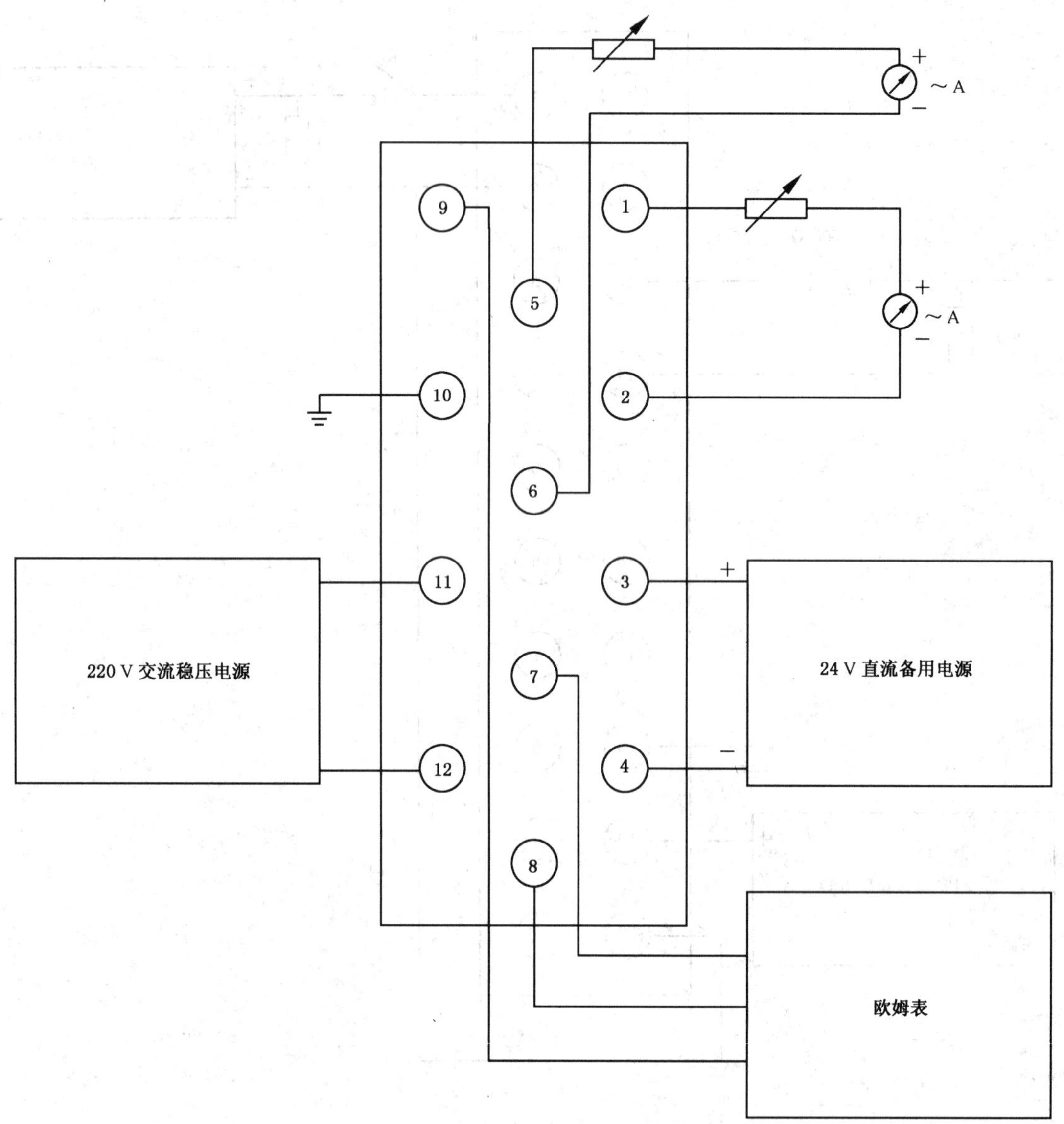

图 8 电源箱基本试验接线图(以 DFY-1110 型为例)

6.2 试验方法

6.2.1 计算器试验方法

本标准通用技术要求的试验按附录 D 规定方法进行,其他技术要求的试验按下列方法进行。

6.2.1.1 外观技术检查

用肉眼观察及用手拨动等方法进行。

6.2.1.2 输入电阻对信号影响

以开方器为例,按图 9 接线,试验时将开关 S 断开,调整恒流源输出电源,使电阻 RH 两端电压为 5 000 V,然后闭合开关 S,测量电阻 RH 两端电压变化量,以输入量程百分数表示。

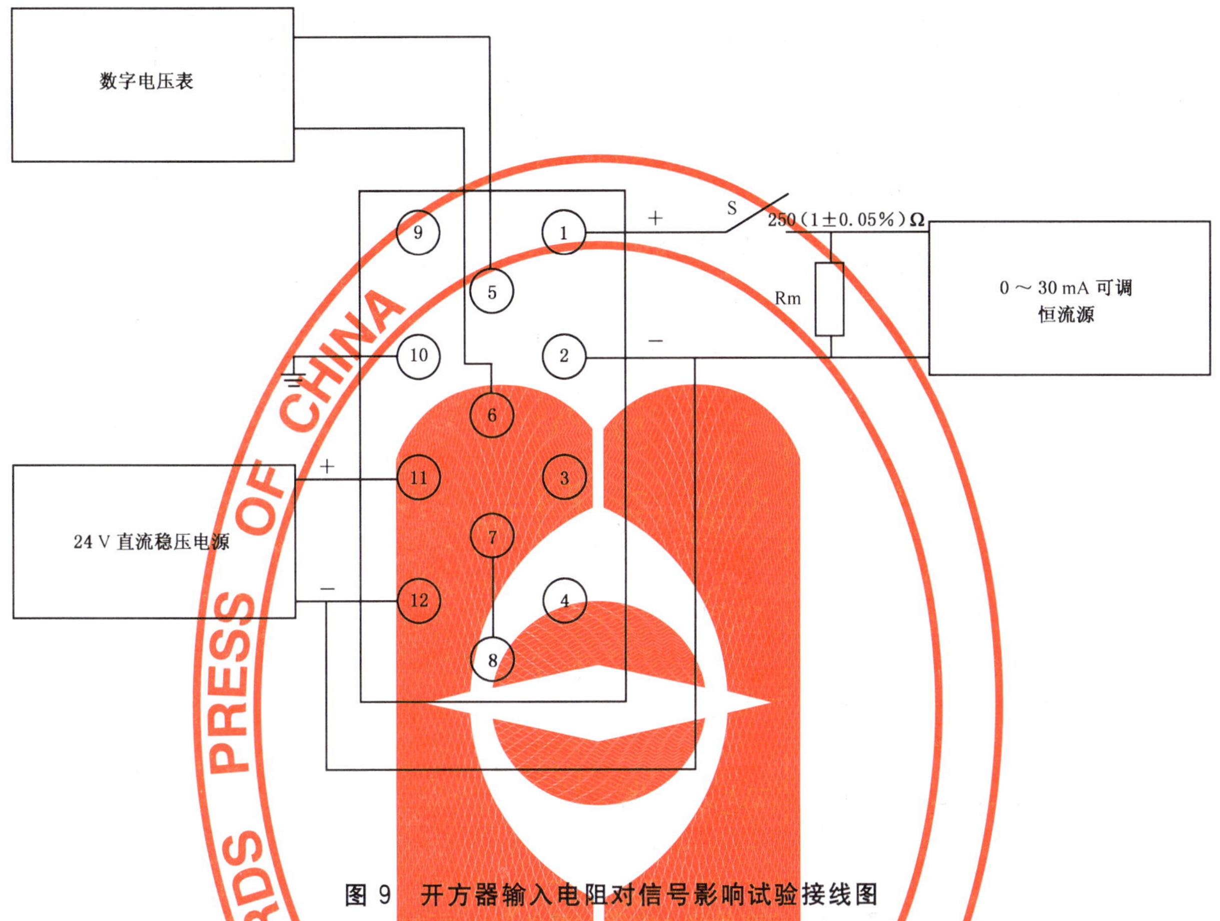

图 9　开方器输入电阻对信号影响试验接线图

对每个输入通道都应参照上述方法进行试验，以最大变化量列入报告。

6.2.1.3　**抗运输环境性能**

按附录 C 规定进行，试验后，在参比大气条件下自然回温不少于24 h，然后拆除包装，按 6.2.1.1 方法检查 5.2.1.1 要求，允许作一次调整，然后按 D.8.1，D.8.4 方法，检查表 20 中的 1、2、3、24 和 25 项要求。

6.2.2　**调节器试验方法**

本标准通用技术要求的试验按 GB/T 20819.1—2007 规定方法进行，其他技术要求的试验按以下方法进行。

6.2.2.1　**指示表刻度误差试验**

参照 GB/T 20819.1—2007 的 5.1 规定进行试验，分别计算出被控值指示表与输出指示表的平均误差与回差，将最大值列入报告。

对偏差指示表，可检验 −25%，0%，25%三标度值。

6.2.2.2　**输入电阻对信号影响试验**

按图 10 接线，开关 S 闭合前，使电阻 RH 两端电压为 5.000 V，然后闭合开关 S，测量电阻 RH 两端电压变化值。

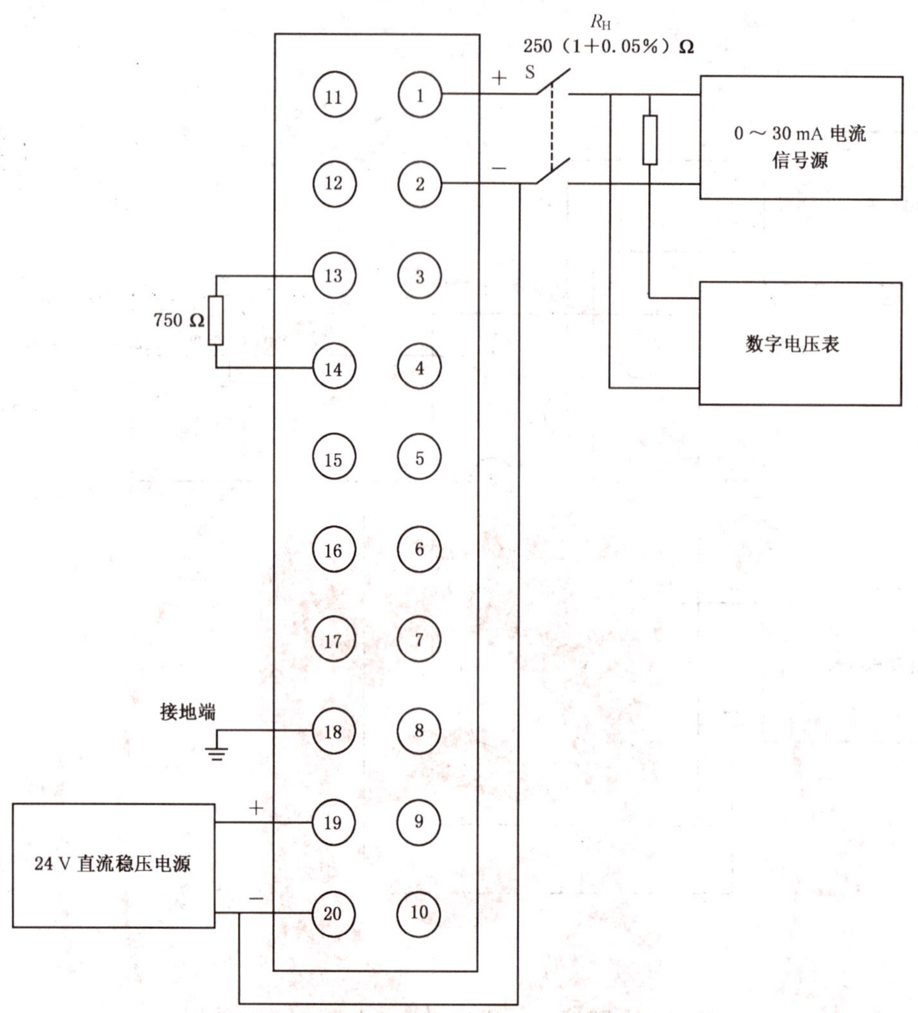

图 10　调节器输入电阻对信号影响试验接线图

6.2.2.3　**“自动→手动”切换试验**

● “自动→手动 1”

调节器定在“自动”位置；

偏差为零，当输出稳定后(如稳定在量程的 50%)，将调节器切换到“手动 1”，记下输出信号变化量。

● “手动 1→手动 2”

调节器定在“手动 1”；

调整“手动 2”拨杆，使其指针与输出表指针重合，再从“手动 1”切换到“手动 2”，记下输出信号变化量。

● “手动 2→手动 1”

调节器定在“手动 2”位置；

将调节器从“手动 2”切换到“手动 1”，记下输出信号变化量。

● “手动 1→自动”

调节器定在“手动 1”位置；

使偏差为零，调节器输出信号定在量程的 50%，稳定 2 min 后，把调节器从“手动 1”切换到自动，记下输出信号瞬时变化值及 5 s 后的数值；

使偏差为 10%，再调时间定在最大，重复上述试验；

把输出信号定在量程的 10%及 90%，重复上述试验(出厂试验时面做该两点实验)。

6.2.2.4 手动操作试验

● "手动2"操作

调节器定在"手动2"位置；

将"手动2"指针对准标度值为0%,20%,40%,50%,60%,80%,100%,然后又将指针对准标度值为100%,80%,60%,50%,40%,20%,0%,记录上述各点输出信号的真值。

上述试验至少进行三次,根据实测数据、计算平均误差,并取最大值。最后检查手操范围,即调整手动2,检查输出变化的范围。

● "手动1"操作

调节器定在"手动1"位置。

a) 线性型

操作"手动1"键快挡或慢挡,均使输出从0%变化到100%,再从100%变化到0%,记录输出变化全行程所需时间。误差按式(2)计算：

$$\delta=\frac{T_{规}-T_{真}}{T_{规}}\times 100\% \qquad \cdots\cdots(2)$$

式中：

δ——"手动1"操作误差；

$T_{规}$——规定时间(6 s或100 s)；

$T_{真}$——实测输出变化全行程所需时间,s。

b) 非线性型

试验方法与a)相同,此外还应记录输出变化的起始25%行程(即由0%变化到25%或从100%变化到75%)所需时间,非线性特性应符合式(3)：

$$N=\frac{T}{T_{全}}\geqslant 35\% \qquad \cdots\cdots(3)$$

式中：

T——输出变化起始25%行程所需时间,s；

$T_{全}$——输出变化全行程实测时间,s。

6.2.2.5 输出保持特性

调节器定在"手动1"位置；

将输出定在量程的90%,然后立即记录1 h内调节器输出变化值。

6.2.2.6 外观与技术检查

除"指示仪表不得有卡针、呆滞等现象"在有关试验项目试验时结合进行外,都用肉眼观察及用手拨动等方法进行检查。

6.2.2.7 抗运输环境性能试验

试验按附录C规定进行。试验后,在参比试验大气条件下自然回温不少于24 h。然后拆除包装,用6.2.2.6方法检查5.2.2.6的要求,允许经一次调整。然后按GB/T 20819.1—2007中7.1,5.1,8.1.2及本标准6.2.2.1试验方法,抽查表21中1、2、24和25项及5.2.2.1的要求。

6.2.3 配电器试验方法

6.2.3.1 基本误差、回差、重复性和端基一致性试验

试验前,应在规定条件下使测量设备充分稳定,所有影响测试的条件均应随时观察并记录。

改变输入信号,以输入量程的0%,25%,50%,75%,100%,75%,50%,25%,0%为一个变化循环,共进行三个循环,记录每一个试验点对应的输出信号值。

试验时,输入信号应按初始变化的同一方向缓慢地逼近试验点,不允许有过冲现象。测试时,输入信号应保持稳定,直到被测参数稳定为止。

试验中,不允许敲打或振动配电器。

根据测试结果,按式(4)计算误差:

$$\delta_i = \frac{Y_{实} - Y_{真}}{S} \times 100\% \quad \cdots\cdots(4)$$

式中:

δ_i——某试验点测得的误差值;

$Y_{实}$——某试验点测得的实际输出值,V;

$Y_{真}$——某试验点相应的输出信号标准值,V;

S——输出信号量程,即4 V。

根据各试验点测得的误差值,计算基本误差、回差、重复性及端基一致性。

基本误差:以三个循环试验中各试验点测得的绝对值最大的正、负误差表示。

回差:同一输入信号所对应的上行程平均误差与下行程平均误差之间的差值,取每个试验点测得回差中的最大值列入报告。

重复性误差:各试验点测出的均方根误差,取最大值列入报告。

端基一致性:给定曲线与实际特性曲线(上下行程读数的平均值)在上、下限值重合时,实际特性曲线与给定曲线的最大偏差。

端基一致性可由式(5)计算:

$$\delta_{端} = \bar{\delta}_i - \left(\frac{\bar{\delta}_{上} - \bar{\delta}_{下}}{S} \cdot X_i + \bar{\delta}_{下}\right) \quad \cdots\cdots(5)$$

式中:

$\delta_{端}$——端基一致性,以输入量程的百分数表示;

$\bar{\delta}_{上}$——输入信号为量程的100%处测得的平均误差;

$\bar{\delta}_{下}$——输入信号为量程的0%处测得的平均误差;

$\bar{\delta}_i$——某试验点测得的平均误差;

X_i——该试验点输入信号值,以量程的百分数表示;

S——输入信号量程,用100%表示。

取各试验点测出的最大端基一致性误差列入报告。

6.2.3.2 配电电压范围检查

将电源电压升到25.5 V,输入信号为4 mA,测量输入端电压值。再将电源电压降至22.8 V,输入信号为20 mA,再次测量输入端电压值。

6.2.3.3 环境温度试验

环境温度试验时,温度应按下列顺序变化:

20 ℃,40 ℃,20 ℃,5 ℃,20 ℃。

在上述每挡温度值处,应有足够的时间保温。保温要求为每挡温度允差±2 ℃。

接上述温度变化顺序连续进行两个循环。试验中,对配电器不做任何调整。于保温临近结束时,测出配电器的输出值,计算相邻两挡温度之间平均每变化10 ℃输出的变化量。

以上两次循环中,对应变温区间测出平均变化量的最大值列入报告。

6.2.3.4 相对湿度变化试验

首先在参比大气条件下测得配电器输出值,然后使环境温度升到$40_{-2}^{\ 0}$℃,相对湿度为91%～95%之间,保持24 h,临近结束时测出陪电器的输出值。

试验后,再在参比条件下放置24 h,测量配电器输出值。

将配电器的输出最大变化量及试验后观察的有无跳火花痕迹和元件损坏情况,列入报告。

6.2.3.5 **安装位置变化试验**

使配电器从正常工作位置想前、后、左、右各做一次10°的倾斜，分别测出输出的最大变化量。

6.2.3.6 **倾跌试验**

先将配电器按正常位置安放在平滑、坚硬又牢固的混凝土或钢台面上。再将一底边提起，使其与台面距离为100 mm或者使底面与台面有30°的夹角，选择两者中倾斜度小的一种，然后让配电器自由倾跌到台面上。

四条底边均上述方法试验一次。

试验后，测量输出变化量，检查机械损坏情况。

6.2.3.7 **机械振动试验**

试验时，将配电器按安装说明书规定安装在振动台上，要求振动台、安装板、安装托架均有足够的钢度，使传到配电器上的振动变化最小。

配电器应在三个互相垂直的轴线(其中一个为铅垂方向)上承受正弦振动。试验先在一个方向上，按下述三个阶段进行，再在另两个方向重复上述试验。三个方向试验结束后，作最终检查。

第一阶段：寻找初始谐振

本阶段试验的目的是了解配电器对机械振动的响应，测定机械谐振频率，为寻找最终谐振收集资料。

试验的频率范围取10 Hz～25 Hz，位移振幅取0.075 mm。

试验应按上述的频率范围、按对数规律连续扫频，扫频速率约为0.5个倍频程/min，扫频期间应记录机械谐振频率输出值以及引起输出值有明显的变化时所对应的频率值。

第二阶段：耐振性试验

按第一阶段找出的最高机械谐振频率，作0.5 h的耐振性试验，如果第一阶段没找到机械谐振点，则按上述频率范围的上限进行震动。

第三阶段：寻找最终谐振

按第一阶段相同方法重复进行一次试验。

将第三阶段测得的机械谐振频率，使输出值有明显变化的频率值与第一阶段测得值进行比较，如有较大变化，则应列入报告。因这种变化可能是由导致机械结构开始破裂的非弹性变化所引起。

最终测量：振动试验后，应检查配电器的机械情况是否良好，并再次测量输出值。

将输出值的最大变化量及机械损坏情况列入报告。

6.2.3.8 **电源电压变化试验**

将电源电压分别稳定在公称值、上限值及下限值，测量各种情况下的输出值。

在将输出值调整到量程的100%，电源电压稳定在下限值，再次测量输出值。

以输出值最大变化量列入报告。

6.2.3.9 **电源短时中断试验**

电源短时中断时间为500 ms，重复进行两次，两次间隔时间5 s以上，测量由于电源中断而引起的输出顺序变化持续时间(即输出达到并能保持与稳态值相差1%以内为止所需时间)及输出永久变化量。

6.2.3.10 **电源电压低降试验**

试验时，应将输出稳定在量程的上限值。

将电源电压突降至公称值75%，保持5 s，记录低降前后的输出变化量，低降与恢复瞬间的输出瞬时变化量及持续时间。

6.2.3.11 **电源反向保护试验**

将电源电压是上限值反向施加于配电器供源端，然后恢复正常供电，测量输出变化量。

6.2.3.12 **共模干扰试验**

先将电压有效值为250 V、频率为电网频率的正弦干扰信号，依次加到每个输入端子、输出端子与接地端子之间，同时改变干扰信号的相位(0°～360°)。

再用直流电压代替交流干扰信号，依次加到上述规定端子之间。

直流电压的幅值去 5 V，并且分别以正向及反向形式施加于配电器上述端子之间。

试验时，输入信号源两端应并联 10 μF 电容。

测量配电器在共模干扰作用下输出最大变化量及交流感应。

6.2.3.13 串模干扰试验

试验按图 11 接线。

将配电器输出信号分别稳定在量程的 10%及 90%。

从 1 Ω(或 10 Ω)电阻两端，取出与电网频率相同的串模干扰电压，串联作用于配电器输入端，逐渐增大干扰电压幅值，并改变其相位(0°～360°)。记录当输出变化为量程的 0.5%时，对应的干扰电压幅值及相位，同时测量输出交流感应。

试验中，当干扰信号幅值已达到制造厂规定值，而配电器输出还未达到量程的 0.5%变化量时，即可停止试验。

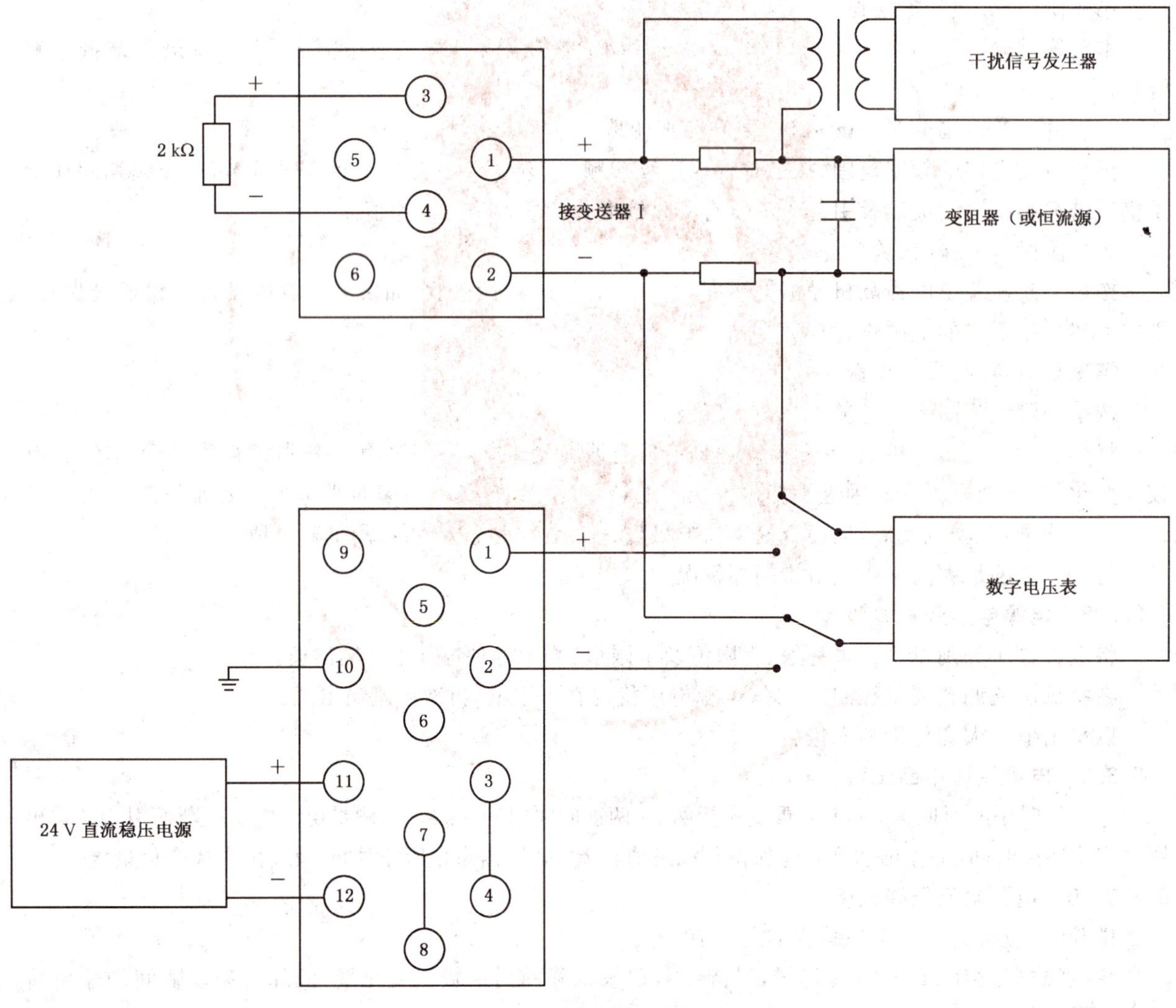

图 11 配电器串模干扰试验图

6.2.3.14 外磁场干扰试验

将配电器置于磁场强度为 400 A/m、频率与电网频率相同的交变磁场中，分别在相互垂直的三个磁场方向上改变相位(0°～360°)，测量输出变化量。

将输出分别稳定在 10%与 90%，重复上述试验，测出输出最大变化量。

6.2.3.15 射频电磁场辐射抗扰度试验

按照 GB/T 17626.3 完成。

6.2.3.16 接地试验

将配电器输入、输出端子依次接地，测量配电器输出最大变化量。

6.2.3.17 负载变化试验

将配电器辅助信号输出端负载电阻置于 0 Ω 与 50 Ω，分别测量配电器电压输出值。

再将电压输出端短路 1 min，再次测量电压输出值；

以输出值的最大变化量列入报告。

6.2.3.18 工作寿命加速试验

使配电器输入信号以量程的 50% 为中点，峰-峰值约为量程的 50%，频率为 0.5 Hz，作正弦交变变化。

试验前，配电器预热24 h，然后连续运行 7 d，每天 8 h～12 h 中断一次交变信号，以便测量输出变化量。将输出最大变化量列入报告。

6.2.3.19 始动漂移试验

试验前将配电器在参比大气条件下，放置24 h，然后接通动力源，并加入量程的 25% 输入信号，过 5 min、1 h 和 4 h 后，分别测量输出值。

再切断动力源和信号源，在参比大气条件下再放置24 h，然后接通动力源并加入量程的 90% 输入信号，重复上述试验。

将 5 min、1 h 测得的输出值，与 4 h 后测得值比较，其最大差值即为始动漂移。

注：每次测试前应首先使测试设备预热稳定，防止由于测试设备的漂移使测量结果带来误差。

6.2.3.20 长期漂移试验

在参比条件下对配电器加入输入信号，使输出信号稳定在量程的 90%，运行24 h后测量输出值，然后长期运行 7 d～30 d，每天测量输出值，将最后一次与第一次测得输出值的差值，定为长期漂移量。

6.2.3.21 耗电量检查

将配电器输出稳定在量程的 100% 处，测量配电器耗电量。

再将电源电压为上限处，重复上述试验，取最大耗电量列入报告。

6.2.3.22 输出交流分量检查

使配电器输出分别稳定在 10%、50% 及 90%，测出输出交流分量中的峰-峰值、有效值及电网频率含量，均以输出量程的百分数表示。

6.2.3.23 绝缘强度试验

绝缘强度试验采用与电网频率相同的正弦交流电，电压有效值为 500 V。

试验电压应加到下列端子之间：

a) 供源端子短接-接地端；

b) 其余端子短接-接地端；

c) 输入端子短接-输出端子短接。

试验时，应将试验电压从零开始，平稳地、无过冲地升到规定值，保持 1 min，然后平稳地降至零值，检查是否有击穿和飞弧现象。

6.2.3.24 绝缘电阻试验

用试验电压为直流 500 V 的兆欧表测量下列端子之间的绝缘电阻值。

a) 电源端子短接-接地端；

b) 其余端子短接-接地端；

c) 输入端子短接-输出端子短接。

6.2.3.25 阶跃响应试验

加入正向阶跃输入信号，使配电器输出由10%变化到90%，再加入反向阶跃输入信号，使输出再由90%变化到10%，分别记录从加阶跃信号开始，到输出达到并保持与稳态值相差1%以内为止所需的时间（即稳定时间），同时还应记录时滞和过冲。

6.2.3.26 频率响应

将输出稳定在量程的50%。

从输入端加入正弦交变信号，其峰-峰值不超过量程的20%，并保持不变。交变信号的频率从足够低（不大于0.005 Hz）开始，以增量形式提高频率，测出每个频率值对应的输出幅值，直到输出幅值衰减到初始值的一半为止。

根据试验结果，作出如图12所示的频率（对数坐标）相对增益（对数坐标）的幅频特性曲线。

从试验曲线上，确定相对增益为0.7时的频率，即高频截止频率（f_0）。

注：相对增益是指不同信号频率测出的输出幅值，与信号频率为0 Hz时输出幅值之比。

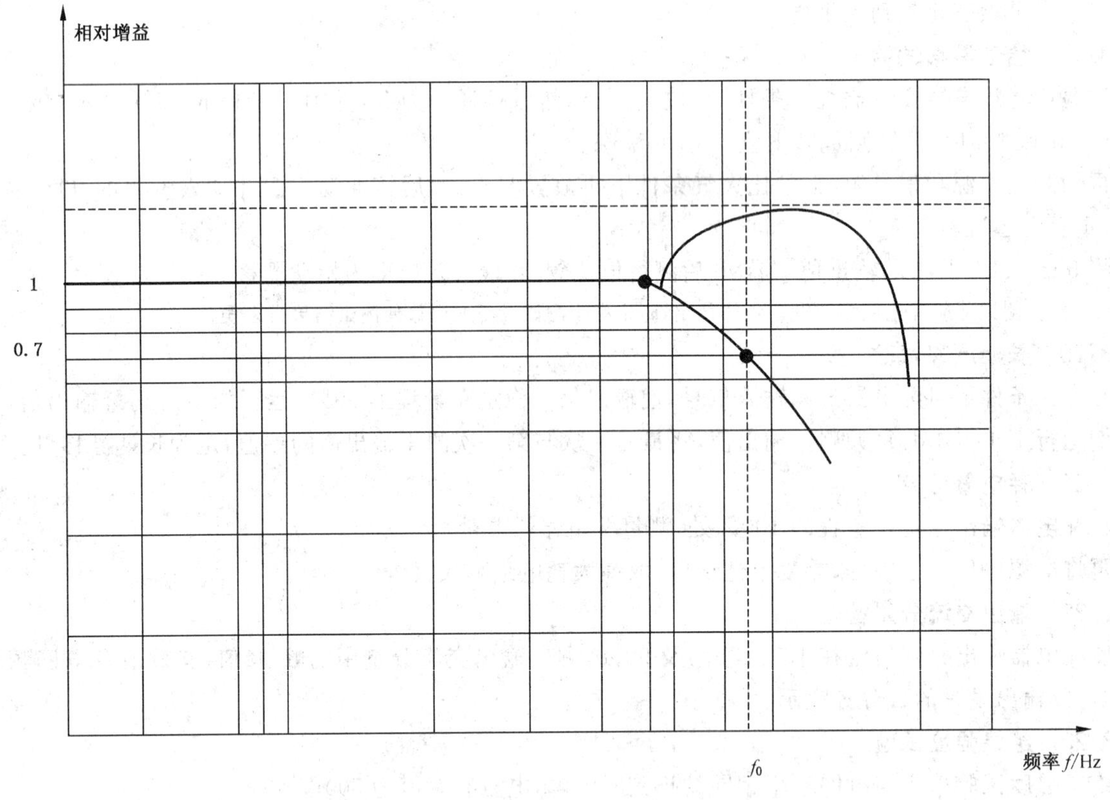

图12 配电器幅频特性曲线示例图

6.2.3.27 外观检查

用肉眼观察方法进行。

6.2.3.28 抗运输环境性能试验

试验按附录C规定进行。试验后，在参比试验大气条件下自然回温不少于24 h，然后拆除包装，按6.2.3.27方法检查5.2.3.1要求；再在允许作一次调整的条件下，按6.2.3.1，6.2.3.24方法，抽查表22中1、2和27项的要求。

6.2.4 指示仪试验方法

除本标准另有规定外，均按GB/T 3386规定的方法进行试验。

6.2.4.1 同步误差试验

将双针指示仪两输入端串联连接，按GB/T 3386.1—2007第6.2条方法进行试验，测量在同一刻度值、同向行程两针实测值之间的差值，计算重复测量的平均值，取最大的平均值列入报告。

6.2.4.2 **报警功能检查**

将指示仪上、下限报警设定值依次定在各规定范围的最大值和最小值作为试验点。

在每个上限报警试验点处，将输入信号从量程的0%开始缓慢增大，测量上限报警时的报警值，然后，在缓慢减小输入信号，测量消除警报时对应的输入信号值。

在每个下限报警试验点处，将输入信号从量程的100%开始缓慢减小，测量下限报警时的报警值，然后，在缓慢增大输入信号，测量消除警报时对应的输入信号值。

上述试验在每个试验点上重复进行三次。

根据测量结果，按下列方法确定报警功能：

a) 根据各试验点测量得的报警值，确定报警设定范围；

b) 计算各试验点报警值重复测试的均方根误差，取最大均方根误差为报警重复性误差；

c) 计算各试验点的消警范围值，并计算重复测试的平均消警范围值，将最大及最小的平均消警范围值列入报告。

6.2.4.3 **影响量试验中的报警功能检查**

在有关的影响量试验中，当对报警功能进行检测时，报警参数的测试按下列方法进行：

缓慢增大输入信号，测量上限警报时的报警值，重复进行三次，计算其平均值；

缓慢减小输入信号，测量下限报警时的报警值，重复进行三次，计算其平均值；

将各试验点测得平均报警值的最大变化量列入报告。

6.2.4.4 **电源电压低降试验**

试验按GB/T 3386.1—2007进行，最后，将低降试验前与试验结束并恢复正常供电后的量程和下限值变化量列入报告。

6.2.4.5 **电源方向保护试验**

试验按GB/T 3386.1—2007进行，最后，将试验前与试验结束并恢复正常供电后的量程和下限值变化量列入报告。

6.2.4.6 **外观检查**

用肉眼观察和用手拔动等方法进行。

6.2.4.7 **输入电阻对信号影响**

将图19中的开关K断开，使信号电压为5.000 V，然后，闭合开关K，测量指示仪输入信号变化量。

6.2.4.8 **抗运输环境性能试验**

按试验附录C规定进行。试验后，在参比试验大气条件下自然回温不少于24 h，然后拆除包装，按6.2.4.6方法，检查5.2.4.6要求，再在允许作一次调整的条件下，按GB/T 3386.1—2007第6章及6.2.4.1方法，抽查表23中1、2、3项和5.2.4.2的要求。

6.2.5 **记录仪试验方法**

除本标准另有规定外，均按GB/T 3386.1—2007规定的方法进行试验。

6.2.5.1 **报警功能检查**

将记录仪上、下限报警设定值依次定在各规定范围的最大值与最小值作为试验点。

在每一个上限报警试验点处，将输入信号从量程的0%开始缓慢增大，测量上限报警时的报警值，然后，再缓慢减小输入信号，测量消除报警时对应的输入信号值。

在每一个下限报警试验点处，将输入信号从量程的100%开始缓慢减小，测量下限报警时的报警值，然后，再缓慢增大输入信号，测量消除报警时对应的输入信号值。

上述试验在每个试验点上重复进行三次。

根据测量结果，按下列方法确定报警功能：

a) 根据各试验点测得的报警值，确定报警设定范围；

b) 计算各试验点报警值重复测试的均方根误差，取最大均方根误差为报警重复性误差；

c) 计算各试验点的消警范围值，并计算重复测试的平均消警范围值，将最大及最小的平均消警范围值列入报告。

6.2.5.2 影响量试验中的报警功能检查

在有关的影响试验中，当对记录仪进行测试时，报警参数的测试按下列方法进行：

缓慢增大输入信号，测量上限报警时的报警值，重复进行三次，计算其平均值；

缓慢减小输入信号，测量下限报警时的报警值，重复进行三次，计算其平均值；

将影响量试验中报警值平均值的最大变化量列入报告。

6.2.5.3 电源电压低降试验

试验按 GB/T 3386.1—2007 进行，最后，将低降试验前与试验结束并恢复正常供电后的量程和下限值变化量列入报告。

6.2.5.4 电源反向保护试验

试验按 GB/T 3386.1—2007 进行，最后，将试验前与试验结束并恢复正常供电后的量程和下限值变化量列入报告。

6.2.5.5 加速寿命试验

试验按 GB/T 3386.1—2007 进行，当记录仪的长期记录质量检查与本项试验结合进行时，作下列附加规定：

a) 长期记录质量根据试验开始到记录10 000个周期为止所记录的录迹进行检查；

b) 在此期间，允许按制造厂提供的该产品使用说明书中的规定，进行必要的维护。

6.2.5.6 外观检查

用肉眼观察和用手拨动等方法进行。

6.2.5.7 输入电阻的信号影响

将图 20 中的开关 K 断开，使信号电压为 5.000 V，然后闭合开关 K，测量输入信号变化量。

6.2.5.8 抗运输环境性能试验

试验按附录 C 规定进行。试验后，在参比试验大气条件下自然回温不少于24 h，然后拆除包装，按 6.2.5.6 方法，检查 5.2.5.9 要求；再在允许作一次调整的条件下，按 GB 3386.1—2007 第 6 章方法，抽查表 26 中 1、2 项和 5.2.5.2 的要求。

6.2.6 积算器试验方法

6.2.6.1 基本误差、回差、重复性试验

试验前，应在规定条件下，使测量设备充分稳定，所有影响测试的条件，均应随时观察并记录。

对比例积算器，使输入信号一量程的 0%、10%、25%、50%、75%、100%、75%、50%、25%、10%、0%为一个变化循环，共进行三个循环，记录每一个试验点对应的积算器计数脉冲频率值。

对开方积算器，使输入信号一量程的 0%、1.0%、6.25%、25%、56.25%、100%、56.25%、25%、6.25%、1.0%、0%为一个变化循环，共进行三个循环，记录每一个试验点对应的积算器输出计数脉冲值及开方输出值。

试验时，输入信号应按初始变化的同一方向，缓慢地逼近试验点，不允许有过冲现象，测试时，输入信号应保持稳定，直到被测参数稳定止。

实验过程中，不允许有敲打或振动积算器的现象。

然后，将输入信号稳定在量程的 100%，积算速度置于 100 字/h 一挡，记录一小时的积算数字。

各试验点计数脉冲频率误差按式(6)计算：

$$\delta_{ji} = \frac{F_c - F_z}{F_s} \times 100 \qquad \cdots\cdots(6)$$

式中：

δ_{ji}——某试验点测得的计数脉冲频率误差，%；

F_c——该试验点测得的实际脉冲频率值，Hz；

F_z——该试验点相应的输出的计数脉冲频率计算值，Hz；

F_s——输出计数脉冲频率量程，Hz。

各试验点开方输出的误差按式(7)计算：

$$\delta_{ki} = \frac{Y_c - Y_z}{Y_s} \times 100\% \quad \cdots\cdots (7)$$

式中：

δ_{ki}——某试验点测得的计数开方输出误差值；

Y_c——该试验点测得的实际输出值，%；

Y_z——与该试验点相应的开方输出计算值，%；

Y_s——开方输出量程，其值为100，%。

根据各试验点测得的误差值，计算基本误差、回差及重复性误差。其中：

基本误差：以三个循环试验中，各试验点测得的绝对值最大的正、负误差表示。

回差：某试验点，同一输入信号所对应的上行程平均误差与下行程平均误差之间的差值，取各个试验点测得回差中的最大值列入报告。

重复性误差：各个试验点测得误差值的均方根误差，取得最大值列入报告。

积算基本误差按式(8)计算：

$$\delta_j = \frac{N_c - N_z}{N_z} \times 100\% \quad \cdots\cdots (8)$$

式中：

δ_j——积算基本误差；

N_c——输入信号为量程的100%时，1 h的实验积算值，字；

N_z——输入信号为量程的100%时，1 h的计算积算值，字。

6.2.6.2 小信号切除试验(仅对开方积算器)

将开方积算器输入信号从量程的0%缓慢增大，当积算器开方输出从0%突变到某值时，记录对应的输入信号值。

再将输入信号缓慢减少，当积算器开方输出从某值突变到0%时，记录对应的输入信号值。

再次记录的输入信号值，均为小信号切除点，以输入信号量程的百分数表示。

6.2.6.3 开方输出指示表刻度误差及回差试验(仅对开方积算器)

变化输入信号，使开方输出指示表以25%、50%、75%、100%、75%、50%、25%为一个变化循环，共进行三个循环，记录每个试验点对应的开方输出真值。

试验时，输入信号应按初始变化的同一方向，缓慢地逼近试验点不允许有过冲记录，试验中不允许有敲打或振动积算器的现象。

各试验点的误差按式(9)计算：

$$\delta_{zi} = \frac{Y_z - Y_{bc}}{Y_{bs}} \times 100\% \quad \cdots\cdots (9)$$

式中：

δ_{zi}——某试验点测的误差值；

Y_{bc}——该试验点指示表指示值，%；

Y_z——该试验点开方输出真值，%；

Y_{bs}——指示表指示量程，其值为100，%。

计算各试验点测得的平均误差及回差，分别取绝对值最大值列入报告。

6.2.6.4 环境温度试验

环境温度试验时，温度应按下列顺序变化：

20 ℃、40 ℃、20 ℃、5 ℃、20 ℃。

在上述每挡温度值处，应保温 2 h，每挡温度允差±2 ℃。

按上述温度变化顺序，连续进行两个循环。试验中，对积算器不作任何调整，于保温临近结束时，测出积算器的输出计数脉冲频率值。计算相邻两挡温度之间，平均每变化 10 ℃的输出计数脉冲频率变化量。

将两个循环中，对应变温区间测出计数脉冲频率平均变化量的最大值列入报告。

6.2.6.5 相对湿度变化试验

首先在参比大气条件下，测量积算器的输出计数脉冲频率值，然后将环境的温度升到 40 ℃，相对湿度升到 91%～95%之间，保持24 h，临结束时测出积算器的输出计数脉冲频率值。

试验后，再在参比大气条件下，放置24 h，然后再次测量积算器输出计数脉冲频率值。

将积算器的输出计数脉冲频率最大变化量及试验后观察的有无跳火花痕迹和元件损坏情况列入报告。

6.2.6.6 安装位置变化试验

使积算器从正常工作位置向前、后、左、右各作一次 10°的倾斜，测出计数脉冲频率的最大变化量。

6.2.6.7 倾跌试验

先将积算器按正常位置安放在平滑、坚硬又牢固的混凝土或钢台面上。

将一底边提起，使其与台面距离为 100 mm，或者使底面与台面有 30°的夹角，选择两者中倾斜度小的一种，然后让积算器自由倾跌到台面上。

四条底边均按上述方法试验一次。

试验后，测量输出计数脉冲频率变化量，并检查机械损坏情况。

6.2.6.8 机械振动试验

试验时，将积算器按安装说明书规定，安装在振动台上。要求振动台、安装板、安装托架应有足够的刚度，使传到积算器上的振动变化最小。

积算器应在三个互相垂直的轴线(其中一个为铅垂方向)上承受正弦振动，试验先在一个方向上按下述三个阶段进行，再在另两个方向上重复上述试验，三个方向试验结束后，作最终检查。

第一阶段：寻找初始谐振

本阶段试验的目的是了解积算器对机械振动的响应，测定机械谐振频率，为寻找最终谐振收集资料。

试验的频率范围取 10 Hz～25 Hz，位移振幅取 0.075 mm。

试验应按上述的频率范围，按对数规律连续扫频，扫频速率约为每分钟 0.5 个倍频程，扫频期间应记录机械谐振频率，输出计数脉冲频率值以及引起输出计数脉冲频率值有明显变化时所对应的频率值。

第二阶段：耐振性试验

按第一阶段找出的最高机械谐振频率，作 0.5 h 的耐振性试验，如果第一阶段没找到机械谐振点，则按上述频率范围的上限值进行振动。

第三阶段：寻找最终谐振

按第一阶段相同方法重复进行一次试验。

将第三阶段测得的机械谐振频率、使输出计数脉冲频率值有明显变化的频率值与第一阶段测得值进行比较，如有较大变化，则应列入报告。因这种变化可能是由导致机械结构开始破裂的非弹性形变所引起。

最终测量：振动试验后，应检查积算器的机械情况是否良好，并再次测量输出计数脉冲频率值。

将输出计数脉冲频率值的最大变化量及机械损伤情况列入报告。

6.2.6.9 **电源电压变化试验**

将电源电压分别稳定在公称值、上限值及下限值，分别测量积算器的输出计数脉冲频率值。

再将输出调整到量程的100%，电源电压稳定在下限值，分别测量积算器的输出计数脉冲频率值。

最后，将输出计数脉冲频率值的最大变化量列入报告。

6.2.6.10 **电源短时中断试验**

电源短时中断时间为500 ms，重复进行两次，两次试验的时间间隔不少于5 s，测量由于电源中断而引起的输出计数脉冲频率永久变化量。

6.2.6.11 **电源电压低降试验**

试验时，应将输出稳定在量程的上限值。

将电源电压突降至公称值的75%，保持5 s，然后恢复到原来值。记录低降试验前后的输出计数脉冲频率永久变化量。

6.2.6.12 **电源反向保护试验**

将电源电压的上限值，反向施加于积算器的电源端，然后恢复正常供电，测量积算器输出计数脉冲频率变化量。

6.2.6.13 **共模干扰试验**

先将电压有效值为250 V，频率为电网频率的正弦干扰信号，加到输入端子负端与接地端子之间。同时改变干扰信号的相位(0°～360°)。

再用直流电压代替交流干扰信号，直流电压的幅值取5 V，并且分别以正向及反向形式施加于上述端子之间。

试验时，输入信号源两端应并联10 μF电容，测量在共模干扰作用下，积算器输出计数脉冲频率的最大变化量。

6.2.6.14 **串模干扰试验**

按图13进行接线。

将积算器输出计数脉冲频率分别稳定在量程的10%及90%。

从1 Ω(或10 Ω)电阻两端，取出与电网频率相同的串模干扰电压，串联作用于积算器输入端，逐渐增大干扰电压幅值，并改变其相位(0～360°)，记录当输出计数脉冲频率变化为量程的0.5%时对应的干扰电压幅值及相位。

试验中，当干扰信号幅值已达到制造厂规定值，而积算器输出计数脉冲频率变化量还未达到量程的0.5%时，即可停止试验。

6.2.6.15 **外磁场干扰试验**

将积算器置于磁场强度为400 A/m、频率与电网频率相同的交变磁场中，分别在相互垂直的三个磁场方向改变相位(0°～360°)，测量输出计数脉冲频率变化量。

将输出计数脉冲频率分别稳定在量程的10%与90%，重复上述试验。测出输出计数脉冲频率的最大变化量。

6.2.6.16 **射频电磁场辐射抗扰度试验**

按照GB/T 17626.3完成。

6.2.6.17 **接地试验**

将积算器输入端子的负端依次接地，测量积算器输出计数脉冲频率最大变化量。

6.2.6.18 **工作寿命加速试验**

将积算器输入信号以量程的50%为中点，峰-峰值约为量程的50%，频率为0.5 Hz，作正弦交变变化。

试验前，先通点24 h，再连续运行7 d，每8 h～12 h中断一次交变信号，以便测量输出计数脉冲频率变化量。将试验前后输出计数脉冲频率变化量列入报告。

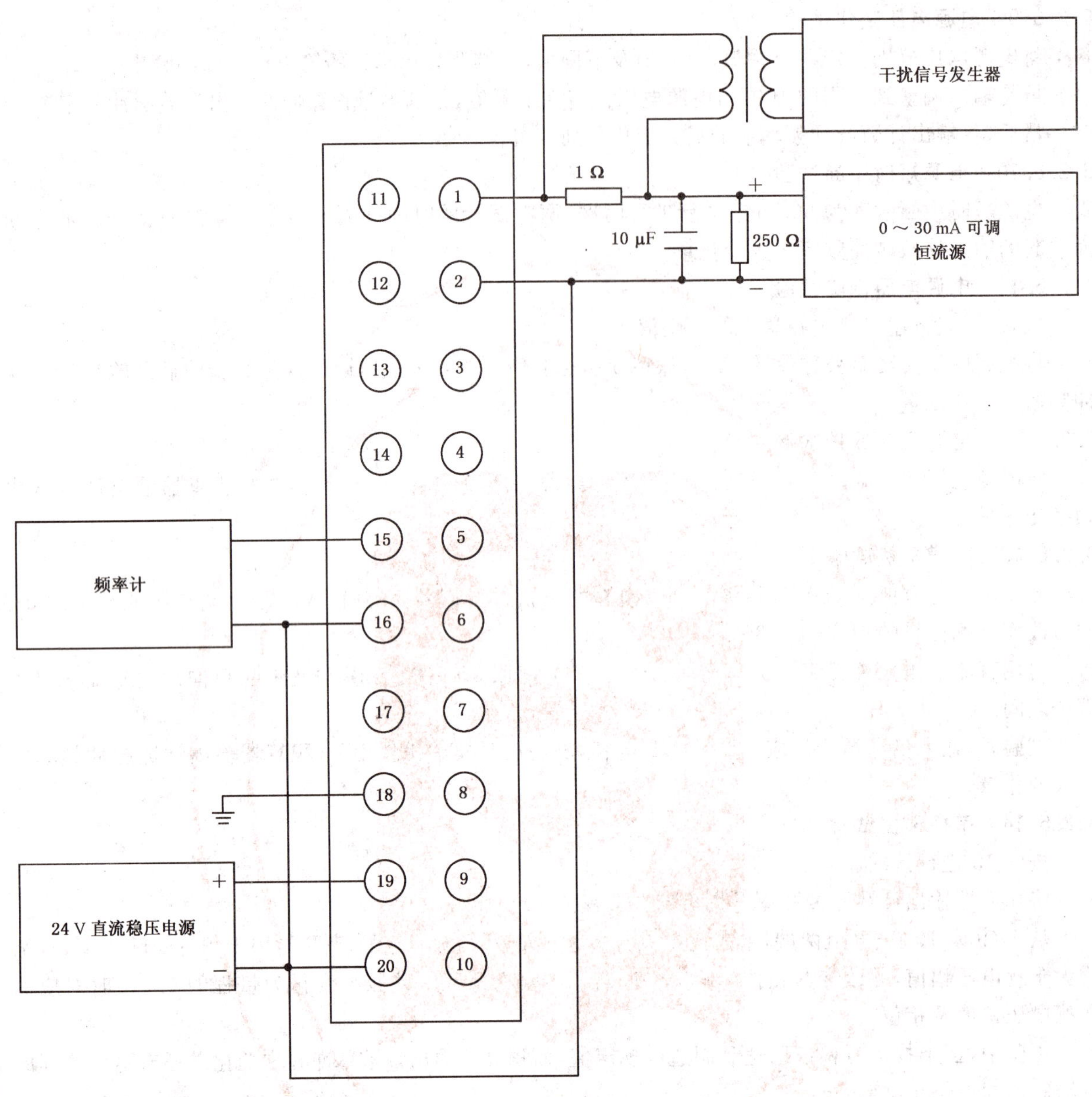

图 13 积算器串模干扰试验接线图

6.2.6.19 输入过范围试验

将输入信号调整到量程的150%，为时1 min，然后恢复到原来值，稳定5 min后，测量输出计数脉冲频率变化量。

6.2.6.20 长期漂移试验

在参比条件下，对积算器加入输入信号，使输出计数脉冲频率稳定在量程的90%，运行24 h后测量输出计数脉冲频率值，然后运行7 d～30 d，每天测量输出计数脉冲频率值，将最后一次与第一次测得输出值的差值，定为长期漂移量。

再次将输入信号调整到量程的100%，继续运行24 h，记录24 h的积算值，计算积算基本误差。

6.2.6.21 耗电量检查

将积算器输出计数脉冲频率稳定在量程的100%处，测量积算器耗电量。

再在电源电压为上限值条件下，重复上述试验。取最大耗电量列入报告。

6.2.6.22 绝缘强度试验

将电源、输入、输出等端子短接成一点，采用与电网频率相同的正弦交流电，电压有效值为500 V的试验电压，加到该短接点与接地端子之间。

试验时，应将试验电压从零开始，平稳地，无过冲地升到规定值，保持1 min，然后再平稳地降至零值，检查是否有击穿和飞弧现象。

试验设备的容量应不小于500 V·A。

6.2.6.23 绝缘电阻试验

将电源、输入、输出等端子短接成一点，用试验电压为直流500 V的兆欧表，测量短接点与接地端子之间的绝缘电阻值。

6.2.6.24 外观检查

用肉眼观察方法进行。

6.2.6.25 输入电阻对信号影响试验

将图21中的开关K断开，使信号电压为5.0 V，然后闭合开关K，测量输入信号变化量。

6.2.6.26 抗运输环境性能试验

试验按附录C规定进行。实验后，在参比大气条件下，自然回温不少于24 h，然后拆除包装，按6.2.6.24方法，检查5.2.6.1要求；再在允许作一次调整的条件下，按6.2.6.1、6.2.6.2、6.2.6.23方法，抽查表29中1、2、4、25项的要求。

6.2.7 比值器试验方法

6.2.7.1 基本误差、回差、重复性试验

试验前，应在规定条件下，使测量设备充分稳定，所有影响测量的条件均应随时观察并记录。

将比值数示值置于0.3，输入信号为量程的100%，微调比值数示值，使输入信号为量程的30%，然后变化输入信号，以输入量程的0%、25%、50%、75%、100%、75%、50%、25%、0%为一个变化循环，共进行三个循环，记录每个试验点对应的输出信号值。

在将比值数示值置于1，输入信号为量程的100%，微调比值数示值，使输入信号为量程的100%，然后按上述方法重复试验，记录每一个试验点对应的输出信号值。

将比值数示值置于3，输入信号为量程的32.5%，微调比值数示值，使输入信号为量程的97.5%，然后改变输入信号，以输入量程的0%、7.5%、17.5%、25%、32.5%、25%、17.5%、7.5%、0%为一个变化循环，共进行三个循环，记录每个试验点对应的输出信号值。

各试验点输出信号真值，根据各试验点输出信号大小和比值数大小，4.2.7提供的计算式确定。

试验时，输入信号应按初始变化的同一个方向，缓慢地逼近试验点，不允许有过冲现象。测试时，输入信号应保持稳定，直到被测参数稳定为止。

根据测试结果，按式(10)计算误差：

$$\delta_i = \frac{Y_c - Y_z}{Y_s} \times 100\% \qquad \cdots\cdots(10)$$

式中：

δ_i——某试验点测得的误差，%；

Y_c——该试验点测得的实际输出值，以量程的百分数表示；

Y_z——该试验点相应的输出信号标准值，以量程的百分数表示；

Y_s——输出信号量程，其值为100，%。

根据各试验点测得的误差值，计算基本误差、回差、重复性误差。

基本误差：以三个循环试验中，各试验点测得的绝对值最大的正、负误差表示。

回差：同一输入信号所对应的上行程平均误差与下行程平均误差之间的差值，取各个试验点测得回差中的最大值列入报告。

重复性误差：各个试验点测得误差值的均方根误差，取最大值列入报告。

6.2.7.2 偏置范围试验

1) 内偏置

微调比值数示值，是输入信号为量程的0%时，偏置值示值从0%变化到正向上限值，则输出信号应能从0%变化到100%。

将输入信号定在量程的100%，偏置信号从0%变化到负向下限值，则输出信号应能从量程的100%变化到0%。

2) 外偏置

将外偏置极性选择开关置于“正”，偏置回路按“正偏置”连接。

微调比值数示值，使输入信号为0%时，输出信号为量程的0%。

将外偏置信号从0%变化到100%，则输出信号应能从0%变化到100%。

将外偏置极性选择开关置于“负”，偏置回路按“负偏置”连接。

微调比值数示值，使输入信号为100%时，输出信号为量程的100%。

将外偏置信号从0%变化到100%，则输出信号应能从100%变化到0%。

6.2.7.3 输入输出指示表误差试验

变化输入信号，使输入指示表示值以0%、25%、50%、75%、100%、75%、50%、25%、0%为一个变化循环，共进行三个循环，记录每个试验点对应的输入信号值。

变化输出信号，使输入指示值以0%、25%、50%、75%、100%、75%、50%、25%、0%为一个变化循环，共进行三个循环，记录每个试验点对应的输出信号值。

试验时，输入信号应按初始变化的同一个方向，缓慢地逼近试验点，不允许有过冲现象。测试时，插入信号应保持稳定，直到被测参数稳定为止。

试验中，不允许有敲打或振动比值器的现象。

根据测试结果，计算输入及输出指示表的平均误差及回差。

6.2.7.4 比值数指示误差试验

将比值器的比值数按上行程方向对准0.3、1、3标度值，然后再按表38规定加入相应的输入信号，测量对应的输出信号。

表38 比值数指示误差试验参数

比值数示值	0.3	1	3
输入信号 X_i	100%	100%	32.5%

比值数真值按式(11)计算：

$$n_z = \frac{Y_i}{X_i} \quad \cdots\cdots (11)$$

式中：

n_z——比值数真值；

X_i——输入信号值，以量程的百分数表示；

Y_i——与比值数示值对应的实测输出信号值，以量程的百分数表示。

比值数指示误差按式(12)计算：

$$\delta_b = \frac{n_c - n_z}{\Delta n} \times 100 \quad \cdots\cdots (12)$$

式中：

δ_b——比值数指示误差，%；

n_c——比值数示值；

n_z——比值数真值；

Δn——比值数示值范围(即2.7)。

以最大的比值数指示误差列入报告。

6.2.7.5 **环境温度试验**

环境温度试验时,温度应按下列顺序变化:

20 ℃、40 ℃、20 ℃、5 ℃、20 ℃。

在上述每挡温度值处,应保温 2 h,每挡温度允差±2 ℃。

按上述温度变化顺序,连续进行两个循环。试验中,对比值器不作任何调整,于保温临近结束时,测出比值器的输出值。计算相邻两挡温度之间,平均每变化 10 ℃的输出变化量。将两个循环中,对应变温区间测出平均变化量的最大值列入报告。

6.2.7.6 **相对湿度变化试验**

首先在参比大气条件下,测量比值器的输出值,然后将环境的温度生到 $40_{-2}^{\ 0}$℃,相对温度升到 91%～95%之间,保持24 h,临结束时测出比值器的输出值。

试验后,再在参比大气条件下,放置24 h,然后再次测量比值器输出值。

将比值器的输出最大变化量及试验后观察的有无跳火花痕迹和元件损坏情况列入报告。

6.2.7.7 **安装位置变化试验**

使比值器从正常工作位置向前、后、左、右各作一次 10°的倾斜,分别测出输出的最大变化量。

6.2.7.8 **倾跌试验**

先将比值器按正常位置放在平滑、坚硬又牢固的混凝土或钢台面上。

将一底边提起,使其与台面距离 100 mm,或者使地面与台面有 30°的夹角,选择两者中倾斜度小的那种,然后让比值器自由倾跌到台面上。

四条底边均按上述方法试验一次。

试验后,测量输出变化量,并检查机械损坏情况。

6.2.7.9 **机械振动试验**

试验时,将比值器安装说明书规定,安装在振动台上。要求振动台、安装板、安装托架均应有足够的刚度,使传到比值器上的振动变化最小。

比值器应在三个相互垂直的轴线(其中一个为铅垂方向)上承受正弦振动,试验先在一个方向上按下述三个阶段进行,再在另两方向上重复上述试验,三个方向试验结束后,作最终检查。

第一阶段:寻找初始谐振

本阶段试验的目的是了解比值器对机械振动的响应,测定机械谐振频率为寻找最终谐振收集资料。

试验的频率范围取 10 Hz～25 Hz,位移振幅取 0.075 mm。

试验应按上述的频率范围,按对数规律连续扫频,扫频速率约为每分钟 0.5 个倍频程,扫频期间应记录机械谐振频率,输出值以及引起输出值有明显变化时所对应的频率值。

第二阶段:耐振性试验

按第一阶段找出的最高机械谐振频率,作 0.5 h 的耐振性试验,如果第一阶段没有找到机械谐振点,则按上述频率范围的上限值进行振动。

第三阶段:寻找最终谐振

按第一阶段相同方法重复进行一次试验

将第三阶段测得的机械谐振频率,使输出值有明显变化的频率值与第一阶段测得值进行比较,如有较大变化,则应列入报告,因这种变化可能是由导致机械结构开始破裂的非弹性形变所引起。

最终测量:振动试验后,应检查比值器的机械情况是否良好,并再次测量输出值。

将输出值的最大变化量及机械损坏情况列入报告。

6.2.7.10 **电源电压变化试验**

将电源电压分别稳定在公称值、上限值及下限值,分别测量比值器的输出值。

再将输出调整到量程的 100%,电源电压稳定在下限值,再次测量比值器输出值。

最后,将输出最大变化量列入报告。

6.2.7.11 电源短时中断试验

电源短时中断时间为500 ms,重复进行2次,两次试验的时间间隔不少于5 s。测量由于电源中断而引起的输出瞬时变化持续时间(即输出达到并能保持与稳定值相差1%以内为止所需时间)及输出永久变化量。

6.2.7.12 电源电压低降试验

试验时,应将输出稳定在量程的上限值。

将电源电压突降至公称值的75%,保持5 s,然后恢复到原来值。记录低降试验前后的输出永久变化量、低降与恢复瞬间的输出瞬时变化量及持续时间。

6.2.7.13 电源反向保护试验

将电源电压的上限值,反向施加于比值器电源端,然后恢复正常供电,测量输出变化量。

6.2.7.14 共模干扰试验

先将电压有效值为250 V,频率为电网频率的正弦干扰信号,依次加到输入端子、输出端子的负端与接地端子之间,同时改变干扰信号的相位(0～360°)。

再用直流电压代替交流干扰信号,直流电压的幅值取5 V,并且分别以正向及反向形式施加于比值器上述端子之间。

试验时,输入信号源两端应并联10 μF电容。

测量比值器在共模干扰作用下,输出最大变化量及交流分量有效值变化量。

6.2.7.15 串模干扰试验

试验按图14接线。

将比值器输出信号分别稳定在量程的10%及90%。

从1 Ω(或10 Ω)电阻两端,取出与电网频率相同的串模干扰电压,串联作用于比值器输入端,逐渐增大干扰电压幅值,并改变其相位(0°～360°),记录当输出变化为量程的0.5%时对应的干扰电压幅值及相位。同时测量输出交流分量有效值变化量。

试验中,当干扰信号幅值已达到制造厂规定值,而比值器输出变化量还未达到量程的0.5%时,即可停止试验。

6.2.7.16 外磁场干扰试验

将比值器置于磁场强度为400 A/m,频率与电网频率相同的交变磁场中,分别在相互垂直的三个磁场方向上,改变相位(0°～360°),测量输出变化量。

将输出分别稳定在量程的10%与90%,重复上述试验,测出输出最大变化量。

6.2.7.17 射频电磁场辐射抗扰度试验

按照GB/T 17626.3完成。

6.2.7.18 接地试验

将比值器输入与输出端子的负端依次接地,测量比值器输出最大变化量。

6.2.7.19 负载变化试验

将比值器输出端负载电阻置于允许范围的上限值及下限值,分别测量比值器输出值。

再将负载电阻分别短路与开路各1 min,再次测量输出值。

以输出值的最大变化量列入报告。

6.2.7.20 工作寿命加速试验

使比值器输入信号以量程的50%为中点,峰-峰值约为量程的50%,频率为0.5 Hz,作正弦交变变化。

试验前,比值器先通电24 h,然后连续运行7 d,每8 h～12 h中断一次交变信号,以便测量输出变化量。将输出最大变化量列入报告。

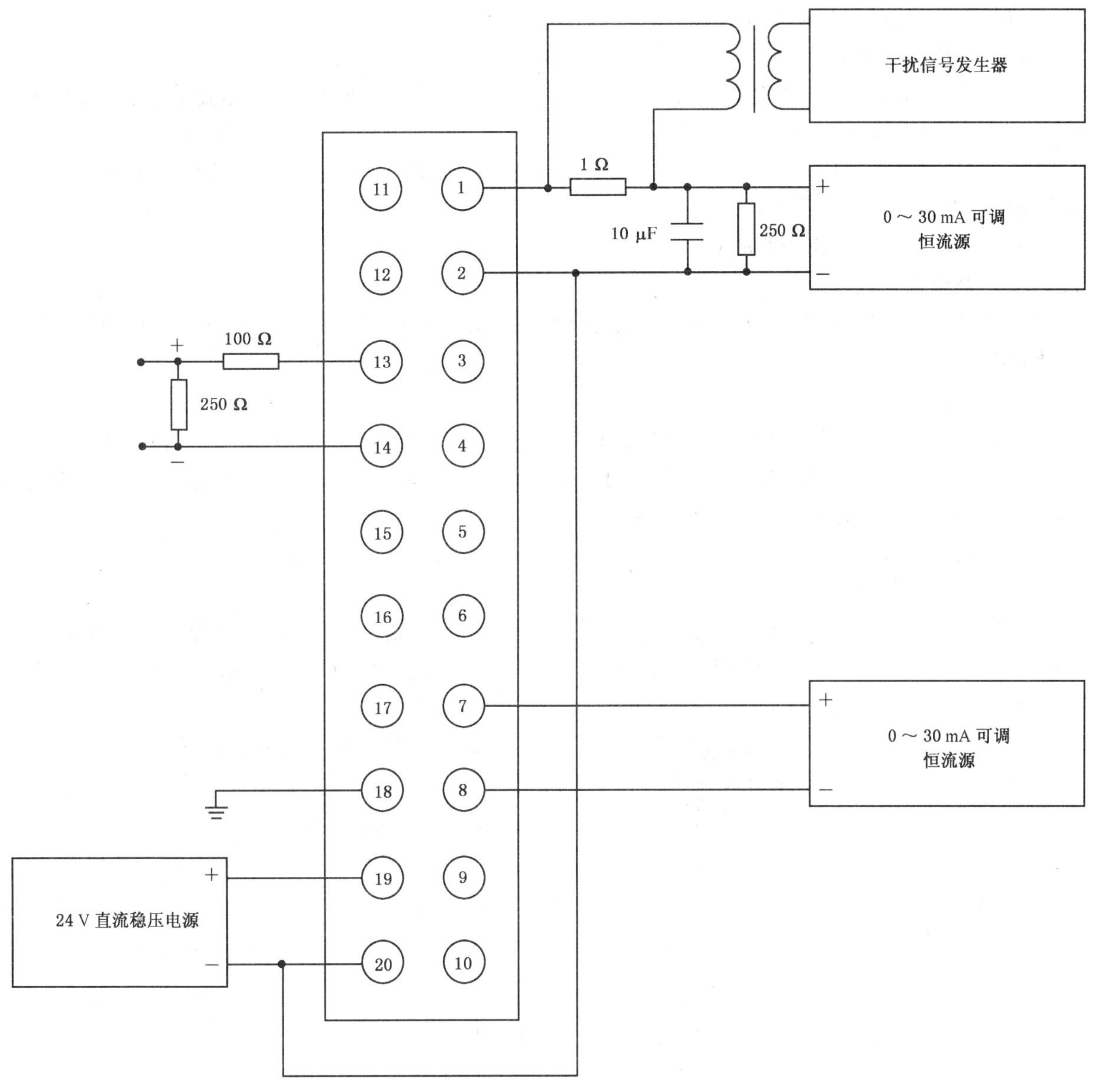

图 14　比值器串模干扰试验接线图

6.2.7.21　**输入过范围试验**

将输入信号调整到量程的150%，历时1 min，然后恢复到原来值，稳定5 min后，测量输出变化量。将输出最大变化量列入报告。

6.2.7.22　**始动漂移试验**

试验前，在参比大气条件下放置24 h，然后接通电源并加入量程的25%输入信号，重复上述试验。将5 min、1 h测得的输出值，与4 h后测得值比较，其最大差值即为始动漂移。

注：应该注意，每次测试前，应首先使测试设备预热稳定，防止由于测试设备本身的漂移使测量结果带来误差。

6.2.7.23　**长期漂移试验**

在参比条件下，对比值器加入假如输入信号，使输出信号稳定在量程的90%，运行24 h后测得输出值，然后运行7 d～30 d，每天测量输出值，将最后一次与第一次测得输出值的差值，定为长期漂移量。

6.2.7.24　**耗电量检查**

将比值器输出稳定在量程的100%处，测量比值器耗电量。

再在电源电压为上限值条件下，重复上述试验。取最大耗电量列入报告。

6.2.7.25　**输出交流分量检查**

使比值器输出分别调整在量程的10%、50%及90%，测出输出交流分量中的峰-峰值、有效值及电网频率含量，均以输出量程的百分数表示。

6.2.7.26 **绝缘强度实验**

把电源、输入、输出等端子全部短接成一点，采用与电网频率相同的正弦交流电，电压有效值为500 V的试验电压加到该短接点与接地端子之间。

试验时，应将试验电压从零开始，平稳地，无过冲地升到规定值，保持1 min，然后再平稳地降至零值，检查是否有击穿和飞弧现象。

试验设备的容量应不小于500 V·A。

6.2.7.27 **绝缘电阻试验**

把电源、输入、输出端子短接成一点，用试验电压为直流500 V的兆欧表，测量该点与接地端子之间的绝缘电阻值。

6.2.7.28 **阶跃响应试验**

加入正向阶跃输入信号，使比值器输出由10%变化到90%，再加入反向阶跃输入信号，使比值器输出由90%变化到10%，分别记录从加阶跃信号开始，到输出到达并保持与稳态值相差1%以内为止所需的时间（即稳定时间），同时还应记录时滞和过冲。

6.2.7.29 **频率响应**

将输出稳定在量程的50%。

从输出端加入正弦交变信号，其峰-峰值不超过量程的20%，并保持不变，交变信号的频率从足够低（不大于0.005 Hz）开始，以增量形式提高频率，测出每个频率值对应的输出幅值，直到输出幅值衰减到初始值的一半为止。

根据试验结果作出如图15所示的频率（对数坐标）—相对增益（对数坐标）的幅频特性曲线。

从试验曲线上，确定相对增益为0.7时的频率，即高频截止频率（f_0）。

注：相对增益是指不同信号频率测出的输出幅值与信号频率为零赫兹时输出幅值之比。

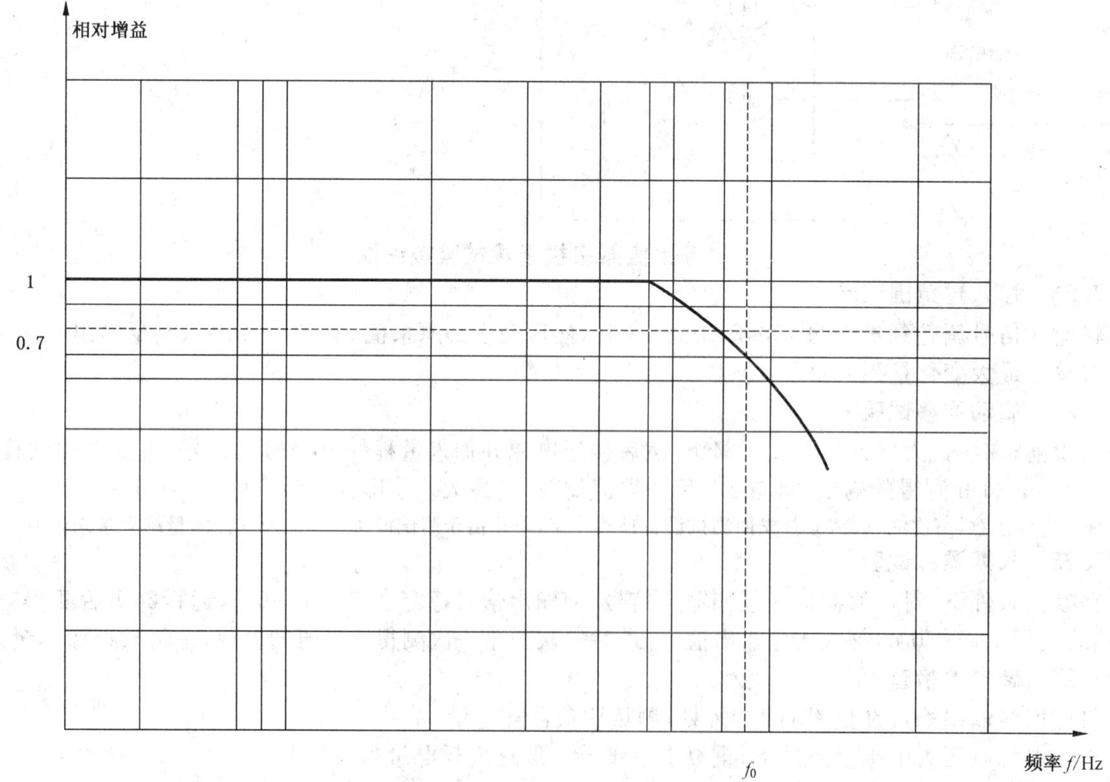

图15 比值器幅频特性曲线示例图

6.2.7.30 外观检查

用肉眼观察方法进行。

6.2.7.31 输入电阻对信号影响实验

将图22中的开关K断开，使信号电压为5.000 V，然后闭合开关K，测量输入信号变化量，以输入量程的百分数表示。

6.2.7.32 抗运输环境性能试验

试验按附录C规定进行。实验后，在参比试验大气条件下，自然回温不少于24 h，然后拆除包装，按6.2.7.30方法，检查5.2.7.1要求；再在允许作一次调整的条件下，按6.2.7.1、6.2.7.3、6.2.7.27方法，抽查表30中1、2、5、6、30项的要求。

6.2.8 安全栅试验方法

6.2.8.1 基本误差、回差、重复性试验

试验前，应在规定条件下，使测量设备充分稳定，所有影响测试的条件均应随时观察并记录。

改变输入信号，以输入量程的0%、25%、50 %、75%、100%、75%、50%、25%、0%为一个变化循环，信号应保持稳定，直到被测参数稳定为止。

试验时，输入信号应按初始变化的同一方向，缓慢地逼近试验点，不允许有过冲现象。测试时，输入信号应保持稳定，直到被测参数稳定为止。

试验中，不允许有敲打或振动安全栅的现象。

根据测试结果，按(13)计算误差。

$$\delta_i = \frac{Y_c - Y_z}{Y_s} \times 100\% \quad \cdots\cdots(13)$$

式中：

δ_i——某试验点测得的误差，%；

Y_c——某试验点测得的实际输出值，以信号量程的百分数表示；

Y_z——该试验点对应的输出信号标准值，以输出量程的百分数表示；

Y_s——输出信号量程，其值为100，%。

根据试验点测得的误差值，计算基本误差、回差、重复性误差及端基一致性。

其中：

基本误差：以三个循环试验中，每个试验点测得的绝对值最大的正、负误差表示。

回差：同一个信号输入所对应的上行程平均误差与下行程平均误差之间的差值，取各试验点测得回差中的最大值列入报告。

重复性误差：各个试验点测得误差值的均方根误差，取最大值列入报告。

端基一致性：给定曲线与实际特性曲线(上下行程读数的平均值)在上、下限生命时，实际特性曲线与给定曲线的最大偏差。

端基一致性可由式(14)计算：

$$\delta_d = \bar{\delta}_i - \left[\frac{\bar{\delta}_s - \bar{\delta}_x}{X_s} \times X_i + \bar{\delta}_i\right] \quad \cdots\cdots(14)$$

式中：

δ_d——端基一致性，%；

$\bar{\delta}_s$——输入信号量程为100%处测得的平均误差，%；

$\bar{\delta}_x$——输入信号量程为0%处测得的平均误差，%；

$\bar{\delta}_i$——某试验点处测得的平均误差，%；

X_i——该试验点输入信号值，以量程的百分数表示；

X_s——输入信号量程，其值为100，%。

取各试验点测的最大端基一致性误差列入报告。

6.2.8.2 **配电电压范围检查**

将检测端安全栅的电源电压升到25.2 V,输入信号为4 mA,测量输入端电压值;再将电源电压降到22.8 V,输入信号为20 mA,再次测量输入端电压值。

6.2.8.3 **环境温度试验**

环境温度试验时,温度应按下列顺序变化:

20 ℃、40 ℃、50 ℃、5 ℃、20 ℃。

在上述每挡温度值处,应保温2 h,每挡温度允差±2 ℃。

按上述温度变化顺序,连续进行两个循环。试验中,对安全栅不作任何调整,于保温临近结束时,测出安全栅的输出值。计算相邻两挡温度之间,平均每变化10 ℃的输出变化量。

将两个循环中,对应变温区间测出平均变化量的最大值列入报告。

6.2.8.4 **相对湿度变化试验**

首先在参比大气条件下,测量安全栅的输出值,然后将环境的温度升到$40_{-2}^{\ 0}$℃,相对湿度升到91%～95%之间,保持24 h,临近结束时测出安全栅的输出值。

试验后,再在参比大气条件下放置24 h,然后再次测量安全栅的输出值。

将安全栅的输出最大变化量及试验后观察的有无跳火花痕迹和元件损坏情况列入报告。

6.2.8.5 **安装位置变化试验**

使安全栅从正常工作位置向前、后、左、右各作一次10°倾斜,分别测出输出的最大变化量。

6.2.8.6 **倾跌试验**

先将安全栅按正常位置安放在平滑、坚硬又牢固的混凝土或钢台面上。

将一底边提起,使其与台面距离为100 mm,或者使底面与台面有30°夹角,选择两者中倾斜度小的一种,然后让安全栅自由倾跌到台面上。

四条底边均按上述方法试验一次。

试验后,测量输出变化量,并检查机械损坏情况。

6.2.8.7 **机械振动试验**

试验时,将安全栅按安装说明书规定,安装在振动台上。要求振动台、安装板、安装托架均应有足够的钢度,使传到安全栅上的振动变化最小。

安全栅应在三个互相垂直的轴线(其中一个铅垂方向)上承受正弦振动,试验先在一个方向上按下述三个阶段进行,再在另两个方向上重复上述试验,三个方向试验结束后,作最终检查。

第一阶段:寻找初始谐振

本阶段试验的目的是了解安全栅对机械振动的响应,测定机械谐振频率,为寻找最终谐振收集资料。

试验的频率范围取10 Hz～25 Hz,位移振幅取0.075 mm。

试验应按上述的频率范围,按对数规律连续扫频,扫频速率约为每分钟0.5个倍频程,扫频期间应记录机械谐振频率、输出值以及引起输出值有明显变化时所对应的频率。

第二阶段:耐振性试验

按第一阶段找出的最高机械谐振频率,作0.5 h的耐振性试验,如果第一阶段没有找出机械谐振点,则按上述频率范围的上限值进行振动。

第三阶段:寻找最终谐振

按第一阶段方法重复进行一次试验。

将第三阶段得的机械谐振频率、使输出值有明显变化时所对应的频率与第一次测得值进行比较,如有较大变化,则应列入报告。因这种变化可能是由导致机械结构开始破裂的非弹性形变所引起。

最终测量:振动试验后,应检查安全机械情况是否良好,并再次测量输出值。

最后,将输出值最大变化量列入报告。

6.2.8.8 **电源电压变化试验**

将电源电压分别稳定在公称值、上限值及下限值,分别测量安全栅的输出值。

再将输出调整到量程的100%，电源电压稳定在下限值，再次测量安全栅的输出值。

最后，将输出值最大变化列入报告。

6.2.8.9 **电源短时中断试验**

电源短时中断时间为500 ms，重复进行2次，两次试验的间隔时间不少于5 s。

测量由于电源中断而引起的输出瞬时变化持续时间（即输出达到并能保持与稳态值相差1%以内的为止所需时间）及输出永久变化量。

6.2.8.10 **电源电压低降试验**

试验时，应将输出稳定在量程的上限值。

将电源电压突降到公称值的75%，保持5 s，然后恢复到原来值。记录低降试验前后的输出永久变化量、低降与恢复瞬间的输出瞬时变化量及持续时间。

6.2.8.11 **电源反向保护试验**

将电源电压的上限值，反向施加于安全栅电源端，然后恢复正常供电，测量输出变化量。

6.2.8.12 **共模干扰试验**

先将电压有效值为250 V试验电压，频率为电网频率的正弦干扰信号，依次加到每个输入端子、输出端子的负端与接地端子之间，同时改变干扰信号的相位（0°～360°）。

再用直流电压代替交流干扰信号，直流电压的幅值取5 V，并且分别以正向及反向形式施加于安全栅上述端子之间。

试验时，输入信号源两端应并联10 μF电容。

测量安全栅在共模干扰作用下，输出最大变化量及交流分量有效值变化量。

6.2.8.13 **串模干扰试验**

试验按图16接线。

按安全栅输出信号分别稳定在量程的10%及90%。

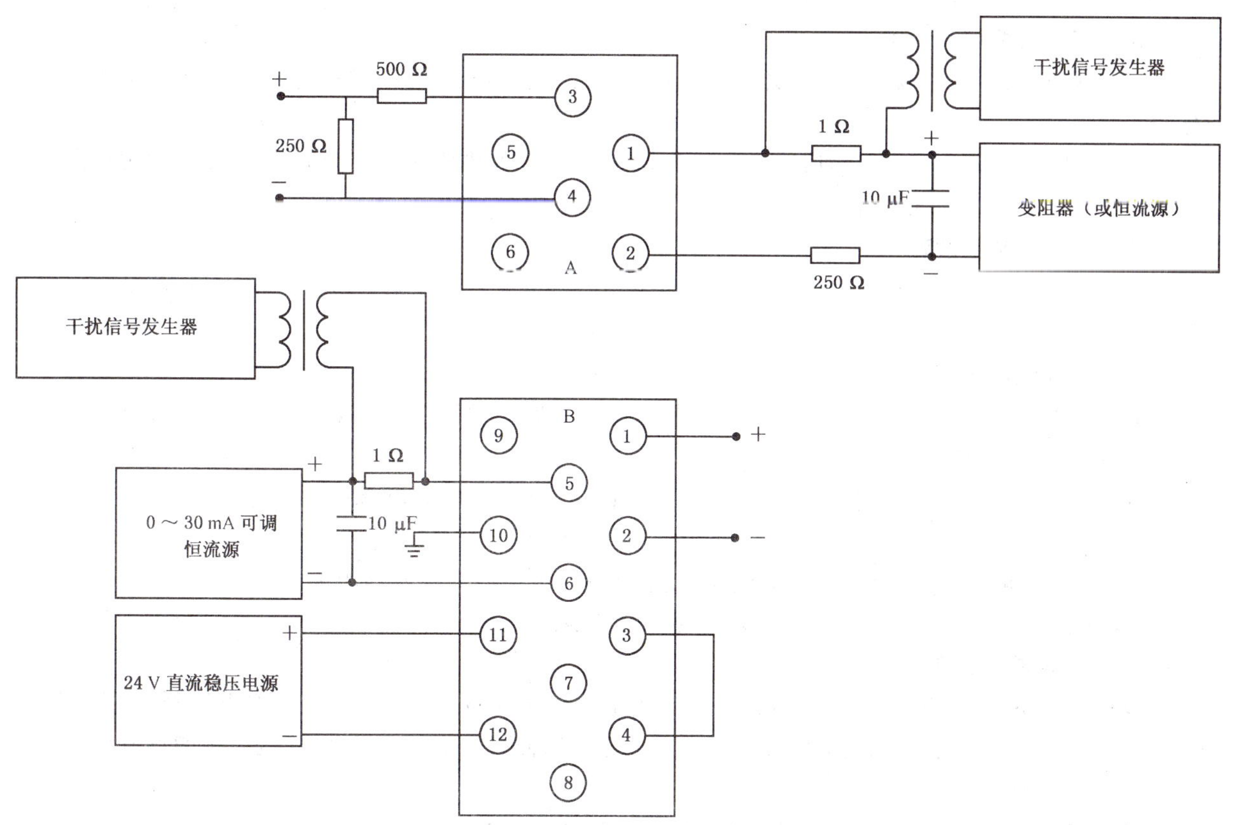

图16 安全栅串模干扰试验图

从1 Ω(或10 Ω)电阻两端，取出与电网频率相同的串模干扰电压，串联作用于安全栅输入端，逐渐增大干扰电压幅值，并改变其相位(0°～360°)，记录当输出变化为量程的0.5%时对应的干扰电压幅值及相位。同时测量输出交流分量有效值变化量。

试验中，当干扰信号幅值已达到制造厂规定值，而安全栅输出变化量还未达到量程的0.5%时，即可停止试验。

6.2.8.14 **外磁场干扰试验**

将安全栅置于磁场强度为400 A/m，频率与电网频率相同的交变磁场中，分别在相互垂直的三个磁场方向上，改变相位(0°～360°)，测量输出变化量。

将输出分别稳定在量程的10%与90%，重复上述试验，测出输出最大变化量。

6.2.8.15 **射频电磁场辐射抗扰度试验**

按照GB/T 17626.3完成。

6.2.8.16 **接地试验**

将安全栅输入与输出端子的负端依次接地，测量安全栅输出最大变化量。

6.2.8.17 **负载变化试验**

a) 检测栅

将安全栅辅助信号输出端负载电阻置于允许范围的最大值及最小值，分别测量安全栅电压输出值。

再将电压输出端短路1 min，再次测量电压输出值。

以输出值的最大变化量列入报告。

b) 操作栅

将安全栅辅助信号输出端负载电阻置于允许范围的最大值及最小值，分别测量安全栅输出值。

再将输出端短路1 min，再次测量输出值。

以输出值的最大变化量列入报告。

6.2.8.18 **工作寿命加速试验**

使安全栅输入信号以量程的50%为中点，峰-峰值约为量程的50%，频率为0.5 Hz，作正弦交变变化。

试验前，安全栅先通电24 h，然后连续运行7 d，每8 h～12 h中断一次交变信号，以便测量输出变化量。将输出最大变化量列入报告。

6.2.8.19 **输入过范围试验**

将操作栅输入信号调整到量程的150%，为时1 min，然后恢复到原来值，稳定5 min后，测量输出变化量。

6.2.8.20 **始动漂移试验**

试验前，在参比大气条件下放置24 h，然后接通电源并加入量程的25%输入信号，过5 min、1 h和4 h后，分别测量输出值。

切断电源和信号源，再在参比大气条件下放置24 h，然后，再接通电源并加入量程的90%输入信号，重复上述试验。

将5 min、1 h测得的输出值与4 h后测得值比较，其最大差值即为始动漂移。

注：应该注意，每次测试前，应首先使测试设备预热稳定，防止由于测试设备本身的漂移使测量结果带来误差。

6.2.8.21 **长期漂移试验**

在参比条件下，对安全栅加入输入信号，使输出信号稳定在量程的90%，运行24 h后测量输出值，然后运行7 d～30 d，每天测量输出值，将最后一次与第一次测量输出值的差值，定为长期漂移量。

6.2.8.22 **耗电量检查**

将安全栅输出稳定在量程的100%处，测量安全栅耗电量。

再在电源电压为上限值条件下，重复上述试验。取最大耗电量列入报告。

6.2.8.23 **输出交流分量检查**

将安全栅输出分别调整在量程的10%、50%及90%，测出输出交流分量中的峰-峰值、有效值及电网频率含量，均以输出量程的百分数表示。

6.2.8.24 **绝缘强度试验**

绝缘强度试验采用与电网频率相同的正弦交流电，按技术要求规定的电压有效值，分别加到被测端子之间。

试验时，应将试验电压从零开始，平稳地，无过冲地升到规定值，保持1 min，然后再平稳地降至零值，检查是否有击穿和飞弧现象。

试验设备的容量应不小于500 V·A。

6.2.8.25 **绝缘电阻试验**

用试验电压为直流500 V的兆欧表，按技术要求规定，检查被测端子之间的绝缘电阻值。

6.2.8.26 **阶跃响应试验**

加入正向阶跃输入信号，使安全栅输出由10%变化到90%，再加入反向阶跃输入信号，使安全栅输入由90%变化到10%，分别记录从阶跃信号开始，到输出达到并保持与稳态值相差1%以内为止所需的时间(即稳定时间)，同时还应记录时滞和过冲。

6.2.8.27 **频率响应**

将输出稳定在量程的50%。

从输入端加入正弦交变信号，其峰-峰值不超过量程的20%，并保持不变，交变信号的频率从足够低(不大于0.005 Hz)开始，以增量形式提高频率，测出每个频率值对应的输出幅值，直到输出幅值衰减到初始值的一半为止。

根据试验结果，作出如图17所示的频率(对数坐标)—相对增益(对数坐标)的幅频特性曲线。

从试验曲线上，确定相对增益为0.7时的频率，即高频截止频率(f_0)。

注：相对增益是指不同信号频率测出的输出幅值与信号频率为零赫兹时输出幅值之比。

图17 安全栅幅频特性曲线示例图

6.2.8.28 **本安电路试验**

将安全栅本安电路的跨接线 DX2、DX3、DX4 断开，单独对本安电路进行试验。A1、A2、A3、A4 均为安全栅与现场本安仪表连接的 A 端子板端子号。

a) 本安电路额定值试验

按图 18 接线，图中开关 K 置于开断状态。

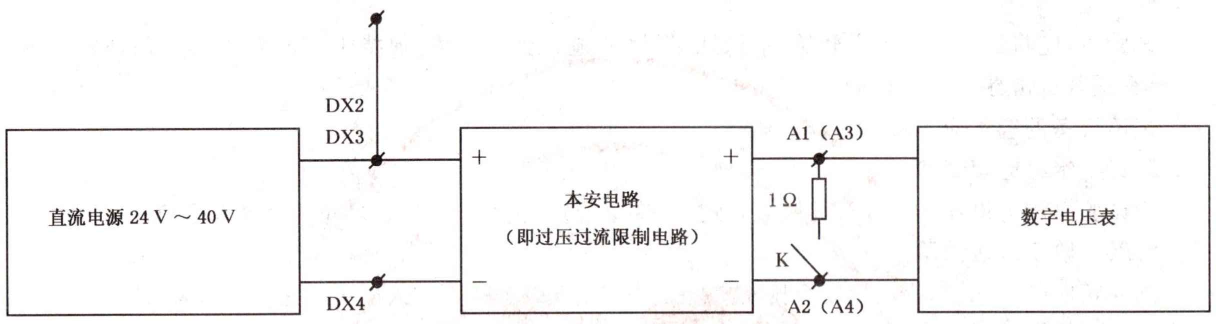

图 18 安全栅本安电路额定值试验接线图

将 A1、A2(或 A3、A4)不接负载，电源电压从 0 V 变化到 40 V，测量 A1、A2(或 A3、A4)两端的最高开路电压值。

闭合开关 K，重复上述试验，测量 A1、A2(或 A3、A4)两端的电压降，并换算成电流值(即最大短路电流值)。

b) 最高允许电压试验

按图 19 接线。

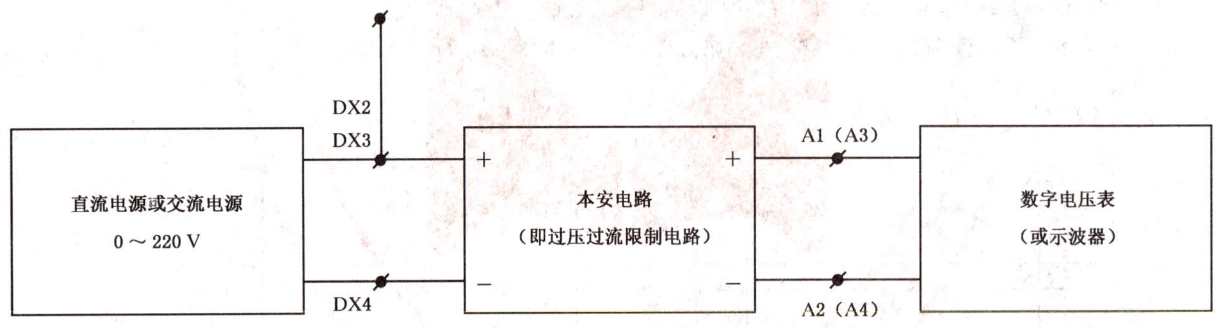

图 19 安全栅最高允许电压试验接线图

A1、A2(或 A3、A4)不接负载，用电流电源使 DX2 与 DX4 两端电压从零开始，缓慢升到 220 V，保持 1 min，测量最高开路电压值，然后逐渐将电源电压降至零值。

改变电流电源极性，重复上述试验。

将直流电源换成交流电源，A1、A2 两端接的数字电压表换成示波器；使 DX2 与 DX4 两端交流电压从零缓慢升高到 220 V，保持 1 min，用示波器测量 A1、A2(或 A3、A4)两端的脉冲峰值。

要求安全栅在最高允许交流或直流电压作用下，最大开路电压不超过允许值。

6.2.8.29 **外观检查**

用肉眼观察方法进行。

6.2.8.30 **抗运输环境性能试验**

试验按附录 C 规定进行。试验后，在参比试验大气条件下，自然回温不少于24 h，然后拆除包装，按 6.2.8.29 方法，检查 5.2.8.2 要求；再在允许作一次调整的条件下，按 6.2.8.1、6.2.8.25 方法，抽查表 31 中 1、2、28 项的要求。

6.2.9 **Q型操作器试验方法**

6.2.9.1 **自动输出的基本误差与回差、指示表指示误差、手动操作功能检查**

试验前，应在规定条件下，使测量设备充分稳定，所有影响测量的条件均应随时观察并记录。

将操作器“手动-自动”切换开关置自动位置，改变输入信号，以输入量程的0%、25%、50%、75%、100%、75%、50%、25%、0%为一个变化循环，共进行三个循环，记录每个试验点对应的输出信号值。

再改变输入信号，使指示表指示以0%、25%、50%、75%、100%、75%、50%、25%、0%为一个变化循环，共进行三个循环，记录每个试验点对应的输出信号值。

将“手动-自动”切换开关置于“手动”位置，改变手动输出，使输出指示表以0%、25%、50%、75%、100%、75%、50%、25%、0%为一个变化循环，共进行三个循环，记录每个试验点对应的输出信号值。

将手动输出调整到极限位置，分别记录手动输出的上限及下限值。

试验时，试验信号应按初始变化的同一方向，缓慢地逼近试验点，不允许有过冲现象。

试验中，不允许有敲打或振动操作器的现象。

根据测试结果分别计算误差：

a) “自动”输出误差按式(15)计算：

$$\delta_i = \frac{Y_c - Y_z}{Y_s} \times 100 \qquad \cdots\cdots(15)$$

式中：

δ_i——某试验点测得的误差，%；

Y_c——该试验点测得的实际输出值，以输出量程的百分数表示；

Y_z——该试验点对应的输出信号值，以输出量程的百分数表示；

Y_s——输出信号量程，其值为100，%。

b) 输入指示表误差按式(16)计算：

$$\delta_i = \frac{X_c - X_z}{X_s} \times 100 \qquad \cdots\cdots(16)$$

式中：

δ_i——某试验点测得的误差，%；

X_c——该试验点输入指示表示值，%；

X_z——该试验点对应的输入信号值，以输入量程的百分数表示；

X_s——输入信号量程，其值为100，%。

c) 输出指示表误差按式(17)计算：

$$\delta_i = \frac{Y_c - Y_z}{Y_s} \times 100 \qquad \cdots\cdots(17)$$

式中：

δ_i——某试验点测得的误差，%；

Y_c——该试验点输出指示表示值，%；

Y_z——该试验点对应的输出信号值，以输出量程的百分数表示；

Y_s——输出信号量程，其值为100，%。

根据试验点测得的误差值，计算基本误差、平均误差和回差，其中：

基本误差：以三个循环中，每个试验点测得的绝对值最大的正、负误差表示。

平均误差：以试验点三个循环试验测得的绝对值最大的正、负误差表示。

回差：同一个试验点所对应上行程平均误差与下行程平均误差之间的差值，取各试验点测得回差中的最大值列入报告。

根据手动操作调整到极限位置时测得的输出值，检查手操输出范围。

注：对于手提式器，输出信号范围检查，应用干电池供电，并当干电池电压下降到极位置指示线情况下进行。

6.2.9.2 **环境温度试验**

环境温度试验时，温度应按下列顺序变化：

20 ℃、40 ℃、50 ℃、5 ℃、20 ℃。

在上述每挡温度值处，应保温 2 h，每挡温度允差±2 ℃。

按上述温度变化顺序，连续进行两个循环。试验中，对操作器不作任何调整，于保温临近结束时，测出操作器的输出值。计算相邻两挡温度之间，平均每变化 10 ℃的输出变化量，将两个循环中，对应变温区间测出平均变化量的最大值列入报告。

6.2.9.3 **相对湿度变化试验**

首先在参比大气条件下，测量操作器的输出值，然后将环境的温度升到 40_{-2}^{0}℃，相对湿度升到 91%～95%之间，保持24 h，临结束时测出操作器的输出值。

试验后，再在参比大气条件下，放置24 h，然后再次测量操作器的输出值。

将操作器的输出最大变化量及试验后观察的有无跳入火花痕迹和元件损坏情况列入报告。

6.2.9.4 **安装位置变化试验**

使操作器从正常工作位置向前、后、左、右各作一次 10°的倾斜，分别测出最大变化量。

6.2.9.5 **倾跌试验**

先将操作器按正常位置安放在平滑、坚硬又牢固的混凝土或钢台面上。

将一底边提起，使其与台面距离为 100 mm 或者使底面与台面有 30°的夹角，选择两者中倾斜度小的一种，然后让操作器自由倾跌到台面上。

四条底边均按上述方法试验一次。

试验后，测量输出变化量，并检查机械损坏情况。

6.2.9.6 **机械振动试验**

试验时按安装说明书规定，安装在振动台上。要求振动台、安装板、安装托架均应有足够的刚度，使传到操作器上的振动变化最小。

操作器应在三个互相垂直的轴线(其中一个为铅垂方向)上承受正弦振动，试验先在一个方向上按下述三个阶段进行，再在另两个方向上重复上述试验，三个方向试验结束后，作最终检查。

第一阶段：寻找初始谐振

本阶段试验的目的是了解操作器对机械振动的响应，测定机械谐振频率，为寻找最终谐振收集资料。

试验的频率范围取 10 Hz～25 Hz，位移振幅取 0.075 mm。

试验应按上述的频率范围，按对数规律连续扫频，扫频速率约为每分钟 0.5 个倍频程，扫频期间应记录机械谐振频率，输出值以及引起输出值有明显变化时所对应的频率值。

第二阶段：耐振性试验

按第一阶段找出的最高机械谐振频率，作 0.5 h 的耐振性试验，如果第一阶段没有找出机械谐振点，则按上述频率范围的上限值进行振动。

第三阶段：寻找最终谐振

按第一阶段方法重复进行一次试验。

将第三阶段得的机械谐振频率、使输出值有明显变化的频率值与第一阶段测得值进行比较，如有较大变化，则应列入报告。因这种变化可能是由导致机械结构开始破裂的非弹性形变所引起。

最终测量：振动试验后，应检查操作器的机械情况是否良好，并再次测量输出值。

将输出值的最大变化量及机械损坏情况列入报告。

6.2.9.7 **电源电压变化试验**

将电源电压分别稳定在公称值、上限值及下限值，测量各种情况下的输出值。

再将输出调整到量程的 100%，电源电压稳定在下限值，再次测量输出值。

以输出值最大变化量列入报告。

6.2.9.8 **电源短时中断试验**

电源短时中断时间为500 ms,重复进行2次,再次试验的时间间隔不少于5 s。测量由于电源中断而引起的输出瞬时变化持续时间(即输出达到并能保持与稳态值相差1%以内为止的所需时间)及输出永久变化量。

6.2.9.9 **电源电压低降试验**

试验时应将输出稳定在量程的上限值。

将电源电压突降到公称值的75%,保持5 s,然后恢复到原来值。记录低降试验前后的输出永久变化量、低降与恢复瞬间的输出瞬时变化量及持续时间。

6.2.9.10 **电源反向保护试验**

将电源电压的上限值,反向施加于操作器电源端,然后恢复正常供电,测量输出变化量。

6.2.9.11 **共模干扰试验**

先将电压有效值为250 V、频率为电网频率的正弦干扰信号,加到输出端子负端与接地端子之间,同时改变干扰信号的相位(0°~360°),测量输出变化量。

再用直流电压代替交流干扰信号,直流电压的幅值取5 V,并且分别以正向及反向形式,施加于上述端子之间。

试验时,在输入信号两端,应并联10 μF电容。

测量在共模干扰情况下,输出最大变化量及交流分量有效值变化量。

6.2.9.12 **外磁场干扰试验**

将操作器置于磁场强度为400 A/m,频率与电网频率相同的交变磁场中,分别在相互垂直的三个磁场方向上,改变相位(0°~360°),测量输出变化量。

将输出分别稳定在量程的10%与90%,重复上述试验,测出输出最大变化量。

6.2.9.13 **射频电磁场辐射抗扰度试验**

按照GB/T 17626.3完成。

6.2.9.14 **接地试验**

将操作器输出端子的负端接地,测量操作器输出变化量。

6.2.9.15 **负载变化试验**

将操作器负载电阻置于允许范围的最大值与最小值,分别测量输出值。

再将负载电阻分别短路与开路各1 min,再次测量输出值。

把输出值的最大变化量列入报告。

6.2.9.16 **始动漂移试验**

试验前,在参比大气条件下,将操作器输出信号预置在输出量程的25%处,断电放置24 h,然后接通电源,过5 min、1 h和4 h后分别测量输出值。

再将输出信号调整到量程的90%,切断电源,在参比大气条件下放置24 h,然后,再接通电源,重复上述试验。

将5 min、1 h测得的输出值与4 h后测得值比较,其最大差值即为始动漂移。

注:应该注意,每次测试前,应首先使测试设备预热稳定,防止由于测试设备本身的漂移使测量结果带来误差。

6.2.9.17 **长期漂移试验**

在参比条件下将信号稳定在量程的90%,运行24 h后测量输出值,然后运行7 d~30 d,每天测量输出值,将最后一次与第一次测得输出值的差值,定为长期漂移量。

6.2.9.18 **耗电量检查**

将操作器输出稳定在量程的100%处,测量操作器耗电量。

再在电源电压为上限值条件下，重复上述试验。取最大耗电量列入报告。

6.2.9.19 **输出交流分量检查**

使操作器输出分别调整在量程的10%、50%及90%，测出输出交流分量中的峰-峰值，有效值及电网频率含量，均以输出量程的百分数表示。

6.2.9.20 **绝缘强度试验**

绝缘强度试验将输入、输出和电源等端子全部短接成一点，用与电网频率相同的正弦交流电，电压有效值为500 V试验电压，加到该短接点与接地端子之间。

试验时，应将试验电压从零开始，平稳地，无过冲地升到规定值，保持1 min，然后再平衡地降到零值，检查是否有击穿和飞弧现象。

试验设备的容量应不小于500 V·A。

6.2.9.21 **绝缘电阻试验**

将输入、输出和电源等端子全部短接成一点。

用试验电压为直流500 V的兆欧表，测量该短接点与接地端子之间的绝缘电阻值。

6.2.9.22 **外观检查**

用肉眼观察和用手拨动方法进行。

6.2.9.23 **输入电阻对信号影响试验**

将“手动-自动”开关置于自动位置。

将图23中开关K开断，使信号电压为5.000 V，然后闭合开关K，测量输入信号变化量，以输入信号量程的百分数表示。

6.2.9.24 **抗运输环境性能试验**

试验按附录C规定进行。试验后，在参比试验大气条件下，自然回温不少于24 h，然后拆除包装，按6.2.9.22方法，检查5.2.9.1要求；再在允许作一次调整的条件下，按6.2.9.1、6.2.9.21方法，抽查表32中1至5、25项的要求。

6.2.10 **电源箱试验方法**

6.2.10.1 **指示表指示误差试验**

试验前，应在规定条件下，使测量设备充分稳定，所有影响测量的条件均应随时观察并记录。

改变直流输出电压，以输出电压指示表标度示值为22、24、26、24、22为一个变化循环，共进行三个循环，记录每个试验点对应的直流输出电压值。

改变直流电压输出端负载电阻，以输出电流指示表示值为额定输出电流的0%、50%、100%、50%、0%为一个变化循环，共进行三个循环，记录每个试验点对应的直流输出电流值。

试验时，输入信号应按初始变化的同一方向，缓慢地逼近试验点，不允许有过冲现象。测试时，信号应保持稳定，直到被测参数稳定为止。

试验中，不允许有敲打或振动电源箱的现象。

根据测试结果按式(18)计算误差：

$$\delta_i = \frac{Y_c - Y_z}{Y_s} \times 100 \qquad \cdots\cdots(18)$$

式中：

δ_i——某试验点测得的误差，%；

Y_c——某试验点标度示值，V(或A)；

Y_z——该试验点标度值相应的输出值，V(或A)；

Y_s——额定输出值，V(或A)。

根据各试验点测得的误差值，计算平均误差及回差。其中：

平均误差：以三个循环试验中，各试验点绝对值最大的正、负平均误差表示。

回差：同一试验点所对应的上行程平均误差与下行程平均误差之间的差值，取各个试验点测得回差中的最大值列入报告。

6.2.10.2 输出电压范围检查

将电源电压定在公称值，交流、直流负载均在额定值，测量交流输出电压值。

将电源电压定在下限值，交流、直流负载均在额定值，测量直流输出电压值。

将电源电压定在上限值，交流、直流负载均在额定值，再次测量直流输出电压值。

6.2.10.3 环境温度试验

环境温度试验时，温度应按下列顺序变化：

20 ℃、40 ℃、20 ℃、5 ℃、20 ℃。

在上述每挡温度值处，应保温 2 h，每挡温度允差±℃。

按上述温度变化顺序，连续进行两个循环。试验中，对电源箱不作任何调整，于保温临近结束时，测出电源箱的输出值，计算相邻两挡温度之间，平均每变化 10 ℃的输出变化量。将两个循环中，对应变温区间测出平均变化量的最大值列入报告。

6.2.10.4 相对湿度变化实验

首先在参比大气条件下，测量电源箱的输出值，然后将环境的温度升到 $40_{-2}^{\ 0}$℃，91%～95%之间，保持24 h，临结束时测出电源箱的输出值。

试验后，再在参比大气条件下，放置24 h，然后再次测量电源箱输出值。

将电源箱的输出最大变化量及试验后观察的有无跳火花痕迹和元件损坏情况列入报告。

6.2.10.5 安装位置变化试验

使电源箱从正常工作位置向前、后、左、右各作一次 10°的倾斜，测出输出的最大变化量。

6.2.10.6 倾跌试验

使电源箱按正常位置安放在平滑、坚硬又牢固的混凝土或钢台面上。

将一底边提起，使其与台面距离为 100 mm，或者使底面与台面有 30°的夹角，选择两者中倾斜度小的一种，然后让电源箱自由倾跌到台面上。

四条底边均按上述方法试验一次。

试验后，测量输出变化量，并检查机械损坏情况。

6.2.10.7 机械振动试验

试验时，将电源箱按安装说明书规定，安装在振动台上。要求振动台、安装板、安装托架均应有足够的刚度，使传到电源箱上的振动变化最小。

电源箱应在三个互相垂直的轴线(其中一个为铅垂方向)上承受正弦振动，试验先在一个方向上按下述三个阶段进行，再在另两个方向上重复上述试验，三个方向试验结束后，作最终检查。

第一阶段：寻找初始谐振

本阶段试验的目的是了解电源箱对机械振动的响应，测定机械谐振频率，为寻找最终谐振收集资料。

试验的频率范围取 10 Hz～25 Hz，位移振幅取 0.075 mm。

试验应按上述的频率范围，按对数规律连续扫频，扫频速率约为每分钟 0.5 个倍频程，扫频期间应记录机械谐振频率，输出值以及引起输出值有明显变化时所对应的频率值。

第二阶段：耐振性试验

按第一阶段找出的最高机械谐振频率，作 0.5 h 的耐振性试验，如果第一阶段没找到机械谐振点，则按上述频率范围的上限值进行振动。

第三阶段：寻找最终谐振

按第一阶段相同方法重复进行一次试验。

第三阶段测得的机械谐振频率、使输出值有明显变化的频率值与第一阶段测得值进行比较，如有较大变化，则应列入报告。因这种变化可能是由导致机械结构开始破裂的非弹性形变所引起。

最终测量：振动试验后，应检查电源箱的机械情况是否良好，并再次测量输出值。

将输出值的最大变化量及机械损坏情况列入报告。

6.2.10.8 电源电压、频率变化试验

将电源频率稳定在公称值，电源电压分别稳定在公称值、上限值及下限值，分别测量电源箱的输出值。

将电源电压稳定在公称值，电源频率分别稳定在公称值、上限值及下限值，分别测量电源箱的输出值。

最后，分别将变压及变频试验中测得的直流输出值最大变化量列入报告。

6.2.10.9 电源短时中断试验

电源短时中断时间为 500 ms，重复进行 10 次，当能在电源峰值处中断时，重复次数可减少为两次，两次试验的间隔时间不少于 5 s。测量由于电源中断而引起的直流输出永久变化量。

当由于电源中断引起电源箱报警并切换到备用电源时，本项试验可以免做。

6.2.10.10 电源电压低降试验

将电源电压突降至公称值的 75%，保持 5 s，然后恢复到原来值。记录低降试验前后的输出永久变化量。

当由于电源电压低降引起电源箱报警并切换到备用电源时，本项试验可以免做。

6.2.10.11 电源瞬时过压试验

在电源箱电源端引入由电容器或其他等效方法产生的尖峰脉冲，能量为 0.1J、幅值分别为电源电压公称值的 100%、200%、300%及 500%。

为对电源设备加以保护，在电源设备的电压输出处，应串联不小于 500 μH 的扼流圈。

如果尖峰脉冲能施加到极性相同的电源峰值处，则上述每个幅值的过压试验可分别进行两次，否则应进行 10 次，记录直流输出的永久变化量。

6.2.10.12 接地试验

将电源箱直流输出端子的负端接地，测量电源箱直流输出最大变化量。

6.2.10.13 负载变化试验

将电源箱负载电流从额定值缓慢变化到额定值的 10%测量电源箱直流输出变化量。

6.2.10.14 长期漂移试验

在参比条件下，运行后24 h测量输出值，然后运行 7 d～30 d，每天测量输出值，将最后一次与第一次测得输出值的差值，定为长期漂移量。

6.2.10.15 耗电量检查

在电源电压为上限值，电源频率为下限值条件下，电源箱输出电流为额定值时，测量电源箱耗电量。

6.2.10.16 输出交流分量检查

使电源箱输出电流为额定值，测量直流输出端输出交流分量中的峰-峰值、有效值及电网频率含量。

6.2.10.17 绝缘强度试验

绝缘强度试验采用与电网频率相同的正弦交流电，按技术要求规定的试验电压有效值，分别加到被测端子之间。

试验时，应将试验电压从零开始，平稳地，无过冲地升到规定值，保持 1 min，然后再平稳地降至零值，检查是否有击穿和飞弧现象。

试验设备的容量应不小于 500 V・A。

6.2.10.18 绝缘电阻试验

用试验电压为直流 500 V 的兆欧表，按技术要求规定检查被测端子之间的绝缘电阻值。

6.2.10.19 **报警和保护功能试验**

使直流输出电压从额定值缓慢增大，测量报警时对应的直流输出电压值，同时检查切换功能及灯光显示。

手动复位后，使直流输出电压从额定值缓慢增大，测量报警时对应的直流输出电压值。然后缓慢降低直流输出电压，测量消除报警时的直流输出电压。两次测得直流输出电压的差值即为消警范围。

变化输出负载，使负载电流缓慢增大，测量报警时对应的负载电流值。并检查切换功能及灯光显示。

将负载短路 1 min，再去除负载短路线，检查自动恢复正常输出的功能。

注：由于直流输出电压具有稳压特性，在进行输出电压上、下限报警试验时，输出电压难以变化到报警设定点，因此允许采用改变稳压性能或单独对报警回路进行测试等方法，进行上、下限报警功能检查。

6.2.10.20 **外观检查**

用肉眼观察方法进行。

6.2.10.21 **抗运输环境性能试验**

试验按附录 C 规定进行。试验后在参比试验大气条件下自然回温不小于24 h，然后拆除包装，按 6.2.10.20 方法进行，检查 5.2.10.2 要求；再在允许作一次调整的条件下，按 6.2.10.2、6.2.10.18、6.2.10.19方法，抽查表 33 中 3、19 项和 5.2.10.1 的要求。

6.3 **检验规则**

6.3.1 **计算器检验规则**

6.3.1.1 **出厂检验**

每台计算器须经技术检验部门检验合格后放能出厂。

计算器的出厂检验按表 D.4 的规定进行，其中三个循环的试验均可简化成一个循环。

计算器的出厂检验按 GB/T 2828.1 进行抽样验收，验收试验按出厂检验规定进行，否则由制造厂与用户协商确定。

6.3.1.2 **型式检验**

计算器型式检验应按本标准规定的全部试验项目进行检验。

当制造厂认为某些质量指标能得到保证时，制造厂内部进行的型式检验允许适当简化。

6.3.2 **调节器检验规则**

6.3.2.1 **出厂检验**

每台调节器须经技术检验部门检验合格后方能出厂。

调节器出厂检验应按表 39 规定进行，其中三个循环的实验均可简化成一个循环试验。

表 39 调节器出厂检验表

项目名称	试验方法		技术要求章条号
	标准号	章条号	
静差	GB/T 20819.1—2007	6	表 21 中的 1
比例作用(测比例带)		7.2	表 21 中的 3
积分作用(测积分时间)		7.3	表 21 中的 4
微分作用(测微分时间)		7.4	表 21 中的 5
动力源变化		8.4.1	表 21 中的 11
给定值及手操表检查		7.1	表 21 中的 2 和 5.2.2.4
绝缘强度		11.1	表 21 中的 24
绝缘电阻		11.2	表 21 中的 25

表 39（续）

项 目 名 称	试 验 方 法		技术要求章条号
	标准号	章条号	
外观与技术检查	本标准	6.2.2.6	5.2.2.6
指示表刻度误差检查		6.2.2.1	5.2.2.1
“自动-手动”切换试验		6.2.2.3	5.2.2.3
输出保持特性		6.2.2.5	5.2.2.5

若用户同意按 GB/T 2828.1 进行抽样验收时，验收检验可按出厂检验规定进行，否则由制造厂与用户协商确定

6.3.2.2 型式检验

调节器型式检验应按 GB/T 20819.1—2007 及本标准的全部试验项目进行检验。

当制造厂认为某些项目指标能得到保证时，制造厂内部的型式检验允许适当简化。

6.3.3 配电器检验规则

6.3.3.1 出厂检验

每台配电器须经技术检验部门检验合格后方能出厂。

配电器出厂检验应按表 40 规定进行，其中三个循环的试验均可简化为一个循环试验。

若用户同意按 GB/T 2828.1 进行抽样验收时，验收检验可按出厂检验规定进行，否则由制造厂与用户协商确定。

表 40 配电器出厂检验表

项目名称	试验方法条文号	技术要求条文号
基本误差	6.2.3.1	表 22 中第 1 项
回差	6.2.3.1	表 22 中第 2 项
电源电压变化	6.2.3.8	表 22 中第 11 项
负载变化	6.2.3.17	表 22 中第 20 项
绝缘强度	6.2.3.23	表 22 中第 26 项
绝缘电阻	6.2.3.24	表 22 中第 27 项
外观	6.2.3.27	5.2.3.1

6.3.3.2 型式检验

配电器的型式检验，应按本标准全部试验项目进行检验。

当制造厂认为某些质量指标能得到保证时，制造厂内部进行的型式检验允许适当简化。

6.3.4 指示仪检验规则

6.3.4.1 出厂检验

每台指示仪须经技术检验部门检验合格后方能出厂。

指示仪出厂检验应按表 41 规定进行。其中三个循环的试验均可简化为一个循环试验。

若用户同意按 GB/T 2828.1 进行抽样验收时，用户的验收检验可按出厂检验规定进行，否则由制造厂与用户协商确定。

表 41　指示仪出厂检验表

<table>
<tr><th rowspan="2">项目名称</th><th colspan="2">试验方法条文号</th><th rowspan="2">技术要求条文号</th></tr>
<tr><th>GB/T 3386.1—2007</th><th>本标准</th></tr>
<tr><td>基本误差</td><td>6</td><td>—</td><td>表 23 中第 1 项</td></tr>
<tr><td>回差</td><td>6</td><td>—</td><td>表 23 中第 2 项</td></tr>
<tr><td>同步误差</td><td>—</td><td>6.2.4.1</td><td>表 23 中第 3 项</td></tr>
<tr><td>报警范围</td><td>—</td><td>6.2.4.2</td><td>表 24 中第 1 项</td></tr>
<tr><td>电源电压变化</td><td>7.1</td><td>—</td><td>表 25 中第 6 项</td></tr>
<tr><td>阶跃响应时间(即行程时间)</td><td>12.1</td><td>—</td><td>5.2.4.4</td></tr>
<tr><td>绝缘强度</td><td>见 GB/T 18271.2—2000 的 6.3.3</td><td>—</td><td>5.2.4.1</td></tr>
<tr><td>绝缘电阻</td><td>见 GB/T 18271.2—2000 的 6.3.2</td><td>—</td><td>5.2.4.2</td></tr>
<tr><td>外观</td><td>—</td><td>6.2.4.6</td><td>5.2.4.6</td></tr>
</table>

6.3.4.2　**型式检验**

指示仪的型式检验，应按本标准全部试验项目进行检验。

当制造厂认为某些质量指标能得到保证时，制造厂内部进行的型式检验，允许适当简化。

6.3.5　**记录仪检验规则**

6.3.5.1　**出厂检验**

每台记录仪须经技术检验部门检验合格后方能出厂。记录仪出厂检验应按表 42 规定进行。其中三个循环的试验均可简化为一个循环试验。若用户同意按 GB/T 2828.1 进行抽样验收时，用户的验收检验可按出厂检验规定进行，否则由制造厂与用户协商确定。

表 42　记录仪出厂检验表

<table>
<tr><th rowspan="2">项目名称</th><th colspan="2">试验方法条文号</th><th rowspan="2">技术要求条文号</th></tr>
<tr><th>GB/T 3386.1—2007</th><th>本标准</th></tr>
<tr><td>基本误差</td><td>6</td><td rowspan="2">—</td><td>表 26 中第 1 项</td></tr>
<tr><td>回差</td><td>6</td><td>表 26 中第 2 项</td></tr>
<tr><td>报警范围</td><td>—</td><td>6.2.5.1</td><td>表 27 中第 1 项</td></tr>
<tr><td>电源电压变化</td><td>7.1</td><td rowspan="4">—</td><td>表 28 中第 6 项</td></tr>
<tr><td>阶跃响应时间(即行程时间)</td><td>12.1</td><td>5.2.5.6</td></tr>
<tr><td>绝缘强度</td><td>见 GB/T 18271.2—2000 的 6.3.3</td><td>5.2.5.1</td></tr>
<tr><td>绝缘电阻</td><td>见 GB/T 18271.2—2000 的 6.3.2</td><td>5.2.5.2</td></tr>
<tr><td>外观</td><td>—</td><td>6.2.5.6</td><td>5.2.5.9</td></tr>
</table>

6.3.5.2　**型式检验**

记录仪的型式检验，应按本标准全部试验项目进行检验。

当制造厂认为某些质量指标能得到保证时，制造厂内部进行的型式检验，允许适当简化。

6.3.6 积算器检验规则

6.3.6.1 出厂检验

每台积算器须经技术检验部门检验合格后方能出厂。

积算器出厂检验应按表 43 规定进行。其中三个循环的试验均可简化为一个循环试验。

若用户同意按 GB/T 2828.1 进行抽样验收时，用户的验收检验可按出厂检验规定进行，否则由制造厂与用户协商确定。

表 43 积算器出厂检验表

项目名称	试验方法条文号	技术要求条文号
基本误差	6.2.6.1	表 29 中第 1 项
回差	6.2.6.1	表 29 中第 2 项
小信号切除点	6.2.6.2	表 29 中第 4 项
开方输出指示表平均误差与回差	6.2.6.3	表 29 中第 5 项
电源电压变化	6.2.6.9	表 29 中第 11 项
绝缘强度	6.2.6.22	表 29 中第 24 项
绝缘电阻	6.2.6.23	表 29 中第 25 项
外观	6.2.6.24	5.2.6.1

6.3.6.2 型式检验

积算器的型式检验，应按本标准全部试验项目进行检验。

当制造厂认为某些质量指标能得到保证时，制造厂内部进行的型式检验，允许适当简化。

6.3.7 比值器检验规则

6.3.7.1 出厂检验

每台比值器须经技术检验部门检验合格后方能出厂。

比值器出厂检验应按表 44 规定进行。其中三个循环的试验均可简化试验。

若用户同意按 GB/T 2828.1 进行抽样验收检验时，可按出厂检验规定进行，否则由制造厂与用户协商确定。

表 44 比值器出厂检验表

项目名称	试验方法条文号	技术要求条文号
输入指示表误差	6.2.7.3	表 30 中第 5 项
输出指示表误差	6.2.7.3	表 30 中第 6 项
比值数指示误差	6.2.7.4	表 30 中第 7 项
电源电压变化	6.2.7.10	表 30 中第 13 项
绝缘强度	6.2.7.26	表 30 中第 29 项
绝缘电阻	6.2.7.27	表 30 中第 30 项
外观	6.2.7.30	5.2.7.1

6.3.7.2 型式检验

比值器的型式检验，应按本标准全部试验项目进行检验。

当制造厂认为某些质量指标能得到保证时，制造厂内部进行的型式检验，允许适当简化。

6.3.8 安全栅检验规则

6.3.8.1 出厂检验

每台安全栅须经技术检验部门检验合格后方能出厂。安全栅出厂检验应按表 45 规定进行。其中三个循环的试验均可简化为一个循环试验。若用户同意按 GB/T 2828.1 进行抽样验收时，用户的验收检验可按出厂检验规定进行，否则由制造厂与用户协商确定。

表 45 安全栅出厂检验表

项目名称	试验方法条文号	技术要求条文号
基本误差	6.2.8.1	表 31 中第 1 项
回差	6.2.8.1	表 31 中第 2 项
电源电压变化	6.2.8.8	表 31 中第 11 项
负载变化	6.2.8.17	表 31 中第 20 项
绝缘强度	6.2.8.24	表 31 中第 27 项
绝缘电阻	6.2.8.25	表 31 中第 28 项
本安电路额定值	6.2.8.28 中的 1)	5.2.8.1
外观	6.2.8.29	5.2.8.2

6.3.8.2 **型式检验**

安全栅的型式检验，应按本标准全部试验项目进行检验。

当制造厂认为某些质量指标能得到保证时，制造厂内部进行的型式检验，允许适当简化。

6.3.9 **操作器检验规则**

6.3.9.1 **出厂检验**

每台操作器须经技术检验部门检验合格后方能出厂。

操作器出厂检验应按表 46 规定进行。其中三个循环的试验均可简化为一个循环试验。

若用户同意按 GB/T 2828.1 进行抽样验收时，用户的验收检验可按出厂检验规定进行，否则由制造厂与用户协商确定。

表 46 操作器出厂检验表

项目名称	试验方法条文号	技术要求条文号
自动输出基本误差	6.2.9.1	表 32 中第 1 项
自动输出回差	6.2.9.1	表 32 中第 2 项
输入指示表误差	6.2.9.1	表 32 中第 3 项
输出指示表误差	6.2.9.1	表 32 中第 4 项
手操输出范围	6.2.9.1	表 32 中第 5 项
电源电压变化	6.2.9.7	表 32 中第 11 项
负载变化	6.2.9.5	表 32 中第 19 项
绝缘强度	6.2.9.20	表 32 中第 24 项
绝缘电阻	6.2.9.21	表 32 中第 25 项
外观	6.2.9.22	5.2.9.1

6.3.9.2 **型式检验**

操作器的型式检验，应按本标准全部试验项目进行检验。

当制造厂认为某些质量指标能得到保证时，制造厂内部进行的型式检验，允许适当简化。

6.3.10 **电源箱检验规则**

6.3.10.1 **出厂检验**

每台电源箱须经技术检验部门检验合格后方能出厂。

电源箱出厂检验应按表 47 规定进行。其中三个循环的试验均可简化为一个循环试验。

若用户同意按 GB/T 2828.1 进行抽样验收时,用户的验收检验可按出厂检验规定进行,否则由制造厂与用户协商确定。

表 47 电源箱出厂检验表

项目名称	试验方法条文号	技术要求条文号
指示表误差	6.2.10.1	表 33 中第 1、2 项
输出电压范围	6.2.10.2	表 33 中第 3 项
报警及保护功能	6.2.10.19	5.2.10.1
电源电压变化	6.2.10.8	表 33 中第 9 项
负载变化	6.2.10.13	表 33 中第 14 项
绝缘强度	6.2.10.17	表 33 中第 18 项
绝缘电阻	6.2.10.18	表 33 中第 19 项
外观	6.2.10.20	5.2.10.2

6.3.10.2 型式检验

电源箱的型式检验,应按本标准全部实验项目进行检验。

当制造厂认为某些质量指标能得到保证时,制造厂内容进行的型式检验,允许适当简化。

7 标志、包装及贮存

7.1 标志

在比值器外壳的适当位置上,应固定有铭牌,铭牌上应标明:

a) 制造厂名或厂标;

b) 产品型号、名称;

c) 制造编号;

d) 主要技术参数;

e) 制造年月。

在比值器适当位置上,还应有“DDZ-Ⅲ”字样。

接线端子板上应有标志,表明端子作用。

7.2 包装

装箱运输的比值器,应连同说明书规定的成套附件,按 GB/T 15464 规定进行包装。

7.3 贮存

比值器应贮存在环境温度为 5 ℃～40 ℃,相对湿度不大于 75%的通风室内,且空气中不应含有能对比值器起腐蚀作用的有害物质。

附 录 A
（规范性附录）
关于调节器微分时间测试结果的修正

本调节器的微分时间调整范围较宽，最大微分时间达 10 min，另外，调节器的积分作用无法切除，积分时间的最大值不够大。因此，用 GB/T 20819.1—2007 规定的测试方法测出的微分时间会有较大的误差。产生误差的原因在于将 PID 调节器看成 PD 调节器，而实际上积分作用的影响还比较大，为此需加以修正。

修正方法因调节器输入输出方程式不同及测试方法的不同而异。

a) 斜坡信号测试法

本调节器传递函数方程式为：

$$W(S)=\frac{AK_P\left(1+\frac{T_DS}{A}+\frac{1}{AT_IS}\right)}{1+\frac{T_DS}{V_D}} \qquad \text{(A.1)}$$

式中：

K_P——比例系数；

T_I——积分时间；

T_D——微分时间；

V_D——微分增益。

注：本方程式忽略了由于积分增益有限所产生的影响。

在斜坡信号$\frac{\Delta X}{T_X}$作用下，输出特性近似为：

$$y(t)=\frac{\Delta X}{T_X}\times K_P\left[\left(T_D-\frac{AT_D}{V_D}+\frac{T_D^2}{T_IV_D^2}\right)+\left(A-\frac{T_D}{T_IV_D}\right)t+\frac{t^2}{2T_I}\right]+y_0 \qquad \text{(A.2)}$$

若以输出变化到初始阶跃值的两倍来计算微分时间时，实测时间为：

$$t\approx T_I\left\{\left(\frac{T_D}{T_IV_D}-A\right)+\left[\left(A-\frac{T_D}{T_IV_D}\right)+\frac{2}{T_I}\left(T_D-\frac{AT_D}{V_D}+\frac{T_D^2}{T_IV_D^2}\right)\right]^{1/2}\right\} \qquad \text{(A.3)}$$

根据实测时间 t 与 T_D 之关系，可求出修正系数。

本调节器 $T_{Imax}=25\ \text{min}\cdot V_D=10$

测 $T_D=10$ min 时，实测值乘系数 1.7；

测 $T_D=1$ min 时，实测值乘系数 1.18；

测 $T_D\leqslant 0.1$ min 时，实测值乘系数 1。

b) 用阶跃法测试

调节器在阶跃信号 ΔX 作用下，t 在 $0\sim\frac{T_D}{V_D}$范围内时，输出特性近似为：

$$y(t)=\Delta X\times K_I[(V_D-A)\times e^{\frac{V_D}{T_D}t}+A]+y_0 \qquad \text{(A.4)}$$

则当 $t=\frac{T_D}{V_D}$时：

$$y=\Delta X\times K_P[(V_D-A)\times 0.368+A]+y_0 \qquad \text{(A.5)}$$

因本调节器 $T_{Imax}=25\ \text{min}\cdot V_D=10$，设无阶跃信号时输出 y_0 为 4 mA，输入阶跃信号为 250 mV（1 mA），则当 $t=\frac{T_D}{V_D}$时，测不同微分时间输出信号分别为：

测 $T_D=10$ min 时，$y=8.565$ mA；

测 $T_D=1$ min 时，$y=8.337$ mA；

测 $T_D\leqslant 0.1$ min 时，$y=8.312$ mA。

所以，根据输出变化到上述值时，测出的所需时间即为修正后的微分时间。

附 录 B
（资料性附录）
关于调节器幅频特性示例图的说明

本调节器的频率特性与GB/T 20819.1—2007中图12所对应的频率特性稍有不同。与GB/T 20819.1—2007中图12相对应的频率特性方程式为：

$$F=\frac{K_P}{1+j\omega T}\left(1+\frac{1}{V_I j\omega T_I}+\frac{j\omega T_D}{1+j\omega\frac{T_D}{V_D}}\right) \quad \cdots\cdots\cdots\cdots\cdots\cdots(B.1)$$

本调节器频率特性方程式为：

$$F=\frac{AK_P}{1+j\omega T}\left(\frac{1+\frac{1}{V_I j\omega T_I}+\frac{j\omega T_D}{A}}{1+\frac{1}{V_I j\omega T_I}+\frac{j\omega T_D}{V_D}}\right) \quad \cdots\cdots\cdots\cdots\cdots\cdots(B.2)$$

式中：

K_P——比例系数。

T_I——积分时间。

T_D——微分时间。

V_D——微分增益。

V_I——积分增益。

$A=1+\frac{T_D}{T_I}$；

当调节器输入信号频率较高时，$\frac{1}{1+j\omega T}$可看成为一阶非周期环节。

根据式(B.2)可作出如图B.1所示的幅频特性曲线。

根据幅频特性曲线的不同，可对用频率响应测得的T_I、T_D、V_D、V_I等参数进行修正。

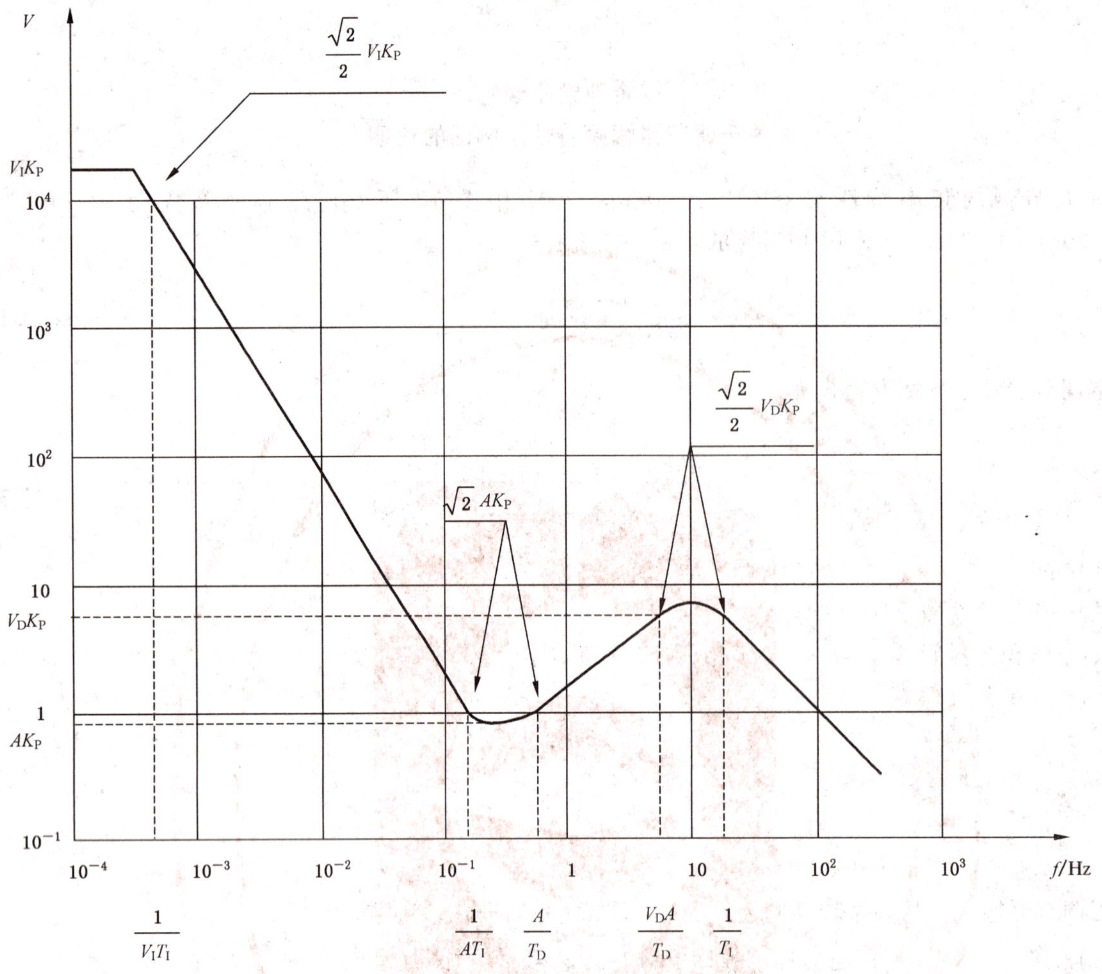

图 B.1 PID 调节器幅频特性示例图

附 录 C
（规范性附录）
仪器仪表运输、运输贮存基本环境条件及试验方法

C.1 基本环境条件

按产品标准的要求，在表 C.1 内选用分级额定值。

表 C.1 基本环境条件要求

<table>
<tr><td rowspan="2">序号</td><td colspan="4">基本环境条件要求</td><td colspan="2">分级额定值</td></tr>
<tr><td colspan="3">项　　目</td><td>单位</td><td>运　　输</td><td>运　　输</td></tr>
<tr><td>1</td><td colspan="3">高温</td><td>℃</td><td colspan="2">+40，+50</td></tr>
<tr><td>2</td><td colspan="3">低温</td><td>℃</td><td>+5，−25，−40</td><td>−25，−40</td></tr>
<tr><td>3</td><td colspan="3">相对湿度(25 ℃)</td><td>%</td><td>75,90,95</td><td>95</td></tr>
<tr><td rowspan="2">4</td><td rowspan="2">碰撞</td><td colspan="2">加速度</td><td>m/s²</td><td></td><td>100</td></tr>
<tr><td colspan="2">脉冲持续时间</td><td>ms</td><td></td><td>11</td></tr>
<tr><td rowspan="3">5</td><td rowspan="3">跌落</td><td colspan="2">包装件质量≤100 kg　自由跌落高度</td><td>mm</td><td></td><td>50(轻的搬动)
100(正常搬动)
250(正常搬动)</td></tr>
<tr><td rowspan="2">包装件质量>100 kg
<200 kg
倾斜跌落</td><td>底面棱边长度<500 mm 时倾角</td><td>(°)</td><td></td><td>30</td></tr>
<tr><td>底面棱边长度≥500 mm 时底面离地面最高距离</td><td>mm</td><td></td><td>250</td></tr>
</table>

C.2 试验方法

C.2.1 高温试验

C.2.1.1 试验温度与时间

试验温度：+40 ℃±3 ℃，±55 ℃±3 ℃。

保持时间：8 h。

C.2.1.2 升温速度

每分钟不大于 1 ℃。

C.2.1.3 试验

按 C.2.1.1 和 C.2.1.2 的规定进行试验，试验后使包装件温度降至室温取出，并在正常工作条件下放置24 h以上，产品性能仍应符合产品标准的要求。

C.2.2 低温试验

C.2.2.1 试验温度与时间

试验温度：+ 5 ℃±3 ℃，−25 ℃±3 ℃，−40 ℃±3 ℃。

保持时间：8 h。

C.2.2.2 降温速度

每分钟不大于 1 ℃。

C.2.2.3 试验

按C.2.2.1和C.2.2.2的规定进行试验,试验后使包装件温度升至室温取出,并在正常工作条件下放置24 h以上,产品性能仍应符合产品标准的要求。

C.2.3 湿热试验

C.2.3.1 试验条件

按GB/T 2423.4的规定。

C.2.3.2 试验周期

每周期24 h,试验2周期。

C.2.3.3 试验

按C.2.3.1和C.2.3.2的规定进行试验,试验后将包装件取出,并在正常工作条件下放置24 h以上,产品性能仍应符合产品标准的要求。

C.2.4 碰撞试验

C.2.4.1 安装

应采用直接安装或过渡结果的安装方法用绑带将包装件紧固在碰撞台上,过渡结构应具有足够的刚性,以避免引起附加的共振。

C.2.4.2 试验条件

加速度:100 m/s^2 ±10 m/s^2

相应脉冲持续时间:11 ms±2 ms

脉冲重复频率:60次/min ~100次/min

连续冲击次数:1000次±10次

脉冲波形:近似半正弦波

C.2.4.3 试验

按C.2.4.1和C.2.4.2的规定进行试验,试验后产品性能仍应符合产品标准的要求。

C.2.5 跌落试验

C.2.5.1 自由跌落

C.2.5.1.1 试验台面

试验台面应为平整坚硬的水泥地面或钢板台面。

C.2.5.1.2 试验条件

跌落高度:50 mm,100 mm,250 mm。

C.2.5.1.3 跌落方式

包装件底面呈水平状以自由落体方式跌落。

C.2.5.1.4 跌落次数

四次。

C.2.5.1.5 试验

按C.2.5.1.1~C.2.5.1.4的规定进行试验,试验后产品性能仍应符合产品标准的要求。

C.2.5.2 倾斜跌落

C.2.5.2.1 试验台面

试验台面应为平整坚硬的水泥地面或钢板台面。

C.2.5.2.2 试验条件

底面棱边长度小于500 mm时,一棱边贴地,底面倾角为30。

底面棱边长度大于或等于500 mm时,一棱边贴地,倾斜的底面离地面最高距离为250 mm。

C.2.5.2.3 跌落方式

按C.2.5.2.2规定,底面呈倾斜状后释放跌落。

C.2.5.2.4 跌落次数

包装件底面的每一标准边按C.2.5.2.3规定各试验一次。

C.2.5.2.5 试验

按C.2.5.2.1～C.2.5.2.4的规定进行试验,试验后产品性能仍应符合产品标准的要求。

C.2.6 试验顺序和试样

本标准的试验顺序首先应进行碰撞试验,至于碰撞试验以后的试验顺序可由产品标准自行规定。

试验后产品性能的检验可以逐项进行,也可在全部试验完成后一次进行。

需要在现场组装验收的产品,允许用组装部件进行试验。

附　录　D
（规范性附录）
工业过程测量和控制系统用电动和气动模拟计算器　性能评定方法

D.1　试验条件

D.1.1　环境条件

D.1.1.1　标准大气条件

温度：20 ℃；

相对湿度：65%；

大气压力：101.3 kPa。

D.1.1.2　参比大气条件

计算器的参比性能应在下述大气条件下进行试验：

温度：20 ℃±2 ℃；

相对湿度：(65±5)%；

大气压力：86 kPa～106 kPa。

用于热带、亚热带或其他特殊环境的计算器，其参比大气条件按有关标准规定。

D.1.1.3　一般试验大气条件

当试验不可能或没必要在参比大气条件下进行试验时，可在下述大气条件下进行：

温度：15 ℃～35 ℃；

相对湿度：45%～75%；

大气压力：86 kPa～106 kPa。

任何试验期间，允许温度最大变化率为 1 ℃/min。

D.1.1.4　其他环境条件

外界磁场：除地磁场外，应使其他外界磁场小到可以忽略不计；

机械振动：应使机械振动减小到可以忽略不计。

D.1.2　动力条件

D.1.2.1　公称值

应符合有关标准或由制造厂与用户协商确定。

D.1.2.2　允差

D.1.2.2.1　电源允差

电压：±1%；

频率：±1%；

谐波含量：小于 5%(交流电源)

纹波：小于 0.1%(直流电源)

D.1.2.2.2　气源允差

压力：±1%；

温度：环境温度±2 ℃；

湿度：在工作压力下，露点至少比计算器壳体温度低 10 ℃。

无油、无灰尘。

注：当含油量不大于 10 mg/m^3，含灰尘微粒不大于 3 μm 时，可认为“无油、无灰尘”。

D.1.3 其他条件

D.1.3.1 负载阻抗

负载阻抗应以制造厂规定值为参比值，如果制造厂规定的是允许范围，则：

输出信号为直流电压的计算器，负载阻抗取制造厂规定范围的最小值为参比值；

输出信号为直流电流的计算器，负载阻抗取制造厂规定范围的最大值为参比值；

除非制造厂另有规定，气动计算器的负载应采用长 8 m，内径 4 mm 的管道，后接气容 20 cm^3。

D.1.3.2 测量系统的误差限

供测试用的测量系统误差限，应在试验报告中加以说明，且应小于或等于被测计算器所规定误差限的 1/4。

D.1.3.3 工作位置

试验时，计算器的位置应符合制造厂规定的正常工作位置，其倾斜度不得超过 3。

D.1.3.4 对输入信号要求

输入信号应不受影响量的影响，也不得有影响测量的干扰和波动。

D.1.3.5 预热（适用于电动计算器）

除非条文中另有规定，电动计算器在接通电源后应按制造厂规定的时间预热，如果制造厂未作规定，则允许预热 30 min。

D.1.4 试验中的一般规定

a) 在本标准规定的各项试验开始和改变运算方式之前，允许调整零点和量程，使实际与理想的上、下限值相接近。但在评定报告中应说明实际情况。

b) 除非另有规定，试验结果应按被测参数量程的百分数表示。

c) 除非另有规定，计算器的偏置值均置于 0%。

d) 当规定有性能指标时，应将指标与试验结果列入同一表格内。

D.2 与精度有关的试验

D.2.1 总则

a) 计算器基本误差、回差及重复性的测试均从计算器输入输出特性试验中进行，输入输出特性试验的选择应从最能反映计算器基本性能为原则。各种计算器输入输出特性试验的规定见 D.2.11。

b) 测试时，应使测试设备充分稳定，所有影响测试的条件应随时观察并记录。

c) 试验点应包括上、下限值在内的至少五个点（不包括能使输出信号超出量程范围以及规定不计精确度的输入信号值），各试验点所对应的输出信号值应尽量均匀分布于整个量程范围内。

d) 试验时，输入信号应按初始输入信号变化的同一方向缓慢的逼近试验点，不允许有过冲现象。

e) 在各试验点上，输入信号应保持稳定，直到被试计算器输出稳定为止。

f) 试验时不允许有敲打或震动计算器的现象。

D.2.2 测量循环

输入输出特性试验时，以输入信号上、下行程为一个循环，作不少于三个循环的试验，观察并记录对应每个试验点的输出信号值。

D.2.3 误差

各试验点测出的实际输出值与理想输出值之间的差值即为误差；将实际输出值大于理想输出值定义为正误差，反之为负误差。

计算每个试验点测得的误差值，并分别计算上、下行程的平均误差，误差均以输出量程的百分数表示，列出误差表。

误差表示例见表 D.1。

表 D.1 误差表示

输入 %	误差（输出量程的%）							
	第 1 循环		第 2 循环		第 3 循环		第 4 循环	
	上行程	下行程	上行程	下行程	上行程	下行程	上行程	下行程
0	—	−0.04	—	−0.05	—	−0.06	—	−0.05
20	+0.13	+0.23	+0.08	+0.26	+0.09	+0.26	−0.10	+0.25
40	−0.04	+0.13	−0.07	+0.15	−0.04	+0.17	−0.05	+0.15
50	−0.18	−0.02	−0.16	+0.01	−0.14	+0.01	−0.16	0.00
60	−0.27	−0.12	−0.25	−0.10	−0.23	−0.08	−0.25	−0.10
80	−0.27	−0.17	−0.26	−0.15	−0.22	−0.13	−0.25	−0.15
100	+0.09	—	+0.11	—	+0.10	—	+0.10	—
基本误差限	+0.5		基本误差		+0.26 −0.27 （试验点 0%,60%）			
回差允许值	0.5		回差		0.20（试验点 40%）			
重复性允许值	0.15		重复性		0.022（试验点 20%）			

D.2.4 基本误差

基本误差由所有测得的误差值中取绝对值最大的正、负误差表示，如表 1 所示。对于输入信号范围内，不同段有不同基本误差限要求时，则应根据各输入信号所在段测得的误差值中分别取绝对值最大的正、负误差表示。

D.2.5 回差

回差由各试验点的上行程平均误差与下行程平均误差之间的最大差值来确定，如表 1 所示。

当输入信号范围内有不同基本误差限要求时，则仅在基本误差限要求高的范围内计算回差。

D.2.6 重复性

重复性是在多次试验循环中，由同一试验点、同一行程的误差值与平均误差值之差的均方根值来计算，并以输出量程的百分数来表示，以最大误差来确定。

对输入信号范围内有不同基本误差限要求时，则仅对基本误差限要求高的范围内计算重复性。

重复性的计算见式(D.1)：

$$\gamma = \sqrt{\frac{\sum (X_i - \overline{X})^2}{N}} \qquad \cdots\cdots\cdots\cdots (D.1)$$

式中：

γ——重复性；

N——重复次数；

X_i——某试验点某行程某次循环测得的误差平均值；

$\overline{X}$——与上述同一试验点同一行程各次循环测得的误差平均值。

注：由本条确定的重复性，仅用作同类仪表性能比较之用，不能作为使用中可观察到的重复性的统计上的有效度量。

D.2.7 死区

计算器的死区应在输出量程上限值附近(90%)和中点上进行。

测量步骤如下：

a) 缓慢增大(或减小)输入信号，记下当输出有可以测出的微小变化时所对应的输入信号值；

b) 缓慢减小(或增大)输入信号,记下当输出又有可以测出的微小变化时所对应输入信号值。

两次记下的输入信号值之差,即为死区。

上述试验重复进行三次,以最大死区列入报告。

对有数个输入通道的计算器,通常仅选择主通道(即第一通道)进行试验。

对死区小于0.1%的计算器,可免去本条试验。

D.2.8 小信号切除性能(仅对电动开方器)

将输入信号从0%缓慢增大。当输出从0%突变到某值时,记录对应的输入信号值。

再将输入信号缓慢减小。当输出突变到0%时,记录对应的输入信号值。

两次记录的输入信号值均称为小信号切除点,其值应在制造厂规定的范围内。

D.2.9 加减系数标度误差(仅对加减系数可调的计算器)

先取任一输入通道,将其系数置于最大标度值。运算方式为"加",加入输入信号,使输出稳定在量程的100%。

缓慢改变该通道的系数标度示值,以上、下行程为一循环,至少作三个循环试验,每行程中选择包括极限值在内的不少于五个固定试验点。试验点应均匀分布于全量程,测量每个试验点对应的输出值。

系数标度误差以输出量程的百分数表示,并以理想输出值大于实际输出定义为正误差,反之为负误差。

对各输入通道的系数标度,重复上述试验。

计算各试验点的平均误差,以最大平均误差列入报告。

D.2.10 偏置值范围(仅对偏置值可调的计算器)

调整输入信号,将计算器输出信号稳定在量程的0%,调整正确偏置值,测量输出最大变化值。

再调整输入信号将计算器输出稳定在量程的100%,调整反向偏置值,再次测量输出最大变化值。

输出信号的变化范围均应满足偏置可调范围的要求。

D.2.11 各种计算器输入输出特性试验

D.2.11.1 加减器

对于各通道加减系数可调的计算器,应任选其中一个输入通道为"减"(对五通道加减器可选2个),其余的均为"加",先将各输入通道预置于30%左右,并同时加入100%信号,再调整各通道加减系数(均不得小于10%),使计算器输出为100%,然后进行试验。

对于加减系数不可调的计算器,应使各输入通道的运算试为"二加一减"(对三通道计算器)或"三加二减"(对五通道计算器),然后进行试验。

试验时,在各输入通道加入相同信号(有可能时可加同一信号),按D.2.1~D.2.6规定进行。

D.2.11.2 乘除器

对计算式为"$Y=\frac{X_1X_2}{X_3}$"的计算器,至少应进行下述三项试验:

a) $X_1=X_3=100\%$

改变输入信号 X_2,按D.2.1~D.2.6规定进行试验;

b) $X_2=X_3=100\%$

改变输入信号 X_1,按D.2.1~D.2.6规定进行试验;

c) $X_1=X_0$;$X_2=100\%$

X_0 为计算器进行除法运算时制造厂规定有精确度要求的"除数"输入信号范围中的最小值,并规定应大于0%;

改变输入信号 X_3,按D.2.1~D.2.6规定进行试验。

对计算式为“$Y=\frac{X_1X_2}{100\%}$”的计算器应进行下列试验：

a) $X_2=12.5\%$

改变输入信号 X_1，按 D.2.1～D.2.6 规定进行试验；

b) $X_2=100\%$

改变输入信号 X_1，按 D.2.1～D.2.6 规定进行试验。

对计算式“$Y=\frac{X_1}{X_2}\times100\%$”的计算器应进行下列试验：

a) $X_2=100\%$

改变输入信号 X_1，按 D.2.1～D.2.6 规定进行试验；

b) $X_1=X_0$

改变输入信号 X_2，按 D.2.1～D.2.6 规定进行试验。

对计算式为“$Y=\sqrt{X_1X_2}$”的计算器，应进行下列试验：

a) $X_2=100\%$

改变输入信号 X_1，按 D.2.1～D.2.6 规定进行试验；

b) $X_1=100\%$

改变输入信号 X_2，按 D.2.1～D.2.6 规定进行试验。

D.2.11.3 开方器

按 D.2.1～D.2.6 规定进行试验。

D.3 影响量试验

D.3.1 总则

除非条文另有规定，影响量对计算机的影响均以输出变化量来确定，并且对各输入通道均输入适当的输入信号，使输出值稳定在量程的 50%，然后进行各项影响量试验。

D.3.2 气候影响

D.3.2.1 环境温度

环境温度试验时，温度应按下列顺序变化：

+20 ℃，+40 ℃，+55 ℃，+20 ℃，0 ℃，−10 ℃，−25 ℃，+20 ℃。

上述温度中，应包括制造厂工作条件规定温度范围的上、下限值，对超过规定的正常工作温度范围的温度不进行试验。

在上述每一个温度值应有足够时间保温，使计算器各部分温度恒定，每挡温度允差+2 ℃。

上述温度变化试验应连续两个循环，两个循环中对计算器不作任何调整。

在每个保温临近结束时，测出计算器的输出值。计算相邻两挡温度之间平均每变化 10 ℃时输出的变化量。

以两次循环中，对应变温区间测出平均变化量来表示温度影响。

D.3.2.2 相对湿度(仅对电动计算器)

首先在参比大气条件下测得计算器输出值。然后使环境温度升到 $40_{-2}^{\ 0}$℃，相对湿度为 91%～95%，保持24 h，临近结束时测出计算器的输出值。

对工作在环境空气湿度可能发生饱和场所的计算器，应接受下列附加试验。

在上述试验结束后，使箱子保持密闭。缓慢降温，在不少于 1 h 的时间内降温到 25 ℃以下，使箱内空气温度饱和，然后再测试出计算器的输出值。

试验后，再在参比条件下放置24 h，测量出计算器输出值。

将计算器的输出最大变化量及试验后观察的有无跳火花痕迹和元件损坏情况列入报告。

D.3.3 机械影响

D.3.3.1 安装位置

本项试验主要是了解计算器从正常工作位置发生倾斜所引起的输出变化。

使计算器从正常工作位置向前、后、左、右各作一次100的倾斜(或按制造厂所规定的最大倾斜度),分别测出输出的最大变化量。

D.3.3.2 倾跌

本项试验模拟检修或使用操作过程中,因不慎使计算器发生倾斜跌落在台面上,目的是了解机械牢固性。

先将计算器按正常位置安放在平滑、坚硬又牢固的混凝土或钢板台面上。将一底边提起,使其与台面距离为25 mm,50 mm,100 mm的高度(由制造厂与评定者商定,选其中一种高度),或者使底面与台面有30°的夹角,选择两者中倾斜度小的一种,然后让计算器自由倾跌到台面上。

四条底边均按上述方法试验一次。

试验后,测量出变化量,检查机械损坏情况。

D.3.3.3 机械振动

本试验目的在于确定机械振动对计算器输出的影响及机械牢固性。

实验时,将计算器按说明书规定安装在振动台上,要求振动台、安装板、安装托架(不包括计算器本身附带的安装附件)均应有足够的刚度,使传到计算器上的振动变化最小。

计算器应在三个互相垂直的轴线(其中一个为铅垂方向)上承受正弦振动,试验先在一个方向上,按下述三个阶段进行,再在另两个方向上重复上述试验,三个方向试验结束后作最终检查。

第一阶段:寻找初始谐振

本阶段试验的目的是了解计算器机械振动的响应,测定机械谐振频率,为寻找最终谐振搜集资料。

试验的频率范围、振幅及加速度可以从表D.2选取,也可按GB/T 18271.3规定选取。必要时,也可由制造厂与用户协商确定。

表D.2 机械振动试验的频率、范围、振幅及加速度

安装场所	频率范围/Hz	峰值振幅/mm	峰值加速度/(m/s^2)
控制室(一般应用)与现场(低振动水平)	10～150	0.07	9.8
现场(一般应用)与管道(低振动水平)	10～500	0.14	19.6
管道(一般应用)与极端振动水平	10～2 000	0.21	29.4
注:表中公称交越频率为60 Hz,当振动频率低于交越频率时,应恒定峰值振幅;当振动频率高于交越频率时,应恒定峰值加速度。			

试验应根据选定的频率范围,按对数规律连续扫频,扫频速率约为每分钟0.5个倍频率,扫频期间应记录机械谐振频率输出值以及引起输出值有明显变化时所对应的频率值。

第二阶段:耐振性试验

按第一阶段找出的最高机械谐振频率,作半小时或按GB/T 4451中所选等级规定的时间的耐振性试验,如果第一阶段没找到机械谐振点,则按振动试验选定频率范围的上限值进行振动。

第三阶段:寻找最终谐振

按第一个阶段相同方法重复进行一次试验。

将第三阶段测得的机械谐振频率、使输出值有明显变化的频率值与第一阶段测得值进行比较,如有较大变化，则应列入报告。因这种变化可能是由导致机械结构开始破裂的非弹性形变所引起的。

最终测量：

振动试验后，应检查计算器的机械情况是否良好，并再次测量输出值。

将输出值的最大变化量、机械谐振频率及机械损坏情况列入报告。

D.3.4 动力源影响

D.3.4.1 动力源变化

本项试验是测量在动力源发生下列变化的所有组合情况下，计算器输出的变化量。

a) 交流电源有电压公称值、上限值及下限值三种情况(具体值由产品工作条件确定)；

b) 直流电源有电压公称值、上限值及下限值三种情况(具体值由产品工作条件确定)；

c) 气源有压力公称值、上限值及下限值三种情况(具体值由产品工作条件确定)。

测量在各种情况下计算器输出值。

将输出值调整到量程的100%，电源电压、频率或气压值定在下限值，再次测量输出值。

最后确定输出值的最大变化量。

D.3.4.2 电源短时中断(仅对电动计算器)

本试验目的是为了解计算器由规定电源切换到备用电源时对计算器影响的程度。

对中断时间规定如下：

直流供电的计算器为：5 ms，20 ms，100 ms，200 ms，500 ms；

交流供电的计算器为：20 ms，100 ms，200 ms，500 ms。

测量由于电源中断而引起的：

a) 输出量最大瞬时变化量；

b) 持续时间(输出达到并能保持与稳态值相关1%以内所需时间)；

c) 输出永久变化量。

上述每一中断时间一般应进行10次试验，对交流供电的计算器，若能在电源峰值处中断时，可减少为两次。两次试验的时间间隔应不少于对应中断时间额10倍。

D.3.4.3 电源低降(仅对电动计算器)

试验时，应将输出稳定在量程的上限值。

将电源电压突降至公称值的75%，保持5 s，记录低降前后的输出变化量，降低与恢复瞬间的输出瞬时变化量及持续时间。

D.3.4.4 电源顺势过压(仅对交流供电的计算器)

在计算器电源端，引入由电容器或其他等效方法产生的尖峰脉冲，能量为0.1J，幅值分别为电源电压公称值的100%、200%、300%及500%。

为对电源设备加以保护，在电源设备电压输出处应串联不少于500 μH 的扼流圈。

如果尖峰脉冲能施加到极性相同的电源峰值处，则上述每个幅值的过压试验可分别进行两次，否则应进行10次。记录计算器输出瞬时变化值及永久变化量。

D.3.4.5 电源反向保护(仅对直流供电计算器)

将电源电压的上限值反向施加于计算器，然后恢复正常供电，测出输出变化量。

D.3.5 电干扰(仅适用于电动计算器)

D.3.5.1 共模干扰

本试验仅适用于输入输出端对地绝缘的电动计算器。

试验接线方法如图D.1所示。

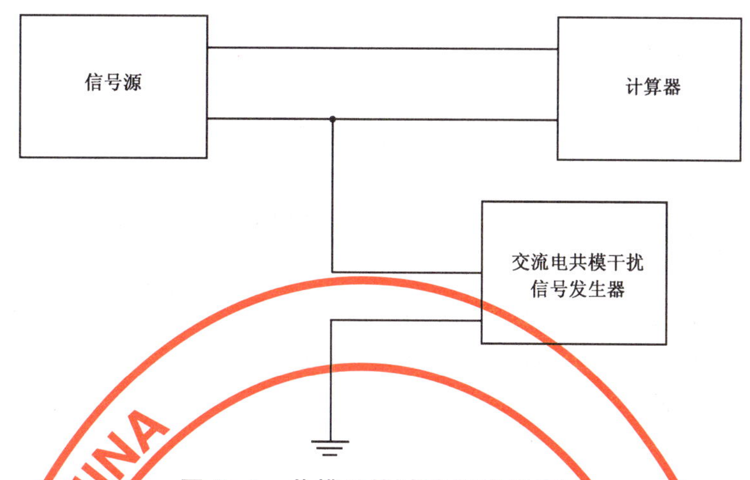

图 D.1 共模干扰试验接线示意图

先将电压有效值为 250 V(或制造厂规定的较小值)、频率为电网频率的正弦干扰信号,依次加到每个输入端子、输出端子与接地端子之间,同时改变干扰信号的相位(0°～360°)。

再用直流电压代替交流干扰信号,依次加到上述规定端子之间,其中当制造厂未作具体规定时,直流电压幅值应取 50 V 或输入量程的 1 000 倍,两者选较小值,并且分别以正向及反向形式施加于计算器。

对于电流输入的计算器,试验时,在信号源两端应并联 10 μF 电容;对电压输入的计算器,试验时,使信号源对频率为电网频率时的交流阻抗不大于 100 Ω。

试验中,应测量计算器输出变化量及交流纹波含量。

D.3.5.2 串模干扰

本项试验仅适用于输入端对地绝缘的电动计算器。

本项试验主要模拟输入信号中含有与电网频率相同的交流分量时对计算器的影响。

试验按图 D.2 所示方法接线。

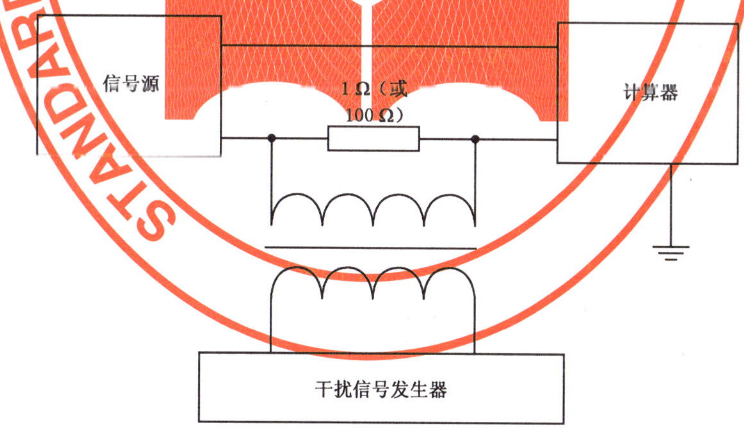

图 D.2 串模干扰试验接线示意图

将计算器输出信号分别稳定在量程的 10%以及 90%。

从 1 Ω(或 10 Ω)电阻两端,取出与电网频率相同的串模干扰电压,串联作用与计算器输入端,逐渐增大干扰电压幅值,并改变其相位(0°～360°),记录当输出变化为量程的 0.5%时对应的干扰电压幅值及相位。

试验中,当干扰信号幅值已达到制造厂规定值,而计算器输出还未达到量程的 0.5%变化量时,即可停止试验。

对应电流输入的计算器,在信号源两端应并联 10 μF 电容;对电压输入的计算器,信号源对频率为电网频率的交流阻抗不应大于 100 Ω。

试验中，还应测量输出交流纹波含量。

D.3.5.3 外磁场干扰

将计算器置于磁场强度为 400A/m，频率与电网频率相同的交变磁场中，分别在相互垂直的三个磁场方向上改变相位(0°～360°)，测量出变化量。

将输出分别稳定在量程的 10%～90%，重复上述试验，测出最大变化量。

D.3.5.4 射频干扰

射频干扰对输出的影响，由制造厂和用户双方专门协商。

适用频率为 27 MHz～300 MHz，额定输出功率为 1 W 的便携式发报机，将天线放在离计算器约 0.5 m的周围移动，测量计算器输出变化量。

D.3.6 接线影响

本试验仅适用于输入、输出端对地绝缘的电动计算器。

将对地绝缘的输入、输出端依次接地，测量计算器输出最大变化量。

D.3.7 负载阻抗变化影响(仅对电动计算器)

使计算器负载电阻从制造厂规定的一个极限值，变化到另一个极限值，测出输出变化量。

除非制造厂另有规定，还应进行各为 1 mm 的负载开路与短路试验，然后再测量出变化量。

D.3.8 工作寿命加速试验

对计算器施加交变信号，使输入值以量程的 50%为中点，峰值约为量程的 50%，频率为 0.5 Hz 作正弦交变变化。

试验连续运行 7 d，每 8 h～12 h 中断一次交变信号，以便测量输出变化量。

D.3.9 输入过程范围影响

将计算器的可调系统均置于 100%，调整各通道输入信号，使输出稳定再量程的 50%。

再将计算器一个输入通道信号调整到量程 150%，维持 1 min，然后恢复到原来值，稳定 5 min 后，测量输出变化量。

输入信号范围下限值不为零(系指实际指为零，而不是指 0%)的计算器，则还应将输入信号调整到零，维持 1 min，然后恢复到原来值，稳定 5 min，测量输出变化量。

每个输入通道均应进行上述试验。

D.3.10 始动漂移

试验前将计算器再参比大气条件下放置24 h，然后接通动力源，并加入使输出为量程的 25%(开方器为 50%)的输入信号，过 5 min，1 h 和 4 h 后，分别测量输出值。

再切断动力源和信号源，再参比大气条件下再放置24 h，然后接通动力源并加入使输出为量程的 90%的输入信号，重复上述试验。

将 5 min 和 1 h 测得的输出值，与 4 h 后测得的相比较，其最大差值即为始动漂移。

注：应该注意，每次测试时，应首先使测试设备预热稳定，防止由于测试设备本身的漂移使测量结构带来误差。

D.3.11 长期漂移

再参比条件下，对计算器加入输入信号，使输出信号稳定在量程的 90%。运行24 h后测量输出值，然后长期运行 7 d～30 d，每天测量输出值，将最后一次与第一次测得输出值的差值定为长期漂移量。

D.4 输出特性及能源消耗

D.4.1 输排气量(仅对气动计算器)

试验按图 D.3 所示方法接线：

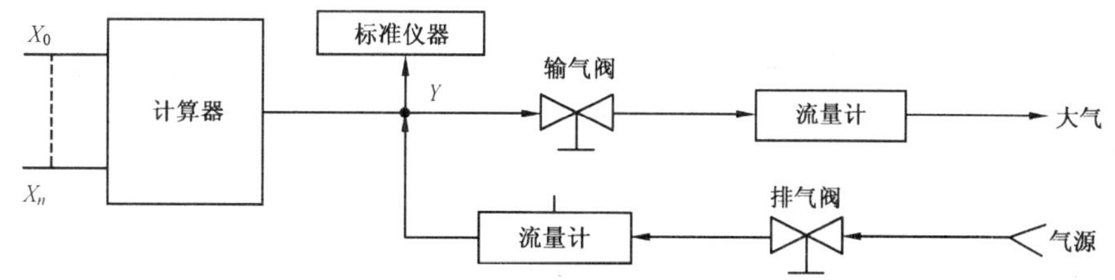

图 D.3 输排气量试验接线示意图

对计算器再规定负载条件下，分别加入使输出稳定再量程的 10%，50%及 90%的输入信号(对开方器可免做其中输出稳压量程的 10%的输入信号的试验)。

首先缓慢打开输气阀，测量每个输气量下对应的输出压力；然后关闭输气阀，缓慢打开排气阀，测量每个排气量对应的输出压力。

根据测试数据，画出如图 D.4 所示的压力—流量曲线，根据曲线确定：

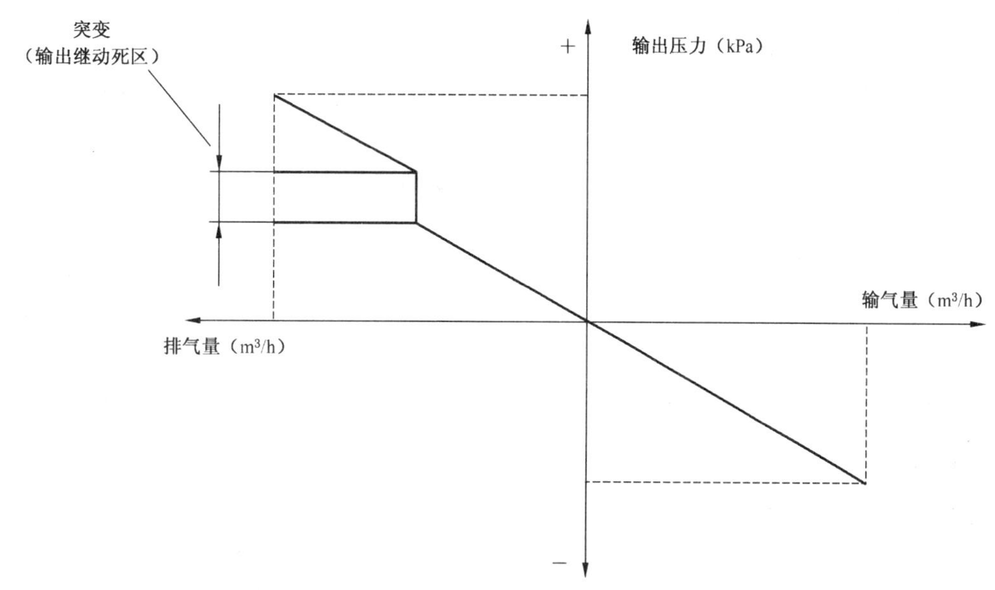

图 D.4 压力—流量曲线

a) 最大输气量(输出压力为 20 kPa)；

b) 最大排气量(输出压力为 100 kPa)；

c) 输气量从 0.2 m^3/h 变为 0.4 m^3/h(标准大气条件下)时输出压力的变化；

d) 排气量从 0.2 m^3/h 变为 0.4 m^3/h(标准大气条件下)时输出压力的变化；

e) 突变(即输出继动死区)阶跃高度(以输出量程的百分数表示)和相应的输排气量。

对不带放大器的气动计算器，不做本条试验。

注：试验时，气源压力应保持为公称值。

D.4.2 稳态耗气量(仅对气动计算器)

计算器输出与密封气容相连，并确保输出接头与气容无泄漏，将输出分别稳定在量程的 10%，50%以及 90%，测出最大稳态耗气量。

D.4.3 耗电量(仅对电动计算器)

将计算器输出稳定在 100%，测量计算器耗电量。

再在电源电压为上限值及电源频率为下限值条件下重复上述测试，最后取最大值列入报告。

D.4.4 输出交流分量(仅对电动计算器)

使计算器输出分别为稳定在量程的 10%，50%及 90%，测出输出交流分量中的峰值、有效值及电网频率含量，均以输出量程的百分数表示。

当有脉冲信号叠加在输出端时，可在输出端并联 500 pF 电容，并规定测试仪的通频带。

D.5 安全试验

有关安全的试验，在型式试验时，应紧接在相对湿度试验后进行。

D.5.1 绝缘电阻

本试验适用于电源对地绝缘的电动计算器。

试验应用试验电压为直流 500 V 兆欧表进行测量。

应该测试的接线端子不少于如下规定：

a) 供源端子短接——接地端；

b) 其余端子短接——接地端；

c) 输入端子短接——输出端子短接(此项适用于输入输出绝缘的计算器)。

D.5.2 绝缘强度

本试验适用于电源对地绝缘的电动计算器。

绝缘强度试验采用于电网频率相同的正弦交流电，试验电压大小应根据被测端子所处的工作电压，从表 D.3 中选取。

表 D.3 绝缘强度试验电压

电压公称值(有效值或直流)U/V	试验电压/kV
$U \leqslant 60$	0.5
$60 < U \leqslant 130$	1.0
$130 < U \leqslant 250$	1.5

试验电压应加到下列端子之间：

a) 供源端子短接——接地端；

b) 其余端子短接——接地端；

c) 输入端子短接——输出端子短接(此项适用于输入输出绝缘的计算器)。

试验时，应将试验电压从零开始，平稳地、无过冲地升到规定值，保持 1 nm，然后再平稳地降至零值，检查是否由击穿和非弧现象。

试验设备的容量应不小于 500 VA。

D.6 动态性能

D.6.1 阶跃响应

加入阶跃输入信号，使计算器输出按下述规定变化：

a) 10%⇔90%；

b) 5%⇔150%；

c) 45%⇔55%；

d) 85%⇔95%。

记录从加入阶跃信号开始，到输出达到并保持与稳态值相差 1%以内为止所需要的时间，同时还应记录时滞和过冲。

D.6.2 频率响应

将输出稳定再量程的 50%。

从输入端加入正弦交变信号，其峰值不超过量程的 20%，并保持不变，交变信号的频率从足够低(不大于 0.005 Hz)开始，以增量形式提高频率。测出每个频率滞对应的输出幅值即相角(即输出相对于输入的相位滞后)，直到输出幅值衰减到初始值的一半为止。

根据试验结果，作出如图 D.5 所示的特性曲线，即：

a) 频率(对数坐标)——相对增益(对数坐标)的幅频特性；

b) 频率(对数坐标)——相角(线性坐标)的相频特性。

从试验曲线上确定下列各点：

a) 相对增益为 0.7 时的频率，即高频截止频率 f_0；

b) 相角为 $-45°$ 时的频率 f_s；

c) 最大相对增益及对应的频率 f_m 及相角 ρ_m。

注 1：对有数个输入通道的计算器，则交变信号通常加入主通道(即第一通道)；

注 2：相对增益时指不同信号频率测出的输出幅值与信号频率为零时输出幅值之比。

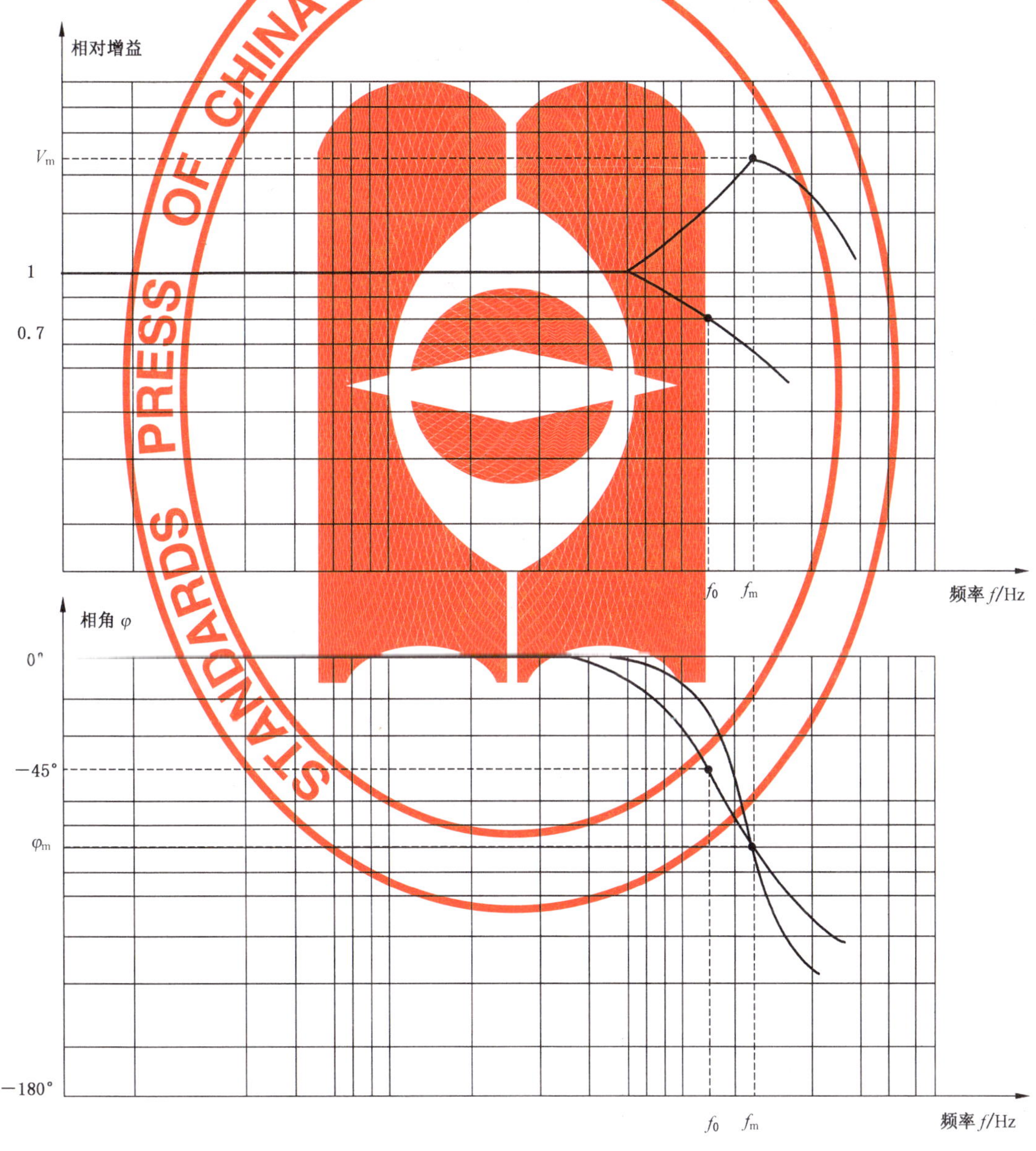

图 D.5 频率响应曲线示例图

D.7 技术检查

评定单位应对计算器的外观、结构、工艺及材质方面提出意见。

D.8 验收及出厂试验

当制造厂与用户双方同意时，验收试验可按照 GB/T 2828.1 出厂试验方法进行抽样验收。

出厂试验按表 D.4 规定进行。

表 D.4 出厂试验项目规则

<table>
<tr><th>序号</th><th colspan="2">项 目 名 称</th><th>试验方法条文号</th></tr>
<tr><td rowspan="3">1</td><td rowspan="3">精确度试验</td><td>基本误差</td><td rowspan="2">D.2.1～D.2.5</td></tr>
<tr><td>回 差</td></tr>
<tr><td>小信号切除性能</td><td>D.2.8</td></tr>
<tr><td>2</td><td colspan="2">动力源变化影响(免做变频试验)</td><td>D.3.4.1</td></tr>
<tr><td>3</td><td colspan="2">输出交流分量(仅测试输出稳定在量程的 50％的交流分量有效值)</td><td>D.4.4</td></tr>
<tr><td>4</td><td colspan="2">绝缘电阻试验</td><td>D.5.1</td></tr>
<tr><td>5</td><td colspan="2">绝缘强度试验</td><td>D.5.2</td></tr>
<tr><td>6</td><td colspan="2">技术检查(仅检查外观)</td><td>D.7</td></tr>
</table>

ICS 11.040.20
C 08

中华人民共和国国家标准

GB/T 2639—2008
代替 GB 2639—1990

玻璃输液瓶

Infusion glass bottles

(ISO 8536-1:2006,Infusion equipment for medical use—
Part 1:Infusion glass bottles,MOD)

2008-12-30 发布　　2009-09-01 实施

中华人民共和国国家质量监督检验检疫总局
中国国家标准化管理委员会　发布

前　言

本标准修改采用ISO 8536-1:2006《医用输液器具　第1部分:玻璃输液瓶》(英文版)。

本标准根据ISO 8536-1重新起草。

本标准与ISO 8536-1:2006的差异为:

——删除了ISO 8536-1:2006的序言和引用标准;

——增加了目次与前言;

——增加了产品热稳定性的要求和试验方法;

——产品的瓶形仍按我国要求进行规定。

本标准代替GB 2639—1990《玻璃输液瓶》。

本标准与GB 2639—1990的差异:

——取消了产品等级要求;

——规格尺寸只给出公差要求,公差中4.2.2.2～4.2.2.4引自GB/T 21299—2007《玻璃容器公差》;

——Ⅱ型瓶玻璃材质的耐水级别由符合GB/T 12416.2中2级或3级要求改为符合GB/T 12416.2中2级要求;

——增加了Ⅰ型瓶的抗热震性温差要求;

——内应力要求改为40 nm/mm;

——增加了瓶底厚度、同一瓶底厚薄比和同一瓶身厚薄比要求;

——取消了原标准的附录A,标称容量的试验方法按GB/T 20858规定进行测定。

本标准由中国轻工业联合会提出。

本标准由全国日用玻璃标准化技术委员会(SAC/TC 377)归口。

本标准起草单位:东华大学、国家眼镜玻璃搪瓷制品质量监督检验中心。

本标准主要起草人:桑仪、孙环宝、张国琇。

本标准所代替标准的历次版本发布情况为:

——GB 2639—1981;GB 2639—1990。

玻 璃 输 液 瓶

1 范围

本标准规定了玻璃输液瓶的产品分类、技术要求、试验方法、检验规则和包装、标识、运输、贮存。

本标准适用于盛装注射药液的玻璃输液瓶。

2 规范性引用文件

下列文件中的条款通过本标准的引用而成为本标准的条款。凡是注日期的引用文件，其随后所有的修改单(不包括勘误的内容)或修订版均不适用于本标准，然而，鼓励根据本标准达成协议的各方研究是否可使用这些文件的最新版本。凡是不注日期的引用文件，其最新版本适用于本标准。

GB/T 2828.1 计数抽样检验程序 第1部分：按接收质量限(AQL)检索的逐批检验抽样计划(GB/T 2828.1—2003，ISO 2859-1：1999，IDT)

GB/T 4546 玻璃瓶罐耐内压力试验方法(GB/T 4546—1998，neq ISO 7458：1989)

GB/T 4547 玻璃容器 抗热震性和热震耐久性试验方法(GB/T 4547—2007，ISO 7459：2004，IDT)

GB/T 4548 玻璃容器内表面耐水侵蚀性能测试方法和分级(GB/T 4548—1995，eqv ISO 4802-1：1988)

GB/T 8452 玻璃瓶罐垂直轴偏差测试方法

GB/T 12415 药用玻璃容器内应力检验方法

GB/T 12416.2 玻璃颗粒在121 ℃耐水性的试验方法和分级(GB/T 12416.2—1990，eqv ISO 720：1985)

GB/T 20858 玻璃容器 用重量法测定容量 试验方法(GB/T 20858—2007，ISO 8106：2004，IDT)

3 产品分类

3.1 产品按玻璃类型分为Ⅰ型和Ⅱ型，并应标记在瓶子底部。

注：Ⅰ型瓶的玻璃为硼硅酸盐玻璃。Ⅱ型瓶的玻璃为钠钙玻璃，瓶子内表面应经过处理。Ⅱ型瓶仅适用于一次性使用的玻璃输液瓶。

3.2 产品按瓶型分为A、B两种。

4 要求

4.1 材质

产品用无色或棕色玻璃制成。玻璃的耐水性级别按玻璃类型应达到下列规定：

——Ⅰ型玻璃：符合GB/T 12416.2中1级的要求。

——Ⅱ型玻璃：符合GB/T 12416.2中2级的要求。

注：材质变化时，应提前通知用户。

4.2 规格尺寸

4.2.1 A型瓶和B型瓶的参考瓶形见图1和图2。

单位为毫米

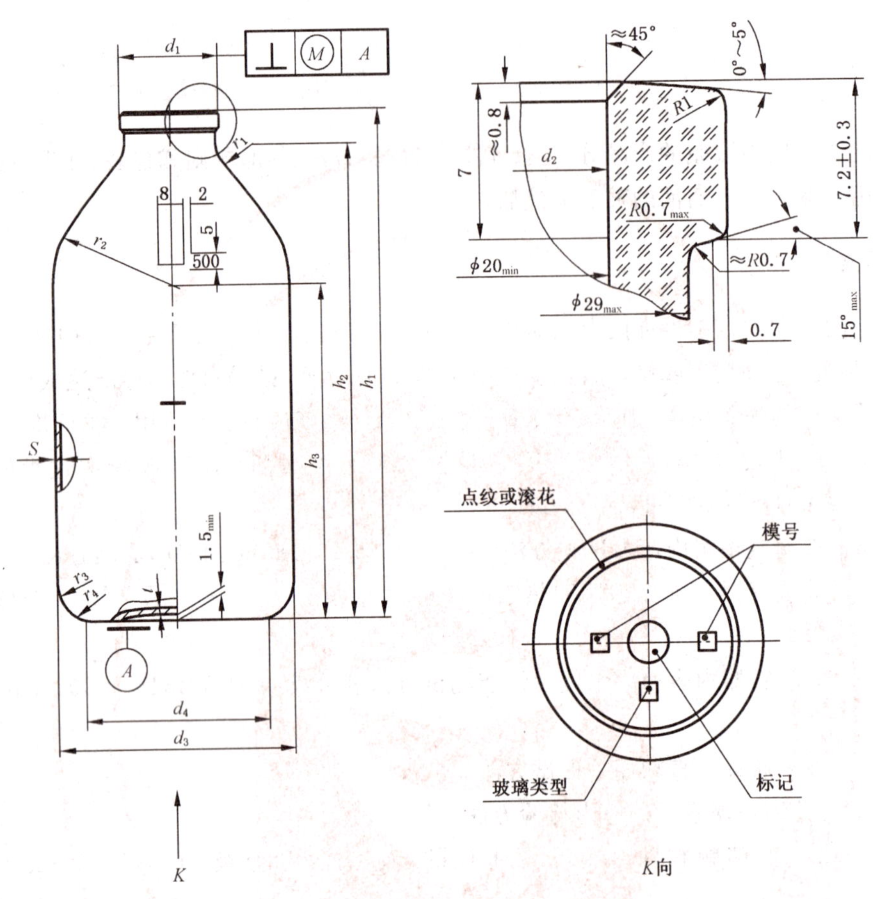

注：倒置半公称容量标线应分别标示在公称容量标线一侧和相隔180°的另一侧。

图1　A型瓶

单位为毫米

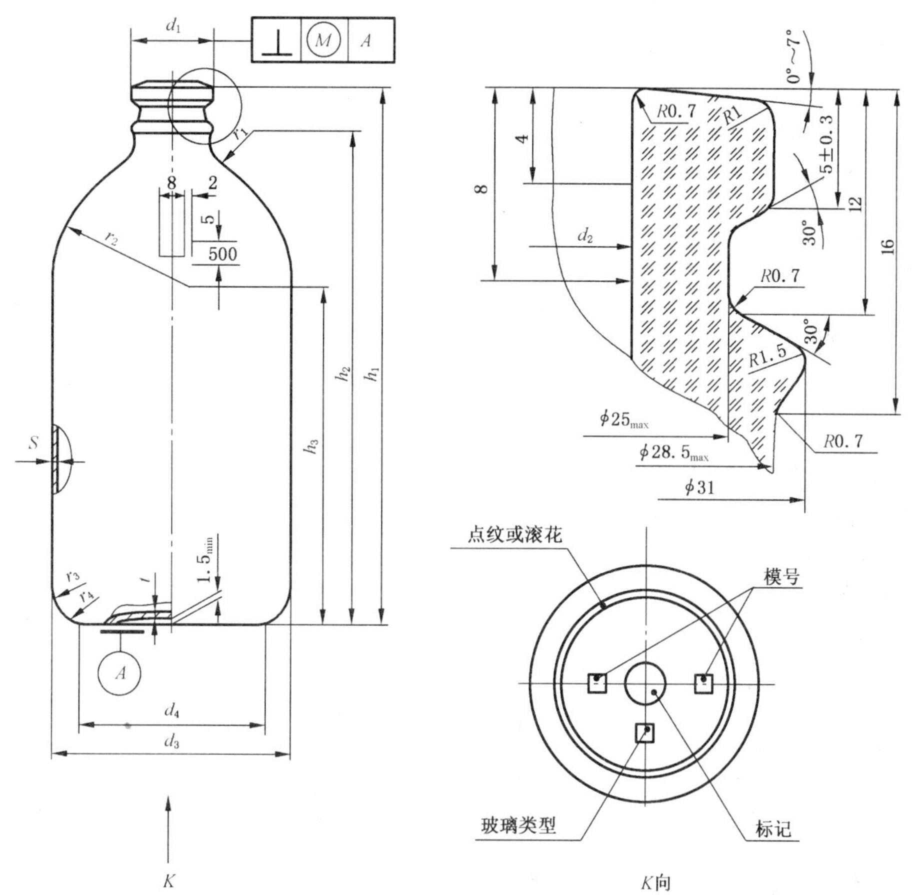

注：倒置半公称容量标线应分别标示在公称容量标线一侧和相隔180°的另一侧。

图2 B型瓶

4.2.2 公差

4.2.2.1 标线容量公差

标纯容量公差见表1。

表1 标线容量公差

单位为毫升

标线容量	50	100	250	500	1 000
公差	±5		±8	±10	±15

4.2.2.2 瓶全高公差 T_H

瓶全高公差 T_H 按式(1)计算：

$$T_H = \pm(0.6 + 0.004H) \quad \cdots\cdots(1)$$

式中：

T_H——瓶全高公差，单位为毫米(mm)；

H——公称瓶全高，单位为毫米(mm)。

4.2.2.3 瓶身外径公差 T_D

瓶身外径公差 T_D 按式(2)计算：

$$T_D = \pm(0.5 + 0.012D) \quad (2)$$

式中：

T_D——瓶身外径公差，单位为毫米(mm)；

D——公称瓶身外径，单位为毫米(mm)。

4.2.2.4 垂直轴偏差 T_V

垂直轴偏差 T_V 按式(3)和式(4)计算：

a) 公称瓶全高 $H<220$ mm：

$$T_V = 1.3 + 0.005H \quad (3)$$

式中：

T_V——垂直轴偏差，单位为毫米(mm)。

b) 公称瓶全高 $H \geqslant 220$ mm：

$$T_V = 0.3 + 0.01H \quad (4)$$

4.2.2.5 瓶口内径公差

A 型瓶：公称瓶口内径±0.3 mm。

B 型瓶：公称瓶口内径±0.5 mm。

4.2.2.6 瓶口外径公差

公称瓶口外径±0.3 mm。

4.2.2.7 瓶身厚度、瓶底厚度

瓶身厚度、瓶底厚度见表 2。

表 2 瓶身厚度、瓶底厚度

<table>
<tr><th rowspan="2">标线容量/
mL</th><th colspan="3">瓶身厚度</th><th colspan="2">瓶底厚度</th></tr>
<tr><th>A 型瓶/mm
≥</th><th>B 型瓶/mm
≥</th><th>同一瓶身厚薄比
≤</th><th>厚度/mm
≥</th><th>同一瓶底厚薄比
≤</th></tr>
<tr><td>50</td><td rowspan="3">0.8</td><td rowspan="2">1.0</td><td rowspan="5">2.5∶1</td><td rowspan="4">2.5</td><td rowspan="5">2∶1</td></tr>
<tr><td>100</td></tr>
<tr><td>250</td><td rowspan="2">1.2</td></tr>
<tr><td>500</td><td rowspan="2">1.0</td></tr>
<tr><td>1 000</td><td>1.5</td><td>3.0</td></tr>
</table>

4.3 理化性能

应符合表 3 的规定。

表 3 理化性能

<table>
<tr><th colspan="2">项目名称</th><th>要　求</th></tr>
<tr><td colspan="2">热稳定性</td><td>121 ℃恒温 30 min 后，不破裂</td></tr>
<tr><td rowspan="2">抗热震性/
℃</td><td>Ⅰ型瓶(硼硅酸盐玻璃)</td><td>温差≥60</td></tr>
<tr><td>Ⅱ型瓶(钠钙玻璃)</td><td>温差≥42</td></tr>
<tr><td colspan="2">耐内压力/MPa</td><td>≥0.6</td></tr>
<tr><td colspan="2">内应力/(nm/mm)</td><td>≤40</td></tr>
<tr><td rowspan="2">内表面耐水性/
级</td><td>Ⅰ型瓶(硼硅酸盐玻璃)</td><td>HC1</td></tr>
<tr><td>Ⅱ型瓶(钠钙玻璃)</td><td>HC2</td></tr>
</table>

4.4　**外观质量**

4.4.1　**玻璃搭丝、飞翅尖刺**

不许有。

4.4.2　**气泡**

4.4.2.1　表面气泡和破气泡不许有。

4.4.2.2　直径大于等于 5 mm 的不许有。

4.4.2.3　直径小于 5 mm，大于等于 3 mm 的：

a）＜500 mL：不多于 2 个；

b）≥500 mL：不多于 3 个。

4.4.2.4　直径小于 3 mm，大于等于 1 mm 的：

a）＜500 mL：不多于 2 个；

b）≥500 mL：不多于 4 个。

4.4.2.5　瓶壁上直径小于 1 mm 能目测的，其密集程度不超过 6 个/cm^2。

4.4.2.6　瓶口封合面上直径大于等于 1 mm 的不许有。

4.4.3　**结石**

4.4.3.1　直径大于等于 1 mm 的不许有。

4.4.3.2　直径小于 1 mm，周围无裂纹的：

a）＜500 mL：不多于 1 个；

b）≥500 mL：不多于 2 个。

4.4.3.3　直径小于 0.5 mm，周围无裂纹的：

a）＜500 mL：不多于 2 个；

b）≥500 mL：不多于 3 个。

4.4.3.4　4.4.3.2 及 4.4.3.3 的总数不超过 3 个。

4.4.3.5　瓶口，不许有。

4.4.4　**裂纹**

不许有。

4.4.5　**合缝线**

瓶口凸出量大于 0.3 mm 的不许有。

其他部位凸出量大于 0.5 mm 的不许有。

4.4.6　**瓶口**

4.4.6.1　光滑圆角。

4.4.6.2　瓶口封合面和瓶口内壁应光滑、平整。

4.4.7　**瓶身**

光滑、饱满。

4.4.8　**条纹**

严重的不许有。

4.4.9　**刻度线、字、标记**

清晰可见。

5　试验方法

5.1　公差

5.1.1　**标线容量**

按 GB/T 20858 的规定进行测定。

5.1.2 **瓶全高**

用精度为0.02 mm的高度游标卡尺或测高装置进行测量。

5.1.3 **瓶身外径**

用精度为0.02 mm的游标卡尺或量规进行测量。

5.1.4 **垂直轴偏差**

按GB/T 8452的规定进行测量。

5.1.5 **瓶口内径、瓶口外径**

用专用通过式量规或精度为0.02 mm的游标卡尺进行测量。

5.1.6 **瓶身厚度、瓶底厚度**

用精度为0.05 mm的测厚仪进行测量。

5.1.7 **同一瓶身厚薄比**

用精度为0.05 mm的测厚仪在瓶身同一水平面上进行测量。

5.1.8 **同一瓶底厚薄比**

用精度为0.05 mm的测厚仪在同一瓶底上测得的最厚点与最薄点之比。

5.2 **理化性能**

5.2.1 **热稳定性**

瓶内灌装清水至标称容量标线处，塞上胶塞并确保试验过程中胶塞不脱落。将其放置于热压灭菌器内，在15 min～20 min内匀速升温至121 ℃，保温30 min。放气至常压，微开盖，自然冷却至灭菌器内的温度低于抗热震性试验中的温差要求与室温之和，开盖冷却取出，瓶子不得有破裂。

5.2.2 **抗热震性**

按GB/T 4547的规定进行试验。

5.2.3 **耐内压力**

按GB/T 4546的规定进行试验。

5.2.4 **内应力**

按GB/T 12415的规定进行试验。

5.2.5 **内表面耐水性**

按GB/T 4548的规定进行试验。

5.3 **外观**

目测。必要时用游标卡尺或10倍放大镜进行测量。

6 检验规则

6.1 产品交接验收按GB/T 2828.1的规定进行，也可按供需双方合同或协议进行验收。

6.2 产品验收以每百单位产品不合格品数表示，提交验收批产品的接收质量限(AQL)、检验水平(IL)见表4。

表4 提交验收批产品的接收质量限(AQL)、检验水平(IL)

类别	检验项目	检验水平(IL)	接收质量限(AQL)
理化性能	热稳定性	S-2	0.25
	抗热震性		1.0
	耐内压力		1.0
	内应力		0.65
	内表面耐水性	按GB/T 4548判定	

表 4 (续)

类别	检验项目	检验水平(IL)	接收质量限(AQL)
容量尺寸	瓶口内径	S-3	1.5
	全高、瓶口外径、瓶身外径		1.0
	垂直轴偏差、瓶身厚度、瓶底厚度		2.5
	标线容量		1.5
外观质量	玻璃搭丝、飞翅尖刺	I	0.65
	裂纹、瓶口		0.65
	表面气泡和破气泡		1.5
	气泡、结石、瓶身		1.5
	合缝线、条纹、刻度线、字、标记		2.5

6.3 逐批检验验收不合格时，应重新进行检验。再次提交验收的产品若仍不符合要求，则该批产品不得再次提交验收。

7 包装、标识、运输、贮存

7.1 包装

包装材料应保证产品清洁、安全、牢固，包装数量应符合运输的要求。纸箱包装的外包装上应有“玻璃制品、小心轻放”等字样。

7.2 标识

每件包装内应附有合格证或标签。注明产品名称、规格型号、数量、生产单位、生产日期、生产许可证号、检验包装者姓名或代号等。

7.3 运输

运输过程中应防止剧烈震动，装卸时应轻拿轻放。

7.4 贮存

贮存场所应清洁、干燥、安全。

ICS 25.160.40
J 33

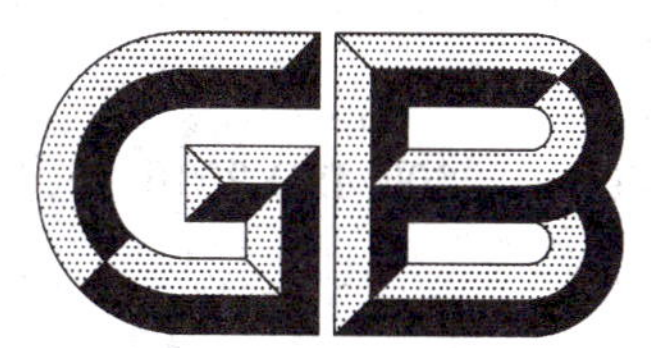

中华人民共和国国家标准

GB/T 2650—2008/ISO 9016:2001
代替 GB/T 2650—1989

焊接接头冲击试验方法

Impact test methods on welded joints

(ISO 9016:2001, Destructive tests on welds in metallic materials—Impact tests—Test specimen location, notch orientation and examination, IDT)

2008-03-31 发布 2008-09-01 实施

中华人民共和国国家质量监督检验检疫总局
中国国家标准化管理委员会 发布

前　言

本标准等同采用 ISO 9016:2001《金属材料焊缝破坏性试验　冲击试验　试样位置、缺口方向和检验方法》(英文版)。

本标准等同翻译 ISO 9016:2001。为便于使用,本标准做了如下编辑性修改:

——删除了国际标准的前言;

——将标准名称改为"焊接接头冲击试验方法";

——对 ISO 9016:2001 中引用的国际标准,用已被等同采用的 GB/T 229—2007 代替。

本标准是对 GB/T 2650—1989《焊接接头冲击试验方法》的修订,并整合了 GB/T 2649—1989《焊接接头机械性能试验取样方法》中有关"焊接接头冲击试验取样方法"的内容。

本标准与 GB/T 2650—1989 相比,主要修改内容如下:

——增加了"原理"、"符号及说明"部分内容;

——增加了取样位置、缺口方向方面的内容;

——删去了原标准附录 A、附录 B 中有关辅助试样的内容;

——增加了"试验报告示例"部分。

本标准的附录 A 为资料性附录。

本标准由全国焊接标准化技术委员会提出并归口。

本标准起草单位:哈尔滨焊接研究所。

本标准主要起草人:成炳煌、曲维力。

本标准所代替标准的历次版本发布情况为:

——GB 2650—1981,GB/T 2650—1989。

焊接接头冲击试验方法

1 范围

本标准规定了对接接头冲击试验取样、缺口方向和试验报告要求。

本标准适用于金属材料熔化焊和压焊接头的冲击试验。

2 规范性引用文件

下列文件中的条款通过本标准的引用而成为本标准的条款。凡是注日期的引用文件，其随后所有的修改单（不包括勘误的内容）或修订版均不适用于本标准，然而，鼓励根据本标准达成协议的各方研究是否可使用这些文件的最新版本。凡是不注日期的引用文件，其最新版本适用于本标准。

GB/T 229　金属材料　夏比摆锤冲击试验方法（GB/T 229—2007，ISO 148-1:2006，MOD）

3 原理

冲击试验按 GB/T 229 进行。除按 GB/T 229 要求外，缺口位置可以通过宏观腐蚀确定。

4 符号及说明

4.1 符号组成

符号中的字母说明试样类型、位置和缺口方向，而数字表明缺口距参考线（RL）和焊缝表面的距离（单位：mm）。表示方法见表 1 和表 2。应从焊接接头截取试样，试样的纵轴与焊缝长度方向垂直。

4.2 字母

符号由下列字母组成：

第一个字母：U 为夏比 U 型缺口；V 为夏比 V 型缺口。

第二个字母：W 为缺口在焊缝；H 为缺口在热影响区。

第三个字母：S 为缺口面平行于焊缝表面[1)]；T 为缺口面垂直于焊缝表面。

第四个字母：a 为缺口中心线距参考线的距离（如果缺口中心线在参考线，则记录 $a=0$）。

第五个字母：b 为试样表面距焊缝表面[2)]的距离（如果试样表面在焊缝表面，则记录 $b=0$）。

4.3 附加信息

当用上述方法还不能充分确定试样位置和缺口方向时，应提供焊接接头示意图作为参考。

5 符号示例

符号示例在表 1、表 2 和图 1 中给出。表中 RL 实际上是参考线。缺口在焊缝时，RL 为试样上焊缝中心线；缺口在热影响区时，RL 为试样上熔合线或压焊接头的结合线。

1） 这个方向的含义相当于在断裂力学试验中“表面缺口”的含义。

2） 在双 V 形、K 形或类似焊缝的情况下，焊缝表面为焊缝较宽一侧或开始焊接一侧。

表 1　S 位置(缺口面平行于试件表面)

符　号	缺口在焊缝 示意图	符　号	缺口在热影响区 示意图
VWS a/b	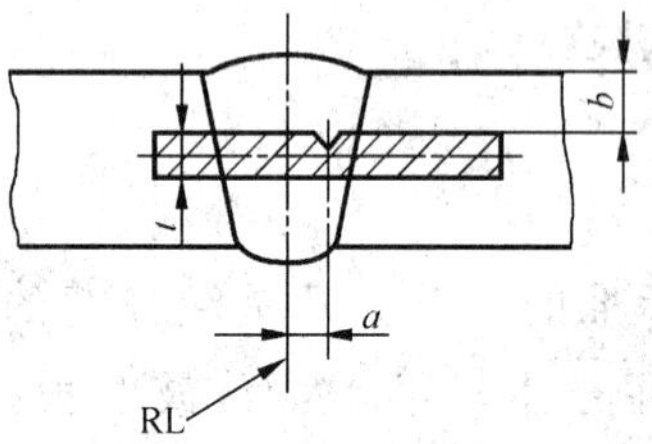	VHS a/b (压焊)	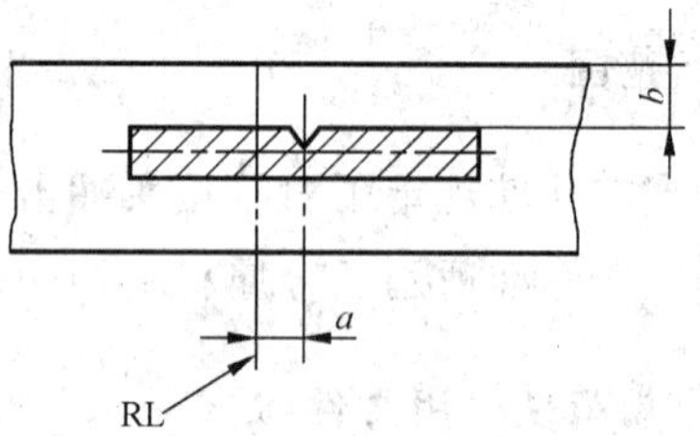
		VHS a/b (熔化焊)	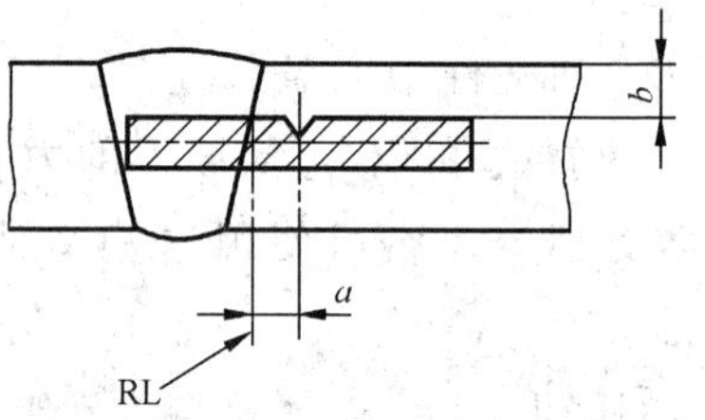

表 2　T 位置(缺口面垂直于试件表面)

符　号	缺口在焊缝 示意图	符　号	缺口在热影响区 示意图
VWT $0/b$	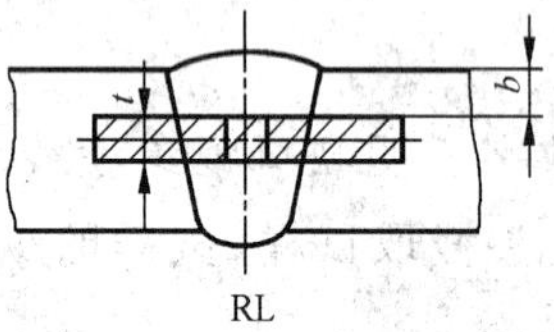	VHT $0/b$	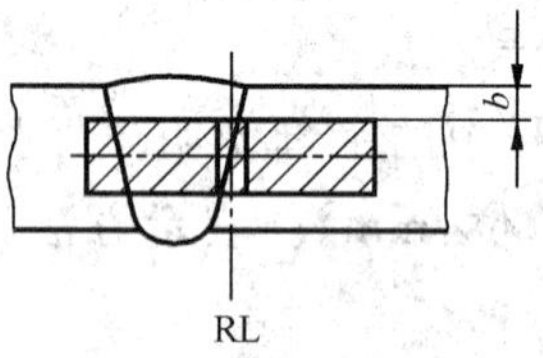
VWT a/b	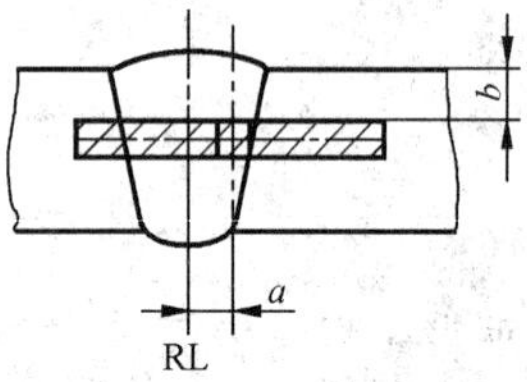	VHT a/b	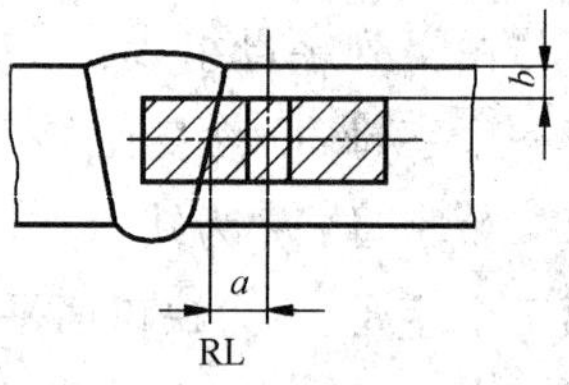
VWT $0/b$	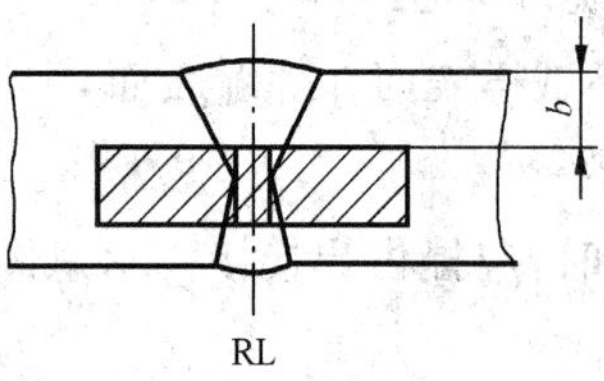	VHT a/b	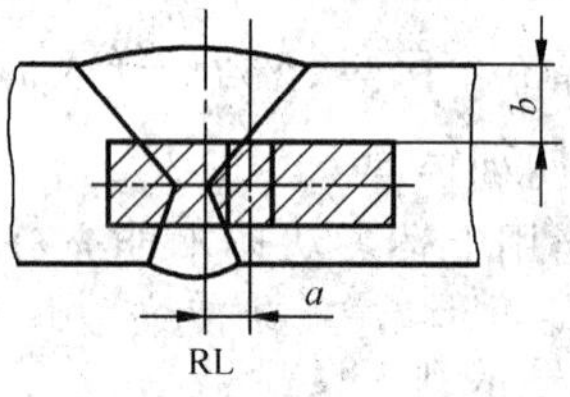
VWT a/b	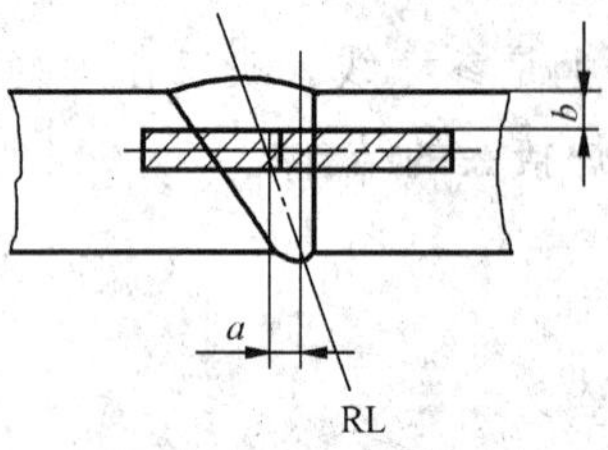	VHT a/b	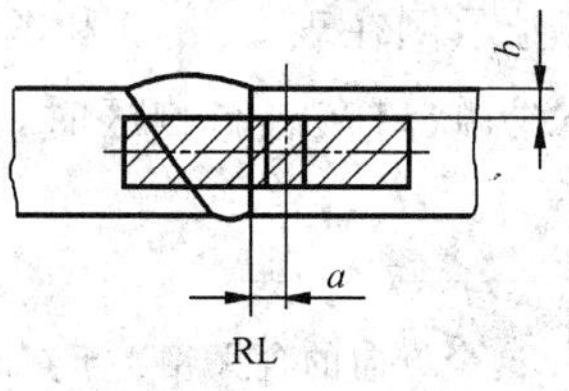

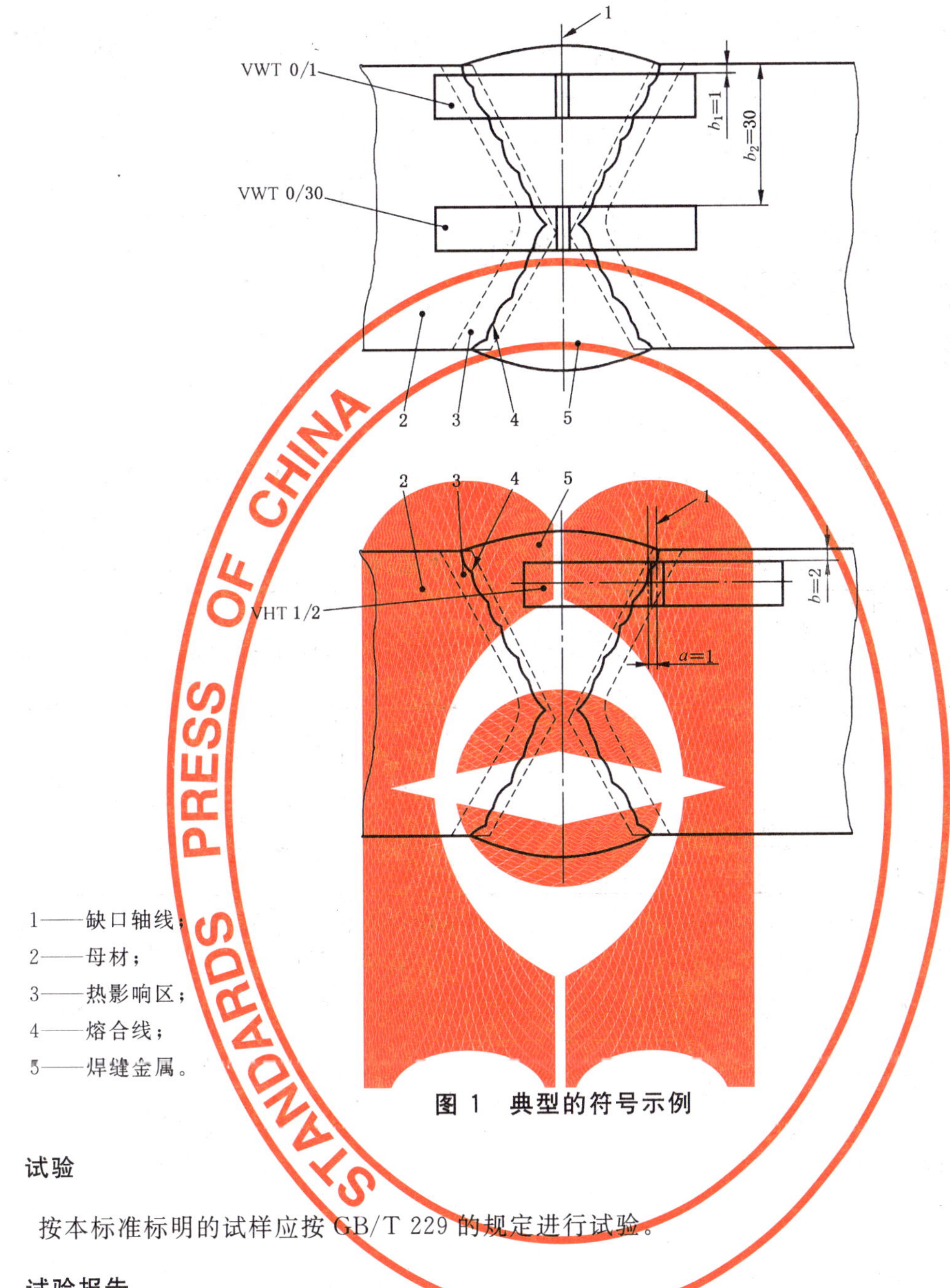

1——缺口轴线；

2——母材；

3——热影响区；

4——熔合线；

5——焊缝金属。

图 1 典型的符号示例

6 试验

按本标准标明的试样应按 GB/T 229 的规定进行试验。

7 试验报告

试验报告内容除按 GB/T 229 的规定要求的内容外，还应包括下列内容：

a) 依据的国家标准，例如 GB/T 2650；

b) 试样的符号；

c) 如需要，给出示意图；

d) 观察到的缺欠的类型和尺寸；

e) 相关标准和/或协议所要求的其他内容。

附录 A 给出了典型的试验报告示例。

附 录 A
（资料性附录）
试验报告示例

编号：

依据的焊接工艺规程(WPS)或焊接工艺预规程(pWPS)：

依据 GB/T 2650 进行焊接接头冲击试验。

试验结果：

制造商：

试验目的：

产品种类：

母材：

填充金属：

表 A.1 依据 GB/T 2650 的冲击试验

试样编号 No.	符 号	尺寸/mm	试验温度/℃	冲击韧度/(J/mm²)	冲击吸收功/J	说 明		
						断口的位置[a]	断口的类型[a]	缺欠类型及尺寸

[a] 必要时。

检测：　　　　　　　　　　审核：

(签名和日期)　　　　　　　(签名和日期)

ICS 25.160.40
J 33

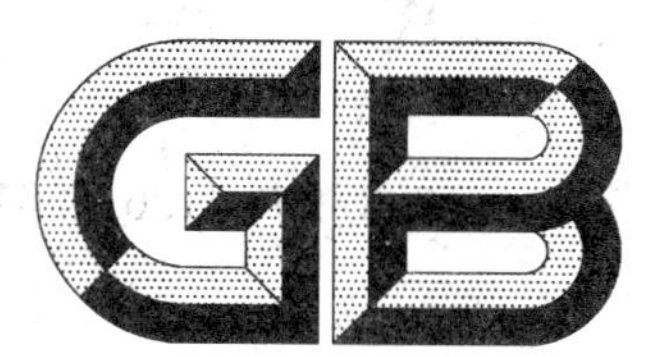

中华人民共和国国家标准

GB/T 2651—2008/ISO 4136:2001
代替 GB/T 2651—1989

焊接接头拉伸试验方法

Tensile test method on welded joints

(ISO 4136:2001,Destructive tests on welds in metallic materials—Transverse tensile test,IDT)

2008-03-31 发布　　2008-09-01 实施

中华人民共和国国家质量监督检验检疫总局
中国国家标准化管理委员会　发布

前　言

本标准等同采用 ISO 4136:2001《金属材料焊缝破坏性试验　横向拉伸试验》(英文版)。

本标准等同翻译 ISO 4136:2001。为便于使用,本标准做了如下编辑性修改:

——删除了国际标准的前言;

——将标准名称改为“焊接接头拉伸试验方法”;

——对 ISO 4136:2001 中引用的国际标准,用已被等同采用的我国标准代替。

本标准是对 GB/T 2651—1989《焊接接头拉伸试验方法》的修订,并整合了 GB/T 2649—1989《焊接接头机械性能试验取样方法》中有关“焊接接头拉伸试验取样方法”的内容。

本标准与 GB/T 2651—1989 相比,主要修改内容如下:

——增加了“原理”、“符号及缩略语”及“试验程序”部分内容;

——增加了试样制备方面的内容;

——删去了原标准点焊接头抗剪试验的内容;

——增加了“试验报告示例”部分。

本标准附录 A 为资料性附录。

本标准由全国焊接标准化技术委员会提出并归口。

本标准起草单位:哈尔滨焊接研究所。

本标准主要起草人:成炳煌、曲维力。

本标准所代替标准的历次版本发布情况为:

——GB 2651—1981、GB/T 2651—1989。

焊接接头拉伸试验方法

1 范围

本标准规定了焊接接头拉伸试验的程序及试样尺寸要求。

本标准适用于金属材料熔化焊和压焊接头。

2 规范性引用文件

下列文件中的条款通过本标准的引用而成为本标准的条款。凡是注日期的引用文件，其随后所有的修改单(不包括勘误的内容)或修订版均不适用于本标准，然而，鼓励根据本标准达成协议的各方研究是否可使用这些文件的最新版本。凡是不注日期的引用文件，其最新版本适用于本标准。

GB/T 228—2002 金属材料 室温拉伸试验方法(eqv ISO 6892:1998)

GB/T 5185—2005 焊接及相关工艺方法代号(ISO 4063:1998,IDT)

3 原理

拉伸试验按 GB/T 228 进行。

除非另有规定，试验应在环境温度为 23℃±5℃条件下进行。

4 符号

表 1 给出了拉伸试验所使用的符号及相应的说明，符号的具体含义可参见图 1～图 3。

表 1 符号及说明

符号	说明	单位
b	平行长度部分宽度	mm
b_1	夹持端宽度	mm
d	管塞直径	mm
D	管外径	mm
L_c	平行长度	mm
L_0	原始标距	mm
L_s	加工后焊缝的最大宽度	mm
L_t	试样总长度	mm
r	过渡弧半径	mm
t	焊接接头的厚度	mm
t_s	试样厚度	mm

5 试样的制备

5.1 取样位置

试样应从焊接接头垂直于焊缝轴线方向截取，试样加工完成后，焊缝的轴线应位于试样平行长度部分的中间。对小直径管试样可采用整管(参见图 3)。相关标准或协议未做特殊规定时，“小直径管”是指外径小于或等于 18 mm 的管子。

5.2 标记

每个试件应做标记以便识别其从产品或接头中取出的位置。

如果相关标准有要求，应标记机加工方向(例如轧制方向或挤压方向)。

每个试样应做标记以便识别其在试件中的准确位置。

5.3 热处理及/或时效

焊接接头或试样一般不进行热处理，但相关标准规定或允许被试验的焊接接头进行热处理除外，这时应在试验报告中详细记录热处理的参数。对于会产生自然时效的铝合金，应记录焊接至开始试验的间隔时间。

注：钢铁类焊缝金属中有氢存在时，可能会对试验结果带来显著影响，可能需要采取适当的去氢处理。

5.4 取样

5.4.1 一般要求

取样所采用的机械加工方法或热加工方法不得对试样性能产生影响。

5.4.2 钢

厚度超过 8 mm 时，不得采用剪切方法。当采用热切割或可能影响切割面性能的其他切割方法从焊件或试件上截取试样时，应确保所有切割面距离试样的表面至少 8 mm 以上。平行于焊件或试件的原始表面的切割，不应采用热切割方法。

5.4.3 其他金属材料

不得采用剪切方法和热切割方法，只能采用机械加工方法(如锯或铣、磨等)。

5.5 机械加工

5.5.1 一般要求

公差按照 GB/T 228 规定。

5.5.2 位置

试样的厚度 t_s 一般应与焊接接头处母材的厚度相等，参见图 1a)。当相关标准要求进行全厚度(厚度超过 30 mm)试验时，可从接头截取若干个试样覆盖整个厚度，参见图 1b)。在这种情况下，试样相对接头厚度的位置应做记录。

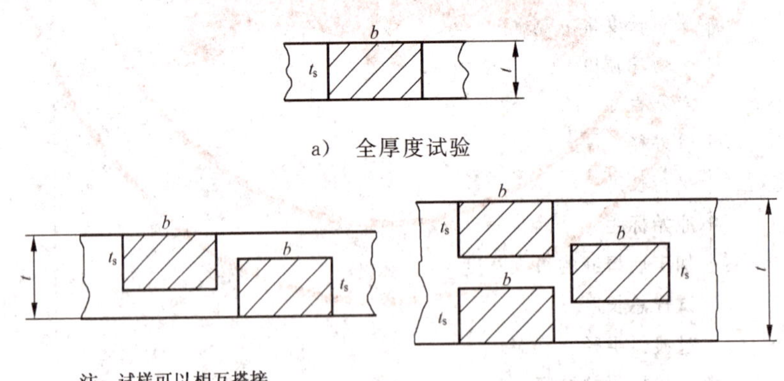

a) 全厚度试验

注：试样可以相互搭接。

b) 多试样试验

图 1 试样的位置示例

5.5.3 尺寸

5.5.3.1 板及管板状试样

试样厚度沿着平行长度 L_c 应均衡一致，其形状和尺寸应符合表 2 及图 2 的规定。

对于从管接头截取的试样，可能需要校平夹持端；然而，这种变平及可能产生的厚度的变化不应波及平行长度 L_c。

表 2 板及管板状试样的尺寸

单位为毫米

名称		符号	尺寸
试样总长度		L_t	适合于所使用的试验机
夹持端宽度		b_1	$b+12$
平行长度部分宽度	板	b	12($t_s \leqslant 2$) 25($t_s > 2$)
	管子	b	6 ($D \leqslant 50$) 12 ($50 < D \leqslant 168$) 25 ($D > 168$)
平行长度		L_c	$\geqslant L_s+60$
过渡弧半径		r	$\geqslant 25$

注 1:对于压焊及高能束焊接头而言(根据 GB/T 5185—2005,其工艺方法代号为 2、4、51 和 52),焊缝宽度为零($L_s=0$)。

注 2:对于某些金属材料(如铝、铜及其合金)可以要求 $L_c \geqslant L_s+100$。

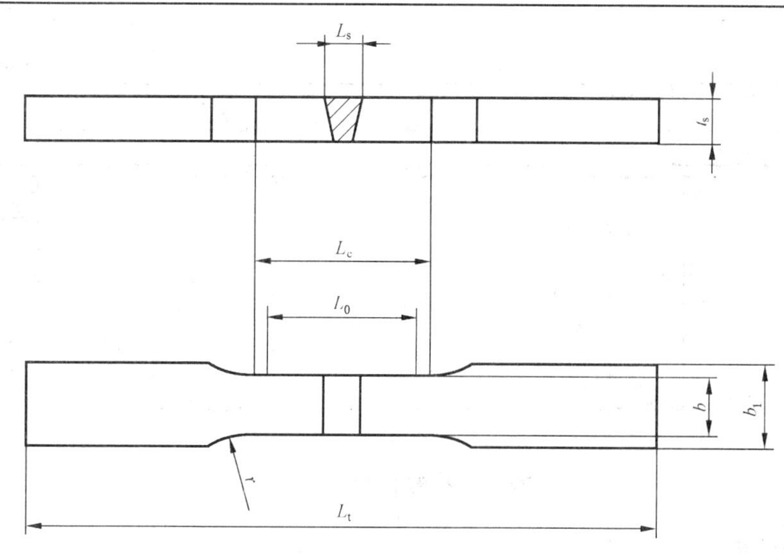

a) 板接头

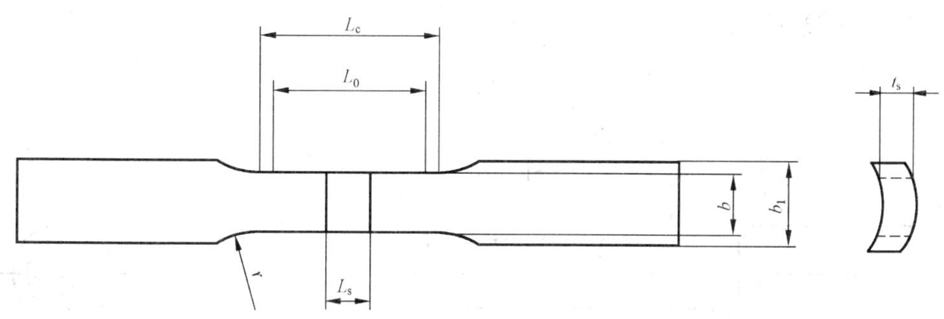

b) 管接头

图 2 板和管接头板状试样

5.5.3.2 整管试样

整管试样尺寸见图 3。

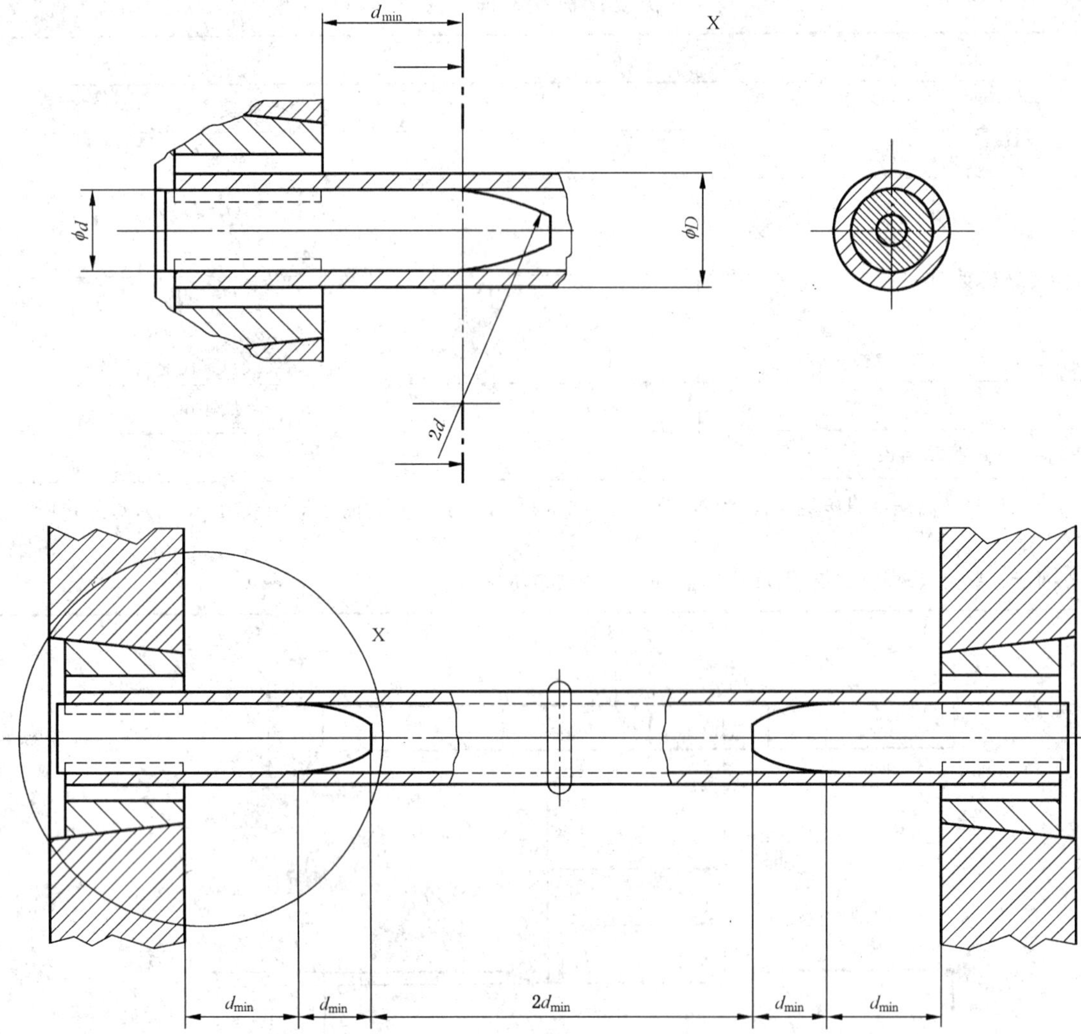

图 3　整管拉伸试样

5.5.3.3　实心截面试样

实心截面试样尺寸应根据协议要求。当需要机加工成圆柱形试样时，试样尺寸应依据 GB/T 228 要求，只是平行长度 L_c 应不小于 L_c＋ 60 mm，见图 4。

铝、铜及其合金的尺寸要求参见表 2。

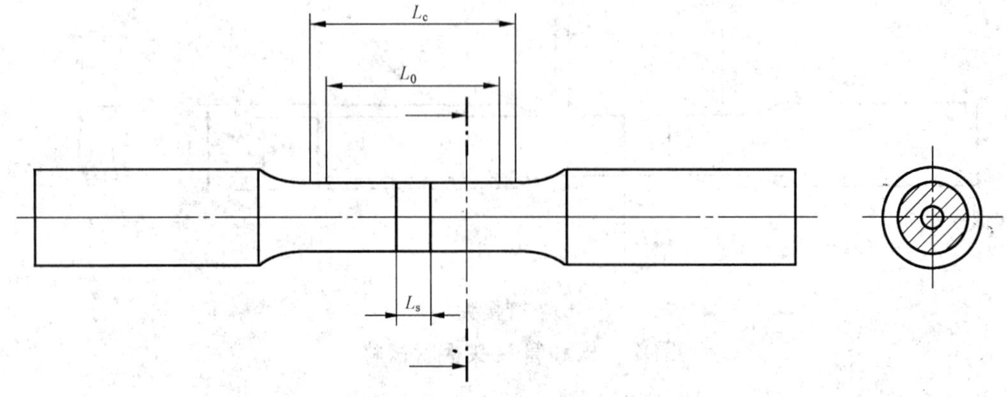

图 4　实心圆柱形试样

5.5.4 表面制备

试样制备的最后阶段应进行机加工，应采取预防措施避免在表面产生变形硬化或过热。试样表面应没有垂直于试样平行长度 L_c 方向的划痕或切痕，不得除去咬边，除非相关标准另有要求。

超出试样表面的焊缝金属应通过机加工除去。除非另有要求，对于有熔透焊道的整管试样应保留管内焊缝。

6 试验程序

依据 GB/T 228 规定对试样逐渐连续加载。

7 试验结果

7.1 一般要求

依据 GB/T 228 规定确定试验结果。

7.2 断裂位置

在报告中应写明断裂位置。

必要时，可以通过宏观浸蚀试样侧面的方式确定焊缝位置。

7.3 断口表面检验

试样断裂后，应检验断口表面，在断口上对试验可能产生有害影响的缺欠都应在报告中记录，记录内容包括缺欠类型、尺寸和数量。如果出现白点，应予以记录，白点的中心区域应视为缺欠。

8 试验报告

除 GB/T 228 要求的内容，试验报告还应包括以下内容：

a) 依据的国家标准，例如 GB/T 2651；

b) 试样的类型和位置，如果需要可附示意图(见图 1)；

c) 试验温度；

d) 断口位置；

e) 观察到的缺欠的类型和尺寸。

典型的试验报告示例在附录 A 给出。

附 录 A
（资料性附录）
试验报告示例

编号：

依据的焊接工艺规程(WPS)或焊接工艺预规程(pWPS)：

依据 GB/T 2651 进行焊接接头拉伸试验。

试验结果：

制造商：

试验目的：

产品种类：

母材：

填充金属：

试验温度：

表 A.1 依据 GB/T 2651 焊接接头拉伸试验

试样编号 No./位置	尺寸/直径/mm	最大载荷 F_m/N	抗拉强度 R_m/(N/mm²)	断口位置	说明（例如缺欠的类型和尺寸）

检测：　　　　　　　　　　　　　　　审核：

（签名和日期）　　　　　　　　　　　（签名和日期）

ICS 25.160.40
J 33

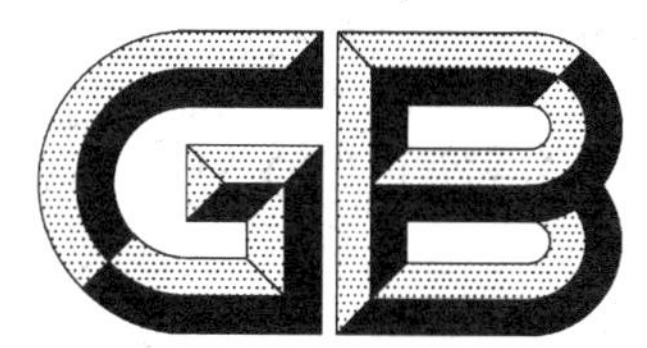

中华人民共和国国家标准

GB/T 2652—2008/ISO 5178:2001
代替 GB/T 2652—1989

焊缝及熔敷金属拉伸试验方法

Tensile test methods on weld and deposited metal

(ISO 5178:2001, Destructive tests on welds in metallic materials—Longitudinal tensile test on weld metal in fusion welded joints, IDT)

2008-03-31 发布　　2008-09-01 实施

中华人民共和国国家质量监督检验检疫总局
中国国家标准化管理委员会
发布

前　言

本标准等同采用ISO 5178:2001《金属材料焊缝破坏性试验　熔化焊接头焊缝金属纵向拉伸试验》(英文版)。

本标准等同翻译ISO 5178:2001。为便于使用，本标准做了如下编辑性修改：

——删除了国际标准的前言；

——将标准名称改为“焊缝及熔敷金属拉伸试验方法”；

——对ISO 5178:2001中引用的国际标准，用已被等同采用的GB/T 228—2002代替。

本标准是对GB/T 2652—1989《焊缝及熔敷金属拉伸试验方法》的修订，并整合了GB/T 2649—1989《焊接接头机械性能试验取样方法》中有关“焊缝试验取样方法”的内容。

本标准与GB/T 2652—1989相比，主要修改内容如下：

——增加了“原理”、“符号及缩略语”及“试验条件”部分内容；

——增加了试样制备方面的内容；

——增加了“试验报告示例”部分。

本标准附录A为资料性附录。

本标准由全国焊接标准化技术委员会提出并归口。

本标准起草单位：哈尔滨焊接研究所。

本标准主要起草人：成炳煌、曲维力。

本标准所代替标准的历次版本发布情况为：

——GB 2652—1981、GB/T 2652—1989。

焊缝及熔敷金属拉伸试验方法

1 范围

本标准规定了焊缝及熔敷金属拉伸试验的程序及试样尺寸要求。

本标准适用于金属材料熔化焊焊缝及熔敷金属的拉伸试验。

2 规范性引用文件

下列文件中的条款通过本标准的引用而成为本标准的条款。凡是注日期的引用文件，其随后所有的修改单（不包括勘误的内容）或修订版均不适用于本标准，然而，鼓励根据本标准达成协议的各方研究是否可使用这些文件的最新版本。凡是不注日期的引用文件，其最新版本适用于本标准。

GB/T 228—2002 金属材料 室温拉伸试验方法(eqv ISO 6892:1998)

3 原理

拉伸试验按 GB/T 228 进行。

除非另有规定，试验应在环境温度为 23℃±5℃条件下进行。

4 符号及缩略语

拉伸试验所使用的符号及缩略语遵照 GB/T 228 的规定。

5 试样的制备

5.1 取样位置

试样应从试件的焊缝及熔敷金属上纵向截取。加工完成后，试样的平行长度应全部由焊缝金属组成（参见图 1 和图 2）。

为了确保试样在接头中的正确定位，试样两端的接头横截面可做宏观腐蚀。

5.2 标记

每个试件都应做标记以识别其在接头中的准确位置。

每个试样都应做标记以识别其在试件中的准确位置。

5.3 热处理及/或时效

焊接接头或试样一般不进行热处理，但相关标准有规定或允许的除外，这时应在试验报告中详细记录热处理的参数。对于会产生自然时效的铝合金，应记录焊接至开始试验的间隔时间。

注：钢铁类焊缝金属中有氢存在时，可能会对试验结果带来显著影响，可能需要采取适当的去氢处理方法。

5.4 取样

5.4.1 一般要求

取样所采用的机械加工方法或热加工方法不得对试样性能产生影响。

5.4.2 钢

厚度超过 8 mm 时，不得采用剪切方法。当采用热切割或可能影响切割面性能的其他切割方法从焊件或试件上截取试样时，应确保所有切割面距离试样的表面至少 8 mm 以上。平行于焊件或试件的原始表面的切割，不应采用热切割方法。

5.4.3 其他金属材料

不得采用剪切方法和热切割方法，只能采用机械加工方法。

5.5 机械加工

5.5.1 一般要求

公差按照 GB/T 228 规定。

5.5.2 位置

除非应用标准对受检接头另有规定，试样应取自焊缝金属的中心(见图 1)，其横截面位置按照图 2 规定。未能在中间厚度位置截取试样时，应记录其中心距表面的距离 t_1，见图 2 b)。在厚板或双面焊接头情况下，可以在厚度方向不同位置截取若干试样，见图 2 c)，应记录每个试样中心距表面的距离 t_1 和 t_2。

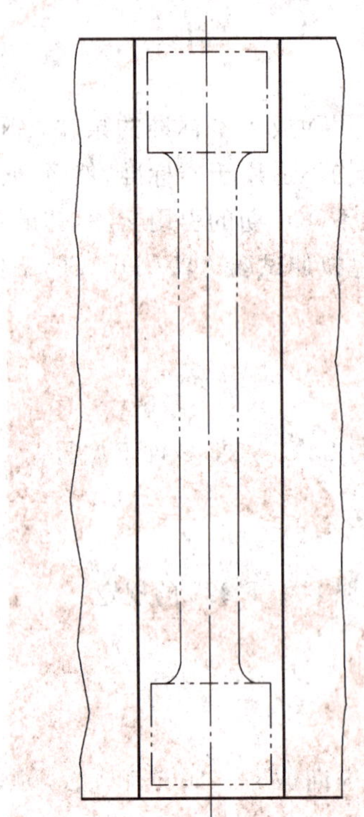

图 1 试样的位置示例(纵向截面)

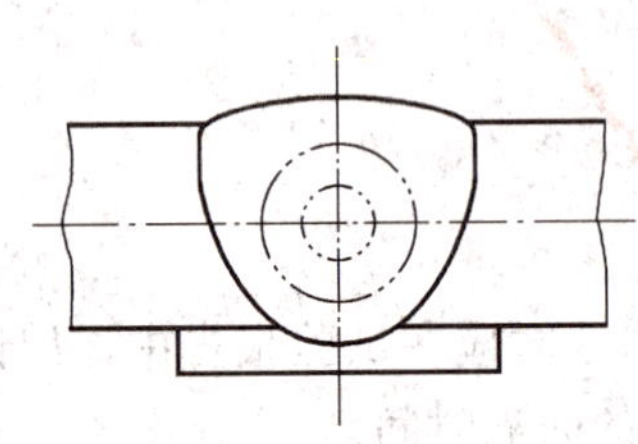

a) 用于焊接材料分类的熔敷金属试样

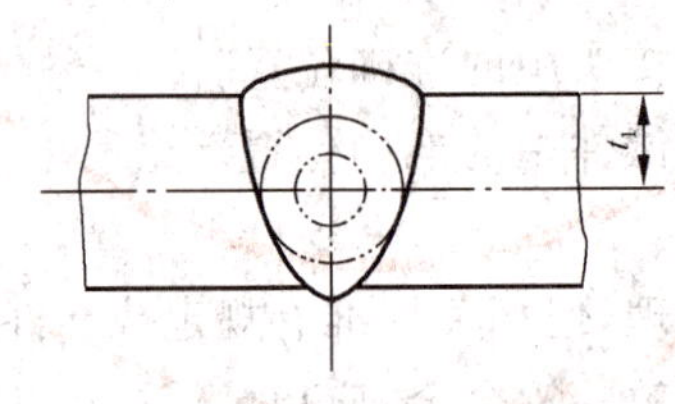

b) 取自单面焊接头的试样

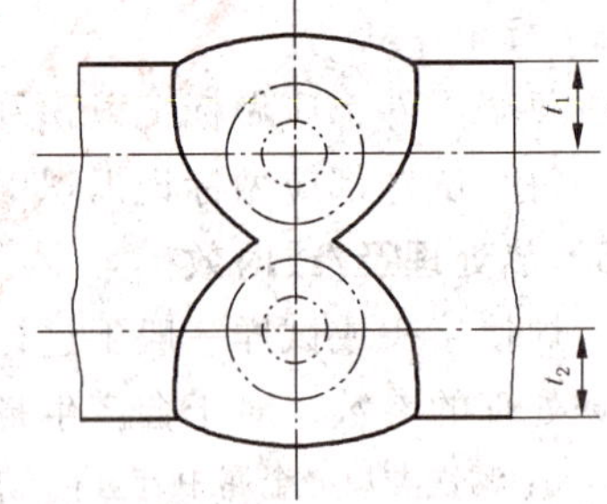

c) 取自双面焊接头的试样

图 2 试样的位置示例(横向截面)

5.6 尺寸

每个试样应具有圆形横截面，而且平行长度范围内的直径 d 应符合 GB/T 228 的规定。

试样的公称直径 d 应为 10 mm。如果无法满足这一要求，直径应尽可能大，且不得小于 4 mm。试验报告应记录实际的尺寸。

试样的夹持端应满足所使用的拉伸试验机的要求。

5.7 表面质量

试样表面应避免产生变形硬化或过热。

6 试验条件

按照 GB/T 228 规定对试样逐步连续加载。

7 试验结果

7.1 一般要求

试验结果应按照 GB/T 228 确定。

7.2 断面检查

试样断裂后，应检验断口表面，在断口上对试验可能产生有害影响的缺欠都应在报告中记录，记录内容包括缺欠类型、尺寸和数量。有白点存在时，应做记录且仅将白点的中心区域视为缺欠。

8 试验报告

试验报告除应包含 GB/T 228 规定的内容之外，还应包括以下内容：

a) 依据的国家标准，例如 GB/T 2652；

b) 试样的位置，如果需要可附示意图(见图 1 和图 2)；

c) 试验温度；

d) 观察到的缺欠类型和尺寸；

e) 试样直径 d。

附录 A 提供了典型的试验报告示例。

附　录　A
（资料性附录）
试验报告示例

编号：

依据的焊接工艺规程(WPS)或焊接工艺预规程(pWPS)：

依据 GB/T 2652 进行焊缝及熔敷金属拉伸试验。

试验结果：

制造商：

试验目的：

产品种类：

母材：

填充金属：

表 A.1　依据 GB/T 2652 焊缝及熔敷金属拉伸试验

试样编号 No./位置	尺寸/直径/mm	屈服力 F_p/N	最大力 F_m/N	屈服强度 R_p/(N/mm²)	抗拉强度 R_m/(N/mm²)	原始标距 L_0/mm	伸长率 A/%	断面收缩率 Z/%	试验温度/℃	备注（例如缺欠类型和尺寸）

检测：　　　　　　　　　　审核：

（签名和日期）　　　　　　（签名和日期）

ICS 25.160.40
J 33

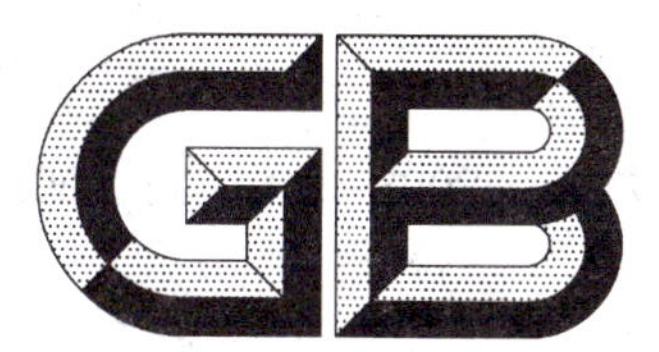

中华人民共和国国家标准

GB/T 2653—2008/ISO 5173:2000
代替 GB/T 2653—1989

焊接接头弯曲试验方法

Bend test methods on welded joints

(ISO 5173:2000,Destructive tests on welds in metallic materials—Bend tests,IDT)

2008-03-31 发布 2008-09-01 实施

中华人民共和国国家质量监督检验检疫总局
中国国家标准化管理委员会 发布

前言

本标准等同采用ISO 5173:2000《金属材料焊缝破坏性试验　弯曲试验》(英文版)。

本标准等同翻译ISO 5173:2000。为便于使用,本标准做了如下编辑性修改:

——删除了国际标准的前言;

——将标准名称改为"焊接接头弯曲试验方法"。

本标准是对GB/T 2653—1989《焊接接头弯曲及压扁试验方法》的修订,并整合了GB/T 2649—1989《焊接接头机械性能试验取样方法》中有关"焊接接头弯曲试验取样方法"的内容。

本标准与GB/T 2653—1989相比,主要修改内容如下:

——增加了"原理"、"符号和缩略语"、"试验结果"部分内容;

——增加了"试样的制备"方面的内容;

——删去了原标准"压扁试验"的内容;

——增加了"试验报告示例"部分。

本标准的附录A为资料性附录。

本标准由全国焊接标准化技术委员会提出并归口。

本标准起草单位:哈尔滨焊接研究所。

本标准主要起草人:成炳煌、曲维力。

本标准所代替标准的历次版本发布情况为:

——GB 2653—1981、GB/T 2653—1989。

焊接接头弯曲试验方法

1 范围

本标准规定了焊接接头弯曲试验方法。

本标准适用于金属材料熔化焊接头的弯曲试验。

2 术语和定义

本标准采用下列术语，其定义如下。

2.1

对接接头正弯试样 face bend test specimen for a butt weld(FBB)

焊缝表面为受拉面的试样，双面焊时焊缝表面为焊缝较宽或焊接开始的一面(见图1和图3)。

2.2

对接接头背弯试样 root bend test specimen for a butt weld(RBB)

焊缝根部为受拉面的试样(见图1和图3)。

2.3

对接接头侧弯试样 side bend test specimen for a butt weld(SBB)

焊缝横截面为受拉面的试样(见图2)。

2.4

带堆焊层正弯试样 face bend test specimen for cladding without a butt weld(FBC)

堆焊层表面为受拉面的试样(见图4)。

2.5

带堆焊层侧弯试样 side bend test specimen for cladding without a butt weld(SBC)

堆焊层的横截面为受拉面的试样(见图5)。

2.6

带堆焊层对接接头正弯试样 face bend test specimen for cladding with a butt weld(FBCB)

对接接头堆焊层表面为受拉面的试样(见图6)。

2.7

带堆焊层对接接头侧弯试样 side bend test specimen for cladding with a butt weld(SBCB)

对接接头横截面为受拉面的试样(见图7)。

3 原理

对从焊接接头截取的横向或纵向试样进行弯曲，不改变弯曲方向，通过弯曲产生塑性变形，使焊接接头的表面或横截面发生拉伸变形。

除非另有规定，试验环境温度应为23℃±5℃。

试验按第6章的说明进行。

4 符号及缩略语

4.1 符号

符号及其说明见表1和图1～图17。

表 1　符号及说明

符　　号	名　　称	单　　位
b	试样宽度	mm
b_1	熔合线外宽度	mm
d	压头直径	mm
D	管外径	mm
l	辊筒间距离	mm
L_f	焊缝中心线与试样和辊筒接触点间初始距离	mm
L_0	原始标距	mm
L_s	加工后试样上焊缝的最大宽度	mm
L_t	试样总长度	mm
r	试样棱角半径	mm
R	辊筒半径	mm
t	试件厚度	mm
t_c	堆焊层厚度	mm
t_s	试样厚度	mm
t_w	焊接接头的厚度或带有堆焊层的母材的厚度	mm
α	弯曲角度	(°)

4.2　弯曲试样的缩略语及示意图

图 1～图 7 分别表示与缩略语对应的弯曲试样示意图。

试样的拉伸面棱角应加工成半径为 r 的圆角。

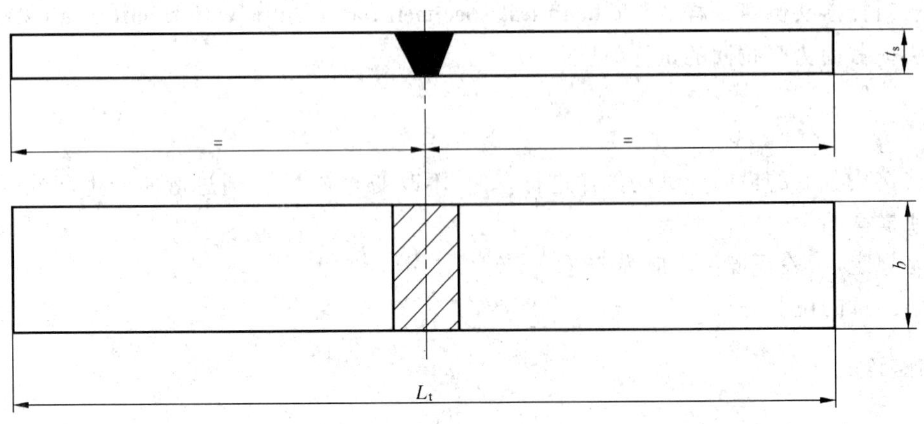

图 1　对接接头横向弯曲试样(FBB 和 RBB)

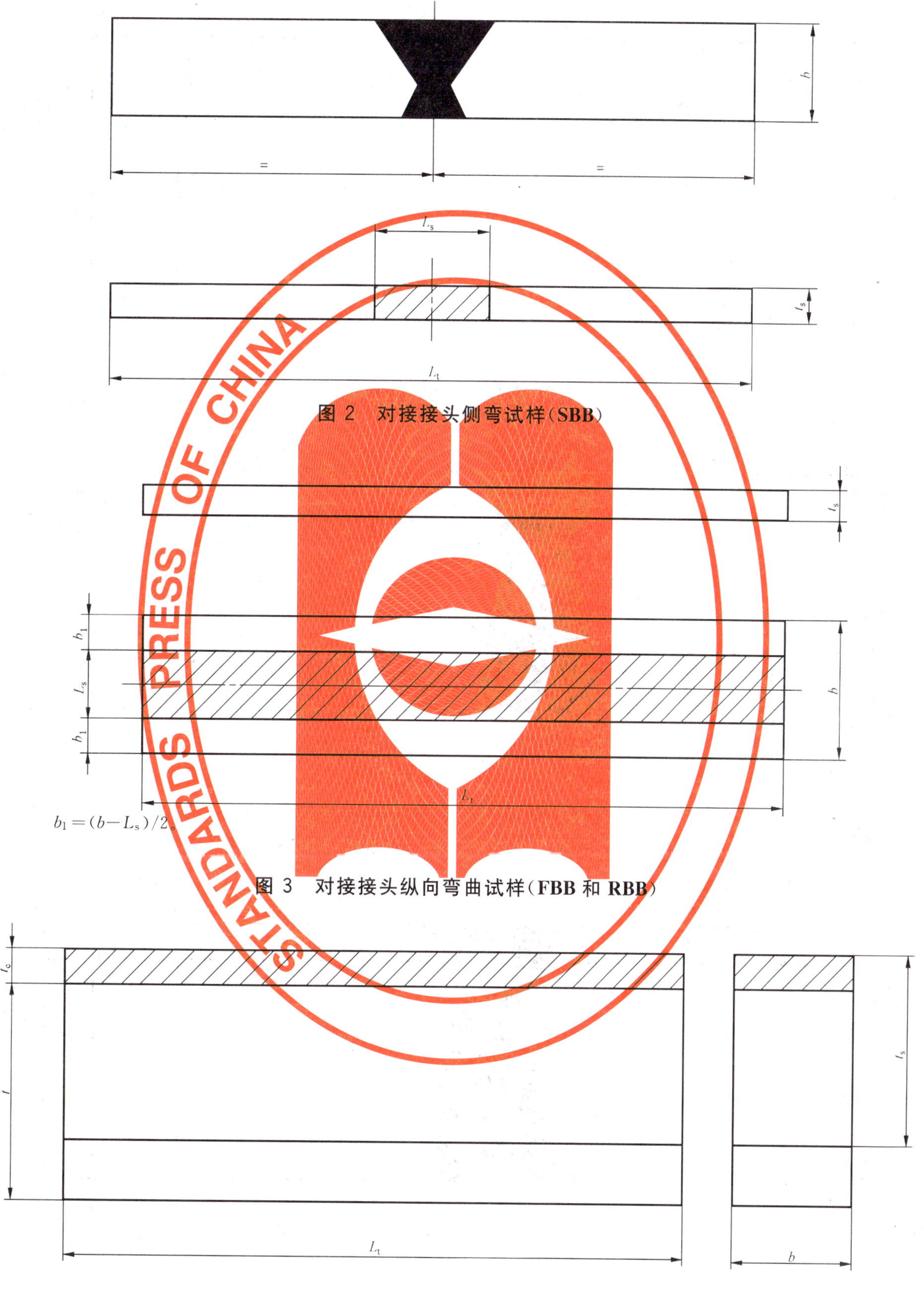

图 2 对接接头侧弯试样(SBB)

图 3 对接接头纵向弯曲试样(FBB 和 RBB)

图 4 带堆焊层正弯试样(FBC)

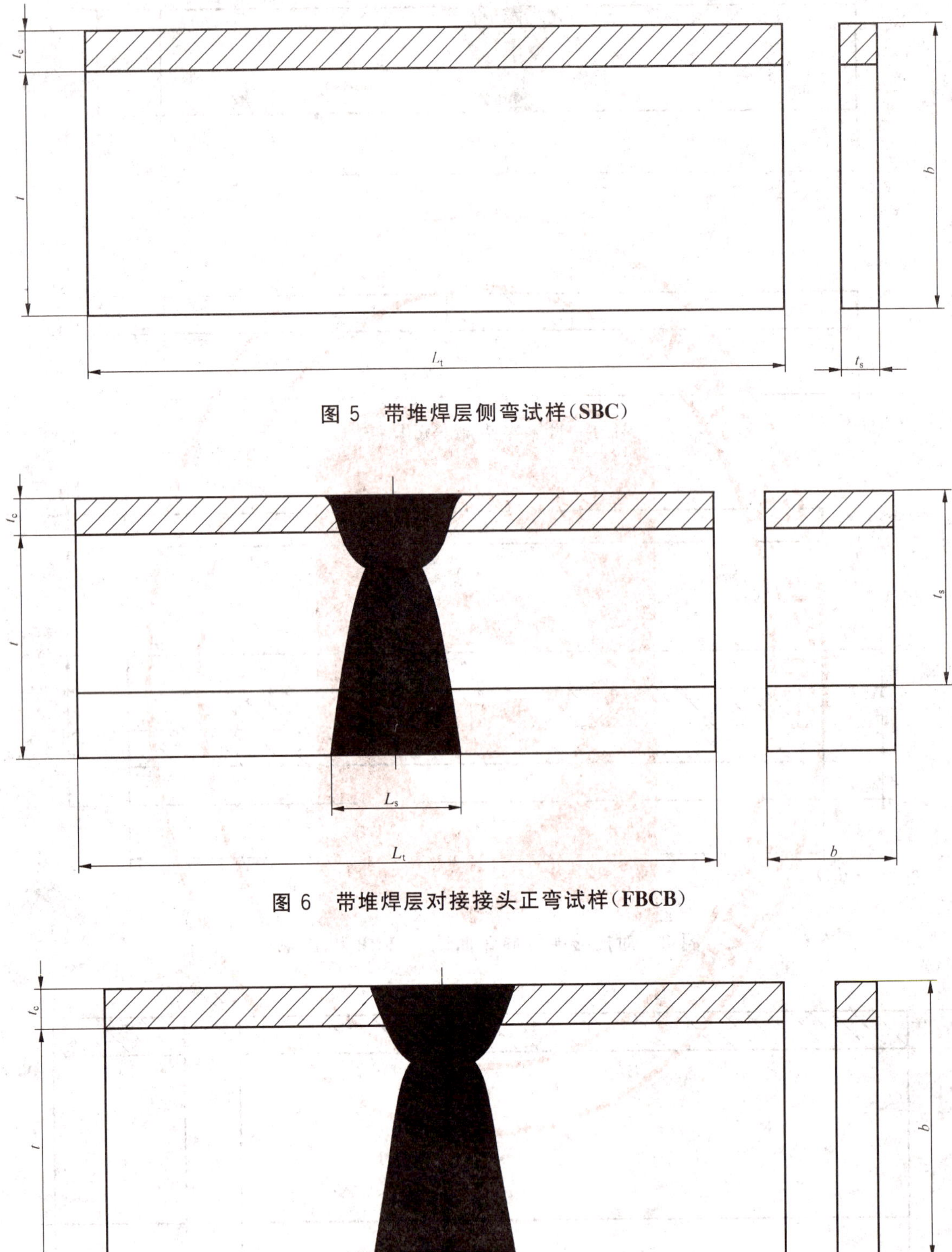

图 5　带堆焊层侧弯试样(SBC)

图 6　带堆焊层对接接头正弯试样(FBCB)

$b = t + t_c$。

图 7　带堆焊层对接接头侧弯试样(SBCB)

5 试样的制备

5.1 一般要求

试样的制备应不影响母材和焊缝金属性能。

5.2 位置

对于对接接头横向弯曲试验,应从产品或试件的焊接接头上横向截取试样以保证加工后焊缝的轴线在试样的中心或适合于试验的位置。

对于对接接头纵向弯曲试验,应从产品或试件的焊接接头上纵向截取试样。

带堆焊层的弯曲试样的位置和方向应符合相关标准或协议的规定。

5.3 标记

每个试件都应标记以便识别其在产品或接头中的准确位置。

如相关标准有要求,应标记试样的加工方向(例如轧制方向或挤压方向)。

每个试样都应标记以便识别其在试件中的准确位置。

5.4 热处理和/或时效处理

除非相关标准规定或允许被试验的焊接接头要进行热处理,焊接接头和试样不进行热处理。如进行热处理应在报告中详细记录热处理的参数。对于铝合金如果产生了自然时效,应记录焊接至开始试验的间隔时间。

5.5 试样截取

5.5.1 一般要求

采用机械加工方法或热加工方法截取的试样不应改变试样的性能。

5.5.2 钢

当厚度大于 8 mm 时不能采用剪切方法截取。如果采用热切割或其他可能产生影响切割表面的切割方法从试件截取试样时,任意切割面距离试样的表面应大于或等于 8 mm。

5.5.3 其他金属材料

不允许采用剪切方法或热切割方法;只能采用机械加工方法。

5.6 试样的尺寸

5.6.1 对接接头弯曲试样(FBB 和 RBB)

试样的截取参见图 8。

试样厚度 t_s 应等于焊接接头处母材的厚度。

当相关标准要求对整个厚度(30 mm 以上)进行试验时,可以截取若干个试样覆盖整个厚度。在这种情况下,试样在焊接接头厚度方向的位置应做标识。

5.6.2 对接接头侧弯试样(SBB)

试样的截取参见图 9。

试样宽度 b 应等于焊接接头处母材的厚度。试样厚度 t_s 至少应为(10±0.5) mm,而且试样宽度应大于或等于试样厚度的 1.5 倍。

当接头厚度超过 40 mm 时,允许从焊接接头截取几个试样代替一个全厚度试样,试样宽度 b 的范围为 20 mm～40 mm。在这种情况下,试样在焊接接头厚度方向的位置应做标识。

5.6.3 对接接头纵向弯曲试样(FBB 和 RBB)

试样的截取参见图 10。

试样厚度 t_s 应等于焊接接头处母材的厚度。如果试件厚度 t 大于 12 mm,试样厚度 t_s 应为(12±0.5) mm,而且试样应取自焊缝的正面或背面。

5.6.4 带堆焊层的正弯试样(FBC)

试样的截取参见图 11。

试样厚度 t_s 应等于基材厚度加上堆焊层的厚度,最大为 30 mm。

当基材厚度加上堆焊层的厚度超过 30 mm 时，允许去除部分基材使加工好的试样厚度 t_s 符合相关标准或协议的要求。

5.6.5 带堆焊层的侧弯试样(SBC)

试样的截取参见图 12。

试样宽度 b 应等于基材厚度加上堆焊层的厚度，最大为 30 mm。试样厚度 t_s 至少应为(10±0.5) mm，而且试样宽度应大于或等于试样厚度的 1.5 倍。

当基材厚度加上堆焊层的厚度超过 30 mm 时，允许去除部分母材使加工好的试样宽度 b 符合相关标准或协议的要求。

5.6.6 带堆焊层对接接头的正弯试样(FBCB)

试样的截取参见图 13。

试样厚度 t_s 应等于基材厚度加上堆焊层的厚度。在这种情况下，焊缝应位于试样的中心或适合于试验的位置。

当试验要求覆盖整个接头既要有对接接头又要有堆焊层且接头的厚度超过 30 mm 时，可以按 5.6.1 和图 8 的要求截取几个试样。

当试验的目的仅是检验堆焊层且试样的厚度超过 30 mm 时，不需要对基材部分做试验。

5.6.7 带堆焊层对接接头的侧弯试样(SBCB)

试样的截取参见图 7。

试样宽度 b 应等于基材厚度加上堆焊层的厚度。试样厚度 t_s 至少应为(10±0.5) mm，而且试样宽度应大于或等于试样厚度的 1.5 倍。在这种情况下，焊缝应位于试样的中心或适合于试验的位置。

当试验要求覆盖整个接头既要有对接接头又要有堆焊层且接头的厚度超过 40 mm 时，可以按 5.6.2 和图 9 的要求截取几个试样。

当试验的目的仅是检验堆焊层且试样的厚度超过 30 mm 时，不需要对基材部分做试验。

图 8～图 13 给出了对接接头和堆焊层的弯曲试样位置示例。

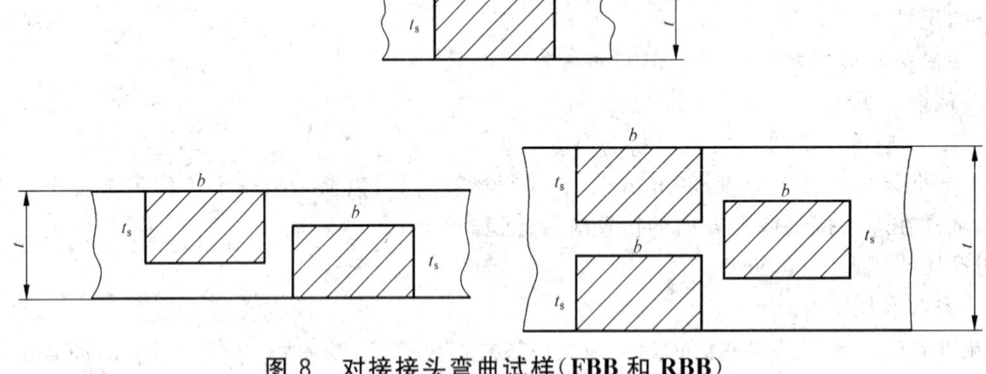

图 8 对接接头弯曲试样(FBB 和 RBB)

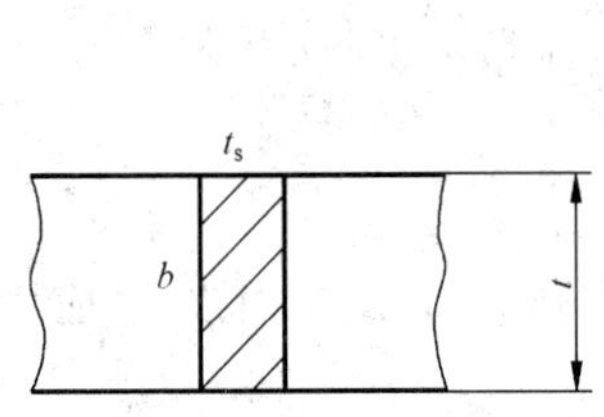

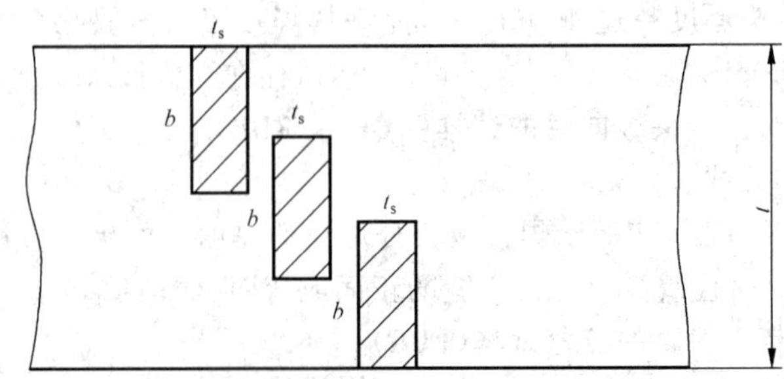

图 9 对接接头侧弯试样(SBB)

图 10　对接接头纵向弯曲试样(FBB 和 RBB)

$b > t_s$，$t_s \leqslant 30$ mm。

图 11　带堆焊层正弯试样(FBC)

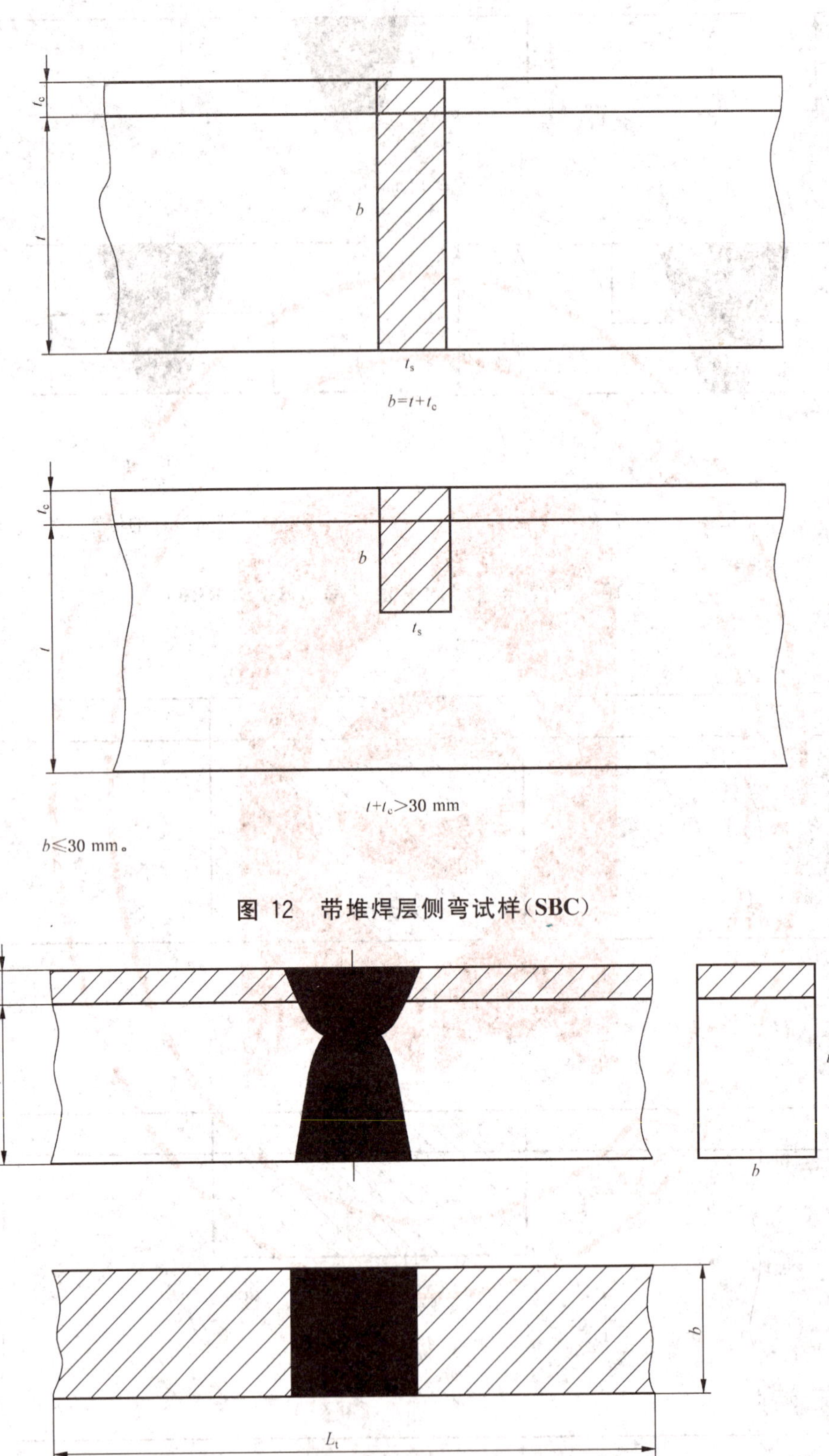

$b \leqslant 30$ mm。

图 12 带堆焊层侧弯试样(SBC)

图 13 带堆焊层对接接头正弯试样(FBCB)

$t_s=t+t_c$，$t_s \leqslant 30$ mm。

注：如果 $t+t_c>30$ mm 参照图 8。

5.6.8 尺寸

5.6.8.1 长度

试样的长度 L_t 应为 $L_t \geqslant l+2R$，且至少应满足相关标准的要求。

5.6.8.2 厚度

试样厚度 t_s 的要求见 5.6.1～5.6.7。

5.6.8.3 宽度

a) 横向正弯和背弯试样

——钢板试样宽度 b 应不小于 $1.5t_s$，最小为 20 mm。

——铝、铜及其合金板试样宽度 b 应不小于 $2t_s$，最小为 20 mm。

——管径≤50 mm 时，管试样宽度 b 最小应为 $t+0.1D$(最小为 8 mm)。

——管径>50 mm 时，管试样宽度 b 最小应为 $t+0.05D$(最小为 8 mm，而最大为 40 mm)。

注：外径 $D>25\times$管壁厚，试样的截取按板要求。

b) 侧弯试样

试样宽度 b 一般等于焊接接头处母材厚度。

c) 纵向弯曲试样

试样宽度 b 应为 $b=L_s+2b_1$，尺寸见表 2。

表 2 纵向弯曲试样宽度

单位为毫米

材　　料	试样厚度 t_s	试样宽度 b(见图 3)
钢	≤20	$L_s+2\times10$
	>20	$L_s+2\times15$
铝、铜及其合金	≤20	$L_s+2\times15$
	>20	$L_s+2\times25$
注：其他金属材料试样宽度按协议要求。		

5.6.8.4 棱角

试样拉伸面棱角应加工成圆角，其半径 r 不超过 $0.2t_s$，最大为 3 mm(见图 14)。

5.6.9 表面制备

试样加工的最后工序应采用机加工或磨削，其目的是为了避免材料的表面变形硬化或过热。在试验的长度 l 范围内(见图 14～图 16)，试样表面应没有横向划痕或切痕，不得除去咬边除非相关标准和/或协议另有要求。

除非相关标准和/或协议另有要求，超出试样表面的焊缝金属一般应通过机加工方法除去。小直径管内壁的熔透焊缝允许保留。

6 试验条件

6.1 腐蚀

在开始弯曲试验前，可对试样表面稍做腐蚀以分清熔化区域的形状、位置或熔合线。

6.2 试验

6.2.1 圆形压头弯曲

圆形压头弯曲见图 14～图 16。

把试样放在两个平行的辊筒上进行试验。焊缝应在两个辊筒间中心线位置，纵向弯曲除外。在两个辊筒间中点，即焊缝的轴线，垂直于试样表面通过压头施加载荷(三点弯曲)，使试样逐渐连续地弯曲。

6.2.2 辊筒弯曲

辊筒弯曲见图 17。

辊筒弯曲是另一种试验方法，用于铝合金和异种材料接头，对于异种材料接头其焊缝金属或一侧母材的屈服强度或规定非比例延伸强度低于(另一侧)母材。

将试样的一端牢固的卡紧在两个平行辊筒的试验装置内,进行试验。通过外辊筒沿以内辊筒轴线为中心的圆弧转动,向试样施加载荷,使试样逐渐连续地弯曲。

6.3 压头和辊筒尺寸

压头的直径 d 应依据相关标准确定。

辊筒的直径至少为 20 mm,除非相关标准另有规定。

6.4 辊筒间的距离

辊筒间的距离 l(见图 14~图 16)应在 $d+2t_s$ 和 $d+3t_s$ 之间。

6.5 弯曲角度

当弯曲角度 α(见图 14~图 17)达到相关标准规定的值时试验完成。

6.6 弯曲伸长率

当需要测量伸长率时,钢正弯和背弯试样应采用的标距如下:

——熔化焊焊缝:$L_o=L_s$ 或 $2L_s$ 或 L_s+t_s

——压焊焊缝、电子束焊焊缝和激光焊焊缝:$L_o=t_s$ 或 $2t_s$

对于其他金属材料,如果需要测量伸长率,标距按协议规定。

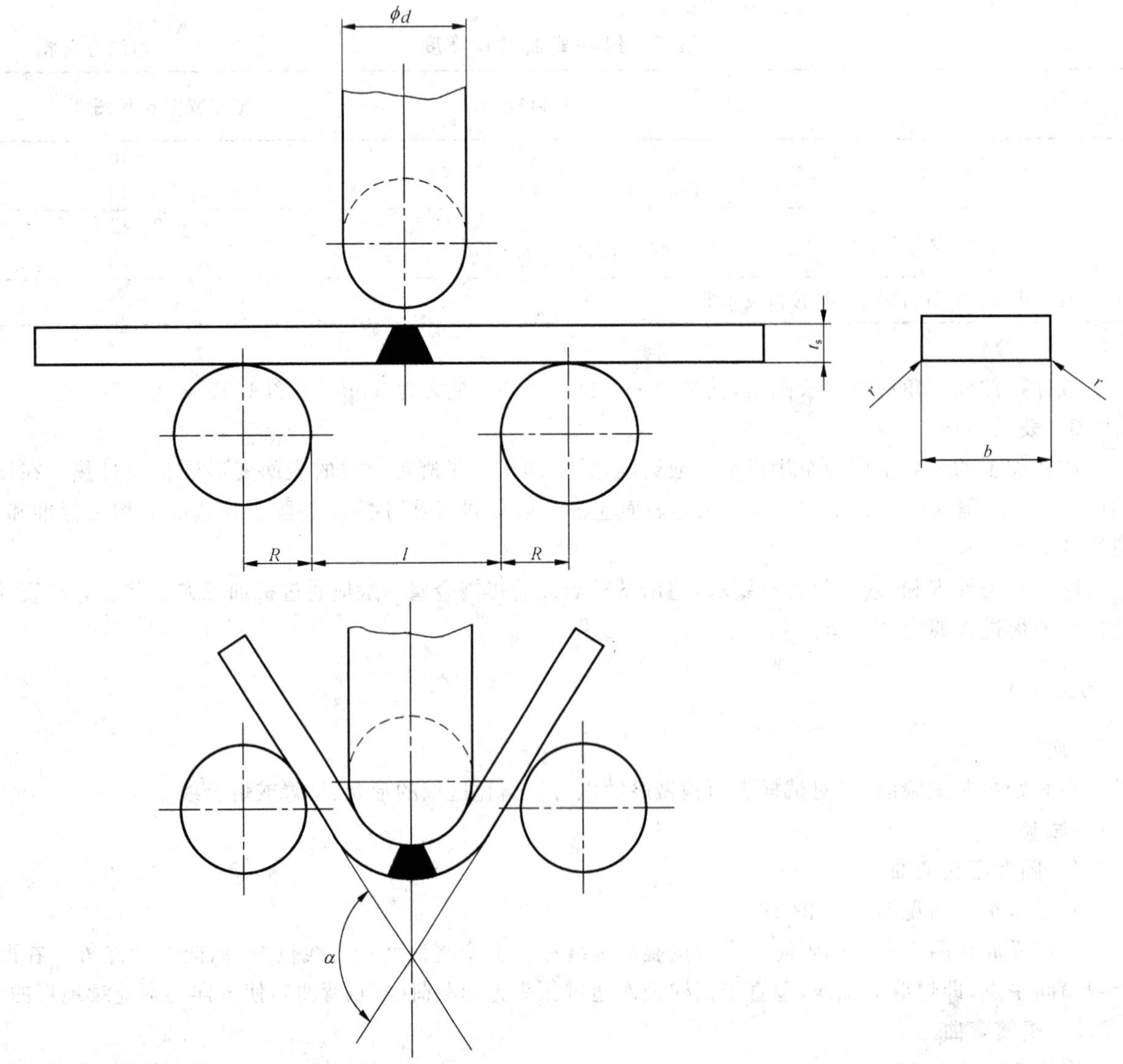

$d+2t_s<l\leqslant d+3t_s$。

图 14 横向正弯或背弯试验

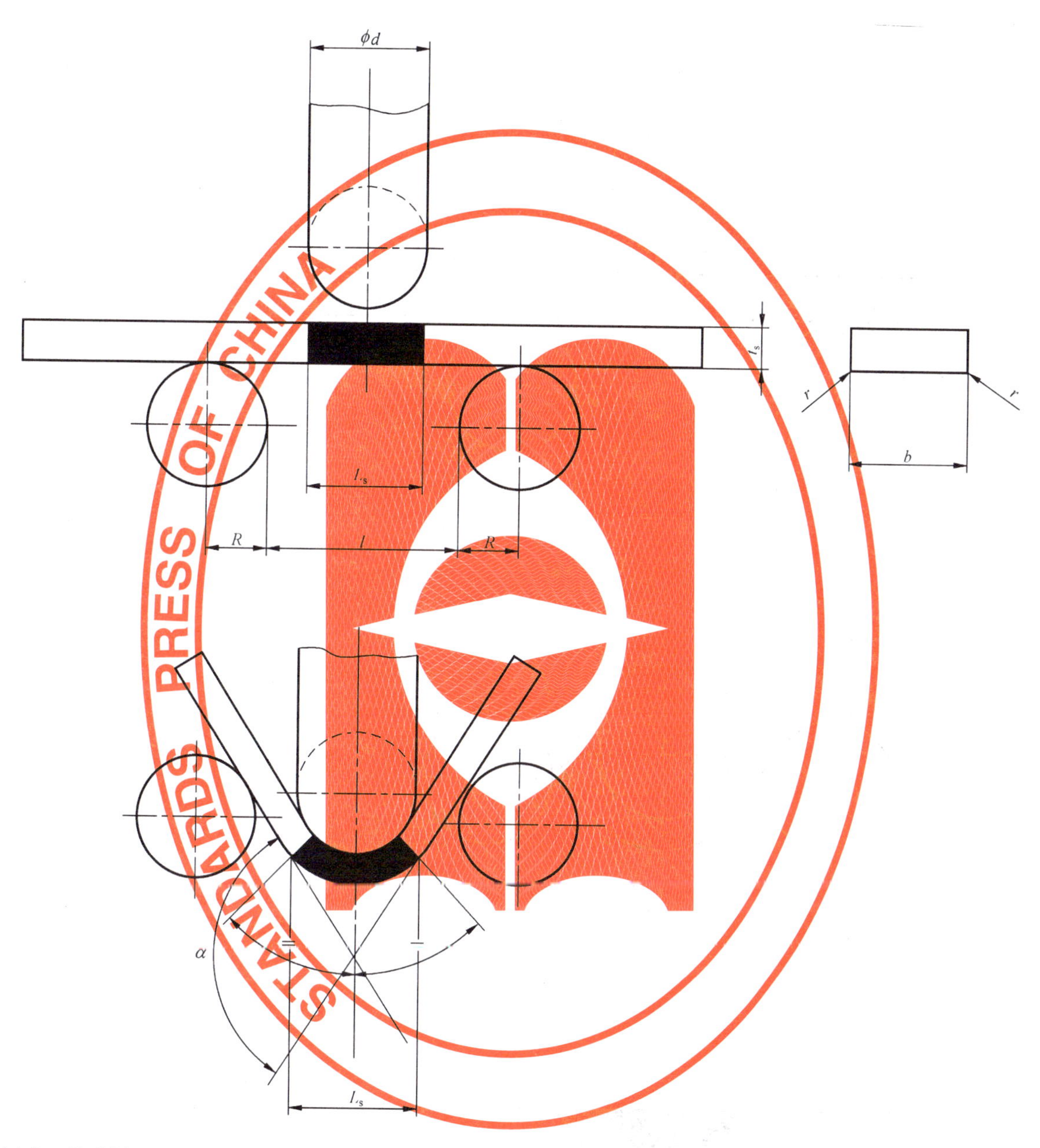

$d+2t_s<l\leqslant d+3t_s$;

$d\geqslant 1.3L_s-t_s$。

图 15 横向侧弯试验

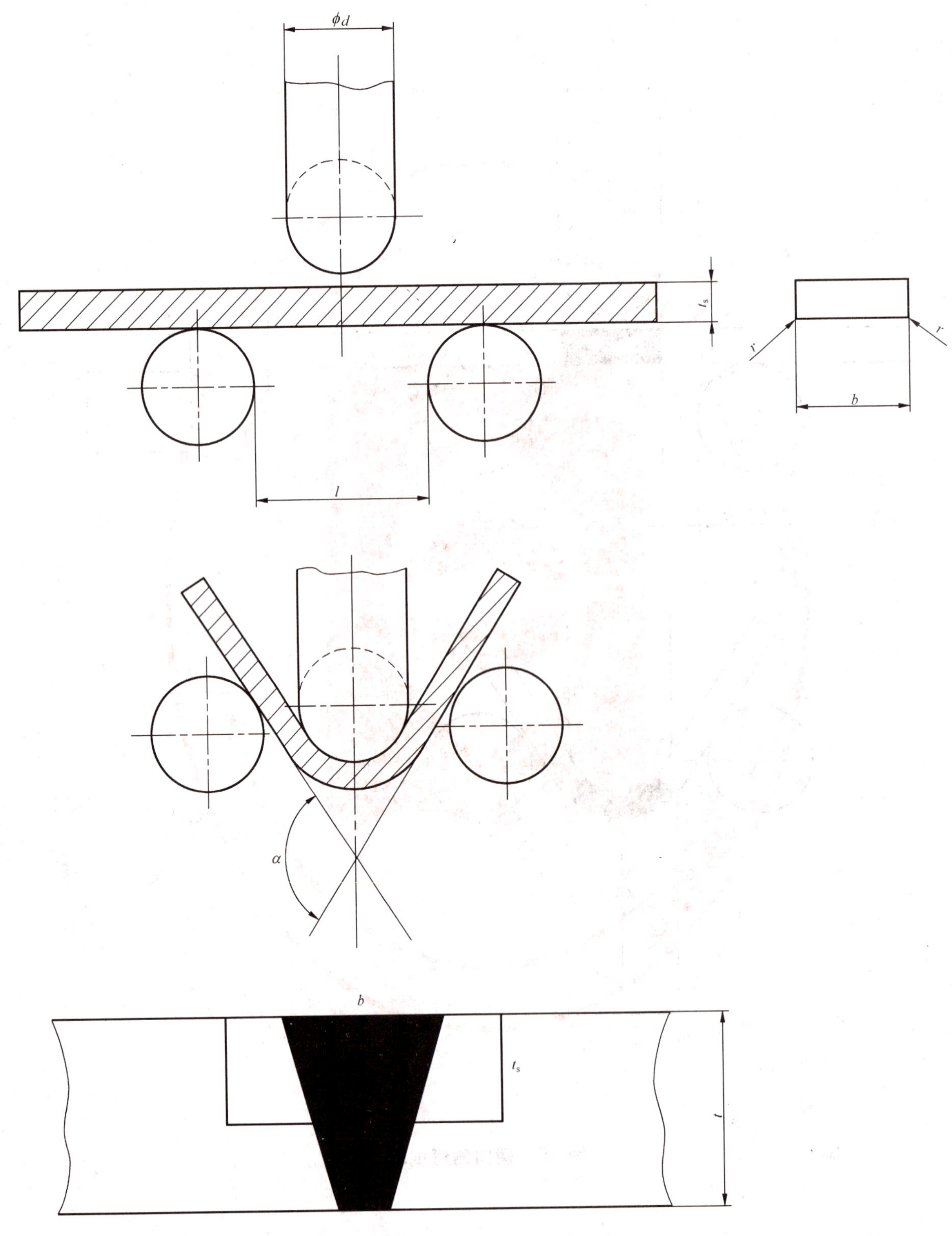

$d+2t_s<l\leqslant d+3t_s$。

图 16 纵向弯曲试验

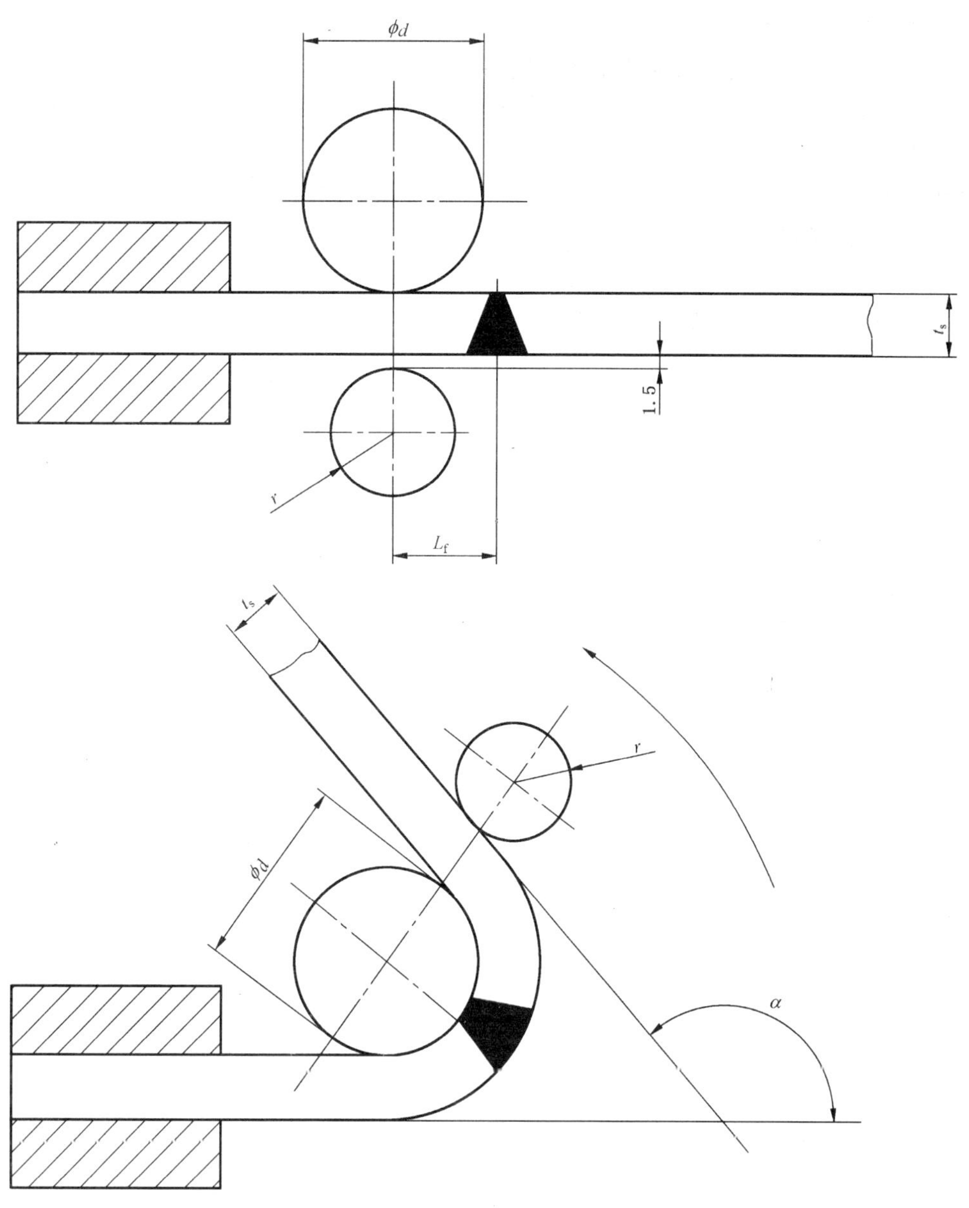

0.7d<L_f<0.9d。

图 17 辊筒弯曲试验方法

7 试验结果

弯曲结束后，试样的外表面和侧面都应进行检验。

依据相关标准对弯曲试样进行评定并记录。

除非另有规定，在试样表面上小于 3 mm 长的缺欠应判为合格。

8 试验报告

试验报告至少应包括以下内容：

a) 依据的国家标准，例如 GB/T 2653。

b) 试样说明(标记、母材类型、热处理等)。

c) 试样的形状和尺寸。

d) 弯曲试验的类型和代号(正弯和背弯、横向弯曲或纵向弯曲、侧弯等)。

e) 试验条件(见第6章):

——试验方法(圆形压头弯曲或辊筒弯曲);

——压头直径;

——辊筒间距离。

f) 试验温度。

g) 观察到的缺欠的类型和尺寸。

h) 弯曲角。

附录A给出了典型的试验报告示例。

附 录 A
（资料性附录）
试验报告示例

序号：

依据的焊接工艺规程（WPS）或焊接工艺预规程（pWPS）：

依据 GB/T 2653 进行焊接接头弯曲试验。

试验结果：

制造商：

试验目的：

产品种类：

母材：

填充金属：

试验温度：

表 A.1 依据 GB/T 2653 焊接接头弯曲试验

试样编号 No./位置	试验类型	尺寸/mm	压头直径/mm	辊筒间距离/mm	弯曲角/(°)	原始标距/mm	伸长率/%	说明例如缺欠的类型和尺寸

检测： 审核：

（签名和日期） （签名和日期）

ICS 25.160.40
J 33

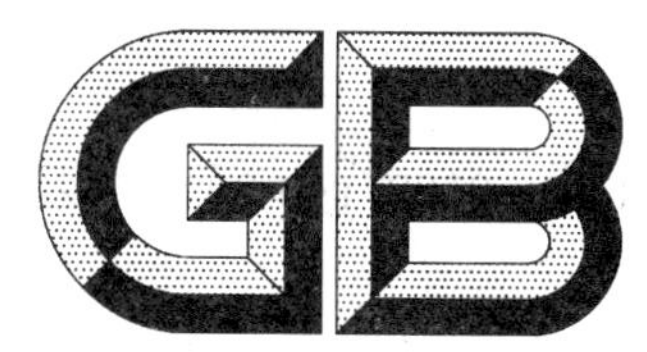

中华人民共和国国家标准

GB/T 2654—2008/ISO 9015-1:2001
代替 GB/T 2654—1989

焊接接头硬度试验方法

Hardness test methods on welded joints

(ISO 9015-1:2001,Destructive tests on welds in metallic materials—Hardness testing—Part 1:Hardness test on arc welded joints,IDT)

2008-03-31 发布　　2008-09-01 实施

中华人民共和国国家质量监督检验检疫总局
中国国家标准化管理委员会　发布

前　言

本标准等同采用 ISO 9015-1:2001《金属材料焊缝破坏性试验　硬度试验　电弧焊接头硬度试验》(英文版)。

本标准等同翻译 ISO 9015-1:2001。为便于使用，本标准做了如下编辑性修改：

——删除了国际标准的前言；

——将标准名称改为"焊接接头硬度试验方法"；

——对 ISO 9015-1:2001 中引用的其他国际标准，有被等同采用为我国标准的用我国标准代替对应的国际标准，未被等同采用为我国标准的直接引用国际标准。

本标准是对 GB/T 2654—1989《焊接接头及堆焊金属硬度试验方法》的修订。

本标准与 GB/T 2654—1989 相比，主要修改内容如下：

——增加了"原理"、"符号及说明"、"试样的制备"部分内容；

——删去了原标准"堆焊金属硬度试验"的内容；

——增加了"试验报告示例"部分。

本标准的附录 A、附录 B 为资料性附录。

本标准自实施之日起代替 GB/T 2654—1989。

本标准由全国焊接标准化技术委员会提出并归口。

本标准起草单位：哈尔滨焊接研究所。

本标准主要起草人：成炳煌、曲维力。

本标准所代替标准的历次版本发布情况为：

——GB 2654—1981、GB/T 2654—1989。

焊接接头硬度试验方法

1 范围

本标准规定了焊接接头的硬度试验方法。

本标准适用于金属材料的电弧焊接头,其他接头种类(如压焊接头和堆焊金属)的硬度测试亦可参照本标准实行。

本标准不适用于奥氏体不锈钢焊缝的硬度试验。

2 规范性引用文件

下列文件中的条款通过本标准的引用而成为本标准的条款。凡是注日期的引用文件,其随后所有的修改单(不包括勘误的内容)或修订版均不适用于本标准,然而,鼓励根据本标准达成协议的各方研究是否可使用这些文件的最新版本。凡是不注日期的引用文件,其最新版本适用于本标准。

GB/T 231.1 金属材料布氏硬度试验 第1部分:试验方法(GB/T 231.1—2002,eqv ISO 6506-1:1999)

GB/T 4340.1 金属材料维氏硬度试验 第1部分:试验方法(GB/T 4340.1—1999,eqv ISO 6507-1:1997)

ISO 9015-2 金属材料焊缝破坏性试验 硬度试验 第2部分:焊接接头显微硬度试验

3 原理

试验的类型和范围应遵照相关使用标准或协议的规定。

硬度试验应按GB/T 4340.1或GB/T 231.1要求进行。

硬度可以标线测定(R)或者单点测定(E)。

当焊缝的类型与图1和图2表示的类型不同时,测量工艺应适合焊接接头。

除非另有规定,试验的环境温度应为23℃±5℃。

4 符号及说明

符号及其说明见表1,在图1~图8中说明。

表1 符号及说明

符号	说明	备注
E	单点测定	
R	标线测定	
HV	维氏硬度	
HBW	布氏硬度	
L	在热影响区两个相邻测点中心的距离	以mm计
H	标线测定时测点中心距表面或熔合线的距离	以mm计
t	试样的厚度	以mm计

注1:维氏硬度符号表示的单位按照GB/T 4340.1规定。

注2:布氏硬度符号表示的单位按照GB/T 231.1规定。

5 试样的制备

试样的制备应按 GB/T 4340.1 或 GB/T 231.1 要求进行。

试件横截面应通过机械切割获取，通常垂直于焊接接头。

试样表面的制备过程应正确进行以保证硬度测量没有受到冶金因素的影响。

被检测表面制备完成后最好进行适当的腐蚀，以便准确确定焊接接头不同区域的硬度测量位置。

6 试验工艺

6.1 标线测定(R)

图 1～图 7 给出了标线测定测点位置示例图，包括标线距表面的距离，通过这些测点可以对接头进行评定。必要时，可以增加标线数量和/或在其他位置测定。测点位置应在试验报告中说明。

对于铝、铜及其合金对接接头可能不需要对根部位置进行标线测定，见图 2a)。其典型的 T 形接头的标线测定测点位置见图 2。

测点的数量和间距应足以确定由于焊接导致的硬化或软化区域。在热影响区相邻测点中心的推荐距离见表 2。

表 2 在热影响区两个测点中心之间的推荐距离 *L*

硬度符号	两个测点中心间的推荐距离 *L*/mm[a]	
	钢铁材料[b]	铝、铜及其合金
HV 5	0.7	2.5～5
HV 10	1	3～5
HBW 1/2.5	不使用	2.5～5
HBW 2.5/15.625	不使用	3～5

[a] 任何测点中心距已检测点中心的距离应不小于 GB/T 4340.1 允许值。

[b] 奥氏体钢除外。

注 1：表 2 也可用于布氏硬度试验，但使用的载荷要适当。

在母材上检测时应有足够的检测点以保证检测的准确。在焊缝金属上检测时，测点间距离的选择应确保对其做出准确评定。

热影响区中由于焊接引起硬化的区域应增加两个测点，测点中心与熔合线之间的距离小于或等于 0.5 mm(见图 3～图 7)。

对于其他形状的接头或金属(例如奥氏体钢)，其具体要求可根据相关标准或协议要求。

注 2：对于电渣焊焊缝，检测使用的载荷可参照表 2。电渣焊焊缝的标线测定测点位置与图 1a)相同。

6.2 单点测定(E)

图 8 给出了测点位置的典型区域。图中 1～4 点表示在母材，5～10 点表示在热影响区，11～14 点表示在焊缝。此外，还可根据金相检验确定测点位置。

为了防止由测点压痕变形引起的影响，在任何测点中心间的最小距离不得小于最近测点压痕的对角线或直径的平均值的 2.5 倍。

热影响区中由于焊接引起硬化的区域，至少有一个测点，测点中心与熔合线之间的距离小于或等于 0.5 mm。

对于单点测定，测定区域应按图 8 所示予以编号。

7 试验结果

应记录测量点位置及对应硬度值。

8 试验报告

试验报告需要记录的内容列在附录 A 和附录 B。附录 A 和附录 B 还给出推荐的记录格式。

可以使用其他格式，但应包括所有要求记录的内容。还可以包括由相关标准或协议要求的附加内容。

单位为毫米

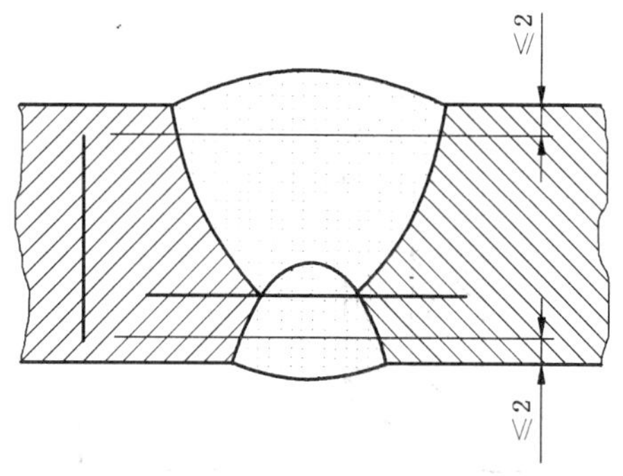

a) 单面焊对接焊缝

b) 双面焊对接焊缝

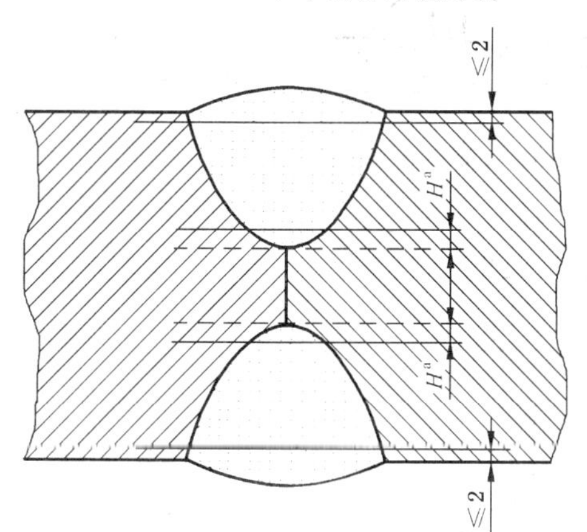

ª 表示仅用于多道焊。

c) 双面焊部分熔透对接焊缝

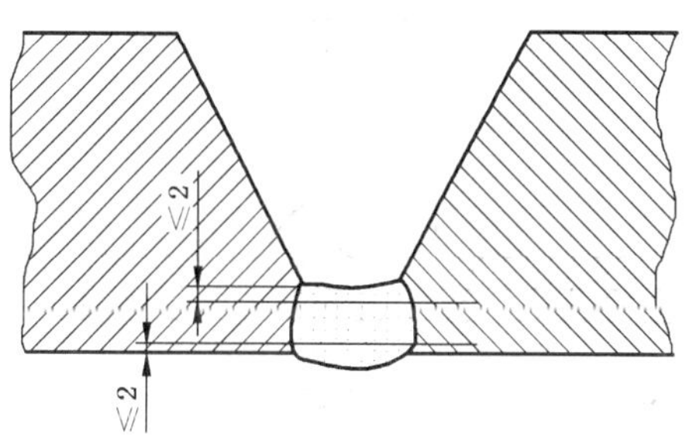

d) 用于对单道根部焊缝硬化程度的评估（例如管和/或板 TIG 焊焊缝）

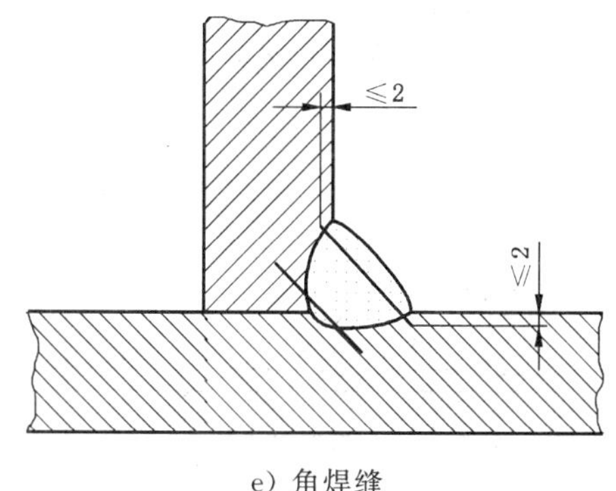

e) 角焊缝

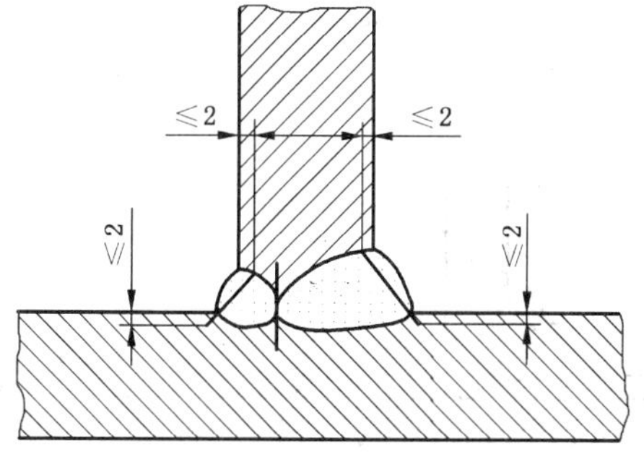

f) T 形接头

图 1 钢焊缝标线测定(R)示例

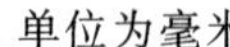
单位为毫米

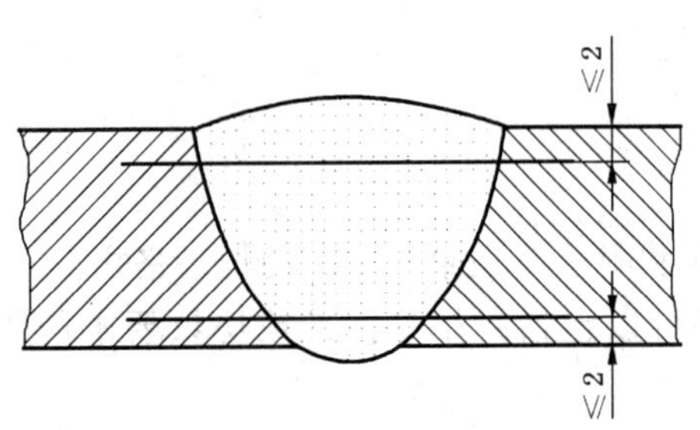

a）单面焊对接焊缝

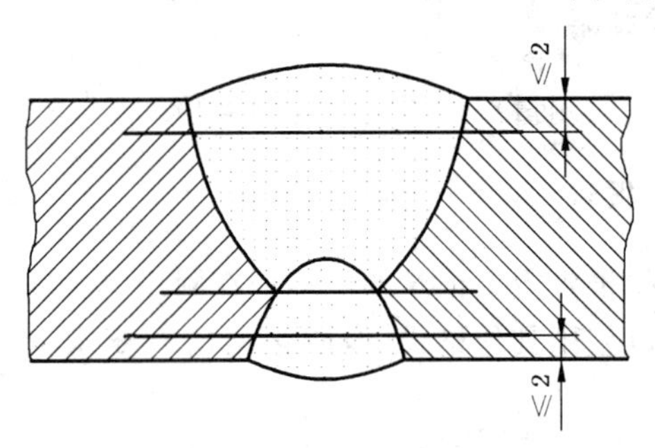

注：对于厚度 $t \leqslant 4$ mm 试样，标线测定的位置应在厚度方向的中间部位。

b）双面焊对接焊缝

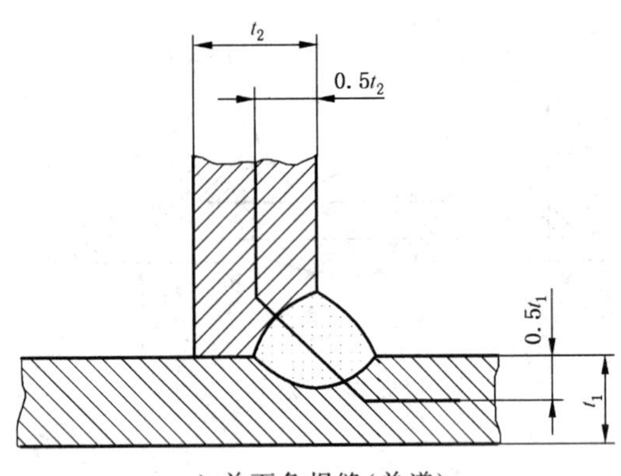

c）单面角焊缝（单道）

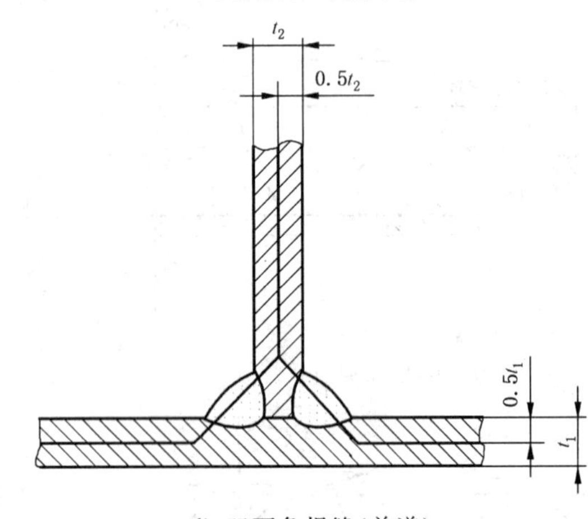

d）双面角焊缝（单道）

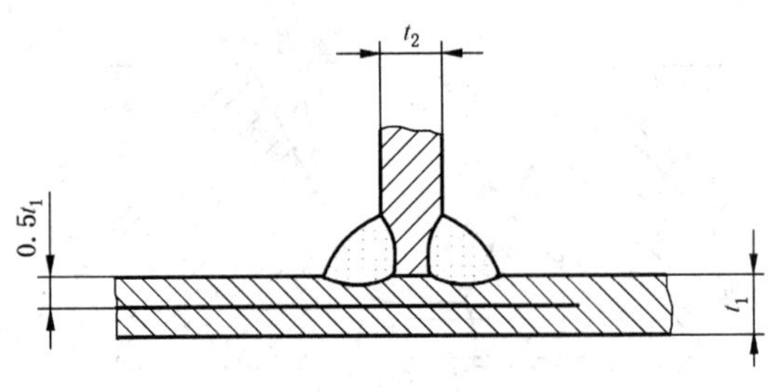

e）双面角焊缝（单道，肋板不承载）

（$t \leqslant 4$ mm）

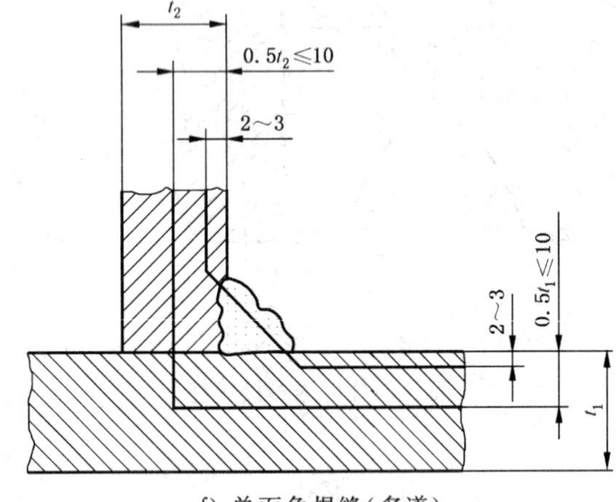

f）单面角焊缝（多道）

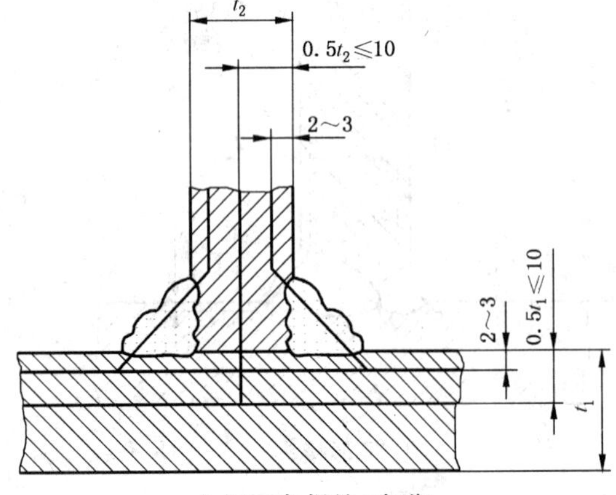

g）双面角焊缝（多道）

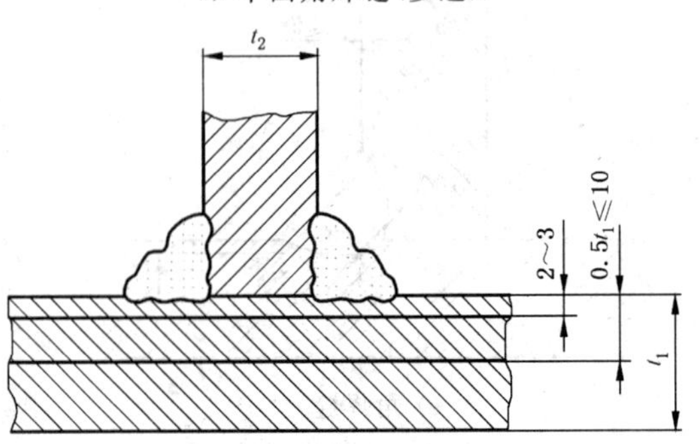

h）双面角焊缝（多道，肋板不承载）

图 2　铝、铜及其合金焊缝标线测定（R）示例

单位为毫米

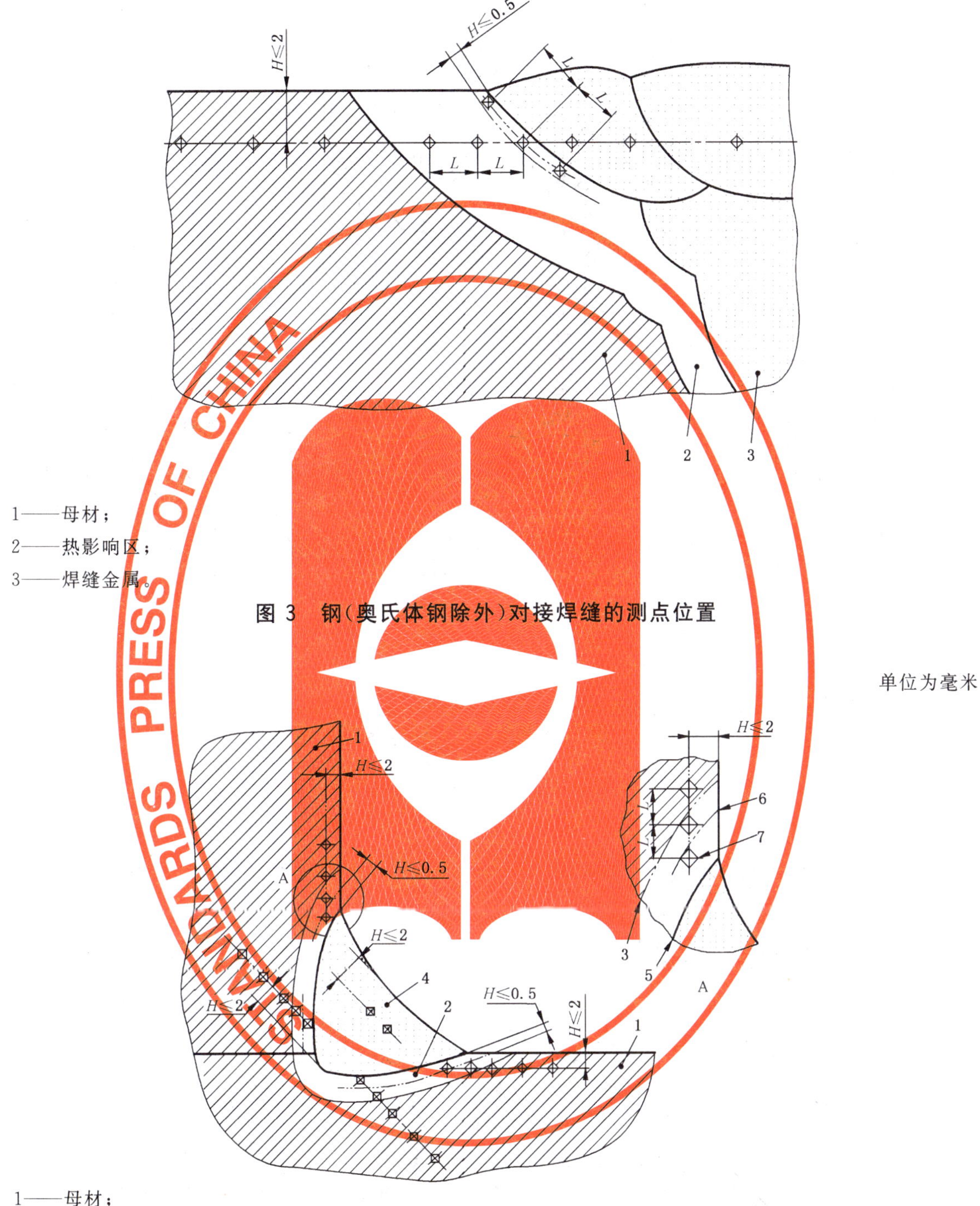

1——母材；

2——热影响区；

3——焊缝金属。

图 3 钢(奥氏体钢除外)对接焊缝的测点位置

单位为毫米

1——母材；

2——热影响区；

3——热影响区靠近母材侧区域；

4——焊缝金属；

5——熔合线；

6——热影响区靠近熔合线侧区域；

7——第一个检测点位置。

图 4 钢(奥氏体钢除外)角焊缝的测点位置

单位为毫米

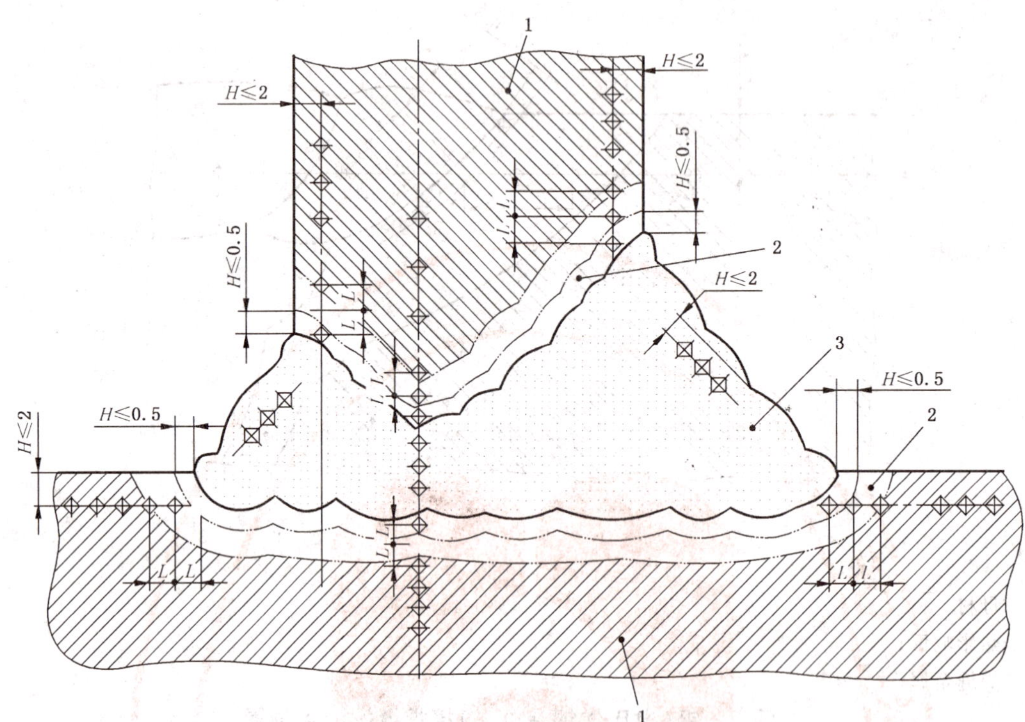

1——母材；

2——热影响区；

3——焊缝金属。

图 5　钢(奥氏体钢除外)T 形接头的测点位置

单位为毫米

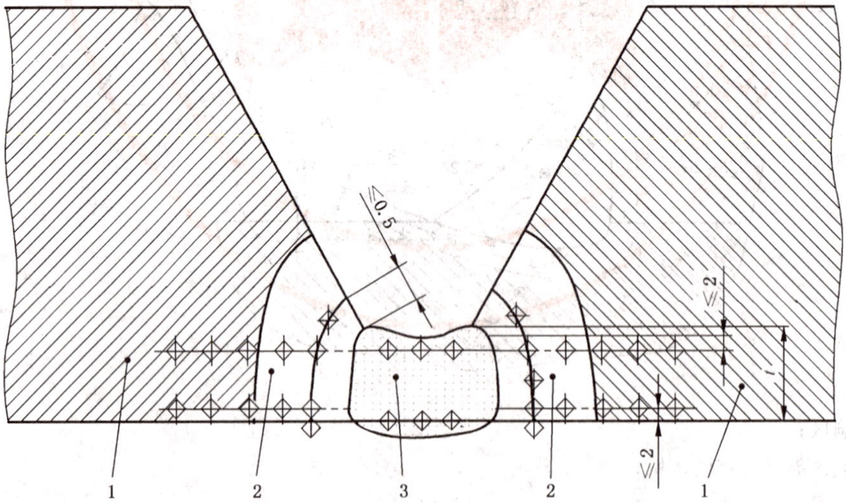

1——母材；

2——热影响区；

3——焊缝金属。

对于厚度 $t\leqslant 4$ mm 试样，标线测定的位置应在厚度方向的中间部位。

图 6　钢根部单道焊缝评估硬化程度的测点位置

单位为毫米

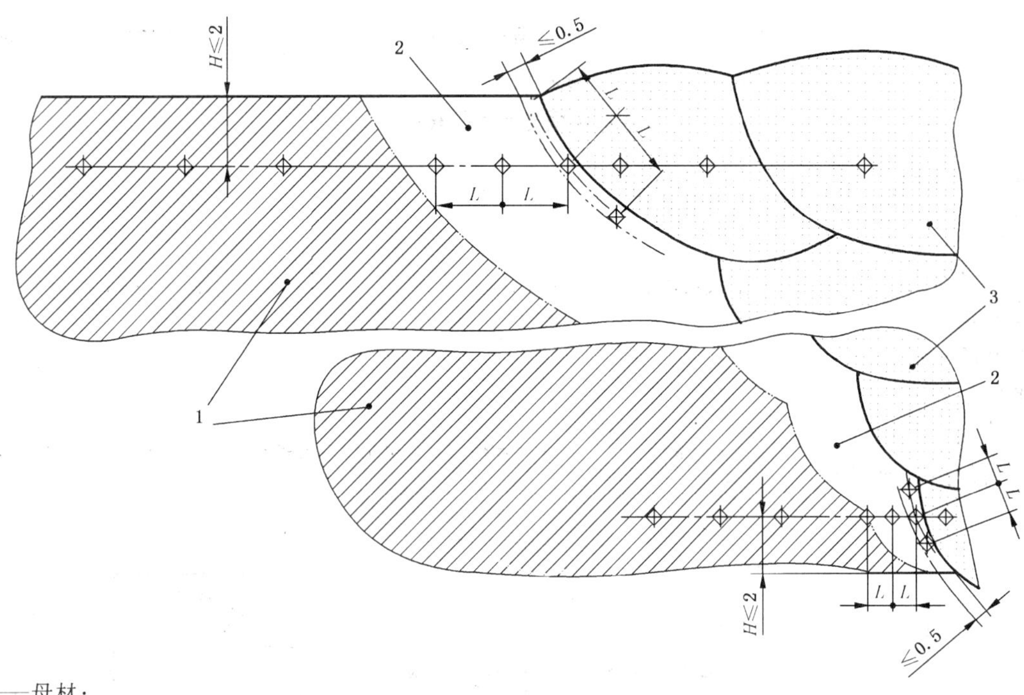

1——母材；

2——热影响区；

3——焊缝金属。

图 7 钢根部多道焊焊缝评估硬化程度的测点位置示意图

单位为毫米

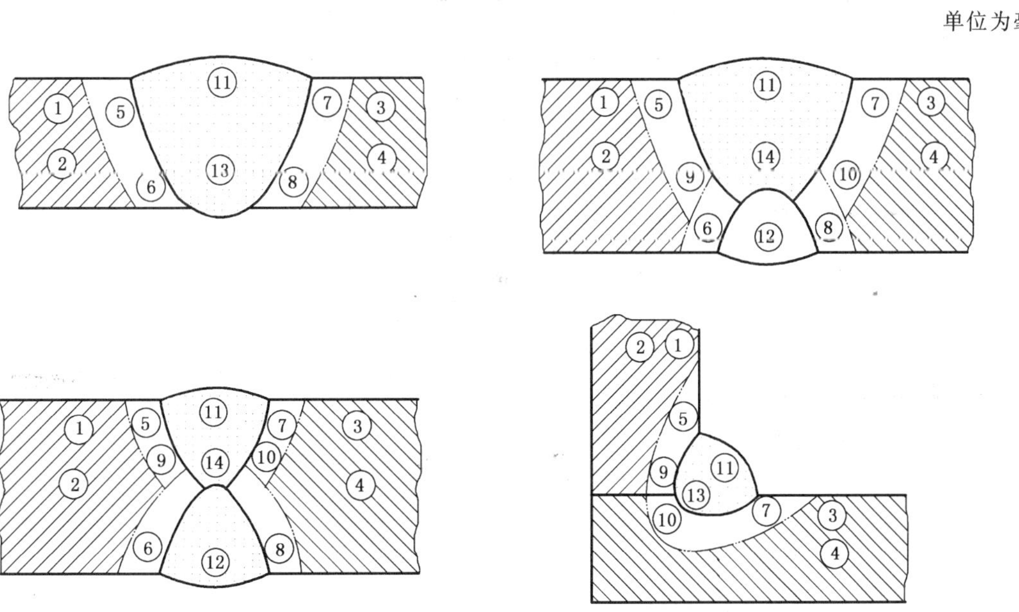

1～4——母材；

5～10——热影响区；

11～14——焊缝金属。

依据协议要求，可以在其他区域检测。

图 8 单点测定(E)区域示例

附 录 A
（资料性附录）
试验报告示例(R)

硬度试验类型：
母材：
试样厚度：
焊缝类型：
焊接方法：
焊接材料：
热处理和/或时效处理：
标线测定的简要说明：
注：

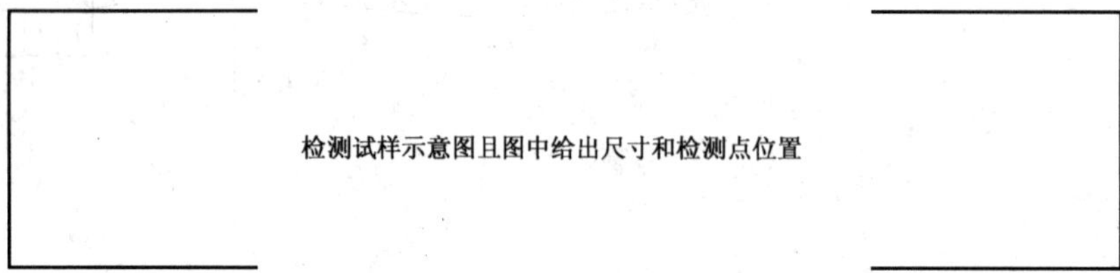

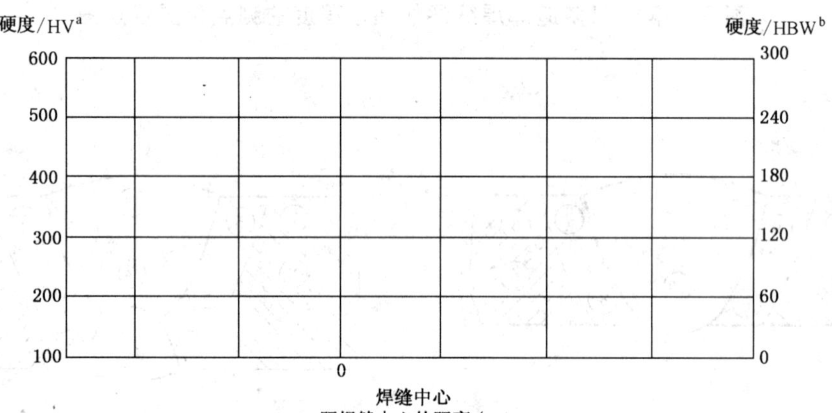

[a] 载荷依据 GB/T 4340.1 的规定。
[b] 载荷依据 GB/T 231.1 的规定。

附 录 B
（资料性附录）
试验报告示例(E)

硬度试验类型：
母材：
试样厚度：
焊缝类型：
焊接方法：
焊接材料：
焊后热处理和/或时效处理：
注：

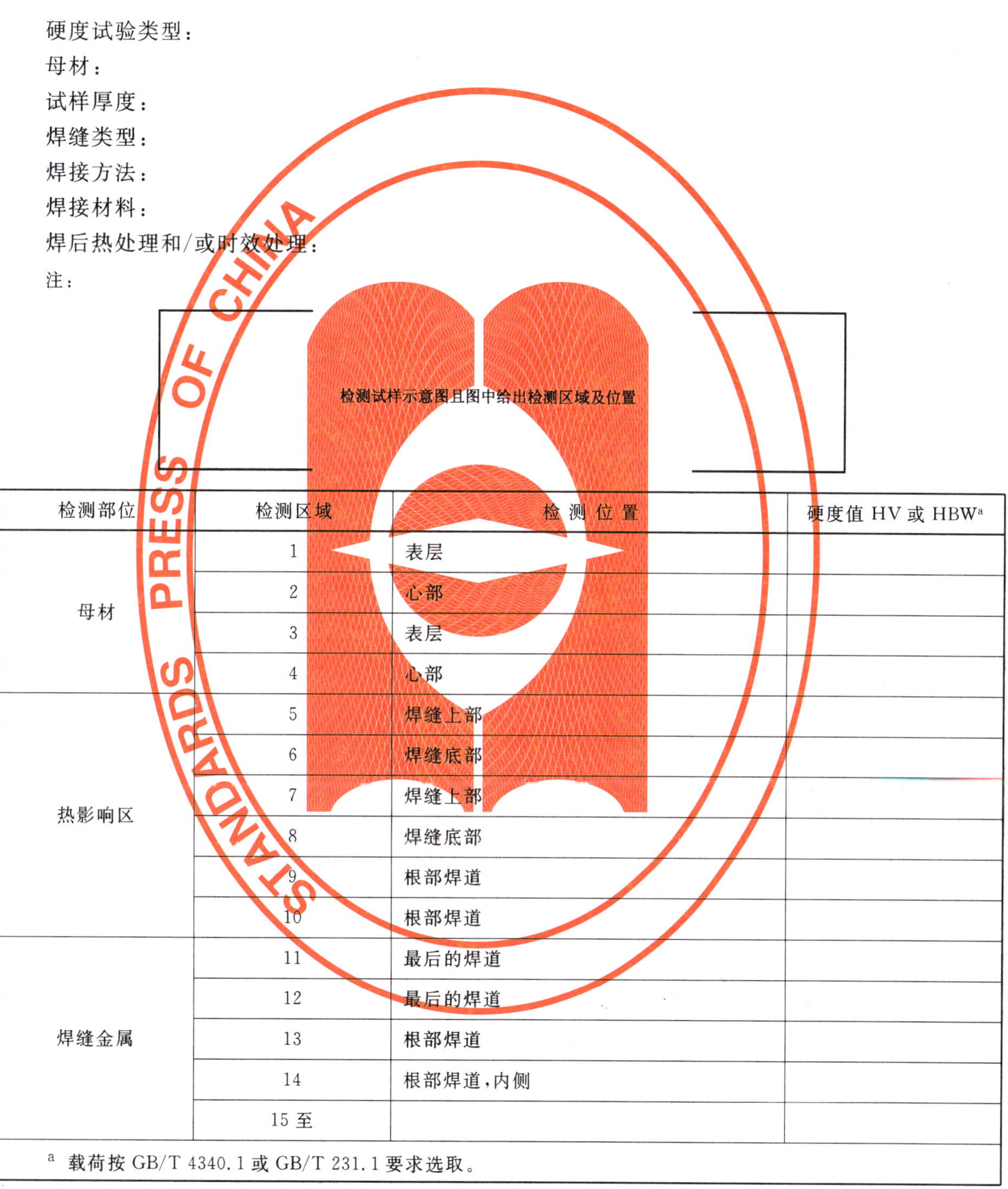

检测试样示意图且图中给出检测区域及位置

检测部位	检测区域	检 测 位 置	硬度值 HV 或 HBW[a]
母材	1	表层	
	2	心部	
	3	表层	
	4	心部	
热影响区	5	焊缝上部	
	6	焊缝底部	
	7	焊缝上部	
	8	焊缝底部	
	9	根部焊道	
	10	根部焊道	
焊缝金属	11	最后的焊道	
	12	最后的焊道	
	13	根部焊道	
	14	根部焊道，内侧	
	15 至		

[a] 载荷按 GB/T 4340.1 或 GB/T 231.1 要求选取。

ICS 61.020
Y 76

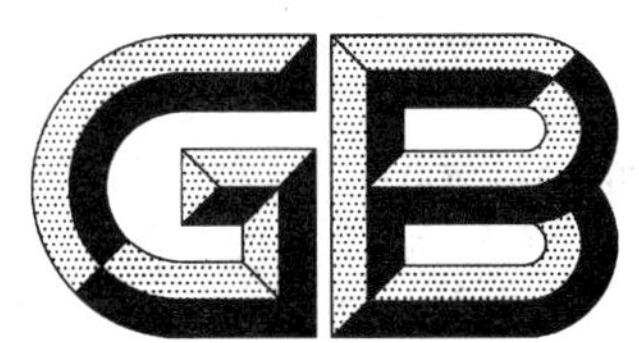

中华人民共和国国家标准

GB/T 2660—2008
代替 GB/T 2660—1999

衬　　衫

Shirts and blouses

2008-06-18 发布　　2009-03-01 实施

中华人民共和国国家质量监督检验检疫总局
中国国家标准化管理委员会　发布

前　言

本标准代替 GB/T 2660—1999《衬衫》。

本标准与 GB/T 2660—1999 相比主要变化如下：

——修改了标准的适用范围；

——补充了规范性引用文件；

——增加了成品使用说明的规定；

——增加了对衬衫填充物的质量要求；

——修改了针距密度、整烫等技术内容；

——增加了成品中不允许含有金属针的规定；

——增加了耐干洗、耐洗、耐摩擦、耐光、耐汗渍、耐水等色牢度允许程度的规定；

——修改了成品主要部位缝子纰裂程度的考核指标；

——修改了成品甲醛含量的规定；

——增加了成品的 pH 值、异味、可分解芳香胺染料、成分和含量等规定；

——充实和完善了成品质量缺陷判定的内容；

——增加了规范性附录 A“检针试验方法”；

——修改了规范性附录 B“缝子纰裂程度试验方法”。

本标准的附录 A、附录 B 为规范性附录。

本标准由中国纺织工业协会提出。

本标准由全国服装标准化技术委员会(SAC/TC 219)归口。

本标准由全国服装标准化技术委员会负责解释。

本标准主要起草单位：上海市服装研究所、国家服装质量监督检验中心(上海)、国家服装质量监督检验中心(天津)、雅戈尔集团股份有限公司、杉杉股份有限公司、罗蒙集团股份有限公司、上海宝鸟服饰有限公司、恒源祥(集团)有限公司、上海开开实业股份有限公司、上海海螺服饰有限公司、鲁泰纺织股份有限公司、浙江乔治白服饰股份有限公司、北京大华天坛服装有限公司。

本标准主要起草人：许鉴、朱炳荣、唐湘涛、王淑容、翁叶鞶、林月梅、盛志飞、叶庆来、何爱芳、叶本、李瑾、秦达、沈泓达、徐则勤、何永洙。

本标准于 1989 年首次发布，1999 年第一次修订，本次为第二次修订。

衬　　衫

1　范围

本标准规定了衬衫的要求、检验(测试)方法、检验分类规则以及标志、包装、运输和贮存等技术特征。

本标准适用于以纺织机织物为主要原料生产的衬衫。

本标准不适用于24个月以内的婴幼儿产品。

2　规范性引用文件

下列文件中的条款通过本标准的引用而成为本标准的条款。凡是注日期的引用文件,其随后所有的修改单(不包括勘误的内容)或修订版均不适合于本标准,然而,鼓励根据本标准达成协议的各方研究是否可使用这些文件的最新版本。凡是不注日期的引用文件,其最新版本适用于本标准。

GB 250　评定变色用灰色样卡

GB 251　评定沾色用灰色样卡

GB/T 1335.1　服装号型　男子

GB/T 1335.2　服装号型　女子

GB/T 1335.3　服装号型　儿童

GB/T 2667　衬衫规格

GB/T 2910　纺织品　二组分纤维混纺产品定量化学分析方法

GB/T 2911　纺织品　三组分纤维混纺产品定量化学分析方法

GB/T 2912.1　纺织品　甲醛的测定　第1部分:游离水解的甲醛(水萃取法)

GB/T 3917.2　纺织品　织物撕破性能　第2部分:舌形试样撕破强力的测定

GB/T 3920　纺织品　色牢度试验　耐摩擦色牢度

GB/T 3921　纺织品　色牢度试验　耐皂洗色牢度

GB/T 3922　纺织品耐汗渍色牢度试验方法

GB/T 4841.3　染料染色标准深度色卡　2/1、1/3、1/6、1/12、1/25

GB 5296.4　消费品使用说明　纺织品和服装使用说明

GB/T 5711　纺织品　色牢度试验　耐干洗色牢度

GB/T 5713　纺织品　色牢度试验　耐水色牢度

GB/T 7573　纺织品　水萃取液pH值的测定

GB/T 8170　数值修约规则

GB/T 8427—1998　纺织品　色牢度试验　耐人造光色牢度:氙弧

GB/T 8630　纺织品　洗涤和干燥后尺寸变化的测定

GB/T 14801　机织物和针织物纬斜和弓纬试验方法

GB/T 17592　纺织品　禁用偶氮染料的测定

GB/T 18132　丝绸服装

GB 18383　絮用纤维制品通用技术要求

GB 18401　国家纺织产品基本安全技术规范

GB/T 21295　服装理化性能的技术要求
FZ/T 01026　四组分纤维混纺产品定量化学分析方法
FZ/T 01053　纺织品　纤维含量的标识
FZ/T 01057(所有部分)　纺织纤维鉴别试验方法
FZ/T 01095　纺织品　氨纶产品纤维含量的试验方法
FZ/T 30003　麻棉混纺产品定量分析方法　显微投影法
FZ/T 80002　服装标志、包装、运输和贮存
FZ/T 80004　服装成品出厂检验规则
FZ/T 80007.3　使用粘合衬服装耐干洗测试方法

3　要求

3.1　使用说明

成品使用说明按 GB 5296.4 和 GB 18401 规定执行。

3.2　号型规格

3.2.1　号型设置按 GB/T 1335.1、GB/T 1335.2 和 GB/T 1335.3 的规定选用。

3.2.2　成品主要部位规格按 GB/T 2667 规定或按 GB/T 1335.1、GB/T 1335.2 和 GB/T 1335.3 的有关规定自行设计。

3.3　原材料

3.3.1　面料

按有关纺织面料标准选用达到本标准质量要求的面料。

3.3.2　里料

采用与面料性能、色泽相适宜的里料。

3.3.3　辅料

3.3.3.1　衬布:使用适合面料性能的衬布。

3.3.3.2　缝线:选用适合所用面辅料质量的缝线,缝线与面料的色差允许程度为浅半级,深 1 级(印花、条格、色织原料应以主色为准,装饰线例外),钉扣线应与扣的色泽相适宜(特殊设计除外)。钉商标线应与商标底色相适宜。

3.3.3.3　钮扣:厚度和色泽适当,无残疵,不因洗涤和整烫而变色、变形。

3.3.4　填充物

应符合 GB 18383 的要求。

3.4　经纬纱向

前身(不允许倒翘)顺翘,后身、袖子允斜程度按表 1 规定。

表 1　%

面　料	等　级		
	优　等　品	一　等　品	合　格　品
什色	≤3	≤4	≤5
色织	≤2	≤2.5	≤3
印花	≤2	≤2.5	≤3

3.5　对条对格

3.5.1　面料有明显条格在 1.0 cm 及以上的按表 2 规定。

表 2

单位为厘米

部位名称	对条对格规定	备注
左右前身	条料对中心条、格料对格互差不大于0.3	格子大小不一致,以前身三分之一上部为准
袋与前身	条料对条、格料对格互差不大于0.2	格子大小不一致,以袋前部的中心为准
斜料双袋	左右对称,互差不大于0.3	以明显条为主(阴阳条不考核)
左右领尖	条格对称,互差不大于0.2	阴阳条格以明显条格为主
袖头	左右袖头条格顺直,以直条对称,互差不大于0.2	以明显条为主
后过肩	条料顺直,两头对比互差不大于0.4	—
长袖	条格顺直,以袖山为准,两袖对称,互差不大于1.0	3.0以下格料不对横,1.5以下条料不对条
短袖	条格顺直,以袖口为准,两袖对称,互差不大于0.5	2.0以下格料不对横,1.5以下条料不对条

3.5.2 倒顺绒原料,全身顺向一致。

3.5.3 特殊图案以主图为准,全身图案或顺向一致。

3.6 拼接

全件产品不允许拼接。装饰性的拼接除外。

3.7 色差

领面、过肩、口袋、明门襟、袖头面与大身色差高于4级。其他部位色差不低于4级。

3.8 外观疵点

各部位疵点按表3规定,成品部位划分见图1,未列入本标准的疵点按其形态,参照表3相似疵点执行。

表 3

单位为厘米

疵点名称	各部位允许存在程度			
	0号部位	1号部位	2号部位	3号部位
粗于一倍 粗纱2根	0	长3.0以内	不影响外观	长不限
粗于二倍 粗纱3根	0	长1.5以内	长4.0以内	长6.0以内
粗于三倍 粗纱4根	0	0	长2.5以内	长4.0以内
双经双纬	0	0	不影响外观	长不限
小跳花	0	2个	6个	不影响外观
经缩	0	0	长4,宽1.0以内	不明显
纬密不均	0	0	不明显	不影响外观
颗粒状粗纱	0	0	0	0
经缩波纹	0	0	0	0
断经断纬1根	0	0	0	0
搔损	0	0	0	轻微
浅油纱	0	长1.5以内	长2.5以内	长4.0以内
色档	0	0	轻微	不影响外观
轻微色斑(污渍)	0	0	$(0.2\times0.2)\ cm^2$ 以内	不影响外观

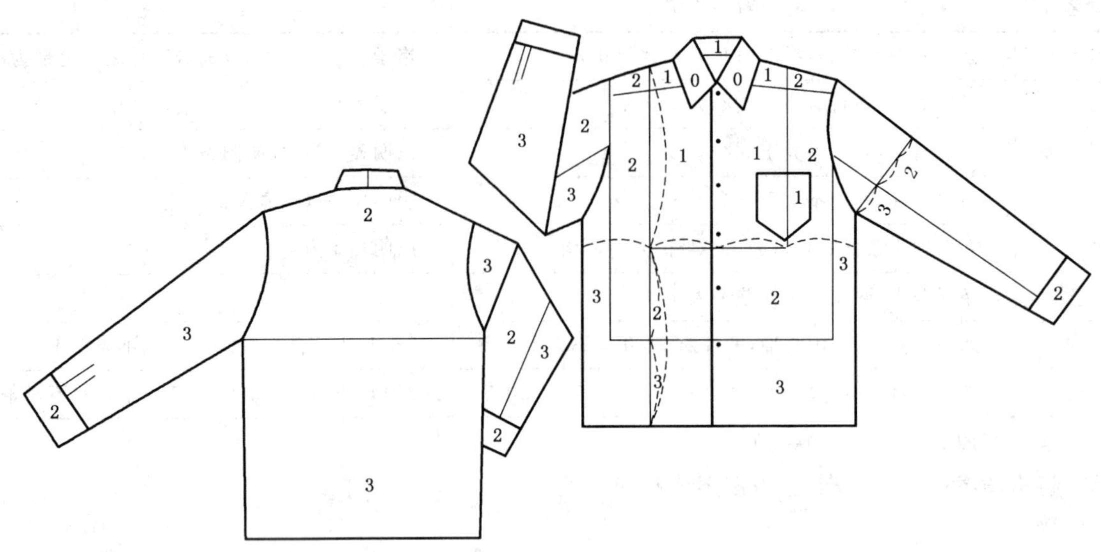

图 1

3.9 缝制

3.9.1 针距密度按表 4 规定,特殊设计除外。

表 4

项　　目	针　距　密　度	备　　注
明暗线	3 cm 不少于 12 针	—
绗缝线	3 cm 不少于 9 针	—
包缝线	3 cm 不少于 12 针	包括锁缝(链式线)
锁眼	1 cm 不少于 12 针	—
钉扣	每眼不低于 6 根线	—

3.9.2 各部位缝制线路整齐、牢固、平服。

3.9.3 上下线松紧适宜,无跳线、断线,起落针处应有回针。

3.9.4 0 号部位不允许跳针、接线,其余各部位 30 cm 内不得有两处单跳针或连续跳针,链式线迹不允许跳线。

3.9.5 覆粘合衬部位不允许有脱胶、渗胶及起泡。

3.9.6 领子平服,领面、里、衬松紧适宜,领尖不反翘。

3.9.7 绱袖圆顺,吃势均匀,两袖前后基本一致。

3.9.8 袖头及口袋和衣片的缝合部位均匀、平整、无歪斜。

3.9.9 商标位置端正。号型标志、成分含量标志、洗涤标志准确清晰,位置端正。

3.9.10 锁眼定位准确,大小适宜,两头封口。开眼无绽线。

3.9.11 钉扣与眼位相对,整齐牢固。缠脚线高低适宜,线结不外露。

3.9.12 四合扣(四件扣)松紧适宜,牢固。

3.9.13 有填充物的衬衫,绗线顺直,厚薄均匀。表面绗线上下左右对称,横向绗线互差不大于 0.4 cm。

3.9.14 成品中不得含有金属针。

3.10 **成品主要部位规格允许偏差**

按表5规定。

表5

单位为厘米

部位名称		衬衫	有填充物的衬衫
领大		±0.6	±0.6
衣长		±1.0	±1.5
长袖长	连肩袖	±1.2	±1.6
	绱袖	±0.8	±1.2
短袖长		±0.6	—
胸围		±2.0	±3.0
总肩宽		±0.8	±1.0

3.11 **整烫**

3.11.1 各部位熨烫平服、整洁，无烫黄、水渍及亮光。

3.11.2 领型左右基本一致，折叠端正。

3.11.3 一批产品的整烫折叠规格应保持一致。

3.12 **理化性能**

3.12.1 **尺寸变化率**

3.12.1.1 成品洗涤后的尺寸变化率包括水洗和干洗后的尺寸变化率。

3.12.1.2 成品洗涤后的尺寸变化率按表6规定。

表6

%

部位名称	优等品	一等品	合格品
领大	≥−1.0	≥−1.5	≥−2.0
胸围	≥−1.5	≥−2.0	≥−2.5
衣长	≥−2.0	≥−2.5	≥−3.0
注1：洗涤后的尺寸变化率根据成品使用说明标注内容进行考核。 注2：丝绸类产品按GB/T 18132的规定执行。			

3.12.2 **起皱级差**

成品主要部位起皱级差指标按表7规定。

表7

单位为级

部位名称	洗涤前起皱级差	洗涤后起皱级差		
		优等品	一等品	合格品
领子	≥4.5	>4.0	4.0	>3.0
口袋	≥4.5	>4.0	3.5	>3.0
袖头	≥4.5	>4.0	4.0	>3.0
摆缝	≥4.0	>3.5	3.5	>3.0
底边	≥4.0	>3.5	3.5	>3.0
注：当原料为全棉、全毛、麻、棉麻混纺时洗涤后在表7规定的数值基础上，允许再降低0.5级。丝绸产品不考核洗涤后起皱指标。				

3.12.3 **色牢度**

成品的色牢度允许程度按表 8 规定。

表 8

单位为级

项目		色牢度允许程度		
		优等品	一等品	合格品
耐干洗	变色	≥4—5	≥4	≥3—4
	沾色	≥4—5	≥4	≥3—4
耐洗	变色	≥4	≥3—4	≥3
	沾色	≥4	≥3—4	≥3
耐干摩擦	沾色	≥4	≥3—4	≥3
耐湿摩擦	沾色	≥4	≥3—4	≥3
耐光	变色	≥4	≥3—4	≥3
耐酸汗渍	变色	≥4	≥3	
	沾色			
耐碱汗渍	变色	≥4	≥3	
	沾色			
耐水	变色	≥4	≥3	
	沾色			

注 1：按 GB/T 4841.3 标准规定，颜色大于 1/12 染料染色标准深度为深色，颜色小于等于 1/12 染料染色标准深度为浅色。

注 2：耐干洗色牢度只考核使用说明中标注可干洗的产品。耐洗色牢度只考核使用说明中标注可水洗的产品。

注 3：耐湿摩擦色牢度允许程度，深色产品的一等品和合格品可以比本标准规定低半级。

注 4：丝绸类产品的色牢度允许程度按 GB/T 18132 规定执行。

3.12.4 **纰裂**

成品主要部位缝子纰裂程度不大于 0.6 cm，试验结果出现滑脱或断裂判定为不合格。丝绸类产品的缝子纰裂程度按 GB/T 18132 规定执行。

3.12.5 **撕破强力**

面料的撕破强力按 GB/T 21295 规定执行，绗缝产品不考核。

3.12.6 **甲醛含量**

成品甲醛含量不大于 75 mg/kg。

3.12.7 **pH 值**

成品的 pH 值为 4.0～7.5。

3.12.8 **异味**

成品不允许有异味。

3.12.9 **可分解芳香胺染料**

成品可分解芳香胺染料按 GB 18401 规定。

3.12.10 **原料的成分和含量**

成品所用原料的成分和含量标注要求及纤维含量允许偏差按 FZ/T 01053 规定。

4 检验(测试)方法

4.1 检验工具

4.1.1 钢卷尺。

4.1.2 评定变色用灰色样卡(GB 250)。

4.1.3 评定沾色用灰色样卡(GB 251)。

4.1.4 1/12 染料染色标准深度色卡(GB/T 4841.3)。

4.1.5 衬衫外观疵点样照。

4.1.6 衬衫外观缝制起皱五级样照。

4.2 成品规格测定

4.2.1 成品主要部位规格,按本标准 3.2.2 规定。

4.2.2 成品主要部位规格允许偏差按表 5 规定,测量方法按表 9 规定,测量部位见图 2。

表 9

序号	部位名称		测量方法
1	领大		领子摊平横量,单立领量扣中到眼中的距离,翻折立领量上领下口,翻折领量上领下口,其他领量下口。
2	衣长		男衬衫:前后身底边拉齐,由领侧最高点垂直量至底边。 女衬衫:由前身肩缝最高点垂直量至底边。 圆摆:由后领窝中点垂直量至底边。
3	长袖长	连肩袖	由后领窝中点量至袖口边。
		绱袖	由袖子最高点垂直量至袖口边。
4	短袖长		由袖子最高点量至袖口边。
5	胸围		扣好钮扣,前后身放平(后折拉开)在袖底缝处横量(周围计算)。
6	总肩宽		男衬衫:由过肩两端、后领窝向下 2.0 cm~2.5 cm 处为定点水平测量。 女衬衫:由肩袖缝交叉处,解开钮扣放平测量。

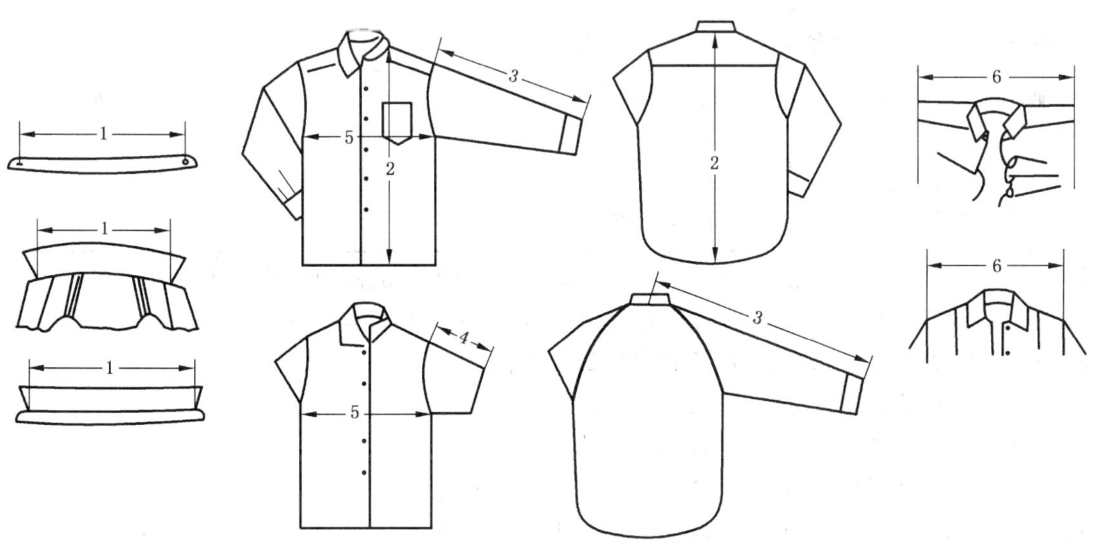

图 2

4.3 外观测定

4.3.1 成品的经纬纱向按3.4规定，按式(1)计算纬斜率。面料的纬斜测定按GB/T 14801规定。

$$纬斜率(\%) = \frac{纬纱(条格)倾斜与水平最大距离}{衣片宽} \times 100 \quad \cdots\cdots(1)$$

4.3.2 成品的对条对格按3.5规定。

4.3.3 成品的拼接按3.6规定。

4.3.4 成品色差测定时，样品被测部位应纱向一致，采用北空光照射，或用600 lx及以上等效光源。入射光与样品表面约成45°角，检验人员的视线大致垂直于样品表面，距离约60 cm目测，并按3.7规定与GB 250标准样卡对比评定色差等级。

4.3.5 成品的外观疵点允许存在程度按3.8规定。

4.3.6 成品的缝制质量按3.9规定。针距密度按表4规定，在成品上任取3 cm测量(厚薄部位除外)。成品的检针试验按附录A规定。

4.3.7 成品整烫质量按3.11规定。

4.4 理化性能测定

4.4.1 成品水洗后的尺寸变化率测试方法按GB/T 8630规定，成品干洗后的尺寸变化率测试方法按FZ/T 80007.3规定。在批量中随机抽取三件样品测试，结果取三件的平均值。如果试验结果有一件不合格，则判定该项指标不合格。

4.4.2 成品洗涤后外观质量的测试方法按4.4.1规定，将干燥后的服装按外观测定的要求放置，目测领子表面是否起泡脱胶，主要缝子部位的起皱程度与《衬衫外观缝制起皱五级样照》对比。

4.4.3 成品的色牢度允许程度测试方法分别按GB/T 3921的方法3(蚕丝、再生纤维素纤维、麻、锦纶、毛及其混纺织物按GB/T 3921的方法1规定)、GB/T 5711、GB/T 5713、GB/T 3920、GB/T 8427—1998(按方法3测试)和GB/T 3922规定。

4.4.4 成品缝子纰裂允许程度的取样部位按表10规定，测试方法按附录B规定。

表10

部　　位	取样部位规定	备　　注
摆缝	摆缝长的二分之一处为样本中心	—
袖窿缝	后袖窿弯袖底十字后5.0 cm为样本中心	—
袖缝	袖长二分之一处往上4.0 cm为样本中心	短袖不考核
过肩缝	过肩缝三分之一处为样本中心	—
注：所取试样长度方向均垂直于取样部位的接缝。		

4.4.5 成品撕破强力测试方法按GB/T 3917.2规定，采用单舌试样，经、纬向各取三块试样。测试值精确至0.1 N，结果分别计算经、纬向的平均值，按GB/T 8170修约至整数。

4.4.6 成品的甲醛含量测试方法按GB/T 2912.1规定。

4.4.7 成品的pH值测试方法按GB/T 7573规定。

4.4.8 成品异味测试方法按GB 18401规定。

4.4.9 成品可分解芳香胺染料测试方法按GB/T 17592规定。

4.4.10 成品所用原料的成分和含量测试方法按FZ/T 01057、GB/T 2910、GB/T 2911、FZ/T 01026、FZ/T 01095、FZ/T 30003等规定，测试结果按结合公定回潮率含量计算。

4.4.11 本标准未提及的理化性能检测取样部位，可按测试项目在成品上任意选取有代表性的试样。

5 检验规则

5.1 检验分类

成品检验分为出厂检验和型式检验。

5.1.1 出厂检验项目按第 3 章规定,3.12 除外。成品出厂检验规则按 FZ/T 80004 规定。

5.1.2 型式检验项目按第 3 章规定。

5.2 质量等级和缺陷划分规则

5.2.1 质量等级划分

成品质量等级划分以缺陷是否存在及其轻重程度为依据。抽样样本中的单件产品以缺陷的数量及其轻重程度划分等级,批量产品的等级以抽样样本中单件产品的品等数量划分。

5.2.2 缺陷划分

单件产品不符合本标准规定的要求即构成缺陷。

按照产品不符合本标准要求和对产品性能、外观的影响程度,缺陷分成三类:

a) 严重缺陷:严重降低产品的使用性能,严重影响产品外观的缺陷,称为严重缺陷。

b) 重缺陷:不严重降低产品的使用性能,不严重影响产品外观,但较严重不符合标准要求的缺陷,称为重缺陷。

c) 轻缺陷:不符合标准要求,但对产品的使用性能和外观有较小影响的缺陷,称为轻缺陷。

5.2.3 质量缺陷判定依据

质量缺陷判定按表 11 规定。

表 11

项目	序号	轻 缺 陷	重 缺 陷	严重缺陷
使用说明	1	商标不端正,明显歪斜;钉商标线与商标底色的色泽不相适宜。	使用说明内容不准确。	使用说明内容缺项。
外观及缝制质量	2	—	使用粘合衬部位渗胶。	使用粘合衬部位脱胶、起泡。
	3	熨烫不平服;有光亮。	轻微烫黄;变色。	变质,残破。
	4	—	—	成品内含有金属针。
	5	领型左右不一致,折叠不端正,互差 0.6 cm 以上;领窝、门襟轻微起兜;底领外露;胸袋、袖头不平服、不端正。	领窝、门襟严重起兜。	—
	6	表面有连根线长 1.0 cm;纱毛长 1.5 cm,两根以上;有轻度污渍,污渍小于等于 2.0 cm^2;水花小于等于 4.0 cm^2。	有明显污渍,污渍大于 2.0 cm^2;水花大于 4.0 cm^2。	—
	7	领子不平服,领面松紧不适宜;豁口重叠。	领尖反翘。	—
	8	缝制线路不顺直;止口宽窄不均匀,不平服;接线处明显双轨长大于 1.0 cm;起落针处没有回针;毛、脱、漏小于等于 1.0 cm;30 cm 内有两个单跳线;上下线轻度松紧不适宜。	毛、脱、漏大于 1.0 cm,小于等于 2.0 cm;连续跳针或 30 cm 内有两个以上单跳针;上下线松紧严重不适宜。	毛、脱、漏大于 2.0 cm;链式线迹跳线。
	9	表面绗线不顺直;横向绗线、对称绗线互差大于 0.4 cm。	横向绗线、对称绗线互差大于 0.8 cm。	—

表 11（续）

项目	序号	轻　缺　陷	重　缺　陷	严重缺陷
外观及缝制质量	10	领子止口不顺直；止口反吐；领尖长短不一致，互差 0.3 cm～0.5 cm；绱领不平服；绱领偏斜 0.6 cm～0.9 cm。	领尖长短互差大于 0.5 cm；绱领偏斜大于等于 1.0 cm；绱领严重不平服；0 号部位有接线、跳线。	领尖毛出。
	11	压领线：宽窄不一致，下炕；反面线距大于 0.4 cm 或上炕。	—	—
	12	盘头：探出 0.3 cm；止口反吐、不整齐。	—	—
	13	门、里襟不顺直；门、里襟长短互差 0.4 cm～0.6 cm。	门、里襟长短互差大于等于 0.7 cm。	—
	14	针眼外露。	钉眼外露。	—
	15	口袋歪斜；口袋不方正、不平服；缉线明显宽窄；双口袋高低大于 0.4 cm。	左右口袋距扣眼中心互差大于 0.6 cm。	—
	16	绣花：针迹不整齐；轻度漏印迹。	严重漏印迹；绣花不完整。	—
	17	袖头：左右不对称；止口反吐；宽窄互差大于 0.3 cm，长短互差大于 0.6 cm。	—	—
	18	褶：互差大于 0.8 cm，不均匀、不对称。	—	—
	19	大小袖叉长短互差大于 0.5 cm；左右袖叉长短互差大于 0.5 cm；袖叉封口歪斜。	—	—
	20	绱袖：不圆顺；吃势不均匀；袖窿不平服。	—	—
	21	两袖长短互差 0.6 cm～0.8 cm。	两袖长短互差大于等于 0.9 cm。	—
	22	十字缝：互差>0.5cm。	—	—
	23	肩、袖窿、袖缝、侧缝、合缝不均匀；倒向不一致；两小肩大小互差大于 0.4 cm。	两小肩大小互差大于 0.8 cm。	—
	24	省道：不顺直；尖部起兜；长短：前后不一致，互差大于等于 1.0 cm。	—	—
	25	锁眼间距互差大于等于 0.5 cm；偏斜大于等于 0.3 cm；纱线绽出。	锁眼跳线、开线、毛漏。	—
	26	扣与眼位互差大于等于 0.4 cm；钉扣不牢。	—	—
	27	底边：宽窄不一致；不顺直；轻度倒翘。	严重倒翘。	—

表 11（续）

项目	序号	轻　缺　陷	重　缺　陷	严重缺陷
规格偏差	28	规格偏差超过本标准规定50%以内。	规格偏差超过本标准规定50%及以上。	规格偏差超过本标准规定100%及以上。
辅料	29	线、滚条、衬等辅料的性能与面料不相适应；钉扣线与扣的色泽不相适宜；装饰物不平服、不牢固。	—	钮扣、附件脱落；金属件锈蚀；装饰物残破、缺少。
纬斜	30	超过本标准规定。	超过本标准规定50%及以上。	—
对条对格	31	超过本标准规定。	超过本标准规定50%及以上。	—
图案	32	—	—	面料倒顺毛，全身顺向不一致；特殊图案或顺向不一致。
拼接	33	—	—	不符合本标准规定。
色差	34	低于本标准规定半级。	低于本标准规定半级以上。	—
疵点	35	2号部位或3号部位超过本标准规定。	0号部位或1号部位超过本标准规定。	0号部位上出现2号部位或3号部位的疵点。
针距	36	低于本标准规定2针及以内。	低于本标准规定2针以上。	—
注1：以上各缺陷按序号逐项累计计算。 注2：未涉及到的缺陷可根据缺陷划分规则，参照相似缺陷酌情判定。 注3：凡属丢工、少序、错序，均为重缺陷。缺件为严重缺陷。 注4：理化性能一项不合格，即为该检验批不合格。				

5.3 抽样规定

外观质量检验抽样数量按产品批量：

500件及以下抽验10件。

500件以上至1 000件（含1 000件）抽验20件。

1 000件以上抽验30件。

理化性能检验抽样根据项目需要，一般不少于4件。

5.4 判定规则

5.4.1 单件（样本）判定

优等品：严重缺陷数=0　　重缺陷数=0　　轻缺陷数≤3

一等品：严重缺陷数=0　　重缺陷数=0　　轻缺陷数≤5 或

　　　　严重缺陷数=0　　重缺陷数≤1　　轻缺陷数≤3

合格品：严重缺陷数=0　　重缺陷数=0　　轻缺陷数≤8 或

　　　　严重缺陷数=0　　重缺陷数≤1　　轻缺陷数≤4

5.4.2 批量等级判定

优等品批：外观检验样本中的优等品数≥90%，一等品和合格品数≤10%（不含不合格品），各项理化性能指标均达到优等品要求。

一等品批：外观检验样本中的一等品以上的产品数≥90％，合格品数≤10％（不含不合格品），各项理化性能指标均达到一等品要求。

合格品批：外观检验样本中的合格品以上的产品数≥90％，不合格品数≤10％（不含严重缺陷不合格品），各项理化性能指标均达到合格品要求。

当外观缝制质量等级判定和理化性能等级判定不一致时，执行低等级判定。

5.4.3　抽验中各批量判定数符合上述规定为相应等级品批出厂。

5.4.4　抽验中各批量判定数不符合本标准规定时，应进行第二次抽验，抽验数量应增加一倍；如仍不符合本标准规定，应全部整修或降等。

6　标志、包装、运输和贮存

成品的标志、包装、运输和贮存按 FZ/T 80002 执行（立领衬衫的内包装不做检针测试）。

附　录　A
（规范性附录）
检针试验方法

A.1　原理

利用磁感应，测定服装产品中是否存在金属针。

A.2　试验仪器

采用铁磁性金属检测仪，可采用平板式或手持式。检测灵敏度：检测距离 10 mm 时为直径 1.2 mm 铁球；检测距离 50 mm 时为 0.7 mm（直径）×20 mm 铁棒。

A.3　试样

成品服装上的金属附件应先消磁处理，或去除样品上的金属附件后再进行检针试验。当采用手持式检测仪时，样品可不必进行以上处理。

A.4　试验步骤

试验前先对仪器进行校准，保证第 A.2 章规定的灵敏度。将包装好的服装正反两面逐件置于检测平板上，或采用手持式检测仪对服装的正反两面表面各处进行检测。

A.5　试验结果

当试验时检测仪发出鸣叫声或显示时，对服装及其包装进行检查，确认服装存在金属针时，记录所检试样存在金属针。

附 录 B
（规范性附录）
缝子纰裂程度试验方法

B.1 原理

在垂直于织物接缝的方向上施加一定的负荷，接缝处脱开，测量其脱开的最大距离。

B.2 施加的负荷

丝绸面料负荷按 GB/T 18132 规定执行，其他面料负荷为 100 N±5 N。

里料负荷为 70 N±5 N。

B.3 设备

织物强力机上、下夹钳距离为 10.0 cm，下夹钳无载荷时下降速度为 5.0 cm/min，预加张力（重锤）为 2 N。

B.4 试验环境

调湿和试验用标准大气，温度 20 ℃±2 ℃，相对湿度 60%～70%。

B.5 试样要求与准备

B.5.1 取样尺寸：5.0 cm×20.0 cm（包括夹持部位），其直向中心线应与缝迹垂直。

B.5.2 试样数量：从成品的每个取样部位（或缝制样）上各截取三块。

B.6 试验步骤

B.6.1 将强力机的两个夹钳分开至 10.0 cm，两个夹钳边缘应相互平行且垂直于移动方向。

B.6.2 将试样固定在夹钳中间（试样下端先挂上 2 N 的预加负荷钳，再拧紧下夹钳），使接缝与夹钳边缘相互平行。

B.6.3 以 5.0 cm/min 的速度逐渐增加其负荷，负荷达到 B.2 规定时，停止夹钳的移动，然后在强力机上垂直量取其接缝脱开的最大距离，见图 B.1。若出现纱线从试样中滑脱或断裂，则测试结果记录为滑脱或断裂。

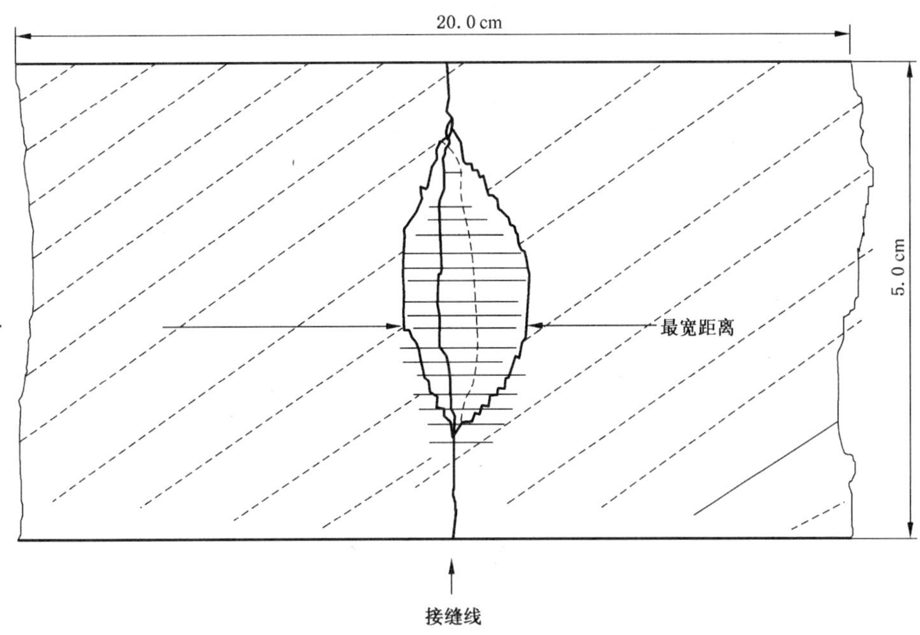

图 B.1 缝子脱开距离的测量

B.7 试验结果

计算三块试样缝口脱开程度的平均值,结果按 GB/T 8170 修约至 0.05 cm。若三块试样中仅有一块出现滑脱或断裂,则计算另两块试样的平均值,若三块试样中有两块或三块出现滑脱或断裂,则结果为滑脱或断裂。

ICS 61.020
Y 76

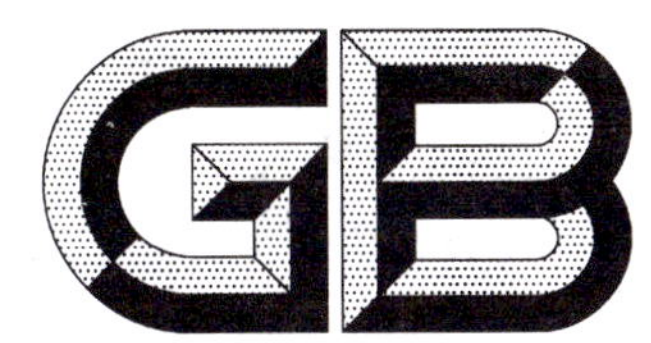

中华人民共和国国家标准

GB/T 2662—2008
代替 GB/T 2662—1999

棉服装

Cotton wadded clothes

2008-06-18 发布 2009-03-01 实施

中华人民共和国国家质量监督检验检疫总局
中国国家标准化管理委员会 发布

前 言

本标准代替 GB/T 2662—1999《棉服装》。

本标准与 GB/T 2662—1999 相比主要变化如下：

——补充了规范性引用文件；

——修改了产品使用说明；

——增加了对成品原材料的要求，不允许使用不透气的薄膜；

——修改了对填充物、对条对格、外观疵点、缝制等要求的内容；

——修改了成品规格允许偏差的规定；

——增加了成品水洗尺寸变化率、干洗尺寸变化率的规定；

——增加了对成品覆粘合衬部位剥离强度的考核；

——修改了成品耐洗、耐干摩擦等色牢度允许程度规定；

——增加了成品耐干洗、耐湿摩擦、耐光、耐酸汗渍、耐碱汗渍、耐水等色牢度允许程度规定；

——增加了成品起毛起球允许程度规定；

——增加了裤后裆缝接缝强力；

——修改了成品甲醛含量的规定；

——增加了成品的 pH 值的规定；

——增加了成品的异味的规定；

——增加了成品的可分解芳香胺染料的规定；

——增加了成品的成分和含量的规定；

——充实和完善了成品质量缺陷判定的内容；

——增加了规范性附录 B“裤后裆缝接缝强力试验取样部位示意图”。

本标准的附录 A、附录 B 为规范性附录。

本标准由中国纺织工业协会提出。

本标准由全国服装标准化技术委员会(SAC/TC 219)归口。

本标准主要起草单位：深圳市计量质量检测研究院、上海市服装研究所、福建省鞋服质量检测中心、安踏(中国)有限公司、福建玛莱特针织制衣有限公司。

本标准主要起草人：杨志敏、许鉴、陈国强、林亚荣、王志勇、李苏、李易瑜、滕万红、梁海保。

本标准由全国服装标准化技术委员会负责解释。

本标准于 1981 年首次发布，1999 年第一次修订，本次为第二次修订。

棉 服 装

1 范围

本标准规定了棉服装的要求、检验(测试)方法、检验分类规则以及标志、包装、运输和贮存等全部技术特征。

本标准适用于以纺织机织物为主要面料,以各种天然纤维、化学纤维、动物绒毛等为填充物,或以动物毛皮、人造毛皮等制成活里,成批生产的棉服装。

本标准不适用于填充物中含有羽绒的产品。

2 规范性引用文件

下列文件中的条款通过本标准的引用而成为本标准的条款。凡是注日期的引用文件,其随后所有的修改单(不包括勘误的内容)或修订版均不适用于本标准,然而,鼓励根据本标准达成协议的各方研究是否可使用这些文件的最新版本。凡是不注日期的引用文件,其最新版本适用于本标准。

GB 250 评定变色用灰色样卡

GB 251 评定沾色用灰色样卡

GB/T 1335.1 服装号型 男子

GB/T 1335.2 服装号型 女子

GB/T 1335.3 服装号型 儿童

GB/T 2910 纺织品 二组分纤维混纺产品定量化学分析方法

GB/T 2911 纺织品 三组分纤维混纺产品定量化学分析方法

GB/T 2912.1 纺织品 甲醛的测定 第1部分:游离水解的甲醛(水萃取法)

GB/T 3920 纺织品 色牢度试验 耐摩擦色牢度

GB/T 3921 纺织品 色牢度试验 耐皂洗色牢度

GB/T 3922 纺织品耐汗渍色牢度试验方法

GB/T 3923.1 纺织品 织物拉伸性能 第1部分:断裂强力和断裂伸长率的测定 条样法

GB/T 4802.1 纺织品 织物起毛起球性能的测定 第1部分:圆轨迹法

GB/T 4841.3 染料染色标准深度色卡 2/1、1/3、1/6、1/12、1/25

GB 5296.4 消费品使用说明 纺织品和服装使用说明

GB/T 5711 纺织品 色牢度试验 耐干洗色牢度

GB/T 5713 纺织品 色牢度试验 耐水色牢度

GB/T 7573 纺织品 水萃取液 pH 值的测定

GB/T 8170 数值修约规则

GB/T 8427 纺织品 色牢度试验 耐人造光色牢度:氙弧

GB/T 8629 纺织品 试验用家庭洗涤和干燥程序

GB/T 16988 特种动物纤维与绵羊毛混合物含量的测定

GB/T 17592 纺织品 禁用偶氮染料的测定

GB/T 18132 丝绸服装

GB 18383 絮用纤维制品通用技术要求

GB 18401 国家纺织产品基本安全技术规范

FZ/T 01026 四组分纤维混纺产品定量化学分析方法

FZ/T 01053　纺织品　纤维含量的标识
FZ/T 01057(所有部分)　纺织纤维鉴别试验方法
FZ/T 01095　纺织品　氨纶产品纤维含量的试验方法
FZ/T 30003　麻棉混纺产品定量分析方法　显微投影法
FZ/T 80002　服装标志、包装、运输和贮存
FZ/T 80004　服装成品出厂检验规则
FZ/T 80007.1　使用粘合衬服装剥离强度测试方法
FZ/T 80007.3　使用粘合衬服装耐干洗测试方法
FZ/T 81009　人造毛皮服装
QB/T 2822　毛皮服装

3　要求

3.1　使用说明

成品的使用说明按 GB 5296.4 及 GB 18401 规定执行。

3.2　号型规格

3.2.1　号型设置按 GB/T 1335.1、GB/T 1335.2 和 GB/T 1335.3 的规定选用。

3.2.2　成品主要部位规格按 GB/T 1335.1～1335.3 的有关规定自行设计。

3.3　原材料

3.3.1　面料

按有关纺织面料标准选用适合于棉服装的面料。

3.3.2　里料

3.3.2.1　采用与所用面料的性能、色泽相适宜的里料(特殊设计除外)。

3.3.2.2　不允许使用不透气的薄膜。

3.3.3　填充物、活里用料

3.3.3.1　按有关标准选用具有一定保暖性的各种天然纤维、化学纤维、动物绒毛等及其共混物,以及动物毛皮、人造毛皮。

3.3.3.2　絮用纤维填充物的质量应符合 GB 18383 的规定。

3.3.3.3　动物毛皮的品质应符合 QB/T 2822 的规定。

3.3.3.4　人造毛皮的品质应符合 FZ/T 81009 的规定。

3.3.4　辅料

3.3.4.1　衬布

采用与所用面料的尺寸变化率、性能、色泽相适宜的衬布,其质量应符合相应产品标准的规定。

3.3.4.2　缝线

采用适合所用面辅料质量的缝线;绣花线的缩率应与面料相适应;钉扣线应与扣的色泽相适宜;钉商标线应与商标底色相适宜(装饰线除外)。

3.3.4.3　钮扣、附件

采用适合所用面料的钮扣(装饰扣除外)、拉链及金属附件,无残疵。钮扣、附件经洗涤和熨烫后不变形、不变色、不生锈。

3.4　经纬纱向

前身顺翘(不允许倒翘),后身、袖子、前后裤(裙)片什色允斜程度不大于 3%,色织或印花、条格料允斜程度不大于 2.5%(特殊设计除外)。

3.5　对条对格

3.5.1　面料有 1.0 cm 及以上明显条格的按表 1 规定。

表 1

单位为厘米

部位名称	对条、对格规定	备　注
左右前身	条料顺直，格料对横，互差不大于0.3。	格子大小不一时，以衣长三分之一上部为准。
袋、袋盖与大身	条料对条，格料对格，互差不大于0.3。	格子大小不一时，以袋前部的中心为准。
领角	条料对称，互差不大于0.3。	阴阳条格以明显条格为主。
袖子	两袖左右顺直，条格对称，以袖山为准，互差不大于1.0。	—
裤（裙）侧缝	侧缝袋口下10.0以下格料对横，互差不大于0.5。	—
前后裆缝	条格对称，格料对横，互差不大于0.5。	—
注：特殊设计除外。		

3.5.2　倒顺毛（绒）、阴阳格原料，全身顺向一致，长毛原料，全身上下，顺向一致（特殊设计除外）。

3.5.3　特殊图案面料以主图为准，全身顺向一致。

3.6　色差

3.6.1　领面、袋与大身色差高于4级，裤（裙）侧缝色差高于4级，其他表面部位色差不低于4级。

3.6.2　衬布影响或多层料造成的色差不低于3—4级。

3.6.3　套装中上装与裤（裙）子的色差不低于4级。

3.7　外观疵点

成品各部位的疵点允许存在程度按表2规定。成品各部位划分见图1。每个独立部位只允许疵点一处，未列入本标准的疵点按其形态，参照表2相似疵点执行。

表 2

疵点名称	各部位允许存在程度		
	1号部位	2号部位	3号部位
粗于原纱一倍的纱	不允许	长2.0 cm以下	长4.0 cm以下
粗于原纱二倍的纱	不允许	不允许	长1.5 cm以下
粗于原纱三倍的纱	不允许	不允许	不允许
经缩	不允许	不明显	长4.0 cm，宽1.0 cm以下
颗粒状粗纱	不允许	不允许	不影响外观
色档	不允许	不影响外观	轻微
斑疵（油、锈、色斑）	不允许	不影响外观	0.2 cm^2 以下

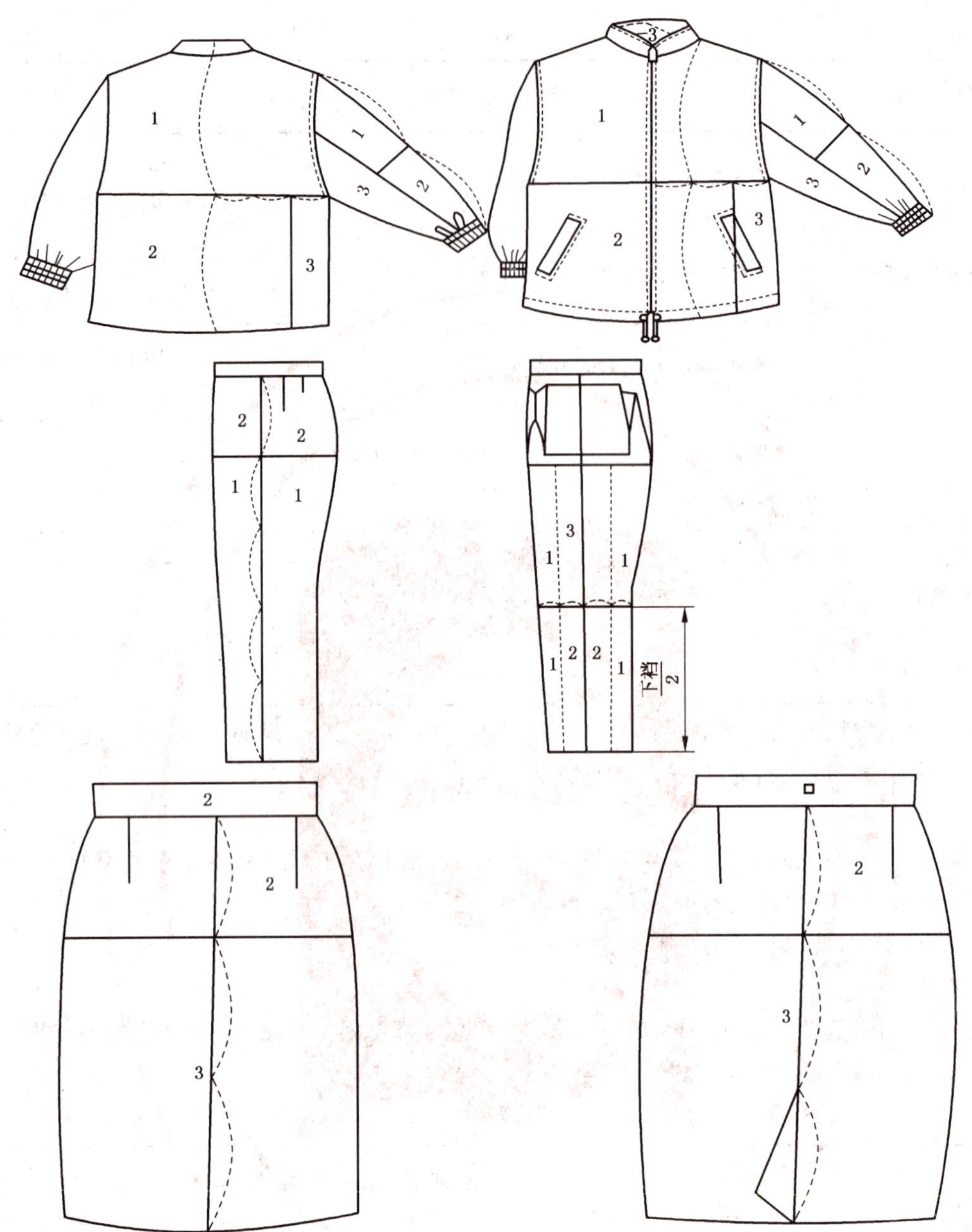

图 1

3.8 缝制

3.8.1 针距密度按表 3 规定(特殊设计除外)。

表 3

<table>
<tr><th colspan="2">项　　目</th><th>针　距　密　度</th><th>备　　注</th></tr>
<tr><td colspan="2">明暗线</td><td>3 cm 不少于 12 针</td><td>特殊需要除外</td></tr>
<tr><td colspan="2">包缝线</td><td>3 cm 不少于 9 针</td><td>—</td></tr>
<tr><td colspan="2">绗线</td><td>3 cm 不少于 9 针</td><td>装饰绗线除外</td></tr>
<tr><td colspan="2">锁眼</td><td>1 cm 不少于 14 针</td><td>—</td></tr>
<tr><td rowspan="2">钉扣</td><td>细线</td><td>每眼不少于 8 根线</td><td rowspan="2">至少二上二下</td></tr>
<tr><td>粗线</td><td>每眼不少于 4 根线</td></tr>
</table>

3.8.2 各部位缝制线路顺直、整齐、平服、牢固。主要表面部位、缝制皱缩程度按《羽绒服装外观疵点及缝制起皱五级样照》规定，不低于 3 级。

3.8.3 领子平服，领面、里、衬松紧适宜。可装卸内胆的棉上衣，后托领圈与挂面外口，要折光边、包缝或滚条。滚条、压条要平服，宽窄一致。使用天然毛皮，可装卸的帽口毛边，绒毛顺向一致与帽口连接处要顺直、平服。

3.8.4 绱袖圆顺，前后基本一致。

3.8.5 钉袋与袋盖方正、圆顺，前后高低一致，斜料左右对称。

3.8.6 拉链绱线整齐，拉链平服、顺直，左右高低一致，与拉合部位相符，松紧适宜。

3.8.7 锁眼定位准确，大小适宜，扣与眼对位，整齐牢固。缠脚线高低适宜，线结不外露。可装卸内胆的棉上衣，应在袖口内侧、底边左右摆缝的位置，有用于固定的钮、袢或搭扣。

3.8.8 金属扣上下扣松紧适宜，牢固、不毛、不脱落。

3.8.9 商标、号型标志、成分含量、洗涤标志位置端正，清晰。

3.8.10 绗线顺直，厚薄均匀。表面绗线上下左右对称，横向绗线互差不大于 0.4 cm。

3.8.11 领子部位不允许跳针、接线，其余部位 30 cm 内不得有两处及以上单跳针或连续跳针。链式线迹不允许跳线。

3.9 规格允许偏差

成品主要部位规格允许偏差按表 4 规定。

表 4

单位为厘米

序号	部位名称		男子、女子 允许偏差	儿童 允许偏差
1	衣长	上衣	±1.5	+2.5 −1.5
		大衣	±2.0	+3.5 −1.5
2	胸围		±3.0	+4.0 −2.0
3	领大		±1.0	+1.5 −0.8
4	总肩宽		±1.0	+2.0 −0.8
5	袖长	绱袖	±1.0	+2.0 −1.0
		连肩袖	±1.5	+2.5 −1.4
6	裤(裙)长		±2.0	+3.0 −1.5
7	腰围		±1.5	+2.0 −1.0

3.10 整烫

3.10.1 各部位熨烫平服、整洁，无烫黄、水渍及亮光。

3.10.2 覆粘合衬部位不允许有脱胶、渗胶及起皱。

3.11 理化性能

3.11.1 尺寸变化率

尺寸变化率包括成品水洗后的尺寸变化率、干洗后的尺寸变化率。

3.11.1.1 成品水洗后的尺寸变化率按表 5 规定。

表 5

%

部　　位	优等品	一　等　品	合　格　品
胸围	≥－1.5	≥－2.0	≥－2.5
衣长	≥－1.5	≥－2.5	≥－3.5
裤(裙)长	≥－1.5	≥－2.5	≥－3.5
腰围	≥－1.5	≥－2.0	≥－2.5
注：成品水洗后的尺寸变化率只考核使用说明中标注可水洗的产品。			

3.11.1.2　成品干洗后的尺寸变化率按表 6 规定。

表 6

%

部　　位	干　洗　后　尺　寸　变　化　率
胸围	≥－2.0
衣长	≥－2.0
裤(裙)长	≥－2.0
腰围	≥－2.0
注：成品干洗后的尺寸变化率只考核使用说明中标注可干洗的产品。	

3.11.2　洗后外观

成品经洗涤(水洗、干洗)后复合、喷涂、印花以及绣花面料不能起泡、脱落，表面部位不能有水渍，钮扣等附件不能脱落。

3.11.3　覆粘合衬部位剥离强度

覆粘合衬部位剥离强度不小于 6 N/(2.5 cm×10 cm)，若试样在测试过程中粘合衬先断裂，则按合格判定。

3.11.4　色牢度

里料的耐干摩擦色牢度不低于 3—4 级(婴幼儿用品不低于 4 级)。成品的色牢度允许程度按表 7 规定。

表 7

单位为级

项　　目		色　牢　度　允　许　程　度		
		优等品	一等品	合格品
耐干洗	变色	≥4—5	≥4	≥3—4
	沾色	≥4—5	≥4	≥3—4
耐洗	变色	≥4	≥3—4	≥3
	沾色	≥4	≥3—4	≥3
耐干摩擦	沾色	≥4	≥3—4	≥3
耐湿摩擦	沾色	≥4	≥3—4	≥3
耐光	变色	≥4	≥3	≥3
耐汗渍(酸、碱)	变色	≥3		
	沾色	≥3		
耐唾液	变色	≥4		
	沾色	≥4		

表 7（续） 单位为级

项　　目		色 牢 度 允 许 程 度		
		优等品	一等品	合格品
耐水	变色	≥3		
	沾色	≥3		

注 1：按 GB/T 4841.3 标准规定，颜色大于 1/12 染料染色标准深度色卡为深色，颜色小于等于 1/12 染料染色标准深度为浅色。

注 2：耐干洗色牢度只考核使用说明中标注可干洗的产品。

注 3：耐湿摩擦色牢度允许程度，深色产品的一等品和合格品允许比本标准规定低半级。

注 4：耐唾液色牢度只考核婴幼儿用品，婴幼儿用品的耐干摩擦色牢度不低于 4 级，耐汗渍、耐水色牢度不低于 3—4 级。

注 5：蚕丝及其混纺织物的色牢度允许程度按 GB/T 18132 的规定执行。

3.11.5 **起毛起球**

成品起毛起球允许程度按表 8 规定。

表 8 单位为级

等　级	起毛起球允许程度
优等品	≥4
一等品	≥3.5
合格品	≥3

3.11.6 **纰裂**

成品主要部位缝子纰裂允许程度不大于 0.6 cm，试验结果出现滑脱判定为不合格。

3.11.7 **裤后裆缝接缝强力**

成品裤后裆缝接缝强力不小于 140 N/(5.0 cm×10 cm)。

3.11.8 **甲醛含量**

成品甲醛含量不大于 300 mg/kg，婴幼儿服装不大于 20 mg/kg。

3.11.9 **pH 值**

成品的 pH 值为 4.0～9.0，婴幼儿服装为 4.0～7.5。

3.11.10 **异味**

成品不允许有异味。

3.11.11 **可分解芳香胺染料**

成品禁止使用 GB 18401 中规定的可分解芳香胺染料，其检出限按 GB/T 17592 规定。

3.11.12 **原料的成分和含量**

成品所用原料的成分和含量标注要求及纤维含量允许偏差按 FZ/T 01053 规定。

4 检验（测试）方法

4.1 检验工具

4.1.1 钢卷尺。

4.1.2 评定变色用灰色样卡（GB 250）。

4.1.3 评定沾色用灰色样卡（GB 251）。

4.1.4 1/12 染料染色标准深度色卡（GB/T 4841.3）。

4.1.5 男女单、棉服装及男女儿童单服装外观疵点样照。

4.1.6 精梳毛织品起球样照(绒面)、精梳毛织品起球样照(光面)、粗梳毛织品起球样照(GB/T 4802.1)。

4.2 成品规格测定

4.2.1 成品的主要部位规格测量方法按表9规定,测量部位见图2。

4.2.2 成品主要部位规格允许偏差按表4规定。

表9

序号	部位名称		测 量 方 法
1	衣长		由前身左襟肩缝最高点垂直量至底边,或由后领缝正中垂直量至底边。
2	胸围		合上拉链(或扣上钮扣)前后身摊平,沿袖窿底缝横量(周围计算)。
3	领围		领子摊平横量,立领量上口,其他领子量下口(特殊领口除外)。
4	总肩宽		由肩袖缝的交叉点摊平横量(连肩袖不量)。
5	袖长	绱袖	由肩袖缝的交叉点量至袖口边中间。
		连肩袖	由后领中沿肩袖缝交叉点量至袖口边中间。
6	裤长		由腰上口沿侧缝摊平垂直量至裤脚口。
7	腰围		扣上裤、裙钩(钮扣)沿腰宽中间横量(周围计算)。
8	裙长		由腰上口沿侧缝摊平垂直量至裙底边。
注:特殊设计除外。			

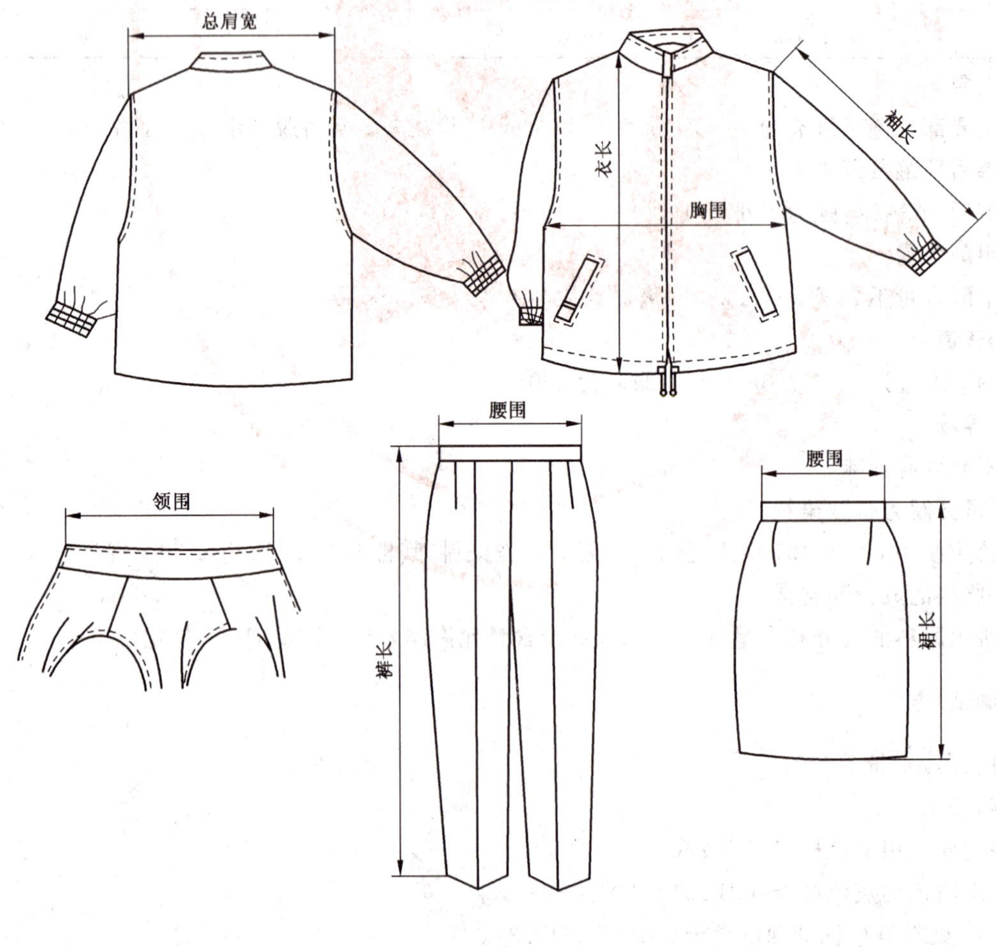

图2

4.3 外观测定

4.3.1 成品的经纬纱向按3.4规定。

4.3.2 成品的对条对格按3.5规定。

4.3.3 测定成品色差程度时，被测部位应纱向一致。入射光与织物表面约成45°角，观察方向大致垂直于织物表面，距离60 cm目测，并按3.6规定与GB 250样卡对比。

4.3.4 成品的外观疵点允许存在程度按3.7规定。

4.3.5 成品的缝制质量按3.8规定。针距密度按表3规定，在成品上任取3 cm测量(厚薄部位除外)。成品表面主要部位缝制皱缩按3.8.2规定。

4.3.6 纬斜测定方法：按(1)计算纬斜率。

$$\text{纬斜率} = \frac{\text{纬纱(条格)倾斜与水平最大距离}}{\text{衣片宽}} \times 100\% \quad \cdots\cdots(1)$$

4.3.7 成品的整烫质量按3.10规定。

4.4 理化性能测定

4.4.1 成品水洗后的尺寸变化率测试方法按GB/T 8629规定，并在批量中随机抽取三件成品测试，结果取三件的平均值。成品干洗后的尺寸变化率测试方法按FZ/T 80007.3规定。

4.4.2 成品洗后外观测试方法按4.4.1规定，测试结果出现一件不符合规定要求，则判定成品洗后外观不合格。

4.4.3 成品覆粘合衬剥离强度允许程度测试方法按FZ/T 80007.1规定。

4.4.4 成品的色牢度允许程度测试方法分别按GB/T 3921的方法3(蚕丝、再生纤维素纤维、麻、锦纶、毛及其混纺织物按GB/T 3921的方法1规定)、GB/T 5711、GB/T 5713、GB/T 3920、GB/T 8427(按方法3测试)和GB/T 3922规定。

4.4.5 成品的起毛起球允许程度测试方法按GB/T 4802.1规定，其中化纤织物的起毛次数为10次，并与精梳毛织品起球样照(绒面、光面)、粗梳毛织品起球样照对比。

4.4.6 成品主要部位的缝子纰裂程度取样部位按表10规定，若面料、里料能分开的，面料、里料分开测试，面料、里料不能分开的，以成品取样测试，测试方法按附录A规定。

表10

取样部位名称	取样部位规定
摆缝	摆缝的二分之一为中心
裤后缝	后龙门弧线二分之一为中心
裤侧缝	裤侧缝上三分之一为中心
下裆缝	下裆缝上三分之一为中心
袖窿缝	后袖窿弯处
裙侧缝、裙后中缝	腰头向下20 cm

4.4.7 裤后裆缝接缝强力测试方法按GB/T 3923.1规定，取样部位按附录B。

4.4.8 成品释放甲醛含量测试方法按GB/T 2912.1规定。

4.4.9 成品的pH值测试方法按GB/T 7573规定。

4.4.10 成品的异味测试方法按GB 18401规定。

4.4.11 成品的可分解芳香胺染料测试方法按GB/T 17592规定。

4.4.12 成品所用原料的成分和含量测试方法按FZ/T 01057、GB/T 2910、GB/T 2911、GB/T 16988、FZ/T 01026、FZ/T 01095、FZ/T 30003等规定，测试结果按结合公定回潮率含量计算。

4.4.13 未提及的理化性能取样部位，可按测试项目在成品上任意选取有代表性的试样。

5 检验规则

5.1 检验分类

成品检验分为出厂检验和型式检验。

5.1.1 出厂检验项目按第 3 章规定，3.11 除外。成品出厂检验规则按 FZ/T 80004 规定。

5.1.2 型式检验项目按第 3 章规定。

5.2 质量等级和缺陷划分规则

5.2.1 质量等级划分

成品质量等级划分以缺陷是否存在及其轻重程度为依据。抽样样本中的单件产品以缺陷的数量及其轻重程度划分等级，批量产品的等级以抽样样本中单件产品的品等数量划分。

5.2.2 缺陷划分

单件产品不符合本标准规定的技术要求，即构成缺陷。

按照产品不符合本标准要求和对产品的使用性能、外观的影响程度，缺陷分成三类：

a) 严重缺陷

严重降低产品的使用性能，严重影响产品外观的缺陷，称为严重缺陷。

b) 重缺陷

不严重降低产品的使用性能，不严重影响产品的外观，但较严重不符合标准规定的缺陷，称为重缺陷。

c) 轻缺陷

不符合标准的规定，但对产品的使用性能和外观影响较小的缺陷，称为轻缺陷。

5.2.3 质量缺陷判定依据

质量缺陷判定按表 11 规定。

表 11

项目	序号	轻缺陷	重缺陷	严重缺陷
使用说明	1	商标不端正，明显歪斜；钉商标线与商标底色的色泽不相适宜。	使用说明内容不准确。	使用说明内容缺项。
外观及缝制质量	2	领型左右不一致；折叠不端正；互差 0.6 cm 以上；领窝、门襟轻微起兜，不平挺；底领外露；胸袋、袖头不平服、不端正。	领窝、门襟严重起兜。	—
	3	熨烫不平服；有亮光。	轻微烫黄；变色。	变质；残破。
	4	表面有死线头 1.0 cm，纱毛长 1.5 cm 2 根以上；有轻度污渍，污渍≤2.0 cm^2；水花≤4.0 cm^2。	有明显污渍，污渍>2.0 cm^2；水花>4.0 cm^2。	—
	5	裤腰头左右宽窄互差大于 0.5 cm；长短互差大于 1.2 cm。	—	—
	6	领子不平服、领面松紧不适宜；豁口重叠。	领面起泡、渗胶。	1 号部位严重起泡。
	7	缝制线路不顺直，宽窄不均匀，不平服；毛脱漏<1.0 cm；接线处明显双轨>1.0 cm，起落针处没有回针；30 cm 有两处单跳和连续跳针，上下线轻度松紧不适宜。	1.0 cm≤毛脱漏<2.0 cm，上下线松紧严重不适宜，影响牢度。	毛脱漏≥2.0 cm；链式线路跳线；断线；破损。

表 11（续）

项目	序号	轻　缺　陷	重　缺　陷	严重缺陷
外观及缝制质量	8	领子止口不顺直；反吐；领尖长短不一致，互差 0.3 cm～0.5 cm；绱领不平服；绱领偏斜 0.6 cm～0.9 cm。	领角长短互差大于 0.5 cm；绱领偏斜大于 1.0 cm；绱领严重不平服；1 部位的领子部分有接线、跳线。	领角毛出。
	9	压领线、滚条：宽窄不一致；下炕；反面线距大于 0.4 cm 或上炕。	后领圈与挂面的外口漏毛茬。	—
	10	门、里襟不顺直、不平服；长短互差 0.4 cm～0.6 cm；两袖长短互差 0.6 cm～0.8 cm。	门、里襟有拆痕，长短互差大于 0.7 cm；两袖长短互差大于 0.9 cm。	—
	11	裤门里襟长短，互差大于 0.3 cm；门襟止口明显反吐，门袢缝合明显松紧不平。	—	—
	12	裤小裆、后裆缝明显不圆顺，不平服；封结不整齐；裤底不平；后缝单线。	各部位封结不牢固；后缝平拉断线。	—
	13	锁眼偏斜，扣与眼位互差大于 0.3 cm。	锁眼跳线、开线。	—
	14	里料针眼外露（布边）不大于 3 cm。	面料针眼外露（布边）不大于 1 cm；里料针眼外露（布边）大于 3 cm。	—
	15	口袋歪斜；不平服；缉线明显宽窄；左右口袋高低大于 0.4 cm；前后大于 0.6cm。	—	—
	16	表面绗线不顺直；横向绗线、对称绗线互差大于 0.4 cm。	横向绗线、对称绗线互差大于 0.8 cm。	—
	17	裤侧袋口明显不平服、不顺直；袋口大小互差大于 0.5 cm；侧袋上口高低，互差大于 0.5cm。	—	—
	18	裤后袋不圆顺、不方正、不平服；袋盖里明显反吐；嵌线宽窄大于 0.3 cm；袋盖小于袋口 0.3 cm 以上。	袋口明显毛。	—
	19	两裤腿长短不一致，互差大于 0.5 cm；裤脚口左右大小不一致，互差大于 0.4 cm。	两裤腿长短不一致，互差大于 1.0 cm；裤脚口左右大小不一致，互差大于 0.6 cm。	—
	20	袖头：左右不对称；止口反吐；宽窄大于 0.3 cm，长短大于 0.6 cm。	—	—
	21	袖开叉长短大于 0.5 cm。	—	—
	22	绱袖：不圆顺，吃势不均匀，袖窿不平服。	—	—
	23	十字缝：互差大于 0.7 cm。	—	—
	24	肩、袖窿、袖缝、合缝不均匀；倒向不一致；两肩大小互差大于 0.5 cm。	两肩大小互差大于 1.0 cm。	—

表 11（续）

项目	序号	轻缺陷	重缺陷	严重缺陷
外观及缝制质量	25	省道：不顺直；尖部起兜；有长短；前后不一致，左右不对称，互差大于 1.0 cm；串带不对称，互差大于 0.7 cm。	串带钉得不牢（一端掀起）。	—
	26	底边：宽窄不一致；不顺直；轻度倒翘。	严重倒翘。	—
	27	各缝制部位起皱低于本标准规定。	门、里襟、可装卸活胆棉衣的表面，严重起皱；起绺；开口部位明显搅、豁。	—
规格允许偏差	28	规格超过本标准规定 50%及以内。	规格超过本标准规定 50%以上。	规格超过本标准规定 100%及以上。
辅料	29	线、衬等辅料的色泽与面料不相适应；钉扣线与扣的色泽不相适宜；扣与眼位互差≥0.3 cm（包括金属扣）；钉扣不牢；拉链明显不平服、不顺直。	扣与眼位互差≥0.6 cm（包括金属扣）；拉链宽窄互差>0.5 cm；连接内胆的拉链，拉合后成品松紧不适宜、不平服。	钮扣、金属扣（包括附件等）脱落；金属件锈蚀；拉链缺齿；拉链锁头脱落；上述配件在洗涤试验后出现脱落或锈蚀。
纬斜	30	超过本标准规定 50%及以内。	超过本标准规定 50%以上。	—
对条对格	31	超过本标准规定 50%及以内。	超过本标准规定 50%以上。	面料倒顺毛，全身顺向不一致；特殊图案顺向不一致。
色差	32	表面部位色差不符合本标准规定的 1 级以内；衬布影响色差低于 3 级。	表面部位色差超过本标准规定 1 级以上。	—
疵点	33	2、3 号部位超过本标准规定。	1 号部位超过本标准规定。	—
锁眼	34	锁眼间距互差≥0.5 cm；偏斜≥0.3 cm，纱线绽出。	跳线，开线，毛漏。	—
针距	35	低于本标准规定 2 针以内（含 2 针）。	低于本标准规定 2 针以上。	—
洗后外观	36	—	—	水洗后复合、喷涂、印花以及绣花面料起泡；脱落。
注 1：以上各缺陷按序号逐项累计计算。 注 2：未涉及的缺陷可根据标准规定，参照相似缺陷酌情判定。 注 3：凡属丢工、少序、错序，均为重缺陷。缺件为严重缺陷。				

5.3 抽样规定

抽样数量按产品批量：

500 件（套）及以下抽验 10 件（套）。

500 件（套）以上至 1 000 件（套）[含 1 000 件（套）]抽验 20 件（套）。

1 000 件（套）以上抽验 30 件（套）。

理化性能抽样按项目抽 4 件（套）。

5.4 判定规则

5.4.1 单件（样本）外观判定

优等品：严重缺陷数＝0　　重缺陷数＝0　　轻缺陷数≤4

一等品：严重缺陷数＝0　　重缺陷数＝0　　轻缺陷数≤7 或

严重缺陷数=0　　重缺陷数≤1　　轻缺陷数≤3

合格品:严重缺陷数=0　　重缺陷数=0　　轻缺陷数≤10 或

严重缺陷数=0　　重缺陷数≤1　　轻缺陷数≤6

5.4.2　批量判定

理化性能有一项或一项以上不合格,即为该抽验批不合格。

优等品批:外观样本中的优等品数≥90%,一等品和合格品数≤10%。理化性能测试达到优等品指标要求。

一等品批:外观样本中的一等品以上的产品数≥90%,合格品数≤10%(不含不合格品)。理化性能测试达到一等品指标要求。

合格品批:外观样本中的合格品以上的产品数≥90%,不合格品数≤10%(不含严重缺陷不合格品)。理化性能测试达到合格品指标要求。

当外观缝制质量判定与理化性能判定不一致时,执行低等级判定。

5.4.3　抽验中各批量判定数符合上述规定为等级品出厂。

5.4.4　抽验中各批量判定数不符合本标准规定时,应进行第二次抽验,抽验数量应增加一倍;如仍不符合本标准规定,应全部整修或降等。

6　标志、包装、运输和贮存

成品的标志、包装、运输和贮存按 FZ/T 80002 执行。

附 录 A
（规范性附录）
缝子纰裂程度试验方法

A.1 原理

在垂直于织物接缝的方向上施加一定的负荷，接缝处脱开，测量其脱开的最大距离。

A.2 施加的负荷

面料负荷：52 g/m^2 以上织物为 67 N±1.5 N；52 g/m^2 及以下织物或 67 g/m^2 以上的缎类织物为 45 N±1 N。

里料负荷：70 N±1.5 N。

A.3 设备与材料

织物强力机上、下夹钳距离为 10.0 cm，夹钳无载荷时速度为 5.0 cm/min，预加张力（重锤）为 2 N，夹钳对试样的有效夹持面积为 2.5 cm×2.5 cm。

A.4 试验环境

调湿和试验用标准大气，温度 20℃±2℃，相对湿度 60%～70%。

A.5 试样要求与准备

A.5.1 取样尺寸：5.0 cm×20.0 cm（包括夹持部位），其直向中心线应与缝迹垂直。

A.5.2 试样数量：从成品的每个取样部位（或缝制样）上各截取三块。

A.6 试验步骤

A.6.1 将强力机的两个夹钳分开至 10.0 cm，两个夹钳边缘应相互平行且垂直于移动方向。

A.6.2 将试样固定在夹钳中间（施加 2 N 的预加张力），使接缝与夹钳边缘相互平行。

A.6.3 以 5.0 cm/min 的速度逐渐增加其负荷，负荷达到第 A.2 章规定时，停止夹钳的移动，然后在强力机上垂直量取其接缝脱开的最大距离，见图 A.1。若出现纱线从试样中滑脱，则测试结果记录为滑脱。

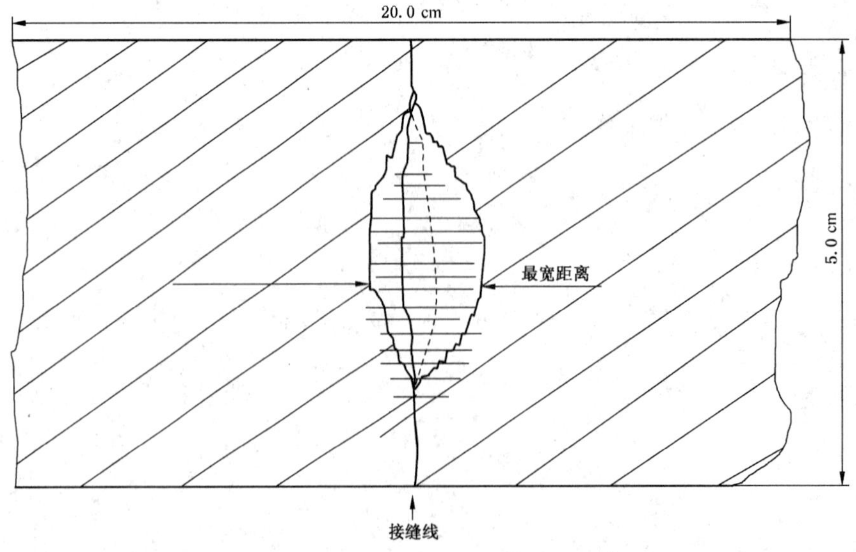

图 A.1 接缝脱开距离的测量

A.7 试验结果

计算三块试样缝口脱开程度的平均值，结果按 GB/T 8170 修约至 0.05 cm。若三块试样中仅有一块出现滑脱，则计算另两块试样的平均值，若三块试样中有两块或三块出现滑脱，则结果为滑脱。

附　录　B
（规范性附录）
裤后裆缝接缝强力试验取样部位示意图

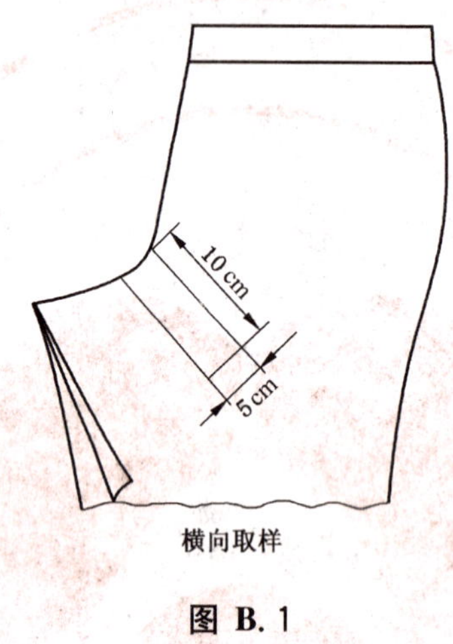

横向取样

图 B.1

ICS 61.020
Y 75

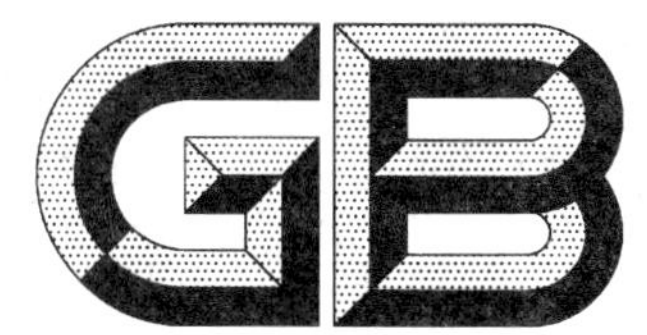

中华人民共和国国家标准

GB/T 2667—2008
代替 GB/T 2667—2002

衬 衫 规 格

Sizes for shirts and blouses

2008-06-18 发布 2009-03-01 实施

中华人民共和国国家质量监督检验检疫总局
中国国家标准化管理委员会 发布

前　言

本标准代替 GB/T 2667—2002《男女衬衫规格》。

本标准与 GB/T 2667—2002 相比主要变化如下：

——标准名称修改为《衬衫规格》；

——修改了标准的适用范围；

——补充了袖长分档的描述；

——修改了袖长规格；

——修改“领围”为“领大”。

本标准由中国纺织工业协会提出。

本标准由全国服装标准化技术委员会(SAC/TC 219)归口。

本标准由全国服装标准化技术委员会负责解释。

本标准主要起草单位:上海市服装研究所。

本标准主要起草人:施琴、秦威、聂雅渊、许鉴。

本标准所代替标准的历次版本发布情况为：

——GB/T 2667—1981,GB/T 2667—1993,GB/T 2667—2002。

衬 衫 规 格

1 范围

本标准规定了衬衫的成品规格。

本标准适用于以纺织机织物为主要面料成批生产的衬衫。

2 规范性引用文件

下列文件中的条款通过本标准的引用而成为本标准的条款。凡是注日期的引用文件，其随后所有的修改单(不包括勘误的内容)或修订版均不适用于本标准，然而，鼓励根据本标准达成协议的各方研究是否可使用这些文件的最新版本。凡是不注日期的引用文件，其最新版本适用于本标准。

GB/T 1335.1—1997 服装号型 男子

GB/T 1335.2—1997 服装号型 女子

3 规格设置

3.1 成品规格系列按 GB/T 1335.1—1997 和 GB/T 1335.2—1997 中服装号型各系列控制部位数值加不同的放松量设置。

3.2 男、女衬衫各部位规格均设一个组，在同一号型内可按组别选用。

4 男衬衫规格

4.1 号型系列

5·4 系列上装以 170/88Y、170/88A、170/92B、170/96C 号型为中心。胸围以 4 cm 分档，领大以 1 cm 分档，总肩宽以 1.2 cm 分档，后衣长以 2 cm 分档，长袖长以 1.5 cm 分档，短袖长以 1 cm 分档。

4.2 号型系列规格

4.2.1 5·4Y 号型系列男衬衫规格见表 1。

表 1

单位为厘米

型			76	80	84	88	92	96	100
部位名称			成品规格						
胸围			96	100	104	108	112	116	120
领大			35	36	37	38	39	40	41
总肩宽			42.0	43.2	44.4	45.6	46.8	48.0	49.2
号	155	后衣长(平摆)		65	65	65	65		
号	155	长袖长		55	55	55	55		
号	155	短袖长		21	21	21	21		
号	160	后衣长(平摆)	67	67	67	67	67		
号	160	长袖长	56.5	56.5	56.5	56.5	56.5		
号	160	短袖长	22	22	22	22	22		
号	165	后衣长(平摆)	69	69	69	69	69	69	
号	165	长袖长	58	58	58	58	58	58	
号	165	短袖长	23	23	23	23	23	23	
号	170	后衣长(平摆)	71	71	71	71	71	71	71
号	170	长袖长	59.5	59.5	59.5	59.5	59.5	59.5	59.5
号	170	短袖长	24	24	24	24	24	24	24
号	175	后衣长(平摆)		73	73	73	73	73	73
号	175	长袖长		61	61	61	61	61	61
号	175	短袖长		25	25	25	25	25	25
号	180	后衣长(平摆)			75	75	75	75	75
号	180	长袖长			62.5	62.5	62.5	62.5	62.5
号	180	短袖长			26	26	26	26	26
号	185	后衣长(平摆)				77	77	77	77
号	185	长袖长				64	64	64	64
号	185	短袖长				27	27	27	27

4.2.2 5·4A 号型系列男衬衫规格见表 2。

表 2

单位为厘米

型			72	76	80	84	88	92	96	100
部位名称			成品规格							
胸围			92	96	100	104	108	112	116	120
领大			35	36	37	38	39	40	41	42
总肩宽			40.4	41.6	42.8	44.0	45.2	46.4	47.6	48.8
号	155	后衣长(平摆)		65	65	65	65			
		长袖长		55	55	55	55			
		短袖长		21	21	21	21			
	160	后衣长(平摆)	67	67	67	67	67	67		
		长袖长	56.5	56.5	56.5	56.5	56.5	56.5		
		短袖长	22	22	22	22	22	22		
	165	后衣长(平摆)	69	69	69	69	69	69	69	
		长袖长	58	58	58	58	58	58	58	
		短袖长	23	23	23	23	23	23	23	
	170	后衣长(平摆)		71	71	71	71	71	71	71
		长袖长		59.5	59.5	59.5	59.5	59.5	59.5	59.5
		短袖长		24	24	24	24	24	24	24
	175	后衣长(平摆)			73	73	73	73	73	73
		长袖长			61	61	61	61	61	61
		短袖长			25	25	25	25	25	25
	180	后衣长(平摆)				75	75	75	75	75
		长袖长				62.5	62.5	62.5	62.5	62.5
		短袖长				26	26	26	26	26
	185	后衣长(平摆)					77	77	77	77
		长袖长					64	64	64	64
		短袖长					27	27	27	27

4.2.3 5·4B号型系列男衬衫规格见表3。

表 3

单位为厘米

型			72	76	80	84	88	92	96	100	104	108
部位名称			成品规格									
胸围			92	96	100	104	108	112	116	120	124	128
领大			35	36	37	38	39	40	41	42	43	44
总肩宽			40.0	41.2	42.4	43.6	44.8	46.0	47.2	48.4	49.6	50.8
号	150	后衣长(平摆)	63	63	63	63						
		长袖长	53.5	53.5	53.5	53.5						
		短袖长	20	20	20	20						
	155	后衣长(平摆)	65	65	65	65	65	65				
		长袖长	55	55	55	55	55	55				
		短袖长	21	21	21	21	21	21				
	160	后衣长(平摆)	67	67	67	67	67	67	67			
		长袖长	56.5	56.5	56.5	56.5	56.5	56.5	56.5			
		短袖长	22	22	22	22	22	22	22			
	165	后衣长(平摆)		69	69	69	69	69	69	69		
		长袖长		58	58	58	58	58	58	58		
		短袖长		23	23	23	23	23	23	23		
	170	后衣长(平摆)			71	71	71	71	71	71	71	
		长袖长			59.5	59.5	59.5	59.5	59.5	59.5	59.5	
		短袖长			24	24	24	24	24	24	24	
	175	后衣长(平摆)				73	73	73	73	73	73	73
		长袖长				61	61	61	61	61	61	61
		短袖长				25	25	25	25	25	25	25
	180	后衣长(平摆)					75	75	75	75	75	75
		长袖长					62.5	62.5	62.5	62.5	62.5	62.5
		短袖长					26	26	26	26	26	26
	185	后衣长(平摆)						77	77	77	77	77
		长袖长						64	64	64	64	64
		短袖长						27	27	27	27	27

4.2.4　5·4C 号型系列男衬衫规格见表 4。

表 4

单位为厘米

型			76	80	84	88	92	96	100	104	108	112
部位名称			成品规格									
胸围			98	102	106	110	114	118	122	126	130	134
领大			37	38	39	40	41	42	43	44	45	46
总肩宽			40.8	42.0	43.2	44.4	45.6	46.8	48.0	49.2	50.4	51.6
号	150	后衣长(平摆)		63	63	63						
		长袖长		53.5	53.5	53.5						
		短袖长		20	20	20						
	155	后衣长(平摆)	65	65	65	65	65	65				
		长袖长	55	55	55	55	55	55				
		短袖长	21	21	21	21	21	21				
	160	后衣长(平摆)	67	67	67	67	67	67	67			
		长袖长	56.5	56.5	56.5	56.5	56.5	56.5	56.5			
		短袖长	22	22	22	22	22	22	22			
	165	后衣长(平摆)	69	69	69	69	69	69	69	69		
		长袖长	58	58	58	58	58	58	58	58		
		短袖长	23	23	23	23	23	23	23	23		
	170	后衣长(平摆)		71	71	71	71	71	71	71	71	
		长袖长		59.5	59.5	59.5	59.5	59.5	59.5	59.5	59.5	
		短袖长		24	24	24	24	24	24	24	24	
	175	后衣长(平摆)			73	73	73	73	73	73	73	73
		长袖长			61	61	61	61	61	61	61	61
		短袖长			25	25	25	25	25	25	25	25
	180	后衣长(平摆)				75	75	75	75	75	75	75
		长袖长				62.5	62.5	62.5	62.5	62.5	62.5	62.5
		短袖长				26	26	26	26	26	26	26
	185	后衣长(平摆)					77	77	77	77	77	77
		长袖长					64	64	64	64	64	64
		短袖长					27	27	27	27	27	27

5 女衬衫规格

5.1 号型系列

5·4系列上装以160/84Y、160/84A、160/88B、160/88C号型为中心。胸围以4 cm分档，领大以0.8 cm分档，总肩宽以1.0 cm分档，后衣长以2 cm分档，长袖长以1.5 cm分档，短袖长以1 cm分档。

5.2 号型系列规格

5.2.1 5·4Y号型系列女衬衫规格见表5。

表5

单位为厘米

型			72	76	80	84	88	92	96
部位名称			成品规格						
胸围			86	90	94	98	102	106	110
总肩宽			38.2	39.2	40.2	41.2	42.2	43.2	44.2
号	145	后衣长(平摆)	58	58	58	58	58		
		长袖长	49.5	49.5	49.5	49.5	49.5		
		短袖长	18	18	18	18	18		
	150	后衣长(平摆)	60	60	60	60	60	60	
		长袖长	51	51	51	51	51	51	
		短袖长	19	19	19	19	19	19	
	155	后衣长(平摆)	62	62	62	62	62	62	62
		长袖长	52.5	52.5	52.5	52.5	52.5	52.5	52.5
		短袖长	20	20	20	20	20	20	20
	160	后衣长(平摆)	64	64	64	64	64	64	64
		长袖长	54	54	54	54	54	54	54
		短袖长	21	21	21	21	21	21	21
	165	后衣长(平摆)		66	66	66	66	66	66
		长袖长		55.5	55.5	55.5	55.5	55.5	55.5
		短袖长		22	22	22	22	22	22
	170	后衣长(平摆)			68	68	68	68	68
		长袖长			57	57	57	57	57
		短袖长			23	23	23	23	23
	175	后衣长(平摆)				70	70	70	70
		长袖长				58.5	58.5	58.5	58.5
		短袖长				24	24	24	24

5.2.2 5·4A 号型系列女衬衫规格见表 6。

表 6

单位为厘米

型			72	76	80	84	88	92	96
部位名称			成品规格						
胸围			86	90	94	98	102	106	110
总肩宽			37.6	38.6	39.6	40.6	41.6	42.6	43.6
号	145	后衣长(平摆)		58	58	58	58		
		长袖长		49.5	49.5	49.5	49.5		
		短袖长		18	18	18	18		
	150	后衣长(平摆)	60	60	60	60	60	60	
		长袖长	51	51	51	51	51	51	
		短袖长	19	19	19	19	19	19	
	155	后衣长(平摆)	62	62	62	62	62	62	62
		长袖长	52.5	52.5	52.5	52.5	52.5	52.5	52.5
		短袖长	20	20	20	20	20	20	20
	160	后衣长(平摆)	64	64	64	64	64	64	64
		长袖长	54	54	54	54	54	54	54
		短袖长	21	21	21	21	21	21	21
	165	后衣长(平摆)		66	66	66	66	66	66
		长袖长		55.5	55.5	55.5	55.5	55.5	55.5
		短袖长		22	22	22	22	22	22
	170	后衣长(平摆)			68	68	68	68	68
		长袖长			57	57	57	57	57
		短袖长			23	23	23	23	23
	175	后衣长(平摆)				70	70	70	70
		长袖长				58.5	58.5	58.5	58.5
		短袖长				24	24	24	24

5.2.3　5·4B号型系列女衬衫规格见表7。

表7

单位为厘米

型			68	72	76	80	84	88	92	96	100	104
部位名称			成品规格									
胸围			82	86	90	94	98	102	106	110	114	118
总肩宽			36	37	38	39	40	41	42	43	44	45
号	145	后衣长(平摆)		58	58	58	58	58	58			
		长袖长		49.5	49.5	49.5	49.5	49.5	49.5			
		短袖长		18	18	18	18	18	18			
	150	后衣长(平摆)	60	60	60	60	60	60	60	60		
		长袖长	51	51	51	51	51	51	51	51		
		短袖长	19	19	19	19	19	19	19	19		
	155	后衣长(平摆)	62	62	62	62	62	62	62	62	62	
		长袖长	52.5	52.5	52.5	52.5	52.5	52.5	52.5	52.5	52.5	
		短袖长	20	20	20	20	20	20	20	20	20	
	160	后衣长(平摆)	64	64	64	64	64	64	64	64	64	64
		长袖长	54	54	54	54	54	54	54	54	54	54
		短袖长	21	21	21	21	21	21	21	21	21	21
	165	后衣长(平摆)		66	66	66	66	66	66	66	66	66
		长袖长		55.5	55.5	55.5	55.5	55.5	55.5	55.5	55.5	55.5
		短袖长		22	22	22	22	22	22	22	22	22
	170	后衣长(平摆)				68	68	68	68	68	68	68
		长袖长				57	57	57	57	57	57	57
		短袖长				23	23	23	23	23	23	23
	175	后衣长(平摆)					70	70	70	70	70	70
		长袖长					58.5	58.5	58.5	58.5	58.5	58.5
		短袖长					24	24	24	24	24	24

5.2.4 5·4C号型系列女衬衫规格见表8。

表8

单位为厘米

型			68	72	76	80	84	88	92	96	100	104	108
部位名称			成品规格										
胸围			82	86	90	94	98	102	106	110	114	118	122
总肩宽			35.4	36.4	37.4	38.4	39.4	40.4	41.4	42.4	43.4	44.4	45.4
号	145	后衣长(平摆)	58	58	58	58	58	58	58				
		长袖长	49.5	49.5	49.5	49.5	49.5	49.5	49.5				
		短袖长	18	18	18	18	18	18	18				
	150	后衣长(平摆)	60	60	60	60	60	60	60	60	60		
		长袖长	51	51	51	51	51	51	51	51	51		
		短袖长	19	19	19	19	19	19	19	19	19		
	155	后衣长(平摆)	62	62	62	62	62	62	62	62	62	62	
		长袖长	52.5	52.5	52.5	52.5	52.5	52.5	52.5	52.5	52.5	52.5	
		短袖长	20	20	20	20	20	20	20	20	20	20	
	160	后衣长(平摆)		64	64	64	64	64	64	64	64	64	64
		长袖长		54	54	54	54	54	54	54	54	54	54
		短袖长		21	21	21	21	21	21	21	21	21	21
	165	后衣长(平摆)				66	66	66	66	66	66	66	66
		长袖长				55.5	55.5	55.5	55.5	55.5	55.5	55.5	55.5
		短袖长				22	22	22	22	22	22	22	22
	170	后衣长(平摆)					68	68	68	68	68	68	68
		长袖长					57	57	57	57	57	57	57
		短袖长					23	23	23	23	23	23	23
	175	后衣长(平摆)							70	70	70	70	70
		长袖长							58.5	58.5	58.5	58.5	58.5
		短袖长							24	24	24	24	24

ICS 61.020
Y 76

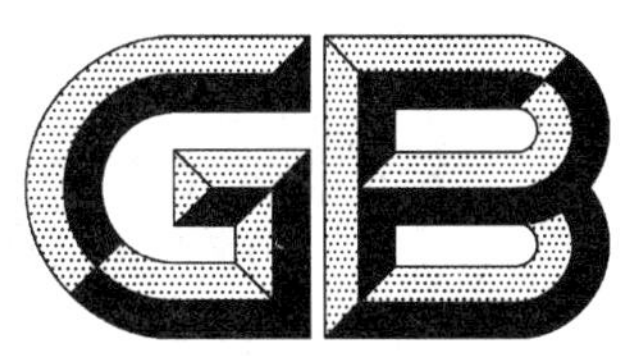

中华人民共和国国家标准

GB/T 2668—2008
代替 GB/T 2668—2002

单服、套装规格

Sizes for coats and suits

2008-06-18 发布　　2009-03-01 实施

中华人民共和国国家质量监督检验检疫总局
中国国家标准化管理委员会　发布

前　言

本标准代替 GB/T 2668—2002《男女单服套装规格》。

本标准与 GB/T 2668—2002 相比主要变化如下：

——标准名称由《男女单服套装规格》修改为《单服、套装规格》；

——修改了标准的适用范围；

——增加 3.3 条“其他单服、套装规格可参考本标准实例。”；

——表 12 中对应胸围(型)76 的领围“42.2”(勘误)改为“42.4”。

本标准由中国纺织工业协会提出。

本标准由全国服装标准化技术委员会(SAC/TC 219)归口。

本标准由全国服装标准化技术委员会负责解释。

本标准主要起草单位:上海市服装研究所。

本标准主要起草人:聂雅渊、施琴、许鉴、秦威、王宏明。

本标准所代替标准的历次版本发布情况为：

——GB/T 2668—1981,GB/T 2668—1993,GB/T 2668—2002。

——GB/T 2669—1981。

单服、套装规格

1 范围

本标准规定了单服、套装的成品规格。

本标准适用于以纺织机织物为主要面料成批生产的单服、套装。

2 规范性引用文件

下列文件中的条款通过本标准的引用而成为本标准的条款。凡是注日期的引用文件，其随后所有的修改单(不包括勘误的内容)或修订版均不适用于本标准，然而，鼓励根据本标准达成协议的各方研究是否可使用这些文件的最新版本。凡是不注日期的引用文件，其最新版本适用于本标准。

GB/T 1335.1—1997 服装号型 男子

GB/T 1335.2—1997 服装号型 女子

3 规格设置

3.1 成品规格系列按 GB/T 1335.1—1997 和 GB/T 1335.2—1997 中服装号型系列控制部位数值加不同的放松量设置。

3.2 男中山服套装，男、女茄克衫各部位规格均设一个组，在同一号型内可按组别选用。

3.3 其他单服、套装规格可参考本标准实例。

4 男中山服套装规格

4.1 号型系列

4.1.1 5·4 系列上装以 170/88Y、170/88A、170/92B、170/96C 号型为中心。胸围以 4 cm 分档；领围以 1 cm 分档；总肩宽以 1.2 cm 分档；后衣长以 2 cm 分档；袖长以 1.5 cm 分档。

4.1.2 5·2 系列下装以 170/70Y、170/74A、170/84B、170/92C 号型为中心。腰围以 2 cm 分档；臀围 Y 型和 A 型以 1.6 cm 分档，B 型和 C 型以 1.4 cm 分档；裤长以 3 cm 分档。

4.1.3 5·4 系列下装可按 5·2 系列调档系数并档使用。

4.2 号型系列规格

4.2.1 5·4Y 号型系列男中山服上装规格见表 1。

表 1

单位为厘米

型			76	80	84	88	92	96	100
部位名称			成品规格						
胸围			96	100	104	108	112	116	120
领围			37.4	38.4	39.4	40.4	41.4	42.4	43.4
总肩宽			41.4	42.6	43.8	45.0	46.2	47.4	48.6
号	155	后衣长		67	67	67			
		袖长		54.5	54.5	54.5			
	160	后衣长	69	69	69	69	69		
		袖长	56	56	56	56	56		
	165	后衣长	71	71	71	71	71	71	
		袖长	57.5	57.5	57.5	57.5	57.5	57.5	
	170	后衣长	73	73	73	73	73	73	73
		袖长	59	59	59	59	59	59	59
	175	后衣长		75	75	75	75	75	75
		袖长		60.5	60.5	60.5	60.5	60.5	60.5
	180	后衣长			77	77	77	77	77
		袖长			62	62	62	62	62
	185	后衣长				79	79	79	79
		袖长				63.5	63.5	63.5	63.5

4.2.2　5·2Y 号型系列男中山服下装规格见表 2。

表 2

单位为厘米

型			56	58	60	62	64	66	68	70	72	74	76	78	80	82
部位名称			成品规格													
腰围			58	60	62	64	66	68	70	72	74	76	78	80	82	84
臀围			90.8	92.4	94.0	95.6	97.2	98.8	100.4	102.0	103.6	105.2	106.8	108.4	110.0	111.6
号	155	裤长			94		94		94							
	160	裤长	97		97		97		97		97					
	165	裤长	100		100		100		100		100		100			
	170	裤长	103		103		103		103		103		103		103	
	175	裤长			106		106		106		106		106		106	
	180	裤长					109		109		109		109		109	
	185	裤长							112		112		112		112	

4.2.3　5·4A 号型系列男中山服上装规格见表 3。

表 3

单位为厘米

型			72	76	80	84	88	92	96	100
部位名称			成品规格							
胸围			92	96	100	104	108	112	116	120
领围			36.8	37.8	38.8	39.8	40.8	41.8	42.8	43.8
总肩宽			39.8	41.0	42.2	43.4	44.6	45.8	47.0	48.2
号	155	后衣长		67	67	67	67			
		袖长		54.5	54.5	54.5	54.5			
	160	后衣长	69	69	69	69	69	69		
		袖长	56	56	56	56	56	56		
	165	后衣长	71	71	71	71	71	71	71	
		袖长	57.5	57.5	57.5	57.5	57.5	57.5	57.5	
	170	后衣长		73	73	73	73	73	73	73
		袖长		59	59	59	59	59	59	59
	175	后衣长			75	75	75	75	75	75
		袖长			60.5	60.5	60.5	60.5	60.5	60.5
	180	后衣长				77	77	77	77	77
		袖长				62	62	62	62	62
	185	后衣长					79	79	79	79
		袖长					63.5	63.5	63.5	63.5

4.2.4 5·2A 号型系列男中山服下装规格见表 4。

表 4

单位为厘米

<table>
<tr><td colspan="3">型</td><td>56</td><td>58</td><td>60</td><td>60</td><td>62</td><td>64</td><td>64</td><td>66</td><td>68</td><td>68</td><td>70</td><td>72</td></tr>
<tr><td colspan="3">部 位 名 称</td><td colspan="12">成 品 规 格</td></tr>
<tr><td colspan="3">腰 围</td><td>58</td><td>60</td><td>62</td><td>62</td><td>64</td><td>66</td><td>66</td><td>68</td><td>70</td><td>70</td><td>72</td><td>74</td></tr>
<tr><td colspan="3">臀 围</td><td>87.6</td><td>89.2</td><td>90.8</td><td>90.8</td><td>92.4</td><td>94.0</td><td>94.0</td><td>95.6</td><td>97.2</td><td>97.2</td><td>98.8</td><td>100.4</td></tr>
<tr><td rowspan="7">号</td><td>155</td><td>裤长</td><td colspan="3"></td><td colspan="3">93.5</td><td colspan="3">93.5</td><td colspan="3">93.5</td></tr>
<tr><td>160</td><td>裤长</td><td colspan="3">96.5</td><td colspan="3">96.5</td><td colspan="3">96.5</td><td colspan="3">96.5</td></tr>
<tr><td>165</td><td>裤长</td><td colspan="3">99.5</td><td colspan="3">99.5</td><td colspan="3">99.5</td><td colspan="3">99.5</td></tr>
<tr><td>170</td><td>裤长</td><td colspan="3"></td><td colspan="3">102.5</td><td colspan="3">102.5</td><td colspan="3">102.5</td></tr>
<tr><td>175</td><td>裤长</td><td colspan="3"></td><td colspan="3"></td><td colspan="3">105.5</td><td colspan="3">105.5</td></tr>
<tr><td>180</td><td>裤长</td><td colspan="3"></td><td colspan="3"></td><td colspan="3"></td><td colspan="3">108.5</td></tr>
<tr><td>185</td><td>裤长</td><td colspan="3"></td><td colspan="3"></td><td colspan="3"></td><td colspan="3"></td></tr>
<tr><td colspan="3">型</td><td>72</td><td>74</td><td>76</td><td>76</td><td>78</td><td>80</td><td>80</td><td>82</td><td>84</td><td>84</td><td>86</td><td>88</td></tr>
<tr><td colspan="3">部 位 名 称</td><td colspan="12">成 品 规 格</td></tr>
<tr><td colspan="3">腰 围</td><td>74</td><td>76</td><td>78</td><td>78</td><td>80</td><td>82</td><td>82</td><td>84</td><td>86</td><td>86</td><td>88</td><td>90</td></tr>
<tr><td colspan="3">臀 围</td><td>100.4</td><td>102.0</td><td>103.6</td><td>103.6</td><td>105.2</td><td>106.8</td><td>106.8</td><td>108.4</td><td>110.0</td><td>110.0</td><td>111.6</td><td>113.2</td></tr>
<tr><td rowspan="7">号</td><td>155</td><td>裤长</td><td colspan="3">93.5</td><td colspan="3"></td><td colspan="3"></td><td colspan="3"></td></tr>
<tr><td>160</td><td>裤长</td><td colspan="3">96.5</td><td colspan="3">96.5</td><td colspan="3"></td><td colspan="3"></td></tr>
<tr><td>165</td><td>裤长</td><td colspan="3">99.5</td><td colspan="3">99.5</td><td colspan="3">99.5</td><td colspan="3"></td></tr>
<tr><td>170</td><td>裤长</td><td colspan="3">102.5</td><td colspan="3">102.5</td><td colspan="3">102.5</td><td colspan="3">102.5</td></tr>
<tr><td>175</td><td>裤长</td><td colspan="3">105.5</td><td colspan="3">105.5</td><td colspan="3">105.5</td><td colspan="3">105.5</td></tr>
<tr><td>180</td><td>裤长</td><td colspan="3">108.5</td><td colspan="3">108.5</td><td colspan="3">108.5</td><td colspan="3">108.5</td></tr>
<tr><td>185</td><td>裤长</td><td colspan="3">111.5</td><td colspan="3">111.5</td><td colspan="3">111.5</td><td colspan="3">111.5</td></tr>
</table>

4.2.5　5·4B 号型系列男中山服上装规格见表 5。

表 5

单位为厘米

型			72	76	80	84	88	92	96	100	104	108
部位名称			成品规格									
胸围			92	96	100	104	108	112	116	120	124	128
领围			37.2	38.2	39.2	40.2	41.2	42.2	43.2	44.2	45.2	46.2
总肩宽			39.4	40.6	41.8	43.0	44.2	45.4	46.6	47.8	49.0	50.2
号	150	后衣长	65	65	65	65						
		袖长	53	53	53	53						
	155	后衣长	67	67	67	67	67	67				
		袖长	54.5	54.5	54.5	54.5	54.5	54.5				
	160	后衣长	69	69	69	69	69	69	69			
		袖长	56	56	56	56	56	56	56			
	165	后衣长		71	71	71	71	71	71	71		
		袖长		57.5	57.5	57.5	57.5	57.5	57.5	57.5		
	170	后衣长			73	73	73	73	73	73	73	
		袖长			59	59	59	59	59	59	59	
	175	后衣长				75	75	75	75	75	75	75
		袖长				60.5	60.5	60.5	60.5	60.5	60.5	60.5
	180	后衣长					77	77	77	77	77	77
		袖长					62	62	62	62	62	62
	185	后衣长						79	79	79	79	79
		袖长						63.5	63.5	63.5	63.5	63.5

4.2.6　5·2B 号型系列男中山服下装规格见表 6。

表 6

单位为厘米

型			62	64	66	68	70	72	74	76	78	80
部位名称			成品规格									
腰围			64	66	68	70	72	74	76	78	80	82
臀围			91.6	93.0	94.4	95.8	97.2	98.6	100.0	101.4	102.8	104.2
号	150	裤长	90		90		90		90			
	155	裤长	93		93		93		93		93	
	160	裤长	96		96		96		96		96	
	165	裤长			99		99		99		99	
	170	裤长					102		102		102	
	175	裤长							105		105	
	180	裤长									108	
	185	裤长										
型			82	84	86	88	90	92	94	96	98	100
部位名称			成品规格									
腰围			84	86	88	90	92	94	96	98	100	102
臀围			105.6	107.0	108.4	109.8	111.2	112.6	114.0	115.4	116.8	118.2
号	150	裤长										
	155	裤长	93									
	160	裤长	96		96							
	165	裤长	99		99		99					
	170	裤长	102		102		102		102			
	175	裤长	105		105		105		105		105	
	180	裤长	108		108		108		108		108	
	185	裤长	111		111		111		111		111	

4.2.7　5·4C 号型系列男中山服上装规格见表 7。

表 7

单位为厘米

<table>
<tr><td colspan="3">型</td><td>76</td><td>80</td><td>84</td><td>88</td><td>92</td><td>96</td><td>100</td><td>104</td><td>108</td><td>112</td></tr>
<tr><td colspan="3">部位名称</td><td colspan="10">成品规格</td></tr>
<tr><td colspan="3">胸围</td><td>96</td><td>100</td><td>104</td><td>108</td><td>112</td><td>116</td><td>120</td><td>124</td><td>128</td><td>132</td></tr>
<tr><td colspan="3">领围</td><td>38.6</td><td>39.6</td><td>40.6</td><td>41.6</td><td>42.6</td><td>43.6</td><td>44.6</td><td>45.6</td><td>46.6</td><td>47.6</td></tr>
<tr><td colspan="3">总肩宽</td><td>40.2</td><td>41.4</td><td>42.6</td><td>43.8</td><td>45.0</td><td>46.2</td><td>47.4</td><td>48.6</td><td>49.8</td><td>51.0</td></tr>
<tr><td rowspan="16">号</td><td rowspan="2">150</td><td>后衣长</td><td></td><td>65</td><td>65</td><td>65</td><td></td><td></td><td></td><td></td><td></td><td></td></tr>
<tr><td>袖长</td><td></td><td>53</td><td>53</td><td>53</td><td></td><td></td><td></td><td></td><td></td><td></td></tr>
<tr><td rowspan="2">155</td><td>后衣长</td><td>67</td><td>67</td><td>67</td><td>67</td><td>67</td><td>67</td><td></td><td></td><td></td><td></td></tr>
<tr><td>袖长</td><td>54.5</td><td>54.5</td><td>54.5</td><td>54.5</td><td>54.5</td><td>54.5</td><td></td><td></td><td></td><td></td></tr>
<tr><td rowspan="2">160</td><td>后衣长</td><td>69</td><td>69</td><td>69</td><td>69</td><td>69</td><td>69</td><td>69</td><td></td><td></td><td></td></tr>
<tr><td>袖长</td><td>56</td><td>56</td><td>56</td><td>56</td><td>56</td><td>56</td><td>56</td><td></td><td></td><td></td></tr>
<tr><td rowspan="2">165</td><td>后衣长</td><td>71</td><td>71</td><td>71</td><td>71</td><td>71</td><td>71</td><td>71</td><td>71</td><td></td><td></td></tr>
<tr><td>袖长</td><td>57.5</td><td>57.5</td><td>57.5</td><td>57.5</td><td>57.5</td><td>57.5</td><td>57.5</td><td>57.5</td><td></td><td></td></tr>
<tr><td rowspan="2">170</td><td>后衣长</td><td></td><td>73</td><td>73</td><td>73</td><td>73</td><td>73</td><td>73</td><td>73</td><td>73</td><td></td></tr>
<tr><td>袖长</td><td></td><td>59</td><td>59</td><td>59</td><td>59</td><td>59</td><td>59</td><td>59</td><td>59</td><td></td></tr>
<tr><td rowspan="2">175</td><td>后衣长</td><td></td><td></td><td>75</td><td>75</td><td>75</td><td>75</td><td>75</td><td>75</td><td>75</td><td>75</td></tr>
<tr><td>袖长</td><td></td><td></td><td>60.5</td><td>60.5</td><td>60.5</td><td>60.5</td><td>60.5</td><td>60.5</td><td>60.5</td><td>60.5</td></tr>
<tr><td rowspan="2">180</td><td>后衣长</td><td></td><td></td><td></td><td>77</td><td>77</td><td>77</td><td>77</td><td>77</td><td>77</td><td>77</td></tr>
<tr><td>袖长</td><td></td><td></td><td></td><td>62</td><td>62</td><td>62</td><td>62</td><td>62</td><td>62</td><td>62</td></tr>
<tr><td rowspan="2">185</td><td>后衣长</td><td></td><td></td><td></td><td></td><td>79</td><td>79</td><td>79</td><td>79</td><td>79</td><td>79</td></tr>
<tr><td>袖长</td><td></td><td></td><td></td><td></td><td>63.5</td><td>63.5</td><td>63.5</td><td>63.5</td><td>63.5</td><td>63.5</td></tr>
</table>

4.2.8　5·2C 号型系列男中山服下装规格见表 8。

表 8

单位为厘米

<table>
<tr><td colspan="3">型</td><td>70</td><td>72</td><td>74</td><td>76</td><td>78</td><td>80</td><td>82</td><td>84</td><td>86</td><td>88</td></tr>
<tr><td colspan="3">部位名称</td><td colspan="10">成品规格</td></tr>
<tr><td colspan="3">腰围</td><td>72</td><td>74</td><td>76</td><td>78</td><td>80</td><td>82</td><td>84</td><td>86</td><td>88</td><td>90</td></tr>
<tr><td colspan="3">臀围</td><td>93.6</td><td>95.0</td><td>96.4</td><td>97.8</td><td>99.2</td><td>100.6</td><td>102.0</td><td>103.4</td><td>104.8</td><td>106.2</td></tr>
<tr><td rowspan="8">号</td><td>150</td><td>裤长</td><td colspan="2"></td><td colspan="2">90</td><td colspan="2">90</td><td colspan="2">90</td><td colspan="2"></td></tr>
<tr><td>155</td><td>裤长</td><td colspan="2">93</td><td colspan="2">93</td><td colspan="2">93</td><td colspan="2">93</td><td colspan="2">93</td></tr>
<tr><td>160</td><td>裤长</td><td colspan="2">96</td><td colspan="2">96</td><td colspan="2">96</td><td colspan="2">96</td><td colspan="2">96</td></tr>
<tr><td>165</td><td>裤长</td><td colspan="2">99</td><td colspan="2">99</td><td colspan="2">99</td><td colspan="2">99</td><td colspan="2">99</td></tr>
<tr><td>170</td><td>裤长</td><td colspan="2"></td><td colspan="2">102</td><td colspan="2">102</td><td colspan="2">102</td><td colspan="2">102</td></tr>
<tr><td>175</td><td>裤长</td><td colspan="2"></td><td colspan="2"></td><td colspan="2">105</td><td colspan="2">105</td><td colspan="2">105</td></tr>
<tr><td>180</td><td>裤长</td><td colspan="2"></td><td colspan="2"></td><td colspan="2"></td><td colspan="2">108</td><td colspan="2">108</td></tr>
<tr><td>185</td><td>裤长</td><td colspan="2"></td><td colspan="2"></td><td colspan="2"></td><td colspan="2"></td><td colspan="2">111</td></tr>
<tr><td colspan="3">型</td><td>90</td><td>92</td><td>94</td><td>96</td><td>98</td><td>100</td><td>102</td><td>104</td><td>106</td><td>108</td></tr>
<tr><td colspan="3">部位名称</td><td colspan="10">成品规格</td></tr>
<tr><td colspan="3">腰围</td><td>92</td><td>94</td><td>96</td><td>98</td><td>100</td><td>102</td><td>104</td><td>106</td><td>108</td><td>110</td></tr>
<tr><td colspan="3">臀围</td><td>107.6</td><td>109.0</td><td>110.4</td><td>111.8</td><td>113.2</td><td>114.6</td><td>116.0</td><td>117.4</td><td>118.8</td><td>120.2</td></tr>
<tr><td rowspan="8">号</td><td>150</td><td>裤长</td><td colspan="2"></td><td colspan="2"></td><td colspan="2"></td><td colspan="2"></td><td colspan="2"></td></tr>
<tr><td>155</td><td>裤长</td><td colspan="2">93</td><td colspan="2"></td><td colspan="2"></td><td colspan="2"></td><td colspan="2"></td></tr>
<tr><td>160</td><td>裤长</td><td colspan="2">96</td><td colspan="2">96</td><td colspan="2"></td><td colspan="2"></td><td colspan="2"></td></tr>
<tr><td>165</td><td>裤长</td><td colspan="2">99</td><td colspan="2">99</td><td colspan="2">99</td><td colspan="2"></td><td colspan="2"></td></tr>
<tr><td>170</td><td>裤长</td><td colspan="2">102</td><td colspan="2">102</td><td colspan="2">102</td><td colspan="2">102</td><td colspan="2"></td></tr>
<tr><td>175</td><td>裤长</td><td colspan="2">105</td><td colspan="2">105</td><td colspan="2">105</td><td colspan="2">105</td><td colspan="2">105</td></tr>
<tr><td>180</td><td>裤长</td><td colspan="2">108</td><td colspan="2">108</td><td colspan="2">108</td><td colspan="2">108</td><td colspan="2">108</td></tr>
<tr><td>185</td><td>裤长</td><td colspan="2">111</td><td colspan="2">111</td><td colspan="2">111</td><td colspan="2">111</td><td colspan="2">111</td></tr>
</table>

5 男茄克衫规格

5.1 号型系列

5·4 系列上装以 170/88Y、170/88A、170/92B、170/96C 号型为中心。胸围以 4 cm 分档，领围以 1 cm分档，总肩宽以 1.2 cm 分档，后衣长以 2 cm 分档，袖长以 1.5 cm 分档。

5.2 号型系列规格

5.2.1 5·4Y 号型系列男茄克衫规格见表 9。

表 9

单位为厘米

型			76	80	84	88	92	96	100
部位名称			成品规格						
胸围			102	106	110	114	118	122	126
领围			41.2	42.2	43.2	44.2	45.2	46.2	47.2
总肩宽			44.2	45.4	46.6	47.8	49.0	50.2	51.4
号	155	后衣长		64	64	64			
		袖长		53.5	53.5	53.5			
	160	后衣长	66	66	66	66	66		
		袖长	55	55	55	55	55		
	165	后衣长	68	68	68	68	68	68	
		袖长	56.5	56.5	56.5	56.5	56.5	56.5	
	170	后衣长	70	70	70	70	70	70	70
		袖长	58	58	58	58	58	58	58
	175	后衣长		72	72	72	72	72	72
		袖长		59.5	59.5	59.5	59.5	59.5	59.5
	180	后衣长			74	74	74	74	74
		袖长			61	61	61	61	61
	185	后衣长				76	76	76	76
		袖长				62.5	62.5	62.5	62.5

5.2.2 5·4A 号型系列男茄克衫规格见表 10。

表 10

单位为厘米

型			72	76	80	84	88	92	96	100
部位名称			成品规格							
胸围			98	102	106	110	114	118	122	126
领围			40.6	41.6	42.6	43.6	44.6	45.6	46.6	47.6
总肩宽			42.6	43.8	45.0	46.2	47.4	48.6	49.8	51.0
号	155	后衣长		64	64	64	64			
		袖长		53.5	53.5	53.5	53.5			
	160	后衣长	66	66	66	66	66	66		
		袖长	55	55	55	55	55	55		
	165	后衣长	68	68	68	68	68	68	68	
		袖长	56.5	56.5	56.5	56.5	56.5	56.5	56.5	
	170	后衣长		70	70	70	70	70	70	70
		袖长		58	58	58	58	58	58	58
	175	后衣长			72	72	72	72	72	72
		袖长			59.5	59.5	59.5	59.5	59.5	59.5
	180	后衣长				74	74	74	74	74
		袖长				61	61	61	61	61
	185	后衣长					76	76	76	76
		袖长					62.5	62.5	62.5	62.5

5.2.3　5·4B号型系列男茄克衫规格见表11。

表 11

单位为厘米

型			72	76	80	84	88	92	96	100	104	108
部位名称			成品规格									
胸围			98	102	106	110	114	118	122	126	130	134
领围			41	42	43	44	45	46	47	48	49	50
总肩宽			42.2	43.4	44.6	45.8	47.0	48.2	49.4	50.6	51.8	53.0
号	150	后衣长	62	62	62	62						
		袖长	52	52	52	52						
	155	后衣长	64	64	64	64	64	64				
		袖长	53.5	53.5	53.5	53.5	53.5	53.5				
	160	后衣长	66	66	66	66	66	66	66			
		袖长	55	55	55	55	55	55	55			
	165	后衣长		68	68	68	68	68	68	68		
		袖长		56.5	56.5	56.5	56.5	56.5	56.5	56.5		
	170	后衣长			70	70	70	70	70	70	70	
		袖长			58	58	58	58	58	58	58	
	175	后衣长				72	72	72	72	72	72	72
		袖长				59.5	59.5	59.5	59.5	59.5	59.5	59.5
	180	后衣长					74	74	74	74	74	74
		袖长					61	61	61	61	61	61
	185	后衣长						76	76	76	76	76
		袖长						62.5	62.5	62.5	62.5	62.5

5.2.4　5·4C号型系列男茄克衫规格见表12。

表 12

单位为厘米

型			76	80	84	88	92	96	100	104	108	112
部位名称			成品规格									
胸围			102	106	110	114	118	122	126	130	134	138
领围			42.4	43.4	44.4	45.4	46.4	47.4	48.4	49.4	50.4	51.4
总肩宽			43.0	44.2	45.4	46.6	47.8	49.0	50.2	51.4	52.6	53.8
号	150	后衣长		62	62	62						
		袖长		52	52	52						
	155	后衣长	64	64	64	64	64	64				
		袖长	53.5	53.5	53.5	53.5	53.5	53.5				
	160	后衣长	66	66	66	66	66	66	66			
		袖长	55	55	55	55	55	55	55			
	165	后衣长	68	68	68	68	68	68	68	68		
		袖长	56.5	56.5	56.5	56.5	56.5	56.5	56.5	56.5		
	170	后衣长		70	70	70	70	70	70	70	70	
		袖长		58	58	58	58	58	58	58	58	
	175	后衣长			72	72	72	72	72	72	72	72
		袖长			59.5	59.5	59.5	59.5	59.5	59.5	59.5	59.5
	180	后衣长				74	74	74	74	74	74	74
		袖长				61	61	61	61	61	61	61
	185	后衣长					76	76	76	76	76	76
		袖长					62.5	62.5	62.5	62.5	62.5	62.5

6 女茄克衫规格

6.1 号型系列

5·4 系列上装以 160/84Y、160/84A、160/88B、160/88C 号型为中心。胸围以 4 cm 分档,领围以 0.8 cm 分档,总肩宽以 1.0 cm 分档,后衣长以 2 cm 分档,袖长以 1.5 cm 分档。

6.2 号型系列规格

6.2.1 5·4Y 号型系列女茄克衫规格见表 13。

表 13

单位为厘米

型			72	76	80	84	88	92	96
部位名称			成品规格						
胸围			94	98	102	106	110	114	118
领围			38.8	39.6	40.4	41.2	42.0	42.8	43.6
总肩宽			41	42	43	44	45	46	47
号	145	后衣长	57	57	57	57	57		
		袖长	49	49	49	49	49		
	150	后衣长	59	59	59	59	59	59	
		袖长	50.5	50.5	50.5	50.5	50.5	50.5	
	155	后衣长	61	61	61	61	61	61	61
		袖长	52	52	52	52	52	52	52
	160	后衣长	63	63	63	63	63	63	63
		袖长	53.5	53.5	53.5	53.5	53.5	53.5	53.5
	165	后衣长		65	65	65	65	65	65
		袖长		55	55	55	55	55	55
	170	后衣长			67	67	67	67	67
		袖长			56.5	56.5	56.5	56.5	56.5
	175	后衣长				69	69	69	69
		袖长				58	58	58	58

6.2.2 5·4A 号型系列女茄克衫规格见表 14。

表 14

单位为厘米

型			72	76	80	84	88	92	96
部位名称			成品规格						
胸围			94	98	102	106	110	114	118
领围			39.0	39.8	40.6	41.4	42.2	43.0	43.8
总肩宽			40.4	41.4	42.4	43.4	44.4	45.4	46.4
号	145	后衣长		57	57	57	57		
		袖长		49	49	49	49		
	150	后衣长	59	59	59	59	59	59	
		袖长	50.5	50.5	50.5	50.5	50.5	50.5	
	155	后衣长	61	61	61	61	61	61	61
		袖长	52	52	52	52	52	52	52
	160	后衣长	63	63	63	63	63	63	63
		袖长	53.5	53.5	53.5	53.5	53.5	53.5	53.5
	165	后衣长		65	65	65	65	65	65
		袖长		55	55	55	55	55	55
	170	后衣长			67	67	67	67	67
		袖长			56.5	56.5	56.5	56.5	56.5
	175	后衣长				69	69	69	69
		袖长				58	58	58	58

6.2.3 5·4B 号型系列女茄克衫规格见表 15。

表 15

单位为厘米

型			68	72	76	80	84	88	92	96	100	104
部位名称			成品规格									
胸围			90	94	98	102	106	110	114	118	122	126
领围			38.4	39.2	40.0	40.8	41.6	42.4	43.2	44.0	44.8	45.6
总肩宽			38.8	39.8	40.8	41.8	42.8	43.8	44.8	45.8	46.8	47.8
号	145	后衣长		57	57	57	57	57	57			
		袖长		49	49	49	49	49	49			
	150	后衣长	59	59	59	59	59	59	59	59		
		袖长	50.5	50.5	50.5	50.5	50.5	50.5	50.5	50.5		
	155	后衣长	61	61	61	61	61	61	61	61	61	
		袖长	52	52	52	52	52	52	52	52	52	
	160	后衣长	63	63	63	63	63	63	63	63	63	63
		袖长	53.5	53.5	53.5	53.5	53.5	53.5	53.5	53.5	53.5	53.5
	165	后衣长		65	65	65	65	65	65	65	65	65
		袖长		55	55	55	55	55	55	55	55	55
	170	后衣长				67	67	67	67	67	67	67
		袖长				56.5	56.5	56.5	56.5	56.5	56.5	56.5
	175	后衣长					69	69	69	69	69	69
		袖长					58	58	58	58	58	58

6.2.4 5·4C 号型系列女茄克衫规格见表 16。

表 16

单位为厘米

型			68	72	76	80	84	88	92	96	100	104	108
部位名称			成品规格										
胸围			90	94	98	102	106	110	114	118	122	126	130
领围			38.6	39.4	40.2	41.0	41.8	42.6	43.4	44.2	45.0	45.8	46.6
总肩宽			38.2	39.2	40.2	41.2	42.2	43.2	44.2	45.2	46.2	47.2	48.2
号	145	后衣长	57	57	57	57	57	57	57				
		袖长	49	49	49	49	49	49	49				
	150	后衣长	59	59	59	59	59	59	59	59	59		
		袖长	50.5	50.5	50.5	50.5	50.5	50.5	50.5	50.5	50.5		
	155	后衣长	61	61	61	61	61	61	61	61	61	61	
		袖长	52	52	52	52	52	52	52	52	52	52	
	160	后衣长		63	63	63	63	63	63	63	63	63	63
		袖长		53.5	53.5	53.5	53.5	53.5	53.5	53.5	53.5	53.5	53.5
	165	后衣长				65	65	65	65	65	65	65	65
		袖长				55	55	55	55	55	55	55	55
	170	后衣长					67	67	67	67	67	67	67
		袖长					56.5	56.5	56.5	56.5	56.5	56.5	56.5
	175	后衣长							69	69	69	69	69
		袖长							58	58	58	58	58

ICS 85.040
Y 31

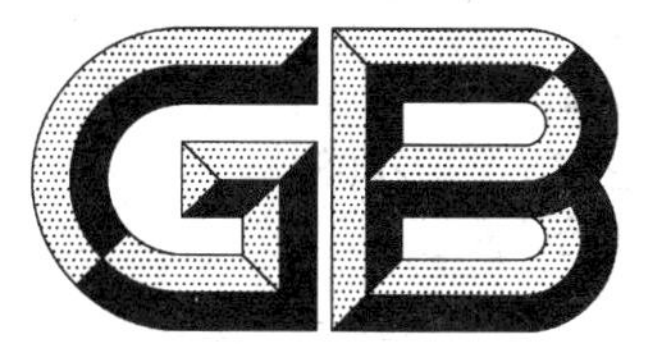

中华人民共和国国家标准

GB/T 2678.2—2008
代替 GB/T 2678.2—1994、GB/T 2678.5—1996

纸、纸板和纸浆　水溶性氯化物的测定

Paper, board and pulp—Determination of water soluble chlorides

2008-03-24 发布　　2008-10-01 实施

中华人民共和国国家质量监督检验检疫总局
中国国家标准化管理委员会　发布

前　言

本标准是对 GB/T 2678.2—1994《纸浆、纸和纸板水溶性氯化物的测定(硝酸汞法)》和 GB/T 2678.5—1996《纸、纸板和纸浆水溶性氯化物的测定(硝酸银电位滴定法)》的修订,并将两项国家标准进行整合。

本标准代替 GB/T 2678.2—1994 和 GB/T 2678.5—1996。

本标准与 GB/T 2678.2—1994、GB/T 2678.5—1996 相比主要变化如下:

——增加了精密酸度计及分析天平两种仪器;

——增加了对所用的玻璃器皿和其他接触到试样或抽提液的仪器、工具均应按规定进行浸泡、煮沸和清洗的内容。

本标准的附录 A 为资料性附录。

本标准由中国轻工业联合会提出。

本标准由全国造纸工业标准化技术委员会归口。

本标准由浙江凯恩特种材料股份有限公司、浙江省特种纸与纸制品质量检验中心负责起草。

本标准主要起草人:李大方、陈万平、潘瑞芳、汪东伟。

本标准所代替标准的历次版本发布情况为:

——GB/T 2678.2—1981,GB/T 2678.2—1994;

——GB/T 5403—1985,GB/T2678.5—1996。

本标准由全国造纸工业标准化技术委员会负责解释。

纸、纸板和纸浆　水溶性氯化物的测定

1　范围

本标准规定了纸、纸板和纸浆水溶性氯化物的硝酸汞测定法和硝酸银电位滴定测定法。

硝酸汞法适用于各种纸、纸板和纸浆。

硝酸银电位滴定法适用于电气用纸和一般用纸。

2　规范性引用文件

下列文件中的条款通过本标准的引用而成为本标准的条款。凡是注日期的引用文件，其随后所有的修改单(不包括勘误的内容)或修订版均不适用于本标准，然而，鼓励根据本标准达成协议的各方研究是否可使用这些文件的最新版本。凡是不注日期的引用文件，其最新版本适用于本标准。

GB/T 450　纸和纸板试样的采取(GB/T 450—2002，eqv ISO 186:1994)

GB/T 462　纸和纸板　水分的测定(GB/T 462—2003，ISO 287:1985，MOD)

GB/T 740　纸浆　试样的采取(GB/T 740—2003，ISO 7213:1981，IDT)

GB/T 741　纸浆　分析试样水分的测定(GB/T 741—2003，ISO 638:1978，MOD)

3　硝酸汞法

3.1　原理

试样用沸水抽提 1 h，在含有氯离子的溶液中，滴入易溶解的硝酸汞标准滴定溶液，此时汞离子立即与氯离子作用生成难溶的二氯化汞。在滴定液中加入过量乙醇以降低其溶解度，当溶液中氯离子全部变成氯化汞后，微过量的汞离子立即与加入溶液中的二苯卡巴腙形成紫色的汞化物。

3.2　试剂

3.2.1　试验时，应使用分析纯试剂(A. R.)和蒸馏水或去离子水，电导率应小于 0.2 mS/m。

3.2.2　过氧化氢(H_2O_2)溶液：30%(质量分数)。

3.2.3　乙醇(CH_3CH_2OH)溶液：95%(体积分数)。

3.2.4　硝酸(HNO_3)溶液：1 mol/L。

3.2.5　氢氧化钠(NaOH)溶液：0.50 mol/L。

3.2.6　氯化钠标准溶液[c(NaCl)＝0.01 mol/L]：准确称取经 500℃～600℃灼烧 2 h 的基准氯化钠 0.584 6 g 溶于水中，移入 1 000 mL 容量瓶中，用蒸馏水稀释至刻度。

3.2.7　硝酸汞标准溶液：配制及标定参见附录 A。

3.2.8　二苯卡巴腙($C_{13}H_{12}ON_4$)：10 g/L，称取 0.25 g 二苯卡巴腙溶于 95%的乙醇 25 mL 中，贮于棕色瓶中，此溶液每周配制一次。

3.3　仪器

3.3.1　仔细清洗所用的玻璃器皿和其他接触到试样或抽提液的仪器，所有的玻璃器皿均应在 30℃的硝酸(3.2.4)中浸泡 5 min～10 min，并用煮沸的蒸馏水彻底淋洗，用于制备样品的镊子和剪刀应以同样的方法用煮沸的蒸馏水洗净。

3.3.2　分析天平，精确至 0.001 g。

3.3.3　精密酸度计。

3.3.4　恒温水浴。

3.3.5　1 mL 微量滴定管，最小分度为 0.01 mL。

3.3.6 150 mL、250 mL 锥形瓶。

3.3.7 500 mL 的标准抽提器。

3.4 试样的采取和制备

纸和纸板试样的采取按照 GB/T 450 的规定进行;浆样的采取按照 GB/T 740 的规定进行。应戴干净的手套拿取样品,将样品撕成或剪成 5 mm×5 mm 的纸样,贮于具有磨口玻璃塞的广口瓶中。操作时应小心拿取,防止污染试样,保持试样远离酸雾,并防止落灰尘。

3.5 试验步骤

3.5.1 每个试样抽提两份,并完全按照测试试样的方法做试剂的空白试验。

注:在拿取、存放和操作过程中,应保证待测样品不被大气,特别是化学实验室的大气所污染,也不被裸手操作所污染。

3.5.2 精确称取风干试样(5.0±0.2)g(精确至 0.001 g,同时另称试样测定水分),装入 500 mL 抽提瓶中,加 250 mL 刚煮沸的蒸馏水,装上回流冷凝管置沸水浴中加热抽提 1 h,取出冷却,用布氏漏斗及预先处理过的滤纸(用热蒸馏水充分洗涤并烘干后备用)过滤于洁净、干燥的锥形瓶中。

3.5.3 用移液管吸取 100 mL 滤液移入 250 mL 锥形瓶中,加入 1 滴 0.5 mol/L 氢氧化钠溶液,再加入 30%过氧化氢溶液 1 mL～2 mL,置电热板或电炉上加热浓缩至约 10 mL,冷却,加入 95%乙醇溶液(3.2.3)20 mL、3 滴 1 mol/L 硝酸溶液(3.2.4)(此时 pH 为 3.0～3.5)、10 滴二苯卡巴腙指示剂(3.2.8),用 0.01 mol/L 硝酸汞标准溶液(3.2.7)滴定至恰现紫色,即为终点。

3.6 结果计算

试样的水溶性氯化物含量 X 应按式(1)进行计算:

$$X=\frac{(V-V_0)\times c\times 35.46}{m\times\frac{100}{200}}\times 1\ 000 \qquad\cdots\cdots(1)$$

式中:

X——试样的水溶性氯化物含量,单位为毫克每千克(mg/kg);

V——试样耗用硝酸汞标准溶液的体积,单位为毫升(mL);

V_0——空白耗用硝酸汞标准溶液的体积,单位为毫升(mL);

c——硝酸汞标准溶液的浓度,单位为摩尔每升(mol/L);

m——试样的绝干质量,单位为克(g);

35.46——与 1.00 mL 硝酸汞标准溶液 $c\left[\frac{1}{2}Hg(NO_3)_2\right]=1.00$ mol/L 相当的以毫克表示的氯化物的质量。

两份测定计算值之差不应超过 2 mg/kg。

3.7 试验报告

试验报告应包括以下内容:

a) 本标准编号及试验方法;

b) 试验的日期和地点;

c) 所测物料的标志;

d) 取两份试样测定的结果作为氯化物含量,结果修约至整数位;

e) 任何规定操作步骤的变更或可能影响其测定结果的其他细节的变化。

4 硝酸银电位滴定法

4.1 原理

一定量的片状样品,用沸水抽提 1 h,过滤抽提物并用过氧化氢氧化以减少可能因碳水化合物引起的干扰,加硝酸溶解并酸化试液,然后采用电位滴定法,在丙酮的存在下,以硝酸银滴定来测定氯离子的含量。

4.2 试剂

4.2.1 试验时，应使用分析纯试剂(A.R.)和蒸馏水或去离子水，电导率应小于0.2 mS/m。

4.2.2 硝酸-水(1+1)。

将500 mL的硝酸(ρ=1.4 g/mL)用蒸馏水稀释至1 L。

4.2.3 硝酸：$c(HNO_3)$=1.5 mol/L。

量取100 mL的硝酸(ρ=1.4 g/mL)，用蒸馏水稀释到1 L。

4.2.4 丙酮(CH_3COCH_3)：不含氯化物。

4.2.5 硝酸银标准溶液：$c(AgNO_3)$=20 m mol/L。

准确称取经干燥过的硝酸银3.397 g，用蒸馏水使其完全溶解后移入1 000 mL的容量瓶中，并用蒸馏水稀释至刻度。此溶液应避光保存。

4.2.6 氢氧化钠溶液：$c(NaOH)$=0.1 mol/L。

称取4 g氢氧化钠，用蒸馏水溶解后移入1 000 mL容量瓶中，然后用蒸馏水稀释至刻度。

4.2.7 过氧化氢溶液：$c(H_2O_2)$=30%(质量分数)。

4.3 仪器

4.3.1 仔细清洗所用的玻璃器皿和其他接触到试样或抽提液的仪器，所有的玻璃器皿均应在30℃的硝酸(4.2.3)中浸泡5 min～10 min，并用煮沸的蒸馏水彻底淋洗，用于制备样品的镊子和剪刀应以同样的方法用煮沸的蒸馏水洗净。

4.3.2 电位计或其他的测量仪表：测量的直流电压为0～300 mV，并具有不少于2 mV的准确度。以一支银电极(银离子选择性电极)作指示电极，以一支玻璃电极作参比电极。

注：如果适用，可以使用一台具有马达驱动微量滴定管并绘图记录的电动电位滴定计。

4.3.3 玻璃微量注射器：0.100 mL，可以读到0.001 mL。

4.3.4 500 cm^3 的锥形高等级抗蚀的玻璃或石英瓶。

4.3.5 热水浴及其他加热装置。

4.3.6 分析天平，精确至0.001 g。

4.3.7 磁力搅拌器。

4.4 试样的采取和制备

纸和纸板试样的采取按照GB/T 450的规定进行；浆样的采取按照GB/T 740的规定进行。应戴干净的手套拿取样品，将样品撕成或剪成5 mm×5 mm的纸样，贮于具有磨口玻璃塞的广口瓶中。操作时应小心拿取，防止污染试样，保持试样远离酸雾，并防止落灰尘。

4.5 试验步骤

4.5.1 每个试样抽提两份，并完全按照测试试样的方法做试剂的空白试验。

注：在拿取、存放和操作过程中，应保证待测样品不被大气，特别是化学实验室的大气所污染，也不被裸手操作所污染。

4.5.2 称取风干试样，对于高纯度的电气用纸称取20 g，而对于一般用纸称取4 g，精确至0.001 g，同时另称取试样测定水分。纸和纸板样品水分的测定按GB/T 462进行，纸浆样品水分的测定按GB/T 741进行。将试样装入500 mL的锥形瓶中，对高纯度纸加入300 mL刚煮沸的蒸馏水，对于一般用纸加入100 mL的蒸馏水。装上空气冷凝器，在沸水中抽提60 min±5 min。

当抽提到达时间后取出，让抽提液冷却至室温，倾出或用玻璃滤器过滤，对于高纯度纸，移取150 mL滤液于一个250 mL的烧杯中；对于一般用纸，称取50 mL滤液。然后加入10滴氢氧化钠溶液(4.2.6)及10滴过氧化氢溶液(4.2.7)，放在电热板上加热氧化脱色，待溶液蒸发至约5 mL为止。置试液冷却至室温后，加入硝酸溶液(4.2.2)1 mL。

转移此溶液于一个滴定用的50 mL的烧杯中，分别用10 mL丙酮(4.2.4)洗涤烧杯三次。

4.5.3 将电位滴定仪(4.3.2)的电极浸入试液中,用电磁搅拌器以一个恒定的速度连续搅拌。

在电位计上读出电位值,利用微量注射器(4.3.3)每次加入 0.01 mL 的硝酸银标准溶液(4.2.5)进行电位滴定。

每加入一次硝酸银标准溶液后,读取一次电位值。电位开始变化缓慢,随着硝酸银标准溶液加入量的增加,电位变化增大,一直滴定到电位值再次出现缓慢变化为止。

注:如果使用自动滴定仪,其加入滴定液的速率应为 0.1 mL/min~0.2 mL/min。

4.6 结果计算

试样的水溶性氯化物含量 X 应按式(2)进行计算:

$$X=\frac{35.46\times c\times V_2\times (V_1-V_0)}{V_3\times m} \qquad \cdots\cdots(2)$$

式中:

X——试样的水溶性氯化物含量,单位为毫克每千克(mg/kg);

c——硝酸银标准溶液的浓度,单位为毫摩尔每升(mmol/L);

V_0——空白滴定时,所消耗硝酸银标准溶液的体积,单位为毫升(mL);

V_1——滴定试样时,所消耗硝酸银标准溶液的体积,单位为毫升(mL);

V_2——抽提时加入水的体积,单位为毫升(mL);

V_3——滴定所取滤液的体积,单位为毫升(mL);

m——试样的绝干质量,单位为克(g)。

取两份测定值的平均值作为测定结果。含量在 5 mg/kg 以下时,结果修约至 0.1 mg/kg ,其余结果修约至整数。

4.7 试验报告

试验报告应包括以下内容:

a) 本标准编号及试验方法;

b) 试验的日期和地点;

c) 所测物料的标志;

d) 试样水溶性氯化物的测定结果;

e) 任何规定操作步骤的变更或可能影响其测定结果的其他细节的变化。

附 录 A
（资料性附录）
硝酸汞标准溶液配制及标定

A.1 硝酸汞标准溶液的配制

称取 1.713 0 g 硝酸汞溶于 4 mL（体积分数为 1∶1）的硝酸和少量的水，移入 1 000 mL 容量瓶中，用蒸馏水稀释至刻度。

A.2 标定及计算

精确量取 10 mL 氯化钠标准溶液（3.2.6）于 150 mL 锥形瓶中，加入 95%的乙醇 20 mL、1 mol/L 硝酸 3 滴及指标剂（3.2.8）10 滴，摇匀，用 0.01 mol/L 硝酸汞标准溶液滴定至溶液恰现紫色为止。

硝酸汞标准溶液浓度 c 按式（A.1）计算：

$$c=\frac{c_1V_1}{V_2} \qquad \cdots\cdots（A.1）$$

式中：

c——硝酸汞标准溶液的浓度，单位为摩尔每升（mol/L）；

c_1——氯化钠标准溶液的浓度，单位为摩尔每升（mol/L）；

V_1——氯化钠标准溶液的体积，单位为毫升（mL）；

V_2——硝酸汞标准溶液的体积，单位为毫升（mL）。

ICS 85-010
Y 30

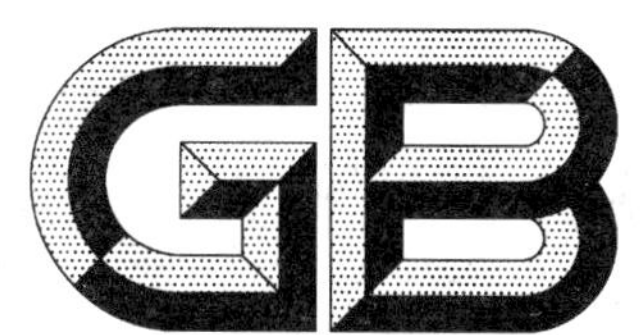

中华人民共和国国家标准

GB/T 2679.11—2008
代替 GB/T 2679.11—1993

纸和纸板　无机填料和无机涂料的定性分析　电子显微镜/X射线能谱法

Paper and board—Qualitative analysis of mineral filler and mineral coating—SEM/EDAX Method

2008-08-19 发布　　2009-05-01 实施

中华人民共和国国家质量监督检验检疫总局
中国国家标准化管理委员会　发布

前　言

GB/T 2679的本部分是对GB/T 2679.11—1993《纸和纸板中无机填料和无机涂料的定性分析 电子显微镜/X射线能谱法》的修订。

本部分代替GB/T 2679.11—1993。

本部分与GB/T 2679.11—1993相比，主要变化是删除了GB/T 2679.11—1993中的附录A。

本部分由中国轻工业联合会提出。

本部分由全国造纸工业标准化技术委员会归口。

本部分起草单位：中国制浆造纸研究院。

本部分主要起草人：薛崇昀、贺文明、聂怡。

本部分所代替标准的历次版本发布情况为：

——GB/T 2679.11—1993。

本部分委托全国造纸工业标准化技术委员会负责解释。

纸和纸板　无机填料和无机涂料的定性分析　电子显微镜/X射线能谱法

1　范围

GB/T 2679的本部分规定了用电子显微镜/X射线能谱仪定性分析纸和纸板中无机填料和无机涂料的方法。

本部分适用于纸和纸板中无机填料、涂料的品种鉴定和成分分析，也适用于造纸用无机填料、涂料的原材料分析。

2　规范性引用文件

下列文件中的条款通过GB/T 2679的本部分的引用而成为本部分的条款。凡是注日期的引用文件，其随后所有的修改单(不包括勘误的内容)或修订版均不适用于本部分，然而，鼓励根据本部分达成协议的各方研究是否可使用这些文件的最新版本。凡是不注日期的引用文件，其最新版本适用于本部分。

GB/T 450　纸和纸板　试样的采取及试样纵横向、正反面的测定(GB/T 450—2008，ISO 186:2002，MOD)

GB/T 742　造纸原料、纸浆、纸和纸板　灰分的测定(GB/T 742—2008，ISO 2144:1997，MOD)

3　原理

3.1　造纸用的无机填料和涂料通常有滑石粉、碳酸钙、高岭土、二氧化钛和硫酸钡等。利用电子显微镜观察其颗粒形态和晶体形态，便可对该填料和涂料进行鉴定。

3.2　当电子束照射到试样上时，会激发释放出一种特征X射线，其能量随元素而不同。使用一种锂漂移硅的探测器，便能将这种信号收集起来，通过计算机整理，达到分析元素的目的。

4　试剂及材料

4.1　蒸馏水或去离子水。

4.2　六偏磷酸钠[$(NaPO_3)_6$]:0.1%溶液。

4.3　5040或5070有机分散剂:0.1%溶液。

4.4　丙酮(CH_3COCH_3):化学纯(清洗电镜与铜网)。

4.5　浓盐酸(HCl):化学纯(清洗电镜专用铜网)。

4.6　D76显影液。

4.7　D72显影液。

4.8　酸性定影液。

4.9　高纯金丝:纯度99.99%，ϕ1 mm。

4.10　高纯碳棒:纯度99.99%，ϕ5 mm×100 mm。

4.11　二氯乙烯(ClCH-CHCl):化学纯。

4.12　聚乙烯醇缩甲醛(polyvinyl formvar)的二氯乙烯溶液:0.2%～0.5%(质量分数)。

4.13　ϕ3 mm的电镜专用铜网。

4.14　120或135照相底片。

4.15 2号或3号照相放大纸。

5 仪器设备

5.1 一般实验室用仪器。

5.2 高温炉:控温范围,室温至1 000 ℃可调。

5.3 烘箱:能控温调节,105 ℃±2 ℃。

5.4 瓷坩埚:30 mL～50 mL。

5.5 铂坩埚:30 mL～50 mL。

5.6 玛瑙研钵:ϕ50 mm～ϕ70 mm。

5.7 透射电子显微镜及其必要的附件。

5.8 扫描电子显微镜及其必要的附件。

5.9 与透射电子显微镜(5.7)或扫描电子显微镜(5.8)联用的能谱仪。

5.10 解剖针和镊子。

5.11 载玻片 25 mm×75 mm×1.5 mm。

5.12 盖玻片 20 mm×20 mm。

5.13 光学显微镜 50倍～1 500倍。

5.14 真空镀膜机,真空度应大于 1.33×10^{-2} Pa(1×10^{-4} mmHg)。

6 取样

取样按GB/T 450的规定进行。由于电镜分析的试样数量很少,取样时应特别注意样品的代表性。

7 透射电子显微镜(5.7)试验步骤

7.1 支持膜载网制备

支持膜载网是用来支承样品的工具,即在ϕ3 mm的电镜专用铜网上覆盖一层在电镜下不显任何结构的塑料薄膜。对于纸张填料、涂料分析来说,聚乙烯醇缩甲醛薄膜使用较为方便。制备时将一块洁净的显微镜载玻片插入0.2%～0.5%的聚乙烯醇缩甲醛的二氯乙烯溶液(4.12)中,插入深度为载玻片(5.11)长的1/2～1/3,浸泡4 s～8 s立即提起,滴去多余的溶液后将载玻片持平,风干。载玻片上便附有一层很薄的塑料薄膜。用解剖针在距载玻片边缘约2 mm处割断薄膜,使其在水中容易剥离下来。然后在一个直径约为15 cm的玻璃器皿中盛满蒸馏水,以约45°角的方向轻轻地将载玻片放入水中。由于水的表面张力,在划割过的地方聚乙烯醇缩甲醛薄膜便会脱落并漂浮在水面上。当该薄膜漂到水面上时,将电镜专用铜网放在膜上,一张完整的膜上大约可以放20个～30个铜网。在铜网上放一张吸水性适中的滤纸,滤纸面积与薄膜面积相近似。待滤纸湿透后立即用镊子将滤纸、铜网和薄膜同时捞起,这样铜网便附上薄薄的一层支持膜,在室温至50 ℃温度下风干待用。

7.2 试样制备

7.2.1 直接分散法

取有代表性的试样约2 g,用蒸馏水煮4 min～5 min,取出,用手指揉搓使纤维分散,也可用某种解离器略加解离,以帮助纤维分散。这时部分填料或涂料便与纤维分离,并悬浮在水中。取悬浮液少许,滴在具有支持膜的载网上,在室温至50 ℃的温度下干燥待用。每个样品需做此试样3个～5个,然后用光学显微镜(5.13)检查,选稀密适度、分散良好的试样供电子显微镜观察。

7.2.2 烧灰法

对于含有大量胶粘剂的纸和纸板,按上述7.2.1方法纤维不易分散,需采用烧灰法制样。取有代表性的试样约10 g,按GB/T 742规定,于带盖的瓷坩埚(5.4)中炭化,然后于高温炉中烧灰,使有机物烧掉。灰渣用玛瑙研钵(5.6)研细,取少许置于载玻片上,滴上两滴0.1%六偏磷酸钠(4.2)分散剂,盖上盖玻片(5.12),用手指移动盖玻片,利用两玻片间的水的表面张力,使灰渣颗粒进一步分散。将分散了的灰渣用蒸馏水洗入烧杯中,混匀后用吸管取此悬浮液少许,滴在有支持膜的载网上,风干后供观察用。

如果估计试样中的填料或涂料是 $CaCO_3$,则用 5070 或 5040 分散剂(4.3)效果较好。

7.3 透射电子显微镜(5.7)观察及鉴别

将制好的试样置于透射电子显微镜(5.7)下观察。由于不同的填料具有不同的晶体形态,所以根据试样在透射电子显微镜下的晶体形态及颗粒大小,便可定性鉴别试样中加入的无机填料及涂料。观察时选用的放大倍数随对象不同而不同,如滑石粉 1 000 倍～2 000 倍可见;瓷土、硫酸钡、碳酸钙 5 000 倍～20 000 倍可见;而二氧化钛则需 1 万～2 万倍以上。

8 扫描电子显微镜(5.8)试验步骤

8.1 试样制备

扫描电子显微镜(5.8)的试样制备和透射电子显微镜基本相同,但由于扫描电子显微镜的试样室较大,试样可以置于载网上,也可以置于扫描电子显微镜的试样台上观察。另外用于扫描电子显微镜观察的试样,其表面应有一层导电层,一般是用真空镀膜机或离子溅喷仪在试样表面喷上一层高纯黄金。试样及支持膜载网的制备方法与 7.1、7.2 相同,试样浓度可比透射电子显微镜略高。

对于填料含量较高,以及纸面未经过任何涂塑处理的样品,包括涂布纸,可以直接对试样进行真空喷镀处理。喷镀导电层后,可直接将试样置于试样台上进行观察,真空喷镀的导电层厚度一般为 100 Å～200 Å。对于胶料含量较高的样品,需将胶料除去,以便观察,为此可采用烧灰法,即 7.2.2 的方法制样。

8.2 扫描电子显微镜(5.8)观察及鉴别

扫描电子显微镜与透射电子显微镜的成像原理不同,透射电子显微镜观察到的是物体的投影像,而扫描电子显微镜观察到的是物体的表面反射像,也就是外形轮廓像。扫描电子显微镜的图像景深大,透射电子显微镜的图像清晰度高。但作为无机填料和涂料的定性观察,两者均可,获得的晶体图像基本一致。与 7.3 同样,根据试样的晶体形态,对纸和纸板中无机填料和涂料的种类作出定性鉴别。

9 扫描电子显微镜和能谱仪的定性和元素半定量分析

透射电子显微镜和扫描电子显微镜的定性分析都是根据试样的晶体形态进行的。这个方法可能会受到纸中某些成分的干扰,如乳胶、淀粉及纤维原料中的无机物等。同时各种无机填料和涂料之间,颗粒的晶体形态也会有交叉现象,不易作出判断。因此在分析过程中,如能将形貌分析和成分分析同时进行,则可大大提高分析的准确性。扫描电子显微镜和能谱仪相结合的试验方法可满足这一试验要求,可分析出试样中钠以上的各种元素的相对含量。

9.1 试样制备

9.1.1 直接制样法

取具有代表性的试样,用双面胶将试样贴在扫描电子显微镜的试样台上,观察面应朝上。然后用真空镀膜机在试样表面喷上一层碳膜导电层,厚度约为 100 Å～200 Å。喷碳后的试样即可直接用于扫描电子显微镜和能谱仪的分析。这种制样方法一般适用于厚度较高,定量不低于 60 g/m^2 的试样,而且其填料含量应较高,胶料含量应较低,表面未经过任何涂塑处理。对于定量低于 60 g/m^2 的纸,可将纸页用蒸馏水润湿后,将几层纸页压合在一起进行制样测定。

9.1.2 烧灰制样法

对于不宜直接制样测定的样品,按 GB/T 742 称取试样 2 g～3 g,在坩埚中灼烧,使之炭化。然后移入高温炉内,灼烧至无黑色碳素,冷却后将灰渣置于玛瑙研钵(5.6)中研磨分散。再将分散的试样置于预先涂有碳素导电胶的扫描电子显微镜的试样台上,并用载玻片将试样压紧,试样厚度应不低于 500 μm,然后用真空镀膜机按 9.1.1 的方法在试样上喷一层碳膜,此试样即可作定性分析。

9.2 扫描电子显微镜和能谱仪分析

当试样在扫描电子显微镜中受到入射电子的轰击时，可以产生若干信号。其中之一是二次电子信号，形成扫描电子显微镜的物体外形轮廓像，另一个信号是由于电子激发试样中的原子而放出不同能量的特征X射线，其能量随元素的不同而不同。从而可以进行元素定性、定量分析。X射线能谱仪就是用于测量特征X射线能量的仪器，它将试样上被激发出来的特征X射线收集起来，按能量大小将其分类，还可以计算出这些X射线之间的强度关系。某特征X射线的强度与该元素在试样中的浓度成正比，从而对各种元素进行定量分析。

通常根据试样中的所含元素，按下列几种方式报出能谱仪的测定结果。

a) 试样中所含元素种类；

b) 各种元素的原子百分比；

c) 各种元素的质量百分比；

d) 各种元素的氧化物百分比；

e) 元素浓度分析的计数值。

对于成分不稳定的化合物不能通过元素分析作出准确的定量计算，只能以元素含量或各种元素的氧化物含量来表示。

试样的能谱分析图谱及计算数值表，可由能谱仪直接得出。

9.3 试验误差

扫描电子显微镜和能谱仪在作定量分析时，两次平行试验的相对误差应不大于10%，且以两次试验的平均值报告结果。如果相对误差大于10%，则应重复试验。

10 试验报告

试验报告应包括下列内容：

a) GB/T 2679本部分的编号；

b) 试样说明；

c) 含无机填料和涂料的种类、名称和晶体形态；

d) 对于扫描电子显微镜和能谱定量分析，还应包括元素成分、原子数百分比、质量百分含量或氧化物质量百分比、谱线图等；

e) 如需要，可对填料和涂料的直接用量作出评估；

f) 未按本部分规定的任何操作和可能影响测定结果的其他因素。

ICS 59.080.20
W 32

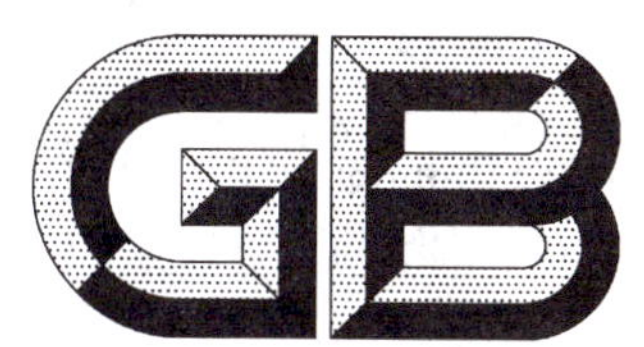

中华人民共和国国家标准

GB/T 2696—2008
代替 GB/T 2696～2701—1987

黄麻纱线

Jute yarns and threads

2008-08-06 发布　　　　2009-06-01 实施

中华人民共和国国家质量监督检验检疫总局
中国国家标准化管理委员会　发布

前　言

本标准代替 GB/T 2696—1987《黄麻绞包麻线的技术条件和分等规定》、GB/T 2697—1987《黄麻电缆麻纱、线的技术条件和分等规定》、GB/T 2698—1987《黄麻钢丝绳芯麻纱的技术条件和分等规定》、GB/T 2699—1987《黄麻麻纱、线的包装和标志》、GB/T 2700—1987《黄麻麻纱、线的验收规定》和 GB/T 2701—1987《黄麻麻纱、线试验方法》。

本标准与 GB/T 2696—1987、GB/T 2697—1987、GB/T 2698—1987、GB/T 2699—1987、GB/T 2700—1987 和 GB/T 2701—1987 相比的主要变化如下：

——沿用了 GB/T 2696 的编号，将原来的 6 项标准整合为 1 项标准；

——将黄麻绞包麻线、电缆麻纱线、钢丝绳芯麻纱的技术条件和分等规定合并为第 3 章；

——试验方法作为第 4 章，在采用通用方法的基础上，简化了条款；

——验收规定的内容作为第 5 章，题目改为检验规则，在参考原规定的基础上，抽样方案引用了 GB/T 2828.1—2003 的规定；

——删除了包装方式、包装体积和成包重量允差的规定。

本标准由中国纺织工业协会提出。

本标准由全国纺织品标准化技术委员会(SAC/TC 209)归口。

本标准起草单位：纺织工业标准化研究所。

本标准主要起草人：郑宇英。

本标准于 1987 年首次发布，本次为第一次修订。

黄 麻 纱 线

1 范围

本标准规定了机制黄麻绞包麻线、电缆麻纱线和钢丝绳芯麻纱的要求、试验方法、检验规则、包装和标志等技术内容。

本标准适用于以黄麻、洋麻为主要原料的机制黄麻纱和线。

2 规范性引用文件

下列文件中的条款通过本标准的引用而成为本标准的条款。凡是注日期的引用文件，其随后所有的修改单(不包括勘误的内容)或修订版均不适用于本标准，然而，鼓励根据本标准达成协议的各方研究是否可使用这些文件的最新版本。凡是不注日期的引用文件，其最新版本适用于本标准。

GB/T 2828.1—2003 计数抽样检验程序 第1部分：按接收质量限(AQL)检索的逐批检验抽样计划(ISO 2859-1:1999,IDT)

GB/T 2543.1 纺织品 纱线捻度的测定 第1部分：直接计数法

GB/T 3916 纺织品 卷装纱 单根纱线断裂强力和断裂伸长率的测定

GB/T 4743 纱线线密度的测定 绞纱法

3 要求

3.1 绞包麻线

绞包麻线的要求按表1和表2规定。

表1 内在质量

项 目		指 标			
		773×3 tex	690×3 tex	625×3 tex	335×3 tex
名义线密度[a]/tex		2 320～2 420	2 080～2 170	1 880～1 960	1 010～1 050
线密度偏差率/%		±7			
线密度不匀率/%	≤	8.5			
断裂强力/N	≥	240	220	200	100
捻度/(捻数/10 cm)		9.5±0.95	10.0±1.0	10.5±1.0	12.5±1.25
含杂率/%	≤	1.5			
[a] 名义线密度为无水线密度，即干重时的线密度。					

表2 外观质量

项 目	外 观 疵 点	平均每100 m允许疵点数/个
缺股	缺二股	0
	缺一股且长度不超过1 m	1
多股	多二股	0
	多一股且长度不超过1 m	1
结子	二根股线对接的结子	1
注：绞包麻线若用单纱打结，且结与结的距离在5 cm以上不作结子论。		

3.2 电缆麻纱线

电缆麻纱线的要求按表 3 和表 4 规定。

表 3 内在质量

项目	指标					
	2 924 tex	1 949 tex	1 462 tex	625 tex	625×3 tex	312×3 tex
名义线密度[a]/tex	2 924	1 949	1 462	625	1 884～1 963	942～982
线密度偏差率/%	纱±7； 线±6.5					
线密度不匀率/% ≤	纱 9； 线 8.5					
断裂强力/N ≥	270	180	135	55	190	90
捻度/(捻数/10 cm)	4.5±0.45	5.5±0.55	6.5±0.65	10.0±1.0	7.5±0.75	10.0±1.0
含杂率/% ≤	纱 1.8； 线 1.5					

[a] 名义线密度为无水线密度，即干重时的线密度。

表 4 外观质量

项目		外观疵点	平均每 100 m 允许疵点数/个
麻纱	粗节	直径为原直径 2.5 倍以上的粗大部分，每 10 cm 为一处，不足 10 cm 不计	1
	细节	直径为原直径 0.5 倍以下的细小部分，每 10 cm 为一处，不足 10 cm 不计	1
	结子	二根纱对接的结子	1
麻线	缺股	缺二股	0
		缺一股且长度不超过 1 m	1
	多股	多二股	0
		多一股且长度不超过 1 m	1
	结子	二根股线对接的结子	1

注：电缆麻线若用单纱打结，且结与结的距离在 5 cm 以上不作结子论。

3.3 钢丝绳芯麻纱

钢丝绳芯麻纱的要求按表 5 和表 6 规定。

表 5 内在质量

项目	指标				
	926 tex	667 tex	613 tex	463 tex	417 tex
名义线密度[a]/tex	926	667	613	463	417
线密度偏差率/%	± 6.5				
线密度不匀率/% ≤	8.5				
断裂强力/N ≥	75	60	50	45	40
捻度/(捻数/10 cm)	8.0±0.8	11.0±1.1	11.5±1.15	12.5±1.25	12.5±1.25
含杂率/% ≤	1.5				

[a] 名义线密度为无水线密度，即干重时的线密度。

表 6　外观质量

项目	外 观 疵 点	平均每 100 m 允许疵点数/个
粗节	直径为原直径 2.5 倍以上的粗大部分，每 10 cm 为一处，不足 10 cm 不计	1
细节	直径为原直径 0.5 倍以下的细小部分，每 10 cm 为一处，不足 10 cm 不计	1
结子	二根纱对接的结子	1

4　试验方法

4.1　线密度偏差率和不匀率

按 GB/T 4743 中的方法测定烘干麻纱线的质量。取 10 个卷装，每个卷装取 2 缕绞纱，共计测 20 个试样。线密度、线密度偏差率和线密度不匀率按式(1)、(2)和(3)计算，线密度保留整数位，偏差率和不匀率保留一位小数。

$$T = \frac{m}{L} \times 1\,000 \quad \cdots\cdots(1)$$

式中：

T——线密度，单位为特克斯(tex)；

m——烘干质量，单位为克(g)；

L——绞纱长度，单位为米(m)。

$$D_t = \frac{T - T_n}{T_n} \times 100 \quad \cdots\cdots(2)$$

式中：

D_t——线密度偏差率，%；

T_n——名义线密度，单位为特克斯(tex)。

$$U_t = \frac{2 \times (X - Y) \times N_y}{X \times N} \times 100 \quad \cdots\cdots(3)$$

式中：

U_t——线密度不匀率，%；

X——全部试验数据的平均值；

Y——平均值以下各试验值的平均值；

N——试验总次数；

N_y——平均值以下各试验值的次数。

4.2　断裂强力

断裂强力按照 GB/T 3916 执行。取样数量同 4.1。

4.3　捻度

捻度按照 GB/T 2543.1 执行。取样数量同 4.1。

4.4　杂质率

从 10 个卷装中各取长 1 m 的试样，放在光滑的盛器中，将其中的杂质拣出(僵皮中的纤维要先行分离)。分别称得杂质质量和纤维质量，按式(4)计算杂质率，保留一位小数。

$$P = \frac{m_i}{m_i + m_f} \times 100 \quad \cdots\cdots(4)$$

式中：

P——杂质率，%；

m_i——杂质的质量，单位为克(g)；

m_f——纤维的质量，单位为克(g)。

5 检验规则

5.1 抽样

按交货批作为检验批。依据 GB/T 2828.1—2003 中正常检验一次抽样方案，表 1、表 3 和表 5 的内在质量按特殊检查水平 S-1，表 2、表 4 和表 6 的外观质量按一般检查水平 I，接收质量限为 AQL＝4。检验抽样方案分别见表 7 和表 8。

表 7 内在质量抽样方案

批量 N	样本量 n	接收数 Ac	拒收数 Re
≤50	2	0	1
51～500	3	0	1
＞501	5	0	1

表 8 外观质量抽样方案

批量 N	样本量 n	接收数 Ac	拒收数 Re
≤15	2	0	1
16～25	3	0	1
26～90	5	0	1
91～150	8	1	2
151～280	13	1	2
281～500	20	2	3
501～1 200	32	3	4
＞1 201	50	5	6

5.2 内在质量的判定

对批样的每个样本进行内在质量的测定，符合第 3 章对应要求的，则为内在质量合格，否则为不合格。如果所有样品合格，或不合格样品数不超过表 7 的接收数 Ac，则该批产品的内在质量合格。如果不合格样品数达到了表 7 的拒收数 Re，则该批产品不合格。

5.3 外观质量的判定

对批样的每个样本进行外观质量的检查，符合第 3 章对应要求的，则为外观质量合格，否则为不合格。如果所有样本合格，或不合格样本数不超过表 8 的接收数 Ac，则该批产品外观质量合格。如果不合格样本数达到了表 8 的拒收数 Re，则该批产品不合格。

5.4 结果判定

按 5.2 和 5.3 判定均为合格，则该批产品合格。

6 包装和标志

6.1 黄麻麻纱、线按同品种、同规格包装，每个包装的量根据协议或合同规定。

6.2 应保证在储运中产品的包装不破损，产品不沾污、不受潮。

6.3 每个包装单元应附使用说明，包含下列内容：

a) 产品名称；

b) 产品的线密度；

c) 执行的标准编号；
d) 重量；
e) 批号；
f) 生产企业名称和地址。

7 其他要求

供需双方另有要求，可按合同或协议执行。

ICS 61.060
Y 78

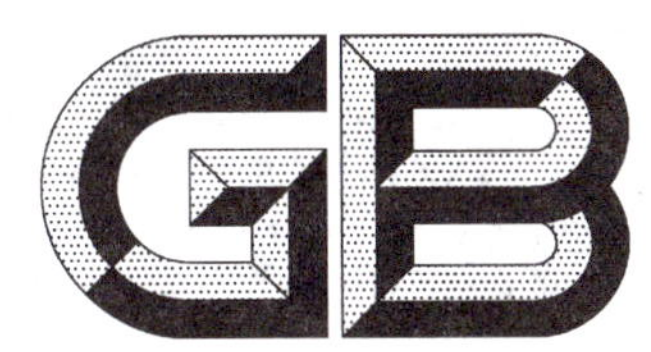

中华人民共和国国家标准

GB/T 2703—2008
代替 GB/T 2703—1981

鞋类术语

Footwear—Vocabulary

(ISO 19952:2005,NEQ)

2008-12-30 发布　　　　2009-09-01 实施

中华人民共和国国家质量监督检验检疫总局
中国国家标准化管理委员会　发布

前　言

本标准与 ISO 19952:2005《鞋类　术语》的一致性程度为非等效。

本标准代替 GB/T 2703—1981《皮鞋工业术语》。

本标准与 GB/T 2703—1981 相比，主要变化为：

——标准名称改为《鞋类　术语》；

——明确了适用范围；

——增加了相应的英文对应词；

——增加了同义词，同义词列于优选术语之后；

——增加中英文索引，以便于使用；

——术语排列方式不同，本标准按类别排列后再按汉语拼音顺序排列。

本标准的附录 A、附录 B、附录 C 为资料性附录。

本标准由中国轻工业联合会提出。

本标准由全国制鞋标准化技术委员会归口。

本标准起草单位：双星集团有限责任公司、中国皮革和制鞋工业研究院、新百丽鞋业(深圳)有限公司、奥康集团有限公司、温州巨一集团有限公司、安踏(中国)有限公司、佛山星期六鞋业股份有限公司、浙江红蜻蜓鞋业股份有限公司。

本标准主要起草人：沙淑芬、严怀道、邢德海、于百计、宋晓武、戚晓霞、陈国学、张伟娟、王振滔、董为民、潘建中、李苏、李礼、高善方、钱金波。

本标准所代替标准的历次版本发布情况为：

——GB/T 2703—1981。

鞋类　术语

1　范围

本标准规定了制鞋行业中使用的鞋类部件、名称、基础、材料、检测、工艺、设备、鞋楦的术语和定义。

本标准适用于缝制、胶粘、模压、硫化、注塑、插帮、灌注等工艺及粘缝等两种(含)以上工艺结合,采用各种天然皮革、人造革、合成革、纺织品等材料及两种(含)以上材料作为帮面制成的鞋类。

2　术语和定义

2.1　部件

2.1.1

D-环　D-ring

靴鞋上经常使用的金属或塑料物体,能使**鞋带**(2.1.50)滑动但不同于**鞋眼**(2.1.59)或**系带钩**(2.1.48)。见图1。

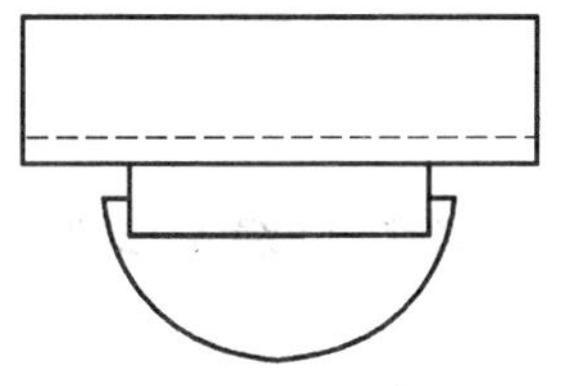

图1　D-环

2.1.2

半截式鞋垫　half sock

只覆盖**内底**(2.1.34)的可见部位,通常指**腰窝**(2.8.80)和后跟部位。

2.1.3

半托底　shank board

由坚硬的材料制成,在**内底**(2.1.34)的后部延伸到**足弓**(2.3.19)部位用来支撑脚。

2.1.4

帮盖　apron,plug

前**帮面**(2.1.6)上部的中心部分,见图2中的5所示。

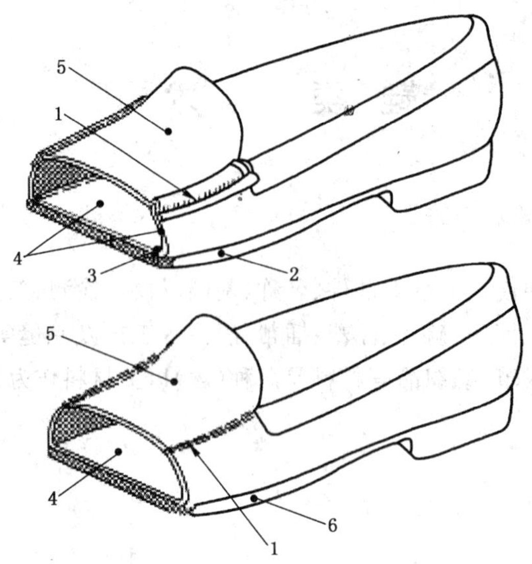

1——莫卡辛接缝(对缝出埂);
2——外底;
3——缝帮;
4——帮面;
5——帮盖;
6——沿条外底。

图2 莫卡辛[烧麦]式制鞋法

2.1.5

帮脚 lasting margin

在绷帮时**帮面**(2.1.6)拉伸到鞋楦底部的部分,此处与**内底**(2.1.34)或**鞋底**(2.1.52)结合。

2.1.6

帮面 upper

鞋类外表面材料,覆盖脚面,与**外底**(2.1.45)结合。对于靴类产品,还包括包裹腿的外面部分。只包括可见的材料,不考虑**衬里**(2.1.12)等不可见材料。见图2中的4、图3、图7中的1、图10中的1、图11中的1、图12中的1、图16中的1和图17中的1。

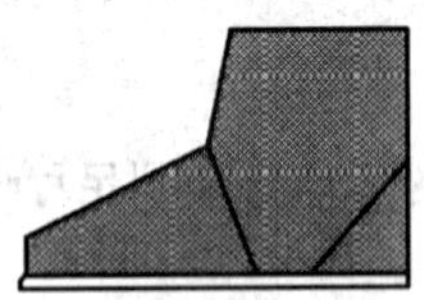

图3 帮面

2.1.7

帮面成型 complete upper assembly

通过缝合、粘合或层压装配而形成**帮面**(2.1.6)的过程,包括中间材料和所有**衬里**(2.1.12)连同衬料、胶粘剂、覆膜以及**补强材料**(2.1.10)。

2.1.8

包跟 covered heel

被材料包裹起来的**鞋跟**(2.1.55)。

2.1.9

包口条　top facing

缝合在**帮面**(2.1.6)沿口处,并连接**衬里**(2.1.12),对鞋起到加固作用的条状材料。

2.1.10

补强材料　reinforcement

提高**帮面**(2.1.6)和**衬里**(2.1.12)强度的材料。

2.1.11

部件　component

鞋类的组成部分,如**帮面**(2.1.6)、**外底**(2.1.45)、**衬里**(2.1.12)等。

2.1.12

衬里　lining

鞋类内部与脚和腿接触部分的材料。见图4。

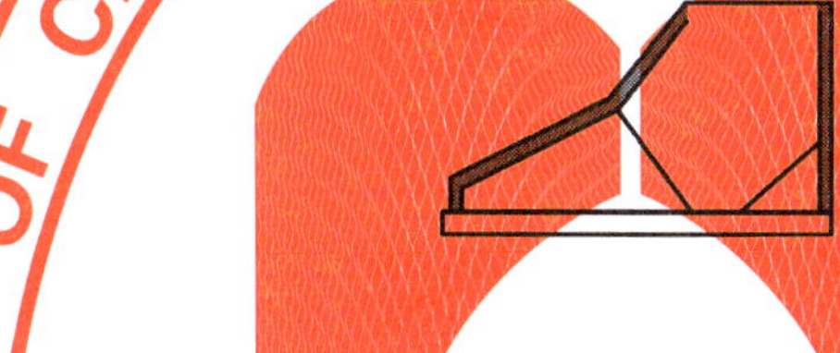

图4　衬里

2.1.13

成型外底　unit sole

鞋跟和**外底**(2.1.45)作为整体一起进行压注。

2.1.14

堆跟　built heel,stacked heel

用多层材料堆垛而成的**鞋跟**(2.1.55)。

2.1.15

防滑块　clcat

安装在**外底**(2.1.45)上具有防滑功能的突出物。

2.1.16

防滑鞋底　cleated sole

具有防滑功能的**外底**(2.1.45)。

2.1.17

复合鞋底　combined sole

鞋底(2.1.52)由两种或多种材料复合而成。

2.1.18

跟面　top piece

鞋跟(2.1.55)与地面接触的部分。见图5中的3。

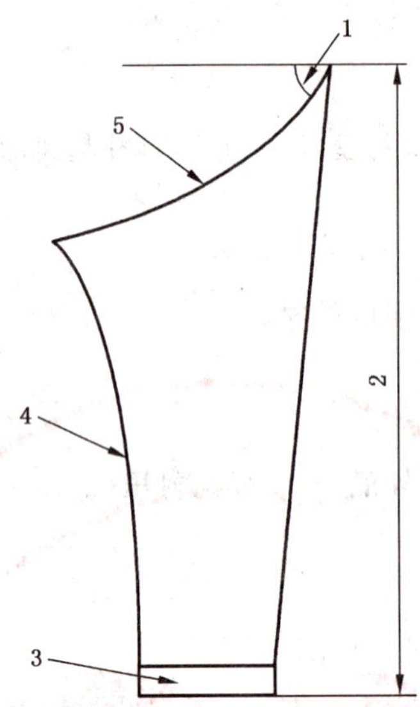

1——(鞋楦或鞋的)跟部后弧角；

2——跟高；

3——跟面[跟面(偏掌)]；

4——(鞋)跟口；

5——跟座。

图5 鞋跟

2.1.19

跟面偏掌 heel tip

固定在**跟面**(2.1.18)底部的金属、橡胶或塑料的加固物，提高此处在行走中的耐磨性能。见图5中的3。

2.1.20

跟座 heel seat

鞋跟(2.1.55)与**帮脚**(2.1.5)和**内底**(2.1.34)的接触区域。见图5中的5。

2.1.21

勾心 shank

位于**腰窝**(2.8.80)部位的条形支撑物，通常为钢制、木制、**纤维板**(2.1.49)或塑料(单独使用或结合使用)用于加固或防止**腰窝**(2.8.80)处弯曲变形。

2.1.22

后帮 quarter

覆盖鞋后跟部位的**帮面**(2.1.6)。见图6。

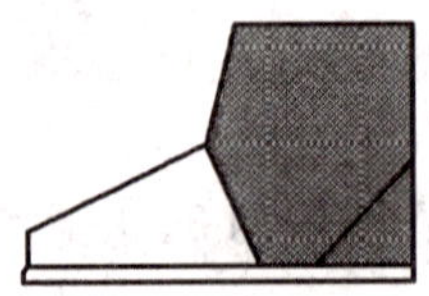

图6 后帮

2.1.23

后帮(衬)里 quarter lining

帮面(2.1.6)后部的**衬里**(2.1.12)。

2.1.24

后帮垫片　heel pad

鞋后帮(2.1.22)后缝部位,起定型、增强作用的材料。

2.1.25

后缝线　back seam

将后帮(2.1.22)连接或闭合在一起的缝线。

2.1.26

后跟条　back stay

位于鞋帮后缝外部起加固作用的条带。

2.1.27

后上片　back tab,mustache

位于鞋后**统口**(2.1.42)的一种**部件**(2.1.11),对于脚有保护作用。

2.1.28

护条　facing stay

防止将**鞋眼**(2.1.59)被拉出的加固物。

2.1.29

加固物(补强衬里)　backer

用于增加强度而施加到材料上的任何物质。

2.1.30

夹衬　interlining

在**衬里**(2.1.12)和**帮面**(2.1.6)之间的材料。

2.1.31

矩形附件　orthotic

插入鞋中的附件(成型材料),用来支撑**足弓**(2.3.19)、脚后跟或脚的凸起部位,防止或校正脚的缺陷和变形。

2.1.32

模压外底　direct moulded sole

在规定条件下,用模具将橡胶硫化或将塑料塑化成型的**外底**(2.1.45)。

2.1.33

内包头　box toe,toe puff

保持鞋帮前头部位曲线造型的加固物。

2.1.34

内底　insole

形成**鞋底**(2.1.52)基础的部件,在绷帮中通常与**帮脚**(2.1.5)结合。见图7中的8、图10中的4、图11中的7、图12中的4、图18中的3。

2.1.35

内底埂　rib,ply rib

与**外底**(2.1.45)或**内底**(2.1.34)平面垂直的墙,从边缘处向内轻微凹陷。见图7中的7。

注:通过剪切槽或埂或将材料进行重叠而成型[通常为织物,安装在**内底**(2.1.34)上作为墙,与**沿条**(2.1.65)和鞋**内底埂**(2.1.35)相似]。

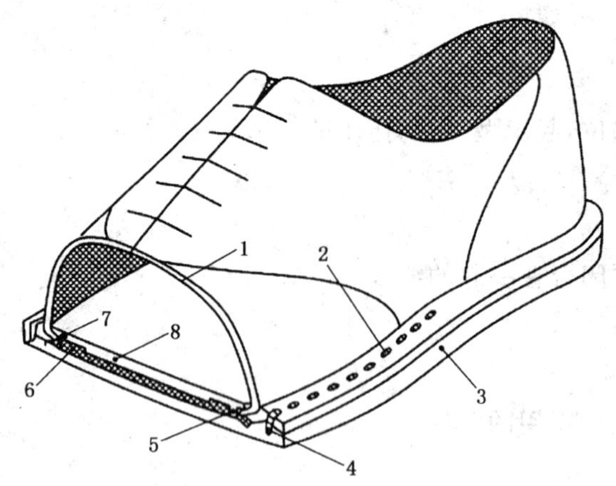

1——帮面；
2——沿条；
3——外底；
4——缝线；
5——沿条缝线；
6——鞋底填充物；
7——内底埂；
8——内底。

图7 沿条制鞋法

2.1.36

内垫 insock

常为多层**部件**(2.1.11)(可移动的或不能移动的)，覆盖**内底**(2.1.34)，提高**鞋底**(2.1.52)装配的性能(例如:舒适、震性)。

2.1.37

气垫 air cushion

装有气体的由合成材料制成的坚固气囊，提供轻质、减震等多种功能。

2.1.38

前帮 vamp

覆盖脚尖和脚背**帮面**(2.1.6)的前部分。见图8。

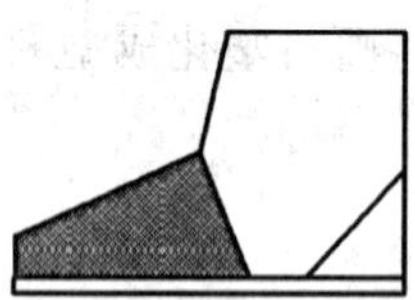

图8 前帮

2.1.39

前帮衬里 vamp lining

前帮(2.1.38)所用的**衬里**(2.1.12)材料。

2.1.40

前部 forepart

鞋、楦或**鞋底**(2.1.52)**腰窝**(2.8.80)以前的部分。

2.1.41

松紧带 elastic band

能伸长又能复原的带状织物，可自动调节**帮面**(2.1.6)的合脚性。

2.1.42

统口(鞋口)　top line

鞋帮口上部边缘。

2.1.43

涂层　coating

在表面的任何物质层,目的是改善性能或起装饰作用。

2.1.44

涂层织物　coated fabric

有聚合物或塑料**涂层**(2.1.43)的纺织品,比如橡胶、聚氨酯或聚氯乙烯。

2.1.45

外底　outsole

鞋的底部**部件**(2.1.11),位于最外层,直接与地面接触的部位。见图2中的2、图7中的3、图10中的2、图11中的2、图12中的3、图16中的2和图17中的4。

2.1.46

外底压纹　wheeling

在**鞋底**(2.1.52)或在**鞋跟**(2.1.55)边缘的装饰纹,由带波纹的轮压制而成。

2.1.47

外底印　tread

承重的花纹图形和鞋**外底**(2.1.45)的表面。

2.1.48

系带钩　lace hook

像**鞋眼**(2.1.59)一样插入鞋或靴**帮面**(2.1.6)中的鞋钩,紧固**鞋带**(2.1.50)用。

2.1.49

纤维板　fiberboard

以纤维制成的材料,通常为皮革或纤维素,使用造纸技术加工形成片材(板)。

2.1.50

鞋带　lace

拉紧鞋帮用的细绳或带子。

2.1.51

鞋带箍　aglet,tag,aigulet and lace end

鞋带(2.1.50)末端用于加强**鞋带**(2.1.50),和使**鞋带**(2.1.50)容易穿过**鞋眼**(2.1.59)的硬物。

2.1.52

鞋底　sole bottom

由**外底**(2.1.45)、**内底**(2.1.34)、**沿条**(2.1.65)、**鞋跟**(2.1.55)等构成鞋的底部**部件**(2.1.11)。可以为单一材料,也可以为**复合鞋底**(2.1.17)。见图9。

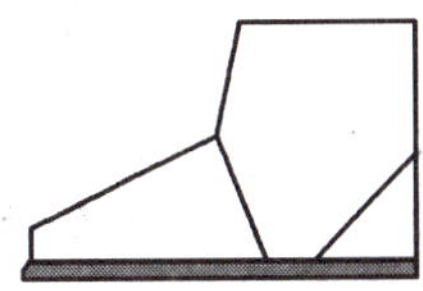

图9　鞋底

2.1.53

鞋底填充物　bottom filling,filler

在装配**外底**(2.1.45)上方,对绷过帮的内部区域空间进行填充的材料。见图7中的6、图10中的3、图11中的6和图16中的4。

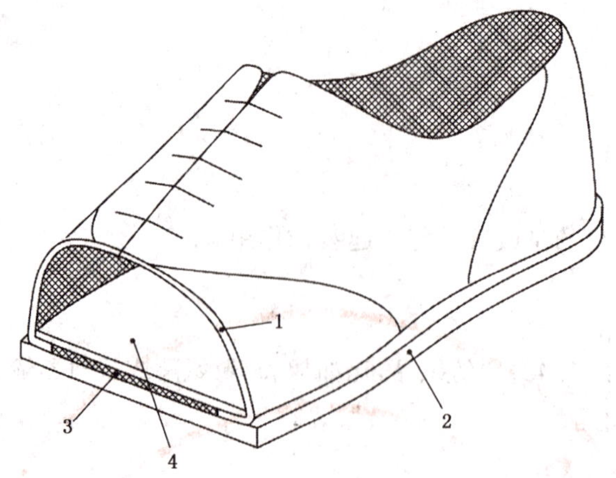

1——帮面；

2——外底；

3——鞋底填充物；

4——内底。

图 10　胶粘制鞋法

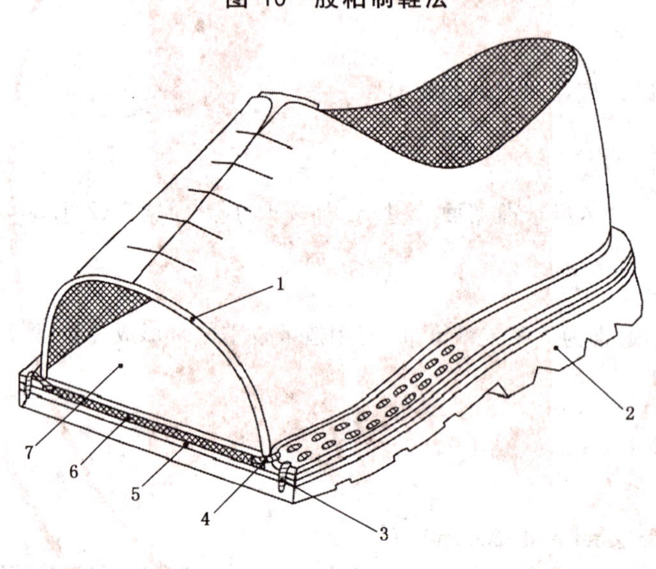

1——帮面；

2——外底；

3——(线)缝 ；

4——同内底的缝线；

5——中底；

6——鞋底填充物；

7——内底。

图 11　缝沿条制鞋法

2.1.54

鞋垫　sock, full sock, footbed

与脚接触的置于**内底**(2.1.34)之上的材料。

2.1.55

鞋跟　heel

跟座(2.1.20)下的支撑物，在脚跟部位与**鞋底**(2.1.52)结合或形成**鞋底**(2.1.52)的后部分，目的是给予鞋相应的平衡。

2.1.56

鞋后里　counter pocket

在无**衬里**(2.1.12)鞋的主跟部位附上的**衬里**(2.1.12),将**主跟**(2.1.67)隐藏起来。

2.1.57

鞋舌　tongue

帮面(2.1.6)的一部分或与**帮面**(2.1.6)结合的部位,从前**帮面**(2.1.6)的后边缘伸出,位于**鞋带**(2.1.50)之下,作为脚背(跗面)的保护物。

2.1.58

鞋头　cap,toe cap,wing cap

覆盖脚趾部位的**帮面**(2.1.6)。

2.1.59

鞋眼　eyelet

金属或塑料制成的安装到鞋帮上的**部件**(2.1.11),用于串**鞋带**(2.1.50)或绳。

2.1.60

鞋眼护条　facer,facings,facing row

装有鞋眼的**帮面**(2.1.6)部分。

2.1.61

鞋腰　quarter

从**鞋跟**(2.1.55)到**前帮**(2.1.38)内侧鞋或靴的**帮面**(2.1.6)。

2.1.62

鞋罩　gaiter

套在脚踝部位和覆盖鞋类/鞋的鞋口的(鞋)物体。

2.1.63

沿口泡沫　collar padding,collar foam

位于后**统口**(2.1.42)的一种**部件**(2.1.11),由海绵等材料填充,使**统口**(2.1.42)变得松软舒适,起到保护脚的作用。

2.1.64

沿口皮　collar,cuff

沿着**后帮**(2.1.22)的上部或鞋口的**帮面**(2.1.6)部分。

注:窄条物体(皮革或纺织材料等)通常用于**统口**(2.1.42),起到加强和装饰作用。

2.1.65

沿条　welt

在**鞋底**(2.1.52)上部边缘的可弯曲的**部件**(2.1.11)材料。见图7中的2和图12中的2。

2.1.66

中底　midsole,through sole

在**外底**(2.1.45)和**内底**(2.1.34)之间的**部件**(2.1.11)材料。见图12中的2。

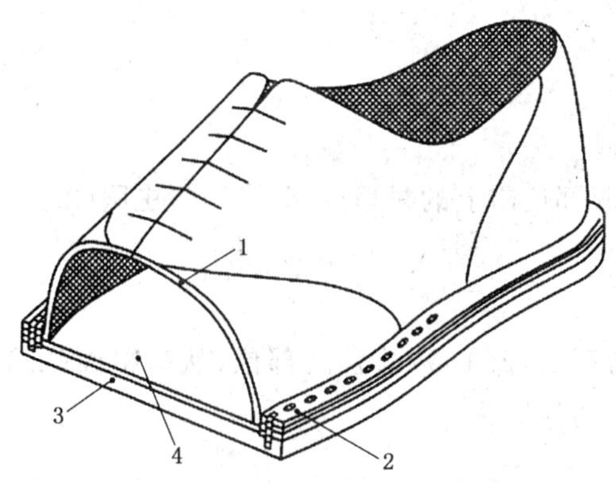

1——帮面；
2——沿条；
3——外底；
4——内底。

图 12 翻缝制鞋法

2.1.67

主跟 counter,stiffener

位于**鞋跟**(2.1.55)上部的**帮面**(2.1.6)区域，在**衬里**(2.1.12)和**帮面**(2.1.6)之间插入的**部件**(2.1.11)，用以增加强度。见图 13。

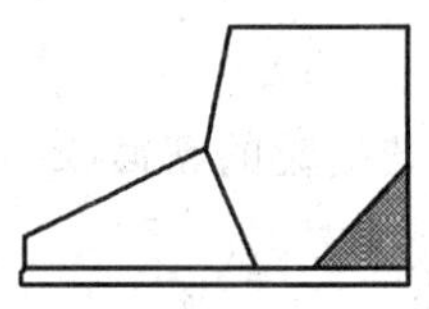

图 13 主跟

2.1.68

子口 feather line

帮底结合处。

2.1.69

足弓垫 arch support

固定到**内底**(2.1.34)**足弓**(2.3.19)部位具有一定形状起支撑作用的硬橡胶或相似**部件**(2.1.11)材料。

2.2 产品名称

2.2.1

安全鞋 safety footwear

是从业人员在生产和工作中防御机械性或化学材料等因素伤害足部而穿着的防护鞋。例如带有钢包头的鞋。

2.2.2

芭蕾鞋 ballet footwear

专门为芭蕾舞者设计穿用的鞋，一种质量非常轻的鞋，没有**鞋跟**(2.1.55)。**帮面**(2.1.6)通常由缎或其他织物制成，并通过**后帮**(2.1.22)处的带子固定到脚上。

2.2.3

棒球鞋 baseball footwears

为进行棒球运动的穿着者设计和加工生产的鞋，一般**鞋底**(2.1.52)装有防滑的金属钉或橡皮头。

2.2.4

布鞋 **cloth footwears**

以纺织品、针织品作为**帮面**(2.1.6),以缝绱、注塑、注胶、模压、**硫化**(2.6.22)、**胶粘**(2.6.21)等工艺制作的鞋类。

2.2.5

长筒橡胶靴 **gum boot**

帮面(2.1.6)长及膝盖,具有高防水性,通常在化学工厂中穿用,以保护脚免受化学品的危害。

2.2.6

成品鞋 **completed footwear**

可以直接穿用的鞋。

2.2.7

登山鞋(爬山鞋) **mountaineer footwear**

为登山运动设计和加工生产的鞋。具有良好的防水、防滑、保暖、耐用性能。

2.2.8

低腰鞋 **low cut footwear**

鞋帮低于踝骨的鞋。

2.2.9

定做鞋 **custom-made footwears**

根据特定穿用者的脚型信息而设计制作的**成品鞋**(2.2.6)。

2.2.10

儿童皮鞋 **children's leather footwears**

鞋号(2.3.16)不大于 250 mm,供 3 周岁至 14 周岁儿童穿用的**皮鞋**(2.2.17)。

2.2.11

防寒鞋 **cold weather footwear**

为保温和御寒设计和加工生产的鞋类。

2.2.12

护士鞋 **nurse footwear**

用于护士工作时穿用的鞋,具有舒适、轻盈、防滑、无噪音的性能。

2.2.13

滑雪鞋 **ski boot**

设计用来雪地滑雪的鞋靴,是一种厚底、保暖舒适、防水、帮高于脚踝的靴鞋。系带或用扣环扣合,有时内穿衬靴,靴底亦经设计,可紧扣在滑雪板上。

2.2.14

矫形鞋 **orthopedic footwear, therapeutic (prophylactic) footwear**

对于特殊不正常的脚进行理疗的鞋。

2.2.15

凉鞋 **sandals, sandal footwear**

鞋帮某些部位露空的鞋,按裸露部位分为六种:前空、后空、中空、前后空、全空、网眼。

2.2.16

硫化鞋 **vulcanize footwear**

用橡胶**鞋底**(2.1.52)材料加硫和鞋面衔接制成的鞋。

2.2.17

皮鞋　leather footwear

采用皮革、人造材料等作为**帮面**(2.1.6)，采用**胶粘**(2.6.21)、缝制、模压、**硫化**(2.6.22)、注塑、灌注等工艺制作的鞋类。

2.2.18

三节头鞋　oxford footwear

鞋帮三节式，系**鞋带**(2.1.50)的一种鞋，是男子常穿的代表性鞋子。

2.2.19

舌式鞋(素头浅帮横条式鞋)　monk

通过在脚背上的**鞋带**(2.1.50)固定在脚上的满帮鞋。

2.2.20

时装鞋　fashion footwear

具有流行时尚特征的鞋，时代感强。

2.2.21

室内便鞋　indoor footwear

供室内穿用而设计和生产加工的鞋类。

2.2.22

拖鞋　slipper

没有**后帮**(2.1.22)，露趾或不露趾，通常在室内穿用。

2.2.23

无衬里的鞋　unlined footwear

没有**衬里**(2.1.12)的鞋，尤其是夏天穿着的鞋。

2.2.24

橡胶鞋　rubber footwear

商业贸易上常见鞋的分类(同非橡胶鞋区分开)通常包括防护性橡胶鞋和橡胶底硫化到**帮面**(2.1.6)的鞋。

2.2.25

鞋类(鞋)　footwear

为了保护和覆盖脚。不同材料的**帮面**(2.1.6)与**鞋底**(2.1.52)[**外底**(2.1.45)]一起制成的物体。

注：一般鞋类产品分为皮鞋、布鞋、胶鞋、塑料鞋，又可分为生活用鞋、劳动保护鞋、运动鞋、文艺演出鞋、医疗保健鞋、军警靴鞋、民族靴鞋。

2.2.26

休闲鞋　casual footwears

适合于非正式场合或消遣时间活动穿用而设计和生产加工的鞋。

2.2.27

靴　boot

帮面(2.1.6)在脚踝以上的鞋。根据靴筒的高度分为短靴、半筒靴、中筒靴和高筒靴。

2.2.28

学生鞋　school footwear, children's school footwear

为青少年在学校中穿用而设计和加工生产的鞋。

2.2.29

婴幼儿鞋　infants footwear

鞋号(2.3.16)不大于 170 mm，供 3 周岁以下婴幼儿穿用的鞋。

2.2.30

运动鞋　general sportswear

适合非竞技运动设计和生产加工的鞋。

2.2.31

正装鞋　town footwear

为在办公和礼仪场合穿着而设计和生产加工的鞋。

2.3　基础

2.3.1

承试人员　subject

接受测量脚和试验期间的鞋穿着者的人员。

2.3.2

放余量　toe allowance

鞋楦比实际脚长增长的长度，保证脚舒适的放长量。保证脚的动态活动，这也取决于鞋的功能。见图 14。

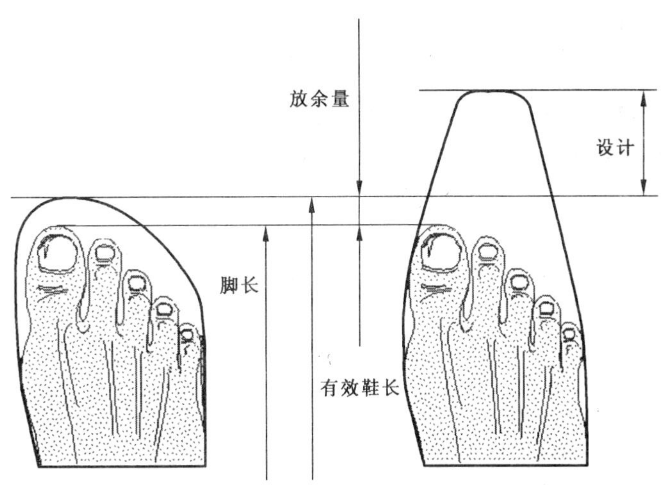

图 14　放余量

2.3.3

分码　grade, grading

将所有相同样式的鞋按**鞋号**(2.3.16)大小进行分类。

2.3.4

跟部后弧角　heel angle

跟座(2.1.20)与水平面之间的夹角。见图 5 中的 1。

2.3.5

号差　size intervals (length)

在整个**鞋号**(2.3.16)体系中，相邻两个**鞋号**(2.3.16)之间的差值。

2.3.6

横弓　transverse arch

跗面下横向的**足弓**(2.3.19)。

2.3.7

脚背　instep

脚的跖骨到脚踝连接处的脚的上部区域，同样也指鞋和鞋楦上的相应部位。

2.3.8

脚长 foot length

脚正常站立是从脚后跟突点部位至脚趾最前端的距离。

2.3.9

脚跟 heel

脚后跟处由两个骨头距骨和跟骨形成的区域。

2.3.10

口门 throat

鞋帮具有开、闭功能的部位。

2.3.11

内侧 inside

左脚鞋楦和鞋的右侧和右脚鞋楦和鞋的左侧。

2.3.12

内翻足踝 varus ankle

脚向内旋转的异常弯曲状态。

2.3.13

商标(布标) logo,label

载有商标图案、文字或其他标志的**部件**(2.1.11)或图形。

2.3.14

世界鞋号 mondopoint

由国际标准组织(ISO)制定的**鞋号**(2.3.16)体系,鞋上的号码的标记是以脚长和脚宽来表示,以毫米计。

2.3.15

外翻 eversion

脚向外翻转,将**外底**(2.1.45)从身体的中心线向外翻转。

2.3.16

鞋号 footwear sizing

表示鞋长度和围度的标志。如世界鞋号、中国鞋号、法码、美国鞋号、波士顿鞋号、英国鞋号、日本鞋号等。

2.3.17

型差 width interval

相邻两个型号之间和相邻两个围度之间的等差,也可称差值。

2.3.18

纵弓 plantar arch

脚底的纵向**足弓**(2.3.19)。

2.3.19

足弓 arch

是由跗骨、跖骨的拱形砌合,以及足底的韧带、肌腱等具有弹性和收缩力的组织共同构成的一个凸向上方的弓,可分为纵弓及横弓。

2.3.20

最终用途 end use

鞋类的最终使用意图。

2.4 材料

2.4.1

半背底革　bend sole leather

牛皮中价值最高、最硬和最重的部位。

2.4.2

半背皮　bend

去掉肩头和腹部的半张革。

2.4.3

半苯胺革　semi-aniline leather

这种革的坏革粒面上部分有很浅的伤残，为遮盖伤残同时保持革的天然粒纹，采用部分颜料加粘合剂（成膜剂）和金属染水对坏革进行着色涂饰，形成半遮盖层，使革面粒纹隐约可见。这种革表面手感接近于苯胺革。

2.4.4

苯胺革　aniline leather

采用苯胺涂料做**皮革涂层**（2.1.43），保持其天然的感觉。

2.4.5

搓纹皮　boaded leather

通过反复弯折粒面产生假的或更加清晰的粒面。

2.4.6

法兰绒　flannel

一种起绒的纺织品，通常用作**衬里**（2.1.12）。

2.4.7

仿皮　imitation leather

一般为橡胶或塑料涂覆，模仿天然皮革的材料。

2.4.8

仿皮底　imitation leather soles

模仿真皮底革性能制作的**外底**（2.1.45），主要成分是橡胶、塑料或合成材料。

2.4.9

跟部纤维板　seatboard

内底（2.1.34）与**鞋跟**（2.1.55）结合的加强物。

2.4.10

跟蜡　heel wax

应用**鞋跟**（2.1.55）表面处理，增强光泽度。

2.4.11

挂脚皮　heel grip

在**鞋跟**（2.1.55）部**衬里**（2.1.12）使用的条状材料，防止鞋在行走时打滑。

2.4.12

光亮剂　brightness agent

主要作用是使鞋面皮革呈现各种不同的风格，提高鞋的档次，增强皮鞋修饰层的防水、耐低温性能。包括自然光、中光、中高光、高光、防水防寒高光、水性和油性光亮剂。

2.4.13

胶粘剂　adhesive

也叫粘合剂，通过表面接触将材料固定在一起的物质。

2.4.14

毛皮　fur,hair-on leather

带有毛的革。

2.4.15

抛光蜡　polishing wax

主要作用是完成各种上工艺流程的最后一道工序,增强鞋面的自然蜡感,提高鞋面的光泽,增强防水的功效。

2.4.16

皮　skin

动物的皮,如牛皮、猪皮或羊皮等。

2.4.17

皮革　leather

具有大部分的完整性的天然纤维结构、为了其不被破坏而进行了鞣制(无论毛被是否去除的皮)。

2.4.18

皮革填充剂　leather filler

提高鞋面的色泽鲜艳度,增加鞋面平整度,使粒面更加匀称,增强再涂饰层的粘合力。

2.4.19

漆皮　patent leather

具有闪亮**涂层**(2.1.43)的皮革。

2.4.20

清洁剂　detergent

主要作用是对皮革表面毛孔进行清洁,消除皮革表面层污渍、油脂、银笔线等,主要包括溶剂型、溶剂强力型、水性及溶剂型漆皮清洁剂。

2.4.21

双密度　double/dual density

外底(2.1.45)材料包括两层不同密度的材料,结构上可能为一个或两个聚合物,密实或微孔结构。

2.4.22

贴膜革　coated leather

皮革**涂层**(2.1.43)不超过产品总厚度的三分之一,且**涂层**(2.1.43)厚度大于 0.15 mm。

2.4.23

脱模剂　off-mould agent

用于**鞋底**(2.1.52)生产,使**鞋底**(2.1.52)利于脱模又能使鞋边及**鞋底**(2.1.52)光泽自然。

2.4.24

微孔　micro cellular

弹性**鞋底**(2.1.52)的一种性质,具有无数的气孔,提高材料的轻量性和缓冲性。

2.4.25

微孔橡胶　micro porous rubber

具有蜂窝状结构的橡胶。蜂窝内充满气体,提供支撑和缓冲作用。

2.4.26

鞋油　footwear polishing cream

用于皮革表面填充,使皮革表面处理更加细腻,高贵典雅,包括自然光、中光和高光风格。

2.4.27

绉胶片 crepe rubber

起先是指未硫化的天然橡胶，颜色很浅，表面有节，用于**鞋底**(2.1.52)和**鞋跟**(2.1.55)。现在鞋用绉胶片大多为合成的弹性体。

2.4.28

主跟和包头材料 stiffener and toe puff material

以无纺布为底基浸渍(喷胶)而成，包括热熔型和溶剂型。

2.5 检测

2.5.1

帮底粘合强度 upper sole adhesion

分离**帮面**(2.1.6)和**外底**(2.1.45)之间单位宽度粘合界面所需要的力。

2.5.2

变形性 deformability

材料的多向模量性质。

2.5.3

剥层撕裂力 split tear strength

将试样上的粘合层之间的切口进行拉伸至撕裂所需要的力。

2.5.4

不合脚 improperly fitted

描述按鞋的最终用途或防护用途使用时，鞋在穿着时太松或太紧。

2.5.5

材料耐折性能 flex resistance

材料的抗折裂能力。

2.5.6

层间剥离强度 delamination resistance

剥离单位面积材料时需要的横向力。

2.5.7

尺寸稳定性 dimensional stability

在规定的试验条件下(例如温度和湿度)，试验前后两个参照点之间距离的变化率。

2.5.8

定形能力 shape retention

对试样施加几次负荷后材料保持原始形状的能力。

2.5.9

防水性能 water resistance

鞋类材料防止水渗透的能力。

2.5.10

缝合强度 seam strength

在规定条件下测定的缝线缝合断裂强度。

2.5.11

隔热性能 thermal insulation

材料的一种导热性能。

2.5.12

跟高　heel height

从**鞋跟**(2.1.55)后部,测量从地面到**鞋跟**(2.1.55)顶部的垂直距离,包括**跟面**(2.1.18)。见图5中的2。

2.5.13

跟口　heel breast

鞋跟(2.1.55)的正面或前面(为向鞋尖的方向)。

2.5.14

跟面结合力　top piece retention strength

将**跟面**(2.1.18)从**鞋跟**(2.1.55)上拔出所需要的最大力。

2.5.15

规定伸长率的应力　stress at a given elongation

试样达到规定伸长率时所需的应力。

2.5.16

环境　atmosphere

由一个或多个参数定义的周围条件,一般为温度和相对湿度。

2.5.17

环境调节　conditioning

〈工厂〉通常为了定型,对材料加湿或加热和加湿的过程。

〈实验室〉总体上来讲此操作是在试验前将试样或样品放入一个与温度和湿度相关的试验环境中,并在此环境中放置一定的时间。

2.5.18

加速老化　accelerated aging

将材料放置在即将进行的试验方法中规定的环境中,使材料比正常变化速度更快。

2.5.19

减震性能　shock absorption

应用力随着时间的增加而力的峰值随之减小。

2.5.20

抗菌　antimicrobial

采用化学或物理方法杀灭微生物或妨碍微生物生长繁殖及其活性的过程。

2.5.21

抗疲劳性　fatigue resistance

在规定条件下,材料或**部件**(2.1.11)对持续负荷反复作用的抗冲击性。

2.5.22

抗张强度　tensile strength

最大力值时的拉伸应力。

2.5.23

可绷帮性　resistance to damage on lasting

从所有方向同时拉伸材料时材料不被损坏的能力。

2.5.24

可塑性　plasticity

材料的一种性能,允许其连续变形或永久变形。

2.5.25

可洗性　washability

在规定条件下鞋或材料洗涤时，其耐尺寸变化或掉色性能。

2.5.26

可修复性　reparability

鞋的部件(2.1.11)可替换，以增加鞋的寿命。

2.5.27

拉伸方向　direction of strength

通常为皮革，但也有其他材料，为拉伸(模量)强度最高和最低的两个方向。

2.5.28

摩擦色牢度　color fastness to rubbing

在干、湿摩擦中材料的抗损伤能力(抗刮伤能力)和材料表面颜色的转移性。

2.5.29

摩擦系数　coefficient of friction

物体防止与其接触的物体之间的相对运动——滑动、滚动或流动的能力。分为**静摩擦系数**(2.5.29.1)和动摩擦系数(2.5.29.2)。

2.5.29.1

静摩擦系数　coefficient of static friction

引起两个静止物体接触面切线方向分离所需要的力与作用在两个表面上的垂直力的比例。

2.5.29.2

动摩擦系数　coefficient of kinetic friction, kinetic coefficient of friction

保持接触面之间的匀速速度所需要的力与在两个表面上作用的垂直力的比例。

2.5.30

耐腐蚀性　corrosion resistance

金属表面不会由于空气或盐水作用而发生改变的性能。

2.5.31

耐汗性　perspiration resistance

试样抵制人工汗液作用的能力。通常通过对试验材料尺寸、颜色等变化的测量评估其耐汗性能。

2.5.32

耐磨性能　abrasion resistance

当机械力作用在材料表面上时，材料的耐磨损性能。

2.5.33

耐压能力　compression strength

在规定的范围内使试样变形所需的力。

2.5.34

能量吸收　energy absorption

由于转变为热能，从而分散或转移能量。

2.5.35

批量试验　bench test

对产品使用进行改性的试验，在此试验中，大致模拟使用条件，但设备为实验室设备，没有必要与产品实际使用的完全一致。

2.5.36

牵引　traction

鞋的抓地能力。

2.5.37

前帮长度　vamp length

沿着鞋楦头部侧视图，从楦前帮点到楦底前端点的测定距离。

2.5.38

前跷　toe spring，spring toe

外底(2.1.45)**鞋底**(2.1.52)的前端点和地面的距离。

2.5.39

取样部位　cutting area

从皮上或其他材料可用部位上剪切**部件**(2.1.11)。

2.5.40

取样数量　sample unit (for test purposes)，sample size

对于在材料规定中说明或过程文件中规定的每项性能和特性，得到其试验结果所需要的材料总数。

2.5.41

伸长率　elongation

尺寸的增加或伸长。

2.5.42

渗透时间　penetration time

水从湿的一面刚刚渗透到试样另一面所用的时间。

2.5.43

试样方向　specimen direction

通常根据与材料结构或生产工艺有关的特征来规定"1"方向，把与"1"方向垂直的方向规定为"2"方向。

注："1"方向又称为0°方向或纵向；"2"方向又称为90°方向或横向。

2.5.44

受控鞋类　controlled footwears

采用已知其楦型、性能、材料、款式及工艺等制备的鞋。

2.5.45

水溶性物质　water soluble matter

在规定条件下材料中被水溶解的所有物质[分为**水溶性无机物质**(2.5.45.1)和**水溶性有机物质**(2.5.45.2)]之和。

2.5.45.1

水溶性无机物质　water soluble inorganic substances

水溶性物质中的硫酸盐类。

2.5.45.2

水溶性有机物质　water soluble organic substances

水溶性物质中的有机成分。

2.5.46

透气性　air permeability，breathability

材料允许气体通过的能力。

2.5.47

透水速率　water penetration rate

在一个或多个试验时间内通过试样的水量。

2.5.48

吐霜　sprew,spue,blooming

鞋类材料中的成分在表面形成白色的糖霜状或带粘性的沉积物。

2.5.49

鞋跟结合强度　heel attachment strength

在试验条件下,将**鞋跟**(2.1.55)从**外底**(2.1.45)与内底装配体上分离所需要的最大力。

2.5.50

压缩能　compression energy

在恒定力作用下,材料的压缩变形相对应的能量,单位为焦耳。

2.5.51

压缩偏差　compression deflection

当被压缩时材料的变形程度。

2.5.52

颜色迁移性　colour migration

颜色从一种材料迁移到另一种材料时发生的掉色。

2.5.53

样品　sample (for test)

从许多样品中随机取出规定的试样,试样数量符合按要求规定的所有物理和化学试验所需试样。

2.5.54

硬度计　durometer

测量硬度的设备,即橡胶或另外鞋类材料防止压针压入(而不是刺透)其表面的能力。读数范围为1～100。

2.5.55

永久变形　permanent set (deformation)

在变形后弹性物体不能回到原始状态的程度。

2.5.56

与地接触力　ground rcaction forces

在脚与地面接触时的作用力,包括剪切力和压力。

2.5.57

粘合性能　bondability

一种材料通过加压和(或)加热以及使用均匀的粘合剂的方法能与自身或其他材料粘合的能力。

2.5.58

针距　stitch size spacing

单位长度的缝线个数。

2.6　工艺

2.6.1

帮面(2.1.6)裁断　upper cutting

正确剪切**帮面**(2.1.6)**部件**(2.1.11),使剪切材料的拉伸方向与最大绷帮力的方向垂直。

2.6.2

绷帮　lasting,pulling over

制鞋操作,拉伸鞋面使之与鞋楦形状一致。一般分为手工绷帮、机器绷帮(打钉绷帮和胶粘绷帮)、缉帮套楦、拉绳绷帮、排揎等。拉绳绷帮见图15。

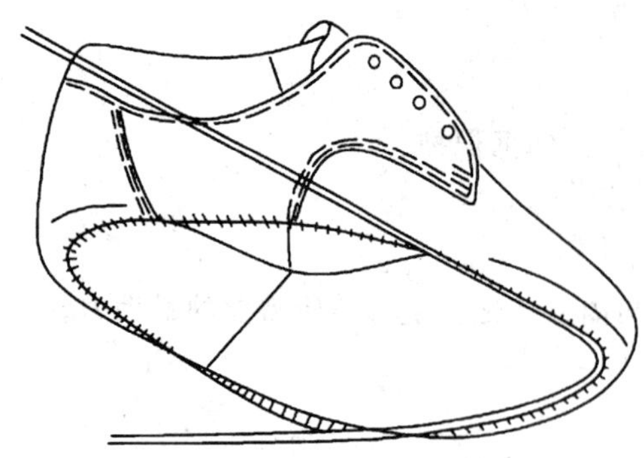
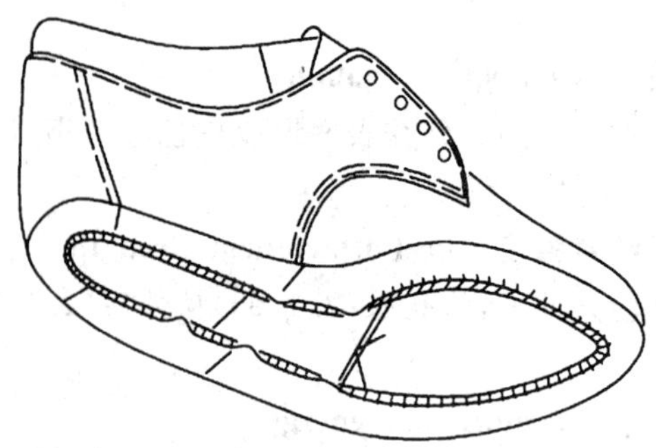

图 15 拉绳绷帮

2.6.3

边墙缝制法 side wall sewn

帮面(2.1.6)直接缝制到**外底**(2.1.45)上墙的一种制鞋方法。

2.6.4

处理剂 halogenations

用来处理帮底材料,提高其粘合强度。

2.6.5

串鞋带(2.1.50) **lacing**

用从**鞋眼**(2.1.59)或**鞋带**(2.1.50)钩中串出的**鞋带**(2.1.50),将**帮面**(2.1.6)的两个相对部分拉在一起或固定在一起。

2.6.6

打磨 roughing,buffing

使**帮脚**(2.1.5)和相应的**外底**(2.1.45)边缘部位的材料的纤维暴露和直立,有利于胶粘剂的渗透和粘合。

2.6.7

打印 stamping,printing

使用加热或加压的方法将信息印制到内垫或**衬里**(2.1.12)上。

2.6.8

底边修饰 edge finishing

对未加工底边施加油墨和颜料。

2.6.9

缝帮 sewing

用线将两个材料边缘处连接。缝线类型可分为对缝、搭接缝、包边缝、压缝、透缝、卷边缝、翻缝、平缝等。

2.6.10

缝沿条 welt sewing

缝制**沿条**(2.1.65)和将**帮面**(2.1.6)缝制到内**底埂**(2.1.35)上。

2.6.11

缝沿条制鞋法(挪威鞋结构) Norwegian construction,reversed welted

沿条(2.1.65)分别与帮和底缝合的工艺。见图 11。

2.6.12

缝制制鞋法 sewn construction

帮面(2.1.6)与**鞋底**(2.1.52)用缝线结合在一起的工艺。有外线缝制、内线缝制、压条缝制、帮底直接缝制等。部分示例见图 14、图 15、图 16、图 17 和图 18。

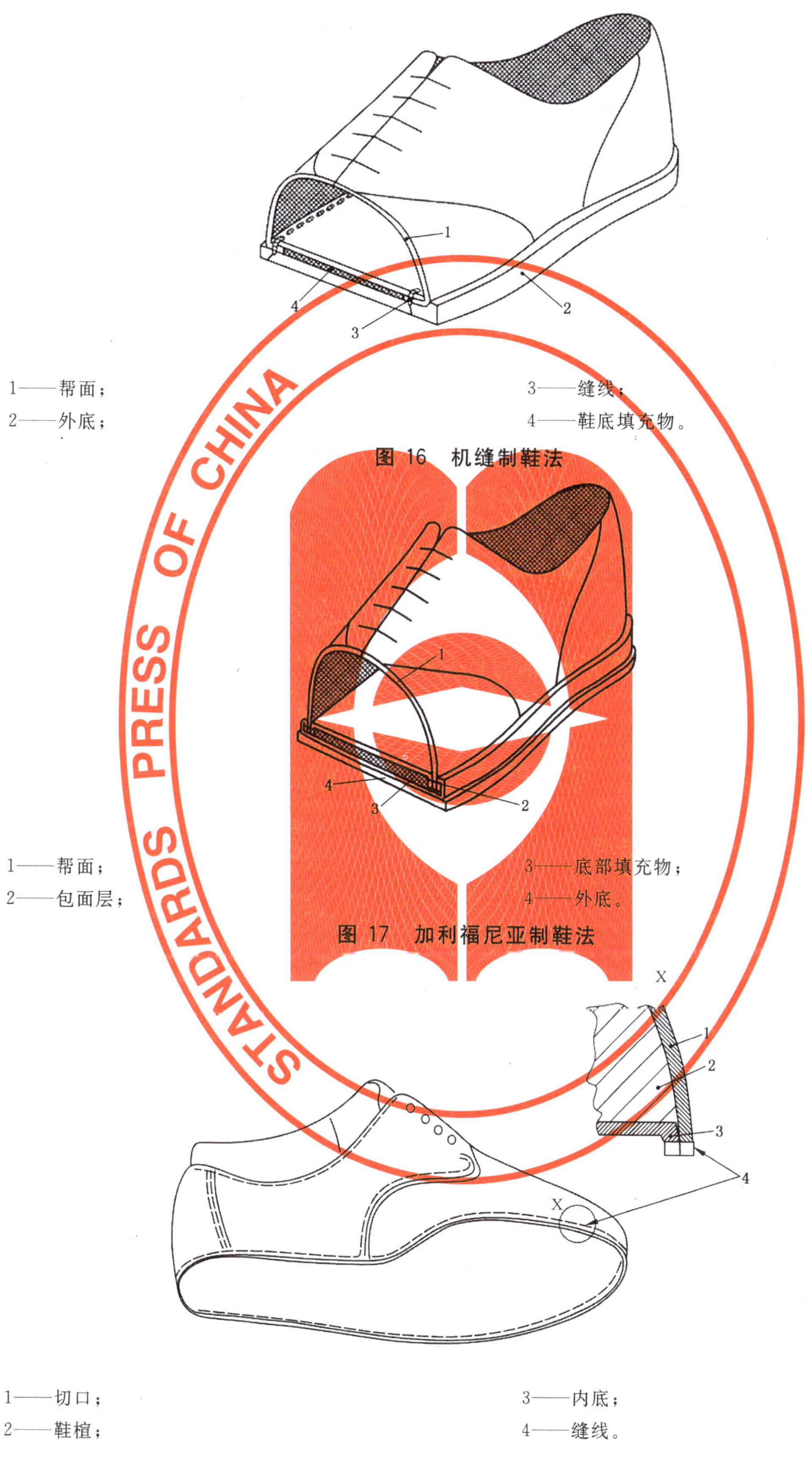

1——帮面；
2——外底；
3——缝线；
4——鞋底填充物。

图 16 机缝制鞋法

1——帮面；
2——包面层；
3——底部填充物；
4——外底。

图 17 加利福尼亚制鞋法

1——切口；
2——鞋楦；
3——内底；
4——缝线。

图 18 士多宝制鞋法

2.6.13

工序 working process

组成整个生产过程的各段加工，也指各段加工次序。材料经过各道工序加工成成品的过程。

2.6.14

工艺 techniques

将原材料或半成品，加工成成品的工作、方法和技术等。分为缝制、胶粘、硫化、灌注、注塑、缝粘工艺。

2.6.15

工艺流程 manufacture procedure

鞋类产品生产过程中，从原材料到制成品的各项工作程序。

2.6.16

刮摩 rub

将**帮面**(2.1.6)或**衬里**(2.1.12)上的任何突起不平的地方平整，但通常是对突起的缝线进行操作。

2.6.17

灌注 sprue, injection

将材料注入模具内。

2.6.18

灌注模具 compression mold

当倒入材料时候打开，使用热或压力闭合使材料成型。

2.6.19

滚边 binding

＜材料＞加附在**部件**(2.1.11)边缘的条形材料。

注：又叫**包口条**(见 2.1.9)。

＜工艺＞将条形材料包裹在**部件**(2.1.11)边缘的过程。

2.6.20

后帮定型 backpart molding

绷帮之前，**跟座**(2.1.20)定型的准备工作，通常对热塑性**主跟**(2.1.67)适用，在对鞋后部绷帮操作之前，后部**部件**(2.1.11)在金属**鞋跟**(2.1.55)模型上加热成型为后部**鞋跟**(2.1.55)形状的成型**主跟**(2.1.67)、**帮面**(2.1.6)和**衬里**(2.1.12)。

2.6.21

胶粘 cemented construction, flat lasted, stuck-on, stuck-on sole construction

使用粘合剂而非缝线或其他方法将**帮面**(2.1.6)固定或绷帮在**内底**(2.1.34)上的工艺。常见时装鞋、休闲鞋以及训练鞋等。见图 8。

2.6.22

硫化 vulcanization

将未硫化的成型鞋通过硫化罐加热和加压的过程。

2.6.23

抛光 polishing

使鞋表面光亮的整理工序。

2.6.24

片边 skive, skiving

使皮革(或其他材料)边缘变薄，通常在肉面进行操作，以满足缝线、翻转或起皱等工艺用。见图 19。

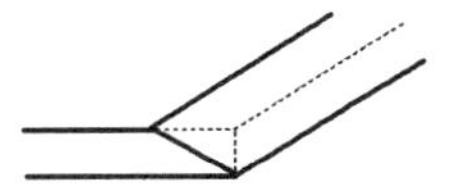

图 19 片边

2.6.25

平沿条 welt beating, welt hammering

用机械敲打已与**帮面**(2.1.6)缝好的**沿条**(2.1.65),使之平整。

2.6.26

剖层 split

将皮革分成两个或多层。

2.6.27

设计 design

根据人体脚型、运动机理及美学原理,结合制鞋材料的性质和制造工艺,设计各类鞋类产品。

2.6.27.1

鞋造型设计 stylistic design

鞋的设计过程中,首先是艺术造型结构设计。

2.6.27.2

鞋楦设计 last design

根据脚型数据,进行点、线、面的结构造型设计。

2.6.27.3

帮样结构设计 upper design

根据脚型数据在鞋楦上进行帮样结构的设计。

2.6.27.4

鞋底设计 sole design

根据楦型和鞋的整体结构,进行**鞋底**(2.1.52)和**鞋跟**(2.1.55)的设计。

2.6.27.5

鞋跟设计 heel design

根据楦型的数据和鞋的整体结构,进行不同**鞋跟**(2.1.55)的设计。

2.6.27.6

鞋底样设计 bottom design

根据脚型测量的数据和特征部位进行不同的底样设计。

2.6.27.7

楦底样设计 last bottom design

根据脚型测量的数据和特征部位进行不同的楦底样设计。

2.6.28

试穿(合脚性) fitting

将脚的尺寸最大限度地与给定脚尺寸相匹配的过程。或鞋楦不同部位的尺寸最大限度地与给定脚尺寸相匹配的过程。

2.6.29

脱楦　off-last

也称出楦。制鞋工艺流程之一。

2.6.30

消皱　wrinkle chase

熨烫或除去**帮面**(2.1.6)在绷帮产生的褶皱。

2.6.31

修边　edge trimming

对**部件**(2.1.11)边缘进行修整,与相邻**部件**(2.1.11)相匹配。

2.6.32

样板　pattern

鞋的整体设计时,以金属、**纤维板**(2.1.49)、木或纸等材料剪切成**帮面**(2.1.6)或整个鞋所有的主要**部件**(2.1.11),以进行鞋的整体设计。

2.6.33

熨边口　edge ironing,set,setting

热处理使**帮脚**(2.1.5)边缘平整。

2.6.34

折边　folding,beading

将鞋帮边沿片边、拨折、粘合的过程。

2.6.35

整饰　finishing

修饰整理、着色和光泽整饰的工序。

2.6.36

直接模压　direct vulcanized

将未经硫化的橡胶放置**外底**(2.1.45)模具中,与套在鞋楦上**帮面**(2.1.6),通过加热和加压进行帮底结合。

2.6.37

制鞋法　construction

鞋类通过不同生产工艺成型的方法。见图2、图7、图10、图11、图12、图15、图16、图17和图18。

2.6.38

注射模压　injection moulded

直接模压的一种类型。热塑性橡胶聚合物在熔化状态时被注入模具中而形成**外底**(2.1.45)。

2.6.39

装配　assembly

通过鞋楦将鞋的不同**部件**(2.1.11)组装在一起的过程。

2.6.40

鞋底装配　bottom assembly

把**鞋底**(2.1.52)**部件**(2.1.11)组合到一起的过程。

2.7　设备

2.7.1

拔钉机　tack pulling machine

一种采用手工钉钉绷帮工艺的专用设备,将绷帮后鞋**帮脚**(2.1.5)和**内底**(2.1.34)上鞋钉从鞋楦中拔出的设备。

2.7.2

帮脚熨平机　lasted bottom ironing machine

将绷帮后的鞋**帮脚**(2.1.5)加工平整的设备。

2.7.3

帮口定型机　collar setting machine

首先把需要定型的部位加热,然后在另一模具内快速冷却定型,达到将鞋帮后身和帮口收缩定型的目的。这一定型工艺所采用的机器也叫冷热定型机。

2.7.4

帮面(2.1.6)烫平机　upper ironing machine

利用热空气或热空气与蒸汽的混合气体,直接吹向鞋**帮面**(2.1.6),将鞋面皱折烫平,并使鞋面与鞋楦贴合的设备。

2.7.5

帮面(2.1.6)蒸湿机　footwear upper steamer

采用蒸汽或热空气加热软化、活化鞋**前帮**(2.1.38)和**内包头**(2.1.33)的设备。

2.7.6

绷帮机　lasting machine

将鞋帮拉伸使其附着在鞋楦上成型,并达到**帮脚**(2.1.5)与**内底**(2.1.34)结合的设备。绷帮后,可以使鞋帮得到同鞋楦的曲面轮廓相同的行走,达到穿着舒适、美观的目的。按照分段绷帮的方法,绷帮机可分为绷前帮机、绷中帮机和绷后帮机。按绷帮时**帮脚**(2.1.5)与**内底**(2.1.34)联结方式,可分为打钉法和胶粘法。

2.7.6.1

绷前帮机　forepart lasting machine

又称绷尖机,完成鞋**前帮**(2.1.38)部位的绷帮。

2.7.6.2

绷中帮机　side lasting machine

又称绷腰机,完成鞋中帮部位的绷帮。

2.7.6.3

绷后帮机　seat lasting machine

又称绷跟机,完成鞋**后帮**(2.1.22)部位的绷帮。

2.7.6.4

绷中后帮机　side and seat lasting machine

同时完成绷中帮和**后帮**(2.1.22)的操作,提供效率。绷中帮时,采取自动喷胶的方法把**帮脚**(2.1.5)和**内底**(2.1.34)连接在一起;绷**后帮**(2.1.22)时,采取打钉的方法把脚跟和**内底**(2.1.34)连接在一起。

2.7.6.5

胶粘绷帮机　cement lasting machine

采用胶粘法连接**帮脚**(2.1.5)和**内底**(2.1.34)。

2.7.6.6

钉钉绷后帮机　tack seat lasting machine

利用钳与夹板的动作,将鞋**后帮**(2.1.22)部位用鞋钉绷帮。

2.7.6.7

钉钉绷中后帮机　tack side and seat lasting machine

利用钳与夹板的动作，将鞋中帮、**后帮**(2.1.22)部位用鞋钉绷帮。

2.7.6.8

拉线绷帮机　string lasting machine

利用在鞋帮上缝线后拉线的方法绷帮。

2.7.6.9

联合绷帮机　combined lasting machine

一次完成鞋不同部位的绷帮。

2.7.6.10

粘钉绷中后帮机　cement side and tack seat lasting machine

利用钳与夹板的动作，将鞋中帮部位用胶粘法绷帮而**后帮**(2.1.22)部位用鞋钉绷帮。

2.7.7

边缘导向器　edge guide

设备上安装的机械装置帮助沿着边缘操作，多见于缝纫机。

2.7.8

裁料机　cutting machine

亦叫裁断机(下料机)。是制鞋行业下料工序的专用设备。主要用于成型刀模对鞋面料、底料、辅助材料的冲、裁、切断。按照结构特点可分为摆臂裁断机、龙门裁断机和平面裁断机；按照传动方式可分为机械裁断机和液压裁断机。

2.7.8.1

摆臂裁料机　swing arm cutting machine

设有摆臂式的上冲压板，工作时摆动到刀模上方后冲压裁料。

2.7.8.2

龙门裁料机　traveling head cutting machine

依靠机械传动形成冲压力裁料(机架为龙门式，它的横梁上有移动冲压头，沿工作面宽度内移动而冲压裁料)。

2.7.8.3

平面裁料机　plane cutting machine

机架上装有横梁式大平面的冲压板，上下冲压裁料(依靠机械传动形成冲压力裁料)。

2.7.9

成型机　moulding machine

使鞋帮成型、定型的设备。

2.7.9.1

主跟成型机　counter moulding machine

利用压力，使**主跟**(2.1.67)在模具内预成型的设备。

2.7.9.2

后帮预成型机　backpart pre-moulding machine

又称拉帮机。把**后帮**(2.1.22)、**主跟**(2.1.67)、**衬里**(2.1.12)三者粘合为一体，并且基本达到鞋楦后身的形状。经过预成型处理的**后帮**(2.1.22)，**主跟**(2.1.67)服贴地夹在**后帮**(2.1.22)和**衬里**(2.1.12)之间，内外表面无皱折，挺实而富有弹性。分为冷成型和热成型两种。

2.7.9.3

前帮起弯机　vamp moulding machine

使**前帮**(2.1.38)成型、定型的设备。

2.7.10

打号机　numbering machine

一种在鞋**衬里**(2.1.12)、**鞋底**(2.1.52)、**鞋舌**(2.1.57)等上打印鞋码或编号等标记的机器。在机头上装有计数器和色带机构、利用机械或气压传动，将计数器上的号码打印在鞋**部件**(2.1.11)或鞋盒上。根据被打印材料和形状的不同，打号机又有多种不同型号。

2.7.11

打孔机　cut-out machine, punching machine

利用冲击方法，在鞋**帮面**(2.1.6)上打透气孔或装饰孔的设备。根据冲杆的不同形状便可冲出不同形状的装饰孔。

2.7.12

刀模　press knife, die, cutter

特殊形状的刀，用来裁取规定形状和尺寸的**部件**(2.1.11)。

2.7.13

电脑级放切割机　pattern-grading computer

是一种级放成套制鞋刻楦样板的电脑数控切割机。

2.7.14

钉跟机　heel nail machine

用钉子把鞋后跟固定在**内底**(2.1.34)和**帮脚**(2.1.5)上的专用设备。钉鞋跟有两种：一种是从**内底**(2.1.34)向后跟打钉，多用于钉高跟女鞋。一种是从后跟向**内底**(2.1.34)打钉，多用于钉平跟男鞋。根据传动方式可分为气动钉跟机和液压钉跟机。

2.7.14.1

半自动内钉跟机　semi-automatic inside heel nailing machine

鞋钉由人工摆放在钉槽内，而后自动将**鞋跟**(2.1.55)钉牢。

2.7.14.2

内钉跟机　inside heel nailing machine

鞋拔楦后，鞋钉由鞋腔内将**鞋跟**(2.1.55)钉牢的设备。

2.7.14.3

外钉跟机　outside heel nailing machine

鞋不拔楦，鞋钉由鞋腔外面将**鞋跟**(2.1.55)钉牢。

2.7.14.4

万能钉跟机　universal heel nailing machine

具备既可从鞋腔内装钉**鞋跟**(2.1.55)，又可不拔楦从鞋腔外面装钉鞋跟的多种功能。

2.7.14.5

自动内钉跟机　automatic inside heel nailing machine

鞋钉由输钉系统自动控制输入钉槽内，而后再自动将**鞋跟**(2.1.55)钉牢。

2.7.14.6

自动外钉跟机　automatic outside heel nailing machine

鞋钉由输钉系统自动输入钉槽内，然后再自动将**鞋跟**(2.1.55)钉牢。

2.7.15

钉鞋眼机 eyeleting machine

用于在鞋帮上钉**鞋眼**(2.1.59)的专用设备。

2.7.15.1

手动钉鞋眼机 manual eyeleting machine

利用手动操纵装钉**鞋眼**(2.1.59)圈。

2.7.15.2

双钉鞋眼机 twin eyeleting machine

由电机带动,具备两个工作头,在鞋帮的相对称位置,同时装订两个**鞋眼**(2.1.59)圈。

2.7.16

定型机 setting machine

将绷帮后的鞋进行定型的设备。

2.7.16.1

湿热定型机 humid heat setting machine

利用湿热空气使鞋定型。经过强制性加湿加热使鞋帮迅速定型。

2.7.16.2

湿热冷定型机 humid heat and cool setting machine

首先使用湿热空气作用于整个鞋体,然后低温冷却定型。

2.7.17

缝纫机 stitching machine

将各个**部件**(2.1.11)缝合在一起,起到连接、补强、装饰的作用。鞋帮的缝合方法由于鞋帮结构不同而分为多种类型,如合缝类、压茬缝类、包缝类、平缝类、装饰缝类等。由于缝合方法的不同,决定了缝纫机的不同种类、结构和性能。

2.7.18

缝沿条机 welt sewing machine

将绷帮后的鞋缝制**沿条**(2.1.65),使**沿条**(2.1.65)、**帮脚**(2.1.5)、**内底**(2.1.34)三者缝合在一起的设备。

2.7.19

烘箱 oven

加热箱体,对于刷胶后的鞋类**部件**(2.1.11)进行活化、干燥处理的设备。

2.7.20

划线机 machine

一种用于围条、鞋帮、脚部位粘合处,为打样而划定位线的专用机械。当进入打粗磨毛工序时,只要沿着所划出的线条打磨,就可以较易掌握磨毛范围,有利于提高产品质量。

注:压紧绷帮后的鞋帮和墙式**外底**(2.1.45),划出**帮脚**(2.1.5)起毛标记线的设备。

2.7.21

刻跟机 heel lathe

加工**鞋跟**(2.1.55)的专用设备。利用仿形原理铣削坯料,制得标准外形的**鞋跟**(2.1.55)。

2.7.22

刻楦机 last lathe

将鞋楦毛坯料加工成鞋楦的仿形铣削设备。可在该机上铣削扩缩成套号码鞋楦的机器。

2.7.22.1

卧式、立式刻楦机 horizontal rough last lathe

鞋楦的装夹位置为卧式或立式。

2.7.22.2

粗刻楦机 **rough last lathe**

对“标样楦”按比例扩缩，而将坯料仿形加工成不同**鞋号**(2.3.16)的粗鞋楦。

2.7.22.3

精刻楦机 **fine last lathe**

对“标样楦”按比例扩缩，而将粗鞋楦仿形加工成不同**鞋号**(2.3.16)的精鞋楦。

2.7.22.4

粗、精一体刻楦机 **rough and fine last lathe**

粗刻、精刻在一台机器上完成。

2.7.23

擂平机 **pounding-up machine**

采用锤打法平整绷帮、**缝沿条**(2.1.65)后**帮脚**(2.1.5)或成品鞋进行整饰的设备。

2.7.23.1

后帮脚锤平机 **heel seat pounding up machine**

利用具有后**跟座**(2.1.20)形状的摆动锤或加热压板及滚轮，压平、熨平、整型绷帮后的**后帮**(2.1.22)部位并使楦底边缘清晰。

2.7.24

硫化罐 **cure oven**

是生产胶鞋、硫化皮鞋和橡胶制品的专用设备，使鞋完成“硫化”过程。冲压成型的生胶**外底**(2.1.45)与鞋**帮脚**(2.1.5)粘合后，在罐内一定压力、温度、时间控制下，生胶**外底**(2.1.45)硫化并与**帮脚**(2.1.5)牢固结合定型。

2.7.25

铆勾心(2.1.21)机 **shank riveting machine**

又称铆钉机。在**内底**(2.1.34)上铆接**勾心**(2.1.21)，将**勾心**(2.1.21)与**内底**(2.1.34)铆接为一体的专用设备。

2.7.26

模压机 **curing and moulding press**

一种帮底装配机械。是生产橡胶底模压鞋的专用设备。加热生胶料**外底**(2.1.45)，并控制温度、时间、压力，使其在模具内硫化成型，并与**帮脚**(2.1.5)结合而成鞋的设备。按照传动方式分为机械、气动和液压三种。

2.7.27

磨毛机 **roughing(buffing) machine**

专门对鞋类**部件**(2.1.11)进行打毛的设备。被粘合表面的粗化程度和范围，直接影响鞋类的粘合强度和外观质量。根据不同用途可分为大底磨毛机、帮脚磨毛机，对于磨毛机而言，有卧式磨毛机和立式磨毛机之分；由于工作性质不同，有手动磨毛机和自动磨毛机之分。

2.7.28

内底开槽机 **insole channelling machine**

将**内底**(2.1.34)边缘开槽、剖缝的设备。通过在**内底**(2.1.34)上开槽，凉鞋皮带的**帮脚**(2.1.5)处置于槽内，达到平整和穿着舒适的目的，开槽机多为气压传动，控制切刀快速运动，将槽加工出来。在**内底**(2.1.34)或半内底的装**勾心**(2.1.21)位置铣出一条沟槽，将**勾心**(2.1.21)置于槽内，达到**内底**(2.1.34)外观平整的目的。

2.7.29

盘钉机 **nail buckling machine**

把钉跟后裸露在鞋腔**内底**(2.1.34)表面的钉尖扳倒砸平的设备。

2.7.30

抛光机　polishing machine

对**鞋底**(2.1.52)、**帮面**(2.1.6)等表面进行整饰、加工和打光,以提高成品鞋的外观质量。抛光轮有多种类型,用皮革、合成革、布料、毛线等不同材料制成,以适应对不同部位的抛光。机器带有吸尘装置。

2.7.31

喷色机　painting machine

对**鞋底**(2.1.52)、鞋面喷涂的设备。

2.7.32

片皮机　splitting (skiving) machine

该机是将鞋件边缘片薄、局部片薄或全部片薄的专用设备。按照结构特点和用途划分。可分为:圆刀片皮机(片帮机),用于鞋帮边缘的片削;圆辊片皮机,用于**内底**(2.1.34)和**外底**(2.1.45)的片削;带刀片皮机(通片机),用于鞋帮的全部或局部的片薄;片沿条机,将**沿条**(2.1.65)的一边片削成斜坡的设备。

2.7.33

切条机　strip cutting machine

下料机械之一。该机主要由传动机构、切割机构、磨刀机构三个部分组成。对于窄而长的条状鞋件,在裁断机上进行下料很不经济,效率也不高,在切条机上加工条状鞋件,不但宽度可任意选择和调节,而且长度没有限制,还可以同时加工多种宽度。

2.7.34

生产线　production line

也称生产流水线。是鞋**部件**(2.1.11)在生产中各个工序的组合,按一定速度和程序输送鞋类**部件**(2.1.11)到规定的位置。按照用途特点划分,可分为帮工生产线和底工生产线等。

2.7.34.1

帮工生产线　upper conveyor

按流水方式从前向后传送制帮各工序的在制品。

2.7.34.1.1

分配式帮工传送线　upper allotting conveyor

控制台向制帮各工序分配在制品,各工序单独向控制台返回在制品。

2.7.34.2

底部件成型生产线　sole conveyor

底**部件**(2.1.11)组装生产线。

2.7.34.3

成鞋生产线　footwear conveyor

把鞋帮、**鞋底**(2.1.52)、**鞋跟**(2.1.55)等用机械设备的方法组装成产品,这是底工生产线的基本功能。

2.7.34.3.1

冷热定型底工传送线　heat and cool setting sole conveyor

具有传送及加热系统,供干燥、活化鞋帮、**鞋底**(2.1.52)上胶粘剂,同时还具备热定型和低温冷定型鞋样的功能。

2.7.34.3.2

多功能底工传送线　universal sole conveyer

具有传送、绷帮、干燥活化,压合**外底**(2.1.45)等多种功能。

2.7.34.3.3

加热式底工传送线　heat sole conveyor

具有传送及加热系统,供干燥、活化鞋帮、**鞋底**(2.1.52)上胶粘剂功能。

2.7.34.4

包装传送线　packing conveyor

供整理、检查、包装用的传送设备。

2.7.35

刷胶机　cementing machine

是一种在鞋件上涂饰胶粘剂的专用机械。在机身上固定着机头，刷胶机所有机构都在机头上。在机头上面装有电动机，经过传动机构使涂胶辊、上压辊、输胶螺杆转动，机器即可工作。鞋件从上压辊和刷胶辊通过时，其表面就涂上了胶粘的表面距离符合鞋件厚度，根据刷胶层厚度调节手柄，使**内底**(2.1.34)表面得到所需要的涂胶层。工作结束后，将上压辊和刷胶辊取出并置于溶液中，避免辊表面的胶粘剂干燥变硬而影响下次使用。

2.7.35.1

帮脚内里刷胶机　lasting margin cementing machine

对鞋面**帮脚**(2.1.5)内里(反面)刷涂胶粘剂的设备。

2.7.35.2

外底刷胶机　sole cementing machine

对**外底**(2.1.45)刷涂胶粘剂的设备。

2.7.35.3

电脑帮脚刷胶机　computerized lasting margin cementing machine

采用电子计算机微机控制，使刷胶头按绷帮后**帮脚**(2.1.5)的形状，对**帮脚**(2.1.5)刷胶的设备。

2.7.36

烫蜡机　waxing machine

是一种整饰设备，对**外底**(2.1.45)及边缘采用压蜡的方法进行平整处理。

2.7.37

脱楦机　last slipping machine

将鞋楦从鞋中拔出的设备。按照传动方式划分，可分为机械脱楦机、液压脱楦机和气动脱楦机。

2.7.38

鞋楦扫描机　last scaning device

机械转动鞋楦、电脑，红外线(或激光)扫描鞋楦的设备。

2.7.39

鞋楦设计软件　last design software

用于设计修改鞋楦的电脑三维软件。

2.7.40

压合机　sole attaching machine

压力作用于涂有粘合剂的鞋帮、**外底**(2.1.45)或其他需要粘合的物品，使其胶粘结合为一体的设备。

2.7.40.1

衬里(2.1.12)压合机　lining attach machine

将鞋**帮面**(2.1.6)与**衬里**(2.1.12)贴合在一起的设备。

2.7.40.2

气垫式压合机　air cushion sole attaching machine

工作台表面为**气垫**(2.1.37)，充气后使物品的各部位达到牢固结合的设备。

2.7.40.3

墙式压合机　walled sole attaching machine

专用于墙式**外底**(2.1.45)的压合,压力作用于墙式**外底**(2.1.45)与鞋**帮脚**(2.1.5)各部位使它结合牢固的设备。

2.7.40.4

软垫式压合机　soft pad sole attaching machine

利用工作台面上支撑软垫的弹性,均匀各粘接部位的接触度使结合牢固的设备。

2.7.41

压延机　canlender

是胶鞋厂胶料压片的专用设备。以得到厚度均匀一致的胶片,按照胶辊数量可分为两辊压延机、三辊压延机、四辊压延机。

2.7.42

折边机　folding machine

该机是一种对鞋帮边缘进行抿边工作的专门设备。鞋帮缝纫部位的边缘要求光滑美观,在片边之后一般都要进行抿边加工。利用机械导向装置,完成折边。该机折边要经过夹帮、折边、送料、打剪口、喷胶、敲平等过程,全部自动控制。

2.7.42.1

光电折边机　photoelectric folding machine

采用光电控制,自动适应鞋帮形状的变化完成折边。

2.7.42.2

电脑折边机　computerized folding machine

采用电子计算机微机控制,自动适应鞋帮形状的变化完成折边。

2.7.43

注塑机　injection moulding machine

将热塑性材料,注塑成成型**鞋底**(2.1.52)、全塑鞋或在鞋帮上直接注塑而成鞋的设备。

2.7.43.1

单色鞋底注塑机　one colour sole injection moulding machine

用于单色热塑性材料的注塑的设备。

2.7.43.2

双色鞋底注塑机　two colour sole injection moulding machine

用于双色或单色热塑性材料的注塑的设备。

2.7.43.3

多色鞋底注塑机　multi colour sole injection moulding machine

用于一种或多种颜色热塑性材料的注塑的设备。

2.7.43.4

多工位注塑机　multi-station injection molder

有一个或多个工位的注塑机。

2.7.43.5

内底勾心注塑机　insole plastic shank injection machine

向**内底**(2.1.34)后半部剖开的夹缝中注射塑料,形成塑料**勾心**(2.1.21)的设备。

2.7.43.6

鞋底注塑机　sole injection moulding machine

将热塑性材料,注塑为成型**鞋底**(2.1.52)的设备。

2.7.43.7

成鞋注塑机　footwear moulding machine

帮底结合通过热塑注射成型的鞋的设备。

2.7.43.8

圆盘单色鞋底注塑机　disk one colour sole injection moulding machin

加工工位安装在回转的圆盘上的设备。

2.7.43.9

圆盘双色鞋底注塑机　disk two colour sole injection moulding machine

加工工位安装在回转的圆盘上的设备。

2.8　**鞋楦**

2.8.1

凹凸度　convexo-concave degree

楦体上的凸凹程度。

2.8.2

背中线　curved line from top of big toe mark to front end of top of the last

鞋楦纵剖面上,楦底前端与**统口**(2.1.42)前点间的曲线。

2.8.3

部位点　most relevant points on the foot

各特征关节点在楦底轴线上的位置。

2.8.4

长度号差　size intervals

相邻长度号间的长度等差。

2.8.5

尺寸系列　full size range

表示鞋样和鞋楦系列尺寸的成套**鞋号**(2.3.16)。

2.8.6

弹簧鞋楦　spring last

楦的后身部分,能移去。

2.8.6.1

V 形弹簧鞋楦　V cuts

楦**统口**(2.1.42)中间锯掉一块 V 形的楦体,用弹簧铰链连接后,可以上下滑动便于脱楦的鞋楦。

2.8.6.2

S 形弹簧楦体　S cuts

鞋楦**统口**(2.1.42)至楦底锯断成 S 型的断面,用弹簧铰链连接后,可以上下滑动便于脱楦的鞋楦。

2.8.7

底心凹度　waist concavity

楦底**腰窝**(2.8.80)部位相对于前掌和踵心凸度点的凹进程度。

2.8.8

第五跖趾部位　the fifth metatarsi-phalangeal

人脚第五跖趾关节部位。

2.8.9

第五趾跖外宽　the fifth metatarsi-phalangeal outer width

第五趾跖部位的楦底外段宽度。

2.8.10

第一跖趾部位　the first metatarsal-phalange joint

人脚第一跖趾关节部位。

2.8.11

第一趾跖关节高度　the height of the first metatarsal-phalange joint

脚的第一趾跖关节最高处至脚底着地面的垂直距离。

2.8.12

第一趾跖里宽　first metatarsal-phalange inner width

第一趾跖部位的楦底里段宽度。

2.8.13

兜跟围　heel-instep girth, heel girth

脚弯点与后跟之间的围长。

2.8.14

分踵线　heel centerline

鞋楦踵心全宽的垂直平分线。

2.8.15

跗骨突点部位　process of tarsal

人脚跗骨中的楔骨最突点部位。

2.8.16

跗围　instep girth

楦的腰窝外宽点绕过楦背一周的围长。

2.8.17

后跟弧度　back curve

楦体统口(2.1.42)后点与楦底后端点之间的凸凹程度。

2.8.18

后跟突点　maximum point of heel curve

鞋楦后弧线上,后跟骨的最凸点。

2.8.19

后跟突点高度　heel height

脚的后跟骨突出点至脚底着地面的垂直距离。

2.8.20

后弧线　back curve

鞋楦纵剖面上,楦底后端点与统口(2.1.42)后点的曲线。

2.8.21

后容差　room around heel

楦底后端点与后跟突点间的投影距离。

2.8.22

后身高　back height

楦体统口(2.1.42)后点到楦底后端点的直线距离。

2.8.23

基本宽度　width

第一趾跖里宽加上第五趾跖外宽。

2.8.24

脚长　length of foot

人体赤脚站立时后跟突点至最长脚趾前端的长度。

2.8.25

脚腕高度　ankle girth height

脚腕最细处至脚底着地面的垂直距离。

2.8.26

脚腕围长　ankle girth

脚腕最细处的围长。

2.8.27

脚趾端点部位　big toe tip point

人脚最长的脚趾前端点部位。

2.8.28

拇指外突点部位　big toe contact point

人脚大拇指外侧最向外凸点部位。

2.8.29

拇趾里宽　inner width of big toe

拇趾外突点部位的楦底里段宽度。

2.8.30

内怀　inside

脚和楦的内侧面。

2.8.31

前跗骨突点高度　instep height

脚的跗骨突点至脚底着地面的垂直距离。

2.8.32

前跷高　toe spring

楦底前端点在基础坐标里的高度。

2.8.33

前掌凸度　sole salient point

楦底前掌凸度部位点相对于第一趾跖里宽点和第五趾跖外宽点凸起的程度。

2.8.34

上斜长　instep curve

楦头部前端点至**统口**(2.1.42)后端点的楦体曲线长度。

2.8.35

统口　top line

鞋楦颈部最上面的扁长形部分。

2.8.36

统口长　length of the top line

统口(2.1.42)前后点之间的直线长度。

2.8.37

统口后高　last heigtht

统口(2.1.42)后端点至鞋楦后身底部后端点的垂直高度。

2.8.38

统口宽　width of the top line

统口(2.1.42)中间部位的宽度。

2.8.39

统口前端点　front of top line point

鞋楦纵剖面上,统口(2.1.42)的前端点部位。

2.8.40

头厚　toe depth

楦体脚趾端点部位的厚度。

2.8.41

腿肚高度　calf girth height

腿肚最粗处与脚底着地面的垂直距离。

2.8.42

腿肚围长　calf girth

腿肚最粗处的围长。

2.8.43

外跟围长(兜围)　long heel girth

脚上弯点与后跟之间的围长。

2.8.44

外怀　outside

脚和楦的外侧面。

2.8.45

外踝骨高度　lateral malleolus height

外踝骨中心部位下缘点至脚底着地面的垂直距离。

2.8.46

外踝骨中心部位　center position of lateral malleolus

脚部外踝关节的中心部位。

2.8.47

膝下高度　knee joint girth height

腓骨粗隆下缘点至脚底着地面的垂直距离。

2.8.48

膝下围长　knee joint girth

腓骨粗隆下缘点的围长。

2.8.49

下斜长　curve of last bottom

楦面上楦底前端点至后端点间的曲线长度。

2.8.50

小趾端点部位　little toe tip point

脚部的小趾前端点部位。

2.8.51

小趾外宽　outer width of little toe

小趾外突点部位的楦底外段宽度。

2.8.52

小趾外突点部位　big toe contact point

脚部的小趾最突点部位。

2.8.53

鞋帮样　pattern of upper

鞋帮样板的总称。鞋帮各具体**部件**(2.1.11)的样板则称为××板。

2.8.54

鞋底样　pattern of outsole

切割**鞋底**(2.1.52)的模具、模板的样板。具体称为××样板[××为部件(2.1.11)名]。

2.8.55

鞋号(2.3.16)　footwear size

标志鞋或楦的号。

2.8.56

鞋楦　last

根据人脚形状尺寸再美化设计的一种三维形体的制鞋模型。

2.8.57

鞋楦放余量　last toe allowance

楦底轴线上,脚趾端点到楦底前端点的长度。

2.8.58

鞋楦后端点　back point of last bottom

鞋楦后端楦面与楦底结合处的中点。

2.8.59

鞋楦后跷　heel height of last

楦底前掌凸点在与平面接触时,鞋楦后端点距平面的高度。

2.8.60

鞋楦头形　toe shape

又称为楦体头式,为鞋楦前端的形状,有尖头、圆头、方头、方圆头、偏头等形状。

2.8.61

型号　width mark

标志鞋或楦肥瘦度的号。

2.8.62

楦底　last bottom

鞋楦底部与脚底对应的曲面。

2.8.63

楦底边缘　last bottom margin

楦底、楦面相交形成的封闭曲线。

2.8.64

楦底长　last bottom center line

楦底轴线的直线长度。

2.8.65

楦底前端点　top of big toe mark,toe-end of the last

鞋楦前端楦面与楦底结合处的中点。

2.8.66

楦底样　last bottom pattern

鞋楦底部的样板。

2.8.67

楦底样长　last bottom length

楦底轴线的曲线长度。

2.8.68

楦底中心线　last centerline

连接楦底前端点和后端点的直线。

2.8.69

楦底轴线　longitudinal axis of last bottom

鞋楦纵剖面上,鞋楦前、后端点间的直线。

2.8.70

楦跗面　cone

与脚背相应的楦部位。

2.8.71

楦面　curved surface of last

鞋楦背部与脚背对应的曲面。

2.8.72

楦面长　length of curved surface of last

楦面上楦底前端点至后跟突点的曲线长度。

2.8.73

楦前跷　last toe spring

楦底前掌凸点在与平面接触时,鞋楦前端点距平面的高度。

2.8.74

楦前掌宽　last width

楦头趾围宽度。

2.8.75

楦全长　last length

楦体前端点至后跟突点之间的直线长度。

2.8.76

楦套管　last thimble

在鞋楦上部**帮面**(2.1.6)位置的孔,衬有金属,大致与**鞋跟**(2.1.55)部位相对应,此孔要钉入鞋楦钉。

2.8.77

楦头曲度　last angle

鞋楦内弯曲度。

2.8.78

楦斜长　distance from top of big toe to back point of top binding

楦底前端点至**统口**(2.1.42)后端点的直线长度。

2.8.79

楦跖围　joint girth, ball girth

楦的第一趾跖内宽点与第五趾跖外宽点间的围长。

2.8.80

腰窝　waist

鞋楦踵心至第五跖趾部位之间，底部与里外两侧部位。

2.8.81

腰窝外宽　outer width of waist

腰窝(2.8.80)部位的楦底外段宽度。

2.8.82

腰窝围　waist girth

鞋楦腰窝(2.8.80)部位至楦背跗面的围长度。

2.8.83

跖围号差　intervals between toe and joint girth markings

相邻长度号间的跖围等差。

2.8.84

跖围号差　intervals between toe and joint girth markings

相邻长度号间的跖围等差。

2.8.85

踵心部位　center position of heel area

人脚后跟受力的中心部位。

2.8.86

踵心全宽　width of heel area

楦底踵心部位与分踵线垂直的全部宽度。

2.8.87

踵心凸度　heel crown

楦底踵心部位点相对于踵心内外宽度点凸起的程度。

2.8.88

舟上弯点部位　articular surface for navicular bone

脚部舟状骨的上面与距骨交接开始向上弯曲的部位。

2.8.89

舟上弯点高度　the height of articular surface for navicular bone

脚的舟状骨与距骨交接点至脚底着地面的垂直距离。

附 录 A
（资料性附录）
鞋类示意图

A.1 短脸鞋示意图见图 A.1。

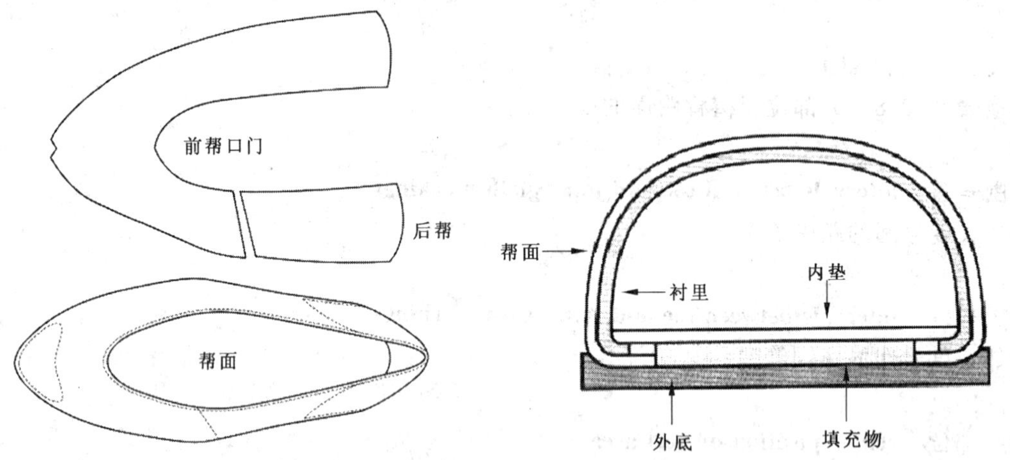

a) 帮面部分

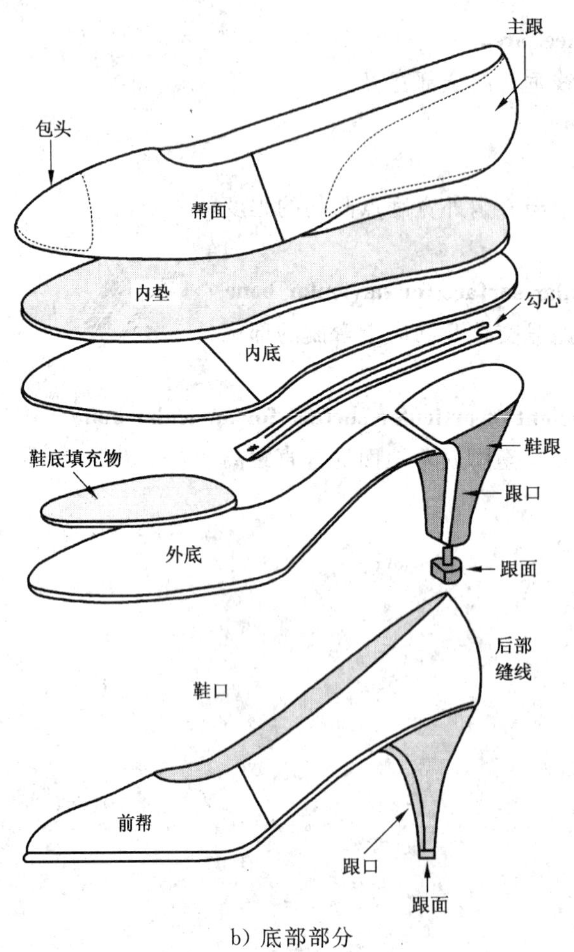

b) 底部部分

图 A.1 短脸鞋示意图

A.2 男士吉普森鞋或德比鞋示意图，见图 A.2。

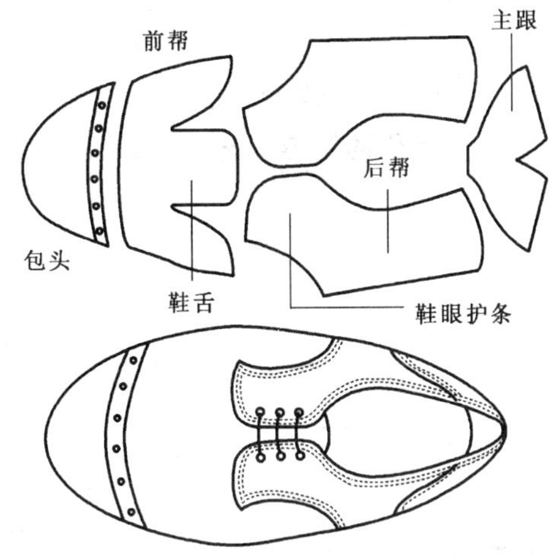

a）帮面部分

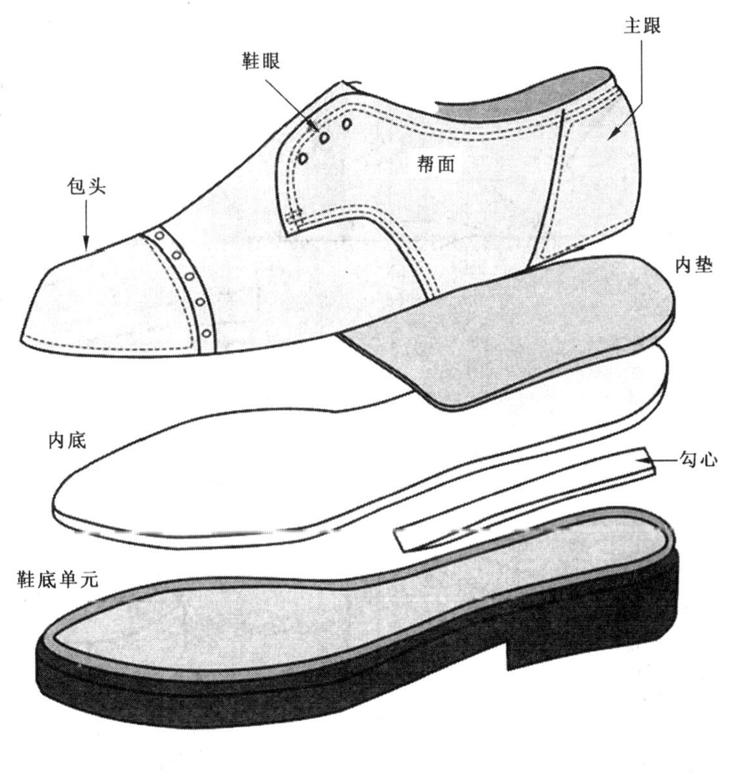

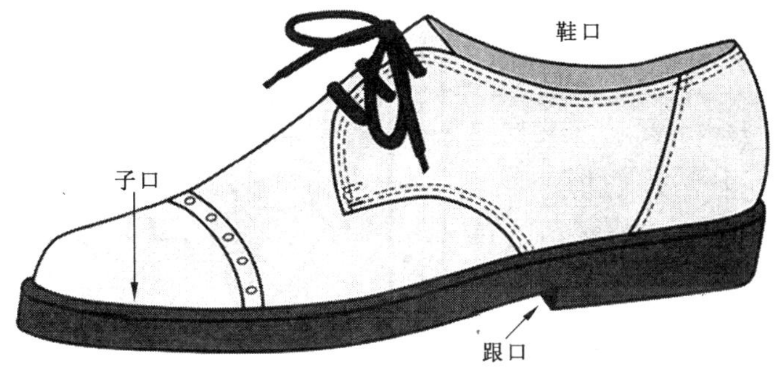

b）底部部分

图 A.2 男式吉普森鞋或德比鞋示意图

附　录　B
（资料性附录）
简化的制鞋工艺流程图

制鞋工艺流程见图 B.1。

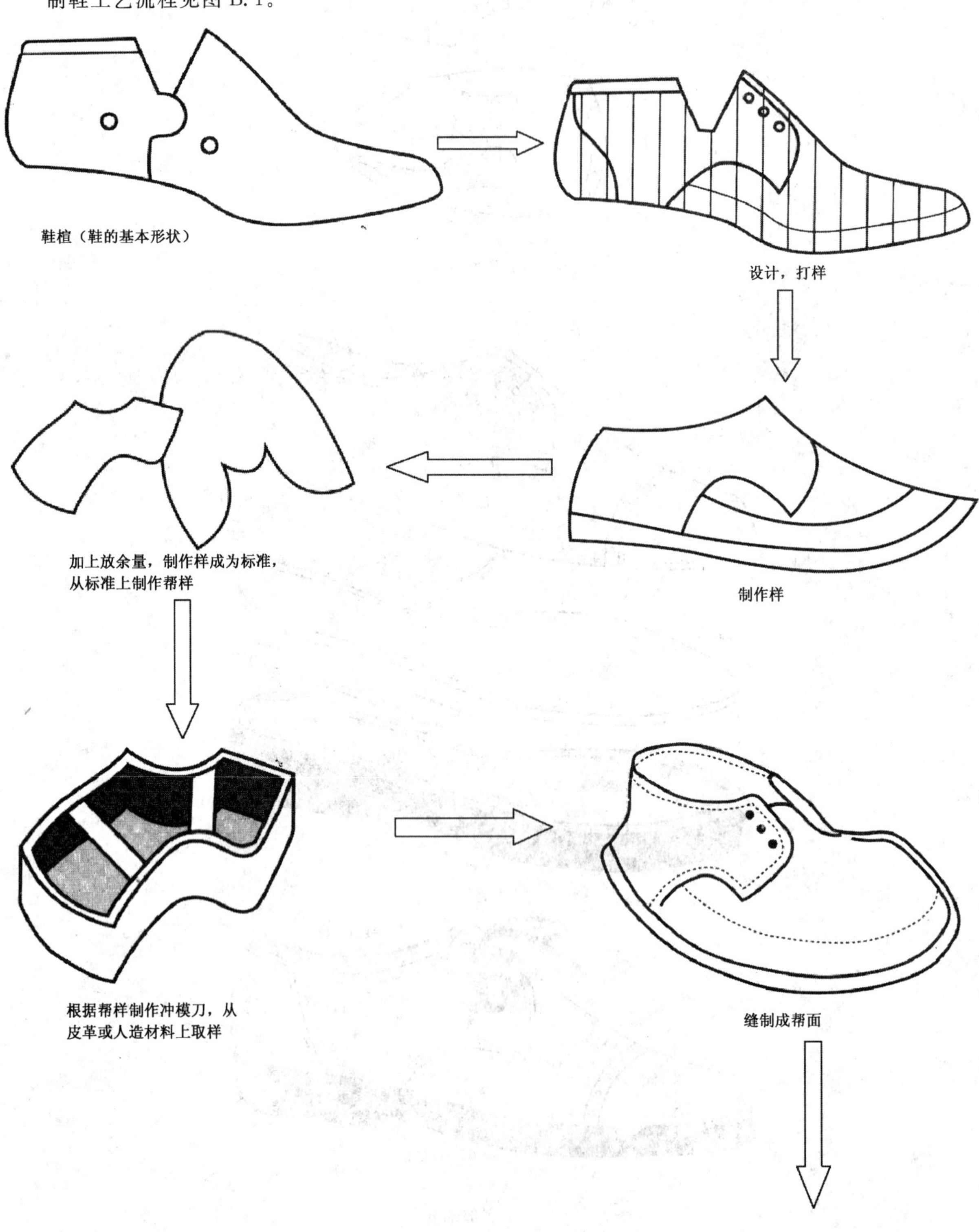

图 B.1　制鞋工艺流程图

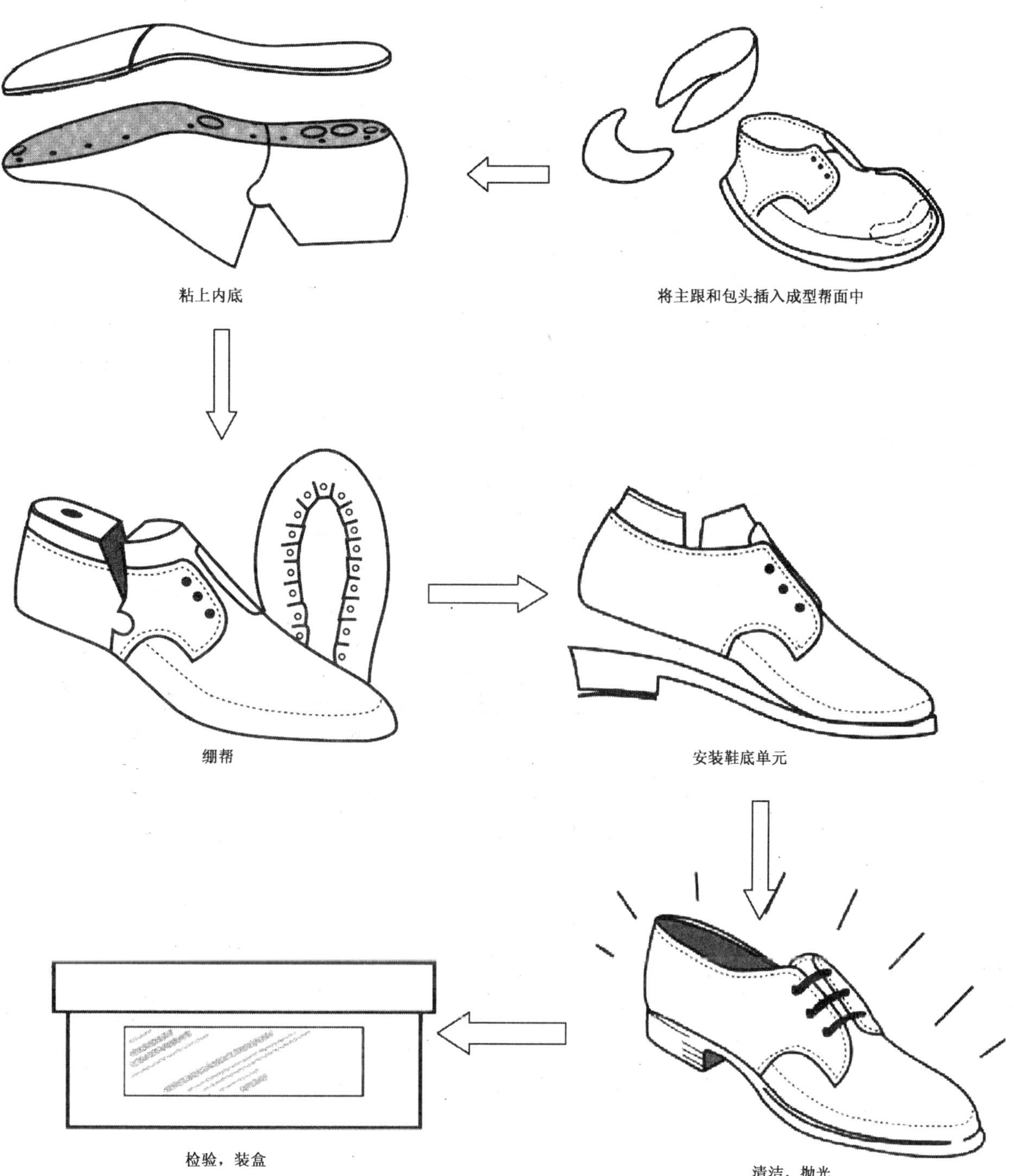

图 B.1（续）

附　录　C
（资料性附录）
鞋楦示意图

鞋楦示意图，见图 C.1。

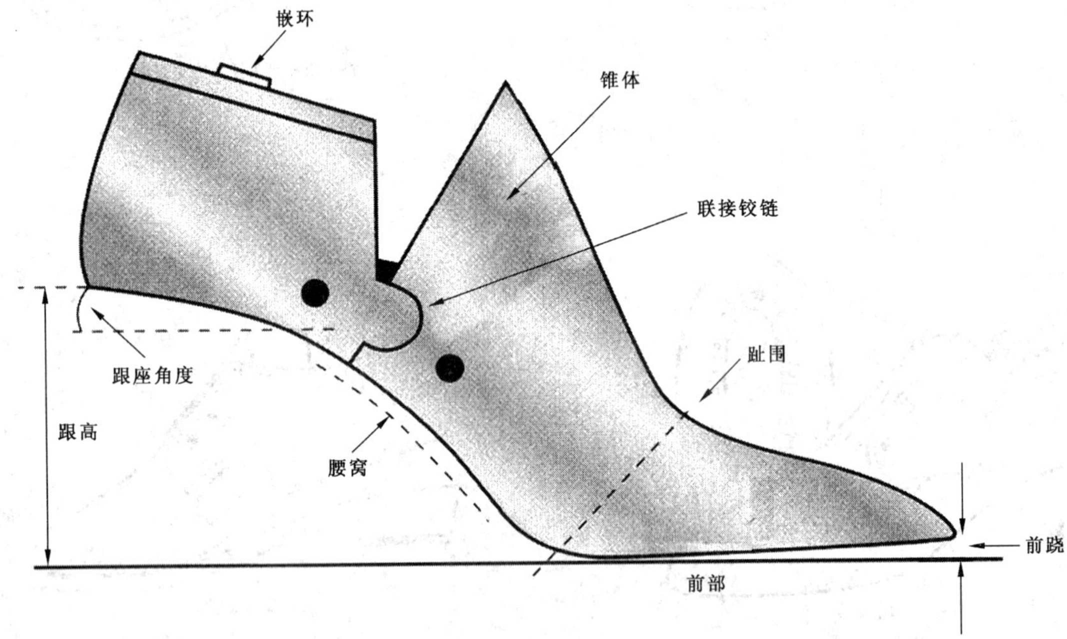

图 C.1　鞋楦示意图

参 考 文 献

[1] ISO 1382 橡胶 词汇

[2] ISO 3534-1 统计学 术语和符号 部分 1:概率和常用统计术语

[3] ISO 4915:1991 纺织品 缝合类型 分类和术语

[4] ISO 4916:1991 纺织品 缝线类型 分类和术语

[5] ISO 9407 鞋号(2.3.16) 世界鞋号(2.3.16)和标记体系

[6] ISO 18454 鞋类 鞋类和鞋类部件(2.1.11)环境调节和试验用标准环境

[7] EN 346 职业用防护鞋规范

[8] EN 347 专业用防护鞋规范

[9] EN/ISO 472 塑料 词汇

[10] EN 923:1998 胶粘剂 术语和定义

[11] EN 12568 脚和腿的保护物 鞋包头和抗金属刺入插入物的要求和试验方法

[12] 国际制革师委员会 国际皮革术语表

[13] 作为成员国法律、法规和管理条款的 1994 年 3 月 23 日欧洲议会和理事会 94/11/EC 号消费者用鞋类主要部件(2.1.11)材料成分的标签指令

汉语拼音索引

P

Q

R

S

T

Y

Z

其他

英文索引

A

B

C

G

H

I

J

K

ICS 65.020.30
B 43

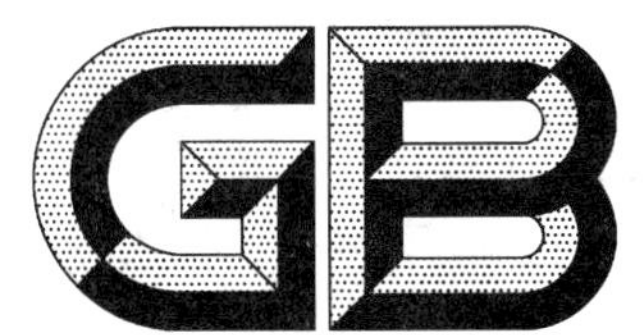

中华人民共和国国家标准

GB/T 2773—2008
代替 GB/T 2773—1981

宁 乡 猪

Ningxiang pig

2008-04-09 发布　　2008-06-01 实施

中华人民共和国国家质量监督检验检疫总局
中国国家标准化管理委员会　发布

前　言

本标准代替 GB/T 2773—1981《宁乡猪》。

本标准与 GB/T 2773—1981 相比主要变化如下：

——删去了原标准中的第 6 章“饲养管理特点”；

——删去了原标准中的附录“种猪登记表”；

——鉴于原标准中所列出的宁乡猪三种头型中的“狮子头”已不复存在，所以，本标准在第 2 章“品种特征特性”中仅规定了“福字头”和“阉鸡头”两种头型；

——在“品种特征特性”中增加了胴体性能和肉质指标，以全面反映宁乡猪的品种特点；

——删去了 2 月龄评分中“发育整齐度”的内容，并将“公猪在二级以上、母猪在三级以上种猪的后代”改为“公猪在一级以上、母猪在二级以上种猪的后代”；

——将 6 月龄评定指标中的“体重”、“体长”和“腿臀围”三项指标改为“体重”一项指标；

——将 24 月龄评定指标中的“体重”、“体长”、“产活仔数”和“2 月龄窝重”四项指标改为“体重”和“产仔数”两项指标；

——调整了种用生长猪和种猪的评分标准；

——将原标准中一级、二级、三级共三个评定等级改为特级、一级、二级、三级共四个等级，并重新规定了定级标准。

本标准由中华人民共和国农业部提出。

本标准由全国畜牧业标准化技术委员会归口。

本标准起草单位：湖南农业大学、湖南省畜牧水产局、宁乡县畜牧水产局。

本标准主要起草人：张彬、蓝牧、李丽立、罗运泉、薛立群、邓厚泉、黄庚保、高凤仙、陈宇光。

本标准所代替标准的历次版本发布情况为：

——GB/T 2773—1981。

宁 乡 猪

1 范围

本标准规定了宁乡猪的品种特性和种猪分级。

本标准适用于宁乡猪品种鉴别和种猪等级评定。

2 品种特征特性

2.1 原产地

原产于湖南省宁乡县。

2.2 体型外貌

体型中等。毛粗短而稀，毛色以“乌云盖雪，银颈圈”为主，其次有大花、小花之分。头型分“福字头”（头短额较宽，有深厚横行的皱纹；鼻嘴中等长，阔而微凹；颈较粗短）、“阉鸡头”（头颈较“福字头”稍狭长，额部皱纹较浅平，多呈菱形；嘴较直长）两种，耳较小，耳尖薄，双耳下垂呈“八”字型。颈较粗短，有垂肉。体躯呈圆筒状，胸部开张，背腰宽广，背线多凹陷，腹大下垂，乳头 6 对～8 对。尻部微倾斜，尾尖和尾帚扁平（俗称“泥鳅尾”）。四肢粗短，前肢间距和后肢间距均宽，经产母猪大多数具卧系。

2.3 体重

2 月龄仔猪个体重不小于 11 kg；6 月龄后备猪体重：公猪不小于 38 kg，母猪不小于 45 kg；成年公猪（24 月龄）和成年母猪（三胎及三胎以上，妊娠 2 个月）体重不小于 104 kg。

2.4 生产性能

2.4.1 繁殖性能

公猪 3 月龄～4 月龄性成熟，初配年龄为 5 月龄～6 月龄；母猪的初情期为 4 月龄，初配年龄为 6 月龄～8 月龄。窝产仔数：初产母猪平均不少于 8 头，成年母猪平均不少于 10 头。

2.4.2 肥育性能

肥育猪适宜屠宰期为 6 月龄～7 月龄，适宜屠宰体重为 70 kg～80 kg，15 kg～75 kg 阶段平均日增重不低于 400 g。

2.4.3 胴体性能

肥育猪 75 kg 左右屠宰时，屠宰率不低于 70%，胴体瘦肉率不低于 37%；肩部最厚处、胸腰椎结合处、腰荐结合处三点膘厚平均值为 36 mm；眼肌面积不低于 16 cm^2。

2.4.4 肉质

肌肉 pH_{24} 5.2～6.0；肉色评分 3.4～4.1；大理石纹评分 3.9～4.4；肌肉滴水损失 2.3%～2.8%；肌内脂肪 3.6%～4.4%。

3 种用生长猪和种猪等级评定

3.1 评分

3.1.1 2 月龄评分

血缘清楚，公猪在一级以上、母猪在二级以上种猪的后代，具有典型的本品种特点，同胞无遗传缺陷，毛色较整齐，有效乳头不少于 6 对；并按双亲评定平均分数、自身个体重进行评定，比分分别占 30 分和 70 分。

3.1.2 6 月龄评分

按体重进行评定。

3.1.3 成年评分

种公猪按本身体重和后裔或同胞测定的平均日增重进行评定，比分各占40分和60分；种母猪按本身体重、第1胎～第3胎平均产仔数进行评定，比分分别占25分和75分。

3.1.4 评分标准

评分标准见表1。

表1 评分标准

阶段	性别	项目	满分标准		及格标准		每单位占分
			低限	评分	低限	评分	
2月龄	公、母	双亲平均分数	90	30	60	18	0.4
		自身个体重/kg	18	70	11	42	4.0
6月龄	公	体重/kg	48	100	38	60	4.0
	母	体重/kg	55	100	45	60	4.0
成年	公	体重/kg	120	40	104	24	1.0
		日增重/g	520	60	400	36	0.2
	母	体重/kg	124	25	104	15	0.5
		产仔数	12	75	9	45	10.0

3.2 定级

根据评分结果分阶段定级，特级：公猪≥95分，母猪≥90分；一级：公猪94分～85分；母猪89分～80分；二级：公猪84分～80分，母猪79分～70分；三级：公猪79分～75分，母猪69分～60分。

ICS 65.060.10
T 67

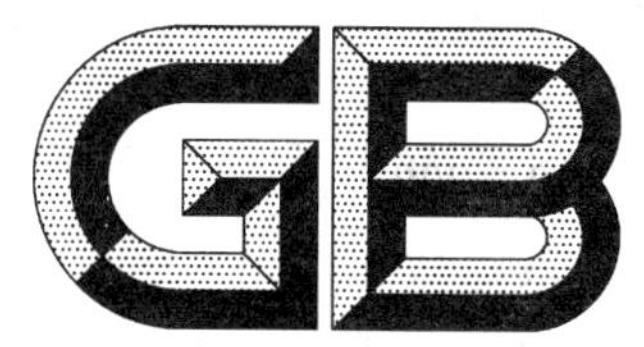

中华人民共和国国家标准

GB/T 2780—2008
代替 GB/T 2780—1992

农业拖拉机 牵引装置型式尺寸和安装要求

Drawbars for agricultural tractors—Types dimensions and mounting requirements

2008-02-03 发布 2008-07-01 实施

中华人民共和国国家质量监督检验检疫总局
中国国家标准化管理委员会 发布

前言

本标准是对 GB/T 2780—1992《农业拖拉机　牵引装置型式尺寸和安装要求》的修订，修订时除作了编辑性修改外，本标准与 GB/T 2780—1992 相比主要变化如下：

——规范性引用文件引用了最新版本的标准；

——标准中对拖拉机的适用范围作了调整，将原“本标准适用于大于 15 kW 的农业拖拉机”改为“本标准适用于大于 18 kW 的农业拖拉机”。

本标准的附录 A 为规范性附录。

本标准自实施之日起代替 GB/T 2780—1992。

本标准由中国机械工业联合会提出。

本标准由全国拖拉机标准化技术委员会归口。

本标准起草单位：洛阳拖拉机研究所、国家拖拉机质量监督检验中心。

本标准主要起草人：刘华、刘惠。

本标准所代替标准的历次版本发布情况为：

——GB/T 2780—1981、GB/T 2780—1992。

农业拖拉机　牵引装置型式尺寸和安装要求

1　范围

本标准规定了农业拖拉机牵引装置——U型牵引钩的型式、尺寸、垂直静载荷和安装要求。

本标准适用于大于18 kW的农业拖拉机(不包括手扶拖拉机)后部联接牵引式农机具的装置。

2　规范性引用文件

下列文件中的条款通过本标准的引用而成为本标准的条款。凡是注日期的引用文件,其随后所有的修改单(不包括勘误的内容)或修订版均不适用于本标准,然而,鼓励根据本标准达成协议的各方研究是否可使用这些文件的最新版本。凡是不注日期的引用文件,其最新版本适用于本标准。

GB/T 1593.1—1996　农业轮式拖拉机后置式三点悬挂装置　第1部分:1、2、3和4类(eqv ISO 730-1:1994)

GB/T 1592　农业拖拉机后置动力输出轴　1、2和3型(GB/T 1592—2003,ISO 500:1991,IDT)

3　牵引装置的类别、尺寸、安装位置及垂直静载荷

3.1　牵引装置的类别与GB/T 1593.1—1996相对应。型式尺寸、安装位置、垂直静载荷应符合图1和表1的规定。

3.2　特殊使用情况时,牵引装置的安装位置和相应垂直静载荷见附录A。

单位为毫米

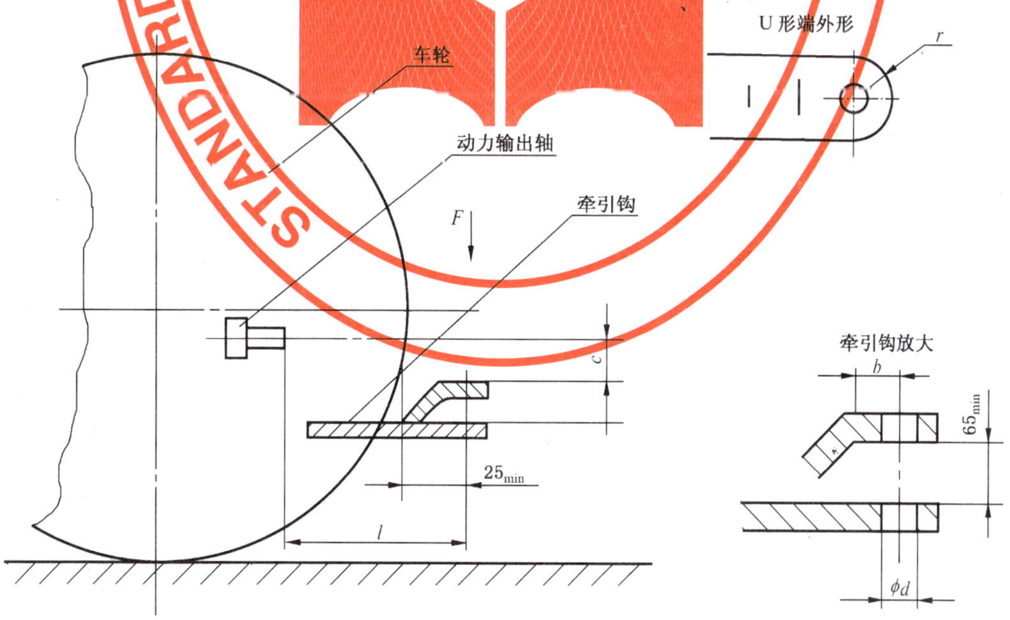

图1　牵引装置图

表 1

类别	U形端尺寸		U形端外形	安装尺寸		最小垂直静载荷
	ϕd^{+1}_{0} mm	b_{min} mm	r_{max}[a] mm	c_{min}[b] mm	l^{+10}_{0} mm	F kN
1	33	60	70	200	400	8
2				220		12
3		70	80	250	500	15

a U形端的外形可在半径 r 范围内由设计决定。

b 特殊使用情况时可移动U形端的顶部,保持尺寸 c 不变。

4 安装要求

4.1 牵引装置应布置在拖拉机纵向中心平面内,摆动式的牵引装置应能锁定在拖拉机纵向中心平面内。

4.2 牵引装置单独使用时,应保证离地高度尺寸,该离地高度尺寸应符合GB/T 1592的相应规定;牵引装置与动力输出轴配合使用时,应保证两者之间的垂直距离(表中 c_{min}),并使连接孔位于动力输出轴的正下方。

4.3 牵引销应能可靠锁定,防止脱落。

附 录 A
（规范性附录）
特殊使用情况时牵引装置的安装位置和垂直静载荷

A.1 特殊使用情况时，牵引装置的安装位置和垂直静载荷见表 A.1。

A.2 短牵引装置主要用于承受较大垂直载荷，不使用动力输出轴驱动的农机具。

A.3 长牵引装置主要用于要求等角速传动的农机具。

表 A.1

类别	动力输出轴端至销孔中心线距离 l mm		最小垂直静载荷 F kN	
	短牵引装置[a]	长牵引装置	短牵引装置	长牵引装置
1	250±10	500±10	15	6.5
2		550±10	22.5	8
3	350±10	650±10	27	10

[a] 可不用图 1 中最小尺寸 25 mm。

ICS 67.060
X 04

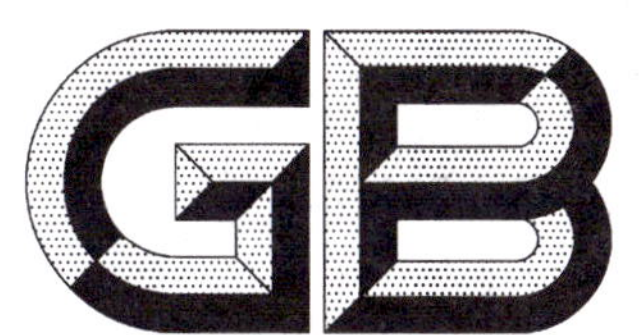

中华人民共和国国家标准

GB/T 2795—2008
代替 GB/T 2795—1981

冻兔肉中有机氯及拟除虫菊酯类农药残留的测定方法 气相色谱/质谱法

Method for determination of organochlorine and pyrethroid Pesticide multiresidues in rabbit tissues—GC-MS method

2008-09-10 发布 2009-01-01 实施

中华人民共和国国家质量监督检验检疫总局
中国国家标准化管理委员会 发布

前　言

本标准代替GB/T 2795—1981《出口冻兔肉六六六、滴滴涕残留量检验方法》。

本标准与GB/T 2795—1981相比主要区别如下：

——将原方法中的被分析物六六六、滴滴涕8种扩大到24种有机氯、3种杀螨剂和14种拟除虫菊酯类农药；

——将填充柱更换为毛细柱；

——气相色谱-质谱同时确证和测定代替气相色谱-电子捕获检测器测定；

——方法的样品净化处理采用凝胶渗透色谱和固相萃取代替原方法的磺化处理法。

本标准的附录A、附录B、附录C均为资料性附录。

本标准由国家认证认可监督管理委员会提出并归口。

本标准起草单位：中华人民共和国天津出入境检验检疫局。

本标准主要起草人：王云凤、葛宝坤、陈其勇、常春艳、高建会、王伟、宓捷波、刘有序、彭杨思、刘旸、赵孔祥。

本标准所代替标准的历次版本发布情况为：

——GB/T 2795—1981。

冻兔肉中有机氯及拟除虫菊酯类农药残留的测定方法　气相色谱/质谱法

1　范围

本标准规定了冻兔肉中41种有机氯及拟除虫菊酯类农药残留量气相色谱/质谱的测定方法。

本标准适用于冻兔肉中α-666、β-666、林丹、δ-666、o,p'-滴滴滴、p,p'-滴滴伊、p,p'-滴滴涕、o,p'-滴滴涕、七氯、环氧七氯、艾氏剂、狄氏剂、异狄氏剂、氯丹、四氯硝基苯、五氯硝基苯、α-硫丹、β-硫丹、硫丹硫酸盐、六氯苯、甲氧滴滴涕、氯菊酯、溴氰菊酯、氰戊菊酯、S-氰戊菊酯、甲氰菊酯、联苯菊酯、氯氰菊酯、胺菊酯、三氟氯氰菊酯、醚菊酯、氟氯氰菊酯、氟氰戊菊酯、苯醚菊酯、生物苄夫菊酯、乙酯杀螨醇、三氯杀螨醇、三氯杀螨砜、氯杀螨、杀螨特、溴螨酯41种农药残留量的测定。

2　原理

试样用环己烷+乙酸乙酯混合溶剂均质提取，提取液浓缩后经凝胶渗透色谱和固相萃取净化，浓缩，气相色谱-质谱仪检测，外标法定量。

3　试剂和材料

所有试剂除另有说明外，均为色谱纯，水为二次蒸馏水。

3.1　乙腈。

3.2　环己烷。

3.3　乙酸乙酯。

3.4　环己烷+乙酸乙酯混合溶剂(1+1，体积比)。

3.5　正己烷。

3.6　正己烷饱和的乙腈：向100 mL乙腈中加入100 mL正己烷，充分振摇后，静置分层，取下层乙腈备用。

3.7　甲苯。

3.8　丙酮。

3.9　无水硫酸钠，分析纯：用前在650 ℃灼烧4 h，储存于干燥器中，冷却后备用。

3.10　中性氧化铝固相萃取小柱，500 mg，3 mL或相当者：用前使用2 mL正己烷饱和的乙腈活化。

3.11　农药标准物质：纯度≥95%。

3.12　标准储备溶液。

3.13　准确称取10 mg(精确至0.1 mg)各农药标准物，分别置于10 mL容量瓶中，用甲苯溶解并定容至刻度。

3.14　混合标准溶液

按照农药的性质和保留时间，将41种农药按照附录A中表A.1所规定的浓度分成四组，用甲苯配制成混合标准溶液。混合标准溶液避光4 ℃保存，可使用1个月。

3.15　基质混合标准工作溶液

按照附录A中表A.1所规定的浓度，分别取四组混合标准溶液0、0.05、0.10、0.25、0.5 mL，加样品空白基质提取液并定容至1.0 mL，混匀，配成四组基质混合标准工作溶液，用于绘制标准工作曲线。基质混合标准工作溶液使用前配制。

4 仪器

4.1 气相色谱-质谱仪:配有电子轰击源(EI)。
4.2 凝胶渗透色谱仪:内装 Bio-Beads S-X3 填料的净化柱。
4.3 分析天平:感量 0.1 mg 和 0.01 g 各一台。
4.4 旋转蒸发器。
4.5 均质器:最大转速为 24 000 r/min。
4.6 离心机:最大转速为 5 000 r/min。
4.7 氮气吹干仪。

5 试样制备与保存

样品用绞肉机绞碎,充分混匀,用四分法缩分至不少于 500 g,作为试样,装入清洁器内,加封后,标明标记。试样于-18 ℃冷冻保存。

6 测定步骤

6.1 提取

称取约 10 g 试样,精确到 0.01 g,放入装有 20 g 无水硫酸钠(3.9)的 50 mL 离心管中,加 35 mL 乙酸乙酯-环己烷混合溶剂(3.4),均质 1 min,把离心管放入离心机中,在 4 000 r/min 离心 5 min ,上清液通过装有无水硫酸钠的漏斗,收集于 100 mL 鸡心瓶中,离心管中的组织残渣再用 35 mL 乙酸乙酯-环己烷混合溶液(3.4)提取一次,离心后上清液过装有无水硫酸钠的漏斗到上述鸡心瓶中,于 40 ℃水浴将提取液旋转蒸发至约 1 mL,浓缩液转移至 GPC 自动进样系统的样品管中,用乙酸乙酯-环己烷混合溶剂(3.4)洗涤旋转蒸发瓶两次,洗涤液合并至样品管中并定容至 10 mL。

6.2 凝胶渗透色谱净化

6.2.1 条件

a) 净化柱:200 mm×25 mm, 内装 Bio-Beads S-X3 填料;
b) 检测波长:254 nm;
c) 流动相:乙酸乙酯-环己烷混合溶剂(3.4);
d) 流速:4.7 mL/min;
e) 进样量:5 mL;
f) 开始收集时间:7.5 min;
g) 结束收集时间:15 min。

6.2.2 净化

样液过滤后通过 5 mL 样品环注入 GPC 柱,收集 7.5 min~15 min 馏分于 100 mL 鸡心瓶中,并在 40 ℃水浴旋转蒸发至约 1 mL,待过氧化铝固相萃取柱(3.10)。

6.3 固相萃取净化

将上述样液加到已活化的氧化铝固相萃取柱内,用 5 mL 正己烷饱和的乙腈(3.6)洗脱,收集洗脱液于 40 ℃氮气吹至近干,用 1.0 mL 丙酮溶解残渣,供 GC-MS 测定。

6.4 测定

6.4.1 气相色谱-质谱条件

a) 色谱柱:DB-1701(30 m×0.25 mm×0.15 μm)石英毛细管柱或相当者;
b) 色谱柱温度:40 ℃保持 1 min,然后以 30 ℃/min 程序升温至 130 ℃ ,再以 5 ℃/min 升温至 250 ℃,再以 10 ℃/min 升温至 300 ℃,保持 5 min;
c) 载气:氦气,纯度≥99.999%,流速为 1.0 mL/min;

d) 进样口温度:280℃;

e) 进样量:1 μL;

f) 进样方式:不分流进样,0.75 min后打开分流阀;

g) 电子轰击源:70 eV;

h) 离子源温度:180 ℃;

i) GC-MS接口温度:280 ℃;

j) 选择离子监测:按附录A选择每种化合物的定量离子和定性离子,每组所有需要检测的离子按照出峰顺序,分时段分别检测。每种化合物的保留时间、定量离子、定性离子及定量离子与定性离子的丰度比值参见附录A,每组检测离子的开始时间和驻留时间参见附录B。

6.4.2 定性测定

四组样品溶液按照气相色谱-质谱测定条件分别测定。进行样品测定时,如果检出的色谱峰保留时间与标准品的保留时间相一致,并且在扣除背景后样品质谱中,所选择的离子均出现,经过对比所选择离子的丰度比与标准品对应离子的丰度比,其值在表1允许的范围内,则可判断样品中存在对应的被测物。四组标准物质的选择离子监测质谱图参见附录C。

表1 使用气相色谱-质谱定性时相对离子丰度最大允许误差

相对丰度/%	>50	>20~50	>10~20	<10
GC/MS定性时相对离子丰度最大允许误差/%	±10	±15	±20	±50

6.4.3 定量测定

定量应采用基质混合标准工作溶液,标准溶液的浓度应与待测化合物的浓度相近,并且保证所测样品中农药的响应值均在仪器的线性范围内,外标法定量测定。

7 结果计算

按式(1)计算试样中每种农药的残留量,计算结果需扣除空白。

$$X = \frac{A \times c_s \times V}{A_s \times m} \qquad (1)$$

式中:

X——试样中每种农药的残留量,单位为毫克每千克(mg/kg);

A——试样中每种农药的色谱峰面积;

c_s——标准工作溶液中每种农药的浓度,单位为微克每毫升(μg/mL);

V——样液最终定容体积,单位为毫升(mL);

A_s——标准工作溶液中每种农药的色谱峰面积;

m——最终试样体积所代表的试样量,单位为克(g)。

8 测定低限

本标准方法的测定低限参见附录A。

9 精密度

在重复性条件下获得的两次独立测定结果的绝对差值不得超过算术平均值的15%。

附　录　A
(资料性附录)
41种农药分组、中英文名称、保留时间、定量离子、定性离子及定量离子与定性离子的丰度比值、混合标准溶液浓度和方法测定低限

表 A.1　41种农药分组、中英文名称、保留时间、定量离子、定性离子及定量离子与定性离子的丰度比值、混合标准溶液浓度和方法测定低限

分组	序号	中文名称	英文名称	保留时间/min	定量离子	定性离子	定性离子	混合标准溶液浓度/(mg/L)	测定低限/(mg/kg)
1	1	六氯苯	Hexachlorobenzene	14.28	282(49)	284(100)	286(78)	1.0	0.01
	2	五氯硝基苯	quintozene	16.31	237(100)	249(56)	295(36)	1.0	0.01
	3	p,p'-滴滴伊	4,4′-DDE	24.15	246(100)	318(27)	176(71)	1.0	0.01
	4	o,p'-滴滴滴	2,4′-DDD	27.12	235(100)	199(14)	237(63)	1.0	0.01
	5	甲氧滴滴涕	Methoxychlor	29.91	227(100)	228(18)	274(3.5)	1.0	0.01
	6	甲氰菊酯	Fenpropathrin	30.27	181(100)	265(36)	349(3.5)	5.0	0.05
	7	三氯杀螨砜	Tetradifon	31.38	159(100)	227(67)	356(75)	5.0	0.05
	8	氯氰菊酯	Cypermethrin	34.13 34.39 34.47 34.62	181(100)	152(13)	180(15)	5.0	0.05
2	9	α-666	Alpha-HCH	16.11	219(82)	183(100)	221(39)	1.0	0.01
	10	林丹	Gamma-HCH	17.74	181(100)	219(78)	254(15)	1.0	0.01
	11	七氯	Heptachlor	18.46	272(100)	237(59)	337(24)	1.0	0.01
	12	β-666	Beta-HCH	20.86	181(100)	217(78)	219(95)	1.0	0.01
	13	δ-666	Delta-HCH	21.66	181(100)	217(86)	219(93)	1.0	0.01
	14	α-硫丹	Alpha-Endosulfan	23.23	339 (36)	265(54)	241(100)	1.0	0.01
	15	β-硫丹	Beta-Endosulfan	27.26	339(37)	265(56)	241(100)	1.0	0.01
	16	联苯菊酯	Bifenthrin	29.09	181(100)	166(18)	165(21)	5.0	0.05
	17	胺菊酯	Tetramethrin	30.29	164(100)	123(35)	165(10)	5.0	0.05
	18	三氟氯氰菊酯	Cyhalothrin	32.05	181(100)	197(67)	208(35)	2.0	0.02
	19	醚菊酯	Etofenprox	33.59	163(100)	183(8)	376(5)	5.0	0.05
	20	氟氯氰菊酯	Cyfluthrin	33.92 34.17 34.24 34.39	163(100)	206(81)	199(44)	5.0	0.05

表 A.1（续）

分组	序号	中文名称	英文名称	保留时间/min	定量离子	定性离子	定性离子	混合标准溶液浓度/(mg/L)	测定低限/(mg/kg)
3	21	四氯硝基苯	Tecnazene	13.19	203(100)	261(84)	215(89)	1.0	0.01
	22	艾氏剂	Aldrin	19.46	263(100)	265(70)	293(40)	1.0	0.05
	23	三氯杀螨醇	Dicofol	21.55	139(100)	141(35)	250(26)	5.0	0.05
	24	氯杀螨	Chlorbenside	23.19	125(100)	267(8)	269(8)	5.0	0.05
	25	狄氏剂	Dieldrin	24.65	263(100)	277(64)	380(26)	1.0	0.01
	26	乙酯杀螨醇	Chlorobenzilate	26.59	251(100)	255(12)	152(8)	5.0	0.05
	27	生物苄夫菊酯	Resmethrin	28.00	123(100)	171(38)	143(52)	5.0	0.05
	28	硫丹硫酸盐	Endosulfan-Sulfate	29.82	272(100)	387(58)	389(33)	1.0	0.01
	29	氯菊酯	Permethrin	32.04 32.34	163(100)	165(82)	184(45)	5.0	0.05
	30	溴氰菊酯	Deltamethrin	37.27	181(100)	172(30)	174(28)	5.0	0.05
4	31	环氧七氯	Heptachlor epoxide	22.26	353(100)	351(59)	355 (76)	5.0	0.01
	32	氯丹	Chlordane	23.48 23.78	373(100)	375(86)	377(43)	5.0	0.05
	33	异狄氏剂	Endrin	25.40	263(100)	345(28)	317(36)	1.0	0.01
	34	杀螨特	Aramite	25.79 26.21	185(100)	319(47)	334(30)	1.0	0.01
	35	*o*,*p*′-滴滴涕	2,4′-DDT	27.10	235(100)	246(3)	237(64)	1.0	0.01
	36	*p*,*p*′-滴滴涕	4,4′-DDT	27.70	235(100)	199(12)	237(66)	1.0	0.01
	37	苯醚菊酯	Phenothrin	29.85	183(47)	123(100)	350(4)	5.0	0.05
	38	溴螨酯	Bromopropylate	29.68 29.85	183(100)	155(5)	339(0.6)	5.0	0.05
	39	氟氰戊菊酯	Flucythrinate	34.85 35.19	199(100)	157(99)	451(20)	5.0	0.05
	40	S-氰戊菊酯	Esfenvalerate	35.67	125(100)	167(61)	225(40)	1.0	0.01
	41	氰戊菊酯	Fenvalerate	36.09	125(100)	167(61)	225(40)	1.0	0.01

附 录 B
（资料性附录）
41种农药的分组、农药监测的起始时间和驻留时间

表 B.1 41种农药的分组、农药监测的起始时间和驻留时间

分组	序号	农药名称	时间/min	离子/amu	驻留时间/ms
1	1	六氯苯	13.00	282,284,286	200
	2	五氯硝基苯	15.50	237,249,295	200
	3	p,p′-滴滴伊	22.00	176,246,318,	200
	4	o,p′-滴滴滴	26.00	199,235,237	200
	5	甲氧滴滴涕,甲氰菊酯	28.50	227,228,274,181,265,349	100
	6	三氯杀螨砜	30.50	159,227,356	120
	7	氯氰菊酯	32.00	152,180,181	100
2	8	α-666	14.00	183,219,221	200
	9	林丹	17.00	181,219,254	100
	10	七氯	18.00	237,272,337	100
	11	β-666,δ-666	19.50	181,217,219	100
	12	α-硫丹,β-硫丹	22.50	241,265,339	200
	13	联苯菊酯	28.00	165,166,181	100
	14	胺菊酯,三氟氯氰菊酯	29.50	123,164,165,181,197,208	200
	15	醚菊酯,氟氯氰菊酯	33.00	163,183,376,199,206,226	200
3	16	四氯硝基苯	12.00	203,215,261	200
	17	艾氏剂	16.00	263,265,293	200
	18	三氯杀螨醇,氯杀螨	20.50	125,139,141,250,267,269	200
	19	狄氏剂,乙酯杀螨醇	24.00	152,251,255,263,277,380	100
	20	生物苄夫菊酯	27.20	123,143,171	100
	21	硫丹硫酸盐	29.00	272,387,389	200
	22	氯菊酯	31.00	163,165,184	200
	23	溴氰菊酯	36.30	172,174,181	200
4	24	环氧七氯,氯丹	18.00	351,353,355,373,375,377	200
	25	异狄氏剂,杀螨特	24.50	263,317,345,185,319,334	100
	26	o,p′-滴滴涕,p,p′-滴滴涕	26.70	199,235,237,246,	100
	27	溴螨酯	28.00	183,339,155	200
	28	苯醚菊酯	28.00	123,183,350	200
	29	氟氰戊菊酯	32.00	157,199,451	200
	30	S-氰戊菊酯,氰戊菊酯	35.00	125,167,225,419	100

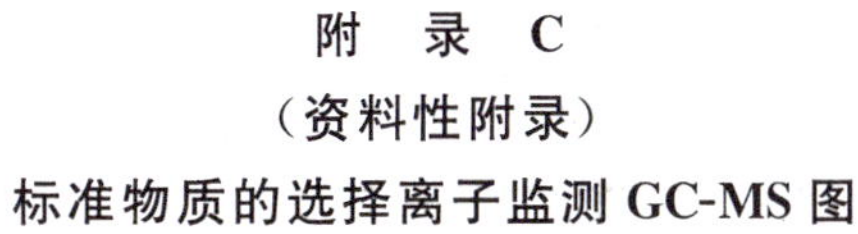

附 录 C
（资料性附录）
标准物质的选择离子监测 GC-MS 图

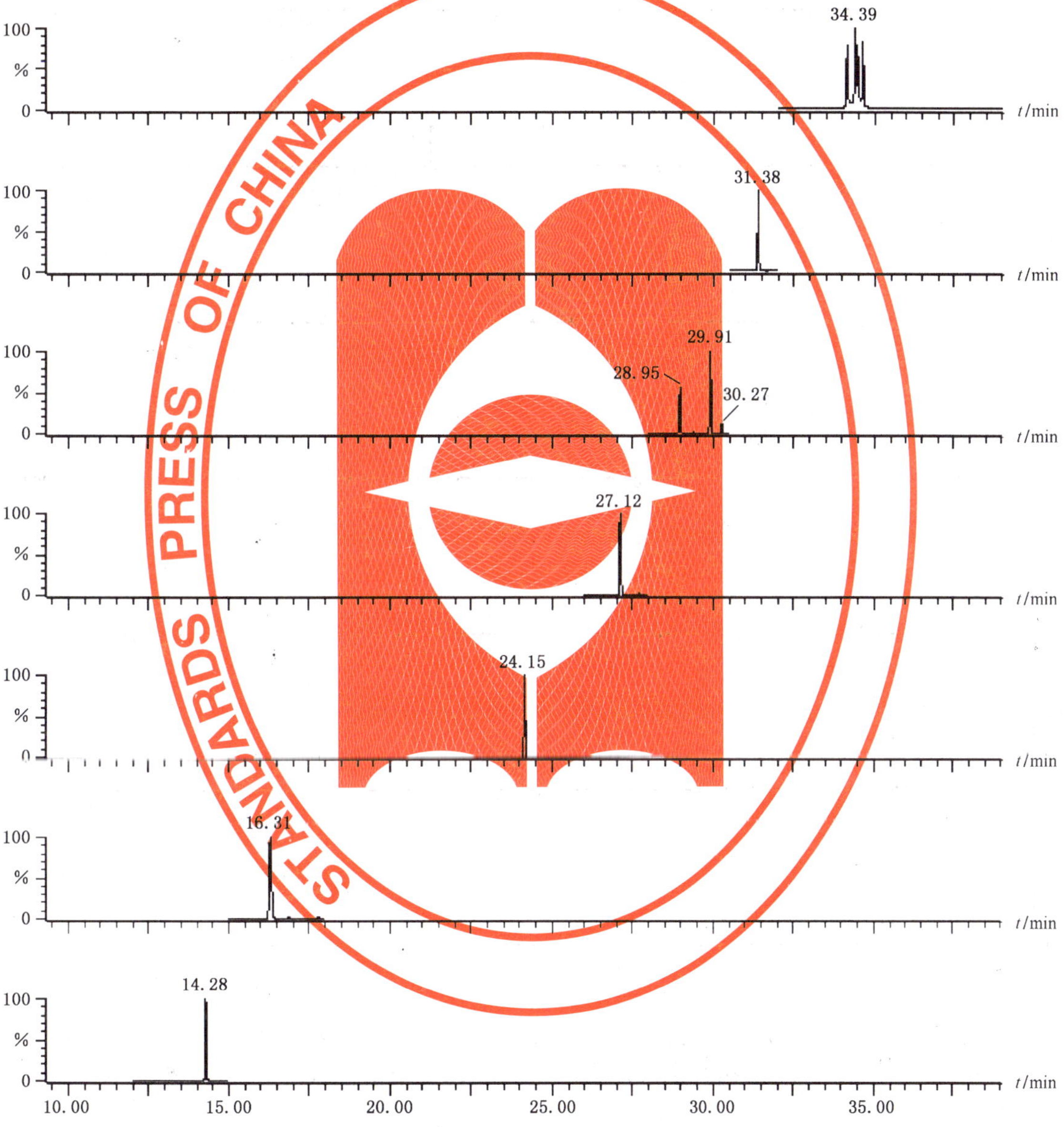

注：8种农药的出峰时间分别为六氯苯(14.28)、五氯硝基苯(16.31)、p，p′-滴滴伊(24.15)、o，p′-滴滴滴(27.12)、甲氧滴滴涕(29.91)、甲氰菊酯(30.27)、三氯杀螨砜(31.38)、氯氰菊酯(34.13，34.39，34.47，34.62)。

图 C.1 第一组标准物质的选择离子监测 GC-MS 图

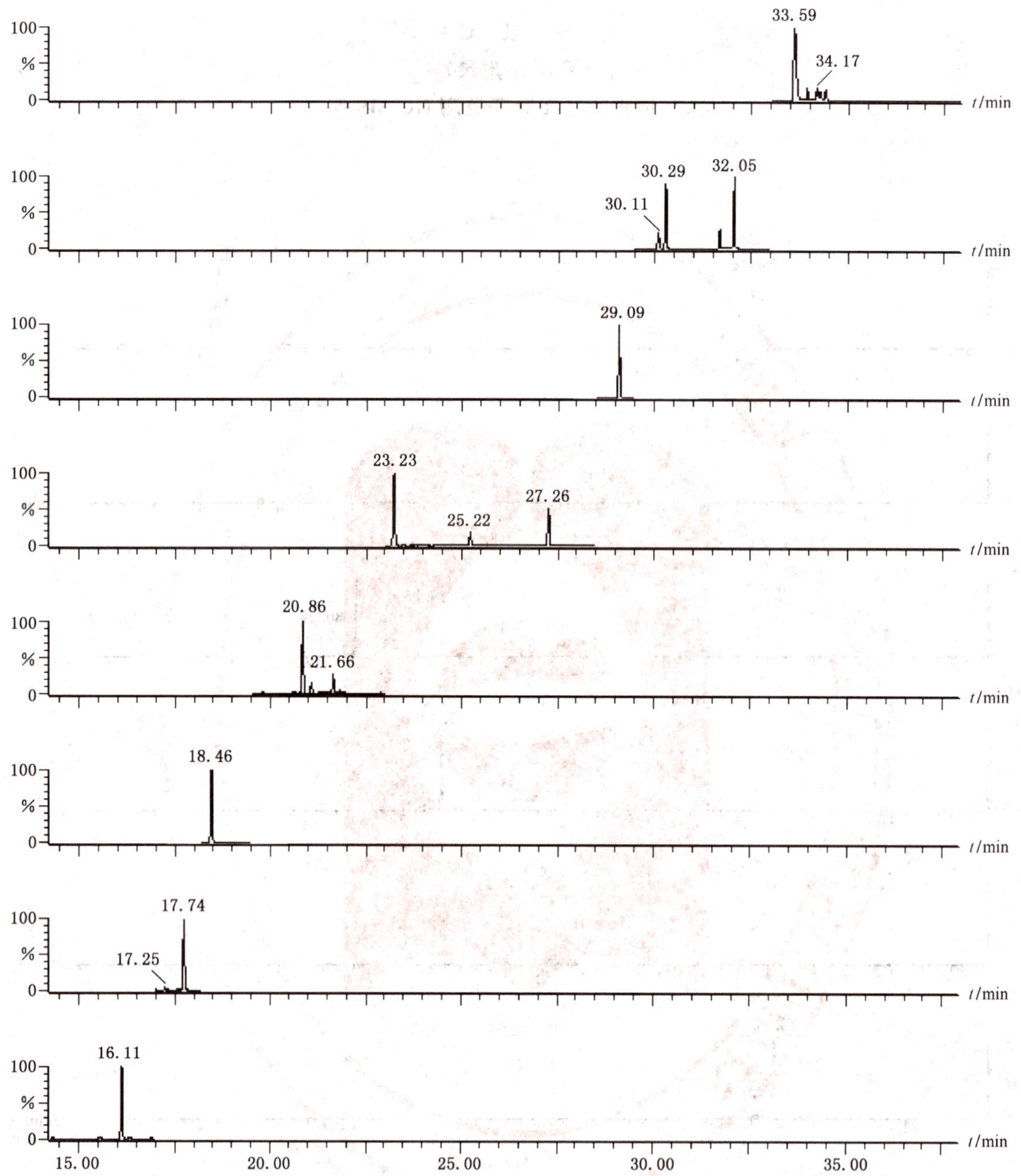

注：11种农药的出峰时间分别为α-666(16.11)、林丹(17.74)、七氯(18.46)、β-666(20.86)、δ-666(21.66)、α-硫丹(23.23)、β-硫丹(27.26)、联苯菊酯(29.09)、胺菊酯(30.29)、三氟氯氰菊酯(32.05)、醚菊酯(33.59)、氟氯氰菊酯(33.92,34.17,34.24,34.39)。

图 C.2　第二组标准物质的选择离子监测 GC-MS 图

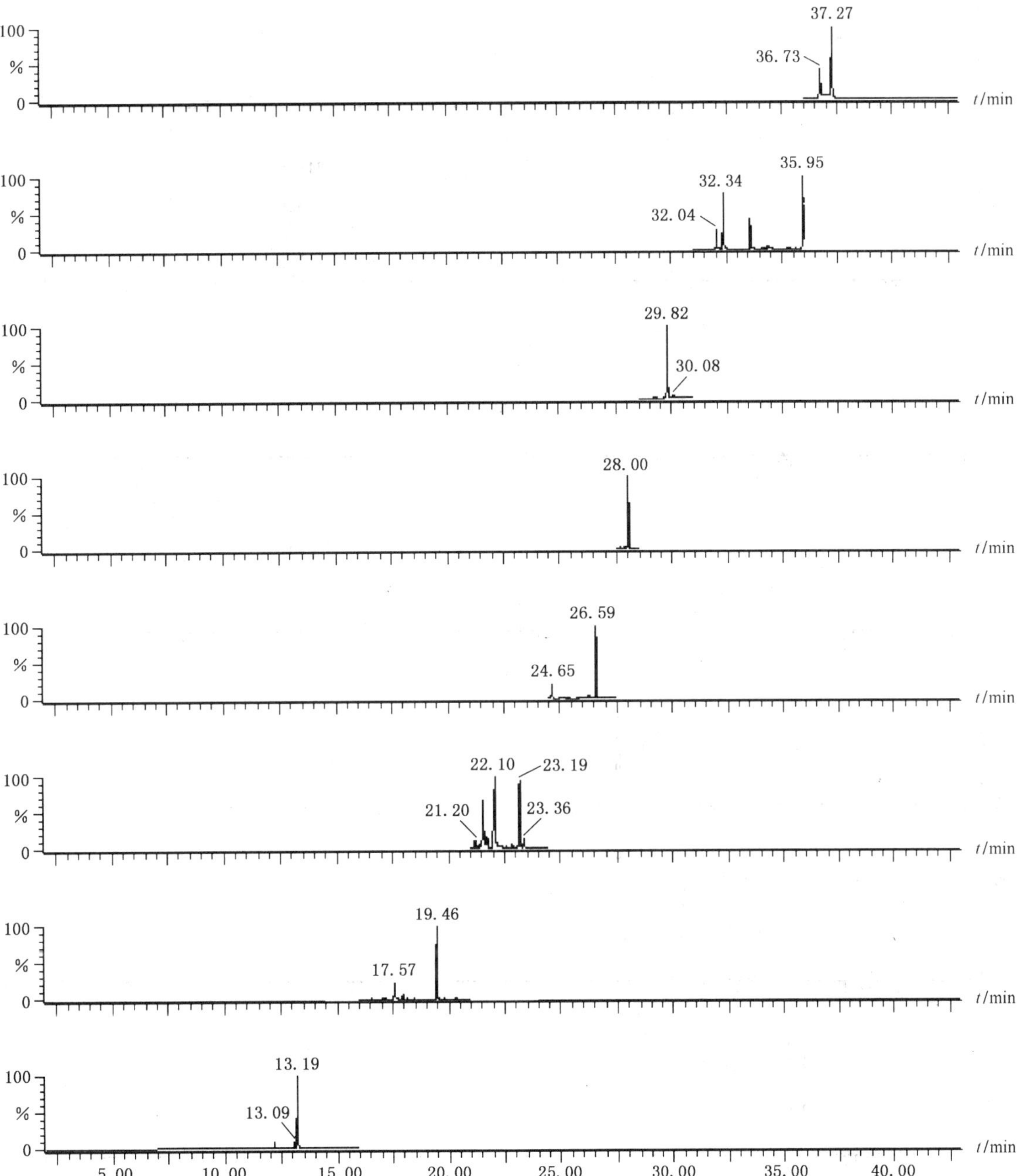

注：9种农药的出峰时间分别为四氯硝基苯(13.19)、艾氏剂(19.46)、三氯杀螨醇(21.55)、氯杀螨(23.19)、狄氏剂(24.65)、乙酯杀螨醇(26.59)、生物苄夫菊酯(28.00)、硫丹硫酸盐(29.82)、氯菊酯(32.04,32.34)、溴氰菊酯(37.27)。

图 C.3 第三组标准物质的选择离子监测 GC-MS 图

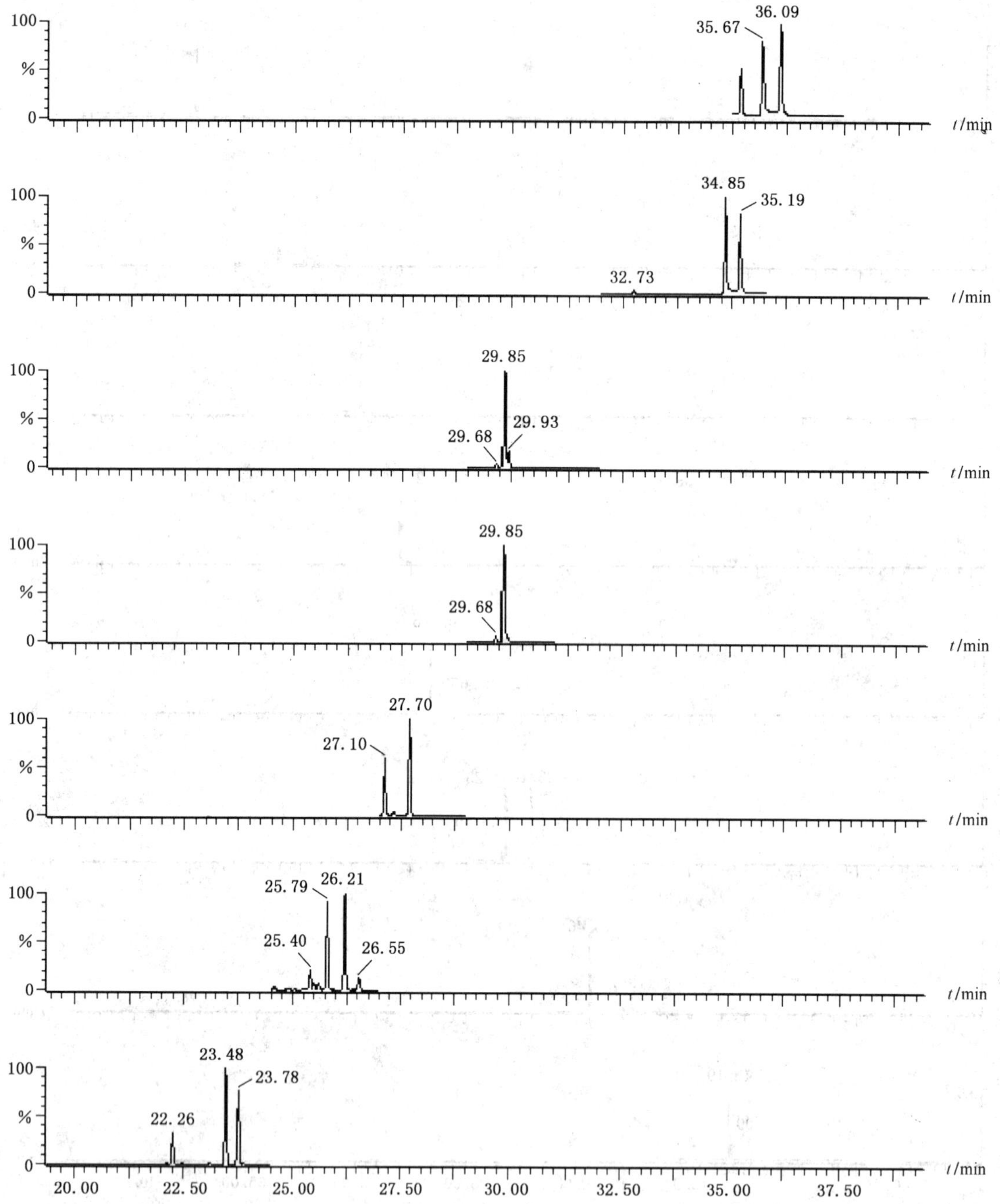

注：11种农药的出峰时间分别为环氧七氯(22.26)、氯丹(23.48,23.78)、异狄氏剂(25.40)、杀螨特(25.79,26.21)、o,p'-滴滴涕(27.10)、p,p'-滴滴涕(27.70)、苯醚菊酯(29.85)、溴螨酯(29.68,29.85)、氟氰戊菊酯(34.85,35.19)、S-氰戊菊酯(35.67)、氰戊菊酯(36.09)。

图 C.4　第四组标准物质的选择离子监测 GC-MS 图

ICS 29.140.10
K 74

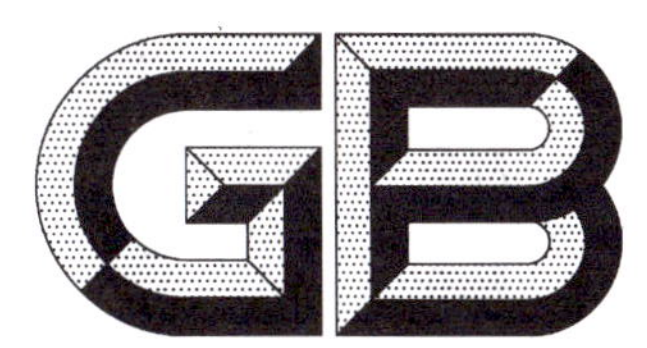

中华人民共和国国家标准

GB 2797—2008
代替 GB 2797—1994

灯头总技术条件

Technical specification for lamp caps

2008-12-15 发布　　　　2010-01-01 实施

中华人民共和国国家质量监督检验检疫总局
中国国家标准化管理委员会　发布

前言

本标准的全部技术内容为强制性。

本标准应与相关灯产品标准一同使用，如有差异，以灯的标准为准。

本标准代替 GB 2797—1994《灯头总技术条件》。

本标准与 GB 2797—1994 的主要差异如下：

——增加了定义一章，增加了附录 A；

——对引用文件、机械强度、试验方法、检验规则等章节进行了修改。

本标准的附录 A 为资料性附录。

本标准由中国轻工业联合会提出。

本标准由全国照明电器标准化技术委员会(SAC/TC 224)归口。

本标准的起草单位：北京电光源研究所、德清新明辉电光源有限公司。

本标准的主要起草人：屈素辉、杨小平、赵秀荣、江姗、钱芳、李晓青、段彦芳。

本标准所代替标准的历次版本发布情况为：

——GB 2797—1981、GB 2797—1994。

灯头总技术条件

1 范围

本标准规定了各种金属灯头、陶瓷灯头和塑料灯头的安全要求、试验方法、检验规则、标志、包装、运输、贮存。

本标准适用于成品灯上的螺口式、插脚式、预聚焦式、杂类和卡口式灯头。

注 1：本标准的合格条件仅涉及灯头的安全指标，不考虑灯头的具体型式和尺寸要求。使用本标准时应参照 GB/T 1406 系列标准。

注 2：除螺口式、插脚式、预聚焦式和卡口式灯头之外，均归类于杂类灯头。

2 规范性引用文件

下列文件中的条款通过本标准的引用而成为本标准的条款。凡是注日期的引用文件，其随后所有的修改单(不包括勘误的内容)或修订版均不适用于本标准，然而，鼓励根据本标准达成协议的各方研究是否可使用这些文件的最新版本。凡是不注日期的引用文件，其最新版本适用于本标准。

GB/T 191 包装标志运输和储存(GB/T 191—2008，ISO 780：1997，MOD)

GB/T 1406.1 灯头的型式和尺寸 第1部分：螺口式灯头(GB/T 1406.1—2008，IEC 60061-1：2007，Lamp caps and holders together with gauges for the control of interchangeability and safety—Part 1：Lamp caps，MOD)

GB/T 1406.2 灯头的型式和尺寸 第2部分：插脚式灯头(GB/T 1406.2—2008，IEC 60061-1：2007，Lamp caps and holders together with gauges for the control of interchangeability and safety—Part 1：Lamp caps，MOD)

GB/T 1406.3 灯头的型式和尺寸 第3部分：预聚焦式灯头(GB/T 1406.3—2008，IEC 60061-1：2007，Lamp caps and holders together with gauges for the control of interchangeability and safety—Part 1：Lamp caps，MOD)

GB/T 1406.4 灯头的型式和尺寸 第4部分：杂类灯头(GB/T 1406.4—2008，IEC 60061-1：2007，Lamp caps and holders together with gauges for the control of interchangeability and safety—Part 1：Lamp caps，MOD)

GB/T 1406.5 灯头的型式和尺寸 第5部分：卡口式灯头(GB/T 1406.5—2008，IEC 60061-1：2007，Lamp caps and holders together with gauges for the control of interchangeability and safety—Part 1：Lamp caps，MOD)

GB/T 1483.1 灯头、灯座检验量规 第1部分：螺口式灯头、灯座量规(GB/T 1483.1—2008，IEC 60061-3：2007，Lamp caps and holders together with gauges for the control of interchangeability and safety—Part 3：gauges MOD)

GB/T 1483.2 灯头、灯座检验量规 第2部分：插脚式灯头、灯座量规(GB/T 1483.2—2008，IEC 60061-3：2007，Lamp caps and holders together with gauges for the control of interchangeability and safety—Part 3：gauges MOD)

GB/T 1483.3 灯头、灯座检验量规 第3部分：预聚焦式灯头、灯座量规(GB/T 1483.3—2008，IEC 60061-3：2007，Lamp caps and holders together with gauges for the control of interchangeability and safety—Part 3：gauges MOD)

GB/T 1483.5 灯头、灯座检验量规 第5部分：卡口式灯头、灯座量规(GB/T 1483.5—2008，

IEC 60061-3:2007,Lamp caps and holders together with gauges for the control of interchangeability and safety—Part 3:gauges MOD)

GB/T 2900.65 电工术语 照明((GB/T 2900.65—2004,IEC 60050(845):1987,MOD)

GB/T 5169.10 电工电子产品着火危险试验 第10部分:灼热丝/热丝基本试验方法 灼热丝装置和通用试验方法(GB/T 5169.10—2006,IEC 60695-2-10:2000,IDT)

GB/T 21098—2007 灯头、灯座及检验其安全性和互换性的量规 第4部分:导则及一般信息(IEC 60061-4:2004,IDT)

IEC 60061-2 灯头、灯座及检验其互换性和安全性的量规 第2部分:灯座

IEC 60061-3 灯头、灯座及检验其互换性和安全性的量规 第3部分:量规

3 术语和定义

GB/T 2900.65 确定的以及下列术语和定义适用于本标准。

3.1

灯头 cap;base(USA)

用以利用灯座或灯连接件与电源连接的灯部件,并且多数情况下用于将灯固定在灯座上。[845-08-15]

3.2

螺口式灯头 screw cap;screw base(USA)

灯头壳体带有可旋入灯座的螺纹的灯头(国际命名E型)。[845-08-16]

3.3

卡口式灯头 bayonet cap;bayonet base(USA)

灯头壳体带有可卡于灯座槽内的销钉的灯头(国际命名B型)。[845-08-17]

3.4

圆筒式灯头 shell cap;shell base(USA)

灯头成光滑圆筒形灯头(国际命名S型)。[845-08-18]

3.5

插脚式灯头 pin cap;pin base(USA)

灯头上带有一个或几个插脚的灯头(国际命名:对于单插脚为F型;对于两个或多个插脚为G型)。[845-08-19]

3.6

预聚焦式灯头 prefocus cap;prefocus base(USA)

灯泡在制造过程中将发光体装在相对于灯头某一特定位置的灯头,这样可使灯泡装入配套灯座内时精确重复性定位(国际命名P型)。[845-08-20]

3.7

卡口销钉 bayonet pin

从灯头(尤其是卡口灯头)壳体上凸出的金属部件,它与灯座上的槽口卡合使灯头固定。[845-08-21]

3.8

接触片 contact plate;eyelet(USA)

灯头上(与壳体相绝缘)与一条导丝相连接,用于灯与电源相连接的金属片。[845-08-22]

3.9

插脚 pin;post

固定在灯头端部通常为圆柱形的金属部件,为了与灯座的相应插孔连接,使灯头固定或与灯座电接触。[845-08-23]

3.10

灯座　lampholder

使灯固定位置，通常将灯头插入其中并使灯与电源相接的器件。[845-08-24]

3.11

(灯的)连接件　(lamp) connector

由相应的绝缘体及弹性连接部件组成的器件，该连接件使灯与电源相连接，但不起支撑灯的作用。[845-08-25]

3.12

灯端　base

与灯座的电接触是直接通过位于灯端表面的引线来完成的，玻璃部件(或其他绝缘材料部件)对灯端在灯座中的匹配安装是必不可少的。此种型号也适用于一作为整体式灯端的替代品，并符合相同的互换性要求的独立的绝缘材料灯头。

4　产品分类

按结构特征可分为：

a)　螺口式灯头(E)；

b)　插脚式灯头(G.F)；

c)　预聚焦式灯头(P)；

d)　凹式灯头(R)；

e)　圆筒式灯头(S)；

f)　卡口式灯头(B)；

g)　灯端(W)。

按外壳材料特征可分为：

a)　金属灯头；

b)　陶瓷灯头；

c)　塑料灯头。

5　技术要求

5.1　型号和主要尺寸

5.1.1　灯头型号的命名应符合 GB/T 21098—2007 的规定。

5.1.2　灯头的主要尺寸应符合 GB/T 1406.1、GB/T 1406.2、GB/T 1406.3、GB/T 1406.4 和 GB/T 1406.5 的规定，对于本标准暂未规定的灯头应符合 IEC 有关标准。

5.2　材料和外观质量

5.2.1　卡口式灯头的销钉应采用钢或黄铜制造，电接触片和插脚应采用黄铜或与其性能相同的材料制造。

金属灯头的绝缘体应采用玻璃、陶瓷、胶木或耐高温塑料等材料。

塑料灯头应采用耐高温、阻燃的材料，以满足 5.5 和 5.6 的要求。

5.2.2　金属灯头的壳体表面应进行防锈蚀处理。

5.2.3　灯头的外观应光洁，无缺损，无折皱，无裂纹，插脚无划伤，外表面镀层不应有鼓泡、严重钝化液痕和局部无镀层等缺陷。

5.2.4　灯头的内表面镀层不应有露底和锈蚀现象。

5.2.5　灯头的镀层应有足够的结合强度，经试验不应有脱落和剥离现象。

5.3 机械强度

5.3.1 灯头的绝缘体与金属壳体应连接牢固，应能承受相关灯产品标准中对机械强度要求的规定而不应有影响正常使用的变形或损坏。

5.3.2 灯头的绝缘体与壳体、电接触片和插脚的连接不应有松动现象。

5.3.3 带有定位键的这类灯头，应确保与类似型号灯不可互换。该灯头应符合有关灯标准中规定的灯头/定位键的要求。

5.4 绝缘电阻和介电强度

5.4.1 灯头壳体与电触点(插脚)之间的绝缘电阻，在正常大气条件下应不小于 50 MΩ，在潮湿大气条件下应不小于 2 MΩ。

5.4.2 壳体与每一个电触点(插脚)之间和触点(插脚)与触点(插脚)之间的介电强度，应能承受相关灯产品标准中的要求而不出现击穿或打火现象。

5.5 耐热性

灯头的绝缘材料应具有充分的耐热性能。

5.6 防燃性

灯头的绝缘材料应具有耐异常高温和防燃烧性能。

5.7 可能意外带电部件

5.7.1 与带电部件绝缘的金属部件不应或不应可能带电。

5.7.2 除灯头插脚(触点)之外，带电部件不应突出灯头的任何部位。

5.8 爬电距离和电气间隙

灯头插脚或触点与灯头金属壳体之间的最小爬电距离和电气间隙应符合 GB/T 21098—2007、各灯产品标准、灯头型式尺寸标准中的要求。

6 试验方法

6.1 一般试验条件：温度 15 ℃～35 ℃，相对湿度 45 %～75 %。

6.2 灯头的主要尺寸(5.1)用符合 GB/T 1483.1、GB/T 1483.2、GB/T 1483.3、GB/T 1483.5、IEC 60061-3 的量规进行检验，对标准中暂未规定的灯头和标准中暂未规定量规的灯头检验可用 IEC 60061-3 规定的量规检查。

6.3 材料和外观质量(5.2.1、5.2.3、5.2.4)用外观法检验。

6.4 镀层结合强度(5.2.5)用加热试验法检验。将试样在 300_{-5}^{0} ℃温度下保持 5 min，然后观察镀层应无脱落、剥离和起泡现象。

6.5 防潮性能(5.2.2)在潮湿试验箱中进行，样品放入试验箱前，应先对灯头进行去油脂处理，并在 45 ℃ 条件下存放 2 h，温度稳定后将样品在温度为 40 ℃±2 ℃，相对湿度为 91%～95%的条件下保持 48 h 后，其外表面不应有锈蚀现象。

6.6 绝缘体与壳体，电接触片和插脚的连接(5.3.2)用外观法检验。

6.7 绝缘体和金属壳体之间的连接牢固度(5.3.1)以及卡口式灯头销钉与壳体的连接强度(5.3.2)，应分别在专用的试验装置上进行。试验之后，灯头不应出现任何影响安全性的损坏。

6.8 定位键使用适当的测量系统和/或目视法检验(5.3.3)其合格性。

6.9 绝缘电阻试验(5.4.1)，在正常试验条件下，试样应在该条件下存放 2 h 后测量。在潮湿条件下，可在 6.5 规定的潮湿条件下存放 1 h，从试验箱中取出后 5 min 内进行测量。

测量之前应用软纸将灯头表面的水珠吸掉，测量时施加 500 V 直流电压 1 min。用适当设备检验其合格性。

在灯头外壳完全由绝缘材料制作的情况下，按照 IEC 60061-2 的要求，灯头以最小包容尺寸与灯座连接时，试验应在全部连接在一起的插脚和包裹易触及表面的金属箔之间进行。

6.10 灯头的介电强度试验(5.4.2),该试验应在6.9中绝缘电阻试验完成后立即进行。采用频率为50 Hz或60 Hz的$2U±1\ 000$ V正弦交流电压,历时1 min。U为灯头的额定电压。

开始试验时先施加规定电压值的1/2,然后迅速提高到规定值。

不产生明显电压降的辉光放电可忽略不计。

6.11 耐热性试验(5.5.1),试验A:将塑料灯头放入加热箱中,升温到130 ℃±2 ℃保持48 h后再用6.2中所规定的方法检验其主要尺寸。试验结束后,试样不应出现任何削弱其安全性的变化,尤其不应出现下述情况:

——5.4要求的防触电保护性能降低;

——灯头插脚松动、破裂、鼓胀和皱缩,通过目视法检验。

试验结束之后,其尺寸应符合5.1的要求。

试验B:将试样表面水平放置,用直径5 mm的钢球以20 N的力压其表面。如果试验时该表面出现弯曲,则将球压的部分支撑起来。

该试验应在温度为125 ℃±5 ℃的加热箱内进行。

1 h之后将钢球移开,测量压痕的直径,该直径应不超过2 mm。

陶瓷部件不进行此项试验。

6.12 防燃性试验(5.6),用加热到650 ℃镍铬灼热丝对试样进行试验。该试验装置在GB/T 5169.10中有说明。

受试样品应垂直安装在支架上,紧贴灼热丝端部,并施加1 N的力。试验最佳部位是距离试样上部边缘15 mm或大于15 mm的位置。灼热丝进入试样的深度用机械方法限制到7 mm。30 s之后,试样与灼热丝前端脱离接触。

试样从灼热丝上移开后,试样上的任何燃烧火焰均应在30 s之内熄灭,并且任何燃烧着的或熔化的下落物质不应点燃水平放置在试样下面的、距离为200 mm±5 mm的五层薄纸。

灼热丝温度和加热电流在试验开始之前应恒定1 min。但要保证在此期间热辐射不应影响试样。采用铠装高灵敏热电偶丝测量灼热丝顶部温度,热电偶的结构与校准应符合GB/T 5169.10的要求。

注:为了人身安全,在灼热丝试验时要采取措施防止下述危险发生:

——发生爆炸或失火;

——吸入烟雾和/或有毒物质,

——产生有毒废料。

6.13 可能意外带电部件(5.7),对意外带电部件的全部产品试验要求,制造厂应证实有连续100%的检验。合格性用适当检测系统检验,其中包括适当使用目视法检验。此外,还应有规律的每天进行设备检查,或验收有效性的检查。

6.14 爬电距离和电气间隙(5.8),在最不利的位置对其测量,来检验其合格性。

7 检验规则

检验规则采用质量评定规则,包括两类检验:型式试验和质量一致性检验。灯头质量一致性检验和型式试验抽样方案、合格判定要求按照相应灯的标准执行。

7.1 检验分类

7.1.1 型式试验是对若干同型号产品进行全部项目的检验,以确定制造商是否有能力生产符合本标准要求的产品。

7.1.2 质量一致性检验是以逐批检验为基础,周期性地从产品中抽取样品进行检验,以确定产品生产过程中是否能保证质量持续稳定。

7.2 型式试验

7.2.1 型式试验,在下列情况之一下进行。

a) 新产品定型；

b) 老产品转厂生产；

c) 产品在主要设计、工艺、材料和零配件变更后；

d) 停产三个月后恢复生产时。

7.2.2 型式试验按表1中所列项目和顺序进行。

表 1

序号	检验项目及条款		试验方法条款
1	主要尺寸	5.1.2	6.2
2	材料和外观	5.2.5	6.3
3	防潮性能	5.2.2	6.5
4	镀层结合强度	5.2.5	6.4
5	绝缘体与金属外壳牢固	5.3.1	6.7
6	绝缘体与金属外壳及插脚不松动	5.3.2	6.6
7	销钉与金属外壳牢固度	5.3.2	6.7
8	定位键	5.3.3	6.8
9	绝缘电阻(常态)	5.4.1	6.9
10	绝缘电阻(潮湿状态)	5.4.1	6.9
11	介电强度	5.4.2	6.10
12	耐热性	5.5	6.11
13	防燃性	5.6	6.12
14	可能意外带电部件	5.7	6.13
15	爬电距离和电器间隙	5.8	6.14

8 标志、包装、运输、贮存

8.1 灯头应集装在牢固的包装箱内。箱内应铺有防潮层，并附有检验部门签发的合格证。

8.2 包装箱上应注明：

a) 制造商名称和商标；

b) 灯头名称和型号；

c) 数量；

d) 产品标准号；

e) GB/T 191 中规定的有关符号；

f) 包装日期。

8.3 每一合格证上应注明：

a) 检查日期；

b) 检验部门和检验人员的签章。

8.4 运输过程中应防止挤压、雨雪淋袭，搬运过程中不应剧烈碰撞。

8.5 灯头应贮存在干燥、通风和无腐蚀性气体及物质的场所，灯头的贮存期超过一年的应重新检验。

附　录　A
（资料性附录）
灯头型号

螺口灯头	插脚灯头
E5	Fc2
E10	Fa4
EP10	Fa6
EY10	Fa8
EZ10	G1.27 & GX1.27
E11	G2.54 & GX2.54
E12*	GUX2.5d，GUY2.5d & GUZ2.5d
E14	G3.17
E17*	G4
E26*	GU4
E26d *	GY4
E26/50x39 & E26/51x39 *	GZ4
E27	G5
E27/51x39	G5.3
E39*	G5.3-4.8
E40	GU5.3
	GX5.3
卡口灯头	GY5.3
BA7	G6.35，GX6.35 & GY6.35
B8.4d & BX8.4d	GZ6.35
BA9	GU6.5
BAX9s	2G7
BAY9s	GU7
BAW9s	2GX7
BAZ9s	GZX7d，GZY7d & GZZ7d
B15d	G7.9 & GX7.9
BA15	2G8
BAU15	GR8
BAW15	G8.5
BAX15d	GX8.5
BAY15d	G9
BAZ15	G9.5
BA15s-3(100°/130°)	GX9.5
BA20	GY9.5，GZ9.5，GZX9.5，GZY9.5 & GZZ9.5
BA21-3(120°)	G10q
B22d	GR10q
	GRX10q

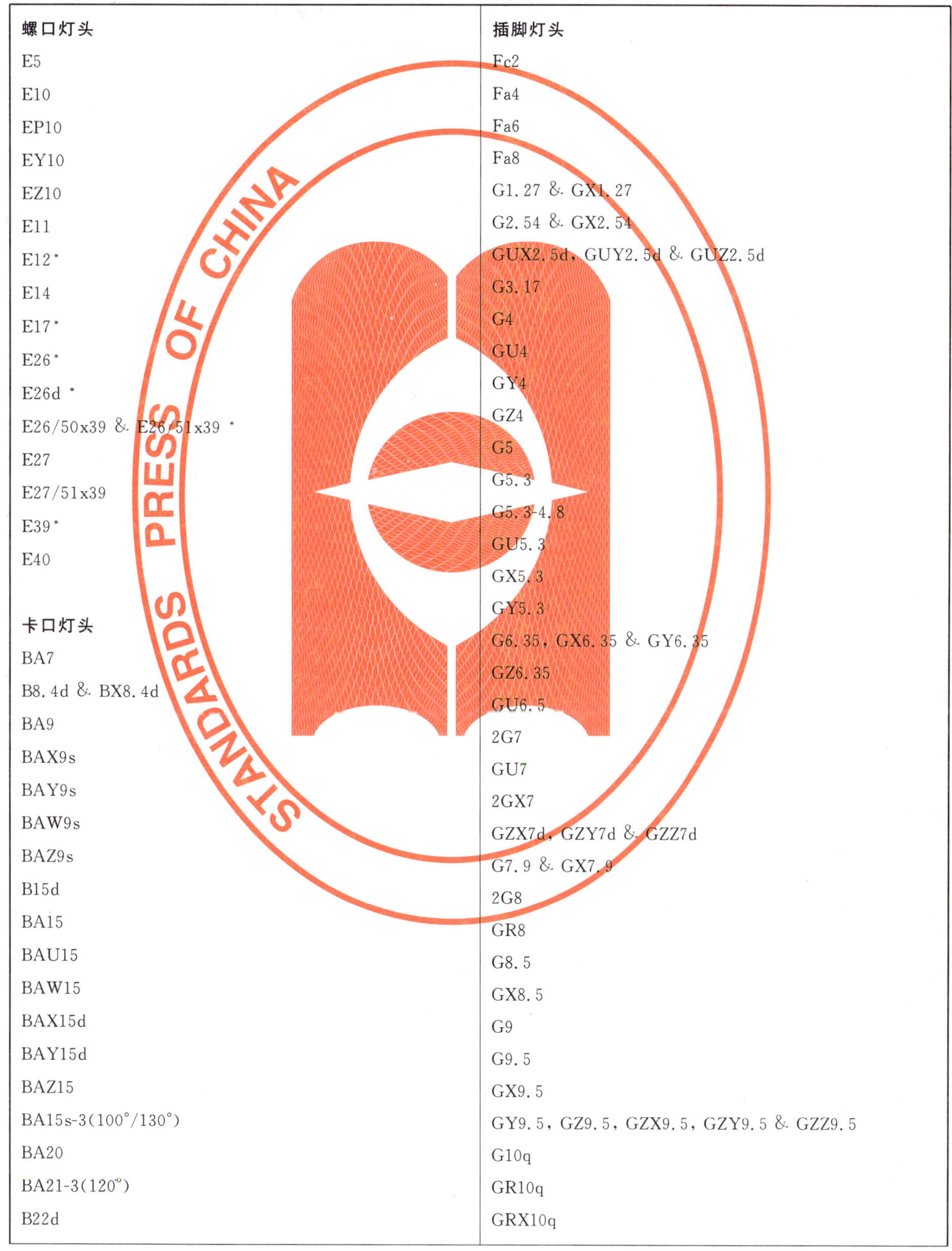

B22d-3(90°/135°)/25x26	GRZ10d
BY22d	GRZ10t
GU10	PG18.5d
GU10q	PGJ19
GX10	PGJY19
GX10q	P20d，PX20d，PY20d & PZ20d
GY10	PG20 & PGU20
GY10q	P22d & PX22d
GZ10	PG22-6.35
GZ10q	PK22s
2G10	PKX22s
2G11	P23t
G12	P26s
GX12	PX26d
G13	P26.4t &PJ26.4t
2G13	P28s
2GX13	P29t
G16d	P30s-10.3
G16t	P32d & PK32d
GU16d/GX16d	P36
GY16	P38s
G17q-7，GX17q-7 & GY17q-7	P38t
G17.5t-1	P40s
G20	P43t
G22	PX43t
GY22	PY43d
G23	PZ43t
GX23	P45t
G24，GX24 & GY24	P46s
G32，GX32 & GY32	
G38	
GX38q	**杂类灯头**
G53	R7s
GX53	RX7s
	R17d
	SX4s/4
预聚焦灯头	SY4s/7
PGJ5	S5.7s
P11.5d	SX6s
PG12 & PGX12	SV7
PGZ12	SV8.5
PG13 & PGJ13	S14
P13.5s	S15s & S19s
PX13.5s	SK15s

P14.5s	W2x4.6d
P18s	W2.1x9.5d
W2.5x16	W3.3x10.4d
WU2.5x16	WP4x9d
WX2.5x16	W4.3x8.5d
WY2.5x16	W10.6x8.5d
WZ2.5x16	X511
W3x16d & WX3x16d	Flashcube/Cube Flash
W3x16q, WX3x16q & WY3x16q	Magicube Type X
WZ3x16q	
* 表示不允许在中国国内使用的灯头。	

ICS 25.060.20
J 45

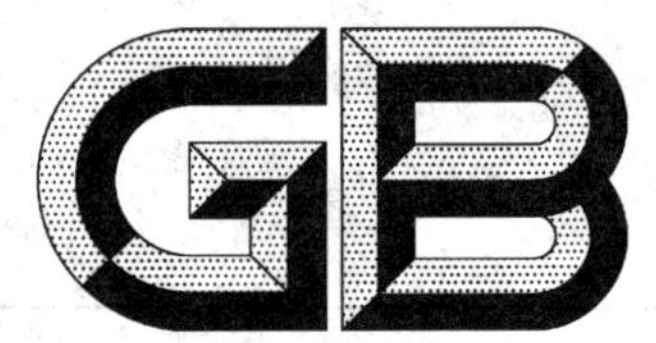

中华人民共和国国家标准

GB/T 2804—2008
代替 GB/T 2804—1981

组合夹具元件结构要素

Modular parts of fixture construction,general features,profiles and dimensions

2008-04-09 发布　　2008-10-01 实施

中华人民共和国国家质量监督检验检疫总局
中国国家标准化管理委员会　发布

前　言

本标准代替 GB/T 2804—1981《组合夹具元件结构要素》。

本标准与 GB/T 2804—1981 相比主要变化如下：

——修改了槽系组合夹具元件结构要素的技术要求；

——增加了孔系组合夹具元件结构要素及技术要求。

本标准由中国航空工业第一集团公司提出。

本标准由中国航空工业第一集团公司归口。

本标准起草单位：中国航空综合技术研究所、保定向阳航空精密机械有限公司、天津组合夹具研究所。

本标准主要起草人：李娟、张俊峰、梁勇、皮付见。

本标准所代替标准的历次版本发布情况为：

——GB/T 2804—1981。

引　　言

组合夹具具有灵活多变、快速组装、元件反复使用、节材节能的优点，一般不受工件形状尺寸的限制，适合在多品种、小批量和单件生产中使用。各系列组合夹具元件可以通过过渡元件混合组装使用，使组合夹具具有更广泛的适用性。不同厂家生产的同类产品应能够互换，以便于广大用户建立一个延续连接的平台。随着组合夹具的广泛应用，对其结构要素的种类和规格提出了新的要求。规范组合夹具元件的结构要素，将会提高组合夹具元件的通用性和互换性，为组合夹具商品化提供必要的条件。

组合夹具元件结构要素

1 范围

本标准规定了组合夹具元件典型结构要素的结构形式、尺寸规格和技术要求。

本标准适用于组合夹具元件的设计和制造。

2 规范性引用文件

下列文件中的条款通过本标准的引用而成为本标准的条款。凡是注日期的引用文件，其随后所有的修改单(不包括勘误的内容)或修订版均不适用于本标准，然而，鼓励根据本标准达成协议的各方研究是否可使用这些文件的最新版本。凡是不注日期的引用文件，其最新版本适用于本标准。

GB/T 1184—1996 形状和位置公差 未注公差值

GB/T 1804—2000 一般公差 未注公差的线性和角度尺寸的公差

3 槽系组合夹具元件结构要素

3.1 槽用螺栓

槽用螺栓结构形式如图 1 所示，尺寸规格按表 1 规定。

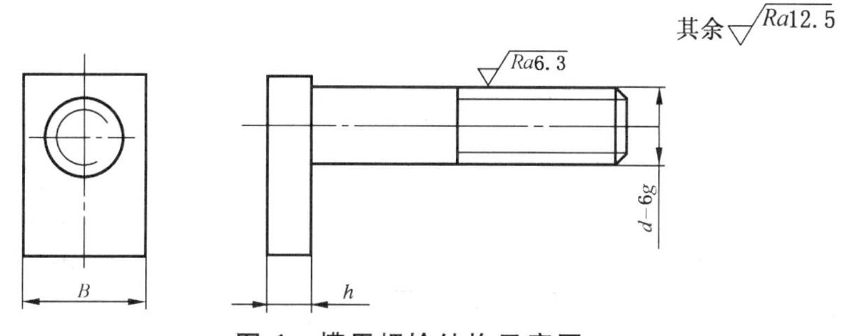

图 1 槽用螺栓结构示意图

技术要求：

——材料：40Cr；

——热处理：淬火，(35～40)HRC；

——表面处理：表面氧化；

——未注尺寸公差：按 GB/T 1804—2000 规定的中等级(GB/T 1804-m)；

——采用热镦工艺时，槽用螺栓头部四方可不加工。

表 1 槽用螺栓尺寸规格

系列	d/mm	h/mm	B/mm	最小拉力载荷/N
M6	M6	$3.0_{-0.25}^{0}$	9	20 900
			12	20 900
M8	M8	$4.1_{-0.30}^{0}$	12	38 100
M12	M12×1.5	$7.0_{-0.36}^{0}$	19	91 600
M16	M16×1.5	$8.2_{-0.36}^{0}$	23	174 000

3.2 T 形槽

T 形槽结构形式如图 2 所示，尺寸规格按表 2 规定。

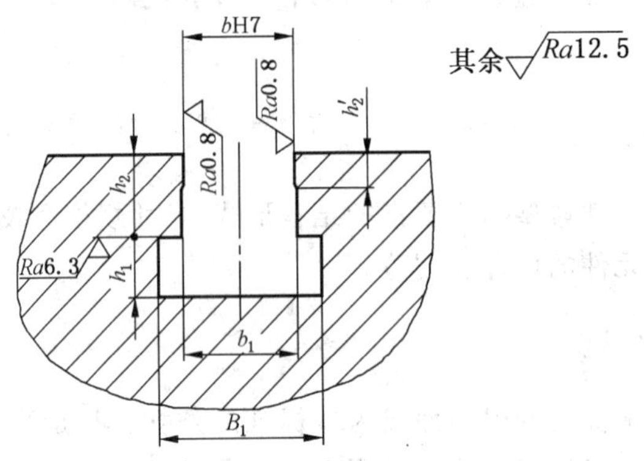

图 2　T 形槽结构示意图

表 2　T 形槽尺寸规格　　单位为毫米

系列	bH7	b_1	B_1	h_1	h_2	h'_2
M6	$6^{+0.012}_{0}$	6	9.5	$3.2^{+0.18}_{0}$	3±0.125	2
	$8^{+0.015}_{0}$	8	13			
M8	$8^{+0.015}_{0}$	9	13	$4.3^{+0.18}_{0}$	4.8±0.15	3
M12	$12^{+0.018}_{0}$	13	20	$7.3^{+0.36}_{0}$	6±0.15	3
					10±0.29	4
M16	$16^{+0.018}_{0}$	17	24	$8.5^{+0.36}_{0}$	9±0.18	5
					12±0.35	
注：M8 系列的空刀 $b_1=9$ 及 $h'_2=3$ 亦可按工艺要求做成相应的倒角。						

3.3 支承件截面

支承件截面结构形式如图 3 所示，尺寸规格按表 3 规定。

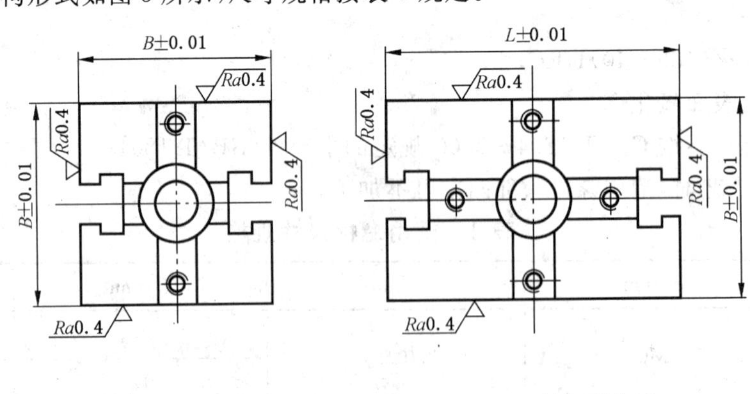

a) 正方形支承　　b) 长方形支承

注：Ra0.4 的面与面间的平行度、垂直度按 GB/T 1184—1996 附录 B 表 B3 中的 4 级。

图 3　支承件截面结构示意图

表 3 支承件截面尺寸规格

单位为毫米

系　　列	B×B	B×L
M6	22.5×22.5	22.5×30
M8	30×30	30×45
M12	60×60	45×60
		45×90
		60×90
M16	75×75	75×112.5
		60×120
	90×90	90×120

3.4 键槽

键槽结构形式如图 4 所示，尺寸规格按表 4 规定。

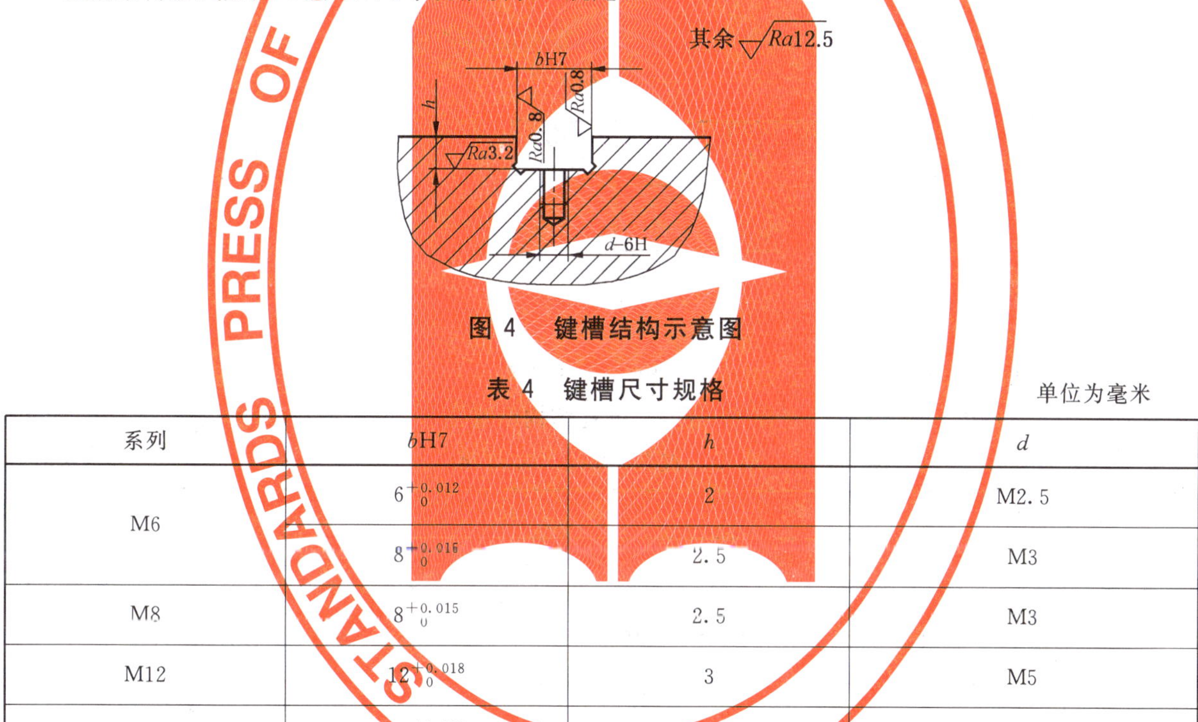

图 4 键槽结构示意图

表 4 键槽尺寸规格

单位为毫米

系列	bH7	h	d
M6	$6^{+0.012}_{0}$	2	M2.5
	$8^{+0.015}_{0}$	2.5	M3
M8	$8^{+0.015}_{0}$	2.5	M3
M12	$12^{+0.018}_{0}$	3	M5
M16	$16^{+0.018}_{0}$	4	M5

3.5 带肩螺母

带肩螺母结构形式如图 5 所示，尺寸规格按表 5 规定。

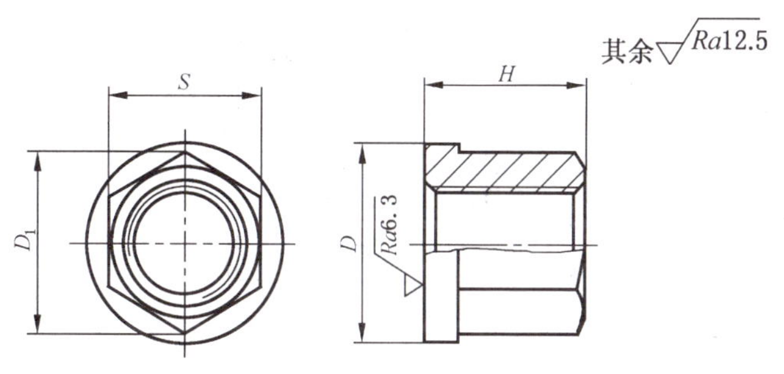

图 5 带肩螺母结构示意图

技术要求：

——材料：45 钢；

——热处理：淬火 35～40HRC；

——表面处理：表面氧化；

——采用热镦工艺时，带肩螺母头部六方可不加工。

表 5　带肩螺母尺寸规格　　单位为毫米

系　　列	D	H			D_1	S
M6	10	4.5	6	12	9.2	8
M8	14	6	8	15	12	11
M12	22	7	10	20	18.5	16
M16	30	10	15	30	25.4	22

3.6　过孔、沉孔

过孔、沉孔（包括腰形孔及其沉孔）结构形式如图 6 所示，尺寸规格按表 6 规定。

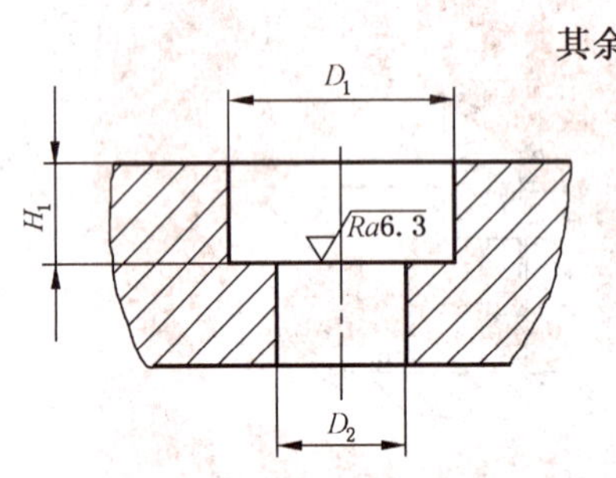

注：过孔、沉孔的同轴度 ϕ0.6（腰形孔及其沉孔对称度为 0.6）。

图 6　过孔、沉孔结构示意图

表 6　过孔、沉孔尺寸规格　　单位为毫米

系　　列	D_1	H_1	D_2
M6	12	≥6.5	6.5
M8	16	≥8.5	9
M12	23	≥10.5	13
M16	32	≥16	17

3.7　系列螺纹孔

系列螺纹孔结构形式如图 7 所示，尺寸规格按表 7 规定。

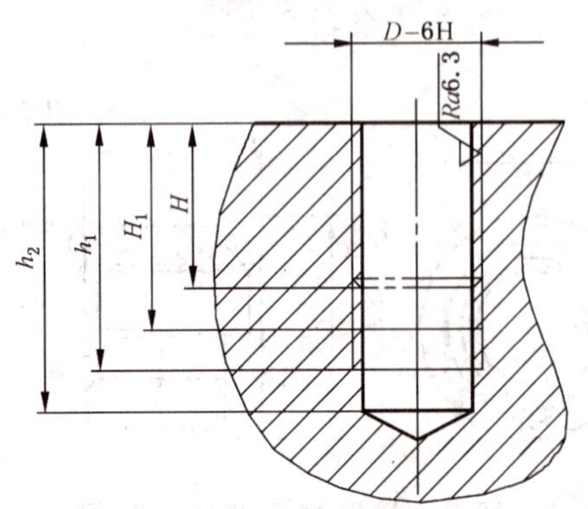

图 7　系列螺纹孔结构示意图

表 7　系列螺纹孔尺寸规格

单位为毫米

系　　列	D	H	H_1	h_1	h_2
M6	M6	≥6	8	10	12
M8	M8	≥8	10.5	12	16
M12	M12×1.5	≥12	16	18	24
	M12	≥12	16	18	24
M16	M16×1.5	≥16	20	24	28
	M16	≥16	20	24	28
注：H 为旋入深度；H_1 为螺孔深度。					

3.8　导向槽宽度

导向槽宽度结构形式如图 8 所示，尺寸规格按表 8 规定。

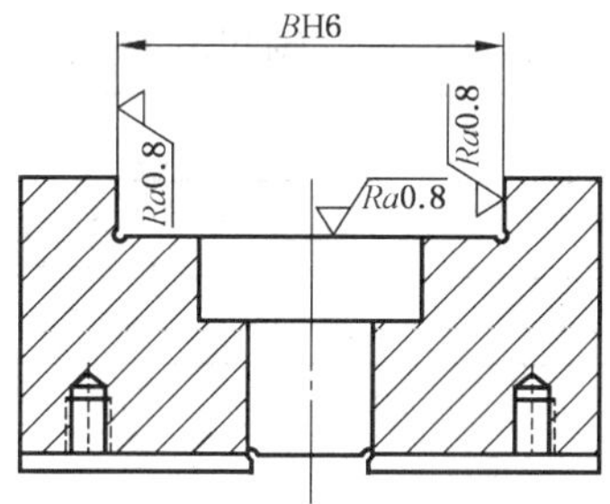

注：Ra0.8 的面与面间平行度、垂直度按 GB/T 1184—1996 附录 B 表 B3 中的 4 级。

图 8　导向槽宽度结构示意图

表 8　导向槽宽度尺寸规格

单位为毫米

要　　素	M6	M8	M12	M16
$BH6$	$15^{+0.011}_{0}$	$22.5^{+0.013}_{0}$	$30^{+0.013}_{0}$	$60^{+0.019}_{0}$
	$20^{+0.013}_{0}$	$30^{+0.013}_{0}$	$45^{+0.016}_{0}$	$90^{+0.022}_{0}$

3.9　螺纹

螺纹结构形式如图 9 所示，尺寸规格按表 9 规定。

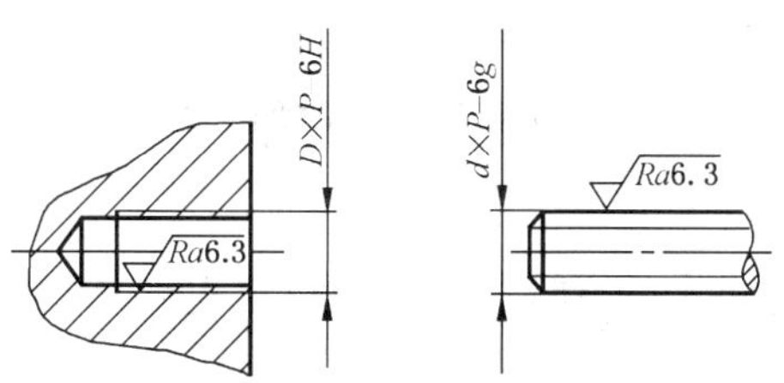

图 9　螺纹结构示意图

表 9　螺纹尺寸规格

单位为毫米

要　　素	规　　格								
$D\times P$ 或 $d\times P$	M2.5	M3	M5	M6	M8	M12×1.5	M12	M16×1.5	M16

3.10 孔、轴直径

孔、轴直径(指元件有配合精度要求的孔、轴直径)结构形式如图10所示,尺寸规格按表10规定。

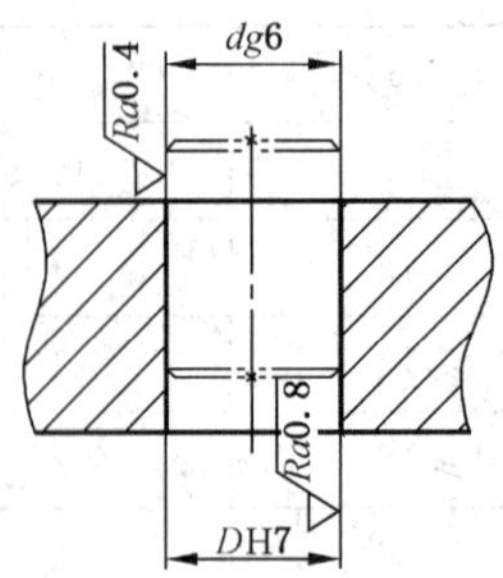

注:H7精度的孔、g6精度的轴对 *Ra* 值为0.4 μm 或0.8 μm 的基准面的平行度、垂直度按GB/T 1184—1996附录B表B3中的4级。

图10 孔、轴直径结构示意图

表10 孔、轴尺寸规格

单位为毫米

要素	规格											
d 或 *D*	4	6	8	12	18	26	35	45	58	60	70	90
	120	150	180	240	300	360	420	480	600	720	900	—

4 孔系组合夹具元件结构要素

4.1 定位孔孔径

定位孔结构形式如图11所示,尺寸规格按表11规定。

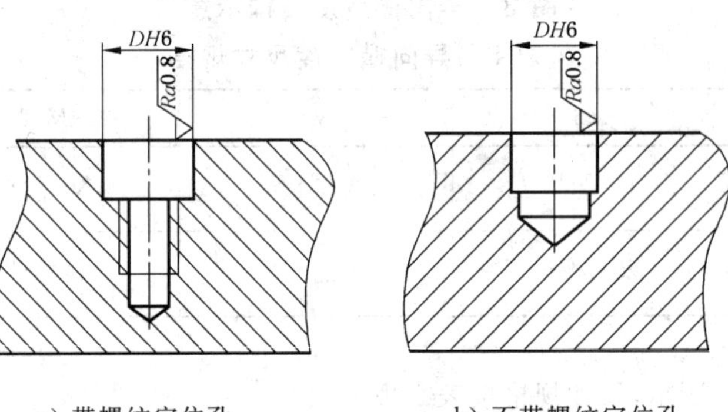

a) 带螺纹定位孔　　b) 不带螺纹定位孔

图11 定位孔孔径结构示意图

技术要求:

——定位孔表面淬火硬度为53~58HRC,允许基体(或支承元件)上压入定位套后得到或采用其他工艺方法得到;

——孔中心线对基准端面的垂直度按GB/T 1184—1996附录B表B3中的4级。

表11 定位孔孔径尺寸规格

单位为毫米

要素	规格			
D	φ10	φ12	φ16	φ20

4.2 定位孔孔距

定位孔孔距结构形式如图12所示,尺寸规格按表12规定。

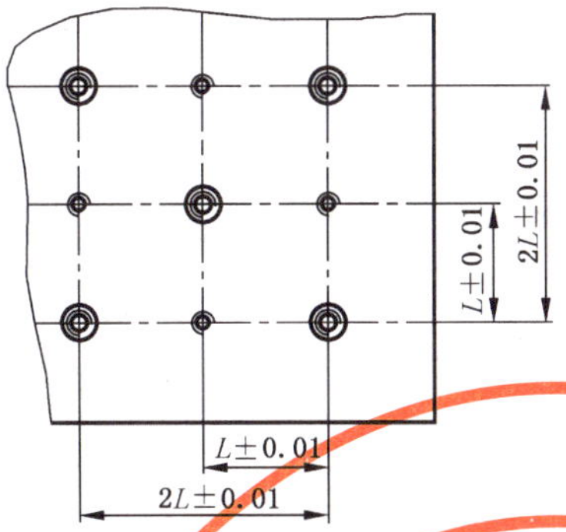

a）带螺纹定位孔孔距 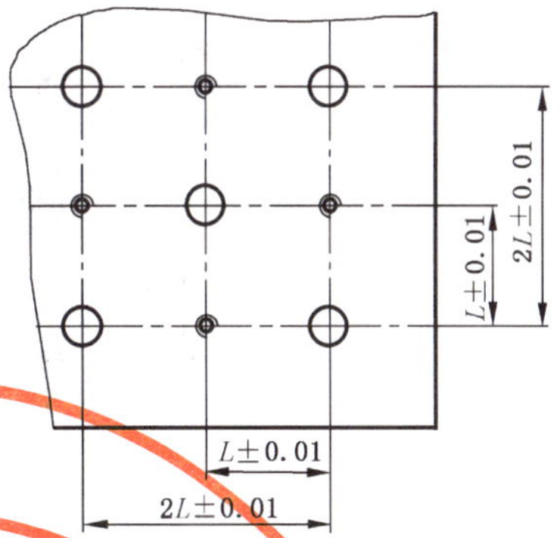　　　b）不带螺纹定位孔孔距

图 12　定位孔孔距结构示意图

表 12　定位孔孔距尺寸规格

单位为毫米

要　素	规　格				
L	25	30	40	50	60

4.3　连接螺纹孔孔径

连接螺纹孔结构形式如图 13 所示，尺寸规格按表 13。

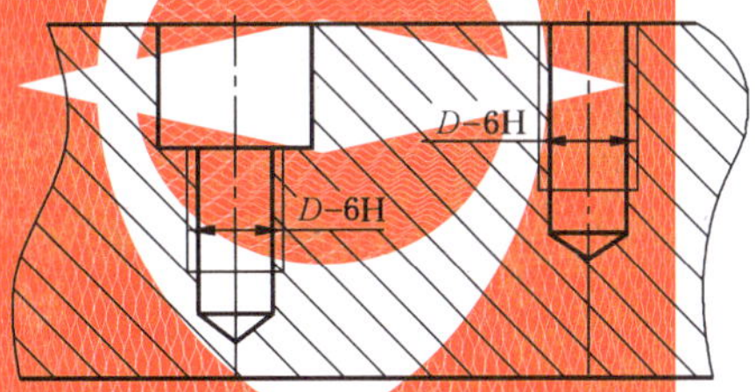

图 13　连接螺纹孔孔径示意图

表 13　连接螺纹孔孔径尺寸规格

单位为毫米

要　素	规　格				
D-6H	M10	M12	M12×1.5	M16	M16×1.5

4.4　主要工作面定位孔、螺纹孔分布

定位孔、螺纹孔分布形式见图 14、图 15、图 16。

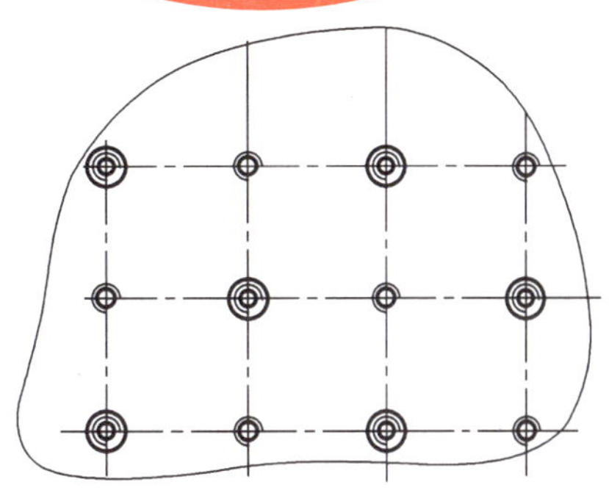

图 14　带螺纹定位孔间隔分布示意图

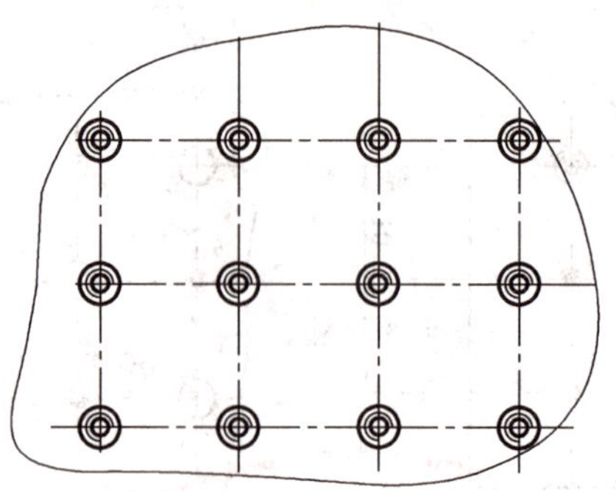

图 15　带螺纹定位孔连续分布示意图

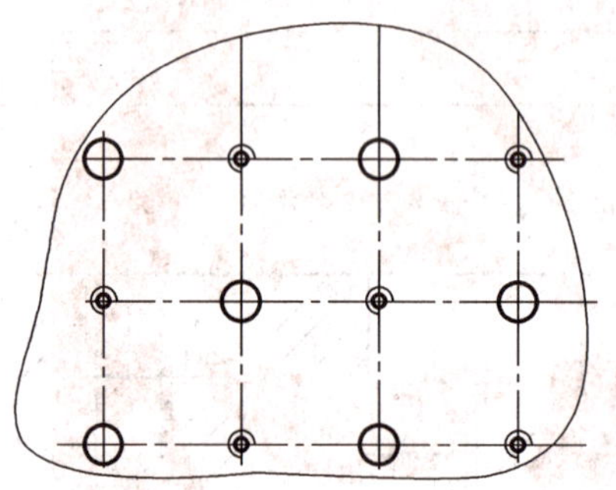

图 16　不带螺纹定位孔分布示意图

ICS 03.120.30
A 41

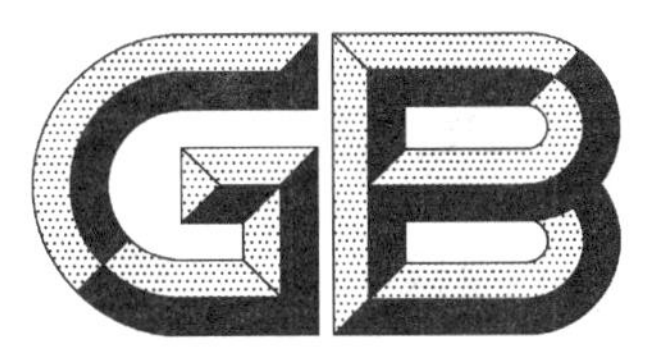

中华人民共和国国家标准

GB/T 2828.2—2008
代替 GB/T 15239—1994

计数抽样检验程序 第2部分：按极限质量(LQ)检索的孤立批检验抽样方案

Sampling procedures for inspection by attributes—Part 2: Sampling plans indexed by limiting quality (LQ) for isolated lot inspection

(ISO 2859-2:1985, NEQ)

2008-07-28 发布　　2009-01-01 实施

中华人民共和国国家质量监督检验检疫总局
中国国家标准化管理委员会　发布

前　　言

GB/T 2828《计数抽样检验程序》目前包括以下部分，其预期结构及对应的国际标准和将代替的国家标准为：

——第1部分：按接收质量限(AQL)检索的逐批检验抽样计划(ISO 2859-1:1999,IDT;代替GB/T 2828—1987)

——第2部分：按极限质量限(LQ)检索的孤立批检验抽样方案(ISO 2859-2:1985,NEQ;代替GB/T 15239—1994)

——第3部分：跳批抽样程序(ISO 2859-3:2005,IDT;代替GB/T 13263—1991)

——第4部分：声称质量水平的评定程序(ISO 2859-4:2002,MOD;代替GB/T 14437—1997和GB/T 14162—1993)

——第5部分：按接收质量限(AQL)检索的逐批检验序贯抽样方案体系(对应ISO 2859-5:2005)

——第10部分：计数抽样系统介绍（对应ISO 2859-10:2006）

——第11部分：小总体声称质量水平的评定程序(代替GB/T 15482—1995)

本部分为GB/T 2828的第2部分，它提供了用极限质量(LQ)检索的抽样方案。不能直接使用AQL检索。这是与GB/T 2828.1给出的极限质量保护特别程序的主要区别。GB/T 2828本部分遵循如下设计原则：

——以LQ检索的抽样方案能够从ISO 2859-1中以AQL检索的抽样方案中找到。

——作为检索用的LQ优先数序列与AQL的优先数序列不同，以免混淆。

——只要可能，以下与一次抽样方案关联的五个基本参数，应出现在同一个表中：批量，样本量，接收数，生产方风险质量或AQL,LQ。

GB/T 2828的本部分与ISO 2859-2:1985《计数抽样检验程序　第2部分：按极限质量(LQ)检索的孤立批检验抽样方案》的一致性程度为非等效。为保持标准的先进性和时效性，本部分采用了ISO 2859-2:2004(CD)对ISO/ 2859-2:1985修订的全部技术内容。本部分代替GB/T 15239—1994。本部分与ISO 2859-2:1985、GB/T 15239—1994相比较，技术内容的主要差别：

a) 为突出程序A，将模式B的抽样方案作为规范性附录A。

b) 为提高标准的实用性，GB/T 2828本部分增加了表3、表7、表8、表A.11、表A.12、表C.1和表C.2。

c) 对与ISO 2859-2:1985的表B1至表B10(与GB/T 15239—1994的表2至表11)相对应的表A.1至表A.10中的项目进行了调整，为模式B的应用提供了更多信息。

d) 重新计算并绘制了表A.1至表A.10中有关抽样方案的完整的操作曲线(OC)图。

除了上述差别之外，GB/T 2828本部分与GB/T 15239—1994的差别还有：

e) GB/T 15239—1994是参考ISO 2859-2:1985制定的，本部分采用了ISO 2859-2:2004(CD)对ISO 2859-2:1985修订的全部技术内容，并按照GB/T 1.1的要求，重新起草了标准文本。

f) 术语、定义由原来的32个，缩减为现在的2个，并采用了ISO 3534-2最新表述。

g) 取消了GB/T 15239—1994的检验的程序。

h) 删除了GB/T 15239—1994的附录A(参考件)。

本部分的附录A为规范性附录，给出了程序B的抽样方案；附录B为资料性附录，给出了本部分与GB/T 2828第1部分的关系；附录C为资料性附录，给出了孤立批二次和多次抽样方案。

本部分由中国标准化研究院提出。

本部分由全国统计方法应用标准化技术委员会归口。

本部分起草单位：中国人民解放军军械工程学院、中国标准化研究院、中国科学院数学与系统科学研究院、福州春伦茶业有限公司。

本部分主要起草人：张玉柱、于振凡、丁文兴、陈敏、冯士雍、马毅林、傅天龙。

本部分所代替标准的历次版本发布情况为：

——GB/T 15239—1994。

计数抽样检验程序
第2部分：按极限质量(LQ)检索的孤立批检验抽样方案

1 范围

GB/T 2828.2是一个按极限质量LQ检索的计数验收抽样检验系统。该抽样系统用于孤立批(孤立序列批，孤立批或是单批)检验，在这里GB/T 2828.1的转移规则不适用。GB/T 2828本部分提供的抽样方案作为GB/T 2828.1的补充，并且与GB/T 2828.1兼容。

GB/T 2828本部分的方案使用优先数系的极限质量LQ为索引，使用方的风险除了两种情况低于13%外，通常都低于10%。这种检索方法比GB/T 2828.1中的极限质量保护的特别程序更方便。

注：GB/T 2828.1中的抽样方案按照检验水平和AQL的优先数值进行检索。在连续批检验时，转移规则的应用能确保系列批中的过程平均低于指定的AQL。而极限质量与过程平均则没有类似的直接关系。

GB/T 2828本部分最初是为不合格品的检验而设计的。除了LQ值太大的情况，它也可用作每百单位产品不合格数的检验。如果GB/T 2828的本部分不适合，使用者应参考GB/T 2828.1中的12.6.2的极限质量保护的特殊程序。

GB/T 2828本部分提供了以下两种模式，根据需要选择其中的一个：

a) 模式A

当生产方和使用方都把批作为孤立批检验时应使用本程序。也就是说，批的唯一性在于仅按其类型生产一个批。

b) 模式B

当生产方认为是连续序列批，而使用方按孤立批接收时，使用本程序。也就是说，使用方仅接收连续序列批中的一个批(或少数几个批)。模式B由附录A给出。

2 规范性引用文件

下列文件中的条款通过GB/T 2828的本部分的引用成为本部分的条款。凡是注日期的引用文件，其随后所有的修改单(不包括勘误的内容)或修订版均不适于本部分。然而，鼓励根据本部分达成协议的各方研究是否可使用这些文件的最新版本。凡是不注日期的引用文件，其最新版本适用于本部分。

GB/T 2828.1—2003 计数抽样检验程序 第1部分：按接收质量限(AQL)检索的逐批检验抽样计划(ISO 2859-1:1999,IDT)

ISO 3534-1:2006 统计学词汇及符号 第1部分：一般统计术语与用于概率的术语

ISO 3534-2:2006 统计学词汇及符号 第2部分：应用统计

3 术语、定义和符号

3.1 术语和定义

下列术语和定义适用于本部分。

3.1.1

极限质量 limiting quality

对孤立批抽样检验时，为了验收抽样检验，必须限制在低接收概率的质量水平。

[ISO 3534-2:2006,4.6.13]

3.1.2

使用方风险质量 consumer's risk quality

对于验收抽样方案,与规定的使用方风险相对应的批或过程的质量水平。

注:规定的使用方风险一般为10%。

[ISO 3534-2:2006,4.6.9]

3.2 符号

GB/T 2828本部分所使用的符号如下:

Ac 接收数

Ac_0 一次抽样方案接收数

AQL 接收质量限

CRQ 使用方风险质量

D 批中的不合格品数

LQ 极限质量

N 批量

n 样本量

n_0 对应一次抽样方案的样本量

p 相应于不合格品(或每单位产品不合格)的批质量

P_a 接收概率

PRQ 生产方风险质量

R 批中的不合格数(或其预期值)

Re 拒收数

α 生产方风险

β 使用方风险

注:GB/T 2828的本部分中,质量水平通常用不合格品百分数表述,如PRQ=2%。如果将GB/T 2828的本部分用作每百单位产品不合格数的检验,"不合格品百分数"和"不合格品率"分别用"每百单位产品不合格数"和"每单位产品不合格数"代替。

4 抽样方案选择

4.1 总则

当在合同或规范中引用GB/T 2828的本部分时,除非明确规定使用附录A中模式B的情况,应使用第4章和第5章规定的模式A。

在验收抽样前应当遵循以下程序:

a) 在模式A和附录A中A.1所规定的模式B之间做出选择。

b) 应根据4.3规定极限质量的值。

c) 如果选用模式B,则应根据附录A选择检验水平。

如果选用模式A,应按照4.5的规定查找所使用的抽样方案。如果选用模式B,应选择合适的生产方风险或生产方风险质量。如果不满意抽样方案的实施效果,可重新考虑b)或c)。

4.2 模式A

根据批量和极限质量LQ来确定所使用的抽样方案。

用指定的批量和极限质量作为检索值,样本量(n)和接收数(Ac)可以从表1中查出。

尽管表1的主索引是极限质量,但生产方/供方须知道以高概率接收批所需的质量水平。在表2和表3中给出了生产方风险点信息。表4至表6给出了相应于好批的"Ac=0"方案的接收概率信息。生产方风险点包含在表2和表3中。对于较大批量的"Ac=0"方案的生产方风险质量信息,由表7给出。

表 1　模式 A 一次抽样方案(主表)

批量 N		极限质量 LQ(不合格品百分数或每百单位产品不合格数)									
		0.50	0.80	1.25	2.00	3.15	5.00	8.00	12.5	20.0	31.5
16～25	n	*	*	*	*	*	*	17	13	9	6
	Ac							0	0	0	0
26～50	n	*	*	*	*	*	28	22	15	10	6
	Ac						0	0	0	0	0
51～90	n	*	*	*	50**	44	34	24	16	10	8
	Ac				0	0	0	0	0	0	0
91～150	n	*	*	90**	80	55	38	26	18	13	13
	Ac			0	0	0	0	0	0	0	1
151～280	n	200	170	130	95	65	42	28	20	20	13
	Ac	0	0	0	0	0	0	0	0	1	1
281～500	n	280	220	155	105	80	50	32	32	20	20
	Ac	0	0	0	0	0	0	0	1	1	3
501～1 200	n	380	255	170	125	125	80	50	32	32	32
	Ac	0	0	0	0	1	1	1	1	3	5
1 201～3 200	n	430	280	200	200	125	125	80	50	50	50
	Ac	0	0	0	1	1	3	3	3	5	10
3 201～10 000	n	450	315	315	200	200	200	125	80	60	80
	Ac	0	0	1	1	3	5	5	5	10	18
10 001～35 000	n	500	500	315	315	315	315	200	125	125	80
	Ac	0	1	1	3	5	10	10	10	18	18
35 001～150 000	n	800	500	500	500	500	500	315	200	125	80
	Ac	1	1	3	5	10	18	18	18	18	18
150 001～500 000	n	800	800	800	800	800	500	315	200	125	80
	Ac	1	3	5	10	18	18	18	18	18	18
500 001 或以上	n	1 250	1 250	1 250	1 250	800	500	315	200	125	80
	Ac	3	5	10	18	18	18	18	18	18	18

如果满足如下任何一条，则进行 100%检验：

——样本量 n 超过批量 N；

——* 标示的区域。

注：* 标示的区域表示没有抽样方案可用或与极限质量对应的批中不合格品或不合格小于 1。

** 由于这意味着不合格品为分数，因而此时极限质量没有对应的接收概率。

表 2 程序 A 不合格品百分数抽样方案的重要特性

批量	极限质量 LQ(不合格品百分数)									
	0.50	0.80	1.25	2.00	3.15	5.00	8.00	12.5	20.0	31.5
16～25	*	*	*	*	*	*	17;0 9.3 0.0	13;0 8.2 0.0	9;0 8.2 0.0	6;0 7.0 0.0
26～50	*	*	*	*	*	28;0 8.5 0.0	22;0 8.9 0.0	15;0 9.0 0.0	10;0 8.3 0.0	6;0 8.5 0.0
51～90	*	*	*	50;0 ** 0.0	44;0 12.9 0.0	34;0 10.3 0.0	24;0 9.5 0.0	16;0 9.4 0.0	10;0 9.4 0.0	8;0 4.0 0.0
91～150	*	*	90;0 ** 0.0	80;0 9.9 0.0	55;0 9.8 0.0	38;0 10.3 0.0	26;0 9.2 0.0	18;0 7.7 0.0	13;0 4.8 0.0	13;1 4.4 3.08
151～280	200;0 8.1 0.0	170;0 10.2 0.0	130;0 9.5 0.0	95;0 8.9 0.0	65;0 8.9 0.0	42;0 9.7 0.0	28;0 8.5 0.0	20;0 6.2 0.0	20;1 6.2 1.94	13;1 4.7 2.93
281～500	280;0 8.9 0.0	220;0 9.7 0.0	155;0 9.5 0.0	105;0 9.2 0.0	80;0 6.0 0.0	50;0 6.7 0.0	32;0 6.3 0.0	32;1 7.1 1.20	20;1 6.5 1.88	20;3 7.9 7.30
501～1 200	380;0 10.1 0.0	255;0 9.8 0.0	170;0 10.0 0.0	125;0 6.9 0.0	125;1 8.1 0.326	80;1 7.9 0.479	50;1 7.8 0.747	32;1 7.5 1.15	32;3 9.0 4.45	32;5 3.3 8.59
1 201～3 200	430;0 9.9 0.0	280;0 9.5 0.0	200;0 7.4 0.0	200;1 8.3 0.189	125;1 8.8 0.296	125;3 11.9 1.13	80;3 10.6 1.75	50;3 11.2 2.80	50;5 4.7 5.39	50;10 5.0 12.91
3 201～10 000	450;0 9.9 0.011 1	315;0 7.6 0.015 9	315;1 9.1 0.116	200;1 8.7 0.181	200;3 12.0 0.684	200;5 6.1 1.33	125;5 5.8 2.12	80;5 5.5 3.33	80;10 5.6 7.92	80;18 5.0 16.17
10 000～35 000	500;0 8.0 0.010 1	500;1 8.9 0.072 1	315;1 9.4 0.114	315;3 12.3 0.437	315;5 6.6 0.836	315;10 8.0 1.98	200;10 6.9 3.12	125;10 7.7 5.02	125;18 6.9 10.26	80;18 5.0 16.15
35 001～150 000	800;1 9.0 0.044 7	500;1 9.0 0.071 3	500;3 12.8 0.274	500;5 6.5 0.525	500;10 8.3 1.24	500;18 8.6 2.50	315;18 7.7 3.99	200;18 7.8 6.31	125;18 6.9 10.19	80;18 5.0 16.15
150 001～500 000	800;1 9.1 0.044 5	800;3 11.8 0.171	800;5 6.6 0.327	800;10 7.5 0.773	800;18 8.2 1.56	500;18 8.6 2.50	315;18 7.7 3.99	200;18 7.8 6.31	125.18 6.9 10.19	80;18 5.0 16.15
500 001 或以上	1 250;3 12.9 0.109	1 250;5 6.6 0.209	1 250;10 9.0 0.495	1 250;18 9.0 0.998	800;18 8.2 1.56	500;18 8.6 2.50	315;18 7.7 3.99	200;18 7.8 6.31	125.18 6.9 10.19	80;18 5.0 16.15

表中每个单元中所列三个数值的意义如下：

上边的数值是样本量和接收数(n;Ac)；左下的数值是在 LQ 处的使用方风险($\beta\%$)；右下的数值是用不合格品百分数表示的生产方风险质量(PRQ)。

注 1：给出的使用方风险是所处批量间隔中批质量等于或小于 LQ 时的最大值。

注 2：给出的生产方风险质量是在给定的批量范围中生产方风险不超过 5%的最差质量。零 PRQ 意味着即使当批中仅有一个不合格品时生产方风险也能超过 5%。

注 3：实施 100%检验(见表 1)。

* 同表 1。

** 同表 1。

表 3　程序 A 每百单位产品不合格数抽样方案的重要特性

批　　量	极限质量 LQ(每百单位产品不合格数)									
	0.50	0.80	1.25	2.00	3.15	5.00	8.00	12.5	20.0	31.5
16～25	*	*	*	*	*	*	17;0 10.2　0.0	13;0 9.6　0.0	9;0 10.7　0.0	6;0 11.1　0.0
26～50	*	*	*	*	*	28;0 9.0　0.0	22;0 9.8　0.0	15;0 10.6　0.0	10;0 10.7　0.0	6;0 12.9　0.0
51～90	*	*	*	50;0 19.8　0.0	44;0 13.4　0.0	34;0 10.9　0.0	24;0 10.4　0.0	16;0 11.0　0.0	10;0 12.0　0.0	8;0 6.9　0.0
91～150	*	*	90;0 16.0　0.0	80;0 10.2　0.0	55;0 10.2　0.0	38;0 10.9　0.0	26;0 10.2　0.0	18;0 19.0　0.0	13;0 6.6　0.0	13;1 7.5　3.0
151～280	200;0 8.2　0.0	170;0 10.2　0.0	130;0 9.6　0.0	95;0 9.2　0.0	65;0 9.3　0.0	42;0 10.3　0.0	28;0 9.4　0.0	20;0 7.5　0.0	20;1 8.4　1.9	13;1 8.0　2.87
281～500	280;0 9.0　0.0	220;0 9.8　0.0	155;0 9.6　0.0	105;0 9.5　0.0	80;0 6.3　0.0	50;0 7.2　0.0	32;0 7.1　0.0	32;1 8.4　1.19	20;1 8.7　1.84	20;3 12.1　7.00
501～1 200	380;0 10.2　0.0	255;0 9.9　0.0	170;0 10.1　0.0	125;0 7.1　0.0	125;1 8.4　0.325	80;1 8.4　0.478	50;1 8.7　0.742	32;1 8.9　1.14	32;3 11.6　4.34	32;5 6.2　8.26
1 201～3 200	430;0 9.9　0.0	280;0 9.6　0.0	200;0 7.6　0.0	200;1 8.5　0.189	125;1 9.2　0.295	125;3 12.5　1.12	80;3 11.6　1.73	50;3 12.8　2.76	50;5 6.6　5.26	50;10 8.5　12.40
3 201～10 000	450;0 10.0　0.011	315;0 7.7　0.016	315;1 9.3　0.116	200;1 8.9　0.181	200;3 12.4　0.691	200;5 6.5　1.32	125;5 6.6　2.10	80;5 6.6　3.28	80;10 7.7　7.73	80;18 8.5　15.58
10 001～35 000	500;0 8.1　0.010	500;1 9.0　0.072	315;1 9.5　0.114	315;3 12.5　0.436	315;5 6.9　0.833	315;10 8.5　1.96	200;10 7.7　3.09	125;10 9.1　4.94	125;18 9.2　9.96	80;18 8.6　15.56
35 001～150 000	800;1 9.1　0.044 6	500;1 9.1　0.071 3	500;3 13.0　0.274	500;5 6.7　0.523	500;10 8.6　1.24	500;18 9.2　2.49	315;18 8.6　3.95	200;18 9.2　6.22	125;18 9.2　9.96	80;18 8.6　15.55
150 001～500 000	800;1 9.1　0.044 5	800;3 11.9　0.171	800;5 6.7　0.327	800;10 7.7　0.771	800;18 8.6　1.56	500;18 9.2　2.49	315;18 8.6　3.95	200;18 9.2　6.22	125;18 9.2　9.95	80;18 8.6　15.55
500 001 或以上	1 250;3 13.0　0.109	1 250;5 6.7　0.209	1 250;10 9.1　0.494	1 250;18 9.2　1.00	800;18 8.6　1.56	500;18 9.2　2.49	315;18 8.6　3.95	200;18 9.2　6.22	125;18 9.2　9.95	80;18 8.6　15.55

表中每个单元所列出的三个数值的意义如下：

上边数值是样本量和接收数(n;Ac)；

左下的数值是在 LQ 处的使用方风险($\beta\%$)；

右下的数值是用每百单位产品不合格数表示的生产方风险质量(PRQ)。

注 1：给出的使用方风险是所处批量间隔中批质量等于或小于 LQ 时的最大值。

注 2：给出的生产方风险质量是在给定的批量范围中生产方风险不超过 5%的最差质量。零 PRQ 意味着即使当批中仅有一个不合格时生产方风险也能超过 5%。

注 3：实施 100%检验(见表 1)。

* 同表 1。

表 4 程序 A“Ac=0”方案，当 LQ=0.50 至 2.00 时的 OC 曲线上的有关数值

极限质量 LQ(不合格品百分数和每百单位不合格数)

0.5					
n=200,Ac=0			n=430,Ac=0		
	批量			批量	
	201	280		1 201	3 200
D	P_a	P_a	D	P_a	P_a
1	0.5	28.6	1	64.2	86.6
2	0.0	8.1	2	41.2	74.9
3	0.0	2.3	3	26.4	64.9
4	0.0	0.6	5	10.9	48.6
5	0.0	0.2	7	4.4	36.4
6	0.0	0.0	16	0.1	9.9
7	0.0	0.0	21	0.0	4.8
n=280,Ac=0			n=450,Ac=0		
	批量			批量	
	281	500		3 201	10 000
D	P_a	P_a	D	P_a	P_a
1	0.4	44.0	1	85.9	95.5
2	0.0	19.3	2	73.9	91.2
3	0.0	8.5	3	63.5	87.1
4	0.0	3.7	15	10.3	50.1
5	0.0	1.6	20	4.8	39.8
6	0.0	0.7	50	0.0	9.9
7	0.0	0.3	65	0.0	5.0
n=380,Ac=0			n=500,Ac=0		
	批量			批量	
	501	1 200		10 001	35 000
D	P_a	P_a	D	P_a	P_a
1	24.2	68.3	1	95.0	98.6
2	5.8	46.7	2	90.3	97.2
3	1.4	31.9	3	85.7	95.8
4	0.3	21.8	45	9.9	52.3
5	0.1	14.8	58	5.1	43.4
6	0.0	10.1	160	0.0	10.0
7	0.0	4.7	207	0.0	5.0

0.8					
n=170,Ac=0			n=280,Ac=0		
	批量			批量	
	171	280		1 201	3 200
D	P_a	P_a	D	P_a	P_a
1	0.6	39.3	1	76.6	91.2
2	0.0	15.3	2	58.8	83.3
3	0.0	6.0	3	45.1	76.0
4	0.0	2.3	9	9.1	43.8
5	0.0	0.9	11	5.3	36.5
6	0.0	0.3	25	0.1	10.0
7	0.0	0.1	33	0.0	4.8
n=220,Ac=0			n=315,Ac=0		
	批量			批量	
	281	500		3 201	10 000
D	P_a	P_a	D	P_a	P_a
1	21.7	56.0	1	90.2	96.9
2	4.7	31.3	2	81.3	93.8
3	1.0	17.5	3	73.3	90.8
4	0.2	9.7	22	10.2	49.4
5	0.0	5.4	29	4.9	39.5
6	0.0	3.0	72	0.1	9.9
7	0.0	1.7	93	0.0	5.0
n=255,Ac=0					
	批量				
	501	1 200			
D	P_a	P_a			
1	49.1	78.7			
2	24.1	62.0			
3	11.8	48.8			
4	5.7	38.4			
5	2.8	30.2			
10	0.1	9.1			
13	0.0	4.4			

1.25					
n=90,Ac=0			n=170,Ac=0		
	批量			批量	
	91	150		501	1 200
D	P_a	P_a	D	P_a	P_a
1	1.1	40.0	1	66.1	85.8
2	0.0	15.8	2	43.6	73.7
3	0.0	6.2	3	28.7	63.2
4	0.0	2.4	6	8.2	39.9
5	0.0	0.9	7	5.4	34.2
6	0.0	0.4	15	0.2	10.0
7	0.0	0.1	19	0.0	5.4
n=130,Ac=0			n=200,Ac=0		
	批量			批量	
	151	280		1 201	3 200
D	P_a	P_a	D	P_a	P_a
1	13.9	53.6	1	83.3	93.7
2	1.9	28.6	2	69.5	87.9
3	0.2	15.2	3	57.9	82.4
4	0.0	8.1	13	9.2	43.1
5	0.0	4.3	16	5.3	35.5
6	0.0	2.3	35	0.2	10.3
7	0.0	1.2	46	0.0	5.0
n=155,Ac=0					
	批量				
	281	500			
D	P_a	P_a			
1	44.8	69.0			
2	20.0	47.6			
3	8.9	32.8			
4	3.9	22.5			
5	1.7	15.5			
6	0.8	10.6			
8	0.1	5.0			

2.0					
n=50,Ac=0			n=125,Ac=0		
	批量			批量	
	51	90		281	500
D	P_a	P_a	D	P_a	P_a
1	2.0	44.4	1	62.2	79.0
2	0.0	19.5	2	39.1	62.4
3	0.0	8.4	3	24.4	49.2
4	0.0	3.6	5	9.4	30.6
5	0.0	1.5	6	5.8	24.1
6	0.0	0.6	10	0.8	9.2
7	0.0	0.2	13	0.2	4.5
n=80,Ac=0			n=125,Ac=0		
	批量			批量	
	91	150		501	1 200
D	P_a	P_a	D	P_a	P_a
1	12.1	46.7	1	75.0	89.6
2	1.3	21.6	2	56.3	80.2
3	0.1	9.9	3	42.2	71.9
4	0.0	4.5	8	9.9	41.4
5	0.0	2.0	10	5.5	33.1
6	0.0	0.9	21	0.2	9.7
7	0.0	0.4	27	0.0	5.0
n=95,Ac=0					
	批量				
	151	280			
D	P_a	P_a			
1	37.1	66.1			
2	13.6	43.6			
3	4.9	28.7			
4	1.8	18.8			
5	0.6	12.4			
6	0.2	8.1			
7	0.1	5.3			

注 1：每个单元的顶部表示的是抽样方案。

注 2：接受概率(P_a)用百分数表示，其与批量间隔内的最小和最大批量相对应。批中不合格数的期望值与批中的不合格品数几乎是相等的。

注 3：D 是批中的不合格品数。

表 5　程序 A 的“Ac=0”方案对于 LQ=3.15 至 8.00 时的 OC 曲线上的有关数值

极限质量 LQ(不合格品百分数和每百单位产品不合格数)																							
3.15								5.0								8.0							
n=44,Ac=0				n=80,Ac=0				n=28,Ac=0				n=40,Ac=0				n=17,Ac=0				n=26,Ac=0			
批量				批量				批量				批量				批量				批量			
	51		90		281		500		29		50		151		280		18		25		91		150
D	P_a	R	P_a	D	P_a	R	P_a	D	P_a	R	P_a	D	P_a	R	P_a	D	P_a	R	P_a	D	P_a	R	P_a
1	13.7	1.0	51.1	1	71.5	1.0	84.0	1	3.4	1.0	44.0	1	72.2	1.0	85.0	1	5.6	1.0	32.0	1	71.4	1.0	82.7
2	1.6	2.0	25.8	2	51.1	2.0	70.5	2	0.0	2.0	18.9	2	52.0	2.0	72.2	2	0.0	2.1	9.3	2	50.8	2.0	68.2
3	0.2	3.1	12.9	3	36.4	3.0	59.2	3	0.0	3.1	7.9	3	37.3	3.0	61.3	3	0.0	3.2	2.4	3	36.0	3.0	56.3
4	0.0	4.1	6.4	7	9.3	7.0	29.3	4	0.0	4.2	3.2	7	9.7	7.1	31.6	4	0.0	4.4	0.6	7	8.6	7.2	25.6
5	0.0	5.1	3.1	9	4.7	9.1	20.5	5	0.0	5.3	1.2	9	4.8	9.1	22.6	5	0.0	5.6	0.1	9	4.1	9.3	17.1
6	0.0	6.2	1.5	13	1.1	13.2	10.1	6	0.0	6.4	0.5	14	0.8	14.4	9.7	6	0.0	6.9	0.0	12	13	13.6	9.2
7	0.0	7.3	0.7	17	0.3	17.3	4.9	7	0.0	7.5	0.2	18	0.1	19.7	4.8	7	0.0	8.2	0.0	15	0.4	16.9	4.9
n=55,Ac=0								n=34,Ac=0				n=50,Ac=0				n=22,Ac=0				n=28,Ac=0			
批量								批量				批量				批量				批量			
	91		150						51		90		281		500		26		50		151		280
D	P_a	R	P_a					D	P_a	R	P_a	D	P_a	R	P_a	D	P_a	R	P_a	D	P_a	R	P_a
1	39.6	1.0	63.3					1	33.3	1.0	62.2	1	82.2	1.0	90.0	1	15.4	1.0	56.0	1	81.5	1.0	90.0
2	15.4	2.0	40.0					2	10.7	2.0	38.5	2	67.5	2.0	81.0	2	1.8	2.0	30.9	2	66.3	2.0	81.0
3	5.9	3.0	25.1					3	3.3	3.1	23.6	3	55.4	3.0	72.9	3	0.2	3.1	16.7	3	53.8	3.0	72.8
4	2.2	4.1	15.7					4	1.0	4.1	14.4	12	9.0	12.1	27.8	4	0.0	4.2	8.9	11	9.6	11.2	30.7
5	0.8	5.1	9.8					5	0.3	5.1	8.7	15	4.9	15.2	20.1	5	0.0	5.3	4.6	14	4.9	15.4	22.0
6	0.3	6.1	6.1					6	0.1	6.2	5.2	21	1.4	21.5	10.4	6	0.0	6.4	2.4	21	0.9	22.9	10.0
7	0.1	7.2	3.8					7	0.0	7.3	3.1	28	0.3	29.9	4.8	7	0.0	7.5	1.2	27	0.2	29.5	5.0
n=65,Ac=0								n=38,Ac=0								n=24,Ac=0				n=32,Ac=0			
批量								批量								批量				批量			
	151		280						91		150						51		90		281		500
D	P_a	R	P_a					D	P_a	R	P_a					D	P_a	R	P_a	D	P_a	R	P_a
1	57.0	1.0	76.8					1	58.2	1.0	74.7					1	52.9	1.0	73.3	1	88.6	1.0	93.6
2	32.3	2.0	58.9					2	33.7	2.0	55.6					2	27.5	2.0	53.6	2	78.5	2.0	87.6
3	18.2	3.0	45.1					3	19.3	3.0	41.3					3	14.0	3.1	39.0	3	69.5	3.0	82.0
4	10.2	4.0	34.5					4	11.0	4.1	30.7					4	7.0	4.1	28.2	18	10.5	19.4	29.8
5	5.7	5.0	26.4					5	6.2	5.1	22.7					5	3.4	5.1	20.3	24	4.8	25.6	19.7
9	0.5	9.1	8.9					8	1.0	8.2	9.0					7	0.8	7.3	10.4	34	1.2	35.2	9.7
11	0.2	11.2	5.1					10	0.3	10.3	4.8					9	0.2	10.6	5.2	43	0.3	47.2	5.1

注 1：每个单元的顶部表示的是抽样方案。

注 2：接受概率(P_a)用百分数表示，其与批量间隔内的最小和最大批量相对应。批中不合格数的期望值与批量间隔内最大批量相对应。

注 3：D 是批中的不合格品数。R 是批中不合格数的期望值。

表 6 程序 A“Ac=0”方案，当 LQ=12.5 至 31.5 时的 OC 曲线上的有关数值

极限质量 LQ(不合格品百分数和每百单位产品不合格数)																								
12.5										20.0										31.5				
n=13，Ac=0					n=18，Ac=0					n=9，Ac=0					n=13，Ac=0					n=6，Ac=0				
批量					批量					批量					批量					批量				
		16		25			91		150			16		25			91		150			16		25
D	R	P_a	R	P_a	D	R	P_a	R	P_a	D	R	P_a	R	P_a	D	R	P_a	R	P_a	D	R	P_a	R	P_a
1	1.0	18.8	1.0	48.0	1	1.0	80.2	1.0	88.0	1	1.0	43.8	1.0	64.0	1	1.0	85.7	1.0	91.3	1	1.0	62.5	1.0	76.0
2	2.1	2.5	2.1	22.0	2	2.0	64.2	2.0	77.4	2	2.1	17.5	2.1	40.0	2	2.0	73.3	2.0	83.4	2	2.1	37.5	2.1	57.0
3	3.3	0.2	3.2	9.6	3	3.1	51.2	3.0	68.0	3	3.3	6.3	3.2	14.3	3	3.1	62.6	3.0	76.0	3	3.3	21.4	3.2	42.1
4	4.6	0.0	4.4	3.9	10	9.7	9.7	11.4	26.7	4	4.6	1.9	4.4	14.4	14	16.4	9.6	15.8	26.4	4	6.0	11.5	5.6	30.6
5	6.0	0.0	5.6	1.5	13	15.2	4.5	14.7	17.6	5	6.0	0.5	5.6	8.2	18	21.3	4.5	20.3	17.6	5	7.5	5.8	6.9	21.9
6	7.5	0.0	6.9	0.5	17	20.1	1.5	19.2	10.0	6	7.5	0.1	6.9	4.5	23	29.2	1.6	27.3	10.4	7	11.1	1.0	9.6	10.5
7	9.2	0.0	8.2	0.2	22	27.9	0.4	26.2	4.8	7	9.2	0.0	8.2	2.4	30	41.0	0.3	37.3	4.8	9	18.6	0.1	14.5	4.5
n=15，Ac=0					n=20，Ac=0					n=10，Ac=0										n=6，Ac=0				
批量					批量					批量										批量				
		26		50			151		280			26		50								26		50
D	R	P_a	R	P_a	D	R	P_a	R	P_a	D	R	P_a	R	P_a						D	R	P_a	R	P_a
1	1.0	42.3	1.0	70.0	1	1.0	86.8	1.0	92.6	1	1.0	62.5	1.0	80.0						1	1.0	76.9	1.0	88.0
2	2.1	26.9	2.0	48.6	2	2.0	75.2	2.0	86.2	2	2.1	36.9	2.0	63.7						2	2.1	58.5	2.0	77.2
3	3.2	6.3	3.1	33.4	3	3.0	65.1	3.0	80.0	3	3.2	21.5	3.1	50.4						3	3.2	43.8	3.1	67.6
4	4.3	2.2	4.2	22.7	15	9.9	10.6	16.5	31.9	4	4.3	12.2	4.2	39.7						7	9.6	11.8	8.7	38.4
5	5.6	0.7	5.3	15.3	20	22.6	4.7	21.8	21.5	6	6.8	3.5	6.4	24.2						9	14.3	5.4	12.4	28.3
6	6.8	0.2	6.4	10.2	29	34.7	1.0	32.9	10.3	9	12.6	0.4	11.2	10.9						15	30.6	0.2	22.3	10.2
8	11.0	0.0	9.9	4.4	38	47.8	0.2	44.3	4.8	12	20.1	0.0	16.4	4.6						19	66.7	0.0	32.7	4.6
n=16，Ac=0										n=10，Ac=0										n=8，Ac=0				
批量										批量										批量				
		51		90								51		90							51			90
D	R	P_a	R	P_a						D	R	P_a	R	P_a						D	R	P_a	R	P_a
1	1.0	68.6	1.0	82.2						1	1.0	80.4	1.0	88.9						1	1.0	84.3	1.0	91.1
2	2.0	46.7	2.0	67.4						2	2.0	64.3	2.0	78.9						2	2.0	70.8	2.0	82.9
3	3.1	31.4	3.1	55.2						3	3.1	51.2	3.1	69.9						3	3.1	59.3	3.1	75.4
6	6.4	9.0	6.2	29.8						10	12.4	8.8	11.7	28.8						12	16.4	9.7	15.2	33.7
7	8.7	5.8	8.4	24.1						12	16.4	5.0	15.2	22.0						15	22.2	4.8	20.1	21.8
11	13.7	0.9	12.9	10.0						18	25.4	0.7	22.6	9.4						22	34.4	0.7	29.3	9.5
14	17.8	0.2	16.4	5.0						22	34.4	0.2	29.3	5.1						27	50.4	0.1	39.5	5.0

注 1：每个单元的顶部表示的是抽样方案。

注 2：接受概率(P_a)用百分数表示，其与批量间隔内的最小和最大批量相对应。批中不合格数的期望值也与批量间隔内最小和最大批量相对应。

注 3：D 是批中的不合格品数。R 是批中不合格数的期望值。

表 7　模式 A "Ac=0"方案的生产方风险质量，用不合格品百分数或每百单位产品不合格数表示

极限质量 LQ(不合格品百分数或每百单位产品不合格数)									
0.50	0.80	1.25	2.00	3.15	5.00	8.00	12.5	20.0	31.5
n=200 0.025 6	n=170 0.030 2	n=90 0.057 0	n=50 0.103	n=44 0.117	n=28 0.183	n=17 0.301	n=13 0.394	n=9 0.568	n=6 0.851
n=280 0.018 3	n=220 0.023 3	n=130 0.039 4	n=80 0.064 1	n=55 0.093 2	n=34 0.151	n=22 0.233	n=15 0.341	n=10 0.512	n=8 0.639
n=380 0.013 5	n=255 0.020 1	n=155 0.033 1	n=95 0.054 0	n=65 0.078 9	n=38 0.135	n=24 0.213	n=16 0.320	n=13 0.394	
n=430 0.011 9	n=280 0.018 3	n=170 0.030 2	n=105 0.048 8	n=80 0.064 1	n=64 0.122	n=26 0.197	n=18 0.285		
n=450 0.011 4	n=315 0.016 3	n=200 0.025 6	n=125 0.041 0		n=50 0.103	n=28 0.183	n=20 0.256		
n=500 0.010 3						n=32 0.160			

注 1：上面的值表示样本量。接收数为零。

注 2：下面的值是用不合格品百分数表示的批量非常大的批的生产方风险质量。对于每百单位产品不合格数的值几乎与之相等。

注 3：对于"Ac>0"的方案，见表 2 和表 3。

4.3　极限质量 LQ 的选择

在 GB/T 2828.1 中，AQL 为生产者提供了需要生产的可预期以高概率接收的质量水平或批质量的指导。与 AQL 不同，极限质量 LQ 不能为使用方提供其接收批真实质量的可靠指导。为此，极限质量实际上宜选为最小 3 倍于所期望的质量。

这样做才能保证生产方/供方提供所预期质量的批，并使检验批至少对接收数为 3，5，10 和 18 有合理的接收概率。对于"Ac=1"的方案，批质量水平须小于 LQ 的 0.1 倍，对"Ac=0"的方案，批质量水平理想或接近理想，这样接收概率才能达到 95%或者更高(见表 7)。

在 GB/T 2828 本部分中，极限质量数值限定在优先数系。在使用 GB/T 2828 本部分时，若规定的极限质量为非优先数，用表 8(见示例 1)中给出的非优先数值和相应 LQ 优先数的关系，将 LQ 的值转换为优先数。若表 8 中没给出相应 LQ 的优先值，则不能采用 GB/T 2828 本部分，而应使用 GB/T 2828.1的极限质量保护程序(见示例 2)。

表 8　极限质量的非优先数向优先数的转换

极限质量(LQ)非优先数值区间	对应的极限质量(LQ)优先数值
0.41～0.65	0.50
0.66～1.00	0.80
1.01～1.50	1.25
1.51～2.50	2.00
2.51～4.00	3.15
4.01～6.50	5.00
6.51～10.0	8.00
10.1～15.0	12.5

表 8（续）

极限质量(LQ)非优先数值区间	对应的极限质量(LQ)优先数值
15.1～25.0	20.0
25.1～40.0	31.5
GB/T 2828 本部分的抽样方案应使用优先数的极限质量。如果极限质量已经被指定为非优先数，就应利用上述包含非优先数值区间和优先数值之间的关系，将 LQ 转换为优先数。	

示例 1

对于某产品，极限质量设定为 3.5(%)，这是一个非优先数，由表 8 知它介于 2.51(%) 与 4.00(%)之间，故可将 LQ 转换为优先数 3.15(%)。

示例 2

对某类电子设备的 AQL 设定每百单位产品不合格数为 25。对新型号的试制批，指定极限质量 LQ 每百单位产品不合格数为 100。因为表 8 中没有给出与该 LQ 相应的任何优先数值，GB/T 2828 的本部分不能使用。因此，就应使用 GB/T 2828.1—2003 中 12.6.2 给出的极限质量保护的特殊程序。

在 GB/T 2828.1 的表 7-A 中，从 AQL 栏中找出 25，满足 CRQ 即 LQ(＝100)对应的最小样本量是 13。进而在 GB/T 2828.1 的表 2-A 中查出相应的接收数为 7。

4.4 检验水平的选择

若选定模式 B，就需要检验水平。除非另有规定，应使用检验水平 II。

在 GB/T 2828.1 程序中，样本量的增加对使用方提供了更大的保护。GB/T 2828 本部分，对使用方的保护几乎一样，而样本量增加会给生产方的过程平均质量水平留出更大的空间。如果使用方对由名义极限质量水平所提供的针对偶然出现劣质批的预防是满意的。过程平均质量水平比极限质量水平小得越多，即质量越好，则允许使用越小的样本量。反之，如果使用方关注的是实际质量水平而不是所谓的极限质量，或者如果由使用方支付抽样检验的费用，就没有必要采用样本量更大的检验水平。

如果须保持小样本量，而其他因素为其次时，检验水平 S-2 将对所有批量提供固定样本量，这时样本量仅取决于极限质量(见 GB/T 2828.1 中表 20 和表 21)。

表 9 极限质量 LQ 和使用方风险质量 CRQ 之间的关系

极限质量(LQ)的优先数值	对应的使用方风险质量(CRQ)区间	
	对于不合格品百分数	对于每百单位产品不合格数
0.50	0.463～0.534	0.464～0.534
0.80	0.741～0.833	0.742～0.835
1.25	1.16～1.33	1.16～1.34
2.00	1.85～2.11	1.85～2.12
3.15	2.92～3.31	2.94～3.34
5.00	4.59～5.27	4.64～5.34
8.00	7.29～8.16	7.42～8.35
12.5	11.3～12.9	11.6～13.4
20.0	17.8～19.7	18.5～20.9
31.5	27.1～30.4	29.0～33.4
注 1：使用方风险质量(CRQ)是从表 10 至表 19 中摘出来的，其使用方风险为 10.0%。而他们所对应的是批量较大的批的抽样方案。 注 2：对于小批其最大值近似相同。对于程序 A，包括“Ac>0”的方案，其最大值也与上述值接近。该表仅对程序 B 做过严格校正，而只对程序 A 的有关部分做过。		

4.5 抽样方案的检索

4.5.1 模式 A

当使用模式 A 时，抽样方案由批量和极限质量确定。所用的样本量(n)和接收数 Ac，由批量和规定的极限质量 LQ 可在表 1 中查出。

4.5.2 两类或多类的 LQ

有时，对不同的质量特性可能指定两类或多类 LQ。上述程序将导致不同的样本量。如果经负责部门指定或认可，最大样本量与相应的接收数一起可以在所有级别中使用。应当注意，使用方(的全部)风险并不随二类或多类 LQ 的使用而增加。

5 接收和不接收

5.1 样本的抽取

样本应从批中用简单随机抽样方法抽取。当批按某合理的准则划分为子批或层时，有代表性的样本，应按单位产品在子批或层中所占比例用上述(简单随机抽样)方法抽取所需数量的样本单元。

5.2 批的可接收性

应对样本中的所有样本单元进行检验，并累计样本中的不合格品数(或不合格数)。

批的可接收性应使用所获取的抽样方案确定。如果样本中发现的不合格品数(或不合格数)等于或小于接收数 Ac，则接收该批，否则不接收该批。

5.3 不接收批的处置

对不接收批的处置，应预先得到所有相关方的同意。

5.4 不合格品

如果批被接收，保留对检验期间发现的任何不合格品不接收的权利，无论其是否为样本的一部分。

5.5 批的再提交

不接收的批不能再次提交检验，除非：

a) 所有不合格品被剔除或被替换为合格品，或对所有不合格的返工后，购买方表示满意，并且

b) 所有相关方同意。

负责部门应决定再次检验所使用的 LQ 和/或检验水平，并且决定是否对所有类型或类别的不合格的再次检验或仅对造成初次检验不接收的那些类型或类别的不合格进行检验。

6 模式 A 应用的示例

一个书柜销售商欲购买一批螺钉，作为所出售的自组装书柜的配件，10 个螺钉为一盒，允许 1(%)的盒中螺钉数量不足，但不愿接受过高的不合格率的风险，计划以 1 250 盒为一批共购买 5 000 盒螺钉。

生产方同意使用模式 A，规定的优先极限质量为 3.15 (%)，对于批量为 1 250，所选取的抽样方案为 n=125，Ac=1。

生产方提出愿以单批提供所有 5 000 盒螺钉，新的抽样方案变为 n=200，Ac=3。

单批可以使检验的单位产品成比例地减少，但是抽样方案仍提供了对质量劣于 3.15 (%)的批的高不接收概率，对于质量为 1(%)批的接收概率由原来的 64% 增加到 86%。

7 附加信息

7.1 主表

表 1 中的抽样方案基于从有限批进行随机抽样的假定，以满足方案确定的生产方风险和使用方风险。

7.2 辅表

7.2.1 表 8 和表 9

表 8 和表 9 给出了模式 A 和模式 B 共同的附加信息。

当规定的极限质量是非优先数时，使用表 8 可将其转换为所需要的优先的极限质量值(见 4.3)。

当批量很大时，表 9 给出了极限质量 LQ 和使用方风险质量 CRQ 区间的对应关系。每个区间的最大值也适用于小批。

7.2.2 表 2 至表 7

表 2 至表 7 给出了模式 A 的附加信息。

表 2 和表 3 给出了模式 A 抽样方案的如下信息：

a) 对每格中相应的 LQ 或更坏的 LQ，给出了最大的使用方风险，并且

b) 对应最坏质量的生产方风险质量，生产方风险在给定的批量范围内保证不超过 5(%)。

表 2 给出了以不合格品百分数为质量指标的抽样方案的重要信息数据，表 3 给出了每百单位产品不合格数为质量指标的抽样方案的重要信息数据。

表 4 至表 6 有选择地给出了“Ac=0”的抽样方案的 OC 曲线上的有关数据，按批中的不合格品数(D)检索。批量区间内最大和最小批量对应的接收概率 P_a 用百分数给出。这些数据不仅用于不合格品百分数的检验，也可用于每百单位产品不合格数的检验。

表 4 适用于较小的 LQ 值，此时由于批期望不合格数 R 与批不合格品数 D 所对应的 P_a 值几乎相等，所以将 R 对应的 P_a 值被省略了。表 5 适用于 LQ 的中等值，给出了批量区间的上限值的期望不合格数 R 及所对应的 P_a 值，省略了批量区间下限值的期望不合格数 R 的情形。表 6 用于 LQ 的较大值，该表同时给出了批量间隔范围内最大批量和最小批量的不合格数 R 的期望值。

表 7 适用于批量很大时的情形，给出了“Ac=0”方案的生产方风险质量。对同一个样本量 n，以不合格品百分数为质量指标和以每百单位产品不合格数为质量指标的生产方风险质量几乎是相等的。对“Ac=0”的方案，表 2 和表 3 并不总能给出生产方所要求的关于生产方风险质量更有用的信息。对此，表 4 至表 6 也不甚方便，而表 7 弥补了这种不足。

附 录 A
（规范性附录）
模式 B 抽样方案

A.1 对模式 A 和模式 B 的选择

模式 A 简便并且适用于孤立生产的批（批序列中的孤立批，孤立批或单批）。它包含 Ac=0 的抽样方案。

模式 B 适用于在连续生产的批系列中，使用方考虑按孤立批接收的批。它不包含 Ac=0 的抽样方案，此时应代之于 100%检验。模式 B 中使用的抽样方案是从 GB/T 2828.1 的主表中选取的，所以生产方要为使用方保持一致的程序，不管其验收的是个别批还是批的连续序列。本程序应包含于有抽样条款的产品标准或规范中。生产方关注所有的生产批，而个别的使用方所关注的是特定的验收批。

两种程序之间的选择取决于对 Ac=0 抽样方案的看法。模式 A 所使用的 Ac=0 的抽样方案，是在给定的极限质量（应考虑批量）处的接收概率与 GB/T 2828.1 中相应的 Ac=0 的抽样方案相匹配。因此，用批量划分的样本量和接收数等级基于 GB/T 2828.1 可用的检验水平。模式 A 的总体效果，在极限质量小于 8(%)时，类似于一般检验水平Ⅱ，在极限质量大于 8(%)时，类似于检验水平Ⅰ，这些水平的中间值为 8(%)。

模式 B 在检验水平的选择上提供了较大的灵活性。OC 曲线和表基于批量非常大的假定。当抽样比较小时，曲线和表近似准确，但随着抽样比的增加，对优质批低估了接收概率，对劣质批低估了不接受概率。对于批量充分小的批，模式 B 要求 100%检验。

这两种程序都将极限质量作为提交批中的实际不合格品百分数（或每百单位产品不合格数）来处理。模式 A 的极限质量的接收概率，可在表 2 和表 3 中找到；模式 B 的极限质量的接收概率可在表A.1 至表 A.10 中找到。如果生产方关注的是批的连续序列，推荐使用模式 B 的程序，无论这些批是否对应于同一个使用方。当生产方和使用方都关注的批是单个批时，推荐使用模式 A 的程序，并且 Ac=0 的抽样方案需要作为抽样系统的部分进行使用。

A.2 模式 B 的抽样方案（使用表 A.1 至表 A.10）

可应用的抽样方案由批量、极限质量 LQ 和检验水平确定。

用规定的极限质量从表 A.1 至表 A.10 中选择合适的表。从每个表中，用规定的批量和检验水平检索出适用的样本量（n）和接收数（Ac）。

尽管表 A.1 至表 A.10 主要按极限质量 LQ 检索，但生产方/使用方需要关注具有高接收概率批的质量水平。每个表给出了相应于 AQL 的信息和 OC 曲线上的某些值，表中下面的值对应于不合格品百分数为质量指标的 OC 曲线值，上面的值对应于以每百单位产品不合格数为质量指标的 OC 曲线值。

表 A.1 至表 A.10 中 OC 曲线以不合格品百分数给出。由于篇幅限制，省略了每百单位产品不合格数。OC 曲线按照 GB/T 2828.1 中的样本量字码表和接收数检索。对于小批量每百单位产品不合格数检验的实际操作特性与给出的 OC 曲线差别较大。

在表 A.1 至表 A.10 有如下假定：对有限批使用方风险的计算和对过程（无限总体）生产方风险的计算均基于随机抽样。

表 A.1 至表 A.10 给出了 OC 曲线的某些值。格中下面的 OC 值对应于不合格品百分数的检验，上面的 OC 值对应于每百单位产品不合格数的检验。

表 A.1 至表 A.10 给出了在每个检验水平下 LQ 处的最大使用方风险。格中下面的值对应于不合格品百分数的检验，格中上面的值对应于每百单位产品不合格数的检验。

表 A.1 程序 B LQ=0.50 的抽样方案

（对于不合格品百分数或每百单位不合格数的检验）

检验水平及其批量					GB/T 2828.1 一次抽样方案（正常检验）			样本量字码	过程质量（不合格品百分数或每百单位产品不合格数）					在 LQ 处与检验水平对应的最大使用方风险		
S-1 至 S-3	S-4	Ⅰ	Ⅱ	Ⅲ	AQL	n	Ac		95.0	90.0	50.0	10.0	5.0	S-1 至 Ⅰ	Ⅱ	Ⅲ
801 或以上	801 或以上	801 或以上	801 至 500 000	801 至 150 000	0.065	800	1	P	0.044 4 0.044 4	0.066 5 0.066 5	0.210 0.210	0.486 0.485	0.593 0.592	9.1 9.1	9.1 9.1	9.1 9.0
			500 001 或以上	150 001 至 500 000	0.10	1 250	3	Q	0.109 0.109	0.140 0.140	0.294 0.294	0.534 0.534	0.620 0.619		13.0 12.9	13.0 12.9
				500 001 或以上	0.10	2 000	5	R	0.131 0.131	0.158 0.158	0.284 0.283	0.464 0.463	0.526 0.525			6.7 6.6

如果批量小于 801，则执行 100%检验。

注 1：过程质量，下面的值为不合格品百分数，上面的值为每百单位产品不合格数。

注 2：使用方风险，下面的值为不合格品百分数，上面的值为每百单位产品不合格数。

不合格品百分数的 OC 曲线图

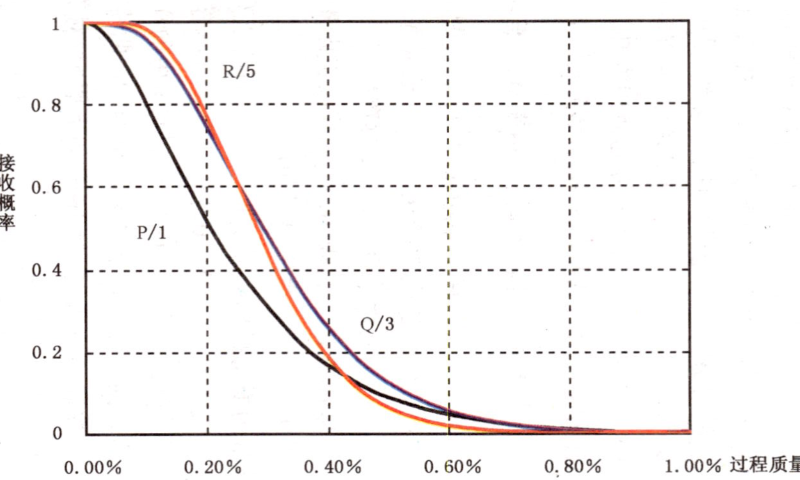

注 1：图中为不合格品百分数的 OC 曲线。

注 2：曲线上的标示为，样本量字码/接收数。

表 A.2　程序 B　LQ=0.80 的抽样方案

（对于不合格品百分数或每百单位不合格数的检验）

检验水平及其批量					GB/T 2828.1 一次抽样方案（正常检验）			样本量字码	过程质量（不合格品百分数或每百单位产品不合格数）					在 LQ 处与检验水平对应的最大使用方风险		
S-1 至 S-3	S-4	Ⅰ	Ⅱ	Ⅲ	AQL	n	Ac		95.0	90.0	60.0	10.0	5.0	S-1 至 Ⅰ	Ⅱ	Ⅲ
501 或以上	501 或以上	501 或以上	501 至 150 000	501 至 35 000	0.10	500	1	N	0.071 1 0.071 1	0.106 0.106	0.336 0.335	0.778 0.776	0.949 0.945	9.2 9.1	9.1 9.0	9.0 8.9
			150 001 至 500 000	35 001 至 150 000	0.15	800	3	P	0.171 0.171	0.218 0.218	0.459 0.459	0.835 0.833	0.969 0.966		11.9 11.8	11.8 11.7
			500 001 或以上	150 001 至 500 000	0.15	1 250	5	Q	0.209 0.209	0.252 0.252	0.454 0.453	0.742 0.741	0.841 0.839		6.7 6.6	6.7 6.6

如果批量小于 501，则执行 100%检验。

注 1：过程质量，下面的值为不合格品百分数，上面的值为每百单位产品不合格数。

注 2：使用方风险，下面的值为不合格品百分数，上面的值为每百单位产品不合格数。

不合格品百分数的 OC 曲线图

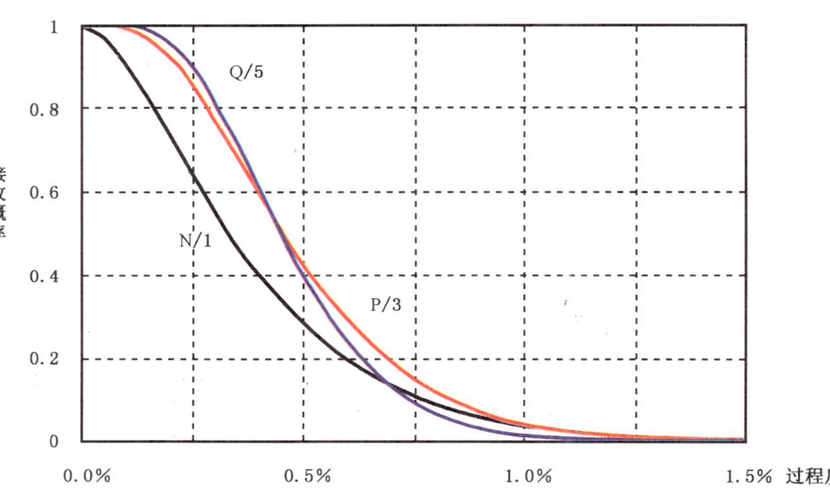

注 1：图中为不合格品百分数的 OC 曲线。

注 2：曲线上的标示为，样本量字码/接收数。

表 A.3 程序 B LQ=1.25 的抽样方案

（对于不合格品百分数或每百单位不合格数的检验）

检验水平及其批量					GB/T 2828.1 一次抽样方案（正常检验）			样本量字码	过程质量（不合格品百分数或每百单位产品不合格数）					在 LQ 处与检验水平对应的最大使用方风险		
S-1 至 S-3	S-4	Ⅰ	Ⅱ	Ⅲ	AQL	n	Ac		95.0	90.0	50.0	10.0	5.0	S-1 至 Ⅰ	Ⅱ	Ⅲ
316 或以上	316 或以上	316 至 500 000	316 至 35 000	316 至 10 000	0.15	315	1	M	0.113 0.113	0.169 0.169	0.533 0.532	1.23 1.23	1.51 1.50	9.6 9.5	9.5 9.4	9.3 9.1
		500 001 或以上	35 001 至 150 000	10 001 至 35 000	0.25	500	3	N	0.273 0.274	0.349 0.349	0.734 0.734	1.34 1.33	1.55 1.54	13.0 12.9	13.0 12.8	12.8 12.7
			150 001 至 500 000	35 001 至 150 000	0.25	800	5	P	0.327 0.327	0.394 0.394	0.709 0.708	1.16 1.16	1.31 1.31		6.7 6.6	6.7 6.5
			500 001 或以上	150 001 或以上	0.40	1 250	10	Q	0.494 0.494	0.562 0.562	0.853 0.853	1.23 1.23	1.36 1.35		9.1 9.0	9.1 9.0

如果批量小于 316，则执行 100% 检验。

注 1：过程质量，下面的值为不合格品百分数，上面的值为每百单位产品不合格数。

注 2：使用方风险，下面的值为不合格品百分数，上面的值为每百单位产品不合格数。

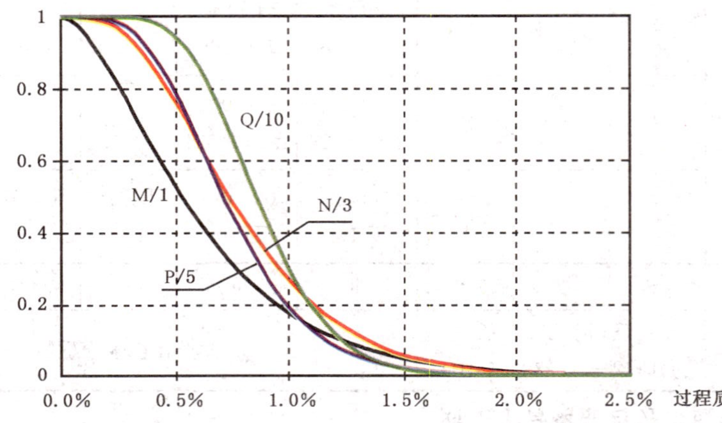

注 1：图中为不合格品百分数的 OC 曲线。

注 2：曲线上的标示为，样本量字码/接收数。

表 A.4 程序 B LQ=2.00 的抽样方案
（对于不合格品百分数或每百单位不合格数的检验）

检验水平及其批量					GB/T 2828.1 一次抽样方案（正常检验）			样本量字码	过程质量（不合格品百分数或每百单位产品不合格数）					在 LQ 处与检验水平对应的最大使用方风险		
S-1 至 S-3	S-4	Ⅰ	Ⅱ	Ⅲ	AQL	n	Ac		95.0	90.0	50.0	10.0	5.0	S-1 至 Ⅰ	Ⅱ	Ⅲ
200 或以上	200 或以上	200 至 150 000	200 至 10 000	200 至 3 200	0.25	200	1	L	0.113 0.113	0.169 0.169	0.533 0.532	1.23 1.23	1.51 1.50	9.6 9.5	9.5 9.4	9.3 9.1
		150 001 或以上	10 001 至 35 000	3 201 至 10 000	0.40	315	3	M	0.273 0.274	0.349 0.349	0.734 0.734	1.34 1.33	1.55 1.54	13.0 12.9	13.0 12.8	12.8 12.7
			35 001 至 150 000	10 001 至 35 000	0.40	500	5	N	0.327 0.327	0.394 0.394	0.709 0.708	1.16 1.16	1.31 1.31		6.7 6.6	6.7 6.5
			150 001 或以上	35 001 或以上	0.65	800	10	P	0.494 0.494	0.562 0.562	0.853 0.853	1.23 1.23	1.36 1.35		9.1 9.0	9.1 9.0

如果批量小于 200，则执行 100% 检验。

注 1：过程质量，下面的值为不合格品百分数，上面的值为每百单位产品不合格数。

注 2：使用方风险，下面的值为不合格品百分数，上面的值为每百单位产品不合格数。

不合格品百分数的 OC 曲线图

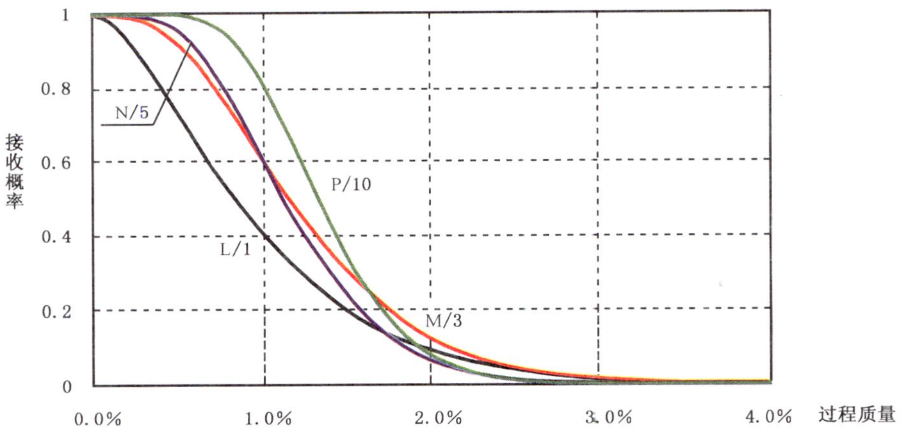

注 1：图中为不合格品百分数的 OC 曲线。

注 2：曲线上的标示为，样本量字码/接收数。

表 A.5 程序 B LQ=3.15 的抽样方案

(对于不合格品百分数或每百单位不合格数的检验)

检验水平及其批量					GB/T 2828.1 一次抽样方案(正常检验)			样本量字码	过程质量(不合格品百分数或每百单位产品不合格数)					在 LQ 处与检验水平对应的最大使用方风险		
S-1 至 S-3	S-4	Ⅰ	Ⅱ	Ⅲ	AQL	n	Ac		95.0	90.0	50.0	10.0	5.0	S	Ⅱ	Ⅲ
126 或以上	126 或以上	126 至 35 000	126 至 3 200	126 至 1 200	0.40	125	1	K	0.284 0.285	0.425 0.426	1.34 1.34	3.11 3.08	3.80 3.74	9.6 9.3	9.2 8.8	8.4 8.1
		35 001 至 150 000	3 201 至 10 000	1 201 至 3 200	0.65	200	3	L	0.683 0.686	0.872 0.875	1.84 1.83	3.34 3.31	3.88 3.83	12.6 12.2	12.4 12.0	11.8 11.4
		150 001 至 500 000	10 001 至 35 000	3 201 至 10 000	0.65	315	5	M	0.830 0.833	1.00 1.00	1.80 1.80	2.94 2.92	3.34 3.31	7.0 6.7	6.9 6.6	6.7 6.4
		500 001 或以上	35 001 或以上	10 001 或以上	1.00	500	10	N	1.23 1.24	1.40 1.41	2.13 2.13	3.08 3.06	3.39 3.37	8.6 8.3	8.6 8.3	8.6 8.3

如果批量小于 126,则执行 100%检验。

注 1:过程质量,下面的值为不合格品百分数,上面的值为每百单位产品不合格数。

注 2:使用方风险,下面的值为不合格品百分数,上面的值为每百单位产品不合格数。

不合格品百分数的 OC 曲线图

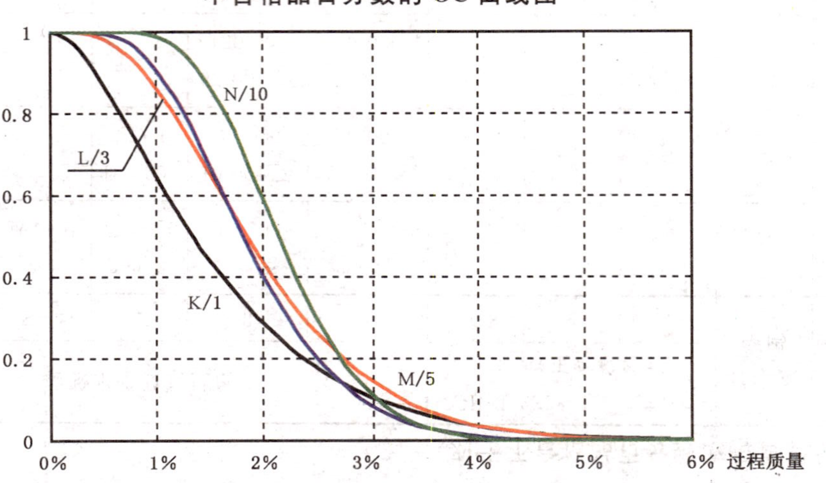

注 1:图中为不合格品百分数的 OC 曲线。

注 2:曲线上的标示为,样本量字码/接收数。

表 A.6　程序 B　LQ=5.00 的抽样方案

（对于不合格品百分数或每百单位不合格数的检验）

检验水平及其批量					GB/T 2828.1 一次抽样方案（正常检验）			样本量字码	过程质量（不合格品百分数或每百单位产品不合格数）					在 LQ 处与检验水平对应的最大使用方风险		
S-1 至 S-3	S-4	Ⅰ	Ⅱ	Ⅲ	AQL	n	Ac		95.0	90.0	50.0	10.0	5.0	S-1 至 Ⅰ	Ⅱ	Ⅲ
81 或以上	81 至 500 000	81 至 10 000	81 至 1 200	81 至 500	0.65	80	1	J	0.444 0.446	0.665 0.667	2.10 2.09	4.86 4.78	5.93 5.79	9.2 8.6	8.4 7.9	7.4 6.9
	500 001 或以上	10 001 至 35 000	12 011 至 3 200	501 至 1 200	1.00	125	3	K	1.09 1.10	1.40 1.40	2.94 2.93	5.34 5.27	6.20 6.09	13.0 12.4	12.5 11.9	11.7 11.0
		35 001 至 150 000	3 201 至 10 000	1 201 至 3 200	1.00	200	5	L	1.31 1.31	1.58 1.58	2.84 2.83	4.64 4.59	5.26 5.18	6.7 6.2	6.5 6.1	6.1 5.7
		150 001 或以上	10 001 或以上	3 201 或以上	1.50	315	10	M	1.96 1.97	2.23 2.24	3.39 3.38	4.89 4.85	5.38 5.33	8.6 8.1	8.6 8.1	8.6 8.1

如果批量小于 81，则执行 100% 检验。

注 1：过程质量，下面的值为不合格品百分数，上面的值为每百单位产品不合格数。

注 2：使用方风险，下面的值为不合格品百分数，上面的值为每百单位产品不合格数。

不合格品百分数的 OC 曲线图

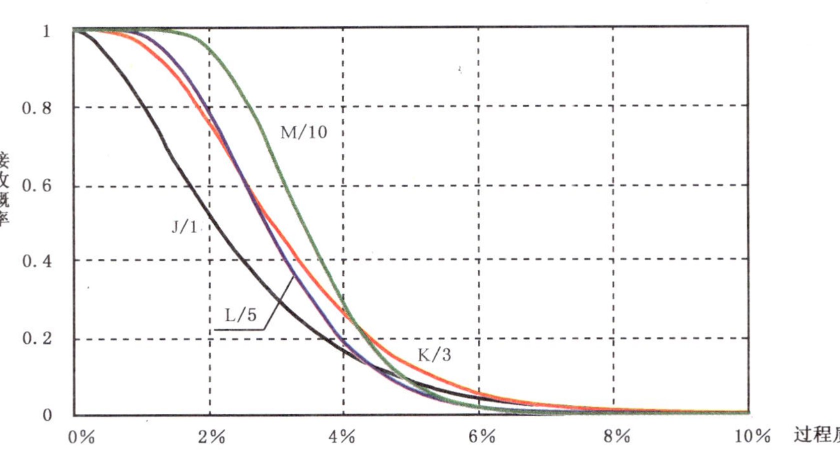

注 1：图中为不合格品百分数的 OC 曲线。

注 2：曲线上的标示为，样本量字码/接收数。

表 A.7 程序 B LQ=8.00 的抽样方案

(对于不合格品百分数或每百单位不合格数的检验)

检验水平及其批量					GB/T 2828.1 一次抽样方案(正常检验)			样本量字码	过程质量(不合格品百分数或每百单位产品不合格数)					在 LQ 处与检验水平对应的最大使用方风险		
S-1 至 S-3	S-4	Ⅰ	Ⅱ	Ⅲ	AQL	n	Ac		95.0	90.0	50.0	10.0	5.0	S-1 至 Ⅰ	Ⅱ	Ⅲ
51 或以上	51 至 35 000	51 至 3 200	51 至 500	51 至 280	1.00	50	1	H	0.711 0.715	1.06 1.07	3.36 3.33	7.78 7.56	9.49 9.14	9.2 8.3	8.0 7.2	7.1 6.3
	35 001 至 500 000	3 201 至 10 000	501 至 1 200	281 至 500	1.50	80	3	J	1.71 1.73	2.18 2.20	4.59 4.57	8.35 8.16	9.69 9.41	11.9 10.9	11.1 10.1	9.8 8.9
	500 001 或以上	10 001 至 35 000	1 201 至 3 200	501 至 1 200	1.50	125	5	K	2.09 2.11	2.52 2.54	4.54 4.52	7.42 7.29	8.41 8.23	6.7 5.9	6.3 5.6	5.7 5.0
		35 001 或以上	3 201 或以上	1 201 或以上	2.50	200	10	L	3.08 3.11	3.51 3.54	5.33 5.33	7.70 7.60	8.48 8.33	7.7 6.9	7.7 6.9	7.7 6.9

如果批量小于 51,则执行 100%检验。

注 1:过程质量,下面的值为不合格品百分数,上面的值为每百单位产品不合格数。

注 2:使用方风险,下面的值为不合格品百分数,上面的值为每百单位产品不合格数。

不合格品百分数的 OC 曲线图

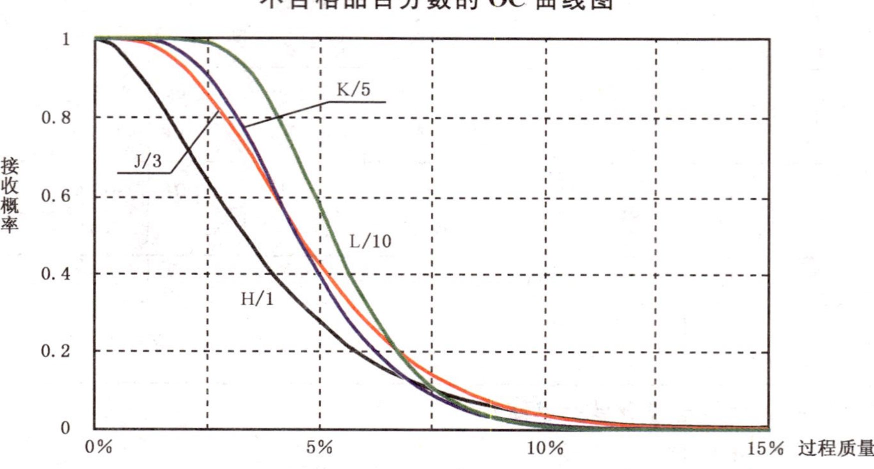

注 1:图中为不合格品百分数的 OC 曲线。

注 2:曲线上的标示为,样本量字码/接收数。

表 A.8　程序 B　LQ=12.5 的抽样方案

(对于不合格品百分数或每百单位不合格数的检验)

检验水平及其批量						GB/T 2828.1 一次抽样方案(正常检验)			样本量字码	过程质量(不合格品百分数或每百单位产品不合格数)					在 LQ 处与检验水平对应的最大使用方风险		
S-1,S-2	S-3	S-4	Ⅰ	Ⅱ	Ⅲ	AQL	n	Ac		95.0	90.0	50.0	10.0	5.0	S-1 至 Ⅰ	Ⅱ	Ⅲ
33 或以上	33 至 500 000	33 至 10 000	33 至 1 200	33 至 280	33 至 150	1.50	32	1	G	1.11 1.12	1.66 1.67	5.24 5.19	12.2 11.6	14.8 14.0	9.2 7.8	7.9 6.6	6.7 5.5
	500 001 或以上	10 001 至 35 000	1 201 至 3 200	281 至 500	151 至 280	2.50	50	3	H	2.73 2.78	3.49 3.53	7.34 7.29	13.4 12.9	15.5 14.8	13.0 11.4	11.7 10.1	10.6 9.1
		35 001 至 500 000	3 201 至 10 000	501 至 1 200	281 至 500	2.50	80	5	J	3.27 3.32	3.94 3.99	7.09 7.06	11.6 11.3	13.1 12.7	6.7 5.5	6.1 4.9	5.2 4.1
		500 001 或以上	10 001 或以上	1 201 或以上	501 或以上	4.00	125	10	K	4.94 5.01	5.62 5.69	8.53 8.51	12.3 12.1	13.6 13.2	9.1 7.7	9.1 7.7	9.1 7.7

如果批量小于 33,则执行 100%检验。

注 1:过程质量,下面的值为不合格品百分数,上面的值为每百单位产品不合格数。

注 2:使用方风险,下面的值为不合格品百分数,上面的值为每百单位产品不合格数。

不合格品百分数的 OC 曲线图

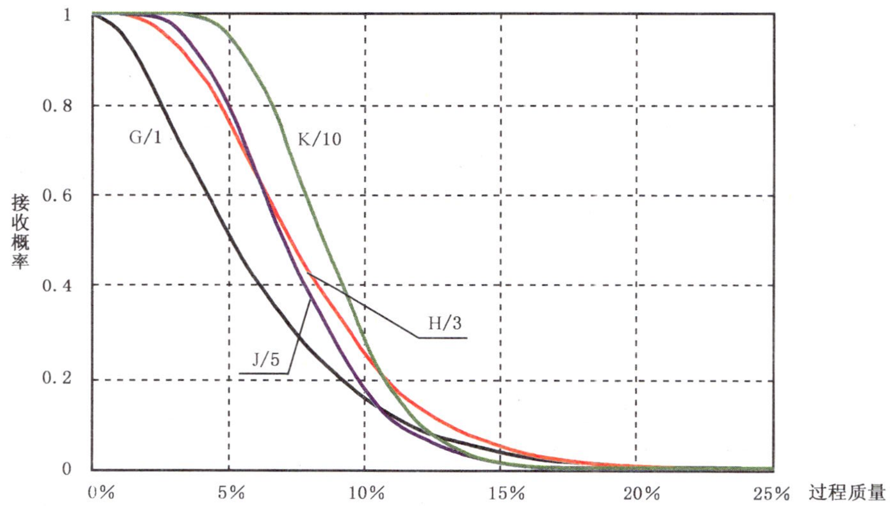

注 1:图中为不合格品百分数的 OC 曲线。

注 2:曲线上的标示为,样本量字码/接收数。

表 A.9　程序 B　LQ=20.0 的抽样方案

（对于不合格品百分数或每百单位不合格数的检验）

检验水平及其批量						GB/T 2828.1 一次抽样方案（正常检验）			样本量字码	过程质量（不合格品百分数或每百单位产品不合格数）					在 LQ 处与检验水平对应的最大使用方风险		
S-1,S-2	S-3	S-4	Ⅰ	Ⅱ	Ⅲ	AQL	n	Ac		95.0	90.0	50.0	10.0	5.0	S-1 至 Ⅰ	Ⅱ	Ⅲ
21 或以上	21 至 35 000	21 至 1 200	21 至 500	21 至 150	21 至 90	2.50	20	1	F	1.78 1.81	2.66 2.69	8.39 8.25	19.4 18.1	23.7 21.6	9.2 6.9	7.7 5.6	6.7 4.8
	35 000 至 500 000	1 201 至 10 000	501 至 1 200	151 至 280	91 至 150	4.00	32	3	G	4.27 4.38	5.45 5.56	11.5 11.4	20.9 19.7	24.2 22.5	11.9 9.3	10.4 8.0	9.1 6.8
	500 001 或以上	10 001 至 35 000	1 201 至 3 200	281 至 500	151 至 280	4.00	50	5	H	5.23 5.36	6.30 6.43	11.3 11.3	18.5 17.8	21.0 19.9	6.7 4.8	5.8 4.0	5.0 3.4
		35 001 或以上	3 201 或以上	501 或以上	281 或以上	6.50	80	10	J	7.71 7.91	8.78 8.95	13.3 13.3	19.3 18.6	21.2 20.3	7.7 5.6	7.7 5.6	7.7 5.6

如果批量小于 21，则执行 100%检验。

注 1：过程质量，下面的值为不合格品百分数，上面的值为每百单位产品不合格数。

注 2：使用方风险，下面的值为不合格品百分数，上面的值为每百单位产品不合格数。

不合格品百分数的 OC 曲线图

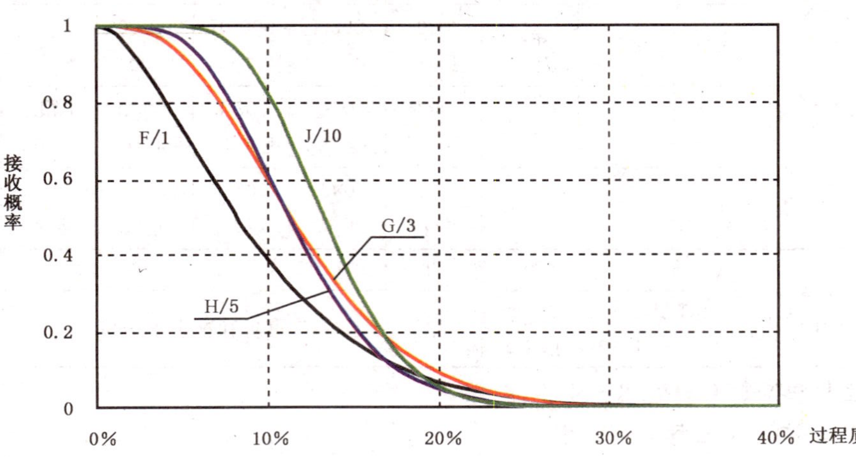

注 1：图中为不合格品百分数的 OC 曲线。

注 2：曲线上的标示为，样本量字码/接收数。

表 A.10 程序 B LQ=3.15 的抽样方案

（对于不合格品百分数或每百单位不合格数的检验）

检验水平及其批量						GB/T 2828.1 一次抽样方案（正常检验）			样本量字码	过程质量（不合格品百分数或每百单位产品不合格数）					在 LQ 处与检验水平对应的最大使用方风险		
S-1,S-2	S-3	S-4	Ⅰ	Ⅱ	Ⅲ	AQL	n	Ac		95.0	90.0	50.0	10.0	5.0	S-1 至 Ⅰ	Ⅱ	Ⅲ
14 或以上	14 至 3 200	14 至 500	14 至 280	14 至 90	14 至 50	4.00	13	1	E	2.73 2.81	4.09 4.17	12.9 12.6	29.9 26.8	36.5 31.6	8.5 5.1	6.7 3.7	5.4 2.7
	3 201 至 35 000	501 至 1 200	281 至 500	91 至 150	51 至 90	6.50	20	3	F	6.83 7.14	8.72 9.02	18.4 18.1	33.4 30.4	38.8 34.4	12.6 8.3	10.8 6.8	9.2 5.5
	35 001 至 500 000	1 201 至 10 000	501 至 1 200	151 至 280	91 至 150	6.50	32	5	G	8.17 8.50	9.85 10.2	17.7 17.5	29.0 27.1	32.9 30.1	6.4 3.5	5.3 2.7	4.4 2.1
	500 001 或以上	10 001 或以上	1 201 或以上	281 或以上	151 或以上	10.0	50	10	H	12.3 12.9	14.0 14.5	21.3 21.2	30.8 29.1	33.9 31.6	8.6 5.1	8.6 5.1	8.6 5.1

如果批量小于 14，则执行 100%检验。

注 1：过程质量，下面的值为不合格品百分数，上面的值为每百单位产品不合格数。

注 2：使用方风险，下面的值为不合格品百分数，上面的值为每百单位产品不合格数。

不合格品百分数的 OC 曲线图

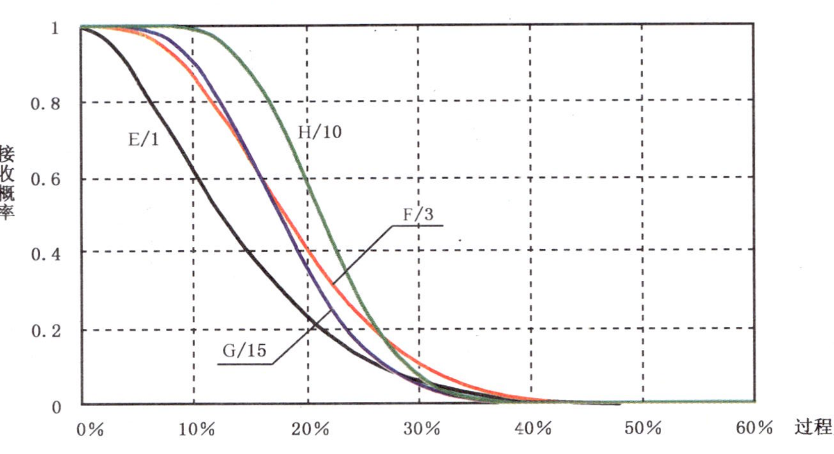

注 1：图中为不合格品百分数的 OC 曲线。

注 2：曲线上的标示为，样本量字码/接收数。

A.3 抽样方案的获得

当使用模式 B 时，抽样方案由批量、检验水平和极限质量确定。可用的抽样方案应按如下方式得到：

a) 按指定的极限质量，应从表 A.1 至表 A.10 选取合适的表；

b) 可用的样本量(n)和接收数(Ac)应利用批量和指定的检验水平在选取的表中查找。

表 9 给出的抽样方案对应的使用方风险质量 CRQ 的概略信息在表 A.1 至表 A.10 中对应的使用方风险为 10%。

示例 A.1

下面举例说明怎样使用模式 B，及其与模式 A 的差别。

销售商希望采购塑料面板作为由消费者自己组装(DIY)的标准尺寸的木质书柜的组件。某供应方正在生产这种面板，并愿以每批 1 250 张的单批的供应流方式为 DIY 提供所需的 7 500 张面板。根据质量控制数据，在塑料面板上出现的划痕为每百单位产品不合格数为 2.5。由于在组装书柜时少量有疤痕面板可以被检测到并将其装在侧面，所以消费者可以允许少量面板上留有划痕。但是，如果 5(%)的面板上有划痕，在组装过程中就可能产生问题。

供应方习惯于每百单位产品不合格数的检验，并已知不合格数品百分数为 5.0 和每百单位产品不合格数为 5.0 的 OC 曲线。因此，销售商和生产方一致认为使用模式 B 是合适的，并选择优先的极限质量为 5.0(%)，使用检验水平 S-4。当批量为 7 500 时，所选择的抽样方案为 $n=80$，Ac=1。所用方案对当前过程平均的接收概率小于 50 %。对不接收的批必须进行 100%检验，其高的不接收概率意味着检验费用比预期要高得多。

检验水平Ⅲ所提供的抽样方案为 $n=315$ 和 Ac=10，对当前过程平均的接收概率大于 80%。供应方用一个更好的过程平均，如每百单位产品不合格数为 1，采用检验水平 S-4 将获得类似的接收概率。说明在同样的极限质量水平下，产品质量好的供应商可以采用样本量较小的抽样方案。

示例 A.2

下面的例子说明了分别具有各自 LQ 的两个或多个不合格类别，如何使用一个具有相同样本量的抽样方案。对某光盘产品使用模式 B，将直径不合格规定为 A 类不合格，而将厚度不合格规定为 B 类不合格，A 类不合格和 B 类不合格的 LQ 分别指定为 2.0(%)和 8.0(%)，并采用检验水平Ⅱ。

从表 A.4 和表 A.6 中检索到，当批量为 2 000 时的抽样方案如下：

	A 类	B 类
样本量	$n=200$	$n=125$
接收数	Ac=1	Ac=3

负责部门已经指定对两类尺寸使用一个共同的样本量，所使用的抽样方案如下：

	A 类	B 类
样本量	$n=200$	$n=200$
接收数	Ac=1	Ac=5

A.4 补充表

表 A.11 到 A.12 给出了模式 B 的补充信息。

表 A.11 给出了批量、检验水平和样本量字码表之间的对应关系。此表与表 A.12 结合使用，可用于找出批量和实际样本量之间的关系。

表 A.12 给出了样本量字码、样本量、AQL 值和 LQ 值之间的对应关系。在检验水平Ⅰ和Ⅱ的情况下，表 21 给出了相应的批量、样本量、AQL 值和 LQ 值之间的对应关系。样本量字码通常对应于样本量，但也有些例外(见表 A.11 和表 A.12)。

表 A.11 对于模式 B,批量与样本量字码之间的对应关系

批量	特殊检验水平			一般检验水平		
	S-1至S-2	S-3	S-4	Ⅰ	Ⅱ	Ⅲ
2至50	E	E	E	E	E	E
51至90	E	E	E	E	E	F
91至150	E	E	E	E	F	G
151至280	E	E	E	E	G	H
281至500	E	E	E	F	H	J
501至1 200	E	E	F	G	J	K
1 201至3 200	E	E	G	H	K	L
3 201至10 000	E	F	G	J	L	M
10 001至35 000	E	F	H	K	M	N
35 001至150 000	E	G	J	L	N	P
150 001至500 000	E	G	J	M	P	Q
500 001或以上	E	H	K	N	Q	R

注1:样本量字码表示其在表A.12中所处的行。

注2:由于样本量依赖于极限质量,样本量字码不能直接确定所用的样本量。例如,对于检验水平S-1和S-2,样本量与批量无关,但是它依赖于极限质量,其范围从13到800(见表A.12)。

表 A.12 对于模式 B,批量、样本量字码、样本量、AQL 值和 LQ 值之间的对应关系

批量	使用的样本量字码	样本量	极限质量(LQ)									
			0.50	0.80	1.25	2.00	3.15	5.00	8.00	12.5	20.0	31.5
			GB/T 2828.1 中与极限质量 LQ 对应的 AQL 值									
2 至 90	E	13										↓
91 至 150	E	13									↓	4.00
151 至 280	F	20								↓	2.50	6.50
281 至 500	G	32							↓	1.50	4.00	6.50
501 至 1 200	H	50						↓	1.00	2.50	4.00	10.0
1 201 至 3 200	J	80					↓	0.65	1.50	2.50	6.50	↑
3 201 至 10 000	K	125				↓	0.40	1.00	1.50	4.00	↑	
10 001 至 35 000	L	200			↓	0.25	0.65	1.00	2.50	↑		
35 001 至 150 000	M	315		↓	0.15	0.40	0.65	1.50	↑			
150 001 至 500 000	N	500	↓	0.10	0.25	0.40	1.00	↑				
500 001 或以上	P	800	0.065	0.15	0.25	0.25	↑					
	Q	1 250	0.10	0.15	0.40	↑						
	R	2 000	0.10	↑	↑							

注:对于检验水平Ⅰ和Ⅱ,批量可以按照箭头所指直接转换为样本量,通常上面的一行对应水平Ⅰ,下面的一行对应水平Ⅱ。对于其他检验水平,样本量字码应从表 C.1 获得。当所选择的样本量字码和极限质量的组合在表中没有 AQL 时,箭头所指的样本量,如果向下则增加,如果向上则减小,样本量字码、样本量和 AQL 使用箭头所指处的数值。如果样本量超过批量则实施 100% 检验。

附　录　B
（资料性附录）
GB/T 2828 本部分和第 1 部分之间的关系

B.1　一般比较

GB/T 2828 本部分提供了按 LQ 检索的抽样方案，而 GB/T 2828.1 提供了按 AQL 检索的抽样计划。这两部分的主要区别如下：

a） GB/T 2828 本部分用于孤立批的验收抽样，而 GB/T 2828.1 用于连续序列批的验收抽样。然而，也有一些例外情况。

b） GB/T 2828 的这两部分使用共同的检验水平，但作用稍有不同。

c） GB/T 2828 的这两部分使用共同的批量分级。在 GB/T 2828 本部分中，GB/T 2828.1 中的样本量字码 A 到 D 由 E 代替。因此，GB/T 2828 本部分的最小样本量由 2 变为 13（见表 A.11 至表 A.12）。

d） GB/T 2828 本部分没有转移规则，而 GB/T 2828.1 有一套转移规则。

e） GB/T 2828 本部分没有分数接收数方案，因为分数接收数方案仅适用于较长的连续序列批。

另见下面条款。

B.2　与极限质量保护程序的差别

GB/T 2828.1 包含一个极限质量保护的特殊程序，所以，通过查阅使用方风险表即可获得适当的抽样方案（见 GB/T 2828.1 的 12.6.2）。该程序的目的与 GB/T 2828 本部分相同。两种程序之间的主要差别如下：

a） GB/T 2828 本部分给出的程序简单，而 GB/T 2828.1 中的极限质量保护程序比较零乱。因为 GB/T 2828.1 中使用方风险表的主要目的是提供辅助信息。

b） GB/T 2828 本部分给出的使用方风险值更精确，而 GB/T 2828.1 的极限质量保护程序往往高估使用方风险，尤其当批量较小的时候。

在许多情况下，两种程序给出同样的抽样方案，但有时在某些情况下，它们将给出不同的抽样方案（见下面示例）。

示例 B1

若规定 AQL 的不合格品百分数为 1.0，规定 CRQ 的不合格品百分数为 5.0，采用检验水平Ⅱ，批量为 1 500。

GB/T 2828.1 给出的抽样方案是：$n=125$，Ac = 3。而 GB/T 2828 本部分，LQ 的优先值也是5.0，给出的抽样方案也是 $n=125$，Ac=3。

示例 B2

若规定 AQL 的不合格品百分数为 1.0，规定 CRQ 的不合格品百分数为 7.0，采用检验水平Ⅲ，批量为 800。

GB/T 2828.1 给出的抽样方案是：$n=125$，Ac=3。而 GB/T 2828 本部分，LQ 的优先值是 8.0，所给出的抽样方案是 $n=125$，Ac=5。

附 录 C
（资料性附录）
二次和多次抽样方案

C.1 概述

表 C.1 和表 C.2 提供了与表 A.1 至表 A.10 中的一次抽样方案相对应的二次和多次抽样方案，其样本量字码与 GB/T 2828.1 一致，并且接收准则按照相对应的一次抽样方案的接收数（Ac_0）检索。这些二次和多次抽样方案可用于代替一次抽样方案，它们的 OC 曲线与对应的一次抽样方案的 OC 曲线在 LQ 附近有较小差异。由于模式 A 和模式 B 中 $Ac>0$ 的方案有相似的 OC 曲线，这些二次和多次抽样方案也可在模式 A 中使用。然而，如果 $Ac_0=1$，则不能使用多次抽样方案，而对应的二次抽样方案仍可使用，因为多次抽样方案的 OC 曲线与对应的一次抽样方案的 OC 曲线在 LQ 附近差异较大。关于二次和多次抽样方案的实施，可见 GB/T 2828.1 中 11.1.2 和 11.1.3。

对于 $Ac_0=3$、5、10 和 18，也可应用 GB/T 8051 给出的序贯抽样方案。

C.2 表

为便于参考，表 C.1 和表 C.2 给出了二次和多次抽样方案的信息。用表 C.1，可由对应的一次抽样方案样本量获得二次和多次抽样方案的累积样本量。用表 C.2，可由对应的一次抽样方案的接收数获得二次和多次抽样方案的接收数和拒收数。

表 C.1 二次和多次抽样方案的累积样本量

抽样方案类型	样本	GB/T 2828.1 的样本量字码											
		E	F	G	H	J	K	L	M	N	P	Q	R
一次		13	20	32	0	80	125	200	315	500	800	1 250	2 000
二次	第一	8	13	20	32	50	80	125	200	315	500	800	1 250
	第二	16	26	40	64	100	160	250	400	630	1 000	1 575	2 500
多次	第一	3	5	8	13	20	32	50	80	125	200	315	500
	第二	6	10	16	26	40	64	100	160	250	400	630	1 000
	第三	9	15	24	3	60	96	150	240	375	600	945	1 500
	第四	12	20	32	52	80	128	200	320	500	800	1 260	2 000
	第五	15	25	40	65	100	160	250	400	625	1 000	1 575	2 500

注 1：表中值仅是二次和多次抽样方案的累积样本量。

注 2：接收数和拒收数由表 C.2 给出。

表 C.2　二次和多次抽样方案的接收数和拒收数

抽样方案类型	各类近似样本量	与一次抽样方案对应的接收数(AC)									
		1		3		5		10		18*	
		Ac	Re	Ac	Re	Ac	Re	Ac	Re	Ac	Re
一次	n	1	2	3	4	5	6	10	11	18	19
二次	0.63 n	0	2	1	4	2	5	5	9	9	14
	0.63 n	1	2	4	5	6	7	12	13	23	24
多次	0.25 n	#	2	#	3	#	4	0	5	1	8
	0.25 n	0	2	0	3	1	5	3	8	6	12
	0.25 n	0	2	1	4	2	6	6	10	11	17
	0.25 n	0	2	2	5	4	7	9	12	16	22
	0.25 n	1	2	4	5	6	7	12	13	23	24
鉴别比(CRQ/PRQ)		10.9		4.89		3.55		2.50		2.22	
在 AQL 处的接收概率(程序 B,用百分数表示)		90.9		96.1		98.3		98.6			

注 1：这些样本量仅为近似值，每个样本量字码对应样本量的精确值由表 C.1 给出。

注 2：# 表示对于该样本量不允许接收。

注 3：* 表示“Ac=18”的方案仅在程序 A 中使用。

参 考 文 献

［1］ ISO 2859-5 Sampling procedures for inspection by attributes—Part 5:System of sequential sampling plans indexed by acceptance quality limit (AQL) for lot-by-lot inspection.(ISO 2859-5 计数抽样检验程序 第5部分:按接收质量限检索的逐批序贯抽样检验方案系统).

［2］ ISO 2859-10 Sampling procedures for inspection by attributes—Part 10:Introduction to the ISO 2859 attribute sampling system.(ISO 2859-10 计数抽样检验程序 第10部分:计数抽样系统介绍).

ICS 03.120.30
A 41

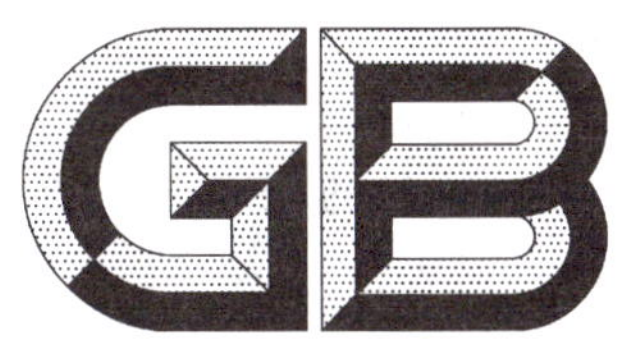

中华人民共和国国家标准

GB/T 2828.3—2008/ISO 2859-3:2005
代替 GB/T 13263—1991

计数抽样检验程序 第3部分：跳批抽样程序

Sampling procedures for inspection by attributes—Part 3:Skip-lot sampling procedures

(ISO 2859-3:2005,IDT)

2008-07-16 发布　　　　2009-01-01 实施

中华人民共和国国家质量监督检验检疫总局
中国国家标准化管理委员会　发布

前言

GB/T 2828《计数抽样检验程序》目前包括以下部分，其结构及对应的国际标准和将代替的国家标准为：

——第1部分：按接收质量限(AQL)检索的逐批检验抽样计划(ISO 2859-1:1999，IDT；代替GB/T 2828—1987)

——第2部分：按极限质量(LQ)检索的孤立批检验抽样方案(ISO 2859-2:1985，NEQ；代替GB/T 15239—1994)

——第3部分：跳批抽样程序(ISO 2859-3:2005，IDT；代替GB/T 13263—1991)

——第4部分：声称质量水平的评定程序(ISO 2859-4:2002，MOD；代替GB/T 14437—1997和GB/T 14162—1993)

——第5部分：按接收质量限(AQL)检索的逐批检验序贯抽样方案体系(对应ISO 2859-5:2005)

——第10部分：计数抽样系统介绍(对应ISO 2859-10:2006)

——第11部分：小总体声称质量水平的评定程序(代替GB/T 15482—1995)

本部分为GB/T 2828的第3部分。

GB/T 2828的本部分等同采用国际标准ISO 2859-3:2005《计数抽样检验程序　第3部分：跳批抽样程序》，对ISO 2859-3:2005，作了如下更正：

——6.3.4例3中将“14批经检验被接收”更正为“又有11批经检验被接收”。

本部分代替GB/T 13263—1991《跳批计数抽样检查程序》。本部分与GB/T 13263—1991相比较，技术内容的变化主要包括：

——在适用范围中取消了服务项目、数据或记录、管理程序等；

——对所使用的GB/T 2828.1抽样方案的限制作了更详细的规定，允许使用第一接收数为数值(不为“#”)的多次抽样方案；

——引进资格得分的概念，用于确定有关资格鉴定、跳检频率的变更、跳检中断、取消资格及资格再鉴定等，以代替GB/T 13263—1991的表1与表2对接收批中最小累积样本量及判定数的要求；

——将“在10批内资格再鉴定未获成功，产品将被取消跳批资格”改为“在6批内资格再鉴定未获成功，产品将被取消跳批资格”；

——增加了附录A与附录B。

本部分的附录A与附录B为规范性附录；附录C为资料性附录。

本部分由全国统计方法应用标准化技术委员会提出并归口。

本部分起草单位：中国科学院数学与系统科学研究院、中国标准化研究院、中国人民解放军军械工程学院。

本部分主要起草人：冯士雍、丁文兴、王海鹰、于振凡、陈玉忠、张玉柱、肖惠。

本部分所代替标准的历次版本发布情况为：

——GB/T 13263—1991。

计数抽样检验程序 第3部分:跳批抽样程序

1 范围

GB/T 2828的本部分规定了计数验收检验的一般跳批抽样程序。这些程序的目的是对具有满意的质量保证体系和有效质量控制的供方所提交的高质量的产品提供一种减少检验量的途径。检验量的减少是通过以规定的概率,随机确定所提交检验的批是否可不经检验即予以接收。这些程序是将已用于GB/T 2828.1中对样本单位的随机抽取原理推广至对批的随机抽取。

GB/T 2828的本部分所规定的跳批抽样程序适用于(但不限于)下述检验:

——最终产品,如整机或部件;

——元器件和原材料;

——在制品。

2 规范性引用文件

下列文件中的条款通过GB/T 2828的本部分的引用而成为本部分的条款。凡是注日期的引用文件,其随后所有的修改单(不包括勘误的内容)或修订版均不适用于本部分,然而,鼓励根据本部分达成协议的各方研究是否可使用这些文件的最新版本。凡是不注日期的引用文件,其最新版本适用于本部分。

GB/T 2828.1—2003 计数抽样检验程序 第1部分:按接收质量限(AQL)检索的逐批检验抽样计划(ISO 2859-1:1999,IDT)

ISO 3534-1:2006 统计学词汇及符号 第1部分:一般统计术语与用于概率的术语

ISO 3534-2:2006 统计学词汇及符号 第2部分:应用统计

3 术语、定义和符号

GB/T 2828.1—2003、ISO 3534-1:2006及ISO 3534-2:2006确立的以及下列术语、定义和符号适用于GB/T 2828的本部分。为便于参考,某些术语直接引自上述标准。

3.1 术语与定义

3.1.1

连续生产 continuous production

以稳定的生产速率进行的生产。

注:如果生产已按规定的生产频率(见5.2.1)持续了一个规定的生产周期,即可认为是连续的。连续生产被认为是制造或装配过程中的一个稳定因素。

3.1.2

取消资格 disqualification

丧失**跳批抽样检验**(3.1.11)的资格。

3.1.3

检验机构 inspection agency

负责检验及资格评定的独立第三方。

3.1.4

跳检频率 **inspection frequency**

一个批接受检验的概率。

注：GB/T 2828 本部分中规定的跳检频率为 1/2,1/3,1/4 和 1/5。

3.1.5

中断 **interruption**

跳批抽样检验(3.1.11)的暂停。暂停后可能再回到跳批抽样检验,也可能返回到逐批检验。

3.1.6

逐批检验 **lot-by-lot inspection**

以系列批形式提交的,对每批产品都进行的检验。

注 1:在本部分中,样本(或一组样本)是按 GB/T 2828.1 规定的验收计数抽样程序从每批中抽取并接受检验。

注 2:在本部分中,在状态 1(资格鉴定阶段)与状态 3(跳批中断状态)(见 6.1)的情形,都使用逐批检验。

3.1.7

产品资格鉴定 **product qualification**

决定产品是否适宜采用**跳批抽样检验**(3.1.11)的评定。

3.1.8

资格得分 **qualification score**

根据给定的规则计算出的反映直到目前为止的质量历史的一个变动的数,用于资格鉴定、**跳检频率**(3.1.4)的变更、**中断**(3.1.5)、**取消资格**(3.1.2)和**资格再鉴定**(3.1.9)的判定。

3.1.9

资格再鉴定 **requalification**

为恢复**跳批抽样检验**(3.1.11)所作的资格评定。

3.1.10

负责部门 **responsible authority**

有责任和有权威管理检验系统的一个(或一组)人。

注:在 GB/T 2828 的本部分中,负责部门负责对供方的资格评定及复核、决定各种准则并判断不同检验阶段间的转换。

3.1.11

跳批抽样检验 **skip-lot sampling inspection**

一种抽样检验的程序。根据这种程序,当最近的具有规定数目的批的抽样结果满足规定的准则时,连续批系列中的某些批不经检验即可被接收。

注:接受检验的批按规定的跳检频率随机抽取。例如,跳检频率为 1/2,表示接受检验的批数平均为提交批数的1/2。

3.1.12

供方资格鉴定 **supplier qualification**

对供方是否具备使用**跳批抽样检验**(3.1.11)能力的评定。

3.2 符号与缩略语

GB/T 2828 的本部分使用的符号和缩略语如下:

Ac 接收数

Ac_0 与二次抽样方案对应的一次抽样方案的接收数

Ac_1 二次或多次抽样方案中的第一接收数

Ac_2 二次或多次抽样方案中的第二接收数

d 样本中的不合格品数或不合格数

k 跳检频率所涉及的批数(跳检频率为 $1/k$)

n 样本量

4 一般要求

4.1 跳批检验仅用于供方及产品均具有跳检资格的情形。有关这些资格的要求在第5章中给出。

注：本部分规定的跳批抽样程序与道奇(Dodge)的跳批抽样方案有所区别，参见参考文献[1]、[2]和[3]。

4.2 本部分是GB/T 2828.1抽样系统的补充，应与GB/T 2828.1联合使用。除非在本部分中另有规定，GB/T 2828.1的所有条款均适用。ISO 2859-10提供了应用GB/T 2828系列标准的有用信息。

4.3 本部分中规定的跳批抽样程序仅适用于连续批系列，不适用于孤立批。对连续批系列中的所有批期望有相近的质量，且有理由相信未经检验的批与经检验的批有相同的质量。

4.4 如果跳批抽样更节省费用，则跳批抽样可用来替代放宽检验(见9.2及附录C)，但其应用及转移规则与GB/T 2828.1中的放宽检验有所不同。

4.5 在采用跳批抽样程序时有若干限制(见9.1)。

4.6 当对两个或更多的不合格品类或不合格类，规定了不同的接收质量限(AQL)值时，为保证标准的正确使用，应当格外小心(见5.2.2至6.6及10.2)。

4.7 检验可在供方或采购方中的一方场所进行，也可在生产过程中的任一工序间进行。

4.8 由于每种产品都有其各自的环境与特性，为符合产品的这些特定情况，已向供方及负责部门提供了若干可选要求。对此类特定设计结果的选择都宜记录在书面文件中。

4.9 经采购方同意，本部分可在采购合同、检验规程或其他合同文件中引用。

4.10 “负责部门”及“检验机构”需在上述文件中指定。本部分假定对批检验及资格鉴定都由作为独立第三方的检验机构执行，然而采购方也可执行。在某些特定的场合，应用“督察员”(如采购方代表)或“评定小组”替代“检验机构”一词。

5 供方及产品的资格鉴定

5.1 供方资格鉴定

5.1.1 对供方资格的要求

对供方资格的要求如下：

a) 供方应已建立并随时更新控制产品质量和设计更改的文档，该文档应包括供方对其生产的每批产品都进行检验及检验结果的记录。

b) 供方应具有能检测和纠正质量水平偏移以及监控可能对质量有不利影响的工艺变化的系统。供方负责该系统的有关人员应清楚地了解所用标准、系统及应遵循的程序。

c) 供方不曾发生过对产品质量有不利影响的任何变化。

5.1.2 对供方资格的评定

组织一个评定小组负责对供方资格的评定。当由检验机构担承评定时，第8章给出了一个说明评定小组的检验任务及职责分担的典型示例。

当由采购方担承供方的资格评定时，评定小组的职责与由检验机构担承评定时类似。

若供方已获得另一种类似产品的资格，负责部门在决定对供方资格应进行何种程度的附加评定时，可考虑到此事实。

负责部门在审定评定结果后应决定供方是否具备跳批检验的资格(见8.2)。

供方按GB/T 19001的第三方评定标准对产品所属的产品类资格的评定与注册应当在决定跳批检验的适用性时予以考虑。

5.1.3 供方资格的复核

供方的资格应定期复核，复核周期由供方和负责部门商定。复核的目的在于确认供方是否仍能理解并遵循质量控制程序。

复核方法与评定方法类似,但可简化为由一名督察员替代评定小组来完成。

5.2 产品资格鉴定

5.2.1 对产品资格的一般要求

对产品资格的一般要求如下:

a) 产品应有稳定的设计。

b) 产品不应有任何致命的不合格品类或不合格类。

c) 设定的 AQL 至少应为 0.025(%),设定的检验水平应为一般检验水平Ⅰ,Ⅱ或Ⅲ(见 GB/T 2828.1—2003)。

d) 在资格鉴定阶段,产品检验应处在正常检验、放宽检验或二者联合采用的状态(见 GB/T 2828.1—2003)。在此阶段的任何时间内接受过加严检验的产品无资格采用跳批检验。

e) 产品应是在某个规定的生产周期内,以规定的生产频率,在基本连续生产状态下生产的。
应当在供方与负责部门一致同意的基础上,规定最小生产周期及最小生产频率。如果没有规定最小生产周期,则应将此值设为 6 个月。如果在鉴定期间生产一旦中断,则此周期应从恢复生产后算起。如果没有规定最小生产频率,则应将此值设为每月一次,或每月至少提交一批。
若供方与负责部门一致同意,发至不同顾客但本质相似的产品可认为是"基本连续生产的"。

f) 在由供方与负责部门一致同意的某个稳定的周期内,产品质量应维持在 AQL 或更好的水平上(见 GB/T 2828.1—2003)。如没有规定这样的周期,则应将 6 个月作为周期。

5.2.2 对产品资格的特殊要求

5.2.2.1 对产品资格的特殊要求如下:

a) 接连 10 批或多于 10 批初次检验被接收。在"初次检验"中不应包括再次提交批的结果;

b) 接连 20 批内的资格得分(见 5.3)达到或超过 50 分;若资格鉴定阶段超过 20 批,则只使用最近 20 批重新计算的资格得分。

5.2.2.2 对可使用的抽样方案有以下限制:

a) 不应使用分数接收数的抽样方案(见 GB/T 2828.1—2003 的第 13 章);

b) 仅允许使用第一接收数为数值的多次抽样方案。

5.2.3 产品资格的评定

对产品资格的评定不应先于供方资格的评定,但二者可同步进行。

产品资格的评定应由一个评定小组、或一名督察员或检验机构负责执行。当由检验机构担承评定时,第 8 章及附录 A 给出了一个说明检验任务及职责分担的典型示例。

当由采购方担承供方的资格评定时,评定小组的职责与由检验机构担承评定时类似。负责部门在审定评定结果后应决定产品是否具有跳批检验的资格(见 8.3)。产品资格的评定应当经常进行,即使在供方已取得 GB/T 19000 质量管理体系认证的情形,也须如此。

5.2.4 产品资格的复核

产品资格应定期由供方及负责部门进行复核,其目的在于确认产品是否仍继续遵循质量控制程序。对产品资格的复核宜与对供方资格的复核同时进行。

复核方法与评定方法类似,但可简化为用一名督察员替代评定小组来完成(见 8.3)。

5.3 资格得分

5.3.1 总则

资格得分不仅用于资格鉴定,也用于判断跳检频率的变更、程序的中断、资格再鉴定的和资格的取消等。给出的规则适用于每种状态。

在每百单位不合格数的检验情形,以下规则中的"不合格品"一词应以"不合格"代替。

5.3.2 正常检验一次抽样方案

计算正常检验一次抽样方案资格得分的规则如下:

a) Ac≥3 的抽样方案

——若 AQL 加严两级时,批被接收,资格得分加 5;

——若 AQL 加严一级时,批被接收,但 AQL 加严两级时,不被接收,资格得分加 3;

——任何其他情形,将资格得分重新设定为 0。

b) Ac=2 的抽样方案

——若批接收,且样本中的不合格品数为 0,资格得分加 5;

——若批接收,且样本中的不合格品数为 1,资格得分加 3;

——任何其他情形,将资格得分重新设定为 0。

c) Ac=1 的抽样方案

——若批接收,且样本中的不合格品数为 0,资格得分加 5;

——若批接收,且样本中的不合格品数为 1,资格得分加 1;

——任何其他情形,将资格得分重新设定为 0。

d) Ac=0 的抽样方案

——若批接收,资格得分加 3;

——任何其他情形,将资格得分重新设定为 0。

5.3.3 正常检验二次抽样方案

计算正常检验二次抽样方案资格得分的规则如下:

a) Ac_1≥1 的抽样方案

——若对第一个样本,AQL 加严一级时,批被接收,资格得分加 5;

——若对第一个样本,批接收,但 AQL 加严一级时,不被接收,资格得分加 3;

——任何其他情形,将资格得分重新设定为 0。

b) Ac_1=0,Ac_2=1,或 3[Ac_1=1 或 2]的抽样方案

——若样本中无不合格品,批接收,资格得分加 5;

——若两个样本中的不合格品之和为 1,批接收,资格得分加 1;

——任何其他情形,将资格得分重新设定为 0。

5.3.4 正常检验多次抽样方案

计算正常检验多次抽样方案资格得分的规则如下:

——若对第一个样本,批被接收,资格得分加 5;

——若抽检第二个或第三个样本后,批被接收,资格得分加 3;

——任何其他情形,将资格得分重新设定为 0。

只允许采用 Ac_1≥0 的多次抽样方案。

5.3.5 放宽检验抽样方案

5.3.5.1 对放宽检验的所有一次、二次及多次抽样方案,正常检验的上述规则皆适用,只是资格得分的增加值有以下的差别:

——将正常检验情形的 5 分改为放宽检验的 3 分;

——将正常检验情形的 3 分改为放宽检验的 1 分。

5.3.5.2 例如,对放宽检验 Ac=3 的一次抽样方案,计算资格得分的规则如下:

——若 AQL 加严两级时,批被接收,资格得分加 3;

——若 AQL 加严一级时,批被接收,但 AQL 加严两级时,不被接收,资格得分加 1;

——任何其他情形,将资格得分重新设定为 0。

注:在放宽检验情形,为取得跳批资格,至少需有 17 批。对 Ac=0 的放宽检验一次抽样方案,每批检验资格得分只增加 1 分,在 20 批内将达不到 50 分(见 5.2.2.1b))。

5.3.6 资格得分的重新设定

当以下任何情形之一发生时，将资格得分都重新设定为0：

——除正常检验向放宽检验以外的任何转移；

——任何状态的改变(取得资格、通过资格再鉴定或取消资格)；

——任何跳检频率的变更。

5.4 产品资格鉴定的示例

以下是产品资格鉴定的一个数值例。

示例1：在产品资格鉴定阶段，采用GB/T 2828.1的正常检验或放宽检验，或二者联合采用(见5.2.1d))。设某个有资格的制造商生产的电容器满足5.2.1a)至d)的全部要求。此外，

——满足基本连续生产的要求(见5.2.1e))；

——对不合格的AQL设定为0.65(%)；

——一致同意的稳定生产周期为4个月(见5.2.1f))；

——在过去的7个月内初次提交的前14批，按正常检验全部接收；

——14批的检验结果如表1。

表1 示例1的结果

批号	n	Ac	d	接收性	资格得分	
					更新	结果
1	80	1	1	接收	(+1)	1
2	80	1	0	接收	(+5)	6
3	125	2	2	接收	(重设)	0
4	125	2	1	接收	(+3)	3
5	125	2	0	接收	(+5)	8
6	80	1	0	接收	(+5)	13
7	125	2	0	接收	(+5)	18
8	125	2	0	接收	(+5)	23
9	200	3	1	接收	(+5)	28
10	200	3	1	接收	(+5)	33
11	200	3	0	接收	(+5)	38
12	200	3	2	接收	(+3)	41
13	200	3	0	接收	(+5)	46
14	200	3	0	接收	(+5)	51
注：在跳批检验阶段，本例中仅使用GB/T 2828.1中的正常检验。						

在不到20批资格得分已超过50，产品符合5.2.2的要求，在7个月的生产周期超过要求4个月的稳定周期，5.2.1f)的一般要求也得到满足。因此，在获负责部门的许可后，产品通过跳批检验的资格鉴定。

6 跳批抽样程序

6.1 总则

6.1.1 有资格阶段

当供方及产品均取得跳批检验的资格，则资格鉴定阶段结束，开始有资格跳批阶段。6.4给出了在此阶段，可使用的抽样方案和批的抽选及检验程序。

6.1.2 跳批抽样程序概要

GB/T 2828 本部分中的跳批抽样程序的基本结构如图 1 所示。在两个阶段中有三种基本的程序状态：

a) 状态 1：逐批检验状态(资格鉴定阶段)；

b) 状态 2：跳批检验状态(有资格跳批阶段)；

c) 状态 3：跳批中断状态(也为有资格跳批阶段)，在此阶段暂时退回到逐批检验。

产品的跳批抽样程序开始于状态 1（资格鉴定阶段），在此阶段采用逐批检验。当供方与产品按 5.1 与 5.2 均获得跳批检验的资格后，程序转换至状态 2(跳批检验状态)。

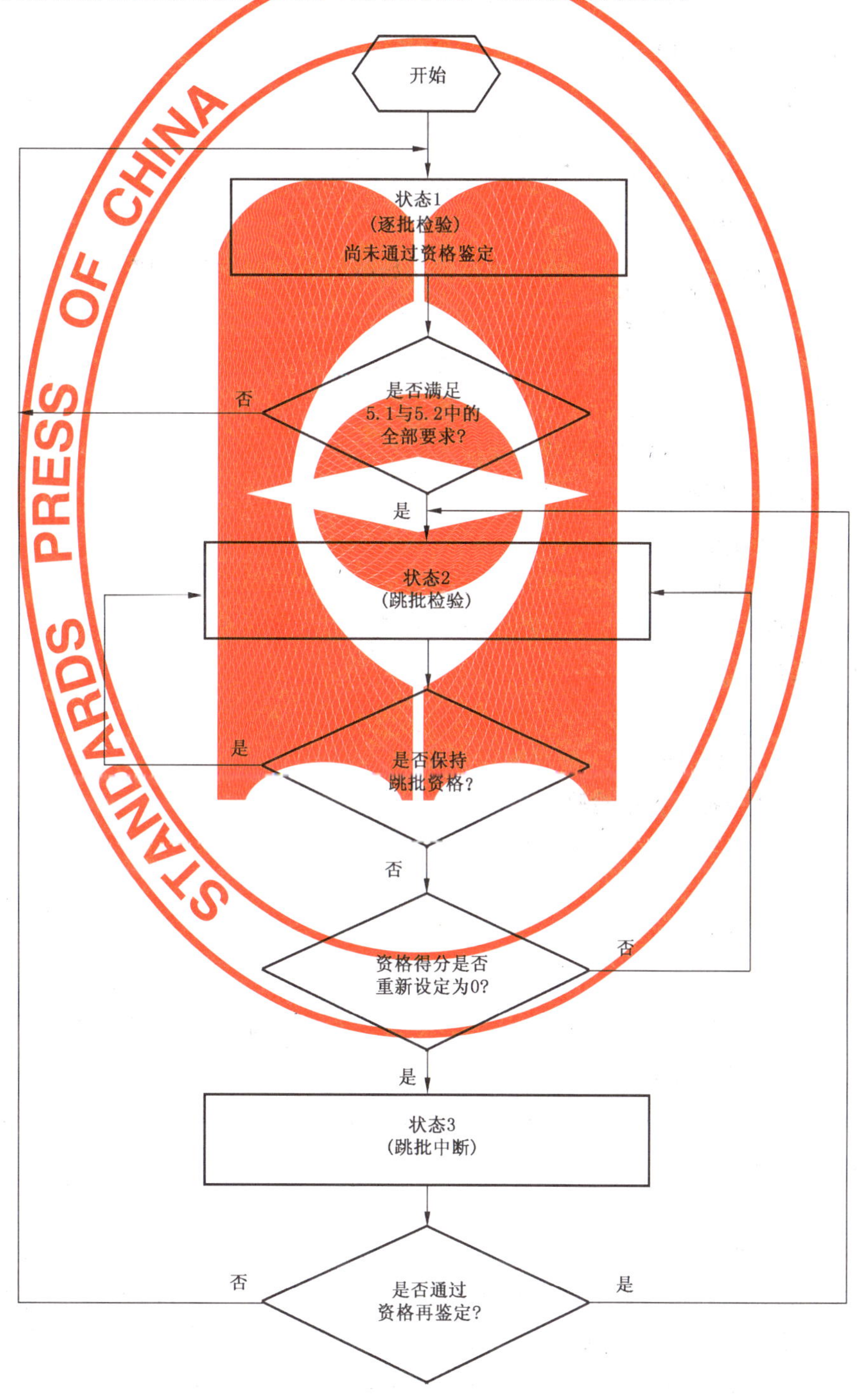

图 1 跳批抽样程序的基本结构

状态 2 中的第一步是确定初始跳检频率(见 6.2 及图 2)。在状态 2,跳检频率可从一个频率变更为另一频率(见 6.3 及图 3)。

在状态 2 中,跳批抽样可能暂时被中断(见 6.5),结果转为状态 3(跳批中断状态)。在状态 3,产品将在不太严格的条件下进行资格再鉴定(见 6.6),若通过,返回状态 2(跳批检验状态)。

在状态 2 或状态 3(有资格跳批阶段),产品有可能被取消跳批资格(见 6.7),从而转回状态 1(逐批检验状态)。在此情形,产品为能回到跳批检验,必须重新进行资格鉴定。

6.2 初始跳检频率及其确定

6.2.1 初始跳检频率

在状态 2(跳批检验状态)中,许可的初始跳检频率为:

a) 1/2,即在每 2 个提交批中检验一批;

b) 1/3,即在每 3 个提交批中检验一批;

c) 1/4,即在每 4 个提交批中检验一批。

6.2.2 初始跳检频率的确定

图 2 归纳了确定初始跳检频率的规则。在确定初始跳检频率时,要用到取得资格所需要的批数,此数为 10～20。

若取得资格需要 10～11 批,初始跳检频率应为 1/4;

若取得资格需要 12～14 批,初始跳检频率应为 1/3;

若取得资格需要 15～20 批,初始跳检频率应为 1/2。

6.2.3 确定初始跳检频率的示例

下例是 5.4 中示例 1 的续。

示例 2:取得跳批资格的批数是 14,因此初始跳检频率为 1/3。若在第三批后,采取了改进质量水平的有效措施,则资格得分重设后取得资格的批数可认为是 11,此时负责部门可规定初始跳检频率为 1/4。

6.3 跳检频率及变更

6.3.1 跳检频率

在状态 2(跳批检验状态)中,许可的跳检频率为:

a) 1/2,即在每 2 个提交批中检验一批;

b) 1/3,即在每 3 个提交批中检验一批;

c) 1/4,即在每 4 个提交批中检验一批;

d) 1/5,即在每 5 个提交批中检验一批。

6.3.2 跳检频率的降低

在状态 2(跳批检验状态)中,若下列条件全部得到满足,则应将跳检频率转到下一档较低的频率,(如从 1/3 变为 1/4),除非当前所用的频率为 1/5。

a) 自最近的资格鉴定、频率变更或资格再鉴定算起,在状态 2(跳批检验状态)中,接连 10 批或多于 10 批被接收;

b) 接连 20 批内的资格得分达到或超过 50;

c) 负责部门同意变更。

在状态 2 中,对每个检验批,资格得分都需更新:或增加或重设。若对两种或两种以上不合格品类或不合格类规定了不同的 AQL 值,则上述条件对每个类都必须得到满足。

图 3 是跳检频率变更、中断与取消资格程序的流程图。

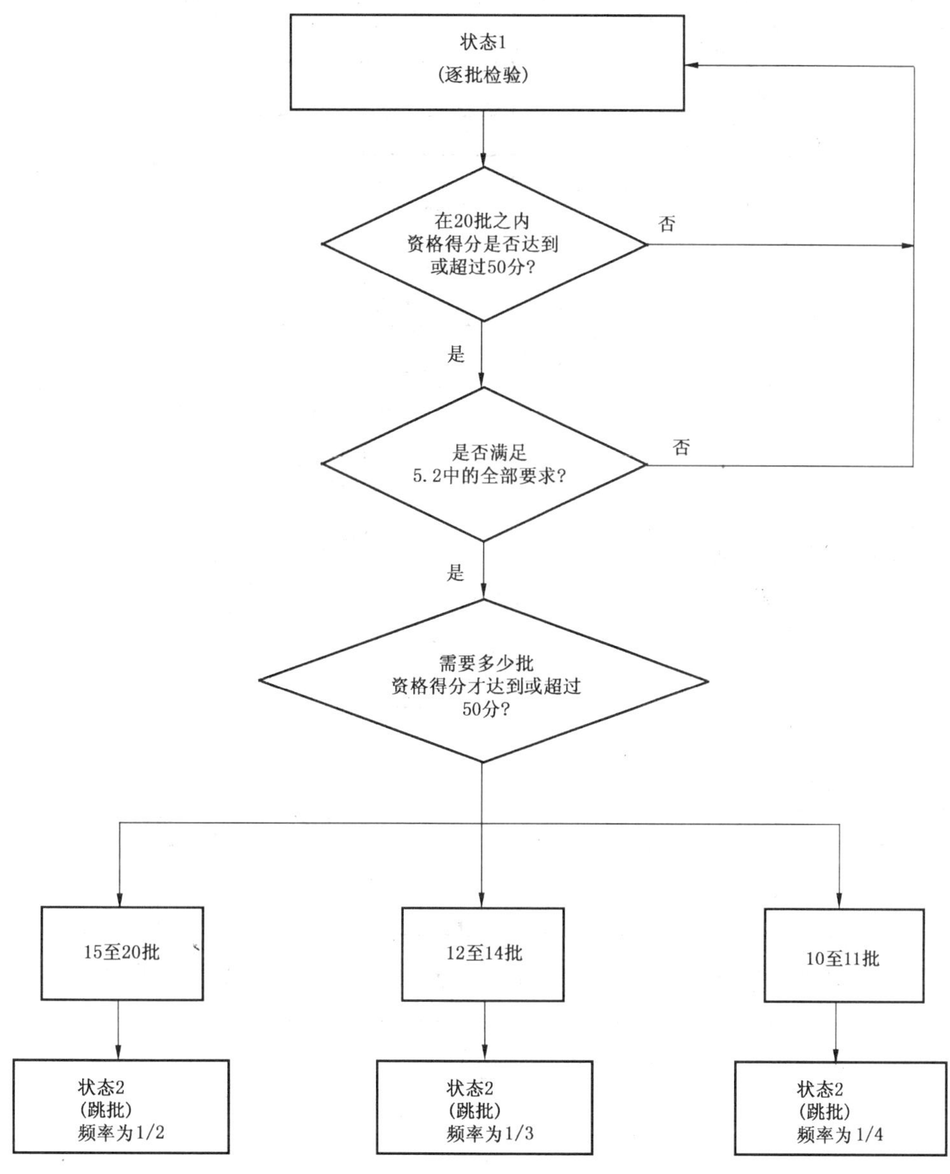

图 2　初始跳检频率的确定

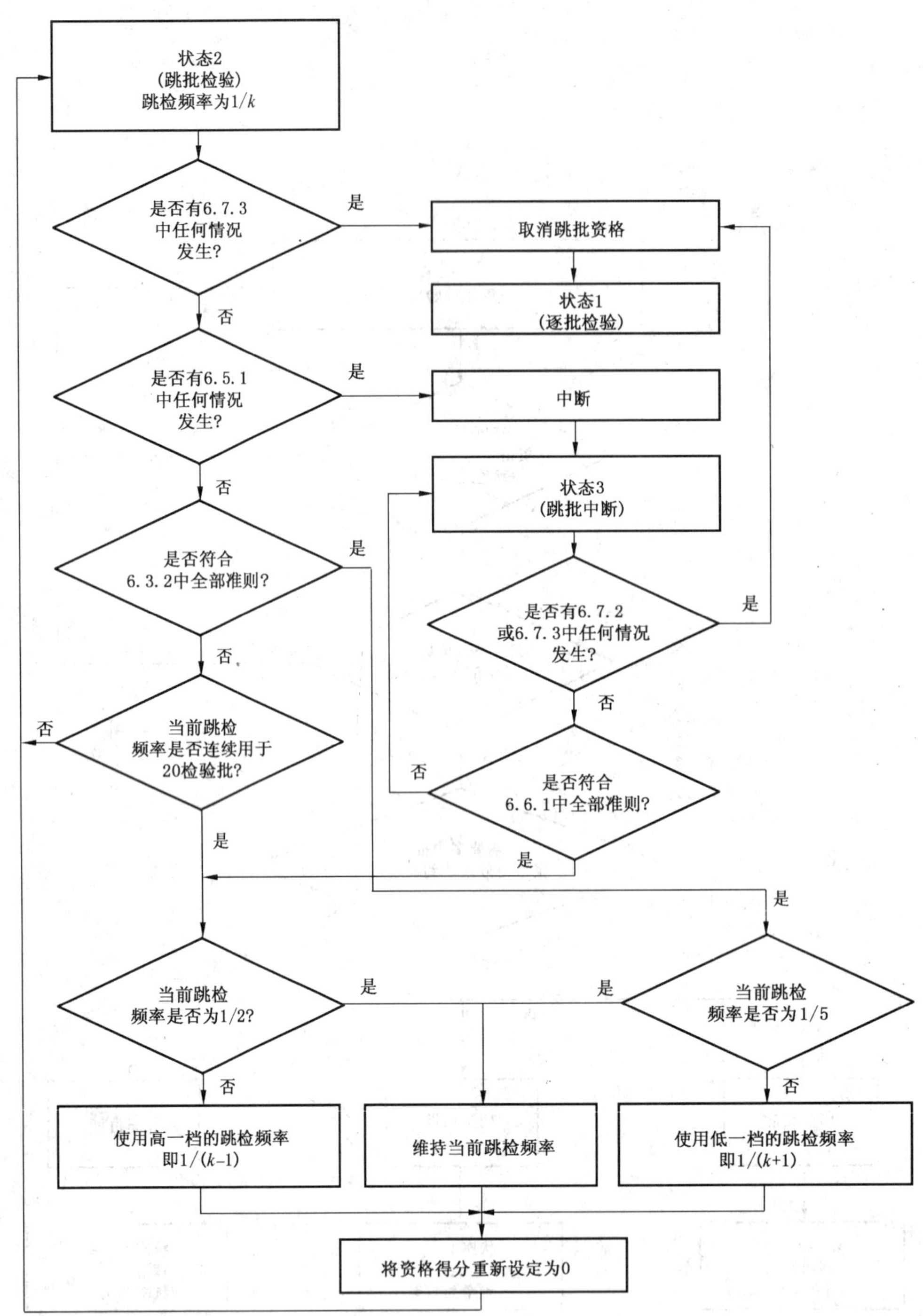

图 3 跳检频率的变更、中断与取消资格

6.3.3 跳检频率的提高

在状态 2(跳批检验状态)中,自最近的资格鉴定、频率变更或资格再鉴定算起,接连 20 批内的资格得分未达到 50,则应将跳检频率转到上一档较高的频率,(如从 1/4 变为 1/3),除非当前所用的频率为 1/2。

6.3.4 跳检频率降低的示例

下例是 5.4 及 6.2.3 中示例的续。

示例 3:在跳批检验阶段,仅使用 GB/T 2828.1 中的正常检验,初始跳检频率为 1/3。设进入跳批检验状态后,又有 11 批经检验被接收,结果如表 2。

表 2 示例 3 的结果

批号	n	Ac	d	接收性	资格得分	
					更新	结果
15	125	2	0	接收	(+5)	5
16	125	2	0	接收	(+5)	10
17	200	3	0	接收	(+5)	15
18	200	3	1	接收	(+5)	20
19	200	3	0	接收	(+5)	25
20	200	3	2	接收	(+3)	28
21	315	5	0	接收	(+5)	33
22	315	5	3	接收	(+3)	36
23	315	5	1	接收	(+5)	41
24	315	5	2	接收	(+5)	46
25	315	5	0	接收	(+5)	51
注：在跳批检验阶段，本例中仅使用 GB/T 2828.1 中的正常检验。						

在接连 20 批内的资格得分超过 50，也未曾中断，6.3.2 中的要求全部得到满足，因而在获得负责部门同意后，跳检频率应当变更为 1/4。

6.4 抽样方案、批的抽选及检验程序（状态 2 与状态 3）

6.4.1 抽样方案（状态 2 与状态 3）

在有资格跳批阶段，对批的检验采用 GB/T 2828.1—2003 中正常检验按规定的接收质量限 AQL 的表 2-A（一次抽样方案）、表 3-A（二次抽样方案）或表 4-A（多次抽样方案）给出的抽样方案。

由于转移特性欠佳，在有资格跳批阶段不推荐使用 Ac=0 的一次抽样方案，而应当代之以 Ac=1 的方案（见附录 C）。若在某个 AQL，使用 Ac=0 的抽样方案，须特别注意其不良的特性。不应使用分数接收数的抽样方案，只允许使用第一接收数为数值的多次抽样方案。

6.4.2 批的抽选及检验程序（状态 2 与状态 3）

在状态 2（跳批检验状态）中，检验的产品批应以当时的跳检频率（$1/k$）为概率，依照某种随机化程序抽取（见附录 B）。在状态 2 中，在产品批提交到验收检验部门之前，供方不应知道哪一批（或哪些批）会受到检验。

然而，要求在由供方与负责部门一致同意的某个周期中，至少需要检验一批。如果没有这样的规定周期，应将 2 个月作为周期。

6.4.3 检验程序（状态 2 与状态 3）

在状态 2（跳批检验状态）及状态 3（跳批中断状态）中，提交批的平均批量应当与状态 1（资格鉴定阶段）时的平均批量基本相等。

当供方的质量保证体系中包括对生产的每批都进行内部检验，且保存有所有检验结果的记录，所有这些批的（包括没有在验收检验部门检验的）检验结果，在需要时都可供负责部门和/或检验机构查验。在状态 2 及状态 3 期间，在供方的内部检验中所有经检验的单位产品数及样本中发现的不合格品数或不合格数都应记录在跳批日志中。

供方内部检验中，批的接收与否不影响跳批的状态。例如，负责部门可以接收经剔换的而没经验收检验的批，也可采用某种特别验收检验。内部检验或特别检验的结果对 GB/T 2828 本部分而言，都没有影响，因它们都是再提交批。

6.5 跳批中断

6.5.1 跳批中断程序

在状态 2 中，对初次检验批，当下列任何一种情形发生时应转为状态 3，即跳批中断，暂时以逐批检验替代。

a) 最近一批不接收(资格得分重设为 0)；

b) 最近一批接收，但资格得分重设为 0。

当对两种或两种以上的不合格品或不合格类所规定的不同 AQL 值，只要其中某一类发生上述情形之一时，对所有类的检验都应转到状态 3。

6.5.2 跳批中断的示例

下例是 5.4 及 6.2.3 中示例的续。

示例 4：在跳批中断阶段，仅使用 GB/T 2828.1 中的正常检验。当前的状态是状态 2，使用的跳检频率为 1/3。假定有一批虽被接收，但资格得分被重设为 0，如表 3 所示。于是跳批检验中断，而代之以状态 3(跳批中断状态)。

表 3 示例 4 的结果

批号	n	Ac	d	接收性	资格得分	
					更新	结果
15	125	2	0	接收	(+5)	5
16	125	2	0	接收	(+5)	10
17	200	3	3	接收	(重设)	0
注：在跳批中断阶段，本例中仅使用 GB/T 2828.1 中的正常检验。						

6.6 资格再鉴定

6.6.1 资格再鉴定程序

在状态 3(跳批中断状态)中，若以下两个条件都得到满足，产品将重新获得跳批资格，从而返回状态 2(跳批检验状态)。

a) 在状态 3 期间，接连 4～6 个初次交验批被接收；

b) 在 6 批内资格得分达到或超过 18 分。

当有两种或两种以上的不合格品或不合格类规定不同 AQL 值时，上述两个条件对所有类都必须得到满足。

重新获得跳批资格后，应采用比原先高一档的跳检频率(如从 1/4 变更为 1/3)，除非原先采用的频率为 1/2。

6.6.2 资格再鉴定的示例

下例是 6.5.2 中示例的续(也见 5.4 及 6.2.3 中的示例)。

示例 5：在资格再鉴定阶段，仅使用 GB/T 2828.1 中的正常检验。当前的状态是状态 3，原先使用的跳检频率为 1/3。假定在状态 3 中的前 5 批被接收，资格得分在 5 批内就超过 18(见表 4 中的数据)。

表 4 示例 5 的结果

批号	n	Ac	d	接收性	资格得分	
					更新	结果
18	200	3	2	接收	(+3)	3
19	200	3	0	接收	(+5)	8
20	315	5	3	接收	(+3)	11
21	200	3	0	接收	(+5)	16
22	315	5	1	接收	(+5)	21
注：在跳批中断阶段，本例中仅使用 GB/T 2828.1 中的正常检验。						

由于 6.6.1 的条件皆得到满足，故产品重新获得跳批资格，恢复状态 2，跳检频率从原先的 1/3 变更为 1/2。

6.7 产品资格的取消

6.7.1 总则

在状态2(跳批检验状态)或状态3(跳批中断状态)中,若有6.7.2或6.7.3中给出的任一事件发生,产品将被取消跳批资格,返回状态1(逐批检验状态)。

取消产品资格的理由应记录在案。

当产品被取消资格,返回状态1(逐批检验状态)后,为重新获得资格,产品资格鉴定的所有要求(见5.2)都必须得到满足。

6.7.2 状态3期间产品资格的取消

在状态3中,对初次检验,若有以下任一事件发生,产品将被取消跳批资格:

a) 最近一批不接收(资格得分重设为0);

b) 最近一批接收,但资格得分重设为0;

c) 在6批内资格再鉴定未获成功。

当对两种或两种以上的不合格品或不合格类规定不同AQL值时,只要其中某一类发生上述情形之一,产品将被取消跳批资格,从而返回状态1。

6.7.3 状态2或状态3期间产品资格的取消

无论在状态2(跳批检验状态)或状态3(跳批中断状态)中,若有以下任一事件发生,产品将都被取消跳批资格:

a) 在经供方与负责部门一致同意的某个周期内没有生产活动;若没有规定这样的周期,应将2个月作为周期;

b) 供方显著背离书面认可的质量控制程序或违背了5.1.1或5.2.1给出的有关要求;

c) 负责部门要求返回逐批检验(例如接到顾客投诉,确认产品质量受到严重影响,或状态2与状态3间的程序在短时期内转换超过一次等)。

6.7.4 取消产品资格的示例

6.5.2中示例4的续(也见5.4中示例1、6.2.3中的示例2及6.3.4中的示例3)。

示例6:当前的状态是状态3。假定前3批被接收,第4批不接收,产品将被取消跳批资格,返回状态1(逐批检验状态)。

6.8 供方资格的取消与暂停

产品若按6.7被取消资格,最初应当暂停,直至采取有效的改进措施。若在一个合理期间内未采取有效的改进措施,供方的跳批资格应当被取消。

当供方的资格鉴定最初是基于通过ISO 9001认证基础上,而供方又未能保持,供方与其产品的跳批检验资格都将被取消,从而返回状态1(逐批检验状态)。

取消供方资格的理由也应记录在案。

7 供方的责任

7.1 供方应通过质量保证体系与开展质量控制活动将质量水平的目标保持在优于相应的AQL上。检验机构对供方资格评定提出要求时,供方须向其提供以下信息:

a) 供方质量保证体系的概要或详细资料;

b) 供方开展质量控制活动的概要或详细资料。

7.2 检验机构为对供方资格评定提出要求时,供方须向其提供以下信息:

a) 质量历史概要;

b) 生产周期与生产频率;

c) 生产方法、生产设备及工具简况;

d) 产品质量保证程序的概要或详细资料,包括供方的检验与测试及控制所有性能的方法。

7.3 为产品资格的复核，供方应向检验机构提供类似的简要信息。

供方应随时准备为资格评定或复核需要，向检验机构提供上述有关信息的文件。

若供方的资格鉴定是基于通过ISO 9001认证基础上的，供方资格的责任限于当时的认证资格，包括复核的日期与结果。

7.4 供方应向检验机构通知首次生产该产品的时间、新的产品序列号、图纸编号或规范。

供方应向检验机构通知任何有关制造或检验方法的变化、有关产品生产的工具与量具或材料的更改以及规范的改变。

7.5 供方一旦发现有不接收批，应立即向检验机构通报，并按预立的组织程序予以处置。该批将由负责部门按预立的组织程序予以处置。未经检验机构检验而按此种程序接收的批不影响跳批抽样程序(见6.4)。

7.6 供方应随时准备向检验机构提供所有发货批的检验数据，无论它是否经过检验机构的检验。

供方应向检验机构提供包括技术规范号、序列及图纸号、合同或定购单号、购买者、发送地点及数量等的清单。对那些未经检验机构检验而通过的产品批，供方应记录发货日期，连同运输标记一起交给检验机构，并指明此产品是在跳批程序下未经检验机构检验就发货的。

8 检验机构与负责部门的责任

8.1 总则

本条款给出的检验机构与负责部门的责任的典型示例基于以下假定：

——对批的检验及资格评定都由检验机构实施；

——采购方拥有负责部门所有职能。

在实际中，负责部门的若干职能由检验机构担承，特别是涉及有关检验的细节。

若采购方同时负责检验及资格评定，两个部门的责任则不必进行区分。

8.2 对供方资格鉴定的责任

需要时，检验机构应对供方是否满足5.6中供方资格鉴定应具有的要求作出评价。检验机构应向负责部门提供书面资料，这些资料包括：

a) 供方质量管理体系的概要；

b) 供方开展质量控制活动情况的概要；

c) 对供方质量保证能力的总体评估。

负责部门应对提供的信息进行评审，以确定供方是否具备跳批检验的资格。

检验机构应按规定的时间定期对供方的资格进行复核(见5.1.3)，若发现问题，应通过组织渠道通知负责部门，由负责部门决定是否因这些问题取消供方的资格。

注：供方的资格不仅对跳批检验，对放宽检验也有用。

8.3 其他责任

8.3.1 需要时，检验机构应对产品质量是否满足5.2.1与5.2.2中产品资格鉴定应具有的要求作出评价。为以下目的，检验机构还应对生产、检验及导致产品失效中的所有因素进行评估：

a) 评估供方质量管理体系与质量控制活动是否覆盖了相关产品；

b) 决定跳批检验是否比放宽检验费用更省(见附录中关于选择跳批检验或放宽检验考虑因素的讨论)。

8.3.2 当产品已取得具有跳批检验的资格，且跳批检验比放宽检验更具优势，检验机构应向负责部门提供书面资料，这些资料包括：

a) 质量历史概要；

b) 生产周期与生产频率；

c) 生产设备及工具简况；

d) 产品质量保证程序的概要，包括供方的检验与测试及控制所有性能的方法；

e) 对供方控制产品所有质量特性能力的总体评估；

f) 预期转到状态2(跳批检验状态)的日期；

g) 确定的跳检频率。

8.3.3 负责部门应对提供的信息、产品的最终用途及其安全性进行评审，以确定产品是否具备跳批检验的资格。由负责部门决定实行跳批检验的开始日期。

一旦确定，检验机构应按规定的时间定期对产品资格进行复核(见5.2.4)，若发现问题，应通过组织渠道通知负责部门，由负责部门决定是否因这些问题取消产品的资格。

为保证最终产品的质量，有时也需进行过程检验。若供方与负责部门一致认为有此必要，应由检验机构定期进行过程检验。

9 与GB/T 2828.1的一致与协调

9.1 限制

虽然本部分是GB/T 2828.1抽样系统的补充，但在使用上有以下限制：

a) 产品应有稳定的设计(见5.2.1)；

b) 产品不应有任何致命的不合格品类或不合格类(见5.2.1)；

c) 设定的AQL至少应为0.025(%)，设定的检验水平应为一般检验水平Ⅰ，Ⅱ或Ⅲ(见5.2.1)；

d) 加严检验不适合用于跳批检验(见5.2.1)；

e) 放宽检验可用于状态1(资格鉴定阶段)，但放宽检验的抽样方案不能用于状态2(跳批检验状态)与状态3(跳批中断状态)，(见5.2.1与6.4.1)；

f) 仅允许使用第一接收数为数值的多次抽样方案(见5.2.2与6.4.1)；

g) 不允许使用分数接收数的抽样方案(见5.2.1与6.4.1)；

h) 在状态2与状态3中，不应当使用Ac=0的一次抽样方案，而应当代之以Ac=1的方案(见6.4.1与10.2)。

9.2 与放宽检验的关系

如果采用本部分的跳批抽样程序比采用放宽检验的费用更省，则可将跳批抽样程序替代放宽检验(见附录C)。

5.1与5.2中给出的对供方资格与产品资格的要求，与GB/T 2828.1中从正常检验向放宽检验的转移规则有相当程度的不同，后者虽然也包含一些有关供方资格的内容，但并不明确。

5.2.2中给出的对产品资格的特殊要求相当于GB/T 2828.1中转移得分的要求，但前者比后者要求更严。

此外，与放宽检验相比，本部分的跳批检验更大的优点是，它更鼓励生产方瞄准且维持更好的质量水平。

10 附加信息

10.1 设计基础

跳批程序的设计是要防止接收过量的不合格品。为通过跳批资格鉴定，在设计时作了如下假定：过程质量水平维持在优于AQL值的1/2。10.2给出了跳批程序的统计特性。

10.2 跳批程序的统计特性

10.2.1 总则

10.2.2至10.2.4给出了对单类不合格的一次抽样方案的统计特性。表5～表7给出了不同状态间的转移概率(以百分数为单位)及按批的平均链长(ARL)。

表中的数字表明Ac=0的抽样方案特性很差，因此不应当使用这类方案。

二次抽样方案与其具有等价的OC曲线的一次抽样方案相比，二者的统计特性并不总是很接近，但与样本量小一档的一次抽样方案相似。若对两个或两个以上的不合格类规定了不同的AQL，转移特性可能稍差。在此情形，建议选用接收数为2或以上的抽样方案。

10.2.2 资格鉴定

表5给出了在状态1资格鉴定阶段正常检验下的转移特性。例如Ac=3，质量水平为AQL的0.4倍(即处于较AQL加严两级水平)，则获得跳批资格的概率为96%，而通过资格鉴定的平均批数约为11。

表5 资格鉴定的转移特性

p/AQL	Ac=0		Ac=1		Ac=3		Ac=10	
	P_r	ARL	P_r	ARL	P_r	ARL	P_r	ARL
0.400	42.39	17.00	80.86	11.89	95.73	11.16	99.95	10.21
0.631	25.83	17.00	58.66	12.75	78.30	12.23	96.40	11.31
1.000	11.70	17.00	26.30	13.81	31.99	13.36	35.43	13.91
1.585	3.34	17.00	3.82	14.82	1.62	13.78	0.01	14.67

10.2.3 频率变更与中断

在状态2(跳批检验状态)的跳批检验，在发生中断前，跳检频率降低到下一档的概率与通过资格鉴定的概率非常接近，而提高到上一档的概率很小，可以忽略不计。表6给出了在状态2下的转移特性。例如Ac=3，质量水平为AQL的2倍，在频率变更前发生中断的概率几乎为100%，中断前的平均批数约为2.16。

表6 中断的转移特性

p/AQL	Ac=0		Ac=1		Ac=3		Ac=10	
	P_r	ARL	P_r	ARL	P_r	ARL	P_r	ARL
0.400	57.61	7.80	19.14	6.32	14.58	5.68	1.14	5.57
1.000	88.30	6.18	73.65	6.05	81.11	4.77	81.94	4.78
2.000	98.63	4.25	99.32	3.65	99.96	2.16	100.00	1.28
3.000	99.84	3.15	100.00	2.25	100.00	1.37	100.00	1.02

10.2.4 资格再鉴定与取消资格

表7给出了在状态3资格再鉴定阶段取消资格的转移特性。例如Ac=3，质量水平为AQL的2倍，资格被取消的概率约为94.5%，取消资格前的平均批数约为1.9批；反之，此时通过资格再鉴定的概率约为5.5%。

表7 取消资格的转移特性

p/AQL	Ac=0		Ac=1		Ac=3		Ac=10	
	P_r	ARL	P_r	ARL	P_r	ARL	P_r	ARL
0.400	26.13	3.35	8.85	3.16	5.82	2.50	0.45	2.50
1.000	53.10	3.14	45.46	3.37	46.04	2.45	46.96	2.48
2.000	78.01	2.79	88.24	2.80	94.48	1.90	99.96	1.27
3.000	89.69	2.48	98.36	2.12	99.82	1.36	100.00	1.02

10.2.5 操作特性曲线

正常检验方案的操作特性曲线(见GB/T 2828.1)适用于所有状态2与状态3中的被抽选进行检验的各批。平均接收概率与正常检验方案的OC曲线非常接近。

附 录 A
（规范性附录）
资格鉴定前一致同意的可选要求

A.1 总则

GB/T 2828的本部分为供方与负责部门提供了若干可选要求，本附录给出可列入适当文件中的某些示范性条款。

A.2 产品资格鉴定要求的基本连续生产（见5.1.1）

A.2.1 最小生产周期

产品应已在一个双方确定的周期内，在基本连续生产状态下生产。

A.2.2 最小生产频率

每……月至少应有……批交付验收检验。

A.2.3 相似产品的包含

在确定基本连续生产时，发给其他方的本质相似的产品，应（不应）考虑在内。

A.3 其他选项

A.3.1 最小稳定周期

对产品的资格鉴定，要求产品质量在一最小周期内维持在AQL或更好的水平是一个选项（见5.2.1）。

产品质量应已在……月内维持在AQL或更好的水平。

A.3.2 最小检验频率

对批的抽选，最小检验频率是一个选项（见6.4）。

每……月至少应检验一批。

A.3.3 最大无生产周期

对产品的资格鉴定，最大无生产周期是 个选项（见6.7）。

在任何……月内，若没有生产活动，产品应被取消跳批检验的资格，而返回状态1（逐批检验状态）。

A.3.4 供方资格鉴定的复核频率

对供方的资格鉴定，复核频率是一个选项（见5.1与8.2）。

检验机构应每……月对供方的资格进行复核。

A.3.5 产品资格鉴定的复核

是否要求对产品资格进行定期复核，也是一个选项（见5.2.4与8.3）。

——检验机构应每……月对产品的资格进行复核；或

——没有必要对产品的资格进行定期复核。

附　录　B
（规范性附录）
按规定跳检频率随机抽选批的程序

B.1　总则

本附录给出在状态2(跳批检验状态)按下列规定的跳检频率抽选批的程序：

a)　1/2,即在每2个提交批中检验一批(批接受检验概率为1/2)；

b)　1/3,即在每3个提交批中检验一批(批接受检验概率为1/3)；

c)　1/4,即在每4个提交批中检验一批(批接受检验概率为1/4)；

d)　1/5,即在每5个提交批中检验一批(批接受检验概率为1/5)。

最简单的方法是掷一颗六面体骰子(见B.2)。

有许多出版的随机数表,也有多种类型的袖珍计算器及电脑程序能产生伪随机数,B.3介绍了它们的使用方法。

B.2　使用六面体骰子的抽选程序

B.2.1　跳检频率为1/2

当批被提交检验时,掷一次骰子,若结果为奇数,则该批接受检验;若为偶数,则该批不经检验即予以接收。

B.2.2　跳检频率为1/3

当批被提交检验时,掷一次骰子,若结果为1或2,则该批接受检验;否则该批不进行检验即予以接收。

B.2.3　跳检频率为1/4

当批被提交检验时,掷一次骰子,若结果为1,则该批接受检验;若结果为2,3或4,则该批不经检验即予以接收;若结果为5或6,则重掷骰子,直到出现1～4的结果,再按上面的程序进行判断。

B.2.4　跳检频率为1/5

当批被提交检验时,掷一次骰子,若结果为1,则该批接受检验;若结果为2,3,4或5,则该批不经检验即予以接收;若结果为6,则重掷骰子,直到出现1～5的结果,再按上面的程序进行判断。

B.3　跳检频率为1/k的抽选程序

B.3.1　使用袖珍计算器

一些袖珍计算器都有一个能产生0～1范围内的伪随机数的功能健。若以1/k的跳检频率抽选批,按此功能键,出现一个0～1范围内的伪随机数,将该随机数乘以k,得到一个0～k的数。若此数小于1,则该批接受检验;否则该批不经检验即予以接收。上述程序对k=2,3,4与5都适用。

示例:若按一次袖珍计算器的随机数功能健,产生一个0～1范围内的3位有效数字的随机数。设k=4,产生的随机数为0.211,将它乘以4,其积0.844小于1,因而该批需接受检验。

B.3.2　使用电脑

有许多能在台式或笔记本电脑运行的产生0～1范围内的伪随机数程序,容易将这样的随机数转化为0～k范围内的随机数。

附 录 C
（资料性附录）
决定选择跳批检验还是放宽检验的因素

C.1 主要因素

在决定选择跳批检验还是放宽检验(GB/T 2828.1)时，考虑的三个重要因素是：

a) 供方与采购方的关系；

b) 检验的固定费用与验收抽样可变费用的关系；

c) 所用的抽样方案中的接收数。

C.2 供方与采购方的关系

第一个主要因素是供方与采购方的关系，包括对跳批抽样程序的充分认识。选择跳批程序，双方相互信任是必要的，这一点很重要，因为某些产品批会未经验收抽样就发货。如果供方有不负责任的行为，对双方来说都有可能付出很大的代价。因此，对供方的资格进行鉴定是必要的。为有效促进对供方的资格鉴定的过程，应当充分考虑到供方的质量管理体系通过 ISO 9001 的注册、认证之类的信息。

此外，与放宽检验相比，本部分不仅可减少检验量，更鼓励生产方瞄准且维持更好的质量水平。如果采购方希望与一个所信任的供方维持一个长期的良好关系，选择跳批程序对双方都有利。

C.3 固定费用与可变费用的关系

第二个主要因素是经济因素，即固定费用与验收抽样的可变费用的关系。固定费用应当包括双方的费用，如测试仪器的安装使用、检验员的旅费、产品批的储存保管与保险费等。

在一次抽样情形，可变费用与受检的产品数量近似成比例。

若固定费用所占的权重较大，则可优先选择跳批程序。若供方的工厂距采购方所在地较远，检验员的旅费则是最主要的因素。

C.4 抽样方案的接收数

第三个主要因素是状态 2 与状态 3(有资格跳批阶段)中所用的抽样方案的接收数。由于不宜使用 Ac=0 的抽样方案(6.4)，样本量大，从而对费用发生影响。

Ac=0 的方案检出质量水平变坏的速度较慢，而在好的质量水平上转回逐批检验的概率比接收数较几乎所有的其他方案都高(10.2)。分数接收数方案在好的质量水平上转回逐批检验的概率甚至比 Ac=0 的方案更高。为避免这些方案上述较差的特性，应使用较大样本量的 Ac=1 的方案。

参 考 文 献

[1] Dodge H F. Skip-lot sampling plans. Industrial Quality Control,11,No. 5,February,1955, pp. 3-5.

[2] Dodge H F and PERRY R L. A system of skip-lot sampling plans for lot-by-lot inspection. ASQC Technical Conference Transaction,1971,pp. 469-477.

[3] Schilling E G. Acceptance Sampling in Quality Control,Marcel Dekker,New York,1982, pp. 443-451.

[4] Liebesman B S and Saperstein B. A proposed attribute skip-lot sampling program. Journal of Quality Technology,15,No. 3,July 1983,pp. 130-140.

[5] Bloom A G. Ratio/skip-lot sampling. A new approach to government product verification. ASQC Technical Conference Transaction,1968,pp. 53-59.

[6] Dodge H F. Notes on the evolution of acceptance sampling plans,Part IV. Journal of Quality Technology,2,No. 1,January 1970.

[7] Hsu J I S. A cost model for skip-lot destructive sampling. IEEE Transaction on Reliability. R-26,No. 1,April 1977.

[8] Perry R L. Skip-lot sampling plans. Journal of Quality Technology,5,No. 3,July 1973.

[9] Perry R L. Two level skip-lot sampling plans—Operating characteristic properties. Journal of Quality Technology,5,October,1973.

[10] Stephens K S. How to perform skip-lot and chain sampling. ASQC. Milwaukee,1982.

[11] ISO 2859-10,Sampling procedures for inspection by attributes—Part 10: Overview of the ISO 2859 attribute sampling systems.

[12] GB/T 19000 质量管理体系 基础与术语.

[13] GB/T 19001 质量管理体系 要求.

ICS 03.120.30
A 41

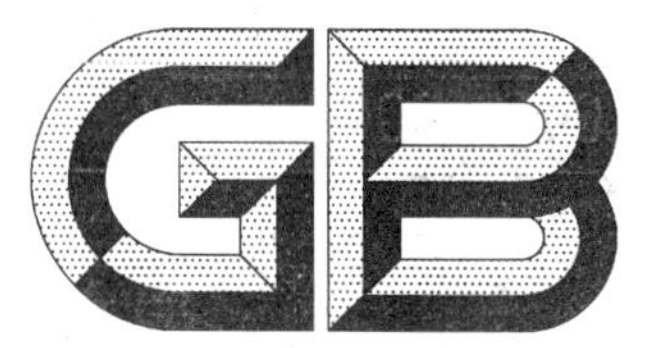

中华人民共和国国家标准

GB/T 2828.4—2008
代替 GB/T 14437—1997,GB/T 14162—1993

计数抽样检验程序 第4部分:声称质量水平的评定程序

**Sampling procedures for inspection by attributes—
Part 4: Procedures for assessment of declared quality levels**

(ISO 2859-4:2002,MOD)

2008-07-28 发布 2009-01-01 实施

中华人民共和国国家质量监督检验检疫总局
中国国家标准化管理委员会 发布

前　言

GB/T 2828《计数抽样检验程序》目前包括以下部分，其结构及对应的国际标准和将代替的国家标准为：

——第1部分：按接收质量限(AQL)检索的逐批检验抽样计划(ISO 2859-1:1999，IDT；代替GB/T 2828—1987)

——第2部分：按极限质量(LQ)检索的孤立批检验抽样方案(ISO 2859-2:1985，NEQ；代替GB/T 15239—1994)

——第3部分：跳批抽样程序(ISO 2859-3:2005，IDT；代替GB/T 13263—1991)

——第4部分：声称质量水平的评定程序(ISO 2859-4:2002，MOD；代替GB/T 14437—1997和GB/T 14162—1993)

——第5部分：按接收质量限[AQL]检索的逐批检验序贯抽样方案体系(对应ISO 2859-5:2005)

——第10部分：计数抽样系统介绍(对应ISO 2859-10:2006)

——第11部分：小总体声称质量水平的评定程序(代替GB/T 15482—1995)

本部分为GB/T 2828的第4部分。

GB/T 2828的本部分修改采用国际标准ISO 2859-4:2002《计数抽样检验程序　第4部分：声称质量水平的评定程序》。本部分与ISO 2859-4:2002相比较，技术内容的变化主要包括：

——在表1抽样方案主表中增加了$L=0$的抽样方案；

——在表1抽样方案主表的LQR水平Ⅰ中增加了$n=8$，$n=5$，$n=3$的抽样方案，LQR水平Ⅱ中增加了$n=8$的抽样方案；

——增加了$L=0$的抽样方案的“极限质量比(LQR)和错误判定合格的核查总体为抽检不合格的概率表”即表2；

——增加了$L=0$的抽样方案的“对不同质量比的值判抽检不合格的概率表”即表6；

——在图1中增加了$L=0$的抽样方案的“对不同质量比的值判抽检不合格的概率曲线”；

——在附录A中增加了DQL=0的论述。

本部分代替GB/T 14437—1997《计数一次监督抽样检验程序及抽样表》和GB/T 14162—1994《计数监督抽样检验程序及抽样表》。本部分与GB/T 14437—1997相比较，技术内容的变化主要包括：

——按GB/T 1.1—2000《标准化工作导则　第1部分：标准的结构和编写规则》的要求对标准格式进行了修改；

——将监督质量水平(p_0)改为声称质量水平(DQL)；

——增加了DQL=0的论述；

——增加了可用于以每百单位产品不合格数为质量指标的内容；

——增加了抽样方案的操作特性曲线图和表；

——增加了复验、复检、复查和核查抽样检验功效的定义；

——特别强调了本标准除了可以应用于最终产品、零部件和原材料外，还可以用于操作、在制品、库存品、维修操作、数据或记录、管理程序。

本部分的附录A为规范性附录，附录B和附录C均为资料性附录。

本部分由中国标准化研究院提出。

本部分由全国统计方法应用标准化技术委员会归口。

本部分起草单位：中国标准化研究院、中国航天科工集团第二研究院、广东省工商行政管理局、中国科学院数学与系统科学研究院、广州市产品质量监督检验所、中国人民解放军军械工程学院。

本部分主要起草人：于振凡、赵光华、陈业怀、殷勤、丁文兴、邓穗兴、党华、马毅林、张玉柱。

本标准所代替标准的历次版本的发布情况为：

——GB/T 14437—1997；

——GB/T 14162—1994。

引 言

GB/T 2828.4 的范围不同于 GB/T 2828 的第 1 部分至第 3 部分。GB/T 2828 的第 1 部分至第 3 部分所规定的验收抽样程序的体系适用于两个相关方(例如生产方与使用方)之间的双边协议。验收抽样程序仅用作检验交验批的一个样本后交付产品的实际规则。因此,这些程序不明确涉及任何形式上的声称质量水平。

验收抽样中,认为在可接收的批和不可接收的批的质量水平之间没有明显的分界。对于 GB/T 2828的第 1 部分至第 3 部分的程序,双方商定的某一接收质量限就是当提交一系列连续批时可容忍的最差的过程平均质量水平。

GB/T 2828.1 中的转移规则和抽样计划的设计,是为了鼓励生产方生产的产品具有比所选取的 AQL 好的过程平均质量水平。欲使样本量大小适度,那么,为防止接收个别的劣质(LQ)批所提供的保护可能比以判决个别批为目的的抽样方案所提供的保护要小(ISO 2859-4 中的低水平的抽样方案 β 风险大些)。反之,设计 GB/T 2828 的第 2 部分程序的目的,是为防止接收个别劣质批提供良好的保护,而其代价是可能有高风险不接收实际上双方都认为可接收的批。

GB/T 2828 的第 1 部分和第 3 部分的程序适用于验收抽样,但不适用于在评审、审核中验证某一核查总体的声称质量。其主要理由是,GB/T 2828 的第 1 部分和第 3 部分是用接收质量限来检索的,仅与验收抽样的实际目的有关,因而各种风险是均衡的。

GB/T 2828 的本部分中规定的抽样检验程序是为了在正规的评审中所需做的抽样检验而开发出来的。当实施这种形式的检验时,负责部门必须考虑作出不正确结论的风险,并且在安排和执行评审(或审核,或试验)中考虑此风险。

GB/T 2828 的本部分设计了一些规则,使得当核查总体的实际质量水平符合声称质量水平时,判抽检不合格的风险很小。如果还希望当核查总体的实际质量水平不符合声称质量水平时,判抽检合格的风险同样很小,必须有更大的样本量。为了使样本量大小适当,允许当实际质量水平事实上不符合声称质量水平时,判抽检合格的风险稍高。

评价结果的用词应反映所得到的各种错误结论的风险之间的不平衡。

当抽样结果判抽检不合格时,有很大的把握认为:“核查总体的实际质量水平劣于该声称质量水平”。当抽样结果判抽检合格时,认为:“对此有限的样本量,未发现核查总体的实际质量水平劣于该声称质量水平”。因此,当样本量较小时,对判抽检合格的核查总体,核查部门不负确认总体合格的责任。

计数抽样检验程序 第4部分：声称质量水平的评定程序

1 范围

GB/T 2828 的本部分所规定的抽样方案和评定程序，用于评定某一总体（批或过程等）的质量水平是否符合某一声称质量水平。设计这些抽样方案是为了使否定某一合格总体（批）的风险控制在5%，使不否定实际质量水平为声称质量水平的 LQR 倍的不合格总体（批）（见第4章）的风险为10%。GB/T 2828 的本部分提供了4个判别水平的抽样方案。

与 GB/T 2828 的其他部分的程序不同，本部分的程序不可用于批的验收抽样。GB/T 2828 的本部分可用于各种形式的质量核查。包括利用样本的检验结果来说明某一核查总体是否符合某一声称质量水平的场合。

GB/T 2828 的本部分适用于允许从核查总体中抽取由一些单位产品组成的随机样本的情形。

GB/T 2828 的本部分提供的抽样方案可用于（但不限于）检验下述各种产品，例如：

——最终产品；

——零部件和原材料；

——操作；

——在制品；

——库存品；

——维修操作；

——数据或记录；

——管理程序。

本部分主要用于，当把所检验的单位产品划分为合格品和不合格品时，核查总体中的不合格品的个数或不合格品率的情形。

对于不合格数或每百单位产品不合格数的情形，经稍做变动也可使用本部分，这些必要的变动是：

——以“不合格数”代替“不合格品数”；

——以“每百单位产品不合格数”代替“不合格品百分数（或每百单位产品不合格品数）”。

此时，表2至表9中给出的表值仅为近似值。

本部分表2至表9中给出的表值是用二项分布计算出的。当核查总体量小于250时，或核查总体量与样本量之比大于10时，则由本部分检索出的抽样方案是近似的。可按 GB/T 15482 中规定的方法确定抽样方案。

2 规范性引用文件

下列文件中的条款通过 GB/T 2828 的本部分的引用成为本部分的条款。凡是注日期的引用文件，其随后所有的修改单（不包括勘误的内容）或修订版均不适于本部分。然而，鼓励根据本部分达成协议的各方研究是否可使用这些文件的最新版本。凡是不注日期的引用文件，其最新版本适用于本部分。

GB/T 321 优先数与优先数系

GB/T 2828.1—2003 计数抽样检验程序 第1部分：按接收质量限（AQL）检索的逐批检验抽样计划（ISO 2859-1:1999,IDT）

GB/T 2828.2—2008 计数抽样检验程序 第2部分：按极限质量（LQ）检索的孤立批检验抽样方

案(ISO 2859-2:1985,NEQ)

GB/T 2828.3—2008 计数抽样检验程序 第3部分:跳批抽样程序(ISO 2859-3:2005,IDT)

GB/T 15482 产品质量监督小总体计数一次抽样检验程序及抽样表

GB/T 16306 声称质量水平复检与复验的评定程序

GB/T 19000—2000 质量管理体系 基础和术语(ISO 9000:2000,IDT)

ISO 3534-1:2006 统计学词汇及符号 第1部分:一般统计术语与用于概率的术语

ISO 3534-2:2006 统计学词汇及符号 第2部分:应用统计

3 术语、定义和符号

GB/T 2828.1—2003、ISO 3534-1:2006、ISO 3534-2:2006 和 GB/T 19000—2000 确定的术语、定义和符号以及下列术语定义和符号适用于 GB/T 2828 的本部分。为便于参考,某些术语直接引自上述标准。

3.1 术语和定义

3.1.1

声称质量水平 declared quality level

核查总体中允许的不合格品百分数的上限值。

3.1.2

不合格 nonconformity

不符合规定的要求。

根据单位产品质量特性的重要性或质量特性不符合的严重程度,可将不合格分为:A 类不合格、B 类不合格和 C 类不合格。

3.1.3

不合格品限定数 limiting number of nonconforming items

基于声称质量水平,对所研究的核查总体的样本中允许出现的不合格品数的最大数目。

3.1.4

核查总体 audit population

被实施核查的单位产品的全体。

3.1.5

核查总体合格 audit population conformity

核查总体中的实际不合格品百分数小于或等于声称质量水平。

3.1.6

核查总体不合格 audit population nonconformity

核查总体中的实际不合格品百分数大于声称质量水平。

3.1.7

抽检合格 sampling inspection passed

样本中包含的不合格品数 d 小于或等于不合格品限定数 L。

3.1.8

抽检不合格 sampling inspection failed

样本中包含的不合格品数 d 大于不合格品限定数 L。

3.1.9

复验 repeat test

对原样品进行重复性或再现性的测试。

3.1.10

复检 repeat inspection

在原核查总体中再次抽取样本进行检验,决定核查总体是否合格。

3.1.11

复查 repeat test or inspection

复检和复验统称为复查。

3.1.12

质量水平 quality level

核查总体中的实际不合格品百分数。

3.1.13

质量比 quality ratio

核查总体的实际质量水平与声称质量水平的比值。

3.1.14

极限质量比 limiting quality ratio

将错误判定核查总体抽检合格的风险限定在某一较小值(本标准中规定为10%)时的质量比的值。

3.1.15

极限质量比水平 limiting quality ratio level

极限质量比的等级。

3.1.16

核查抽样检验功效 power of audit sampling

当核查总体的实际质量水平 p 大于声称质量水平 DQL 时,核查总体被判为抽检不合格的概率。

3.2 符号和缩略语

GB/T 2828 的本部分所用的符号和缩略语如下:

DQL 声称质量水平

L 不合格品限定数

n 样本量

$(n;L)$ 抽样方案

QR 质量比

LQR 极限质量比

N 核查总体量

D 核查总体中的不合格品数

d 样本中的不合格品数

p 核查总体的实际质量水平

$P_a(p)$ 核查总体的实际质量水平等于 p 时,根据抽样方案将核查总体判为抽检合格的概率。

α 第一类错误概率(错判风险)

β 第二类错误概率(漏判风险)

4 原理

以抽样为基础的任何评定,由于抽样的随机性,判定结果会有内在的不确定性。

GB/T 2828 的本部分所提供的程序,仅当有充分证据表明实际质量水平劣于声称质量水平时,才判定该核查总体不合格。这些程序是按下述方式设计的,即当核查总体的实际质量水平等于或优于声称质量水平时,判定抽检不合格的风险大约控制在5%。因此,当实际质量水平劣于声称质量水平时,有判定该核查总体抽检合格的风险。此风险依赖于质量比的值。引进极限质量比 LQR 以表示可容忍的最大质量比。当实际质量水平为该声称质量水平的 LQR 倍时,GB/T 2828 的本部分的程序有 10%的风险判定抽检合格(相当于判定抽检不合格的概率为 90%)。

在 6.1 中给出了与四个 LQR 水平相关的详细内容。

GB/T 2828 本部分提供的抽样方案是按声称质量水平(DQL)和极限质量比(LQR)水平来检索的,由表 1 给出。

表 1 抽样方案主表

DQL 不合格品百分数(每百单位产品不合格数)	LQR 水平 O		LQR 水平Ⅰ		LQR 水平Ⅱ		LQR 水平Ⅲ	
	n	L	n	L	n	L	n	L
0.010	500	0	3 150	1	←		←	
0.015	315	0	2 000	1	←		←	
0.025	200	0	1 250	1	3 150	2	←	
0.040	125	0	800	1	2 000	2	3 150	3
0.065	80	0	500	1	1 250	2	2 000	3
0.100	50	0	315	1	800	2	1 250	3
0.150	32	0	200	1	500	2	800	3
0.250	20	0	125	1	315	2	500	3
0.400	13	0	80	1	200	2	315	3
0.650	8	0	50	1	125	2	200	3
1.0	5	0	32	1	80	2	125	3
1.5	3	0	20	1	50	2	80	3
2.5	2	0	13	1	32	2	50	3
4.0	→		8	1	20	2	32	3
6.5	→		5	1	13	2	20	3
10.0	→		3	1	8	2	13	3
按不合格品的声称质量水平 DQL 和极限质量比 LQR 水平检索抽样方案。								
表中箭头→表示对该极限质量比水平没有适当的抽样方案,使用右边对应极限质量比较小的抽样方案。 表中箭头←表示对该极限质量比水平没有适当的抽样方案,使用左边对应极限质量比较大的抽样方案。								

5 声称质量水平

对批量生产的产品,在产品标准中应规定对产品的总体质量要求。

当生产方接受核查时,在生产方确有把握的前提下,生产方声称的质量水平 DQL 值应不大于产品标准中所要求的产品总体质量水平值。负责部门提出核查时,所规定的声称的质量水平 DQL 值应不小于产品标准中所要求的产品总体质量水平值。

GB/T 2828 的本部分提供的抽样方案,按 DQL 和 LQR 水平共同检索,表 1～表 5 中的各 DQL 值通称为优先 DQL。此系列对应于 GB/T 2828.1 中给出的优先的 AQL 值系列。优先数的内容见 GB/T 321。当给某一类的不合格规定 DQL 时,表明供方有充分理由相信其产品质量水平不比该 DQL 更劣。

6 抽样方案

6.1 LQR(极限质量比)水平

6.1.1 水平O

当希望样本量很小时可使用LQR水平O。对于LQR水平O的抽样方案,极限质量比的取值范围从27.36至48.70。例如,如果声称质量水平DQL为2.5,当核查总体的实际质量水平为此声称质量水平的27.36倍时,即实际不合格品百分数为68.4时,则判定该核查总体抽检合格的风险为10%(见表2)。

表2 极限质量比(LQR)和错误判定合格的核查总体为抽检不合格的概率——LQR水平O方案

DQL不合格品百分数(每百单位产品不合格数)	n	L	LQR	错误判定合格的核查总体抽检不合格的概率 α/%
0.010	500	0	46.10	4.9
0.015	315	0	48.70	4.6
0.025	200	0	45.64	4.9
0.040	125	0	45.64	4.9
0.065	80	0	43.65	5.1
0.10	50	0	44.99	4.9
0.15	32	0	46.23	4.7
0.25	20	0	43.34	4.9
0.40	13	0	40.62	5.1
0.65	8	0	38.48	5.1
1.0	5	0	36.91	4.9
1.5	3	0	35.74	4.4
2.5	2	0	27.36	4.9
例:假定使用相应于声称质量水平DQL为1.0的抽样方案为 $n=5$ 和 $L=0$。对于此抽样方案,当实际质量水平为该DQL的36.91倍,即如果实际不合格品百分数为36.91时,判该核查总体抽检合格的风险为 $\beta=10\%$。反之,如果实际质量水平已经是该DQL,即如果实际不合格品百分数为1.0,则错误判定该核查总体抽检不合格的概率为 $\alpha=4.9\%$。				

6.1.2 水平Ⅰ

当希望样本量较小时可使用LQR水平Ⅰ。对于LQR水平Ⅰ的抽样方案,极限质量比的取值范围从8.04至12.96。例如,如果声称质量水平DQL为0.10,当核查总体的实际质量水平为此声称质量水平的12.30倍时,即实际不合格品百分数为1.230时,则判定该核查总体抽检合格的风险为10%(见表3)。

表 3 极限质量比(LQR)和错误判定合格的核查总体为抽检不合格的概率——LQR 水平Ⅰ方案

DQL 不合格品百分数（每百单位产品不合格数）	n	L	LQR	错误判定合格的核查总体抽检不合格的概率 α/%
0.010	3 150	1	12.34	4.0
0.015	2 000	1	12.96	3.7
0.025	1 250	1	12.40	4.0
0.040	800	1	12.10	4.1
0.065	500	1	11.90	4.3
0.10	315	1	12.30	4.0
0.15	200	1	12.90	3.7
0.25	125	1	12.30	4.0
0.40	80	1	11.90	4.1
0.65	50	1	11.60	4.2
1.0	32	1	11.60	4.1
1.5	20	1	12.06	3.6
2.5	13	1	10.70	4.1
4.0	8	1	10.15	3.8
6.5	5	1	8.98	3.7
10	3	1	8.04	2.8
例：假定使用相应于声称质量水平 DQL 为 0.1 的抽样方案为 $n=315$ 和 $L=1$。对于此抽样方案，当实际质量水平为该 DQL 的 12.3 倍，即如果实际不合格品百分数为 1.23 时，判该核查总体抽检合格的风险为 $\beta=10\%$。反之，如果实际质量水平已经是该 DQL，即如果实际不合格品百分数为 0.1，则错误判定该核查总体抽检不合格的概率为 $\alpha=4.0\%$。				

6.1.3 水平Ⅱ

当允许较大样本量时，可使用水平Ⅱ的抽样方案。对于水平Ⅱ的抽样方案，极限质量比的取值范围从 5.38 至 7.07。例如，如果声称质量水平 DQL 为 0.10，当核查总体的实际质量水平为此声称质量水平的 6.64 倍时，即实际不合格品百分数为 0.664 时，则判定该核查总体抽检合格的风险为 10%（见表 4）。

表 4 极限质量比(LQR)和错误判定合格的核查总体为抽检不合格的概率——LQR 水平Ⅱ方案

DQL 不合格品百分数（每百单位产品不合格数）	n	L	LQR	错误判定合格的核查总体抽检不合格的概率 α/%
0.025	3 150	2	6.75	4.6
0.040	2 000	2	6.65	4.7
0.065	1 250	2	6.54	4.9
0.10	800	2	6.64	4.7
0.15	500	2	7.07	4.0
0.25	315	2	6.72	4.5
0.40	200	2	6.60	4.7

表 4（续）

DQL 不合格品百分数（每百单位产品不合格数）	n	L	LQR	错误判定合格的核查总体抽检不合格的概率 α/%
0.65	125	2	6.46	4.9
1.0	80	2	6.52	4.7
1.5	50	2	6.86	3.9
2.5	32	2	6.31	4.5
4.0	20	2	6.12	4.4
6.5	13	2	5.54	4.8
10	8	2	5.38	3.8

例：假定使用相应于声称质量水平 DQL 为 0.1 的抽样方案为 n=800 和 L=2。对于此抽样方案，当实际质量水平为该 DQL 的 6.64 倍，即如果实际不合格品百分数为 0.664 时，判该核查总体抽检合格的风险为 β=10%。反之，如果实际质量水平已经是该 DQL，即如果实际不合格品百分数为 0.1，则错误判定该核查总体抽检不合格的概率为 α=4.7%。

6.1.4 水平Ⅲ

水平Ⅲ适合于要求 LQR 比较小，而以样本量较大为代价的情形。对于水平Ⅲ的抽样方案，极限质量比的取值范围从 4.44 至 5.55。例如，如果声称质量水平为 0.10，而核查总体的实际质量水平为此声称质量水平的 5.34 倍时，即实际不合格品百分数为 0.534 时，则判定该核查总体抽检合格的风险为 β=10%（见表 5）。

表 5 极限质量比（LQR）和错误判定合格的核查总体为抽检不合格的概率——LQR 水平Ⅲ方案

DQL 不合格品百分数（每百单位产品不合格数）	n	L	LQR	错误判定合格的核查总体抽检不合格的概率 α/%
0.040	3 150	3	5.30	3.9
0.065	2 000	3	5.13	4.3
0.10	1 250	3	5.34	3.8
0.15	800	3	5.55	3.4
0.25	500	3	5.32	3.8
0.40	315	3	5.27	3.9
0.65	200	3	5.09	4.3
1.0	125	3	5.27	3.7
1.5	80	3	5.44	3.3
2.5	50	3	5.15	3.6
4.0	32	3	4.92	3.8
6.5	20	3	4.68	3.7
10	13	3	4.44	3.4

例：假定使用相应于声称质量水平 DQL 为 0.1 的抽样方案为 n=1 250 和 L=3。对于此抽样方案，当实际质量水平为该 DQL 的 5.34 倍，即如果实际不合格品百分数为 0.534 时，判该核查总体抽检合格的风险为 β=10%。反之，如果实际质量水平已经是该 DQL，即如果实际不合格品百分数为 0.1，则错误判定该核查总体抽检不合格的概率为 α=3.8%。

6.2 抽样方案的选取

根据所选定的声称质量水平 DQL 和 LQR 水平，使用表 1 选取抽样方案。

例 1：如果选取声称质量水平 DQL 为 0.65，同时选取 LQR 水平Ⅱ，表 1 给出一个抽样方案，其样本量 $n=125$，不合格品限定数 $L=2$。由表 4 可查得此抽样方案的 LQR=6.46。

当选定一个声称质量水平 DQL 时，如果在表中没有该声称质量水平的值，为了选取方案应使用下一个较高的 DQL 表值。

例 2：如果选取声称质量水平 DQL=0.13，同时选取 LQR 水平 O，在表 1 中没有该 DQL 值，使用 DQL=0.15，LQR 水平 O 的抽样方案，其抽样方案为（32;0），即 $n=32$，$L=0$。

注：这将使极限质量比的值稍大，而且使得错误判定合格的核查总体抽检不合格的的概率比表 2 至表 5 给出的值稍小（见 8.2）。

7 实施抽样检验的程序

7.1 确定核查总体

根据核查需要确定核查总体。核查总体中的产品可以是同厂家、同型号、同一周期生产的产品，也可以是不同厂家、不同型号、不同周期生产的同类产品。必要时，还可以是不同类产品。

7.2 确定单位产品的技术性能、质量特性及要求

按照相关标准对单位产品的技术性能、技术指标、安全、卫生指标等需核查的质量特性作出明确的规定。

7.3 确定不合格品的分类

7.3.1 核查抽样检验时对不合格品的分类一般应与验收抽样检验时的不合格品的分类相一致。

7.3.2 按照实际需要，一般将不合格品区分为 A 类、B 类及 C 类三种类别。如有必要，可以区分为多于三种类别的不合格品。在单位产品比较简单的情况下，也可区分为两种类别的不合格品，甚至不区分类别。

7.4 规定声称质量水平

由受检方自行申报声称质量水平或由负责部门根据核查需要规定声称质量水平。

7.4.1 当受检方自行申报 DQL 时，所申报的 DQL 应有正当的根据，不得故意夸大或低报。

7.4.2 由负责部门根据核查需要规定声称质量水平时，若验收抽样时已规定了 AQL 值，则规定的 DQL 值应不小于该 AQL 值。

7.5 规定 LQR 水平

在表 1 中给出了四个 LQR 水平，LQR 水平越高，所需的样本量越大，检验的功效越高；负责部门应根据所能承受的样本量和检验的功效两个因素规定 LQR 水平；LQR 水平一经规定，在实施过程中不得改动。

7.6 检索抽样方案

应根据 DQL 和 LQR 水平从抽样方案主表（表 1）中查取抽样方案。对于一组给定的 DQL 和 LQR 水平，如无相应的抽样方案可用时，应按箭头方向查取抽样方案。如果对不同类别的不合格品，该程序导致不同的样本量，经负责部门指定或批准，所有类别的不合格品均可使用所得到的最大样本量。经负责部门指定或批准，对某一指定的 DQL，可使用样本量较大的抽样方案来代替样本量较小的抽样方案。

7.7 抽取样本

可按简单随机抽样，或有条件时按分层随机抽样或其他随机抽样方法从该核查总体中抽取样本。当使用分层随机抽样时，从各层抽取的单位产品数量应与所研究的核查总体的层的大小成比例。

如果检索出的抽样方案所需的样本量超过所研究的核查总体量，则应对该核查总体中所有的样本单元进行检验。

当从核查总体（批）中抽样时，可把可识别的子批作为层而使用分层抽样。当从过程中抽样时，可

把所识别的变异来源(例如,工具,操作人员,班次等)作为层而使用分层抽样。

例:在6.2所考察的例中,如果所研究的核查总体为五个营业日管理交易的计算机记录,且每天的交易数量大致相等,则应将由 $n=125$ 笔交易组成的整个样本作为5个子样本来抽选,每个子样本是由通过简单随机抽样从五个营业日的交易中抽选的25笔交易组成的。

7.8 检验样本

对事先规定的各检验项目,按有关标准和技术要求规定的检验方法及样本单元合格与否的判别准则逐一检验样本中的每个样本单元,统计出被检样本中的不合格品数(不合格数),或分别统计样本中的不合格品数(不合格数)及不同类别的不合格品数(不合格数)。

7.9 不合格品的处置

在样本中发现的任何不合格品不应放回到该核查总体的剩余部分。

7.10 判定准则

所检验的单位产品的数量应等于抽样方案表中规定的样本量。

若在样本中发现的不合格品数 d 小于或等于不合格品限定数 L,即抽检合格时,可认定为通过核查。当抽样方案的样本量较小时,把不合格的核查总体判为抽检合格的概率较大,其检验结论应写为"不否定该核查总体的声称质量水平",必要时也可写为"对核查总体的抽检合格",不应写为"核查总体合格",负责部门对判定抽检合格的核查总体不负确认总体合格的责任。

若在样本中发现的不合格品数 d 大于不合格品限定数 L,即抽检不合格时,可认定为该核查总体不合格。若受核查方对判定结果有异议可申请复查。

例:在6.2所考查的例中,若在样本量为125的样本中发现的不合格品不超过2个,则认为没有发现其核查总体的实际质量水平大于其声称质量水平DQL=0.65,判定为该核查总体抽检合格,其检验结论为"不否定对该核查总体的声称质量水平";如果发现3个或3个以上的不合格品,则可认为核查总体的实际质量水平大于其声称质量水平DQL=0.65,判定为该核查总体抽检不合格,可认定为该核查总体不合格。

如果样本量等于或超过所研究的核查总体量,则通过检验该核查总体中所有单位产品,而确定该核查总体的实际质量水平,并与DQL进行比较,以确定该核查总体是否合格;此时不存在复检,允许复验。

当可以确定核查总体的实际质量水平时,应用核查总体的实际质量水平与声称质量水平DQL比较,以确定该核查总体是否合格,而不使用抽样方案判定;此时不存在复检,允许复验。

例:设核查总体量 $N=801$,规定DQL=0.10,LQR水平Ⅱ,在表1中检索出LQR水平Ⅱ的抽样方案为(800;2);若检验了其中的800件而发现其中有1件不合格品,也判定该核查总体不合格,因为此时核查总体的实际不合格品百分数≥(1/801)×100,超过DQL=0.10;此时不存在复检,允许复验。

7.11 复查

若受核查方对核查结果有异议,可申请复查。复查包括复检与复验;对样本单元的复验结果作为样本单元质量特性的最终结果,按GB/T 16306的规定取得复验结果;复检样本不包括初次检验样本中的样本单元。其复检抽样方案按GB/T 16306的规定程序检索复检抽样方案。其复查结论为最终结论。经过复检后,会减小其抽样检验的 α(第一类错误概率)的值,而增大其抽样检验的 β(第二类错误概率)的值。

8 附加信息

8.1 表示抽检不合格的近似概率曲线

图1所示的曲线表明样本结果将导致判定抽检不合格的近似概率。这些曲线作为质量比的函数而给出近似的判定抽检不合格的概率。

图1中的曲线适用于声称质量水平DQL值为优先值的情形。对于非优先的声称质量水平DQL值不使用图1中的信息。

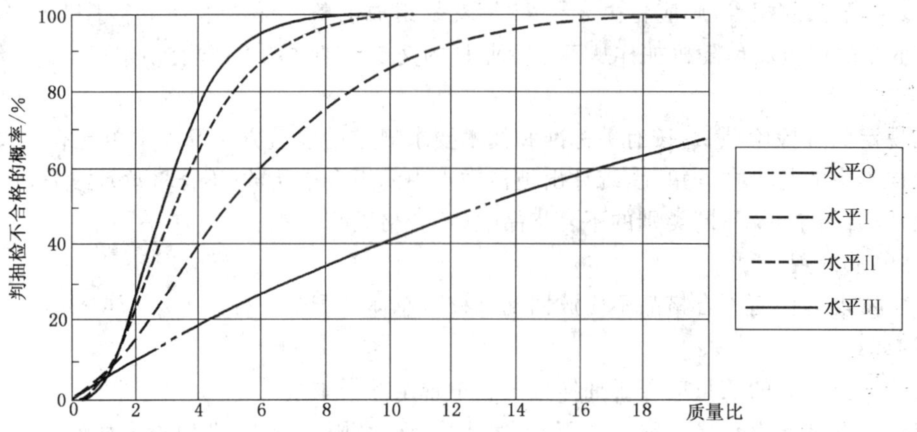

图1 表示对不同质量比的值判抽检不合格的近似概率的曲线

8.2 表明判别能力的表

表6至表9对不同质量比的值给出判定抽检不合格概率的附加信息。

表6 对不同质量比的值判抽检不合格的概率(%)——LQR水平O的方案

L=0

质量比(QR)	声称质量水平(DQL)												
	0.010	0.015	0.025	0.040	0.065	0.10	0.15	0.25	0.40	0.65	1.0	1.5	2.5
0.4	2.0	1.9	2.0	2.0	2.1	2.0	1.9	2.0	2.1	2.1	2.0	1.8	2.0
0.6	3.0	2.8	3.0	3.0	3.1	3.0	2.8	3.0	3.1	3.1	3.0	2.7	3.0
1.0	4.9	4.6	4.9	4.9	5.1	4.9	4.7	4.9	5.1	5.1	4.9	4.4	4.9
1.5	7.2	6.8	7.2	7.2	7.5	7.2	6.7	7.2	7.5	7.5	7.3	6.6	7.4
3.0	13.9	13.2	13.9	13.9	14.5	13.9	13.4	14.0	14.5	14.6	14.1	12.9	14.4
5.0	22.1	21.0	22.1	22.1	22.9	22.2	21.4	22.2	23.1	23.2	22.6	20.9	23.4
7.5	31.3	29.9	31.3	31.3	32.4	31.4	30.4	31.5	32.7	33.0	32.3	30.1	34.0
10.0	39.4	37.7	39.4	39.4	40.6	39.5	38.3	39.7	41.2	41.6	41.0	38.6	43.8
15.0	52.8	50.8	52.8	52.9	54.3	53.0	51.7	53.4	55.3	56.0	55.6	53.5	60.9
20.0	63.2	61.2	63.3	63.4	64.9	63.6	62.3	64.2	66.2	67.2	67.2	65.7	75.0

例:假定使用对应于声称质量水平为DQL=0.10的抽样方案。对于质量比为10(实际不合格品率为该声称质量水平的10倍,即不合格品百分数为1.0),此抽样方案判该核查总体抽样不合格概率为39.5%。

表7 对不同质量比的值判抽检不合格的概率(%)——LQR水平Ⅰ的方案

L=1

质量比(QR)	声称质量水平(DQL)												
	0.010	0.015	0.025	0.040	0.065	0.10	0.15	0.25	0.40	0.65	1.0	1.5	2.5
1.0	4.0	3.7	4.0	4.1	4.3	4.0	3.7	4.0	4.1	4.2	4.1	3.6	4.1
1.5	8.2	7.5	8.1	8.4	8.6	8.2	7.5	8.1	8.4	8.6	8.3	7.4	8.3
3.0	24.4	22.8	24.1	25.0	25.5	24.4	22.7	24.1	24.9	25.5	24.9	22.7	25.4
5.0	46.7	44.2	46.3	47.5	48.3	46.7	44.3	46.4	47.7	48.6	48.0	44.9	49.6
7.5	68.3	65.8	67.9	69.2	70.0	68.4	65.9	68.2	69.6	70.7	70.3	67.5	73.1

表 7（续）

质量比（QR）	声称质量水平(DQL)												
	0.010	0.015	0.025	0.040	0.065	0.10	0.15	0.25	0.40	0.65	1.0	1.5	2.5
10.0	82.2	80.1	81.9	82.9	83.6	82.4	80.3	82.2	83.5	84.5	84.4	82.4	87.3
15.0	94.9	93.9	94.8	95.3	95.6	95.1	94.1	95.1	95.7	96.2	96.3	95.8	98.0
20.0	98.7	98.3	98.6	98.8	98.9	98.8	98.4	98.8	99.0	99.2	99.3	99.2	99.8
例：假定使用对应于声称质量水平为DQL＝0.10的抽样方案。对于质量比为10(实际不合格品率为该声称质量水平的10倍，即不合格品百分数为1.0)，此抽样方案判该核查总体抽检不合格概率为82.4%。													

表 8　对于不同质量比的判抽检不合格的概率(%)——LQR 水平Ⅱ方案

***L*＝2**

质量比（QR）	声称质量水平(DQL)												
	0.025	0.040	0.065	0.10	0.15	0.25	0.40	0.65	1.0	1.5	2.5	4.0	6.5
1.0	4.6	4.7	4.9	4.7	4.0	4.5	4.7	4.9	4.7	3.9	4.5	4.4	4.8
1.5	11.6	12.0	12.5	12.0	10.4	11.6	12.0	12.4	11.9	10.3	11.7	11.5	12.6
2.0	21.0	21.7	22.3	21.7	19.1	21.0	21.6	22.2	21.6	18.9	21.4	21.2	23.4
3.0	42.0	43.0	44.0	43.0	39.1	42.1	43.1	44.1	43.2	39.2	43.4	43.7	48.0
4.0	61.0	62.0	63.1	62.1	57.7	61.1	62.2	63.4	62.5	58.4	63.3	64.2	69.7
5.0	75.3	76.2	77.1	76.3	72.4	75.4	76.5	77.6	76.9	73.4	78.1	79.4	84.7
7.5	93.4	93.8	94.3	93.9	92.0	93.5	94.1	94.6	94.5	93.1	95.5	96.5	98.6
10.0	98.5	98.6	98.8	98.7	98.0	98.6	98.8	98.9	98.9	98.6	99.3	99.6	100.0
例：假定使用对应于声称质量水平为DQL＝0.15的抽样方案。对于质量比为5(实际不合格品百分数为该声称质量水平的5倍，即不合格品百分数为0.75)，此抽样方案判该核查总体抽检不合格概率为72.4%。													

表 9　对于不同质量比的判抽检不合格的概率(%)——LQR 水平Ⅲ方案

***L*＝3**

质量比（QR）	声称质量水平(DQL)												
	0.040	0.065	0.10	0.15	0.25	0.40	0.65	1.0	1.5	2.5	4.0	6.5	10.0
1.0	3.9	4.3	3.8	3.4	3.8	3.9	4.3	3.7	3.3	3.6	3.8	3.7	3.4
1.5	12.4	13.4	12.1	10.8	12.1	12.3	13.3	12.0	10.6	11.7	12.3	12.4	11.8
2.0	24.7	26.4	24.2	22.1	24.2	24.6	26.3	24.1	21.9	24.0	25.1	25.7	25.3
3.0	52.3	54.7	51.6	48.5	51.7	52.3	54.9	51.9	48.8	52.2	54.6	56.6	57.9
4.0	74.1	76.2	73.6	70.7	73.6	74.3	76.6	74.1	71.4	75.0	77.6	80.4	83.1
5.0	87.4	88.9	87.0	85.0	87.1	87.6	89.2	87.6	85.9	88.6	90.7	93.0	95.4
6.0	94.3	95.2	94.1	92.9	94.2	94.5	95.5	94.6	93.7	95.4	96.7	98.0	99.2
8.0	99.0	99.2	99.0	98.7	99.0	99.1	99.3	99.2	99.0	99.4	99.7	99.9	100.0
例：假定使用对应于声称质量水平为DQL＝0.25的抽样方案。对于质量比为4(实际不合格品百分数为该声称质量水平的4倍，即不合格品百分数1.0)，此抽样方案判该核查总体抽检不合格概率为73.6%。													

对每一单个抽样方案，表 2 至表 5 显示出对应于判抽检合格的风险为 10%的极限质量比 LQR 的值。此 LQR 和表 6 至表 9 中提供的信息相结合，可用来评价各抽样方案的判别能力。

表 2 至表 5 还显示出，当实际质量水平值为 DQL 时，判为抽检不合格的概率。

表 2 至表 9 中的数值是在样本量仅为所研究的核查总体的一小部分的假定下确定的。当样本量小于或等于核查总体的 1/10 时表中的数值是有效的。

当核查总体量小于 250 时，或核查总体量与样本量之比大于 10 时，为了得到精确的相应值，可查 GB/T 15482。

表 2 至表 9 的值适用于所使用的 DQL 值为优先 DQL 值的情形。如果所使用的 DQL 值不是优先的，则使用下一个较大的优先的 DQL 值来选定抽样方案。不过这将导致风险平衡的改变。一方面，把合格的核查总体错误判定为抽检不合格的风险将比表 2 至表 5 给出的概率小；另一方面，实际的 LQR 值将比表值中的 LQR(相应于优先的 DQL)大。

实际的 LQR，由下式给出：

$$\mathrm{LQR_a} = \mathrm{LQR} \times \frac{\mathrm{DQL}}{\mathrm{DQL_a}}$$

式中：

LQR——相应于优先 DQL 的极限质量比；

DQL——优先的声称质量水平；

$\mathrm{DQL_a}$——规定的非优先的声称质量水平。

这是因为，对应于规定的非优先的 DQL 值，实际的 LQR 值乘以该 DQL 值应是该抽样方案把不合格的核查总体判定为抽检合格的风险为 10%的质量水平，它等于相应于优先的 DQL 的 LQR 值(即表中的 LQR 值)乘以优先的 DQL 值。

表 6 至表 9 仍可用于非优先的 DQL，只是实际的质量水平，应是按表 6 至表 9 给出的质量比 QR 乘以对应的优先的 DQL 值得到。

例：规定核查总体的声称质量水平 DQL＝0.125，假定使用 LQR 水平Ⅱ的抽样方案评价某核查总体，由于此 DQL 值是非优先的，而下一个较高的优先的 DQL 为 0.15，从表 1 中检索到的抽样方案为(500；2)即 n＝500 和 L＝2。

当 DQL＝0.125 时，由表 4，可推知判定抽检不合格的风险小于 4%。此外，当实际不合格品率为 7.07×0.15%＝1.06%时有 10%的判抽检合格的风险。对于此非优先的 DQL，实际的 LQR＝7.07×(0.15/0.125)＝8.48。换言之，当实际质量水平为该非优先 DQL 的 8.48 倍(即实际不合格品率为 8.48×0.125%＝1.06%)时，对非优先 DQL 判抽检合格的风险为 10%。

通过使用表 8，对质量比为 5.0 和优先的 DQL＝0.15(对应于实际不合格品率为 5.0×0.15%＝0.75%)，判抽检不合格的概率为 72.4%。对其他 7 个质量比值，类似地，可用表 8 得到判抽检不合格的概率。

附 录 A
（规范性附录）
声称质量水平 DQL 等于 0 的情形

若核查总体中的产品经过了生产方的全检或受核查方有把握认为该核查总体中的产品都合格，当对此总体进行质量核查时，可规定声称质量水平 DQL＝0。当规定声称质量水平 DQL＝0 时，用(n;0)抽样方案，其 n 值可根据实际情况需要在 $1\sim N$ 中选取。

当 $d>0$ 时，判定核查总体不合格，且不允许复检。当 $d=0$ 时，只能判定为该核查总体抽检合格，不能肯定核查总体合格，仅表示未发现该核查总体不合格，其检验结论应写为“不否定其声称质量水平”。另外，当规定 DQL＝0 时，可以不采用随机抽样，而根据专业知识或经验进行目的抽样。

附 录 B
(资料性附录)
使用本标准的示例

B.1 示例1

在审核某一营业部门期间,揭示出相当大的财务损失源于开发票作业的失误。审核员估计不正确办理(错误,延时等)发票的比率为5(%)。管理部门决定引进一种专门的培训方案,对开票员进行培训,其目的是将不正确办理的发票率减少到1(%)。在完成培训后,管理部门决定评价其效果。

管理部门决定使用GB/T 2828的本部分中规定的抽样方案来评价培训方案的效果,并选取声称质量水平DQL为1.0。管理部门还希望在不正确处理的发票的比率没有降低的情况下,作出肯定评价的概率很小。因此选取了LQR水平Ⅲ,以保证在不正确率为1%和5(%)之间作出令人满意的判别。由表1得到,对于DQL=1.0和LQR水平Ⅲ,抽样方案的样本量n=125,不合格品限定数L=3。提出将此方案作为内部审核使用。应验证n=125张发票的一个样本。

如果在该样本中发现不正确处理的发票不多于3张,可认为不正确办理的发票率不高于1%,可认为该培训方案是成功的。由表5得到,此方案将合格的核查总体判为抽检不合格的风险为3.7%,而当实际不正确处理发票率达到5.27%(即实际质量水平为该声称质量水平的5.27倍)时,判为抽检合格的风险为10%,关于此抽样方案的进一步信息参见表9。

B.2 示例2

为提高质量管理体系的效率,鼓励某工厂的雇主们将可能对产品质量产生负面影响的有关问题通知管理部门。该厂的质量管理部门进行了全面研究,引进了一个闭环质量管理体系。假定当以往被确认的但仍未获解决的问题不超过2.5(%)时,可认为该体系是有效的。一年后,管理部门决定,通过不仅考虑形式的问题,而且还考虑雇主们所指出问题的复杂性来调研该体系的效率,此要求促使管理部门仅调研有限多的情况,因此决定选LQR水平Ⅰ,而体系的声称质量水平(DQL)为2.5的问题仍未解决。由表1得,对声称质量水平DQL=2.5和LQR水平Ⅰ,抽样方案的样本量n=13,不合格品限定数L=1。因此,管理部门决定调研13种情况,如果有不多于一种情况没有得到规定的解决,则可认为该质量控制体系是有效的。

由表3得知,此方案将合格的核查总体判为抽检不合格的风险为4.1%,而当实际未解决率为26.75(%)(即实际质量水平为该声称质量水平10.7倍的问题未解决)时判为抽检合格的风险为10%。关于此抽样方案判别能力的进一步信息参见表7。

B.3 示例3

某公司在正常生产情况下生产某种产品,制造部门对出厂的批实施100(%)检验。在检验中发现的不合格品均以合格品代替。

以如同长期移动平均那样继续不断的方式,独立地估计最终检验的检验效率E。检验效率以在所提供的不合格品中查出的不合格品的比率表示。由于不太可能发生将合格品错误划分为不合格品的情况,因此,不考虑这种错误。

在每个周末,制造部门报告该周的“检出质量等级”如下:

$$Q_{out}=Q_{fwi}\times\frac{1-E}{E}$$

式中：

Q_{out}——检出质量等级，以不合格品百分数（或每百单位产品不合格品数）表示；

Q_{fwi}——该周最终检验发现的质量，以不合格品百分数（或每百单位产品不合格品数）表示；

E——检验效率（以在提供的不合格品中所查出的不合格品的比率表示）。

假定检验效率 E 的当前值为 0.9，对应于所查出不合格品的比率为 90%，进一步假定，对本周所生产的 20 000 个单位产品的最终检验发现（并且替换）1 082 个不合格品。

在最终检验后发现的质量 Q_{fwi} 以百分数表示为

$$Q_{fwi} = \frac{1\,082}{20\,000} \times 100 \qquad \text{或不合格品率为 } 5.41\%。$$

通过对检验效率进行调整后，制造部门本周报告检出质量等级为

$$Q_{out} = Q_{fwi} \times \frac{1-0.9}{0.9} \qquad \text{或不合格品率为 } 0.6\%。$$

内部审核组要求确认此值。

因为声称质量水平不合格品百分数（或每百单位产品不合格品数）0.6 不是优先值，使用下一个较大的 DQL 优先值，即 DQL＝0.65，由表 1，对 LQR 水平Ⅱ的抽样方案的样本量 n＝125，不合格品限定数 L＝2。

在审核中，从出厂批中抽选样本量为 125 的一个样本。如果在该样本中发现的不合格品不多于 2 个，则不否定该等级，并且可维持原等级。

对于该非优先 DQL＝0.6，有关下述确定抽样方案 n＝125 和 L＝2 判别能力的方法参见 8.2。

由表 4，将合格的核查总体（DQL＝0.6）判为抽检不合格的风险为小于 4.9%。当实际的不合格品百分数为 DQL＝0.65 的 6.46 倍时，即为 4.2 时，判为抽检合格的风险为 10%。对于 DQL＝0.6，实际的 LQR 为 6.46×(0.65/0.6)＝7.0。

由表 8，对于质量比为 5 和优先的 DQL＝0.65（实际质量水平为 5.0×0.65＝3.25），判为抽检不合格的概率为 77.6%。

附 录 C

（资料性附录）

对 ISO 2859-4:2002 的修改说明

在 ISO 2859-4:2002 中没有 $L=0$ 的抽样方案，这极大限制了标准的使用范围，为了使本标准更适合我国质量监督的需要，所以对 ISO 2859-4:2002 作了如下修改：

a) 在表 1 抽样方案主表中增加了 $L=0$ 的抽样方案。

b) 增加了 $L=0$ 的抽样方案的"极限质量比(LQR)和错误判定合格的核查总体为抽检不合格的概率表"即表 2。

c) 增加了 $L=0$ 的抽样方案的"对不同质量比的值判抽检不合格的概率表" 即表 6。

d) 在表 1 抽样方案主表的 LQR 水平 Ⅰ 中增加了 $n=8$，$n=5$，$n=3$ 的抽样方案，LQR 水平 Ⅱ 中增加了 $n=8$ 的抽样方案。

e) 在图 1 中增加了 $L=0$ 的抽样方案的"对不同质量比的值判抽检不合格的近似概率曲线"。

f) 在第 3 章中增加了总体、核查总体、核查总体合格、核查总体不合格、复检、复验、复查等名词术语。

g) 在第 7 章中增加了：

(1) 确定核查总体；

(2) 确定单位产品的技术性能、质量特性及要求；

(3) 确定不合格品的分类；

(4) 规定声称质量水平。

h) 修改了 ISO 2859-4:2002 中的一些表示方法，如下：

(1) 将 ISO 2859-4:2002 表 2 至表 5 的例中的 DQL of 0.1%更正为 0.1；

(2) 将 ISO 2859-4:2002 表 6 的例中的 DQL of 0.15%更正为 0.15；

(3) 将 ISO 2859-4:2002 表 7 的例中的 DQL of 0.25%更正为 0.25；

(4) 将 ISO 2859-4:2002 的 8.2 节例中的 DQL of 0.125%更正为 0.125 ，DQL of 0.15%更正为 0.15。

参 考 文 献

[1] GB/T 6378—2002,不合格率的计量抽样检验程序及图表(适用于连续批的检验)
[2] ISO 2859-10,计数抽样系统介绍

ICS 03.120.30
A 41

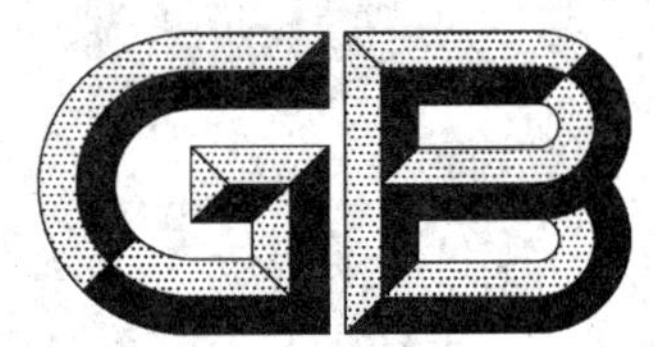

中华人民共和国国家标准

GB/T 2828.11—2008
代替 GB/T 15482—1995

计数抽样检验程序
第11部分:小总体声称质量水平的评定程序

**Sampling procedures for inspection by attributes—
Part 11:Procedures for assessment of declared quality levels for small population**

2008-07-16 发布　　　　2009-01-01 实施

中华人民共和国国家质量监督检验检疫总局
中国国家标准化管理委员会　发布

前　言

GB/T 2828《计数抽样检验程序》分为以下部分，其预期结构及对应的国际标准和将代替的国家标准为：

——第1部分：按接收质量限(AQL)检索的逐批检验抽样计划(ISO 2859-1:1999,IDT;代替GB/T 2828—1987)

——第2部分：按极限质量限(LQ)检索的孤立批检验抽样方案(ISO 2859-2:1985,NEQ;代替GB/T 15239—1994)

——第3部分：跳批抽样程序(ISO 2859-3:2005,IDT;代替GB/T 13263—1991)

——第4部分：声称质量水平的评定程序(ISO 2859-4:2002,MOD;代替GB/T 14437—1997和GB 14162—1993)

——第5部分：按接收质量限(AQL)检索的逐批检验序贯抽样方案体系(对应ISO 2859-5:2005)

——第10部分：计数抽样系统介绍(对应ISO 2859-10:2006)

——第11部分：小总体声称质量水平的评定程序(代替GB/T 15482—1995)

本部分为GB/T 2828的第11部分。

本部分代替GB/T 15482—1995《产品质量监督小总体计数一次抽样检验程序及抽样表》。本部分与GB/T 15482—1995相比较，技术内容的变化主要包括：

——将监督质量水平(D_0)改为声称质量水平(DQL)；

——将监督总体改为核查总体；

——将不通过判定数改为不合格品限定数；

——将监督总体不可通过改为核查总体不合格，将监督抽样检验可通过改为核查通过；

——将抽检合格改为抽检样本符合要求；

——增加了用实际质量水平与声称质量水平相比较进行判定的论述；

——增加了复检、复查和核查抽样检验功效的定义；

——特别强调了本部分除了可以应用于最终产品、零部件和原材料外，还可以用于操作、在制品、库存品、维修操作、数据或记录、管理程序；

——调整了个别抽样方案；

——增加了附录A。

本部分的附录A、附录B为规范性附录，附录C和附录D为资料性附录。

本部分由中国标准化研究院提出。

本部分由全国统计方法应用标准化技术委员会归口。

本部分起草单位：无锡市产品质量监督检验所、中国标准化研究院、广东省工商行政管理局、中国人民解放军军械工程学院、中国科学院数学与系统科学研究院。

本部分主要起草人：陈华英、于振凡、郭展强、吴建国、丁文兴、张玉柱、冯士雍。

本部分所代替标准历次版本发布情况为：

——GB/T 15482—1995。

引　言

GB/T 2828 的第 11 部分的应用范围不同于 GB/T 2828 的第 1 部分，也不同于 GB/T 2828 的第 4 部分。GB/T 2828 的第 1 部分所规定的验收抽样程序的体系适用于两个相关方(例如供方与使用方)之间的双边协议。验收抽样程序仅用作检验交验批的一个样本后交付产品的实际规则。因此，这些程序不明确涉及任何形式上的声称质量水平。验收抽样中，认为在可接收的批和不可接收的批的质量水平之间没有明显的分界。GB/T 2828.1 中的转移规则和抽样计划的设计，是为了鼓励供方生产的产品具有比所选取的 AQL 好的过程平均质量水平。

GB/T 2828 的第 1 部分和第 3 部分的程序适用于验收抽样，但不适用于在评审、审核中验证某一核查总体的声称质量。其主要理由是，GB/T 2828 的第 1 部分和第 3 部分是用接收质量限来检索的，仅与验收抽样的实际目的有关。

GB/T 2828 的第 11 部分与 GB/T 2828 的第 4 部分都是为了评价其核查总体的质量水平是否不符合其声称质量水平；然而 GB/T 2828 的第 4 部分用于核查总体量超过 250 的情形，这是因为 GB/T 2828 的第 4 部分中用二项分布计算抽检样本符合要求($d \leqslant L$)的概率；而 GB/T 2828 的第 11 部分用于核查总体量小于 250 的情形，用超几何分布计算抽检样本符合要求($d \leqslant L$)的概率。当计件检验时，若核查总体的总体量大于 250 时且批量与样本量之比大于 10 时，使用 GB/T 2828.4 检索抽样方案，而当核查总体的总体量不大于 250 时，则应使用本部分检索抽样方案。

本部分中规定的抽样检验程序是为了在正规的评审中所需做的抽样检验而开发出来的。当实施这种形式的检验时，负责部门必须考虑作出不正确结论的风险，并且在安排和执行评审(或审核，或试验)中考虑此风险。

本部分设计了一些规则，使得当事实上核查总体的实际质量水平符合声称质量水平时，判核查总体不合格的风险很小。如果还希望当核查总体的实际质量水平不符合声称质量水平时，判核查通过的风险同样很小，必须有更大的样本量。为了尽量减小样本量，允许当实际质量水平事实上不符合声称质量水平时，判核查通过的风险稍高。

判定结果的用词反映了作出不同错误结论风险的不平衡。当由抽样结果判核查总体不合格时，有很大的把握认为：“核查总体的实际质量水平劣于该声称质量水平”。当由抽样结果判核查通过时，认为：“对此有限的样本量，未发现核查总体的实际质量水平劣于该声称质量水平”。因此，当样本量较小时，对判核查通过的情形，负责部门不负确认核查总体合格的责任。

计数抽样检验程序
第11部分:小总体声称质量水平的
评定程序

1 范围

GB/T 2828本部分规定了为评定某一总体(批或过程)的质量水平是否不符合某一声称质量水平的计数抽样方案和评定程序。

GB/T 2828本部分适用于能从核查总体中抽取由一些单位产品组成的随机样本,以不合格品数为质量指标的小总体计数一次抽样检验。可用于各种形式的质量核查,不可用于批的验收抽样。

GB/T 2828本部分提供的抽样方案可用于(但不限于)检验下述各种产品,例如:

——最终产品;

——零部件和原材料;

——操作;

——在制品;

——库存品;

——维修操作;

——数据或记录;

——管理程序。

本部分用于把所检验的单位产品划分为合格品和不合格品时,核查总体中的不合格品的个数的情形。

2 规范性引用文件

下列文件中的条款通过GB/T 2828的本部分的引用成为本部分的条款。凡是注日期的引用文件,其随后所有的修改单(不包括勘误的内容)或修订版均不适于本部分。然而,鼓励根据本部分达成协议的各方研究是否可使用这些文件的最新版本。凡是不注日期的引用文件,其最新版本适用于本部分。

GB/T 2828.1—2003 计数抽样检验程序 第1部分:按接收质量限(AQL)检索的逐批检验抽样计划(ISO 2859-1:1999,IDT)

GB/T 2828.3—2008 计数抽样检验程序 第3部分:跳批抽样程序(ISO 2859-3:2005,IDT)

GB/T 2828.4—2008 计数抽样检验程序 第4部分:声称质量水平的评定程序(ISO 2859-4:2002,MOD)

GB/T 16306—2008 声称质量水平复检与复验的评定程序

ISO 3534-1:2006 统计学词汇及符号 第1部分:一般统计术语与用于概率的术语

ISO 3534-2:2006 统计学词汇及符号 第2部分:应用统计

3 术语、定义、符号和缩略语

GB/T 2828.1—2003、ISO 3534-1:2006和ISO 3534-2:2006确定的术语、定义和符号以及下列术语定义和符号适用于GB/T 2828的本部分。

3.1 术语和定义

3.1.1

声称质量水平　declared quality level

核查总体中允许的不合格品数的上限值。

3.1.2

不合格　nonconformity

不符合规定的要求。

根据单位产品质量特性的重要性或质量特性不符合的严重程度，可将不合格分为：A类不合格、B类不合格和C类不合格。

3.1.3

不合格品限定数　limiting number of nonconforming items

基于声称质量水平，对所研究的核查总体的样本中允许出现的不合格品数的最大数目。

3.1.4

核查总体　audit population

被实施核查的单位产品的全体。

3.1.5

核查总体合格　audit population conformity

核查总体中的实际不合格品数小于或等于声称质量水平。

3.1.6

核查总体不合格　audit population nonconformity

核查总体中的实际不合格品数大于声称质量水平。

3.1.7

复验　re-test

对原样品进行的再次测试。

3.1.8

复检　re-inspection

在原核查总体中再次抽取样本进行检验，决定核查总体是否合格。

3.1.9

质量水平　quality level

核查总体中的实际不合格品数。

3.1.10

核查抽样检验功效　power of audit sampling

当核查总体的质量水平 D 大于声称质量水平 DQL 时，核查总体被判为不合格的概率。

3.2 符号和缩略语

本部分所用的符号和缩略语如下：

DQL　声称质量水平

L　不合格品限定数

n　样本量

$(n;L)$　抽样方案

N　核查总体量

D　核查总体中的不合格品数

d　样本中的不合格品数

$P_a(D)$　核查总体的实际质量水平等于 D 时，根据抽样方案将核查总体判为核查通过的概率。

α 第一类错误概率(错判风险)

β 第二类错误概率(漏判风险)

4 原理

以抽样为基础的任何评定,由于抽样的随机性,判定结果会有内在的不确定性。

GB/T 2828 本部分所提供的程序,仅当有充分证据表明实际质量水平劣于声称质量水平时,才判定核查总体不合格。这些程序是按下述方式设计的,即当核查总体的实际质量水平等于或优于声称质量水平时,判定核查总体不合格的风险大约控制在5%。当实际质量水平劣于声称质量水平时,判定核查通过的风险依赖于实际质量水平的值。

5 声称质量水平

对批量生产的产品,在产品标准中应规定对产品的总体质量要求。

当供方接受核查时,在供方确有把握的前提下,供方声称的质量水平 DQL 值应不大于产品标准中所要求的产品总体质量水平值。负责部门提出核查时,所规定的声称的质量水平 DQL 值应不小于产品标准中所要求的产品总体质量水平值。

当给某一类别的不合格规定 DQL 时,表明供方有充分理由相信其产品质量水平不比该 DQL 更劣。

6 实施核查抽样检验的程序

6.1 确定核查总体

根据核查需要确定核查总体。核查总体中的产品可以是同厂家、同型号、同一周期生产的产品,或是同厂家、同型号、不同一周期生产的产品,或是同厂家、不同型号、不同一周期生产的产品,也可以是不同厂家、不同型号、不同周期生产的同类产品。必要时,还可以是不同类产品。

6.2 确定单位产品的技术性能、质量特性及要求

按照相关标准对单位产品的技术性能和指标、安全、卫生指标等需核查的质量特性作出明确的规定。

6.3 确定不合格品的分类

6.3.1 核查抽样检验时对不合格品的分类一般应与验收抽样检验时的不合格品的分类一致。

6.3.2 按照实际需要,一般将不合格品区分为 A 类、B 类及 C 类三种类别。如有必要,可以区分为多于三种类别的不合格品。在单位产品比较简单的情况下,也可区分为两种类别的不合格品,甚至不区分类别。

6.4 规定声称质量水平

由受检方自行申报声称质量水平或由负责部门根据核查需要规定声称质量水平。

6.4.1 当受检方自行申报 DQL 时,所申报的 DQL 应有充分的依据,不得随意更改。

6.4.2 由负责部门根据核查需要规定声称质量水平时,若验收抽样时已规定了 AQL 值,则规定的 DQL 值应不小于相应的该 AQL 值。

6.5 规定检验水平

GB/T 2828 本部分给出了 2 个检验水平,检验水平越高,所需的样本量越大,检验的功效越高;负责部门应根据所能承受的样本量和检验的功效两个因素选用检验水平;检验水平一经选定,在实施过程中不得改动。

6.6 检索抽样方案

应根据 DQL 值和检验水平从表 B.1 中查取抽样方案。对于一组给定的 DQL 值和检验水平,如无相应的抽样方案可用时,应按箭头方向查取抽样方案。经负责部门批准,对某一确定的 DQL 值,可使用样本量较大的抽样方案来代替样本量较小的抽样方案。

6.7 抽取样本

样本应按 GB/T 10111 中规定的方法在核查总体中随机抽取。

当使用分层随机抽样时，从各层抽取的样本产品数应与所考虑的核查总体的层的大小成比例。当从核查总体（批）中抽样时，可把可识别的子批作为层来使用分层抽样。当从过程中抽样时，可根据所识别的变异来源（例如，工具，操作人员，班次等）分层而使用分层抽样。

如果检索出的抽样方案所需的样本量超过所研究的核查总体量，应对该核查总体中所有的单位产品进行检验。

6.8 检验样本

对事先规定的各检验项目，按有关标准和技术要求规定的检验方法逐一检验样本中的每个样本单元，统计出被检样本中的不合格品数，或分别统计样本中不同类别的不合格品数。检测结果应完整准确地记录。

6.9 不合格品的处置

在样本中发现的任何不合格品不应再放回该核查总体。

6.10 判定准则

所检验的单位产品的数量应等于抽样方案表中规定的样本量。

若在样本中发现的不合格品数 d 小于或等于不合格品限定数 L，即抽检样本符合要求，判核查通过；若在样本中发现的不合格品数 d 大于不合格品限定数 L，即抽检样本不符合要求，判核查总体不合格。若受核查方对判定结果有异议可申请复验或复检。

6.11 抽检结论的统计解释

当抽样方案的样本量较小时，有较大的概率将不合格的核查总体判为核查通过，故其检验结论应为“不否定该核查总体的声称质量水平”，而不应为“核查总体合格”。负责部门对判定核查通过的核查总体不负确认总体合格的责任。

6.12 复验与复检

若受核查方对核查结果有异议，可申请复验或复检。

按 GB/T 16306 的规定取得的复验结果作为样本产品质量特性的最终结果。

复检样本不包括初次检验样本中的样本产品。其复检抽样方案按 GB/T 16306 的规定程序检索复检抽样方案。复检结论为最终结论。

注：经过复检后，会减小抽样检验的第一类错误概率 α，而增大抽样检验的第二类错误概率 β。

6.13 用实际质量水平判断

当可以确定核查总体的实际质量水平时，应用核查总体的实际质量水平与声称质量水平 DQL 比较，以判定该核查总体是否不合格，而不使用抽样方案判定；此时不存在复检，允许复验。

7 抽样方案的抽检特性函数与检验功效

本部分的表 D.1～表 D.24 给出了抽样方案的抽检特性函数（基于超几何分布）。当 $D=D_1$（>DQL）时，由它们可查出相应抽样方案的核查通过概率 $P_a(D_1)$ 的值，其 $1-P_a(D_1)$ 即为当 $D=D_1$ 时该抽样方案的检验功效。

8 应用示例

示例 1：某核查总体中有 80 个单位产品。欲检验其中的不合格品数是否超过 2 个，即 DQL＝2，试确定其抽样方案。

若选用检验水平 O 的抽样方案，从表 B.1 中查得抽样方案为 $(n,L)=(2,0)$。即从核查总体中随机抽取 2 个样本产品进行检验，若其中没有不合格品，则判核查通过；若其中含有不合格品，则判核查总体不合格。

示例2:某核查总体中有80个单位产品,欲检验其中的不合格品数是否超过5个即DQL=5,试确定其抽样方案。

若选用检验水平O的抽样方案,由于在表B.1中$N=80$的列和DQL=5的行的相交处为一个向上的箭头,沿着箭头方向可查得所需的抽样方案为$(n,L)=(1,0)$。从核查总体中随机抽取1个样本产品进行检验,若为合格品,则判该核查通过;若为不合格品,则判核查总体不合格。

若选用检验水平Ⅰ的抽样方案,查表B.2,在$N=80$的列和DQL=5的行的相交处可查得所需抽样方案为$(n,L)=(6,1)$。从核查总体中随机抽取6个样本产品进行检验,若其中含有不合格品的个数不超过1,则判核查通过;若其中含有不合格品的个数大于1,则判核查总体不合格。

以上两个抽样方案的功效是不同的,从表D.12中查得,当核查总体中含有30个不合格品时,抽样方案$(n,L)=(1,0)$的功效为$1-P_a(30)=1-0.625\ 0=0.375\ 0$;抽样方案$(n,L)=(6,1)$的功效为$1-P_a(30)=1-0.264\ 4=0.735\ 6$。抽样方案(6,1)的功效比抽样方案(1,0)的功效明显的高,负责部门应综合考虑功效、经济等因素来确定其中的一个抽样方案。

示例3:某核查总体中有178个单位产品,欲检验其中的不合格品数是否超过2个,即DQL=2,试确定其抽样方案。

若选用检验水平O的抽样方案,查表B.1,因178介于170与190之间,应使用N为190所对应的抽样方案$(n,L)=(5,0)$。

示例4:某核查总体中有45个单位产品,声称质量水平DQL=5,试确定其抽样方案。

选用检验水平Ⅰ的抽样方案,由表B.2查得抽样方案为$(n,L)=(4,1)$。当核查总体中实际含有20个不合格品时,查表D.8得$P_a(20)=0.393\ 6$。所以当$D=20$时,抽样方案的功效为$1-0.393\ 6=0.606\ 4$。

附　录　A
（规范性附录）
声称质量水平 DQL 等于 0 的情形

若核查总体中的单位产品经过了供方的 100% 检验或受核查方有把握认为该核查总体中的单位产品都合格，当对此总体进行质量核查时，可规定声称质量水平 DQL＝0。当规定声称质量水平 DQL＝0 时，用抽样方案 $(n,L)=(n,0)$，其 n 值可根据实际情况需要在 $1\sim N$ 中选取。

当 $d>0$ 时，则判核查总体不合格，且不允许复检。当 $d=0$ 时，只能判核查通过，其检验结论应为“不否定其声称质量水平”。

当规定 DQL＝0 时，可以不采用随机抽样，而根据专业知识或经验进行目的抽样。

附 录 B
(规范性附录)
抽样方案表

表 B.1 第 O 检验水平的抽样方案表

$L=0$

DQL \ n \ N	10	15	20	25	30	35	40	45	50	60	70	80	90	100	110	120	130	140	150	170	190	210	230	250
1	⇨	⇨	1	1	1	2	2	2	2	3	3	4	4	5	5	6	6	7	7	9	9	10	11	12
2					⇧	1	1	1	1	2	2	2	2	2	3	3	3	3	4	4	5	5	6	6
3							⇧	⇧	1	1	1	⇩	⇧	2	2	2	2	2	⇩	3	3	4	4	4
4										⇧	1	1	1	1	⇩	⇧	⇧	2	2	2	2	3	3	3
5											⇧	⇧	1	1	1	1	⇩	⇩	⇧	2	2	2	2	3
6												⇧	⇧	1	1	1	1	1	1	⇩	⇧	2	2	2
7														⇧	⇧	1	1	1	1	1		⇧	⇧	2
8																⇧	⇧	1	1	1	1	⇩	⇩	⇧
9																		⇧	1	1	1	1		⇩
10																			⇧	1	1	1	1	1
11																			⇧	⇧	1	1	1	1
12																					⇧	1	1	1
13																						⇧	1	1
14																							⇧	1
15																								1

表 B.2　第Ⅰ检验水平的抽样方案表

$L=1$

N n DQL	10	15	20	25	30	35	40	45	50	60	70	80	90	100	110	120	130	140	150	170	190	210	230	250
2	3	4	5	6	7	8	9	10	11	14	16	18	19	21	25	25	30	30	35	35	40	45	50	60
3	2	⇩	3	4	4	5	6	6	7	9	10	11	13	14	15	16	18	19	21	23	25	30	30	35
4		2	⇩	3	3	4	4	5	5	6	7	8	9	10	11	12	13	14	15	17	19	20	25	25
5			2	⇩	⇧	3	⇩	4	4	5	6	6	7	8	9	10	10	11	12	13	15	16	18	19
6				2	⇩	⇧	3	3	⇩	4	5	5	6	7	7	8	8	9	10	11	12	13	15	16
7				⇧	2	⇩	⇩	3	3	⇧	4	5	5	6	6	7	7	8	8	9	10	12	13	14
8					⇧	2		⇧	⇩	3	⇧	4	⇧	5	5	6	6	7	7	8	9	10	11	12
9						⇧	2	⇩		3	3	⇧	4	⇩	5	5	6	6	6	7	8	9	10	11
10							2	2		⇧	3	⇩	4	4	4	5	5	5	6	7	7	8	9	10
11							⇧	⇧	2	⇩	⇧	3	⇩	4	4	4	5	5	5	6	7	7	8	9
12									2		⇩	3	3	⇩	4	4	4	5	5	6	6	7	7	8
13												⇧	3	3	⇩	4	4	4	5	5	6	6	7	7
14										2		⇩	⇧	3	3	⇩	4	4	4	5	5	6	6	7
15											2			3	3	3	⇩	4	4	⇧	5	5	6	6
16											⇧	⇩	⇩	⇧	3	3	⇩	⇧	4	4	5	5	6	6
17												2		⇩	⇧	3	3	⇩	⇧	4	4	5	5	6
18												2				3	3	3	⇩	4	4	5	5	5
19												2	2		⇩	⇧	3	3	3	⇧	4	4	5	5
20													2				⇧	3	3	⇩	4	4	⇧	5
21													2	2	⇩	⇩	⇧	3	3	3	⇧	4	4	⇧
22													2	2				⇧	3	3		4	4	⇩
23														2	2		⇩		⇧	3	⇩	⇧	4	4
24														2	2					3	3		4	4
25															2	2		⇩		3	3	⇩	4	4
26																	⇩	⇩	⇧	⇧	⇧	⇩	⇧	⇧
27																								
28																			⇩				⇩	
29																								
30																	2	2	⇩	⇩	⇧	3	3	⇩
31																					⇩	⇧	⇧	
32																								
33																								
34																			⇩	⇩	⇩	⇧	⇧	⇩
35																			2	2				3
36																				2		⇩		⇧
37																				2				
38																				2	⇩	⇩	⇩	⇧
39																				2				
40																				2	2	2		
41																					2	2		
42																					2	2		
43																					2	2	⇩	⇩
44																					2	2		
45																					2	2		
46																						2		
47																						2		
48																						2	⇩	⇩
49																						2		
50																						2	2	
51																								
52																								
53																								⇩
54																								
55																								
56																								
57																								
58																								⇩
59																								
60																								2

附 录 C
（资料性附录）
GB/T 2828 本部分与其他部分的关系

C.1 本部分和 GB/T 2828 第 4 部分的区别

GB/T 2828 本部分提供了按 DQL 检索的抽样方案，而 GB/T 2828.4 也提供了按 DQL 检索的抽样方案。这两部分的主要区别如下：

a） GB/T 2828 本部分用于对小总体（$N \leqslant 250$）的质量核查，而 GB/T 2828.4 用于对大总体（$N > 250$）的质量核查。

b） GB/T 2828 本部分中的 DQL 是总体中的不合格品数，而 GB/T 2828.4 中的 DQL 是总体中的不合格品百分数。

c） GB/T 2828 本部分中使用 2 个检验水平，而 GB/T 2828.4 中使用 4 个 LQR（极限质量比）水平。

C.2 与极限质量保护程序的差别

GB/T 2828.1 包含一个极限质量保护的特殊程序，所以，通过查阅使用方风险表即可获得适当的抽样方案（见 GB/T 2828.1 的 12.6.2）。该程序的目的与 GB/T 2828 本部分相同。两种程序之间的主要差别如下：

a） GB/T 2828 本部分给出的程序主要用于质量核查，而 GB/T 2828.1 中的极限质量保护程序主要用于验收抽样检验。

b） GB/T 2828 本部分基于使用方风险的更准确的值，而 GB/T 2828.1 的极限质量保护程序易过高地估计使用方风险，尤其当批量较小的时候。

附　录　D
（资料性附录）
抽检特性函数表

表 D.1　N=10 时核查抽样方案 $P_a(D)$值表

n		1	2	3	n		1	2	3
L		0	1	1	L		0	1	1
D	1	0.900 0	1	1	D	6	0.400 0	0.666 7	0.333 3
	2	0.800 0	0.977 8	0.933 3		7	0.300 0	0.533 3	0.183 3
	3	0.700 0	0.933 3	0.816 7		8	0.200 0	0.377 8	NA
	4	0.600 0	0.866 7	0.666 7		9	0.100 0	NA	NA
	5	0.500 0	0.777 8	0.500 0					

表 D.2　N=15 时核查抽样方案 $P_a(D)$值表

n		1	2	4	n		1	2	4
L		0	1	1	L		0	1	1
D	1	0.933 3	1	1	D	9	0.400 0	0.657 1	0.142 9
	2	0.866 7	0.990 5	0.942 9		10	0.333 3	0.571 4	0.076 9
	3	0.800 0	0.971 4	0.846 2		11	0.266 7	0.476 2	0.033 0
	4	0.733 3	0.942 9	0.725 3		12	0.200 0	0.371 4	NA
	5	0.666 7	0.904 8	0.593 4		13	0.133 3	0.257 1	NA
	6	0.600 0	0.857 1	0.461 5		14	0.066 7	NA	NA
	7	0.533 3	0.800 0	0.338 5		15	NA	NA	NA
	8	0.466 7	0.733 3	0.230 8					

表 D.3　N=20 时核查抽样方案 $P_a(D)$值表

n		1	2	3	5	n		1	2	3	5
L		0	1	1	1	L		0	1	1	1
D	1	0.950 0	1	1	1	D	11	0.450 0	0.710 5	0.421 1	0.097 5
	2	0.900 0	0.994 7	0.984 2	0.947 4		12	0.400 0	0.652 6	0.343 9	0.057 8
	3	0.850 0	0.984 2	0.954 4	0.859 6		13	0.350 0	0.589 5	0.270 2	0.030 7
	4	0.800 0	0.968 4	0.912 3	0.751 3		14	0.300 0	0.521 1	0.201 8	0.013 9
	5	0.750 0	0.947 4	0.859 6	0.633 9		15	0.250 0	0.447 4	0.140 4	0.004 9
	6	0.700 0	0.921 1	0.798 2	0.516 5		16	0.200 0	0.368 4	0.087 7	NA
	7	0.650 0	0.889 5	0.729 8	0.405 8		17	0.150 0	0.284 2	0.045 6	NA
	8	0.600 0	0.852 6	0.656 1	0.306 5		18	0.100 0	0.194 7	NA	NA
	9	0.550 0	0.810 5	0.578 9	0.221 4		19	0.050 0	NA	NA	NA
	10	0.500 0	0.763 2	0.500 0	0.151 7						

表 D.4　N=25 时核查抽样方案 $P_a(D)$值表

n		1	2	3	4	6	n		1	2	3	4	6
L		0	1	1	1	1	L		0	1	1	1	1
D	1	0.960 0	1	1	1	1	D	11	0.560 0	0.816 7	0.593 5	0.395 7	0.141 3
	2	0.920 0	0.996 7	0.990 0	0.980 0	0.950 0		12	0.520 0	0.780 0	0.531 3	0.327 8	0.096 9
	3	0.880 0	0.990 0	0.970 9	0.943 5	0.867 4		13	0.480 0	0.740 0	0.468 7	0.265 2	0.063 4
	4	0.840 0	0.980 0	0.943 5	0.893 7	0.766 0		14	0.440 0	0.696 7	0.406 5	0.208 7	0.039 1
	5	0.800 0	0.966 7	0.908 7	0.833 6	0.656 6		15	0.400 0	0.650 0	0.345 7	0.158 9	0.022 5
	6	0.760 0	0.950 0	0.867 4	0.766 0	0.547 1		16	0.360 0	0.600 0	0.287 0	0.116 2	0.011 9
	7	0.720 0	0.930 0	0.820 4	0.693 4	0.443 5		17	0.320 0	0.546 7	0.231 3	0.080 8	0.005 5
	8	0.680 0	0.906 7	0.768 7	0.618 2	0.349 4		18	0.280 0	0.490 0	0.179 6	0.052 6	0.002 2
	9	0.640 0	0.880 0	0.713 0	0.542 3	0.267 2		19	0.240 0	0.430 0	0.132 6	0.031 2	0.000 6
	10	0.600 0	0.850 0	0.654 3	0.467 6	0.197 8							

表 D.5　$N=30$ 时核查抽样方案 $P_a(D)$ 值表

n		1	2	3	4	7	n		1	2	3	4	7
L		0	1	1	1	1	L		0	1	1	1	1
D	1	0.966 7	1	1	1	1	D	11	0.633 3	0.873 6	0.702 0	0.530 4	0.171 4
	2	0.933 3	0.997 7	0.993 1	0.986 2	0.951 7		12	0.600 0	0.848 3	0.653 2	0.469 0	0.125 1
	3	0.900 0	0.993 1	0.979 8	0.960 6	0.872 4		13	0.566 7	0.820 7	0.603 0	0.409 4	0.088 6
	4	0.866 7	0.986 2	0.960 6	0.925 0	0.775 5		14	0.533 3	0.790 8	0.551 7	0.352 5	0.060 7
	5	0.833 3	0.977 0	0.936 0	0.881 2	0.671 1		16	0.466 7	0.724 1	0.448 3	0.249 0	0.025 3
	6	0.800 0	0.965 5	0.906 4	0.830 9	0.566 7		18	0.400 0	0.648 3	0.346 8	0.162 6	0.008 6
	7	0.766 7	0.951 7	0.872 4	0.775 5	0.467 5		20	0.333 3	0.563 2	0.251 2	0.095 2	0.002 1
	8	0.733 3	0.935 6	0.834 5	0.716 5	0.377 0		22	0.266 7	0.469 0	0.165 5	0.047 5	0.000 3
	9	0.700 0	0.917 2	0.793 1	0.655 2	0.297 0		24	0.200 0	0.365 5	0.093 6	0.018 1	NA
	10	0.666 7	0.896 6	0.748 8	0.5928	0.228 5							

表 D.6　$N=35$ 时核查抽样方案 $P_a(D)$ 值表

n		1	2	2	3	4	5	8	n		1	2	2	3	4	5	8
L		0	0	1	1	1	1	1	L		0	0	1	1	1	1	1
D	1	0.971 4	0.942 9	1	1	1	1	1	D	12	0.657 1	0.425 2	0.889 1	0.734 5	0.575 0	0.431 0	0.145 8
	2	0.942 9	0.887 4	0.998 3	0.995 0	0.989 9	0.983 2	0.952 9		14	0.600 0	0.352 9	0.847 1	0.652 4	0.469 9	0.320 8	0.077 8
	3	0.914 3	0.833 6	0.995 0	0.985 2	0.971 0	0.952 6	0.875 9		16	0.542 9	0.287 4	0.798 3	0.566 1	0.370 1	0.226 9	0.037 5
	4	0.885 7	0.781 5	0.989 9	0.971 0	0.944 3	0.911 1	0.782 1		18	0.485 7	0.228 6	0.742 9	0.477 9	0.279 2	0.151 0	0.015 9
	5	0.857 1	0.731 1	0.983 2	0.952 6	0.911 1	0.861 1	0.681 2		20	0.428 6	0.176 5	0.680 7	0.390 4	0.199 9	0.093 3	0.005 7
	6	0.828 6	0.682 4	0.974 8	0.930 5	0.872 3	0.804 8	0.580 3		22	0.371 4	0.131 1	0.611 8	0.305 9	0.133 8	0.052 4	0.001 7
	7	0.800 0	0.635 3	0.964 7	0.904 8	0.829 0	0.744 2	0.484 2		24	0.314 3	0.092 4	0.536 1	0.226 9	0.081 9	0.025 8	0.000 3
	8	0.771 4	0.589 9	0.952 9	0.875 9	0.782 1	0.681 2	0.396 2		26	0.257 1	0.060 5	0.453 8	0.155 8	0.044 1	0.010 5	0.000 0
	9	0.742 9	0.546 2	0.939 5	0.844 2	0.732 4	0.617 1	0.317 9		28	0.200 0	0.035 3	0.364 7	0.095 2	0.019 4	0.003 1	NA
	10	0.714 3	0.504 2	0.924 4	0.809 8	0.680 9	0.553 3	0.250 2									

表 D.7　$N=40$ 时核查抽样方案 $P_a(D)$ 值表

n		1	2	2	3	4	6	9	n		1	2	2	3	4	6	9
L		0	0	1	1	1	1	1	L		0	0	1	1	1	1	1
D	1	0.975 0	0.950 0	1	1	1	1	1	D	12	0.700 0	0.484 6	0.915 4	0.790 7	0.654 2	0.405 4	0.161 7
	2	0.950 0	0.901 3	0.998 7	0.996 2	0.992 3	0.980 8	0.953 8		14	0.650 0	0.416 7	0.883 3	0.723 7	0.561 9	0.299 9	0.091 4
	3	0.925 0	0.853 8	0.996 2	0.988 7	0.977 7	0.946 4	0.878 5		16	0.600 0	0.353 8	0.846 2	0.651 8	0.470 6	0.212 2	0.047 8
	4	0.900 0	0.807 7	0.992 3	0.977 7	0.957 1	0.900 3	0.787 0		18	0.550 0	0.296 2	0.803 8	0.576 7	0.383 4	0.142 9	0.022 9
	5	0.875 0	0.762 8	0.987 2	0.963 6	0.931 0	0.845 8	0.688 6		20	0.500 0	0.243 6	0.756 4	0.500 0	0.302 5	0.090 9	0.009 8
	6	0.850 0	0.719 2	0.980 8	0.946 4	0.900 3	0.785 3	0.590 2		23	0.425 0	0.174 4	0.675 6	0.385 4	0.197 2	0.040 3	0.002 1
	7	0.825 0	0.676 9	0.973 1	0.926 3	0.865 7	0.721 4	0.496 5		26	0.350 0	0.116 7	0.583 3	0.276 3	0.114 5	0.014 3	0.000 3
	8	0.800 0	0.635 9	0.964 1	0.903 6	0.827 7	0.655 8	0.410 3		29	0.275 0	0.070 5	0.479 5	0.178 1	0.056 0	0.003 6	0.000 0
	9	0.775 0	0.596 2	0.953 8	0.878 5	0.787 0	0.590 2	0.333 4		32	0.200 0	0.035 9	0.364 1	0.096 4	0.020 4	0.000 5	NA
	10	0.750 0	0.557 7	0.942 3	0.851 2	0.744 1	0.526 0	0.266 4									

表 D.8　N=45 时核查抽样方案 $P_a(D)$ 值表

n		1	2	2	3	4	5	6	10
L		0	0	1	1	1	1	1	1
D	1	0.977 8	0.955 6	1	1	1	1	1	1
	2	0.955 6	0.912 1	0.999 0	0.997 0	0.993 9	0.989 9	0.984 8	0.954 5
	3	0.933 3	0.869 7	0.997 0	0.991 1	0.982 4	0.971 1	0.957 4	0.880 5
	4	0.911 1	0.828 3	0.993 9	0.982 4	0.965 9	0.944 9	0.920 1	0.790 7
	5	0.888 9	0.787 9	0.989 9	0.971 1	0.944 9	0.912 6	0.875 2	0.694 3
	6	0.866 7	0.748 5	0.984 8	0.957 4	0.920 1	0.875 2	0.824 7	0.597 8
	7	0.844 4	0.710 1	0.978 8	0.941 3	0.891 8	0.833 8	0.770 3	0.505 9
	8	0.822 2	0.672 7	0.971 7	0.923 0	0.860 5	0.789 2	0.713 6	0.421 2
	9	0.800 0	0.636 4	0.963 6	0.902 7	0.826 6	0.742 5	0.655 7	0.345 3
	10	0.777 8	0.601 0	0.954 5	0.880 5	0.790 7	0.694 3	0.597 8	0.278 9
	12	0.733 3	0.533 3	0.933 3	0.831 0	0.714 1	0.596 2	0.485 6	0.174 1
	14	0.688 9	0.469 7	0.908 1	0.775 5	0.633 5	0.499 6	0.382 4	0.102 4
	16	0.644 4	0.410 1	0.878 8	0.715 3	0.551 8	0.408 2	0.291 6	0.056 5
	18	0.600 0	0.354 5	0.845 5	0.651 4	0.471 2	0.324 6	0.214 7	0.029 1
	20	0.555 6	0.303 0	0.808 1	0.584 9	0.393 6	0.250 6	0.152 2	0.013 8
	23	0.488 9	0.233 3	0.744 4	0.482 9	0.286 8	0.159 3	0.083 5	0.003 8
	26	0.422 2	0.172 7	0.671 7	0.381 6	0.195 1	0.092 0	0.040 4	0.000 8
	29	0.355 6	0.121 2	0.589 9	0.284 7	0.121 2	0.046 8	0.016 5	0.000 1
	32	0.288 9	0.078 8	0.499 0	0.196 1	0.066 2	0.019 8	0.005 3	0.000 0

表 D.9　N=50 时核查抽样方案 $P_a(D)$ 值表

n		1	2	2	3	4	5	7	11
L		0	0	1	1	1	1	1	1
D	1	0.980 0	0.960 0	1	1	1	1	1	1
	2	0.960 0	0.920 8	0.999 2	0.997 6	0.995 1	0.991 8	0.982 9	0.955 1
	3	0.940 0	0.882 4	0.997 6	0.992 8	0.985 7	0.976 5	0.952 1	0.882 1
	4	0.920 0	0.844 9	0.995 1	0.985 7	0.972 2	0.955 0	0.911 0	0.793 7
	5	0.900 0	0.808 2	0.991 8	0.976 5	0.955 0	0.928 2	0.862 0	0.698 8
	6	0.880 0	0.772 2	0.987 8	0.965 3	0.934 5	0.897 0	0.807 7	0.603 9
	7	0.860 0	0.737 1	0.982 9	0.952 1	0.911 0	0.862 0	0.749 9	0.513 3
	8	0.840 0	0.702 9	0.977 1	0.937 1	0.884 8	0.824 1	0.690 2	0.429 7
	9	0.820 0	0.669 4	0.970 6	0.920 4	0.856 3	0.783 9	0.630 2	0.354 7
	10	0.800 0	0.636 7	0.963 3	0.902 0	0.825 8	0.741 9	0.570 9	0.288 8
	11	0.780 0	0.604 9	0.955 1	0.882 1	0.793 7	0.698 8	0.513 3	0.232 1
	12	0.760 0	0.573 9	0.946 1	0.860 8	0.760 1	0.655 0	0.458 0	0.184 1
	15	0.700 0	0.485 7	0.914 3	0.789 3	0.653 6	0.523 9	0.311 1	0.084 9
	18	0.640 0	0.404 9	0.875 1	0.708 6	0.543 8	0.400 5	0.197 0	0.034 5
	21	0.580 0	0.331 4	0.828 6	0.621 4	0.436 3	0.291 5	0.115 5	0.012 2
	25	0.500 0	0.244 9	0.755 1	0.500 0	0.304 6	0.174 3	0.049 1	0.002 3
	30	0.400 0	0.155 1	0.644 9	0.349 0	0.169 5	0.075 9	0.012 4	0.000 2
	35	0.300 0	0.085 7	0.514 3	0.210 7	0.075 1	0.024 0	0.001 8	0.000 0
	40	0.200 0	0.036 7	0.363 3	0.098 0	0.021 8	0.004 1	0.000 1	NA

表 D.10　$N=60$ 时核查抽样方案 $P_a(D)$ 值表

n		1	2	3	2	3	4	5	6	9	14
L		0	0	0	1	1	1	1	1	1	1
D	1	0.983 3	0.966 7	0.950 0	1	1	1	1	1	1	1
	2	0.966 7	0.933 9	0.901 7	0.999 4	0.998 3	0.996 6	0.994 4	0.991 5	0.979 7	0.948 6
	3	0.950 0	0.901 7	0.855 1	0.998 3	0.995 0	0.990 1	0.983 6	0.975 7	0.943 9	0.867 0
	4	0.933 3	0.870 1	0.810 1	0.996 6	0.990 1	0.980 6	0.968 4	0.953 7	0.896 8	0.770 5
	5	0.916 7	0.839 0	0.766 7	0.994 4	0.983 6	0.968 4	0.949 2	0.926 5	0.841 9	0.669 3
	6	0.900 0	0.808 5	0.724 8	0.991 5	0.975 7	0.953 7	0.926 5	0.894 9	0.782 0	0.570 4
	7	0.883 3	0.778 5	0.684 6	0.988 1	0.966 5	0.936 8	0.900 8	0.859 8	0.719 5	0.478 1
	8	0.866 7	0.749 2	0.645 8	0.984 2	0.955 8	0.917 7	0.872 4	0.822 0	0.656 1	0.394 9
	9	0.850 0	0.720 3	0.608 6	0.979 7	0.943 9	0.896 8	0.841 9	0.782 0	0.593 5	0.321 6
	10	0.833 3	0.692 1	0.572 8	0.974 6	0.930 7	0.874 2	0.809 6	0.740 6	0.532 6	0.258 6
	14	0.766 7	0.584 7	0.443 6	0.948 6	0.867 0	0.770 5	0.669 3	0.570 4	0.321 6	0.096 0
	19	0.683 3	0.463 3	0.311 5	0.903 4	0.766 8	0.623 0	0.489 5	0.374 2	0.146 5	0.021 3
	24	0.600 0	0.355 9	0.208 6	0.844 1	0.650 5	0.472 2	0.327 9	0.219 6	0.055 5	0.003 4
	29	0.516 7	0.262 7	0.131 4	0.770 6	0.525 4	0.331 8	0.198 2	0.113 1	0.016 8	0.000 4
	34	0.433 3	0.183 6	0.076 0	0.683 1	0.398 9	0.211 9	0.105 1	0.049 3	0.003 8	0.000 0
	39	0.350 0	0.118 6	0.038 9	0.581 4	0.278 2	0.118 6	0.046 5	0.016 9	0.000 6	0.000 0
	44	0.266 7	0.067 8	0.016 4	0.465 5	0.170 7	0.054 3	0.015 5	0.004 0	0.000 0	0.000 0
	49	0.183 3	0.031 1	0.004 8	0.335 6	0.083 6	0.017 3	0.003 0	0.000 5	0.000 0	NA
	54	0.100 0	0.008 5	0.000 6	0.191 5	0.024 3	0.002 2	0.000 1	0.000 0	NA	NA

表 D.11　$N=70$ 时核查抽样方案 $P_a(D)$ 值表

n		1	2	3	2	3	4	5	6	7	10	16
L		0	0	0	1	1	1	1	1	1	1	1
D	1	0.985 7	0.971 4	0.957 1	1	1	1	1	1	1	1	1
	2	0.971 4	0.943 3	0.915 5	0.999 6	0.998 8	0.997 5	0.995 9	0.993 8	0.991 3	0.981 4	0.950 3
	3	0.957 1	0.915 5	0.875 1	0.998 8	0.996 3	0.992 7	0.987 9	0.982 1	0.975 2	0.948 5	0.871 4
	4	0.942 9	0.888 2	0.836 0	0.997 5	0.992 7	0.985 7	0.976 6	0.965 6	0.952 8	0.905 0	0.777 7
	5	0.928 6	0.861 3	0.798 0	0.995 9	0.987 9	0.976 6	0.962 2	0.945 0	0.925 3	0.854 2	0.679 4
	6	0.914 3	0.834 8	0.761 1	0.993 8	0.982 1	0.965 6	0.945 0	0.920 7	0.893 5	0.798 4	0.582 9
	7	0.900 0	0.808 7	0.725 4	0.991 3	0.975 2	0.952 8	0.925 3	0.893 5	0.858 3	0.739 8	0.492 4
	8	0.885 7	0.783 0	0.690 9	0.988 4	0.967 3	0.938 4	0.903 4	0.863 7	0.820 5	0.680 1	0.410 4
	9	0.871 4	0.757 8	0.657 5	0.985 1	0.958 3	0.922 4	0.879 6	0.831 8	0.780 8	0.620 7	0.337 8
	10	0.857 1	0.732 9	0.625 1	0.981 4	0.948 5	0.905 0	0.854 2	0.798 4	0.739 8	0.562 7	0.274 8
	11	0.842 9	0.708 5	0.593 9	0.977 2	0.937 7	0.886 4	0.827 3	0.763 7	0.698 0	0.506 8	0.221 2
	12	0.828 6	0.684 5	0.563 7	0.972 7	0.926 1	0.866 6	0.799 3	0.728 1	0.656 0	0.453 7	0.176 2
	13	0.814 3	0.660 9	0.534 5	0.967 7	0.913 6	0.845 7	0.770 2	0.691 9	0.614 1	0.403 7	0.139 0
	14	0.800 0	0.637 7	0.506 4	0.962 3	0.900 3	0.823 8	0.740 5	0.655 5	0.572 6	0.357 1	0.108 5
	15	0.785 7	0.614 9	0.479 3	0.956 5	0.886 2	0.801 2	0.710 1	0.619 1	0.532 0	0.314 1	0.084 0
	25	0.642 9	0.409 9	0.259 2	0.875 8	0.711 4	0.549 4	0.408 7	0.295 1	0.207 7	0.063 9	0.003 7
	35	0.500 0	0.246 4	0.119 6	0.753 6	0.500 0	0.306 9	0.178 2	0.099 0	0.053 0	0.006 7	0.000 0
	45	0.357 1	0.124 2	0.042 0	0.590 1	0.288 6	0.126 7	0.051 4	0.019 6	0.007 0	0.000 2	0.000 0
	55	0.214 3	0.043 5	0.008 3	0.385 1	0.113 8	0.028 8	0.006 5	0.001 3	0.000 2	0.000 0	NA

表 D.12 N=80 时核查抽样方案 $P_a(D)$ 值表

	n	1	2	4	2	3	4	5	6	8	11	18
	L	0	0	0	1	1	1	1	1	1	1	1
D	1	0.987 5	0.975 0	0.950 0	1	1	1	1	1	1	1	1
	2	0.975 0	0.950 3	0.901 9	0.999 7	0.999 1	0.998 1	0.996 8	0.995 3	0.991 1	0.982 6	0.951 6
	3	0.962 5	0.925 9	0.855 6	0.999 1	0.997 2	0.994 4	0.990 7	0.986 2	0.974 8	0.951 8	0.874 6
	4	0.950 0	0.901 9	0.811 2	0.998 1	0.994 4	0.989 0	0.982 0	0.973 4	0.952 2	0.911 0	0.783 1
	5	0.937 5	0.878 2	0.768 5	0.996 8	0.990 7	0.982 0	0.970 7	0.957 3	0.924 4	0.863 1	0.686 9
	6	0.925 0	0.854 7	0.727 5	0.995 3	0.986 2	0.973 4	0.957 3	0.938 1	0.892 4	0.810 3	0.592 2
	7	0.912 5	0.831 6	0.688 2	0.993 4	0.980 9	0.963 5	0.941 7	0.916 4	0.857 2	0.754 7	0.503 1
	8	0.900 0	0.808 9	0.650 5	0.991 1	0.974 8	0.952 2	0.924 4	0.892 4	0.819 5	0.697 9	0.422 0
	9	0.887 5	0.786 4	0.614 3	0.988 6	0.967 9	0.939 6	0.905 3	0.866 5	0.779 9	0.641 0	0.349 9
	10	0.875 0	0.764 2	0.579 7	0.985 8	0.960 2	0.925 8	0.884 9	0.839 1	0.739 2	0.585 1	0.287 1
	11	0.862 5	0.742 4	0.546 6	0.982 6	0.951 8	0.911 0	0.863 1	0.810 3	0.697 9	0.531 0	0.233 2
	12	0.850 0	0.720 9	0.514 9	0.979 1	0.942 7	0.895 2	0.840 1	0.780 5	0.656 3	0.479 3	0.187 7
	13	0.837 5	0.699 7	0.484 6	0.975 3	0.932 9	0.878 4	0.816 2	0.749 9	0.615 0	0.430 3	0.149 7
	14	0.825 0	0.678 8	0.455 7	0.971 2	0.922 5	0.860 8	0.791 5	0.718 7	0.574 3	0.384 4	0.118 4
	15	0.812 5	0.658 2	0.428 1	0.966 8	0.911 4	0.842 3	0.766 0	0.687 2	0.534 4	0.341 7	0.092 9
	16	0.800 0	0.638 0	0.401 7	0.962 0	0.899 7	0.823 2	0.740 0	0.655 5	0.495 6	0.302 3	0.072 3
	17	0.787 5	0.618 0	0.376 6	0.957 0	0.887 4	0.803 5	0.713 6	0.623 7	0.458 1	0.266 1	0.055 8
	18	0.775 0	0.598 4	0.352 7	0.951 6	0.874 6	0.783 1	0.686 9	0.592 2	0.422 0	0.233 2	0.042 7
	19	0.762 5	0.579 1	0.330 0	0.945 9	0.861 2	0.762 3	0.659 9	0.560 9	0.387 5	0.203 4	0.032 4
	20	0.750 0	0.560 1	0.308 3	0.939 9	0.847 4	0.741 1	0.632 9	0.530 1	0.354 7	0.176 6	0.024 4
	22	0.725 0	0.523 1	0.268 3	0.926 9	0.818 2	0.697 5	0.578 9	0.470 2	0.294 3	0.131 3	0.013 5
	24	0.700 0	0.487 3	0.232 2	0.912 7	0.787 2	0.652 9	0.525 6	0.413 1	0.241 0	0.095 8	0.007 2
	26	0.675 0	0.452 8	0.200 0	0.897 2	0.754 7	0.607 7	0.473 6	0.359 6	0.194 7	0.068 5	0.003 7
	28	0.650 0	0.419 6	0.171 2	0.880 4	0.720 9	0.562 4	0.423 4	0.309 9	0.155 2	0.048 0	0.001 9
	30	0.625 0	0.387 7	0.145 6	0.862 3	0.685 9	0.517 4	0.375 5	0.264 4	0.121 9	0.033 0	0.000 9
	32	0.600 0	0.357 0	0.123 0	0.843 0	0.649 9	0.473 0	0.330 2	0.223 2	0.094 3	0.022 1	0.000 4
	34	0.575 0	0.327 5	0.103 2	0.822 5	0.613 1	0.429 5	0.287 8	0.186 3	0.071 8	0.014 5	0.000 2
	36	0.550 0	0.299 4	0.085 8	0.800 6	0.575 7	0.387 3	0.248 5	0.153 6	0.053 7	0.009 3	0.000 1
	38	0.525 0	0.272 5	0.070 8	0.777 5	0.538 0	0.346 6	0.212 3	0.125 0	0.039 4	0.005 7	0.000 0
	40	0.500 0	0.246 8	0.057 8	0.753 2	0.500 0	0.307 7	0.179 4	0.100 4	0.028 4	0.003 5	0.000 0
	42	0.475 0	0.222 5	0.046 7	0.727 5	0.462 0	0.270 7	0.149 8	0.079 3	0.020 0	0.002 0	0.000 0
	45	0.437 5	0.188 3	0.033 1	0.686 7	0.405 6	0.219 3	0.111 5	0.054 0	0.011 3	0.000 8	0.000 0
	50	0.375 0	0.137 7	0.017 3	0.612 3	0.314 1	0.145 7	0.062 9	0.025 7	0.003 7	0.000 1	0.000 0
	55	0.312 5	0.094 9	0.008 0	0.530 1	0.228 8	0.088 0	0.031 2	0.010 3	0.000 9	0.000 0	0.000 0
	60	0.250 0	0.060 1	0.003 1	0.439 9	0.152 6	0.046 3	0.012 7	0.003 2	0.000 2	0.000 0	0.000 0
	65	0.187 5	0.033 2	0.000 9	0.341 8	0.088 6	0.019 6	0.003 8	0.000 7	0.000 0	0.000 0	NA
	70	0.125 0	0.014 2	0.000 1	0.235 8	0.039 8	0.005 4	0.000 6	0.000 1	0.0000	NA	NA
	75	0.062 5	0.003 2	0.000 0	0.121 8	0.009 3	0.000 5	0.000 0	NA	NA	NA	NA

表 D.13 $N=90$ 时核查抽样方案 $P_a(D)$ 值表

n		1	2	4	2	3	4	5	6	7	9	13	19
L		0	0	0	1	1	1	1	1	1	1	1	1
D	1	0.988 9	0.977 8	0.955 6	1	1	1	1	1	1	1	1	1
	2	0.977 8	0.955 8	0.912 6	0.999 8	0.999 3	0.998 5	0.997 5	0.996 3	0.994 8	0.991 0	0.980 5	0.957 3
	3	0.966 7	0.934 1	0.871 1	0.999 3	0.997 8	0.995 6	0.992 7	0.989 1	0.984 9	0.974 5	0.946 4	0.888 4
	4	0.955 6	0.912 6	0.831 1	0.998 5	0.995 6	0.991 3	0.985 7	0.978 9	0.970 9	0.951 6	0.901 8	0.805 3
	5	0.944 4	0.891 4	0.792 4	0.997 5	0.992 7	0.985 7	0.976 7	0.965 9	0.953 3	0.923 7	0.849 9	0.716 3
	6	0.933 3	0.870 4	0.755 1	0.996 3	0.989 1	0.978 9	0.965 9	0.950 4	0.932 7	0.891 6	0.793 3	0.627 3
	7	0.922 2	0.849 7	0.719 2	0.994 8	0.984 9	0.970 9	0.953 3	0.932 7	0.909 3	0.856 3	0.734 4	0.542 2
	8	0.911 1	0.829 2	0.684 5	0.993 0	0.980 0	0.961 8	0.939 2	0.913 0	0.883 8	0.818 7	0.674 8	0.463 2
	9	0.900 0	0.809 0	0.651 1	0.991 0	0.974 5	0.951 6	0.923 7	0.891 6	0.856 3	0.779 3	0.615 7	0.391 7
	10	0.888 9	0.789 0	0.619 0	0.988 8	0.968 3	0.940 5	0.906 9	0.868 8	0.827 4	0.738 8	0.558 4	0.328 1
	11	0.877 8	0.769 3	0.588 0	0.986 3	0.961 6	0.928 5	0.888 9	0.844 6	0.797 2	0.697 8	0.503 4	0.272 4
	12	0.866 7	0.749 8	0.558 2	0.983 5	0.954 3	0.915 5	0.869 8	0.819 4	0.766 1	0.656 6	0.451 3	0.224 4
	13	0.855 6	0.730 6	0.529 6	0.980 5	0.946 4	0.901 8	0.849 9	0.793 3	0.734 4	0.615 7	0.402 5	0.183 4
	14	0.844 4	0.711 6	0.502 1	0.977 3	0.938 0	0.887 3	0.829 1	0.766 6	0.702 3	0.575 5	0.357 2	0.148 8
	15	0.833 3	0.692 9	0.475 7	0.973 8	0.929 1	0.872 1	0.807 5	0.739 2	0.669 9	0.536 2	0.315 5	0.119 8
	16	0.822 2	0.674 4	0.450 3	0.970 0	0.919 6	0.856 2	0.785 4	0.711 5	0.637 6	0.497 9	0.277 3	0.095 9
	17	0.811 1	0.656 2	0.426 0	0.966 0	0.909 7	0.839 8	0.762 8	0.683 5	0.605 4	0.461 0	0.242 7	0.076 2
	18	0.800 0	0.638 2	0.402 6	0.961 8	0.899 3	0.822 8	0.739 7	0.655 4	0.573 6	0.425 6	0.211 4	0.060 1
	19	0.788 9	0.620 5	0.380 3	0.957 3	0.888 4	0.805 3	0.716 3	0.627 3	0.542 2	0.391 7	0.183 4	0.047 1
	20	0.777 8	0.603 0	0.358 8	0.952 6	0.877 1	0.787 3	0.692 6	0.599 4	0.511 4	0.359 4	0.158 4	0.036 7
	22	0.755 6	0.568 8	0.750 2	0.942 3	0.853 2	0.750 2	0.644 8	0.544 1	0.452 0	0.300 0	0.116 6	0.021 8
	24	0.733 3	0.535 6	0.711 9	0.931 1	0.827 7	0.711 9	0.596 9	0.490 4	0.396 1	0.247 6	0.084 3	0.012 7
	26	0.711 1	0.503 4	0.672 6	0.918 9	0.800 8	0.672 6	0.549 4	0.438 8	0.344 1	0.201 9	0.060 0	0.007 1
	28	0.688 9	0.472 2	0.632 8	0.905 6	0.772 6	0.632 8	0.502 6	0.389 7	0.296 2	0.162 8	0.041 9	0.003 9
	30	0.666 7	0.441 9	0.592 6	0.891 4	0.743 3	0.592 6	0.457 1	0.343 6	0.252 7	0.129 6	0.028 7	0.002 1
	32	0.644 4	0.412 7	0.552 5	0.876 2	0.712 9	0.552 5	0.413 2	0.300 5	0.213 6	0.101 9	0.019 3	0.001 1
	34	0.622 2	0.384 5	0.512 6	0.859 9	0.681 6	0.512 6	0.371 1	0.260 7	0.178 8	0.079 1	0.012 7	0.000 5
	38	0.577 8	0.331 1	0.434 6	0.824 5	0.617 0	0.434 6	0.293 2	0.191 3	0.121 5	0.045 7	0.005 2	0.000 1
	40	0.555 6	0.305 9	0.397 0	0.805 2	0.583 9	0.397 0	0.257 8	0.161 6	0.098 4	0.034 0	0.003 2	0.000 1
	45	0.500 0	0.247 2	0.308 2	0.752 8	0.500 0	0.308 2	0.180 4	0.101 4	0.055 1	0.015 0	0.000 8	0.000 0
	50	0.444 4	0.194 8	0.229 1	0.694 1	0.416 1	0.229 1	0.118 9	0.059 0	0.028 2	0.005 8	0.000 2	0.000 0
	55	0.388 9	0.148 6	0.161 4	0.629 2	0.334 3	0.161 4	0.072 9	0.031 3	0.012 8	0.001 9	0.000 0	0.000 0
	60	0.333 3	0.108 6	0.106 1	0.558 1	0.256 7	0.106 1	0.040 7	0.014 7	0.005 0	0.000 5	0.000 0	0.000 0
	65	0.277 8	0.074 9	0.063 5	0.480 6	0.185 6	0.063 5	0.019 9	0.005 8	0.001 6	0.000 1	0.000 0	0.000 0
	70	0.222 2	0.047 4	0.033 1	0.397 0	0.122 9	0.033 1	0.008 1	0.001 8	0.000 4	0.000 0	0.000 0	0.000 0
	75	0.166 7	0.026 2	0.013 9	0.307 1	0.070 9	0.013 9	0.002 4	0.000 4	0.000 1	0.000 0	0.000 0	NA
	80	0.111 1	0.011 2	0.003 8	0.211 0	0.031 7	0.003 8	0.000 4	0.000 0	0.000 0	0.000 0	NA	NA
	85	0.055 6	0.002 5	0.000 3	0.108 6	0.007 3	0.000 3	0.000 0	NA	NA	NA	NA	NA

表 D.14　$N=100$ 时核查抽样方案 $P_a(D)$ 值表

n		1	2	5	2	3	4	5	6	7	8	10	14	21
L		0	0	0	1	1	1	1	1	1	1	1	1	1
D	1	0.990 0	0.980 0	0.950 0	1	1	1	1	1	1	1	1	1	1
	2	0.980 0	0.960 2	0.902 0	0.999 8	0.999 4	0.998 8	0.998 0	0.997 0	0.995 8	0.994 3	0.990 9	0.981 6	0.957 6
	3	0.970 0	0.940 6	0.856 0	0.999 4	0.998 2	0.996 4	0.994 1	0.991 2	0.987 7	0.983 7	0.974 2	0.949 4	0.889 2
	4	0.960 0	0.921 2	0.811 9	0.998 8	0.996 4	0.992 9	0.988 4	0.982 8	0.976 3	0.968 8	0.951 2	0.906 9	0.806 7
	5	0.950 0	0.902 0	0.769 6	0.998 0	0.994 1	0.988 4	0.981 0	0.972 1	0.961 8	0.950 1	0.923 1	0.857 5	0.718 4
	6	0.940 0	0.883 0	0.729 1	0.997 0	0.991 2	0.982 8	0.972 1	0.959 3	0.944 6	0.928 2	0.891 0	0.803 4	0.630 2
	7	0.930 0	0.864 2	0.690 3	0.995 8	0.987 7	0.976 3	0.961 8	0.944 6	0.925 1	0.903 6	0.855 7	0.746 9	0.545 7
	8	0.920 0	0.845 7	0.653 2	0.994 3	0.983 7	0.968 8	0.950 1	0.928 2	0.903 6	0.876 8	0.818 1	0.689 4	0.467 8
	9	0.910 0	0.827 3	0.617 7	0.992 7	0.979 2	0.960 4	0.937 2	0.910 3	0.880 4	0.848 2	0.778 8	0.632 3	0.396 2
	10	0.900 0	0.809 1	0.583 8	0.990 9	0.974 2	0.951 2	0.923 1	0.891 0	0.855 7	0.818 1	0.738 5	0.576 5	0.332 9
	11	0.890 0	0.791 1	0.551 3	0.988 9	0.968 7	0.941 2	0.908 1	0.870 5	0.829 8	0.786 8	0.697 7	0.522 7	0.277 4
	12	0.880 0	0.773 3	0.520 3	0.986 7	0.962 7	0.930 5	0.892 0	0.849 0	0.802 8	0.754 8	0.656 8	0.471 6	0.229 4
	13	0.870 0	0.755 8	0.490 8	0.984 2	0.956 3	0.919 1	0.875 1	0.826 6	0.775 1	0.722 2	0.616 3	0.423 5	0.188 4
	14	0.860 0	0.738 4	0.462 6	0.981 6	0.949 4	0.906 9	0.857 5	0.803 4	0.746 9	0.689 4	0.576 5	0.378 5	0.153 6
	15	0.850 0	0.721 2	0.435 7	0.978 8	0.942 0	0.894 2	0.839 1	0.779 6	0.718 2	0.656 5	0.537 5	0.336 8	0.124 4
	16	0.840 0	0.704 2	0.410 1	0.975 8	0.934 2	0.880 9	0.820 1	0.755 4	0.689 2	0.623 7	0.499 8	0.298 4	0.100 2
	17	0.830 0	0.687 5	0.385 6	0.972 5	0.926 0	0.867 0	0.800 6	0.730 7	0.660 2	0.591 3	0.463 3	0.263 4	0.080 1
	18	0.820 0	0.670 9	0.362 4	0.969 1	0.917 4	0.852 6	0.780 6	0.705 8	0.631 2	0.559 3	0.428 3	0.231 5	0.063 7
	19	0.810 0	0.654 5	0.340 3	0.965 5	0.908 3	0.837 7	0.760 2	0.680 6	0.602 4	0.527 9	0.394 9	0.202 7	0.050 4
	20	0.800 0	0.638 4	0.319 3	0.961 6	0.898 9	0.822 4	0.739 5	0.655 4	0.573 9	0.497 2	0.363 0	0.176 8	0.039 6
	21	0.790 0	0.622 4	0.299 4	0.957 6	0.889 2	0.806 7	0.718 4	0.630 2	0.545 7	0.467 3	0.332 9	0.153 6	0.030 9
	22	0.780 0	0.606 7	0.280 4	0.953 3	0.879 0	0.790 6	0.697 2	0.605 1	0.518 0	0.438 3	0.304 5	0.132 9	0.024 0
	23	0.770 0	0.591 1	0.262 4	0.948 9	0.868 6	0.774 2	0.675 9	0.580 1	0.490 9	0.410 3	0.277 7	0.114 7	0.018 5
	24	0.760 0	0.575 8	0.245 4	0.944 2	0.857 8	0.757 5	0.654 4	0.555 4	0.464 3	0.383 3	0.252 7	0.098 5	0.014 2
	25	0.750 0	0.560 6	0.229 2	0.939 4	0.846 6	0.740 5	0.632 8	0.530 9	0.438 5	0.357 3	0.229 3	0.084 3	0.010 9
	30	0.700 0	0.487 9	0.160 8	0.912 1	0.786 6	0.652 6	0.526 1	0.414 6	0.320 6	0.244 0	0.135 6	0.036 6	0.002 6
	35	0.650 0	0.420 2	0.109 7	0.879 8	0.720 3	0.562 5	0.424 5	0.311 8	0.224 1	0.158 1	0.075 0	0.014 4	0.000 5
	40	0.600 0	0.357 6	0.072 5	0.842 4	0.649 5	0.473 4	0.331 6	0.225 3	0.149 2	0.096 8	0.038 5	0.005 1	0.000 1
	45	0.550 0	0.300 0	0.046 2	0.800 0	0.575 5	0.388 0	0.250 1	0.155 6	0.094 2	0.055 6	0.018 2	0.001 6	0.000 0
	50	0.500 0	0.247 5	0.028 1	0.752 5	0.500 0	0.308 7	0.181 1	0.102 2	0.055 9	0.029 7	0.007 8	0.000 4	0.00 0
	55	0.450 0	0.200 0	0.016 2	0.700 0	0.424 5	0.237 0	0.125 1	0.063 2	0.030 8	0.014 6	0.003 0	0.000 1	0.000 0
	60	0.400 0	0.157 6	0.008 7	0.642 4	0.350 5	0.174 5	0.081 6	0.036 3	0.015 6	0.006 4	0.001 0	0.000 0	0.000 0
	65	0.350 0	0.120 2	0.004 3	0.579 8	0.279 7	0.121 8	0.049 5	0.019 1	0.007 0	0.002 5	0.000 3	0.000 0	0.000 0
	70	0.300 0	0.087 9	0.001 9	0.512 1	0.213 4	0.079 5	0.027 4	0.008 9	0.002 7	0.000 8	0.000 1	0.000 0	0.000 0
	75	0.250 0	0.060 6	0.000 7	0.439 4	0.153 4	0.047 2	0.013 3	0.003 5	0.000 9	0.000 2	0.000 0	0.000 0	0.000 0
	80	0.200 0	0.038 4	0.000 2	0.361 6	0.101 1	0.024 5	0.005 4	0.001 1	0.000 2	0.000 0	0.000 0	0.000 0	NA
	85	0.150 0	0.021 2	0.000 0	0.278 8	0.058 0	0.010 2	0.001 6	0.000 2	0.000 0	0.000 0	0.000 0	0.000 0	NA
	90	0.100 0	0.009 1	0.000 0	0.190 9	0.025 8	0.002 8	0.000 3	0.000 0	0.000 0	0.000 0	0.000 0	NA	NA

表 D.15 $N=110$ 时核查抽样方案 $P_a(D)$ 值表

n		1	2	3	5	2	3	4	5	6	7	9	11	15	25
L		0	0	0	0	1	1	1	1	1	1	1	1	1	1
D	1	0.990 9	0.981 8	0.972 7	0.954 5	1	1	1	1	1	1	1	1	1	1
	2	0.981 8	0.963 8	0.946 0	0.910 8	0.999 8	0.999 5	0.999 0	0.998 3	0.997 5	0.996 5	0.994 0	0.990 8	0.982 5	0.950 0
	3	0.972 7	0.946 0	0.919 7	0.868 6	0.999 5	0.998 5	0.997 0	0.995 1	0.992 7	0.989 8	0.982 8	0.974 0	0.951 7	0.871 2
	4	0.963 6	0.928 3	0.893 9	0.828 0	0.999 0	0.997 0	0.994 1	0.990 4	0.985 7	0.980 3	0.967 0	0.950 9	0.911 1	0.778 4
	5	0.954 5	0.910 8	0.868 6	0.788 9	0.998 3	0.995 1	0.990 4	0.984 2	0.976 8	0.968 1	0.947 4	0.922 7	0.863 6	0.681 6
	6	0.945 5	0.893 4	0.843 8	0.751 4	0.997 5	0.992 7	0.985 7	0.976 8	0.966 1	0.953 7	0.924 5	0.890 5	0.811 5	0.587 1
	7	0.936 4	0.876 2	0.819 4	0.715 3	0.996 5	0.989 8	0.980 3	0.968 1	0.953 7	0.937 2	0.898 9	0.855 2	0.756 9	0.498 7
	8	0.927 3	0.859 2	0.795 6	0.680 5	0.995 3	0.986 5	0.974 0	0.958 3	0.939 8	0.918 8	0.871 1	0.817 6	0.701 2	0.418 6
	9	0.918 2	0.842 4	0.772 2	0.647 2	0.994 0	0.982 8	0.967 0	0.947 4	0.924 5	0.898 9	0.841 5	0.778 4	0.645 7	0.347 8
	10	0.909 1	0.825 7	0.749 2	0.615 1	0.992 5	0.978 6	0.959 3	0.935 5	0.908 1	0.877 6	0.810 4	0.738 2	0.591 3	0.286 2
	11	0.900 0	0.809 2	0.726 8	0.584 4	0.990 8	0.974 0	0.950 9	0.922 7	0.890 5	0.855 2	0.778 4	0.697 6	0.538 7	0.233 5
	12	0.890 9	0.792 8	0.704 7	0.554 9	0.989 0	0.969 0	0.941 8	0.909 0	0.871 9	0.831 7	0.745 6	0.657 0	0.488 4	0.189 0
	13	0.881 8	0.776 6	0.683 2	0.526 6	0.987 0	0.963 6	0.932 2	0.894 6	0.852 5	0.807 4	0.712 4	0.616 8	0.440 8	0.151 9
	14	0.872 7	0.760 6	0.662 0	0.499 4	0.984 8	0.957 8	0.921 9	0.879 4	0.832 4	0.782 4	0.679 0	0.577 3	0.396 2	0.121 2
	15	0.863 6	0.744 8	0.641 3	0.473 4	0.982 5	0.951 7	0.911 1	0.863 6	0.811 5	0.756 9	0.645 7	0.538 7	0.354 6	0.096 1
	16	0.854 5	0.729 1	0.621 1	0.448 5	0.980 0	0.945 1	0.899 7	0.847 1	0.790 2	0.731 1	0.612 6	0.501 2	0.316 2	0.075 7
	17	0.845 5	0.713 6	0.601 3	0.424 6	0.977 3	0.938 2	0.887 9	0.830 2	0.768 4	0.704 9	0.580 0	0.465 2	0.280 9	0.059 2
	18	0.836 4	0.698 2	0.581 9	0.401 8	0.974 5	0.931 0	0.875 5	0.812 7	0.746 2	0.678 6	0.547 9	0.430 5	0.248 6	0.046 1
	19	0.827 3	0.683 1	0.562 9	0.380 0	0.971 5	0.923 4	0.862 8	0.794 9	0.723 7	0.652 3	0.516 6	0.397 4	0.219 3	0.035 6
	20	0.818 2	0.668 1	0.544 3	0.359 1	0.968 3	0.915 5	0.849 6	0.776 6	0.701 1	0.626 1	0.486 0	0.365 9	0.192 7	0.027 4
	21	0.809 1	0.653 2	0.526 2	0.339 1	0.965 0	0.907 2	0.836 0	0.758 1	0.678 3	0.600 0	0.456 3	0.336 1	0.168 8	0.020 9
	22	0.800 0	0.638 5	0.508 5	0.320 1	0.961 5	0.898 7	0.822 1	0.739 2	0.655 4	0.574 2	0.427 6	0.308 0	0.147 3	0.015 9
	23	0.790 9	0.624 0	0.491 1	0.301 9	0.957 8	0.889 8	0.807 8	0.720 2	0.632 5	0.548 6	0.399 9	0.281 5	0.128 2	0.012 0
	24	0.781 8	0.609 7	0.474 2	0.284 5	0.954 0	0.880 6	0.793 3	0.701 0	0.609 7	0.523 4	0.373 3	0.256 7	0.111 2	0.009 0
	25	0.772 7	0.595 5	0.457 6	0.268 0	0.950 0	0.871 2	0.778 4	0.681 6	0.587 1	0.498 7	0.347 8	0.233 5	0.096 1	0.006 8
	30	0.727 3	0.527 1	0.380 7	0.196 4	0.927 4	0.819 9	0.700 9	0.584 1	0.477 0	0.383 1	0.237 2	0.140 4	0.044 1	0.001 4
	35	0.681 8	0.462 9	0.312 9	0.141 0	0.900 8	0.762 9	0.619 9	0.488 6	0.376 0	0.283 8	0.154 2	0.079 5	0.018 6	0.000 3
	40	0.636 4	0.402 8	0.253 6	0.098 9	0.869 9	0.701 2	0.538 1	0.398 5	0.287 2	0.202 5	0.095 3	0.042 3	0.007 2	0.000 0
	45	0.590 9	0.347 0	0.202 4	0.067 5	0.834 9	0.636 1	0.457 7	0.316 4	0.212 1	0.138 7	0.055 8	0.021 0	0.002 5	0.000 0
	50	0.545 5	0.295 2	0.158 6	0.044 6	0.795 7	0.568 6	0.380 8	0.243 8	0.150 9	0.090 8	0.030 7	0.009 6	0.000 8	0.000 0
	55	0.500 0	0.247 7	0.121 6	0.028 4	0.752 3	0.500 0	0.309 0	0.181 7	0.102 9	0.056 5	0.015 8	0.004 1	0.000 2	0.000 0
	60	0.454 5	0.204 3	0.090 8	0.017 3	0.704 8	0.431 4	0.243 6	0.130 2	0.066 8	0.033 1	0.007 5	0.001 5	0.000 0	0.000 0
	65	0.409 1	0.165 1	0.065 7	0.010 0	0.653 0	0.363 9	0.185 6	0.089 1	0.040 9	0.018 1	0.003 2	0.000 5	0.000 0	0.000 0
	70	0.363 6	0.130 1	0.045 8	0.005 4	0.597 2	0.298 8	0.135 6	0.057 6	0.023 3	0.009 0	0.001 2	0.000 1	0.000 0	0.000 0
	75	0.318 2	0.099 2	0.030 3	0.002 7	0.537 1	0.237 1	0.094 1	0.034 7	0.012 1	0.004 0	0.000 4	0.000 0	0.000 0	0.000 0
	80	0.272 7	0.072 6	0.018 8	0.001 2	0.472 9	0.180 1	0.061 0	0.019 1	0.005 6	0.001 6	0.000 1	0.000 0	0.000 0	0.000 0
	85	0.227 3	0.050 0	0.010 7	0.000 4	0.404 5	0.128 8	0.036 1	0.009 2	0.002 2	0.000 5	0.000 0	0.000 0	0.000 0	0.000 0
	90	0.181 8	0.031 7	0.005 3	0.000 1	0.331 9	0.084 5	0.018 6	0.003 7	0.000 7	0.000 1	0.000 0	0.000 0	0.000 0	NA

表 D.16　N=120 时核查抽样方案 $P_a(D)$ 值表

	n	1	2	3	6	2	3	4	5	6	7	8	10	12	16	25
	L	0	0	0	0	1	1	1	1	1	1	1	1	1	1	1
D	1	0.991 7	0.983 3	0.975 0	0.950 0	1	1	1	1	1	1	1	1	1	1	1
	2	0.983 3	0.966 8	0.950 4	0.902 1	0.999 9	0.999 6	0.999 2	0.998 6	0.997 9	0.997 1	0.996 1	0.993 7	0.990 8	0.983 2	0.958 0
	3	0.975 0	0.950 4	0.926 3	0.856 2	0.999 6	0.998 7	0.997 5	0.995 9	0.993 8	0.991 4	0.988 6	0.981 9	0.973 8	0.953 6	0.890 3
	4	0.966 7	0.934 2	0.902 5	0.812 3	0.999 2	0.997 5	0.995 1	0.991 9	0.988 0	0.983 3	0.978 0	0.965 5	0.950 6	0.914 4	0.808 8
	5	0.958 3	0.918 1	0.879 2	0.770 3	0.998 6	0.995 9	0.991 9	0.986 7	0.980 4	0.973 0	0.964 6	0.945 1	0.922 3	0.868 6	0.721 6
	6	0.950 0	0.902 1	0.856 2	0.730 1	0.997 9	0.993 8	0.988 0	0.980 4	0.971 3	0.960 7	0.948 8	0.921 4	0.890 1	0.818 2	0.634 5
	7	0.941 7	0.886 3	0.833 7	0.691 7	0.997 1	0.991 4	0.983 3	0.973 0	0.960 7	0.946 5	0.930 7	0.895 0	0.854 7	0.765 2	0.551 0
	8	0.933 3	0.870 6	0.811 6	0.655 0	0.996 1	0.988 6	0.978 0	0.964 6	0.948 8	0.930 7	0.910 8	0.866 3	0.817 2	0.711 1	0.473 4
	9	0.925 0	0.855 0	0.789 8	0.619 9	0.995 0	0.985 5	0.972 1	0.955 3	0.935 7	0.913 5	0.889 2	0.835 9	0.778 0	0.656 9	0.403 0
	10	0.916 7	0.839 6	0.768 5	0.586 4	0.993 7	0.981 9	0.965 5	0.945 1	0.921 4	0.895 0	0.866 3	0.804 1	0.738 0	0.603 6	0.340 1
	11	0.908 3	0.824 4	0.747 5	0.554 4	0.992 3	0.978 1	0.958 4	0.934 1	0.906 2	0.875 3	0.842 2	0.771 4	0.697 6	0.552 0	0.284 9
	12	0.900 0	0.809 2	0.726 9	0.523 9	0.990 8	0.973 8	0.950 6	0.922 3	0.890 1	0.854 7	0.817 2	0.738 0	0.657 2	0.502 5	0.237 0
	13	0.891 7	0.794 3	0.706 8	0.494 8	0.989 1	0.969 3	0.942 3	0.909 8	0.873 1	0.833 3	0.791 3	0.704 3	0.617 2	0.455 4	0.195 9
	14	0.883 3	0.779 4	0.686 9	0.467 0	0.987 3	0.964 4	0.933 5	0.896 7	0.855 4	0.811 1	0.765 0	0.670 5	0.577 9	0.411 2	0.160 9
	15	0.875 0	0.764 7	0.667 5	0.440 6	0.985 3	0.959 1	0.924 2	0.882 9	0.837 1	0.788 4	0.738 1	0.636 9	0.539 6	0.369 8	0.131 4
	16	0.866 7	0.750 1	0.648 4	0.415 4	0.983 2	0.953 6	0.914 4	0.868 6	0.818 2	0.765 2	0.711 1	0.603 6	0.502 5	0.331 4	0.106 7
	17	0.858 3	0.735 7	0.629 7	0.391 4	0.981 0	0.947 7	0.904 2	0.853 7	0.798 9	0.741 7	0.683 8	0.570 8	0.466 7	0.295 9	0.086 2
	18	0.850 0	0.721 4	0.611 4	0.368 6	0.978 6	0.941 5	0.893 6	0.838 4	0.779 1	0.717 9	0.656 6	0.538 7	0.432 3	0.263 4	0.069 2
	19	0.841 7	0.707 3	0.593 4	0.347 0	0.976 1	0.935 1	0.882 5	0.822 7	0.759 0	0.693 9	0.629 4	0.507 4	0.399 5	0.233 6	0.055 3
	20	0.833 3	0.693 3	0.575 8	0.326 3	0.973 4	0.928 3	0.871 0	0.806 6	0.738 6	0.669 9	0.602 5	0.476 9	0.368 3	0.206 6	0.044 0
	21	0.825 0	0.679 4	0.558 5	0.306 8	0.970 6	0.921 2	0.859 2	0.790 1	0.718 0	0.645 8	0.575 8	0.447 4	0.338 8	0.182 1	0.034 9
	22	0.816 7	0.665 7	0.541 6	0.288 2	0.967 6	0.913 9	0.847 1	0.773 3	0.697 2	0.621 8	0.549 5	0.418 9	0.310 9	0.160 0	0.027 5
	23	0.808 3	0.652 1	0.525 0	0.270 5	0.964 6	0.906 3	0.834 6	0.756 3	0.676 3	0.598 0	0.523 6	0.391 6	0.284 6	0.140 2	0.021 5
	24	0.800 0	0.638 7	0.508 8	0.253 8	0.961 3	0.898 4	0.821 8	0.739 1	0.655 4	0.574 4	0.498 3	0.365 3	0.260 0	0.122 5	0.016 8
	25	0.791 7	0.625 4	0.492 9	0.237 9	0.958 0	0.890 3	0.808 8	0.721 6	0.634 5	0.551 0	0.473 4	0.340 1	0.237 0	0.106 7	0.013 1
	30	0.750 0	0.560 9	0.418 3	0.170 5	0.939 1	0.846 1	0.740 1	0.632 8	0.531 4	0.439 6	0.359 0	0.231 8	0.144 4	0.051 2	0.003 4
	35	0.708 3	0.500 0	0.351 7	0.119 7	0.916 7	0.796 6	0.667 3	0.544 0	0.434 0	0.340 3	0.262 9	0.151 1	0.083 3	0.022 8	0.000 8
	40	0.666 7	0.442 6	0.292 6	0.082 3	0.890 8	0.742 6	0.592 6	0.458 1	0.345 5	0.255 5	0.185 7	0.094 1	0.045 5	0.009 4	0.000 2
	45	0.625 0	0.388 7	0.240 4	0.055 1	0.861 3	0.685 1	0.517 9	0.377 6	0.267 8	0.185 7	0.126 4	0.055 8	0.023 4	0.003 6	0.000 0
	50	0.583 3	0.338 2	0.194 9	0.035 9	0.828 4	0.624 9	0.444 8	0.304 1	0.201 6	0.130 4	0.082 6	0.031 4	0.011 3	0.001 2	0.000 0
	55	0.541 7	0.291 3	0.155 5	0.022 6	0.792 0	0.562 9	0.374 9	0.238 7	0.147 0	0.088 1	0.051 6	0.016 7	0.005 1	0.000 4	0.000 0
	60	0.500 0	0.247 9	0.121 8	0.013 7	0.752 1	0.500 0	0.309 3	0.182 2	0.103 4	0.057 0	0.030 6	0.008 3	0.002 1	0.000 1	0.000 0
	65	0.458 3	0.208 0	0.093 4	0.007 9	0.708 7	0.437 1	0.249 1	0.134 6	0.069 8	0.035 1	0.017 1	0.003 8	0.000 8	0.000 0	0.000 0
	70	0.416 7	0.171 6	0.069 8	0.004 4	0.661 8	0.375 1	0.195 1	0.095 7	0.045 0	0.020 4	0.009 0	0.001 6	0.000 3	0.000 0	0.000 0
	75	0.375 0	0.138 7	0.050 5	0.002 2	0.611 3	0.314 9	0.147 7	0.065 0	0.027 3	0.011 0	0.004 3	0.000 6	0.000 1	0.000 0	0.000 0
	80	0.333 3	0.109 2	0.035 2	0.001 1	0.557 4	0.257 4	0.107 3	0.041 8	0.015 5	0.005 5	0.001 9	0.000 2	0.000 0	0.000 0	0.000 0
	85	0.291 7	0.083 3	0.023 3	0.000 4	0.500 0	0.203 4	0.074 1	0.025 1	0.008 0	0.002 4	0.000 7	0.000 1	0.000 0	0.000 0	0.000 0
	90	0.250 0	0.060 9	0.014 5	0.000 2	0.439 1	0.153 9	0.047 8	0.013 7	0.003 7	0.000 9	0.000 2	0.000 0	0.000 0	0.000 0	0.000 0

表 D.17　$N=130$ 时核查抽样方案 $P_a(D)$ 值表

	n	1	2	3	6	2	3	4	5	6	7	8	10	13	18	30
	L	0	0	0	0	1	1	1	1	1	1	1	1	1	1	1
D	1	0.992 3	0.984 6	0.976 9	0.953 8	1	1	1	1	1	1	1	1	1	1	1
	2	0.984 6	0.969 4	0.954 2	0.909 5	0.999 9	0.999 6	0.999 3	0.998 8	0.998 2	0.997 5	0.996 7	0.994 6	0.990 7	0.981 8	0.948 1
	3	0.976 9	0.954 2	0.931 8	0.866 8	0.999 6	0.998 9	0.997 9	0.996 5	0.994 7	0.992 7	0.990 3	0.984 6	0.973 7	0.949 8	0.867 1
	4	0.969 2	0.939 2	0.909 8	0.825 9	0.999 3	0.997 9	0.995 8	0.993 1	0.989 7	0.985 7	0.981 2	0.970 4	0.950 4	0.908 0	0.772 3
	5	0.961 5	0.924 3	0.888 2	0.786 6	0.998 8	0.996 5	0.993 1	0.988 6	0.983 2	0.976 9	0.969 6	0.952 8	0.922 0	0.859 2	0.674 0
	6	0.953 8	0.909 5	0.866 8	0.748 8	0.998 2	0.994 7	0.989 7	0.983 2	0.975 3	0.966 2	0.955 9	0.932 1	0.889 7	0.806 1	0.578 6
	7	0.946 2	0.894 8	0.845 9	0.712 6	0.997 5	0.992 7	0.985 7	0.976 9	0.966 2	0.953 9	0.940 2	0.908 9	0.854 4	0.750 6	0.490 1
	8	0.938 5	0.880 3	0.825 2	0.677 8	0.996 7	0.990 3	0.981 2	0.969 6	0.955 9	0.940 2	0.922 8	0.883 6	0.816 8	0.694 3	0.410 2
	9	0.930 8	0.865 8	0.805 0	0.644 5	0.995 7	0.987 6	0.976 1	0.961 6	0.944 5	0.925 1	0.903 8	0.856 6	0.777 8	0.638 3	0.340 0
	10	0.923 1	0.851 5	0.785 0	0.612 5	0.994 6	0.984 6	0.970 4	0.952 8	0.932 1	0.908 9	0.883 6	0.828 2	0.737 8	0.583 7	0.279 2
	11	0.915 4	0.837 3	0.765 4	0.581 9	0.993 4	0.981 2	0.964 2	0.943 2	0.918 8	0.891 6	0.862 2	0.798 8	0.697 5	0.531 1	0.227 4
	12	0.907 7	0.823 3	0.746 1	0.552 6	0.992 1	0.977 6	0.957 6	0.932 9	0.904 6	0.873 4	0.839 9	0.768 6	0.657 3	0.481 0	0.183 9
	13	0.900 0	0.809 3	0.727 1	0.524 5	0.990 7	0.973 7	0.950 4	0.922 0	0.889 7	0.854 4	0.816 8	0.737 8	0.617 5	0.433 8	0.147 6
	14	0.892 3	0.795 5	0.708 5	0.497 6	0.989 1	0.969 5	0.942 8	0.910 5	0.874 1	0.834 6	0.793 1	0.706 8	0.578 4	0.389 6	0.117 8
	15	0.884 6	0.781 8	0.690 1	0.471 8	0.987 5	0.965 0	0.934 7	0.898 5	0.857 9	0.814 3	0.768 8	0.675 8	0.540 4	0.348 6	0.093 4
	16	0.876 9	0.768 2	0.672 1	0.447 2	0.985 7	0.960 2	0.926 2	0.885 9	0.841 1	0.793 4	0.744 2	0.644 8	0.503 5	0.310 8	0.073 6
	17	0.869 2	0.754 7	0.654 4	0.423 7	0.983 8	0.955 1	0.917 3	0.872 8	0.823 8	0.772 2	0.719 3	0.614 0	0.467 9	0.276 2	0.057 7
	18	0.861 5	0.741 3	0.637 1	0.401 2	0.981 8	0.949 8	0.908 0	0.859 2	0.806 1	0.750 6	0.694 3	0.583 7	0.433 8	0.244 5	0.045 0
	19	0.853 8	0.728 1	0.620 0	0.379 7	0.979 6	0.944 2	0.898 3	0.845 3	0.788 0	0.728 8	0.669 2	0.553 9	0.401 2	0.215 8	0.034 9
	20	0.846 2	0.715 0	0.603 3	0.359 2	0.977 3	0.938 4	0.888 3	0.831 0	0.769 6	0.706 7	0.644 1	0.524 6	0.370 3	0.189 9	0.026 9
	21	0.838 5	0.702 0	0.586 8	0.339 6	0.975 0	0.932 3	0.877 9	0.816 3	0.751 0	0.684 6	0.619 2	0.496 1	0.340 9	0.166 6	0.020 7
	22	0.830 8	0.689 1	0.570 7	0.320 9	0.972 5	0.926 0	0.867 2	0.801 3	0.732 1	0.662 5	0.594 4	0.468 4	0.313 2	0.145 7	0.015 8
	23	0.823 1	0.676 3	0.554 8	0.303 1	0.969 8	0.919 4	0.856 2	0.786 1	0.713 1	0.640 3	0.569 9	0.441 4	0.287 2	0.127 0	0.012 0
	24	0.815 4	0.663 7	0.539 2	0.286 1	0.967 1	0.912 6	0.845 0	0.770 6	0.693 9	0.618 3	0.545 8	0.415 4	0.262 7	0.110 5	0.009 1
	25	0.807 7	0.651 2	0.524 0	0.269 9	0.964 2	0.905 5	0.833 4	0.754 8	0.674 7	0.596 3	0.522 0	0.390 3	0.239 9	0.095 8	0.006 8
	30	0.769 2	0.590 3	0.452 0	0.199 9	0.948 1	0.867 1	0.772 3	0.674 0	0.578 6	0.490 1	0.410 2	0.279 2	0.147 6	0.045 0	0.001 5
	35	0.730 8	0.532 5	0.386 9	0.145 7	0.929 0	0.823 7	0.706 8	0.591 7	0.485 8	0.392 6	0.313 0	0.192 3	0.086 5	0.019 7	0.000 3
	40	0.692 3	0.477 6	0.328 4	0.104 4	0.907 0	0.776 2	0.638 7	0.510 6	0.399 2	0.306 5	0.231 7	0.127 5	0.048 2	0.008 0	0.000 1
	45	0.653 8	0.425 8	0.276 1	0.073 3	0.881 9	0.725 1	0.569 5	0.432 9	0.320 9	0.233 0	0.166 4	0.081 3	0.025 5	0.003 0	0.000 0
	50	0.615 4	0.376 9	0.229 7	0.050 4	0.853 9	0.671 3	0.500 9	0.360 2	0.252 0	0.172 3	0.115 6	0.049 7	0.012 7	0.001 1	0.000 0
	55	0.576 9	0.330 9	0.188 7	0.033 8	0.822 9	0.615 4	0.434 0	0.293 8	0.192 9	0.123 6	0.077 6	0.029 0	0.006 0	0.000 3	0.000 0
	60	0.538 5	0.288 0	0.153 0	0.022 0	0.788 9	0.558 0	0.369 9	0.234 5	0.143 8	0.085 8	0.050 1	0.016 1	0.002 6	0.000 1	0.000 0
	65	0.500 0	0.248 1	0.122 1	0.013 9	0.751 9	0.500 0	0.309 6	0.182 6	0.103 9	0.057 4	0.031 0	0.008 5	0.001 1	0.000 0	0.000 0
	70	0.461 5	0.211 1	0.095 7	0.008 4	0.712 0	0.442 0	0.253 8	0.138 3	0.072 5	0.036 8	0.018 2	0.004 2	0.000 4	0.000 0	0.000 0
	75	0.423 1	0.177 1	0.073 3	0.004 9	0.669 1	0.384 6	0.203 2	0.101 5	0.048 6	0.022 5	0.010 1	0.001 9	0.000 1	0.000 0	0.000 0
	80	0.384 6	0.146 1	0.054 8	0.002 7	0.623 1	0.328 7	0.158 3	0.071 8	0.031 1	0.013 0	0.005 3	0.000 8	0.000 0	0.000 0	0.000 0
	85	0.346 2	0.118 1	0.039 7	0.001 4	0.574 2	0.274 9	0.119 3	0.048 5	0.018 8	0.007 0	0.002 5	0.000 3	0.000 0	0.000 0	0.000 0
	90	0.307 7	0.093 0	0.027 6	0.000 6	0.522 4	0.223 8	0.086 3	0.031 0	0.010 6	0.003 4	0.001 1	0.000 1	0.000 0	0.000 0	0.000 0

表 D.18　N=140 时核查抽样方案 $P_a(D)$ 值表

	n	1	2	3	7	2	3	4	5	6	7	8	9	11	14	19	30
	L	0	0	0	0	1	1	1	1	1	1	1	1	1	1	1	1
D	1	0.992 9	0.985 7	0.978 6	0.950 0	1.000 0	1.000 0	1	1	1	1	1	1	1	1	1	1
	2	0.985 7	0.971 5	0.957 5	0.902 2	0.999 9	0.999 7	0.999 4	0.999 0	0.998 5	0.997 8	0.997 1	0.996 3	0.994 3	0.990 6	0.982 4	0.955 3
	3	0.978 6	0.957 5	0.936 6	0.856 4	0.999 7	0.999 1	0.998 2	0.997 0	0.995 5	0.993 7	0.991 6	0.989 3	0.983 8	0.973 6	0.951 6	0.884 0
	4	0.971 4	0.943 5	0.916 1	0.812 6	0.999 4	0.998 2	0.996 4	0.994 0	0.991 1	0.987 7	0.983 7	0.979 3	0.969 0	0.950 2	0.911 1	0.799 0
	5	0.964 3	0.929 6	0.895 9	0.770 8	0.999 0	0.997 0	0.994 0	0.990 2	0.985 5	0.979 9	0.973 7	0.966 6	0.950 5	0.921 8	0.863 9	0.708 9
	6	0.957 1	0.915 8	0.876 0	0.730 8	0.998 5	0.995 5	0.991 1	0.985 5	0.978 6	0.970 7	0.961 6	0.951 6	0.929 0	0.889 4	0.812 3	0.619 7
	7	0.950 0	0.902 2	0.856 4	0.692 7	0.997 8	0.993 7	0.987 7	0.979 9	0.970 7	0.959 9	0.947 9	0.934 6	0.904 9	0.854 1	0.758 2	0.535 0
	8	0.942 9	0.888 6	0.837 1	0.656 2	0.997 1	0.991 6	0.983 7	0.973 7	0.961 6	0.947 9	0.932 5	0.915 8	0.878 7	0.816 5	0.703 1	0.457 0
	9	0.935 7	0.875 1	0.818 1	0.621 4	0.996 3	0.989 3	0.979 3	0.966 6	0.951 6	0.934 6	0.915 8	0.895 4	0.850 8	0.777 5	0.648 4	0.386 7
	10	0.928 6	0.861 8	0.799 3	0.588 2	0.995 4	0.986 7	0.974 4	0.958 9	0.940 7	0.920 3	0.897 8	0.873 7	0.821 6	0.737 7	0.594 7	0.324 6
	11	0.921 4	0.848 5	0.780 9	0.556 5	0.994 3	0.983 8	0.969 0	0.950 5	0.929 0	0.904 9	0.878 7	0.850 8	0.791 4	0.697 5	0.542 9	0.270 4
	12	0.914 3	0.835 4	0.762 7	0.526 3	0.993 2	0.980 6	0.963 1	0.941 5	0.916 5	0.888 7	0.858 8	0.827 1	0.760 5	0.657 4	0.493 4	0.223 8
	13	0.907 1	0.822 3	0.744 8	0.497 5	0.992 0	0.977 2	0.956 9	0.931 9	0.903 3	0.871 7	0.838 0	0.802 6	0.729 1	0.617 8	0.446 6	0.184 0
	14	0.900 0	0.809 4	0.727 2	0.470 1	0.990 6	0.973 6	0.950 2	0.921 8	0.889 4	0.854 1	0.816 5	0.777 5	0.697 5	0.578 9	0.402 7	0.150 4
	15	0.892 9	0.796 5	0.709 9	0.444 0	0.989 2	0.969 7	0.943 1	0.911 1	0.875 0	0.835 8	0.794 5	0.752 1	0.665 9	0.541 0	0.361 8	0.122 3
	16	0.885 7	0.783 8	0.692 9	0.419 1	0.987 7	0.965 5	0.935 7	0.900 0	0.860 0	0.817 0	0.772 1	0.726 3	0.634 5	0.504 3	0.323 9	0.098 9
	17	0.878 6	0.771 1	0.676 1	0.395 5	0.986 0	0.961 1	0.927 8	0.888 3	0.844 5	0.797 7	0.749 3	0.700 3	0.603 5	0.469 0	0.289 0	0.079 6
	18	0.871 4	0.758 6	0.659 6	0.373 0	0.984 3	0.956 5	0.919 6	0.876 3	0.828 6	0.778 1	0.726 3	0.674 3	0.572 9	0.435 1	0.257 1	0.063 8
	19	0.864 3	0.746 1	0.643 4	0.351 6	0.982 4	0.951 6	0.911 1	0.863 9	0.812 3	0.758 2	0.703 1	0.648 4	0.542 9	0.402 7	0.228 0	0.050 8
	20	0.857 1	0.733 8	0.627 5	0.331 2	0.980 5	0.946 5	0.902 3	0.851 1	0.795 6	0.738 0	0.679 9	0.622 5	0.513 6	0.371 9	0.201 6	0.040 3
	21	0.850 0	0.721 6	0.611 8	0.311 9	0.978 4	0.941 2	0.893 1	0.837 9	0.778 7	0.717 7	0.656 7	0.597 0	0.485 1	0.342 8	0.177 8	0.031 9
	22	0.842 9	0.709 5	0.596 4	0.293 6	0.976 3	0.935 7	0.883 6	0.824 5	0.761 5	0.697 2	0.633 5	0.571 7	0.457 4	0.315 3	0.156 3	0.025 1
	23	0.835 7	0.697 4	0.581 2	0.276 2	0.974 0	0.929 9	0.873 9	0.810 8	0.744 1	0.676 7	0.610 4	0.546 8	0.430 6	0.289 4	0.137 1	0.019 6
	24	0.828 6	0.685 5	0.566 3	0.259 6	0.971 6	0.923 9	0.863 9	0.796 8	0.726 6	0.656 2	0.587 6	0.522 3	0.404 7	0.265 1	0.119 9	0.015 3
	25	0.821 4	0.673 7	0.551 6	0.244 0	0.969 2	0.917 8	0.853 6	0.782 6	0.708 9	0.635 6	0.565 0	0.498 3	0.379 8	0.242 3	0.104 6	0.011 9
	30	0.785 7	0.616 1	0.482 2	0.177 2	0.955 3	0.884 0	0.799 0	0.708 9	0.619 7	0.535 0	0.457 0	0.386 7	0.270 4	0.150 4	0.050 8	0.003 2

表 D.18（续）

n		1	2	3	7	2	3	4	5	6	7	8	9	11	14	19	30
L		0	0	0	0	1	1	1	1	1	1	1	1	1	1	1	1
D	35	0.750 0	0.561 2	0.418 8	0.126 7	0.938 8	0.845 8	0.739 8	0.632 8	0.531 8	0.440 4	0.360 2	0.291 5	0.185 7	0.089 2	0.023 2	0.000 8
	40	0.714 3	0.508 7	0.361 3	0.089 1	0.919 8	0.803 7	0.677 7	0.556 7	0.448 1	0.354 6	0.276 8	0.213 4	0.123 0	0.050 5	0.009 9	0.000 2
	45	0.678 6	0.458 9	0.309 3	0.061 5	0.898 3	0.758 2	0.614 0	0.482 5	0.370 6	0.279 3	0.207 3	0.151 7	0.078 6	0.027 3	0.004 0	0.000 0
	50	0.642 9	0.411 6	0.262 5	0.041 6	0.874 1	0.709 9	0.549 9	0.411 8	0.300 6	0.214 9	0.151 1	0.104 6	0.048 3	0.014 0	0.001 5	0.000 0
	60	0.571 4	0.324 8	0.183 6	0.017 7	0.818 1	0.607 2	0.424 7	0.285 2	0.185 8	0.118 1	0.073 5	0.045 0	0.016 1	0.003 1	0.000 2	0.000 0
	70	0.500 0	0.248 2	0.122 3	0.006 7	0.751 8	0.500 0	0.309 8	0.183 0	0.104 3	0.057 8	0.031 3	0.016 6	0.004 4	0.000 5	0.000 0	0.000 0
	80	0.428 6	0.181 9	0.076 5	0.002 2	0.675 2	0.392 8	0.210 4	0.106 7	0.051 9	0.024 5	0.011 2	0.005 0	0.000 9	0.000 1	0.000 0	0.000 0
	90	0.357 1	0.125 9	0.043 8	0.000 6	0.588 4	0.290 1	0.130 1	0.054 8	0.022 0	0.008 5	0.003 2	0.001 2	0.000 1	0.000 0	0.000 0	0.000 0
	100	0.285 7	0.080 2	0.022 1	0.000 1	0.491 3	0.196 3	0.070 4	0.023 5	0.007 4	0.002 2	0.000 7	0.000 2	0.000 0	0.000 0	0.000 0	0.000 0
	110	0.214 3	0.044 7	0.009 1	0.000 0	0.383 9	0.116 0	0.030 9	0.007 6	0.001 7	0.000 4	0.000 1	0.000 0	0.000 0	0.000 0	0.000 0	0.000 0
	120	0.142 9	0.019 5	0.002 5	0.000 0	0.266 2	0.053 5	0.009 2	0.001 4	0.000 2	0.000 0	0.000 0	0.000 0	0.000 0	0.000 0	0.000 0	NA
	130	0.071 4	0.004 6	0.000 3	0.000 0	0.138 2	0.013 3	0.001 0	0.000 1	0.000 0	0.000 0	0.000 0	0.000 0	NA	NA	NA	NA

表 D.19　$N=150$ 时核查抽样方案 $P_a(D)$ 值表

n		1	2	4	7	2	3	4	5	6	7	8	10	12	15	21	35
L		0	0	0	0	1	1	1	1	1	1	1	1	1	1	1	1
D	1	0.993 3	0.986 7	0.973 3	0.953 3	1.000 0	1.000 0	1	1	1	1	1	1	1	1	1	1
	2	0.986 7	0.973 4	0.947 2	0.908 5	0.999 9	0.999 7	0.999 5	0.999 1	0.998 7	0.998 1	0.997 5	0.996 0	0.994 1	0.990 6	0.981 2	0.946 8
	3	0.980 0	0.960 3	0.921 6	0.865 6	0.999 7	0.999 2	0.998 4	0.997 4	0.996 0	0.994 5	0.992 7	0.988 4	0.983 1	0.973 5	0.948 4	0.864 0
	4	0.973 3	0.947 2	0.896 5	0.824 4	0.999 5	0.998 4	0.996 8	0.994 8	0.992 2	0.989 2	0.985 8	0.977 5	0.967 7	0.950 0	0.905 7	0.767 8
	5	0.966 7	0.934 2	0.872 0	0.784 8	0.999 1	0.997 4	0.994 8	0.991 4	0.987 3	0.982 5	0.976 9	0.963 9	0.948 6	0.921 6	0.856 0	0.668 4
	6	0.960 0	0.921 3	0.847 9	0.746 9	0.998 7	0.996 0	0.992 2	0.987 3	0.981 3	0.974 3	0.966 3	0.947 8	0.926 3	0.889 2	0.802 1	0.572 5
	7	0.953 3	0.908 5	0.824 4	0.710 6	0.998 1	0.994 5	0.989 2	0.982 5	0.974 3	0.964 8	0.954 1	0.929 6	0.901 5	0.853 8	0.746 0	0.483 8
	8	0.946 7	0.895 8	0.801 3	0.675 8	0.997 5	0.992 7	0.985 8	0.976 9	0.966 3	0.954 1	0.940 5	0.909 5	0.874 5	0.816 3	0.689 2	0.404 2
	9	0.940 0	0.883 2	0.778 7	0.642 5	0.996 8	0.990 6	0.981 9	0.970 7	0.957 5	0.942 4	0.925 6	0.887 9	0.845 8	0.777 3	0.632 9	0.334 4
	10	0.933 3	0.870 7	0.756 6	0.610 6	0.996 0	0.988 4	0.977 5	0.963 9	0.947 8	0.929 6	0.909 5	0.864 9	0.815 9	0.737 6	0.578 2	0.274 2

表 D.19（续）

	n	1	2	4	7	2	3	4	5	6	7	8	10	12	15	21	35
	L	0	0	0	0	1	1	1	1	1	1	1	1	1	1	1	1
D	11	0.926 7	0.858 3	0.735 0	0.580 1	0.995 1	0.985 8	0.972 8	0.956 5	0.937 4	0.915 9	0.892 5	0.840 8	0.785 0	0.697 5	0.525 6	0.223 1
	12	0.920 0	0.845 9	0.713 9	0.550 9	0.994 1	0.983 1	0.967 7	0.948 6	0.926 3	0.901 5	0.874 5	0.815 9	0.753 5	0.657 5	0.475 7	0.180 2
	13	0.913 3	0.833 6	0.693 2	0.522 9	0.993 0	0.980 1	0.962 2	0.940 1	0.914 5	0.886 2	0.855 7	0.790 2	0.721 5	0.618 0	0.428 8	0.144 6
	14	0.906 7	0.821 5	0.672 9	0.496 2	0.991 9	0.976 9	0.956 3	0.931 0	0.902 1	0.870 3	0.836 3	0.764 1	0.689 5	0.579 3	0.385 0	0.115 3
	15	0.900 0	0.809 4	0.653 1	0.470 7	0.990 6	0.973 5	0.950 0	0.921 6	0.889 2	0.853 8	0.816 3	0.737 6	0.657 5	0.541 6	0.344 4	0.091 5
	16	0.893 3	0.797 4	0.633 8	0.446 3	0.989 3	0.969 8	0.943 4	0.911 6	0.875 7	0.836 8	0.795 8	0.710 9	0.625 8	0.505 1	0.307 0	0.072 2
	17	0.886 7	0.785 5	0.614 9	0.423 0	0.987 8	0.966 0	0.936 5	0.901 2	0.861 7	0.819 3	0.774 9	0.684 1	0.594 5	0.469 9	0.272 8	0.056 6
	18	0.880 0	0.773 7	0.596 4	0.400 7	0.986 3	0.961 9	0.929 2	0.890 5	0.847 4	0.801 4	0.753 8	0.657 3	0.563 7	0.436 2	0.241 6	0.044 2
	19	0.873 3	0.762 0	0.578 3	0.379 5	0.984 7	0.957 6	0.921 7	0.879 3	0.832 6	0.783 2	0.732 4	0.630 7	0.533 6	0.404 0	0.213 4	0.034 4
	20	0.866 7	0.750 3	0.560 6	0.359 2	0.983 0	0.953 1	0.913 8	0.867 9	0.817 5	0.764 7	0.710 8	0.604 3	0.504 3	0.373 4	0.187 9	0.026 6
	21	0.860 0	0.738 8	0.543 4	0.339 8	0.981 2	0.948 4	0.905 7	0.856 0	0.802 1	0.746 0	0.689 2	0.578 2	0.475 7	0.344 4	0.165 0	0.020 5
	22	0.853 3	0.727 3	0.526 5	0.321 4	0.979 3	0.943 6	0.897 2	0.843 9	0.786 5	0.727 1	0.667 5	0.552 5	0.448 1	0.317 0	0.144 5	0.015 7
	23	0.846 7	0.716 0	0.510 1	0.303 8	0.977 4	0.938 5	0.888 5	0.831 5	0.770 6	0.708 1	0.645 9	0.527 3	0.421 4	0.291 2	0.126 2	0.012 0
	24	0.840 0	0.704 7	0.494 0	0.287 1	0.975 3	0.933 2	0.879 6	0.818 9	0.754 5	0.689 0	0.624 3	0.502 6	0.395 7	0.267 0	0.109 9	0.009 1
	25	0.833 3	0.693 5	0.478 3	0.271 1	0.973 2	0.927 8	0.870 4	0.806 0	0.738 2	0.669 8	0.602 9	0.478 5	0.371 0	0.244 4	0.095 5	0.006 9
	30	0.800 0	0.638 9	0.405 5	0.202 3	0.961 1	0.898 0	0.821 3	0.738 7	0.655 4	0.574 9	0.499 3	0.367 5	0.263 1	0.152 8	0.045 6	0.001 6
	35	0.766 7	0.586 6	0.341 2	0.149 0	0.946 8	0.864 0	0.767 8	0.668 4	0.572 5	0.483 8	0.404 2	0.274 2	0.180 2	0.091 5	0.020 5	0.000 3
	40	0.733 3	0.536 5	0.285 0	0.108 2	0.930 2	0.826 4	0.711 0	0.597 2	0.492 2	0.399 5	0.320 1	0.198 9	0.119 3	0.052 5	0.008 7	0.000 1
	45	0.700 0	0.488 6	0.235 9	0.077 4	0.911 4	0.785 7	0.652 3	0.526 8	0.416 5	0.323 6	0.247 9	0.140 3	0.076 3	0.028 9	0.003 4	0.000 0
	50	0.666 7	0.443 0	0.193 5	0.054 4	0.890 4	0.742 2	0.592 6	0.458 7	0.346 7	0.257 1	0.187 6	0.096 1	0.047 2	0.015 2	0.001 3	0.000 0
	60	0.600 0	0.358 4	0.126 1	0.025 4	0.841 6	0.649 0	0.474 0	0.333 4	0.228 0	0.152 4	0.100 0	0.041 1	0.016 1	0.003 6	0.000 1	0.000 0
	70	0.533 3	0.282 8	0.078 1	0.010 8	0.783 9	0.550 3	0.361 9	0.227 8	0.138 7	0.082 3	0.047 8	0.015 3	0.004 6	0.000 7	0.000 0	0.000 0
	80	0.466 7	0.216 1	0.045 3	0.004 1	0.717 2	0.449 7	0.261 4	0.144 4	0.076 9	0.039 7	0.020 0	0.004 8	0.001 1	0.000 1	0.000 0	0.000 0
	90	0.400 0	0.158 4	0.024 1	0.001 3	0.641 6	0.351 0	0.176 1	0.083 4	0.037 9	0.016 6	0.007 1	0.001 2	0.000 2	0.000 0	0.000 0	0.000 0
	100	0.333 3	0.109 6	0.011 4	0.000 3	0.557 0	0.257 8	0.108 1	0.042 5	0.015 9	0.005 7	0.002 0	0.000 2	0.000 0	0.000 0	0.000 0	0.000 0
	110	0.266 7	0.069 8	0.004 5	0.000 1	0.463 5	0.173 6	0.058 2	0.018 1	0.005 3	0.001 5	0.000 4	0.000 0	0.000 0	0.000 0	0.000 0	0.000 0
	120	0.200 0	0.038 9	0.001 4	0.000 0	0.361 1	0.102 0	0.025 4	0.005 8	0.001 2	0.000 2	0.000 0	0.000 0	0.000 0	0.000 0	0.000 0	
	130	0.133 3	0.017 0	0.000 2	0.000 0	0.249 7	0.046 9	0.007 6	0.001 1	0.000 1	0.000 0	0.000 0	0.000 0	0.000 0	0.000 0		

表 D.20　$N=170$ 时的核查抽样方案 $P_a(D)$ 值表

	n	1	2	3	4	9	2	3	4	5	6	7	8	9	11	13	17	23	35
	L	0	0	0	0	0	1	1	1	1	1	1	1	1	1	1	1	1	1
D	1	0.994 1	0.988 2	0.982 4	0.976 5	0.947 1	1.000 0	1	1	1	1	1	1	1	1	1	1	1	1
	2	0.988 2	0.976 5	0.964 9	0.953 4	0.896 6	0.999 9	0.999 8	0.999 6	0.999 3	0.999 0	0.998 5	0.998 1	0.997 5	0.996 2	0.994 6	0.990 5	0.982 4	0.958 6
	3	0.982 4	0.964 9	0.947 7	0.930 7	0.848 6	0.999 8	0.999 4	0.998 8	0.997 9	0.996 9	0.995 7	0.994 3	0.992 7	0.988 9	0.984 4	0.973 3	0.951 6	0.892 0
	4	0.976 5	0.953 4	0.930 7	0.908 4	0.802 9	0.999 6	0.998 8	0.997 5	0.995 9	0.993 9	0.991 6	0.988 9	0.985 8	0.978 6	0.970 2	0.949 7	0.911 1	0.811 9
	5	0.970 6	0.941 9	0.913 8	0.886 5	0.759 3	0.999 3	0.997 9	0.995 9	0.993 3	0.990 0	0.986 2	0.981 9	0.977 0	0.965 7	0.952 5	0.921 2	0.864 1	0.726 3
	6	0.964 7	0.930 5	0.897 2	0.865 0	0.717 9	0.999 0	0.996 9	0.993 9	0.990 0	0.985 3	0.979 8	0.973 5	0.966 4	0.950 3	0.931 8	0.888 7	0.812 7	0.640 7
	7	0.958 8	0.919 1	0.880 8	0.843 9	0.678 5	0.998 5	0.995 7	0.991 6	0.986 2	0.979 8	0.972 2	0.963 7	0.954 3	0.933 0	0.908 7	0.853 4	0.759 0	0.558 7
	8	0.952 9	0.907 8	0.864 6	0.823 2	0.641 0	0.998 1	0.994 3	0.988 9	0.981 9	0.973 5	0.963 7	0.952 8	0.940 8	0.913 8	0.883 6	0.815 9	0.704 4	0.482 3
	9	0.947 1	0.896 6	0.848 6	0.802 9	0.605 4	0.997 5	0.992 7	0.985 8	0.977 0	0.966 4	0.954 3	0.940 8	0.926 0	0.893 1	0.856 8	0.777 0	0.650 1	0.412 9
	10	0.941 2	0.885 5	0.832 8	0.782 9	0.571 6	0.996 9	0.990 9	0.982 4	0.971 6	0.958 7	0.944 0	0.927 7	0.910 0	0.871 1	0.828 7	0.737 4	0.596 9	0.350 7
	11	0.935 3	0.874 4	0.817 2	0.763 3	0.539 4	0.996 2	0.988 9	0.978 6	0.965 7	0.950 3	0.933 0	0.913 8	0.893 1	0.848 1	0.799 6	0.697 5	0.545 6	0.295 9
	12	0.929 4	0.863 4	0.801 7	0.744 1	0.508 9	0.995 4	0.986 8	0.974 6	0.959 3	0.941 4	0.921 2	0.899 0	0.875 3	0.824 2	0.769 9	0.657 7	0.496 6	0.248 2
	13	0.923 5	0.852 5	0.786 5	0.725 3	0.479 9	0.994 6	0.984 4	0.970 2	0.952 5	0.931 8	0.908 7	0.883 6	0.856 8	0.799 6	0.739 7	0.618 4	0.450 3	0.206 9
	14	0.917 6	0.841 6	0.771 5	0.706 8	0.452 4	0.993 7	0.981 9	0.965 5	0.945 3	0.921 8	0.895 7	0.867 4	0.837 6	0.774 5	0.709 2	0.579 9	0.406 8	0.171 6
	15	0.911 8	0.830 8	0.756 7	0.688 7	0.426 3	0.992 7	0.979 2	0.960 5	0.937 6	0.911 2	0.882 0	0.850 7	0.817 8	0.749 0	0.678 8	0.542 5	0.366 3	0.141 7
	16	0.905 9	0.820 1	0.742 0	0.670 9	0.401 6	0.991 6	0.976 3	0.955 3	0.929 6	0.900 2	0.867 9	0.833 5	0.797 6	0.723 3	0.648 5	0.506 3	0.328 8	0.116 4
	17	0.900 0	0.809 5	0.727 6	0.653 5	0.378 1	0.990 5	0.973 3	0.949 7	0.921 2	0.888 7	0.853 4	0.815 9	0.777 0	0.697 5	0.618 4	0.471 4	0.294 2	0.095 3
	18	0.894 1	0.798 9	0.713 3	0.636 4	0.355 8	0.989 3	0.970 1	0.943 9	0.912 4	0.876 9	0.838 4	0.797 9	0.756 2	0.671 6	0.588 8	0.437 9	0.262 5	0.077 6
	19	0.888 2	0.788 4	0.699 2	0.619 7	0.334 8	0.988 1	0.966 7	0.937 9	0.903 4	0.864 7	0.823 1	0.779 6	0.735 1	0.645 9	0.559 7	0.406 0	0.233 6	0.063 0
	20	0.882 4	0.777 9	0.685 3	0.603 2	0.314 8	0.986 8	0.963 2	0.931 5	0.894 0	0.852 1	0.807 4	0.761 0	0.713 9	0.620 4	0.531 3	0.375 7	0.207 3	0.050 9
	21	0.876 5	0.767 6	0.671 6	0.587 2	0.295 9	0.985 4	0.959 5	0.925 0	0.884 3	0.839 3	0.791 5	0.742 3	0.692 6	0.595 1	0.503 5	0.346 9	0.183 5	0.041 0
	22	0.870 6	0.757 3	0.658 1	0.571 4	0.278 1	0.983 9	0.955 6	0.918 2	0.874 3	0.826 1	0.775 3	0.723 4	0.671 3	0.570 1	0.476 5	0.319 8	0.162 1	0.032 9
	23	0.864 7	0.747 0	0.644 8	0.556 0	0.261 1	0.982 4	0.951 6	0.911 1	0.864 1	0.812 7	0.759 0	0.704 4	0.650 1	0.545 6	0.450 3	0.294 2	0.142 8	0.026 3
	24	0.858 8	0.736 9	0.631 6	0.540 8	0.245 2	0.980 8	0.947 4	0.903 9	0.853 6	0.799 1	0.742 5	0.685 3	0.628 9	0.521 5	0.425 0	0.270 2	0.125 5	0.021 0
	25	0.852 9	0.726 8	0.618 6	0.526 0	0.230 0	0.979 1	0.943 1	0.896 4	0.842 9	0.785 3	0.725 8	0.666 3	0.607 9	0.498 0	0.400 6	0.247 8	0.110 1	0.016 7
	30	0.823 5	0.677 3	0.556 4	0.456 4	0.166 2	0.969 7	0.919 2	0.856 2	0.786 4	0.713 9	0.641 8	0.572 1	0.506 2	0.388 8	0.292 3	0.156 7	0.055 3	0.005 0

表 D.20（续）

n		1	2	3	4	9	2	3	4	5	6	7	8	9	11	13	17	23	35
L		0	0	0	0	0	1	1	1	1	1	1	1	1	1	1	1	1	1
D	35	0.794 1	0.629 7	0.498 5	0.394 0	0.118 6	0.958 6	0.892 0	0.811 9	0.726 3	0.640 7	0.558 7	0.482 3	0.412 9	0.295 9	0.206 9	0.095 3	0.026 3	0.001 4
	40	0.764 7	0.583 7	0.444 7	0.338 2	0.083 6	0.945 7	0.861 7	0.764 3	0.664 2	0.567 9	0.479 1	0.399 6	0.330 1	0.219 8	0.142 3	0.055 8	0.011 9	0.000 4
	45	0.735 3	0.539 5	0.395 0	0.288 6	0.058 0	0.931 1	0.828 5	0.714 3	0.601 5	0.497 2	0.404 8	0.325 5	0.258 9	0.159 4	0.095 2	0.031 5	0.005 1	0.000 1
	50	0.705 9	0.497 0	0.349 1	0.244 6	0.039 7	0.914 7	0.792 9	0.662 7	0.539 3	0.429 9	0.337 0	0.260 6	0.199 1	0.112 9	0.061 9	0.017 1	0.002 1	0.000 0
	60	0.647 1	0.417 3	0.268 3	0.171 9	0.017 6	0.876 8	0.715 4	0.557 5	0.420 4	0.309 3	0.223 2	0.158 4	0.110 9	0.052 5	0.023 9	0.004 5	0.000 3	0.000 0
	70	0.588 2	0.344 6	0.201 0	0.116 8	0.007 2	0.831 9	0.631 7	0.453 8	0.313 7	0.210 7	0.138 4	0.089 3	0.056 7	0.021 9	0.008 1	0.001 0	0.000 0	0.000 0
	80	0.529 4	0.278 8	0.146 0	0.076 1	0.002 7	0.780 0	0.544 3	0.355 9	0.222 7	0.135 0	0.079 7	0.046 1	0.026 2	0.008 1	0.002 4	0.000 2	0.000 0	0.000 0
	90	0.470 6	0.220 0	0.102 1	0.047 1	0.000 9	0.721 2	0.455 7	0.267 3	0.149 2	0.080 4	0.042 1	0.021 5	0.010 8	0.002 6	0.000 6	0.000 0	0.000 0	0.000 0
	100	0.411 8	0.168 1	0.068 0	0.027 3	0.000 2	0.655 4	0.368 3	0.190 3	0.093 1	0.043 7	0.019 9	0.008 8	0.003 8	0.000 7	0.000 1	0.000 0	0.000 0	0.000 0
	110	0.352 9	0.123 2	0.042 5	0.014 5	0.000 1	0.582 7	0.284 6	0.126 6	0.053 0	0.021 2	0.008 2	0.003 1	0.001 1	0.000 1	0.000 0	0.000 0	0.000 0	0.000 0
	120	0.294 1	0.085 3	0.024 4	0.006 9	0.000 0	0.503 0	0.207 1	0.076 9	0.026 7	0.008 8	0.002 8	0.000 9	0.000 3	0.000 0	0.000 0	0.000 0	0.000 0	0.000 0
	130	0.235 3	0.054 3	0.012 3	0.002 7	0.000 0	0.416 3	0.138 3	0.041 0	0.011 2	0.002 9	0.000 7	0.000 2	0.000 0	0.000 0	0.000 0	0.000 0	0.000 0	0.000 0

表 D.21　$N=190$ 时核查抽样方案 $P_a(D)$ 值表

n		1	2	3	5	9	2	3	4	5	6	7	8	9	10	12	15	19	25	40
L		0	0	0	0	0	1	1	1	1	1	1	1	1	1	1	1	1	1	1
D	1	0.994 7	0.989 5	0.984 2	0.973 7	0.952 6	1.000 0	1	1	1	1	1	1	1	1	1	1	1	1	1
	2	0.989 5	0.979 0	0.968 6	0.947 9	0.907 3	0.999 9	0.999 8	0.999 7	0.999 4	0.999 2	0.998 8	0.998 4	0.998 0	0.997 5	0.996 3	0.994 2	0.990 5	0.983 3	0.956 6
	3	0.984 2	0.968 6	0.953 1	0.922 7	0.863 8	0.999 8	0.999 5	0.999 0	0.998 3	0.997 5	0.996 6	0.995 4	0.994 1	0.992 7	0.989 4	0.983 3	0.973 2	0.954 0	0.887 2
	4	0.978 9	0.958 2	0.937 8	0.898 0	0.822 3	0.999 7	0.999 0	0.998 0	0.996 7	0.995 1	0.993 2	0.991 0	0.988 6	0.985 8	0.979 5	0.968 1	0.949 5	0.915 4	0.804 4
	5	0.973 7	0.947 9	0.922 7	0.873 9	0.782 5	0.999 4	0.998 3	0.996 7	0.994 6	0.992 0	0.988 9	0.985 4	0.981 4	0.977 0	0.967 0	0.949 2	0.920 9	0.870 3	0.716 5
	6	0.968 4	0.937 7	0.907 8	0.850 3	0.744 4	0.999 2	0.997 5	0.995 1	0.992 0	0.988 2	0.983 7	0.978 5	0.972 8	0.966 5	0.952 3	0.927 3	0.888 4	0.821 0	0.629 2
	7	0.963 2	0.927 5	0.893 0	0.827 2	0.708 0	0.998 8	0.996 6	0.993 2	0.988 9	0.983 7	0.977 5	0.970 6	0.962 9	0.954 4	0.935 5	0.902 9	0.853 0	0.769 1	0.546 0
	8	0.957 9	0.917 3	0.878 3	0.804 6	0.673 2	0.998 4	0.995 4	0.991 0	0.985 4	0.978 5	0.970 6	0.961 6	0.951 7	0.941 0	0.917 1	0.876 4	0.815 6	0.716 3	0.469 2
	9	0.952 6	0.907 3	0.863 8	0.782 5	0.639 9	0.998 0	0.994 1	0.988 6	0.981 4	0.972 8	0.962 9	0.951 7	0.939 5	0.926 2	0.897 2	0.848 3	0.776 8	0.663 5	0.399 7
	10	0.947 4	0.897 2	0.849 5	0.760 9	0.608 1	0.997 5	0.992 7	0.985 8	0.977 0	0.966 5	0.954 4	0.941 0	0.926 2	0.910 4	0.876 0	0.819 0	0.737 2	0.611 7	0.337 9

表 D.21（续）

n		1	2	3	5	9	2	3	4	5	6	7	8	9	10	12	15	19	25	40
L		0	0	0	0	0	1	1	1	1	1	1	1	1	1	1	1	1	1	1
D	11	0.942 1	0.887 3	0.835 4	0.739 7	0.577 7	0.996 9	0.991 1	0.982 8	0.972 2	0.959 6	0.945 3	0.929 4	0.912 1	0.893 6	0.853 7	0.788 8	0.697 4	0.561 5	0.283 8
	12	0.936 8	0.877 4	0.821 4	0.719 1	0.548 6	0.996 3	0.989 4	0.979 5	0.967 0	0.952 3	0.935 5	0.917 1	0.897 2	0.876 0	0.830 7	0.757 9	0.657 8	0.513 3	0.236 9
	13	0.931 6	0.867 5	0.807 5	0.698 9	0.520 9	0.995 7	0.987 5	0.975 9	0.961 4	0.944 4	0.925 2	0.904 1	0.881 5	0.857 6	0.806 9	0.726 7	0.618 7	0.467 6	0.196 6
	14	0.926 3	0.857 7	0.793 8	0.679 1	0.494 4	0.994 9	0.985 4	0.972 1	0.955 5	0.936 1	0.914 3	0.890 5	0.865 2	0.838 6	0.782 6	0.695 4	0.580 5	0.424 5	0.162 4
	15	0.921 1	0.848 0	0.780 3	0.659 8	0.469 1	0.994 2	0.983 3	0.968 1	0.949 2	0.927 3	0.902 9	0.876 4	0.848 3	0.819 0	0.757 9	0.664 2	0.543 2	0.384 1	0.133 5
	16	0.915 8	0.838 3	0.766 9	0.641 0	0.445 0	0.993 3	0.980 9	0.963 8	0.942 6	0.918 2	0.891 0	0.861 8	0.831 0	0.799 0	0.733 0	0.633 2	0.507 2	0.346 6	0.109 2
	17	0.910 5	0.828 6	0.753 7	0.622 6	0.422 0	0.992 4	0.978 5	0.959 3	0.935 7	0.908 6	0.878 7	0.846 8	0.813 3	0.778 7	0.707 9	0.602 7	0.472 5	0.311 8	0.089 0
	18	0.905 3	0.819 0	0.740 6	0.604 6	0.400 0	0.991 5	0.975 9	0.954 5	0.928 4	0.898 7	0.866 1	0.831 4	0.795 2	0.758 0	0.682 8	0.572 6	0.439 3	0.279 8	0.072 3
	19	0.900 0	0.809 5	0.727 7	0.587 0	0.379 1	0.990 5	0.973 2	0.949 5	0.920 9	0.888 4	0.853 0	0.815 6	0.776 8	0.737 2	0.657 8	0.543 2	0.407 6	0.250 4	0.058 4
	20	0.894 7	0.800 1	0.714 9	0.569 8	0.359 1	0.989 4	0.970 3	0.944 3	0.913 1	0.877 8	0.839 7	0.799 5	0.758 2	0.716 3	0.633 0	0.514 5	0.377 5	0.223 6	0.047 1
	21	0.889 5	0.790 6	0.702 3	0.553 1	0.340 1	0.988 3	0.967 3	0.938 9	0.905 0	0.867 0	0.826 0	0.783 2	0.739 4	0.695 3	0.608 3	0.486 7	0.348 9	0.199 1	0.037 8
	22	0.884 2	0.781 3	0.689 9	0.536 7	0.322 0	0.987 1	0.964 1	0.933 3	0.896 7	0.855 8	0.812 1	0.766 7	0.720 5	0.674 3	0.584 0	0.459 6	0.322 0	0.177 0	0.030 2
	23	0.878 9	0.772 0	0.677 5	0.520 7	0.304 8	0.985 9	0.960 9	0.927 5	0.888 1	0.844 4	0.798 0	0.750 0	0.701 5	0.653 3	0.560 0	0.433 5	0.296 6	0.156 9	0.024 1
	24	0.873 7	0.762 7	0.665 4	0.505 1	0.288 3	0.984 6	0.957 5	0.921 6	0.879 3	0.832 8	0.783 6	0.733 2	0.682 5	0.632 4	0.536 4	0.408 3	0.272 7	0.138 9	0.019 2
	25	0.868 4	0.753 6	0.653 3	0.489 9	0.272 7	0.983 3	0.954 0	0.915 4	0.870 3	0.821 0	0.769 1	0.716 3	0.663 5	0.611 7	0.513 3	0.384 1	0.250 4	0.122 6	0.015 2
	30	0.842 1	0.708 4	0.595 4	0.419 2	0.205 3	0.975 8	0.934 5	0.881 9	0.822 4	0.759 2	0.694 9	0.631 4	0.569 9	0.511 5	0.405 8	0.277 8	0.159 7	0.064 0	0.004 5
	35	0.815 8	0.664 7	0.541 0	0.357 0	0.153 1	0.966 9	0.912 2	0.844 7	0.770 7	0.694 7	0.619 8	0.548 2	0.481 2	0.419 6	0.313 5	0.195 2	0.098 2	0.031 9	0.001 3
	40	0.789 5	0.622 4	0.490 0	0.302 3	0.113 1	0.956 6	0.887 2	0.804 4	0.716 5	0.629 2	0.546 0	0.469 2	0.399 7	0.337 9	0.236 9	0.133 5	0.058 4	0.015 2	0.000 3
	45	0.763 2	0.581 5	0.442 3	0.254 6	0.082 6	0.944 9	0.859 8	0.761 6	0.660 9	0.564 2	0.475 4	0.396 1	0.326 9	0.267 5	0.175 3	0.088 9	0.033 6	0.006 9	0.000 1
	50	0.736 8	0.541 9	0.397 8	0.213 1	0.059 7	0.931 8	0.830 2	0.716 9	0.604 8	0.501 0	0.409 0	0.329 8	0.263 2	0.208 1	0.127 1	0.057 7	0.018 7	0.003 0	0.000 0
	60	0.684 2	0.467 0	0.318 0	0.146 3	0.030 0	0.901 4	0.765 1	0.624 0	0.494 6	0.383 5	0.292 2	0.219 5	0.162 8	0.119 5	0.062 7	0.022 5	0.005 3	0.000 5	0.000 0
	70	0.631 6	0.397 7	0.249 6	0.097 4	0.014 3	0.865 5	0.693 8	0.529 9	0.391 2	0.281 6	0.198 7	0.137 9	0.094 4	0.063 9	0.028 3	0.007 8	0.001 3	0.000 1	0.000 0
	80	0.578 9	0.333 9	0.191 8	0.062 5	0.006 3	0.824 0	0.618 1	0.438 0	0.298 6	0.197 8	0.128 1	0.081 5	0.051 0	0.031 5	0.011 6	0.002 4	0.000 3	0.000 0	0.000 0
	90	0.526 3	0.275 7	0.143 7	0.038 5	0.002 6	0.776 9	0.539 6	0.351 2	0.218 8	0.132 1	0.077 7	0.044 8	0.025 4	0.014 2	0.004 3	0.000 6	0.000 0	0.000 0	0.000 0
	100	0.473 7	0.223 1	0.104 4	0.022 5	0.001 0	0.724 3	0.460 4	0.271 9	0.153 0	0.083 2	0.044 0	0.022 7	0.011 5	0.005 7	0.0014	0.000 1	0.000 0	0.000 0	0.000 0
	120	0.368 4	0.134 5	0.048 6	0.006 2	0.000 1	0.602 3	0.306 2	0.142 3	0.062 4	0.026 2	0.010 7	0.004 2	0.001 6	0.000 6	0.000 1	0.000 0	0.000 0	0.000 0	0.000 0
	140	0.263 2	0.068 2	0.017 4	0.001 1	0.000 0	0.458 1	0.169 8	0.056 5	0.017 6	0.005 2	0.001 5	0.000 4	0.000 1	0.000 0	0.000 0	0.000 0	0.000 0	0.000 0	0.000 0
	160	0.157 9	0.024 2	0.003 6	0.000 1	0.000 0	0.291 6	0.065 5	0.012 9	0.002 3	0.000 4	0.000 1	0.000 0	0.000 0	0.000 0	0.000 0	0.000 0	0.000 0	0.000 0	NA

表 D.22 $N=210$ 时核查抽样方案 $P_a(D)$ 值表

	n	1	2	3	4	5	10	2	3	4	5	6	7	8	9	10	12	13	16	20	30	45
	L	0	0	0	0	0	0	1	1	1	1	1	1	1	1	1	1	1	1	1	1	1
D	1	0.995 2	0.990 5	0.985 7	0.981 0	0.9762	0.952 4	1	1	1	1	1	1	1	1	1	1	1	1	1	1	1
	2	0.990 5	0.981 0	0.971 6	0.962 2	0.952 8	0.906 8	1.000 0	0.999 9	0.999 7	0.999 5	0.999 3	0.999 0	0.998 7	0.998 4	0.997 9	0.997 0	0.996 4	0.994 5	0.991 3	0.980 2	0.954 9
	3	0.985 7	0.971 6	0.957 6	0.943 7	0.929 9	0.863 2	0.999 9	0.999 6	0.999 2	0.998 6	0.998 0	0.997 2	0.996 2	0.995 2	0.994 0	0.991 3	0.989 7	0.984 3	0.975 5	0.945 9	0.883 3
	4	0.981 0	0.962 2	0.943 7	0.925 4	0.907 5	0.821 5	0.999 7	0.999 2	0.998 4	0.997 3	0.996 0	0.994 4	0.992 6	0.990 6	0.988 3	0.983 1	0.980 2	0.970 1	0.953 9	0.901 4	0.798 3
	5	0.976 2	0.952 8	0.929 9	0.907 5	0.885 4	0.781 6	0.999 5	0.998 6	0.997 3	0.995 6	0.993 4	0.990 9	0.988 0	0.984 7	0.981 0	0.972 7	0.968 1	0.952 3	0.927 5	0.850 1	0.708 5
	6	0.971 4	0.943 5	0.916 3	0.889 8	0.863 8	0.743 5	0.999 3	0.998 0	0.996 0	0.993 4	0.990 3	0.986 5	0.982 3	0.977 5	0.972 3	0.960 4	0.953 8	0.931 7	0.897 4	0.794 8	0.619 9
	7	0.966 7	0.934 3	0.902 8	0.872 3	0.842 7	0.707 1	0.999 0	0.997 2	0.994 4	0.990 9	0.986 5	0.981 5	0.975 7	0.969 3	0.962 2	0.946 3	0.937 6	0.908 6	0.864 6	0.737 5	0.535 9
	8	0.961 9	0.925 1	0.889 5	0.855 1	0.821 9	0.672 2	0.998 7	0.996 2	0.992 6	0.988 0	0.982 3	0.975 7	0.968 2	0.959 9	0.950 9	0.930 7	0.919 7	0.883 5	0.829 6	0.679 9	0.458 7
	9	0.957 1	0.915 9	0.876 3	0.838 2	0.801 6	0.639 0	0.998 4	0.995 2	0.990 6	0.984 7	0.977 5	0.969 3	0.959 9	0.949 6	0.938 5	0.913 8	0.900 4	0.856 9	0.793 2	0.623 1	0.389 3
	10	0.952 4	0.906 8	0.863 2	0.821 5	0.781 6	0.607 2	0.997 9	0.994 0	0.988 3	0.981 0	0.972 3	0.962 2	0.950 9	0.938 5	0.925 0	0.895 6	0.879 8	0.829 0	0.755 9	0.568 2	0.327 9
	11	0.947 6	0.897 7	0.850 3	0.805 1	0.762 1	0.576 8	0.997 5	0.992 7	0.985 8	0.977 0	0.966 6	0.954 5	0.941 1	0.926 5	0.910 7	0.876 5	0.858 2	0.800 2	0.718 2	0.515 7	0.274 3
	12	0.942 9	0.888 7	0.837 4	0.788 9	0.742 9	0.547 8	0.997 0	0.991 3	0.983 1	0.972 7	0.960 4	0.946 3	0.930 7	0.913 8	0.895 6	0.856 5	0.835 8	0.770 7	0.680 5	0.466 1	0.228 1
	13	0.938 1	0.879 7	0.824 8	0.773 0	0.724 2	0.520 2	0.996 4	0.989 7	0.980 2	0.968 1	0.953 8	0.937 6	0.919 7	0.900 4	0.879 8	0.835 8	0.812 7	0.740 8	0.643 1	0.419 7	0.188 7
	14	0.933 3	0.870 8	0.812 2	0.757 3	0.705 8	0.493 7	0.995 9	0.988 0	0.977 0	0.963 1	0.946 8	0.928 4	0.908 2	0.886 4	0.863 4	0.814 5	0.789 1	0.710 7	0.606 3	0.376 5	0.155 3
	15	0.928 6	0.861 9	0.799 8	0.741 8	0.687 8	0.468 6	0.995 2	0.986 2	0.973 6	0.957 9	0.939 4	0.918 7	0.896 1	0.871 9	0.846 4	0.792 8	0.765 1	0.680 6	0.570 3	0.336 6	0.127 2
	16	0.923 8	0.853 1	0.787 5	0.726 6	0.670 2	0.444 5	0.994 5	0.984 3	0.970 1	0.952 3	0.931 7	0.908 6	0.883 5	0.856 9	0.829 0	0.770 7	0.740 8	0.650 7	0.535 2	0.300 1	0.103 7
	17	0.919 0	0.844 3	0.775 3	0.711 6	0.652 9	0.421 6	0.993 8	0.982 3	0.966 3	0.946 5	0.923 6	0.898 1	0.870 6	0.841 5	0.811 1	0.748 3	0.716 3	0.621 1	0.501 4	0.266 7	0.084 3
	18	0.914 3	0.835 5	0.763 2	0.696 9	0.636 0	0.399 8	0.993 0	0.980 2	0.962 3	0.940 4	0.915 2	0.887 3	0.857 3	0.825 7	0.793 0	0.725 8	0.691 8	0.591 9	0.468 7	0.236 4	0.068 2
	19	0.909 5	0.826 8	0.751 3	0.682 4	0.619 4	0.378 9	0.992 2	0.977 9	0.958 2	0.934 1	0.906 5	0.876 1	0.843 6	0.809 6	0.774 6	0.703 1	0.667 4	0.563 3	0.437 4	0.208 9	0.055 0
	20	0.904 8	0.818 2	0.739 5	0.668 1	0.603 2	0.359 1	0.991 3	0.975 5	0.953 9	0.927 5	0.897 4	0.864 6	0.829 6	0.793 2	0.755 9	0.680 5	0.643 1	0.535 2	0.407 4	0.184 2	0.044 2
	21	0.900 0	0.809 6	0.727 8	0.654 0	0.587 3	0.340 2	0.990 4	0.973 0	0.949 3	0.920 7	0.888 2	0.852 8	0.815 3	0.776 6	0.737 1	0.657 9	0.619 0	0.507 9	0.378 9	0.162 1	0.035 4
	22	0.895 2	0.801 0	0.716 3	0.640 2	0.571 8	0.322 2	0.989 5	0.970 4	0.944 7	0.913 6	0.878 6	0.840 7	0.800 8	0.759 8	0.718 2	0.635 5	0.595 1	0.481 4	0.351 8	0.142 2	0.028 2
	23	0.890 5	0.792 5	0.704 9	0.626 5	0.556 6	0.305 1	0.988 5	0.967 7	0.939 8	0.906 3	0.868 8	0.828 4	0.786 1	0.742 9	0.699 3	0.613 2	0.571 6	0.455 6	0.326 1	0.124 6	0.022 5
	24	0.885 7	0.784 0	0.693 5	0.613 1	0.541 7	0.288 8	0.987 4	0.964 9	0.934 8	0.898 9	0.858 8	0.815 9	0.771 3	0.725 8	0.680 3	0.591 2	0.548 5	0.430 7	0.301 8	0.108 8	0.017 8
	25	0.881 0	0.775 6	0.682 4	0.599 9	0.527 1	0.273 2	0.986 3	0.962 0	0.929 6	0.891 2	0.848 6	0.803 2	0.756 2	0.708 7	0.661 3	0.569 5	0.525 8	0.406 7	0.278 9	0.094 9	0.014 1
	30	0.857 1	0.734 1	0.628 2	0.537 2	0.458 9	0.206 3	0.980 2	0.945 9	0.901 4	0.850 1	0.794 8	0.737 5	0.679 9	0.623 1	0.568 2	0.466 1	0.419 7	0.300 1	0.184 2	0.046 5	0.004 2

表 D.22（续）

	n	1	2	3	4	5	10	2	3	4	5	6	7	8	9	10	12	13	16	20	30	45
	L	0	0	0	0	0	0	1	1	1	1	1	1	1	1	1	1	1	1	1	1	1
D	35	0.833 3	0.693 8	0.577 0	0.479 5	0.398 0	0.154 5	0.972 9	0.927 3	0.869 7	0.805 3	0.737 8	0.669 8	0.603 4	0.539 9	0.480 3	0.374 1	0.327 9	0.215 7	0.117 9	0.021 7	0.001 2
	40	0.809 5	0.654 6	0.528 7	0.426 5	0.343 7	0.114 7	0.964 5	0.906 4	0.835 2	0.757 8	0.679 1	0.602 1	0.529 2	0.461 5	0.399 7	0.294 7	0.251 1	0.151 3	0.073 2	0.009 7	0.000 3
	45	0.785 7	0.616 5	0.483 2	0.378 1	0.295 5	0.084 4	0.954 9	0.883 3	0.798 3	0.708 5	0.619 9	0.535 9	0.458 7	0.389 3	0.327 9	0.228 1	0.188 7	0.103 7	0.044 2	0.004 2	0.000 1
	50	0.761 9	0.579 6	0.440 3	0.333 9	0.252 9	0.061 5	0.944 2	0.858 3	0.759 4	0.658 2	0.561 3	0.472 4	0.393 2	0.324 2	0.265 1	0.173 6	0.139 2	0.069 5	0.025 9	0.001 7	0.000 0
	60	0.714 3	0.509 2	0.362 3	0.257 3	0.182 4	0.031 6	0.919 3	0.803 0	0.677 4	0.557 1	0.449 2	0.356 6	0.279 4	0.216 6	0.166 2	0.095 6	0.071 7	0.029 2	0.008 2	0.000 3	0.000 0
	70	0.666 7	0.443 4	0.294 2	0.194 7	0.128 5	0.015 5	0.890 0	0.741 8	0.592 6	0.459 3	0.348 0	0.258 9	0.189 8	0.137 4	0.098 4	0.049 1	0.034 3	0.011 2	0.002 3	0.000 0	0.000 0
	80	0.619 0	0.382 1	0.235 1	0.144 3	0.088 2	0.007 2	0.856 0	0.676 0	0.507 8	0.368 4	0.260 4	0.180 4	0.122 9	0.082 6	0.054 8	0.023 4	0.015 1	0.003 9	0.000 6	0.000 0	0.000 0
	100	0.523 8	0.273 2	0.141 8	0.073 3	0.037 7	0.001 3	0.774 4	0.535 9	0.347 4	0.215 7	0.129 7	0.076 2	0.043 8	0.024 8	0.013 8	0.004 1	0.002 2	0.000 3	0.000 0	0.000 0	0.000 0
	120	0.428 6	0.182 5	0.077 2	0.032 5	0.013 5	0.000 2	0.674 6	0.393 1	0.211 5	0.108 1	0.053 2	0.025 4	0.011 9	0.005 4	0.002 4	0.000 5	0.000 2	0.000 0	0.000 0	0.000 0	0.000 0
	140	0.333 3	0.110 0	0.036 0	0.011 6	0.003 7	0.000 0	0.556 6	0.258 2	0.109 0	0.043 3	0.016 5	0.006 1	0.002 2	0.000 8	0.000 3	0.000 0	0.000 0	0.000 0	0.000 0	0.000 0	0.000 0
	160	0.238 1	0.055 8	0.012 9	0.002 9	0.000 7	0.000 0	0.420 4	0.141 7	0.042 8	0.012 0	0.003 2	0.000 8	0.000 2	0.000 0	0.000 0	0.000 0	0.000 0	0.000 0	0.000 0	0.000 0	0.000 0
	180	0.142 9	0.019 8	0.002 7	0.000 3	0.000 0	0.000 0	0.265 9	0.054 1	0.009 6	0.001 6	0.000 2	0.000 0	0.000 0	0.000 0	0.000 0	0.000 0	0.000 0	0.000 0	0.000 0	0.000 0	NA

表 D.23 $N=230$ 时核查抽样方案 $P_a(D)$ 值表

	n	1	2	3	4	6	11	2	3	4	5	6	7	8	9	10	11	13	15	18	25	30	50
	L	0	0	0	0	0	0	1	1	1	1	1	1	1	1	1	1	1	1	1	1	1	1
D	1	0.995 7	0.991 3	0.987 0	0.982 6	0.973 9	0.952 2	1	1	1	1	1	1	1	1	1	1	1	1	1	1	1	1
	2	0.991 3	0.982 6	0.974 0	0.965 4	0.948 4	0.906 4	1.000 0	0.999 9	0.999 8	0.999 6	0.999 4	0.999 2	0.998 9	0.998 6	0.998 3	0.997 9	0.997 0	0.996 0	0.994 2	0.988 6	0.983 5	0.953 5
	3	0.987 0	0.974 0	0.961 2	0.948 5	0.923 4	0.862 7	0.999 9	0.999 7	0.999 3	0.998 9	0.998 3	0.997 6	0.996 9	0.996 0	0.995 0	0.993 9	0.991 4	0.988 5	0.983 4	0.968 1	0.954 5	0.880 0
	4	0.982 6	0.965 4	0.948 5	0.931 8	0.899 0	0.820 9	0.999 8	0.999 3	0.998 6	0.997 8	0.996 7	0.995 4	0.993 8	0.992 1	0.990 2	0.988 1	0.983 4	0.977 9	0.968 3	0.940 5	0.916 4	0.793 2
	5	0.978 3	0.956 9	0.935 9	0.915 3	0.875 2	0.780 9	0.999 6	0.998 9	0.997 8	0.996 3	0.994 5	0.992 4	0.989 9	0.987 2	0.984 1	0.980 7	0.973 1	0.964 5	0.949 7	0.907 4	0.871 9	0.701 9
	6	0.973 9	0.948 4	0.923 4	0.899 0	0.851 8	0.742 8	0.999 4	0.998 3	0.996 7	0.994 5	0.991 9	0.988 7	0.985 1	0.981 1	0.976 7	0.971 8	0.961 0	0.948 8	0.928 0	0.870 3	0.823 2	0.612 2
	7	0.969 6	0.939 9	0.911 1	0.883 0	0.829 0	0.706 3	0.999 2	0.997 6	0.995 4	0.992 4	0.988 7	0.984 4	0.979 6	0.974 1	0.968 1	0.961 6	0.947 2	0.931 0	0.903 8	0.830 4	0.772 0	0.527 6
	8	0.965 2	0.931 5	0.898 8	0.867 1	0.806 7	0.671 5	0.998 9	0.996 9	0.993 8	0.989 9	0.985 1	0.979 6	0.973 2	0.966 2	0.958 5	0.950 2	0.931 8	0.911 4	0.877 7	0.788 5	0.719 8	0.450 2
	9	0.960 9	0.923 1	0.886 7	0.851 5	0.784 9	0.638 2	0.998 6	0.996 0	0.992 1	0.987 2	0.981 1	0.974 1	0.966 2	0.957 4	0.947 9	0.937 6	0.915 1	0.890 4	0.850 0	0.745 7	0.667 7	0.380 8
	10	0.956 5	0.914 8	0.874 6	0.836 1	0.763 6	0.606 4	0.998 3	0.995 0	0.990 2	0.984 1	0.976 7	0.968 1	0.958 5	0.947 9	0.936 4	0.924 1	0.897 3	0.868 1	0.821 0	0.702 5	0.616 5	0.319 7

表 D.23（续）

	n	1	2	3	4	6	11	2	3	4	5	6	7	8	9	10	11	13	15	18	25	30	50
	L	0	0	0	0	0	0	1	1	1	1	1	1	1	1	1	1	1	1	1	1	1	1
D	11	0.952 2	0.906 4	0.862 7	0.820 9	0.742 8	0.576 1	0.997 9	0.993 9	0.988 1	0.980 7	0.971 8	0.961 6	0.950 2	0.937 6	0.924 1	0.909 6	0.878 5	0.844 9	0.791 2	0.659 6	0.566 8	0.266 7
	12	0.947 8	0.898 2	0.850 9	0.805 9	0.722 4	0.547 2	0.997 5	0.992 7	0.985 8	0.977 1	0.966 6	0.954 6	0.941 3	0.926 7	0.911 0	0.894 4	0.858 8	0.820 8	0.760 8	0.617 3	0.519 2	0.221 1
	13	0.943 5	0.889 9	0.839 2	0.791 1	0.702 5	0.519 5	0.997 0	0.991 4	0.983 4	0.973 1	0.961 0	0.947 2	0.931 8	0.915 1	0.897 3	0.878 5	0.838 4	0.796 1	0.730 1	0.576 0	0.473 9	0.182 3
	14	0.939 1	0.881 7	0.827 6	0.776 5	0.683 1	0.493 2	0.996 5	0.990 0	0.980 7	0.969 0	0.955 1	0.939 3	0.921 9	0.903 0	0.883 0	0.861 9	0.817 5	0.770 9	0.699 2	0.536 0	0.431 2	0.149 6
	15	0.934 8	0.873 6	0.816 1	0.762 2	0.664 1	0.468 1	0.996 0	0.988 5	0.977 9	0.964 5	0.948 8	0.931 0	0.911 4	0.890 4	0.868 1	0.844 9	0.796 1	0.745 4	0.668 5	0.497 6	0.391 1	0.122 2
	16	0.930 4	0.865 4	0.804 7	0.748 0	0.645 6	0.444 1	0.995 4	0.986 9	0.974 9	0.959 8	0.942 1	0.922 3	0.900 6	0.877 3	0.852 8	0.827 3	0.774 3	0.719 8	0.638 0	0.460 8	0.353 8	0.099 4
	17	0.926 1	0.857 3	0.793 4	0.734 0	0.627 5	0.421 3	0.994 8	0.985 2	0.971 7	0.954 8	0.935 2	0.913 2	0.889 3	0.863 8	0.837 1	0.809 4	0.752 3	0.694 1	0.607 9	0.425 7	0.319 2	0.080 5
	18	0.921 7	0.849 3	0.782 2	0.720 2	0.609 8	0.399 6	0.994 2	0.983 4	0.968 3	0.9497	0.928 0	0.903 8	0.877 7	0.850 0	0.821 0	0.791 2	0.730 1	0.668 5	0.578 3	0.392 5	0.287 3	0.065 0
	19	0.917 4	0.841 3	0.771 2	0.706 6	0.592 6	0.378 8	0.993 5	0.981 5	0.964 8	0.944 2	0.920 5	0.894 1	0.865 7	0.835 8	0.804 6	0.772 7	0.707 8	0.643 0	0.549 4	0.361 2	0.257 9	0.052 3
	20	0.913 0	0.833 3	0.760 2	0.693 2	0.575 7	0.359 1	0.992 8	0.979 5	0.961 1	0.938 6	0.912 7	0.884 1	0.853 5	0.821 3	0.788 0	0.754 1	0.685 5	0.617 8	0.521 1	0.331 7	0.231 0	0.041 9
	21	0.908 7	0.825 4	0.749 3	0.680 0	0.559 3	0.340 3	0.992 0	0.977 4	0.957 3	0.932 8	0.904 7	0.873 8	0.840 9	0.806 5	0.771 2	0.735 3	0.663 3	0.592 9	0.493 7	0.304 1	0.206 5	0.033 5
	22	0.904 3	0.817 5	0.738 6	0.667 0	0.543 2	0.322 4	0.991 2	0.975 2	0.953 3	0.926 7	0.896 4	0.863 3	0.828 1	0.791 6	0.754 2	0.716 4	0.641 1	0.568 3	0.467 0	0.278 3	0.184 2	0.026 7
	23	0.900 0	0.809 6	0.727 9	0.654 2	0.527 5	0.305 3	0.990 4	0.972 9	0.949 2	0.920 5	0.887 9	0.852 5	0.815 1	0.776 4	0.737 0	0.697 4	0.619 2	0.544 3	0.441 3	0.254 2	0.164 0	0.021 2
	24	0.895 7	0.801 8	0.717 4	0.641 5	0.512 2	0.289 1	0.989 5	0.970 6	0.944 9	0.914 1	0.879 2	0.841 5	0.801 9	0.761 1	0.719 8	0.678 5	0.597 5	0.520 7	0.416 4	0.231 8	0.145 8	0.016 8
	25	0.891 3	0.794 0	0.706 9	0.629 1	0.497 3	0.273 7	0.988 6	0.968 1	0.940 5	0.907 4	0.870 3	0.830 4	0.788 5	0.745 7	0.702 5	0.659 6	0.576 0	0.497 6	0.392 5	0.211 1	0.129 3	0.013 2
	30	0.869 6	0.755 6	0.656 2	0.569 5	0.428 0	0.207 1	0.983 5	0.954 5	0.916 4	0.871 9	0.823 2	0.772 0	0.719 8	0.667 7	0.616 5	0.566 8	0.473 9	0.391 1	0.287 3	0.129 3	0.069 2	0.003 9
	35	0.847 8	0.718 2	0.608 0	0.514 2	0.367 0	0.155 6	0.977 4	0.938 8	0.889 2	0.832 8	0.772 6	0.711 1	0.649 9	0.590 3	0.533 3	0.479 5	0.382 7	0.300 9	0.204 9	0.076 5	0.035 6	0.001 1
	40	0.826 1	0.681 8	0.562 2	0.463 1	0.313 4	0.116 1	0.970 4	0.921 0	0.859 4	0.791 0	0.719 9	0.649 2	0.580 7	0.515 8	0.455 3	0.399 7	0.303 7	0.227 0	0.142 8	0.043 9	0.017 6	0.000 3
	45	0.804 3	0.646 3	0.518 7	0.415 9	0.266 5	0.085 8	0.962 4	0.901 4	0.827 2	0.747 1	0.666 2	0.587 7	0.513 7	0.445 6	0.383 9	0.328 7	0.237 2	0.168 0	0.097 4	0.024 5	0.008 4	0.000 1
	50	0.782 6	0.611 7	0.477 6	0.372 4	0.225 6	0.063 0	0.953 5	0.880 0	0.793 2	0.701 9	0.612 2	0.527 6	0.450 2	0.380 8	0.319 7	0.266 7	0.182 3	0.122 2	0.065 0	0.013 2	0.003 9	0.000 0
	60	0.739 1	0.545 5	0.401 9	0.295 7	0.159 3	0.033 0	0.932 8	0.832 6	0.720 6	0.609 7	0.506 8	0.415 2	0.336 2	0.269 5	0.214 2	0.168 9	0.102 9	0.061 3	0.027 2	0.003 6	0.000 8	0.000 0
	70	0.695 7	0.483 0	0.334 7	0.231 5	0.110 1	0.016 6	0.908 3	0.779 6	0.644 4	0.518 3	0.408 4	0.316 5	0.242 0	0.182 9	0.136 9	0.101 6	0.054 7	0.028 7	0.010 5	0.000 9	0.000 1	0.000 0
	80	0.652 2	0.424 3	0.275 4	0.178 4	0.074 3	0.008 0	0.880 0	0.722 1	0.566 7	0.430 9	0.320 1	0.233 4	0.167 6	0.118 9	0.083 4	0.057 9	0.027 3	0.012 5	0.003 7	0.000 2	0.000 0	0.000 0
	100	0.565 2	0.318 4	0.178 7	0.100 0	0.031 0	0.001 6	0.812 0	0.597 7	0.415 0	0.277 0	0.179 7	0.113 9	0.071 0	0.043 5	0.026 4	0.015 8	0.005 5	0.001 8	0.000 3	0.000 0	0.000 0	0.000 0
	120	0.478 3	0.227 6	0.107 8	0.050 8	0.011 1	0.000 2	0.728 9	0.467 3	0.278 8	0.158 8	0.087 4	0.046 9	0.024 6	0.012 7	0.006 5	0.003 2	0.000 8	0.000 2	0.000 0	0.000 0	0.000 0	0.000 0
	140	0.391 3	0.152 1	0.058 7	0.022 5	0.003 2	0.000 0	0.630 5	0.338 8	0.167 3	0.078 2	0.035 2	0.015 4	0.006 5	0.002 7	0.001 1	0.000 4	0.000 1	0.000 0	0.000 0	0.000 0	0.000 0	0.000 0
	160	0.304 3	0.091 7	0.027 4	0.008 1	0.000 7	0.000 0	0.517 0	0.220 4	0.085 2	0.030 9	0.010 7	0.003 6	0.001 2	0.000 4	0.000 1	0.000 0	0.000 0	0.000 0	0.000 0	0.000 0	0.000 0	0.000 0
	180	0.217 4	0.046 5	0.009 8	0.002 0	0.000 1	0.000 0	0.388 3	0.120 0	0.033 1	0.008 5	0.002 1	0.000 5	0.000 1	0.000 0	0.000 0	0.000 0	0.000 0	0.000 0	0.000 0	0.000 0	0.000 0	0.000 0

表 D.24 $N=250$ 时核查抽样方案 $P_a(D)$ 值表

n		1	2	3	4	6	12	2	3	4	5	6	7	8	9	10	11	12	14	16	19	25	35	60
L		0	0	0	0	0	0	1	1	1	1	1	1	1	1	1	1	1	1	1	1	1	1	1
D	1	0.996 0	0.992 0	0.988 0	0.984 0	0.976 0	0.952 0	1	1	1	1	1	1	1	1	1	1	1	1	1	1	1	1	1
	2	0.992 0	0.984 0	0.976 1	0.968 2	0.952 5	0.906 1	1.000 0	0.999 9	0.999 8	0.999 7	0.999 5	0.999 3	0.999 1	0.998 8	0.998 6	0.998 2	0.997 9	0.997 1	0.996 1	0.994 5	0.990 4	0.980 9	0.943 1
	3	0.988 0	0.976 1	0.964 3	0.952 6	0.929 4	0.862 3	0.999 9	0.999 7	0.999 4	0.999 0	0.998 6	0.998 0	0.997 3	0.996 6	0.995 8	0.994 8	0.993 8	0.991 5	0.988 9	0.984 3	0.972 9	0.947 7	0.856 0
	4	0.984 0	0.968 2	0.952 6	0.937 2	0.906 9	0.820 4	0.999 8	0.999 4	0.998 9	0.998 1	0.997 2	0.996 1	0.994 8	0.993 3	0.991 7	0.989 9	0.988 0	0.983 6	0.978 6	0.970 0	0.949 1	0.904 7	0.756 0
	5	0.980 0	0.960 3	0.941 0	0.921 9	0.884 7	0.780 4	0.999 7	0.999 0	0.998 1	0.996 9	0.995 3	0.993 5	0.991 4	0.989 1	0.986 5	0.983 6	0.980 5	0.973 5	0.965 6	0.952 2	0.920 3	0.854 9	0.654 1
	6	0.976 0	0.952 5	0.929 4	0.906 9	0.863 1	0.742 1	0.999 5	0.998 6	0.997 2	0.995 3	0.993 1	0.990 4	0.987 4	0.983 9	0.980 1	0.976 0	0.971 5	0.961 5	0.950 4	0.931 6	0.887 8	0.801 1	0.556 8
	7	0.972 0	0.944 7	0.918 0	0.892 0	0.841 9	0.705 6	0.999 3	0.998 0	0.996 1	0.993 5	0.990 4	0.986 8	0.982 6	0.977 9	0.972 8	0.967 2	0.961 1	0.947 9	0.933 1	0.908 5	0.852 4	0.745 3	0.467 9
	8	0.968 0	0.936 9	0.906 7	0.877 3	0.821 1	0.670 8	0.999 1	0.997 3	0.994 8	0.991 4	0.987 4	0.982 6	0.977 2	0.971 1	0.964 5	0.957 3	0.949 6	0.932 7	0.914 1	0.883 5	0.815 0	0.689 0	0.388 9
	9	0.964 0	0.929 2	0.895 4	0.862 8	0.800 7	0.637 5	0.998 8	0.996 6	0.993 3	0.989 1	0.983 9	0.977 9	0.971 1	0.963 6	0.955 3	0.946 4	0.936 9	0.916 3	0.893 7	0.857 0	0.776 3	0.633 5	0.320 3
	10	0.960 0	0.921 4	0.884 3	0.848 5	0.780 8	0.605 8	0.998 6	0.995 8	0.991 7	0.986 5	0.980 1	0.972 8	0.964 5	0.955 3	0.945 3	0.934 6	0.923 2	0.898 7	0.872 1	0.829 2	0.736 9	0.579 6	0.261 6
	11	0.956 0	0.913 8	0.873 2	0.834 3	0.761 3	0.575 5	0.998 2	0.994 8	0.989 9	0.983 6	0.976 0	0.967 2	0.957 3	0.946 4	0.934 6	0.922 0	0.908 7	0.880 1	0.849 4	0.800 5	0.697 4	0.527 9	0.212 2
	12	0.952 0	0.906 1	0.862 3	0.820 4	0.742 1	0.546 6	0.997 9	0.993 8	0.988 0	0.980 5	0.971 5	0.961 1	0.949 6	0.936 9	0.923 2	0.908 7	0.893 4	0.860 7	0.826 0	0.771 2	0.658 1	0.478 9	0.171 1
	13	0.948 0	0.898 5	0.851 4	0.806 6	0.723 4	0.519 0	0.997 5	0.992 7	0.985 8	0.977 1	0.966 7	9.954 7	0.941 4	0.926 8	0.911 2	0.894 7	0.877 3	0.840 6	0.801 9	0.741 5	0.619 4	0.432 8	0.137 1
	14	0.944 0	0.890 9	0.840 6	0.793 0	0.705 1	0.492 8	0.997 1	0.991 5	0.983 6	0.973 5	0.961 5	0.947 9	0.932 7	0.916 3	0.898 7	0.880 1	0.860 7	0.819 9	0.777 3	0.711 7	0.581 5	0.389 9	0.109 3
	15	0.940 0	0.883 4	0.829 9	0.779 5	0.687 2	0.467 7	0.996 6	0.990 2	0.981 1	0.969 7	0.956 1	0.940 7	0.923 6	0.905 2	0.885 6	0.865 0	0.843 5	0.798 8	0.752 5	0.681 8	0.544 7	0.350 1	0.086 7
	16	0.936 0	0.875 9	0.819 3	0.766 3	0.669 6	0.443 8	0.996 1	0.988 9	0.978 6	0.965 6	0.950 4	0.933 1	0.914 1	0.893 7	0.872 1	0.849 4	0.826 0	0.777 3	0.727 4	0.652 2	0.509 1	0.313 5	0.068 5
	17	0.932 0	0.868 4	0.808 8	0.753 2	0.652 5	0.421 1	0.995 6	0.987 4	0.975 9	0.961 4	0.944 4	0.925 2	0.904 3	0.881 8	0.858 1	0.833 4	0.808 0	0.755 6	0.702 3	0.622 9	0.474 8	0.279 9	0.053 9
	18	0.928 0	0.860 9	0.798 4	0.740 2	0.635 7	0.399 4	0.995 1	0.985 9	0.973 0	0.956 9	0.938 1	0.917 0	0.894 1	0.869 6	0.843 8	0.817 1	0.789 7	0.733 7	0.677 2	0.594 0	0.442 0	0.249 3	0.042 2
	19	0.924 0	0.853 5	0.788 1	0.727 5	0.619 2	0.378 7	0.994 5	0.984 3	0.970 0	0.952 2	0.931 6	0.908 5	0.883 5	0.857 0	0.829 2	0.800 5	0.771 2	0.711 7	0.652 2	0.565 6	0.410 8	0.221 5	0.033 0
	20	0.920 0	0.846 1	0.777 9	0.714 9	0.603 2	0.359 0	0.993 9	0.982 6	0.966 8	0.947 4	0.924 8	0.899 8	0.872 7	0.844 1	0.814 3	0.783 7	0.752 5	0.689 7	0.627 4	0.537 9	0.381 0	0.196 4	0.025 7
	21	0.916 0	0.838 7	0.767 7	0.702 5	0.587 4	0.340 3	0.993 3	0.980 8	0.963 5	0.942 3	0.917 8	0.890 8	0.861 6	0.831 0	0.799 2	0.766 6	0.733 7	0.667 7	0.603 0	0.510 9	0.352 9	0.173 7	0.019 9
	22	0.912 0	0.831 4	0.757 7	0.690 2	0.572 0	0.322 5	0.992 6	0.978 9	0.960 1	0.937 1	0.910 6	0.881 5	0.850 3	0.817 6	0.783 8	0.749 5	0.714 8	0.645 9	0.578 8	0.484 6	0.326 3	0.153 3	0.015 4
	23	0.908 0	0.824 1	0.747 7	0.678 1	0.557 0	0.305 5	0.991 9	0.977 0	0.956 6	0.931 7	0.903 2	0.872 0	0.838 7	0.804 0	0.768 3	0.732 2	0.695 9	0.624 2	0.555 1	0.459 2	0.301 2	0.135 0	0.011 9

表 D.24（续）

n		1	2	3	4	6	12	2	3	4	5	6	7	8	9	10	11	12	14	16	19	25	35	60
L		0	0	0	0	0	0	1	1	1	1	1	1	1	1	1	1	1	1	1	1	1	1	1
D	24	0.904 0	0.816 9	0.737 8	0.666 1	0.542 3	0.289 4	0.991 1	0.975 0	0.952 9	0.926 1	0.895 6	0.862 3	0.826 9	0.790 2	0.752 7	0.714 8	0.677 0	0.602 7	0.531 8	0.434 5	0.277 7	0.118 7	0.009 1
	25	0.900 0	0.809 6	0.728 0	0.654 3	0.527 9	0.274 0	0.990 4	0.972 9	0.949 1	0.920 3	0.887 8	0.852 4	0.815 0	0.776 3	0.736 9	0.697 4	0.658 1	0.581 5	0.509 1	0.410 8	0.255 6	0.104 2	0.007 0
	30	0.880 0	0.774 0	0.680 3	0.597 7	0.460 6	0.207 8	0.986 0	0.961 2	0.928 3	0.889 3	0.846 1	0.800 3	0.753 0	0.705 2	0.657 7	0.611 0	0.565 7	0.480 4	0.403 6	0.305 3	0.165 7	0.052 8	0.001 8
	35	0.860 0	0.739 1	0.634 8	0.544 9	0.400 6	0.156 6	0.980 9	0.947 7	0.904 7	0.854 9	0.801 1	0.745 3	0.689 0	0.633 5	0.579 6	0.527 9	0.478 9	0.389 9	0.313 5	0.221 5	0.104 2	0.025 7	0.000 4
	40	0.840 0	0.705 1	0.591 3	0.495 6	0.347 2	0.117 2	0.974 9	0.932 5	0.878 6	0.817 9	0.753 8	0.688 8	0.624 8	0.563 2	0.504 8	0.450 2	0.399 7	0.311 3	0.239 1	0.157 3	0.063 8	0.012 1	0.000 1
	45	0.820 0	0.671 8	0.549 9	0.449 7	0.300 0	0.087 0	0.968 2	0.915 6	0.850 5	0.778 8	0.704 9	0.631 9	0.561 8	0.495 9	0.435 0	0.379 4	0.329 3	0.244 8	0.179 2	0.109 5	0.038 0	0.005 5	0.000 0
	50	0.800 0	0.639 4	0.510 5	0.407 1	0.258 2	0.064 2	0.960 6	0.897 2	0.820 4	0.738 1	0.655 4	0.575 6	0.500 9	0.432 5	0.370 9	0.316 1	0.267 9	0.189 7	0.132 1	0.074 8	0.022 1	0.002 4	0.000 0
	60	0.760 0	0.576 9	0.437 3	0.331 1	0.189 0	0.034 1	0.943 1	0.856 0	0.756 0	0.654 1	0.556 8	0.467 9	0.388 9	0.320 3	0.261 6	0.212 2	0.171 1	0.109 3	0.068 5	0.033 0	0.007 0	0.000 4	0.000 0
	70	0.720 0	0.517 6	0.371 5	0.266 2	0.136 0	0.017 4	0.922 4	0.809 8	0.687 3	0.569 2	0.462 6	0.370 2	0.292 6	0.228 9	0.177 4	0.136 4	0.104 2	0.059 6	0.033 4	0.013 5	0.002 0	0.000 1	0.000 0
	80	0.680 0	0.461 5	0.312 6	0.211 4	0.096 1	0.008 6	0.898 5	0.759 3	0.616 4	0.486 4	0.375 5	0.285 0	0.213 4	0.157 9	0.115 6	0.083 9	0.060 5	0.030 7	0.015 2	0.005 1	0.000 5	0.000 0	0.000 0
	100	0.600 0	0.359 0	0.214 3	0.127 5	0.044 8	0.001 8	0.841 0	0.648 6	0.474 5	0.334 9	0.230 1	0.154 9	0.102 6	0.067 0	0.043 2	0.027 6	0.017 5	0.006 8	0.002 6	0.000 6	0.000 0	0.000 0	0.000 0
	120	0.520 0	0.269 4	0.139 0	0.071 5	0.018 7	0.000 3	0.770 6	0.530 1	0.341 7	0.211 0	0.126 3	0.073 8	0.042 3	0.023 9	0.013 3	0.007 3	0.004 0	0.001 1	0.000 3	0.000 0	0.000 0	0.000 0	0.000 0
	140	0.440 0	0.192 6	0.083 9	0.036 3	0.006 7	0.000 0	0.687 4	0.410 1	0.226 5	0.119 1	0.060 4	0.029 8	0.014 4	0.006 8	0.003 2	0.001 5	0.000 7	0.000 1	0.000 0	0.000 0	0.000 0	0.000 0	0.000 0
	160	0.360 0	0.128 7	0.045 7	0.016 1	0.002 0	0.000 0	0.591 3	0.294 7	0.134 4	0.057 9	0.024 0	0.009 6	0.003 8	0.001 4	0.000 5	0.000 2	0.000 1	0.000 0	0.000 0	0.000 0	0.000 0	0.000 0	0.000 0
	180	0.280 0	0.077 6	0.021 3	0.005 8	0.000 4	0.000 0	0.482 4	0.190 2	0.067 8	0.022 7	0.007 2	0.002 2	0.000 7	0.000 2	0.000 1	0.000 0	0.000 0	0.000 0	0.000 0	0.000 0	0.000 0	0.000 0	0.000 0

ICS 25.120.30
J 46

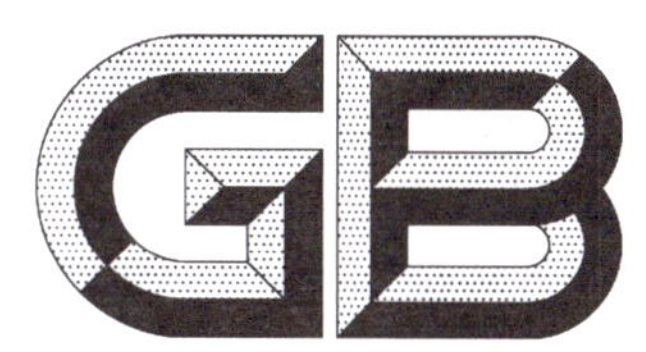

中华人民共和国国家标准

GB/T 2851—2008
代替 GB/T 2851.1—1990,GB/T 2851.3~2851.7—1990

冲模滑动导向模架

Sliding guide die sets for stamping dies

2008-04-10 发布 2008-10-01 实施

中华人民共和国国家质量监督检验检疫总局
中国国家标准化管理委员会 发布

前 言

本标准是对 GB/T 2851.1—1990《冲模滑动导向模架 对角导柱模架》、GB/T 2851.3—1990《冲模滑动导向模架 后侧导柱模架》、GB/T 2851.4—1990《冲模滑动导向模架 后侧导柱窄形模架》、GB/T 2851.5—1990《冲模滑动导向模架 中间导柱模架》、GB/T 2851.6—1990《冲模滑动导向模架 中间导柱圆形模架》和 GB/T 2851.7—1990《冲模滑动导向模架 四导柱模架》的合并修订。

本标准与 GB/T 2851.1—1990、GB/T 2851.3—1990、GB/T 2851.4—1990、GB/T 2851.5—1990、GB/T 2851.6—1990 和 GB/T 2851.7—1990 相比，主要变化如下：

——将标准名称改为“冲模滑动导向模架”；

——增加了“前言”和“规范性引用文件”；

——删除了后侧导柱窄形模架的内容；

——对中间导柱模架的结构和尺寸规格作了较大的修改。

本标准由全国模具标准化技术委员会(SAC/TC 33)提出并归口。

本标准起草单位：桂林电器科学研究所、杭州萧山精密模具标准件厂、镇江船山模架厂、桂林电子科技大学。

本标准主要起草人：翁史振、张玉琴、祁伟根、廖宏谊、奉双。

本标准所代替标准的历次版本发布情况为：

——GB 2851.1～2851.7—1981；

——GB/T 2851.1—1990、GB/T 2851.3～2851.7—1990。

冲模滑动导向模架

1 范围

本标准规定了冲模滑动导向模架的结构、尺寸规格与标记。

本标准适用于冲模滑动导向铸铁模架。

2 规范性引用文件

下列文件中的条款通过本标准的引用而成为本标准的条款。凡是注日期的引用文件，其随后所有的修改单(不包括勘误的内容)或修订版均不适用于本标准，然而，鼓励根据本标准达成协议的各方研究是否可使用这些文件的最新版本。凡是不注日期的引用文件，其最新版本适用于本标准。

GB/T 2855.1 冲模滑动导向模座 第1部分:上模座

GB/T 2855.2 冲模滑动导向模座 第2部分:下模座

GB/T 2861.1 冲模导向装置 第1部分:滑动导向导柱

GB/T 2861.3 冲模导向装置 第3部分:滑动导向导套

JB/T 8050 冲模模架技术条件

3 尺寸规格

3.1 对角导柱模架

对角导柱模架结构和尺寸规格见图1、表1。

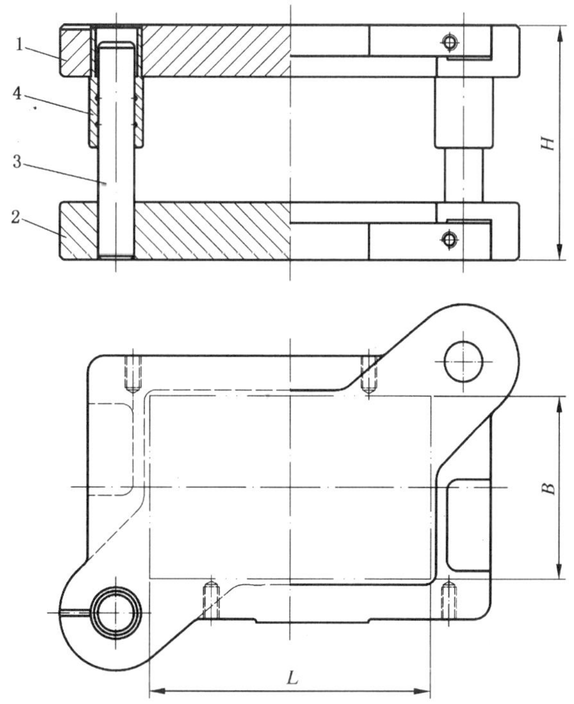

1——上模座； 3——导柱；

2——下模座； 4——导套。

图1 对角导柱模架

表 1　对角导柱模架尺寸

单位为毫米

凹模周界		闭合高度（参考）H		零件件号、名称及标准编号					
				1	2	3		4	
				上模座 GB/T 2855.1	下模座 GB/T 2855.2	导柱 GB/T 2861.1		导套 GB/T 2861.3	
				数　量					
L	B	最小	最大	1	1	1	1	1	1
				规　格					
63	50	100	115	63×50×20	63×50×25	16×90	18×90	16×60×18	18×60×18
		110	125			16×100	18×100		
		110	130	63×50×25	63×50×30	16×100	18×100	16×65×23	18×65×23
		120	140			16×110	18×110		
63	63	100	115	63×63×20	63×63×25	16×90	18×90	16×60×18	18×60×18
		110	125			16×100	18×100		
		110	130	63×63×25	63×63×30	16×100	18×100	16×65×23	18×65×23
		120	140			16×110	18×110		
80		110	130	80×63×25	80×63×30	18×100	20×100	18×65×23	20×65×23
		130	150			18×120	20×120		
		120	145	80×63×30	80×63×40	18×110	20×110	18×70×28	20×70×28
		140	165			18×130	20×130		
100		110	130	100×63×25	100×63×30	18×100	20×100	18×65×23	20×65×23
		130	150			18×120	20×120		
		120	145	100×63×30	100×63×40	18×110	20×110	18×70×28	20×70×28
		140	165			18×130	20×130		
80	80	110	130	80×80×25	80×80×30	20×100	22×100	20×65×23	22×65×23
		130	150			20×120	22×120		
		120	145	80×80×30	80×80×40	20×110	22×110	20×70×28	22×70×28
		140	165			20×130	22×130		
100		110	130	100×80×25	100×80×30	20×100	22×100	20×65×23	22×65×23
		130	150			20×120	22×120		
		120	145	100×80×30	100×80×40	20×110	22×110	20×70×28	22×70×28
		140	165			20×130	22×130		
125		110	130	125×80×25	125×80×30	20×100	22×100	20×65×23	22×65×23
		130	150			20×120	22×120		
		120	145	125×80×30	125×80×40	20×110	22×110	20×70×28	22×70×28
		140	165			20×130	22×130		

表 1（续）

单位为毫米

凹模周界		闭合高度（参考）*H*		零件件号、名称及标准编号					
				1	2	3		4	
				上模座 GB/T 2855.1	下模座 GB/T 2855.2	导柱 GB/T 2861.1		导套 GB/T 2861.3	
				数量					
L	*B*	最小	最大	1	1	1	1	1	1
				规格					
100	100	110	130	100×100×25	100×100×30	20×100	22×100	20×65×23	22×65×23
		130	150			20×120	22×120		
		120	145	100×100×30	100×100×40	20×110	22×110	20×70×28	22×70×28
		140	165			20×130	22×130		
125		120	150	125×100×30	125×100×35	22×110	25×110	22×80×28	25×80×28
		140	165			22×130	25×130		
		140	170	125×100×35	125×100×45	22×130	25×130	22×80×33	25×80×33
		160	190			22×150	25×150		
160		140	170	160×100×35	160×100×40	25×130	28×130	25×85×33	28×85×33
		160	190			25×150	28×150		
		160	195	160×100×40	160×100×50	25×150	28×150	25×90×38	28×90×38
		190	225			25×180	28×180		
200		140	170	200×100×35	200×100×40	25×130	28×130	25×85×33	28×85×33
		160	190			25×150	28×150		
		160	195	200×100×40	200×100×50	25×150	28×150	25×90×38	28×90×38
		190	225			25×180	28×180		
125	125	120	150	125×125×30	125×125×35	22×110	25×110	22×80×28	25×80×28
		140	165			22×130	25×130		
		140	170	125×125×35	125×125×45	22×130	25×130	22×85×33	25×85×33
		160	190			22×150	25×150		
160		140	170	160×125×35	160×125×40	25×130	28×130	25×85×33	28×85×33
		160	190			25×150	28×150		
		170	205	160×125×40	160×125×50	25×160	28×160	25×95×38	28×95×38
		190	225			25×180	28×180		
200		140	170	200×125×35	200×125×40	25×130	28×130	25×85×33	28×85×33
		160	190			25×150	28×150		
		170	205	200×125×40	200×125×50	25×160	28×160	25×95×38	28×95×38
		190	225			25×180	28×180		

表 1（续） 单位为毫米

凹模周界		闭合高度（参考）*H*		零件件号、名称及标准编号					
				1	2	3		4	
				上模座 GB/T 2855.1	下模座 GB/T 2855.2	导柱 GB/T 2861.1		导套 GB/T 2861.3	
				数量					
L	*B*	最小	最大	1	1	1	1	1	1
				规格					
250	125	160	200	250×125×40	250×125×45	28×150	32×150	28×100×38	32×100×38
		180	220			28×170	32×170		
		190	235	250×125×45	250×125×55	28×180	32×180	28×110×43	32×110×43
		210	255			28×200	32×200		
160	160	160	200	160×160×40	160×160×45	28×150	32×150	28×100×38	32×100×38
		180	220			28×170	32×170		
		190	235	160×160×45	160×160×55	28×180	32×180	28×110×43	32×110×43
		210	255			28×200	32×200		
200		160	200	200×160×40	200×160×45	28×150	32×150	28×100×38	32×100×38
		180	220			28×170	32×170		
		190	235	200×160×45	200×160×55	28×180	32×180	28×110×43	32×110×43
		210	255			28×200	32×200		
250	160	170	210	250×160×45	250×160×50	32×160	35×160	32×105×43	35×105×43
		200	240			32×190	35×190		
		200	245	250×160×50	250×160×60	32×190	35×190	32×115×48	35×115×48
		220	265			32×210	35×210		
200	200	170	210	200×200×45	200×200×50	32×160	35×160	32×105×43	35×105×43
		200	240			32×190	35×190		
		200	245	200×200×50	200×200×60	32×190	35×190	32×115×48	35×115×48
		220	265			32×210	35×210		
250		170	210	250×200×45	250×200×50	32×160	35×160	32×105×43	35×105×43
		200	240			32×190	35×190		
		200	245	250×200×50	250×200×60	32×190	35×190	32×115×48	35×115×48
		220	265			32×210	35×210		
315		190	230	315×200×45	315×200×55	35×180	40×180	35×115×43	40×115×43
		220	260			35×210	40×210		
		210	255	315×200×50	315×200×65	35×200	40×200	35×125×48	40×125×48
		240	285			35×230	40×230		

表 1（续）

单位为毫米

凹模周界		闭合高度（参考）H		零件件号、名称及标准编号					
				1	2	3		4	
				上模座 GB/T 2855.1	下模座 GB/T 2855.2	导柱 GB/T 2861.1		导套 GB/T 2861.3	
				数量					
L	B	最小	最大	1	1	1	1	1	1
				规格					
250	250	190	230	250×250×45	250×250×55	35×180	40×180	35×115×43	40×115×43
		220	260			35×210	40×210		
		210	255	250×250×50	250×250×65	35×200	40×200	35×125×48	40×125×48
		240	285			35×230	40×230		
315		215	250	315×250×50	315×250×60	40×200	45×200	40×125×48	45×125×48
		245	280			40×230	45×230		
		245	290	315×250×55	315×250×70	40×230	45×230	40×140×53	45×140×53
		275	320			40×260	45×260		
400		215	250	400×250×50	400×250×60	40×200	45×200	40×125×48	45×125×48
		245	280			40×230	45×230		
		245	280	400×250×55	400×250×70	40×230	45×230	40×140×53	45×140×53
		275	320			40×260	45×260		
315	315	215	250	315×315×50	315×315×60	45×200	50×200	45×125×48	50×125×48
		245	280			45×230	50×230		
		245	290	315×315×55	315×315×70	45×230	50×230	45×140×53	50×140×53
		275	320			45×260	50×260		
400		245	290	400×315×55	400×315×65	45×230	50×230	45×140×53	50×140×53
		275	315			45×260	50×260		
	315	275	320	400×315×60	400×315×75	45×260	50×260	45×150×58	50×150×58
		305	350			45×290	50×290		
500		245	290	500×315×55	500×315×65	45×230	50×230	45×140×53	50×140×53
		275	315			45×260	50×260		
		275	320	500×315×60	500×315×75	45×260	50×260	45×150×58	50×150×58
		305	350			45×290	50×290		
400	400	245	290	400×400×55	400×400×65	45×230	50×230	45×140×53	50×140×53
		275	315			45×260	50×260		
		275	320	400×400×60	400×400×75	45×260	50×260	45×150×58	50×150×58
		305	350			45×290	50×290		

表 1（续）

单位为毫米

凹模周界		闭合高度（参考）H		零件件号、名称及标准编号					
				1	2	3		4	
				上模座 GB/T 2855.1	下模座 GB/T 2855.2	导柱 GB/T 2861.1		导套 GB/T 2861.3	
				数量					
L	B	最小	最大	1	1	1	1	1	1
				规格					
630	400	240	280	630×400×55	630×400×65	50×220	55×220	50×150×53	55×150×53
		270	305			50×250	55×250		
		270	310	630×400×65	630×400×80	50×250	55×250	50×160×63	55×160×63
		300	340			50×280	55×280		
500	500	260	300	500×500×55	500×500×65	50×240	55×240	50×150×53	55×150×53
		290	325			50×270	55×270		
		290	330	500×500×65	500×500×80	50×270	55×270	50×160×63	55×160×63
		320	360			50×300	55×300		

3.2 后侧导柱模架

后侧导柱模架结构和尺寸规格见图 2、表 2。

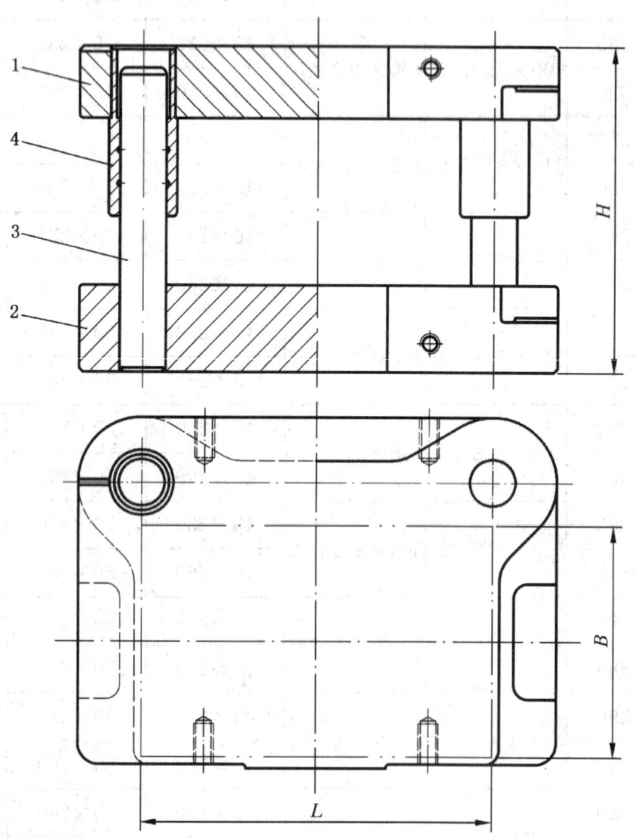

1——上模座；
2——下模座；
3——导柱；
4——导套。

图 2 后侧导柱模架

表 2　后侧导柱模架尺寸

单位为毫米

凹模周界		闭合高度（参考）*H*		零件件号、名称及标准编号			
				1	2	3	4
				上模座 GB/T 2855.1	下模座 GB/T 2855.2	导柱 GB/T 2861.1	导套 GB/T 2861.3
				数量			
L	*B*	最小	最大	1	1	2	2
				规格			
63	50	100	115	63×50×20	63×50×25	16×90	16×60×18
		110	125			16×100	
		110	130	63×50×25	63×50×30	16×100	16×65×23
		120	140			16×110	
63	63	100	115	63×63×20	63×63×25	16×90	16×60×18
		110	125			16×100	
		110	130	63×63×25	63×63×30	16×100	16×65×23
		120	140			16×110	
80		110	130	80×63×25	80×63×30	18×100	18×65×23
		130	150			18×120	
		120	145	80×63×30	80×63×40	18×110	18×70×28
		140	165			18×130	
100		110	130	100×63×25	100×63×30	18×100	18×65×23
		130	150			18×120	
		120	145	100×63×30	100×63×40	18×110	18×70×28
		140	165			18×130	
80	80	110	130	80×80×25	80×80×30	20×100	20×65×23
		130	150			20×120	
		120	145	80×80×30	80×80×40	20×110	20×70×28
		140	165			20×130	
100		110	130	100×80×25	100×80×30	20×100	20×65×23
		130	150			20×120	
		120	145	100×80×30	100×80×40	20×110	20×70×28
		140	165			20×130	
125		110	130	125×80×25	125×80×30	20×100	20×65×23
		130	150			20×120	
		120	145	125×80×30	125×80×40	20×110	20×70×28
		140	165			20×130	

表 2（续）

单位为毫米

<table>
<tr><td colspan="2" rowspan="4">凹模周界</td><td colspan="2" rowspan="4">闭合高度
（参考）
H</td><td colspan="4">零件件号、名称及标准编号</td></tr>
<tr><td>1</td><td>2</td><td>3</td><td>4</td></tr>
<tr><td>上模座
GB/T 2855.1</td><td>下模座
GB/T 2855.2</td><td>导柱
GB/T 2861.1</td><td>导套
GB/T 2861.3</td></tr>
<tr><td colspan="4">数　量</td></tr>
<tr><td rowspan="2">L</td><td rowspan="2">B</td><td rowspan="2">最小</td><td rowspan="2">最大</td><td>1</td><td>1</td><td>2</td><td>2</td></tr>
<tr><td colspan="4">规　格</td></tr>
<tr><td rowspan="4">100</td><td rowspan="16">100</td><td>110</td><td>130</td><td rowspan="2">100×100×25</td><td rowspan="2">100×100×30</td><td>20×100</td><td rowspan="2">20×65×23</td></tr>
<tr><td>130</td><td>150</td><td>20×120</td></tr>
<tr><td>120</td><td>145</td><td rowspan="2">100×100×30</td><td rowspan="2">100×100×40</td><td>20×110</td><td rowspan="2">20×70×28</td></tr>
<tr><td>140</td><td>165</td><td>20×130</td></tr>
<tr><td rowspan="4">125</td><td>120</td><td>150</td><td rowspan="2">125×100×30</td><td rowspan="2">125×100×35</td><td>22×110</td><td rowspan="2">22×80×28</td></tr>
<tr><td>140</td><td>165</td><td>22×130</td></tr>
<tr><td>140</td><td>170</td><td rowspan="2">125×100×35</td><td rowspan="2">125×100×45</td><td>22×130</td><td rowspan="2">22×80×33</td></tr>
<tr><td>160</td><td>190</td><td>22×150</td></tr>
<tr><td rowspan="4">160</td><td>140</td><td>170</td><td rowspan="2">160×100×35</td><td rowspan="2">160×100×40</td><td>25×130</td><td rowspan="2">25×85×33</td></tr>
<tr><td>160</td><td>190</td><td>25×150</td></tr>
<tr><td>160</td><td>195</td><td rowspan="2">160×100×40</td><td rowspan="2">160×100×50</td><td>25×150</td><td rowspan="2">25×90×38</td></tr>
<tr><td>190</td><td>225</td><td>25×180</td></tr>
<tr><td rowspan="4">200</td><td>140</td><td>170</td><td rowspan="2">200×100×35</td><td rowspan="2">200×100×40</td><td>25×130</td><td rowspan="2">25×85×33</td></tr>
<tr><td>160</td><td>190</td><td>25×150</td></tr>
<tr><td>160</td><td>195</td><td rowspan="2">200×100×40</td><td rowspan="2">200×100×50</td><td>25×150</td><td rowspan="2">25×90×38</td></tr>
<tr><td>190</td><td>225</td><td>25×180</td></tr>
<tr><td rowspan="4">125</td><td rowspan="12">125</td><td>120</td><td>150</td><td rowspan="2">125×125×30</td><td rowspan="2">125×125×35</td><td>22×110</td><td rowspan="2">22×80×28</td></tr>
<tr><td>140</td><td>165</td><td>22×130</td></tr>
<tr><td>140</td><td>170</td><td rowspan="2">125×125×35</td><td rowspan="2">125×125×45</td><td>22×130</td><td rowspan="2">22×85×33</td></tr>
<tr><td>160</td><td>190</td><td>22×150</td></tr>
<tr><td rowspan="4">160</td><td>140</td><td>170</td><td rowspan="2">160×125×35</td><td rowspan="2">160×125×40</td><td>25×130</td><td rowspan="2">25×85×33</td></tr>
<tr><td>160</td><td>190</td><td>25×150</td></tr>
<tr><td>170</td><td>205</td><td rowspan="2">160×125×40</td><td rowspan="2">160×125×50</td><td>25×160</td><td rowspan="2">25×95×38</td></tr>
<tr><td>190</td><td>225</td><td>25×180</td></tr>
<tr><td rowspan="4">200</td><td>140</td><td>170</td><td rowspan="2">200×125×35</td><td rowspan="2">200×125×40</td><td>25×130</td><td rowspan="2">25×85×33</td></tr>
<tr><td>160</td><td>190</td><td>25×150</td></tr>
<tr><td>170</td><td>205</td><td rowspan="2">200×125×40</td><td rowspan="2">200×125×50</td><td>25×160</td><td rowspan="2">25×95×38</td></tr>
<tr><td>190</td><td>225</td><td>25×180</td></tr>
</table>

表 2（续）

单位为毫米

凹模周界		闭合高度（参考）H		零件件号、名称及标准编号			
				1	2	3	4
				上模座 GB/T 2855.1	下模座 GB/T 2855.2	导柱 GB/T 2861.1	导套 GB/T 2861.3
				数量			
L	B	最小	最大	1	1	2	2
				规格			
250	125	160	200	250×125×40	250×125×45	28×150	28×100×38
		180	220			28×170	
		190	235	250×125×45	250×125×55	28×180	28×110×43
		210	255			28×200	
160	160	160	200	160×160×40	160×160×45	28×150	28×100×38
		180	220			28×170	
		190	235	160×160×45	160×160×55	28×180	28×110×43
		210	255			28×200	
200		160	200	200×160×40	200×160×45	28×150	28×100×38
		180	220			28×170	
		190	235	200×160×45	200×160×55	28×180	28×110×43
		210	255			28×200	
250		170	210	250×160×45	250×160×50	32×160	32×105×43
		200	240			32×190	
		200	245	250×160×50	250×160×50	32×190	32×115×48
		220	265			32×210	
200	200	170	210	200×200×45	200×200×50	32×160	32×105×43
		200	240			32×190	
		200	245	200×200×50	200×200×60	32×190	32×115×48
		220	265			32×210	
250		170	210	250×200×45	250×200×50	32×160	32×105×43
		200	240			32×190	
		200	245	250×200×50	250×200×60	32×190	32×115×48
		220	265			32×210	
315		190	230	315×200×45	315×200×55	35×180	35×115×43
		220	260			35×210	
		210	255	315×200×50	315×200×65	35×200	35×125×48
		240	285			35×230	
250	250	190	230	250×250×45	250×250×55	35×180	35×115×43
		220	260			35×210	
		210	255	250×250×50	250×250×65	35×200	35×125×48
		240	285			35×230	

表 2（续） 单位为毫米

凹模周界		闭合高度（参考）*H*		零件件号、名称及标准编号			
				1	2	3	4
				上模座 GB/T 2855.1	下模座 GB/T 2855.2	导柱 GB/T 2861.1	导套 GB/T 2861.3
				数量			
L	*B*	最小	最大	1	1	2	2
				规格			
315	250	215	250	315×250×50	315×250×60	40×200	40×125×48
		245	280			40×230	
		245	290	315×250×55	315×250×70	40×230	40×140×53
		275	320			40×260	
400		215	250	400×250×50	400×250×60	40×200	40×125×48
		245	280			40×230	
		245	280	400×250×55	400×250×70	40×230	40×140×53
		275	320			40×260	

3.3 中间导柱模架

中间导柱模架结构和尺寸规格见图 3、表 3。

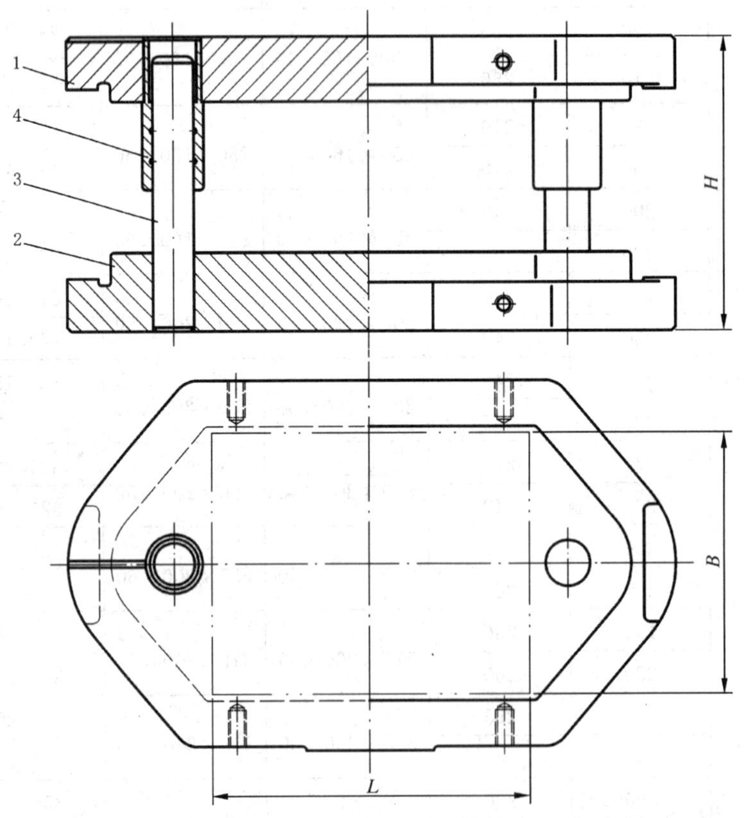

1——上模座；
2——下模座；
3——导柱；
4——导套。

图 3 中间导柱模架

表 3 中间导柱模架尺寸

单位为毫米

凹模周界		闭合高度（参考）H		零件件号、名称及标准编号					
				1	2	3		4	
				上模座 GB/T 2855.1	下模座 GB/T 2855.2	导柱 GB/T 2861.1		导套 GB/T 2861.3	
				数量					
L	B	最小	最大	1	1	1	1	1	1
				规格					
63	50	100	115	63×50×20	63×50×25	16×90	18×90	16×60×18	18×60×18
		110	125			16×100	18×100		
		110	130	63×50×25	63×50×30	16×100	18×100	16×65×23	18×65×23
		120	140			16×110	18×110		
63	63	100	115	63×63×20	63×63×25	16×90	18×90	16×60×18	18×60×18
		110	125			16×100	18×100		
		110	130	63×63×25	63×63×30	16×100	18×100	16×65×23	18×65×23
		120	140			16×110	18×110		
80		110	130	80×63×25	80×63×30	18×100	20×100	18×65×23	20×65×23
		130	150			18×120	20×120		
		120	145	80×63×30	80×63×40	18×110	20×110	18×70×28	20×70×28
		140	165			18×130	20×130		
100		110	130	100×63×25	100×63×30	18×100	20×100	18×65×23	20×65×23
		130	150			18×120	20×120		
		120	145	100×63×30	100×63×40	18×110	20×110	18×70×28	20×70×28
		140	165			18×130	20×130		
80	80	110	130	80×80×25	80×80×30	20×100	22×100	20×65×23	22×65×23
		130	150			20×120	22×120		
		120	145	80×80×30	80×80×40	20×110	22×110	20×70×28	22×70×28
		140	165			20×130	22×130		
100		110	130	100×80×25	100×80×30	20×100	22×100	20×65×23	22×65×23
		130	150			20×120	22×120		
		120	145	100×80×30	100×80×40	20×110	22×110	20×70×28	22×70×28
		140	165			20×130	22×130		
125		110	130	125×80×25	125×80×30	20×100	22×100	20×65×23	22×65×23
		130	150			20×120	22×120		
		120	145	125×80×30	125×80×40	20×110	22×110	20×70×28	22×70×28
		140	165			20×130	22×130		

表 3（续）

单位为毫米

凹模周界		闭合高度（参考）H		零件件号、名称及标准编号					
				1	2	3		4	
				上模座 GB/T 2855.1	下模座 GB/T 2855.2	导柱 GB/T 2861.1		导套 GB/T 2861.3	
				数　量					
L	B	最小	最大	1	1	1	1	1	1
				规　格					
140	80	120	150	140×80×30	140×80×35	22×110	25×110	22×80×28	25×80×28
		140	165			22×130	25×130		
		140	170	140×80×35	140×80×45	22×130	25×130	22×80×33	25×80×33
		160	190			22×150	25×150		
100	100	110	130	100×100×25	100×100×30	20×100	22×100	20×65×23	22×65×23
		130	150			20×120	22×120		
		120	145	100×100×30	100×100×40	20×110	22×110	20×70×28	22×70×28
		140	165			20×130	22×130		
125		120	150	125×100×30	125×100×35	22×110	25×110	22×80×28	25×80×28
		140	165			22×130	25×130		
		140	170	125×100×35	125×100×45	22×130	25×130	22×80×33	25×80×33
		160	190			22×150	25×150		
140		120	150	140×100×30	140×100×35	22×110	25×110	22×80×28	25×80×28
		140	165			22×130	25×130		
		140	170	140×100×35	140×100×45	22×130	25×130	22×80×33	25×80×33
		160	190			22×150	25×150		
160		140	170	160×100×35	160×100×40	25×130	28×130	25×85×33	28×85×33
		160	190			25×150	28×150		
		160	195	160×100×40	160×100×50	25×150	28×150	25×90×38	28×90×38
		190	225			25×180	28×180		
200		140	170	200×100×35	200×100×40	25×130	28×130	25×85×33	28×85×33
		160	190			25×150	28×150		
		160	195	200×100×40	200×100×50	25×150	28×150	25×90×38	28×90×38
		190	225			25×180	28×180		
125	125	120	150	125×125×30	125×125×35	22×110	25×110	22×80×28	25×80×28
		140	165			22×130	25×130		
		140	170	125×125×35	125×125×45	22×130	25×130	22×85×33	25×85×33
		160	190			22×150	25×150		

表 3（续）

单位为毫米

<table>
<tr><td colspan="2" rowspan="5">凹模周界</td><td colspan="2" rowspan="5">闭合高度
（参考）
H</td><td colspan="6">零件件号、名称及标准编号</td></tr>
<tr><td>1</td><td>2</td><td colspan="2">3</td><td colspan="2">4</td></tr>
<tr><td>上模座
GB/T 2855.1</td><td>下模座
GB/T 2855.2</td><td colspan="2">导柱
GB/T 2861.1</td><td colspan="2">导套
GB/T 2861.3</td></tr>
<tr><td colspan="6">数　量</td></tr>
<tr><td>1</td><td>1</td><td>1</td><td>1</td><td>1</td><td>1</td></tr>
<tr><td>L</td><td>B</td><td>最小</td><td>最大</td><td colspan="6">规　格</td></tr>
<tr><td rowspan="4">140</td><td rowspan="16">125</td><td>140</td><td>170</td><td rowspan="2">140×125×35</td><td rowspan="2">140×125×40</td><td>25×130</td><td>28×130</td><td rowspan="2">25×85×33</td><td rowspan="2">28×85×33</td></tr>
<tr><td>160</td><td>190</td><td>25×150</td><td>28×150</td></tr>
<tr><td>160</td><td>195</td><td rowspan="2">140×125×40</td><td rowspan="2">140×125×50</td><td>25×150</td><td>28×150</td><td rowspan="2">25×90×38</td><td rowspan="2">28×90×38</td></tr>
<tr><td>190</td><td>225</td><td>25×180</td><td>28×180</td></tr>
<tr><td rowspan="4">160</td><td>140</td><td>170</td><td rowspan="2">160×125×35</td><td rowspan="2">160×125×40</td><td>25×130</td><td>28×130</td><td rowspan="2">25×85×33</td><td rowspan="2">28×85×33</td></tr>
<tr><td>160</td><td>190</td><td>25×150</td><td>28×150</td></tr>
<tr><td>170</td><td>205</td><td rowspan="2">160×125×40</td><td rowspan="2">160×125×50</td><td>25×160</td><td>28×160</td><td rowspan="2">25×95×38</td><td rowspan="2">28×95×38</td></tr>
<tr><td>190</td><td>225</td><td>25×180</td><td>28×180</td></tr>
<tr><td rowspan="4">200</td><td>140</td><td>170</td><td rowspan="2">200×125×35</td><td rowspan="2">200×125×40</td><td>25×130</td><td>28×130</td><td rowspan="2">25×85×33</td><td rowspan="2">28×85×33</td></tr>
<tr><td>160</td><td>190</td><td>25×150</td><td>28×150</td></tr>
<tr><td>170</td><td>205</td><td rowspan="2">200×125×40</td><td rowspan="2">200×125×50</td><td>25×160</td><td>28×160</td><td rowspan="2">25×95×38</td><td rowspan="2">28×95×38</td></tr>
<tr><td>190</td><td>225</td><td>25×180</td><td>28×180</td></tr>
<tr><td rowspan="4">250</td><td>160</td><td>200</td><td rowspan="2">250×125×40</td><td rowspan="2">250×125×45</td><td>28×150</td><td>32×150</td><td rowspan="2">28×100×38</td><td rowspan="2">32×100×38</td></tr>
<tr><td>180</td><td>220</td><td>28×170</td><td>32×170</td></tr>
<tr><td>190</td><td>235</td><td rowspan="2">250×125×45</td><td rowspan="2">250×125×55</td><td>28×180</td><td>32×180</td><td rowspan="2">28×110×43</td><td rowspan="2">32×110×43</td></tr>
<tr><td>210</td><td>255</td><td>28×200</td><td>32×200</td></tr>
<tr><td rowspan="4">250</td><td rowspan="12">200</td><td>170</td><td>210</td><td rowspan="2">250×200×45</td><td rowspan="2">250×200×50</td><td>32×160</td><td>35×160</td><td rowspan="2">32×105×43</td><td rowspan="2">35×105×43</td></tr>
<tr><td>200</td><td>240</td><td>32×190</td><td>35×190</td></tr>
<tr><td>200</td><td>245</td><td rowspan="2">250×200×50</td><td rowspan="2">250×200×60</td><td>32×190</td><td>35×190</td><td rowspan="2">32×115×48</td><td rowspan="2">35×115×48</td></tr>
<tr><td>220</td><td>265</td><td>32×210</td><td>35×210</td></tr>
<tr><td rowspan="4">280</td><td>190</td><td>230</td><td rowspan="2">280×200×45</td><td rowspan="2">280×200×55</td><td>35×180</td><td>40×180</td><td rowspan="2">35×115×43</td><td rowspan="2">40×115×43</td></tr>
<tr><td>220</td><td>260</td><td>35×210</td><td>40×210</td></tr>
<tr><td>210</td><td>255</td><td rowspan="2">280×200×50</td><td rowspan="2">280×200×65</td><td>35×200</td><td>40×200</td><td rowspan="2">35×125×48</td><td rowspan="2">40×125×48</td></tr>
<tr><td>240</td><td>285</td><td>35×230</td><td>40×230</td></tr>
<tr><td rowspan="4">315</td><td>190</td><td>230</td><td rowspan="2">315×200×45</td><td rowspan="2">315×200×55</td><td>35×180</td><td>40×180</td><td rowspan="2">35×115×43</td><td rowspan="2">40×115×43</td></tr>
<tr><td>220</td><td>260</td><td>35×210</td><td>40×210</td></tr>
<tr><td>210</td><td>255</td><td rowspan="2">315×200×50</td><td rowspan="2">315×200×65</td><td>35×200</td><td>40×200</td><td rowspan="2">35×125×48</td><td rowspan="2">40×125×48</td></tr>
<tr><td>240</td><td>285</td><td>35×230</td><td>40×230</td></tr>
</table>

表 3（续）

单位为毫米

凹模周界		闭合高度（参考）*H*		零件件号、名称及标准编号					
				1	2	3		4	
				上模座 GB/T 2855.1	下模座 GB/T 2855.2	导柱 GB/T 2861.1		导套 GB/T 2861.3	
				数　量					
L	*B*	最小	最大	1	1	1	1	1	1
				规　格					
250	200	190	230	250×250×45	250×250×55	35×180	40×180	35×115×43	40×115×43
		220	260			35×210	40×210		
		210	255	250×250×50	250×250×65	35×200	40×200	35×125×48	40×125×48
		240	285			35×230	40×230		
280	250	190	230	280×250×45	280×250×55	35×180	40×180	35×115×43	40×115×43
		220	260			35×210	40×210		
		210	255	280×250×50	280×250×65	35×200	40×200	35×125×48	40×125×48
		240	285			35×230	40×230		
315		215	250	315×250×50	315×250×60	40×200	45×200	40×125×48	45×125×48
		245	280			40×230	45×230		
		245	290	315×250×55	315×250×70	40×230	45×230	40×140×53	45×140×53
		275	320			40×260	45×260		
400		215	250	400×250×50	400×250×60	40×200	45×200	40×125×48	45×125×48
		245	280			40×230	45×230		
		245	290	400×250×55	400×250×70	40×230	45×230	40×140×53	45×140×53
		275	320			40×260	45×260		
280	280	215	250	280×280×50	280×280×60	40×200	45×200	40×125×48	45×125×48
		245	280			40×230	45×230		
		245	290	280×280×55	280×280×60	40×230	45×230	40×140×53	45×140×53
		275	320			40×260	45×260		
315		215	250	315×280×50	315×280×60	40×200	45×200	40×125×48	45×125×48
		245	280			40×230	45×230		
		245	290	315×280×55	315×280×70	40×230	45×230	40×140×53	45×140×53
		275	320			40×260	45×260		
400		215	250	400×280×50	400×280×60	40×200	45×200	40×125×48	45×125×48
		245	280			40×230	45×230		
		245	290	400×280×55	400×280×70	40×230	45×230	40×140×53	45×140×53
		275	320			40×260	45×260		

表 3（续） 单位为毫米

凹模周界		闭合高度（参考）H		零件件号、名称及标准编号					
				1	2	3		4	
				上模座 GB/T 2855.1	下模座 GB/T 2855.2	导柱 GB/T 2861.1		导套 GB/T 2861.3	
				数量					
L	B	最小	最大	1	1	1	1	1	1
				规格					
315	315	215	250	315×315×50	315×315×60	45×200	50×200	45×125×48	50×125×48
		245	280			45×230	50×230		
		245	290	315×315×55	315×315×70	45×230	50×230	45×140×53	50×140×53
		275	320			45×260	50×260		
400		245	290	400×315×55	400×315×65	45×230	50×230	45×140×53	50×140×53
		275	315			45×260	50×260		
		275	320	400×315×60	400×315×75	45×260	50×260	45×150×58	50×150×58
		305	350			45×290	50×290		
500		245	290	500×315×55	500×315×65	45×230	50×230	45×140×53	50×140×53
		275	315			45×260	50×260		
		275	320	500×315×60	500×315×75	45×260	50×260	45×150×58	50×150×58
		305	350			45×290	50×290		
400	400	245	290	400×400×55	400×400×65	45×230	50×230	45×140×53	50×140×53
		275	315			45×260	50×260		
		275	320	400×400×60	400×400×75	45×260	50×260	45×150×58	50×150×58
		305	350			45×290	50×290		
630		240	280	630×400×55	630×400×65	50×220	55×220	50×150×53	55×150×53
		270	305			50×250	55×250		
		270	310	630×400×65	630×400×80	50×250	55×250	50×160×63	55×160×63
		300	340			50×280	55×280		
500	500	260	300	500×500×55	500×500×65	50×240	55×240	50×150×53	55×150×53
		290	325			50×270	55×270		
		290	330	500×500×65	500×500×80	50×270	55×270	50×160×63	55×160×63
		320	360			50×300	55×300		

3.4 中间导柱圆形模架

中间导柱圆形模架结构和尺寸规格见图 4、表 4。

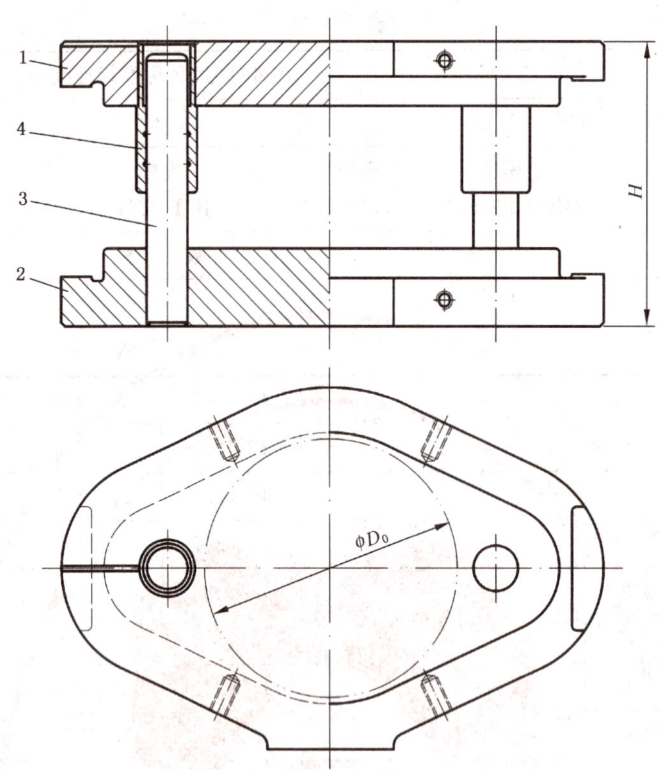

1——上模座；

2——下模座；

3——导柱；

4——导套。

图 4　中间导柱圆形模架

表 4　中间导柱圆形模架

单位为毫米

<table>
<tr><td rowspan="4">凹模周界</td><td rowspan="4" colspan="2">闭合高度
（参考）
H</td><td colspan="6">零件件号、名称及标准编号</td></tr>
<tr><td>1</td><td>2</td><td colspan="2">3</td><td colspan="2">4</td></tr>
<tr><td>上模座
GB/T 2855.1</td><td>下模座
GB/T 2855.2</td><td colspan="2">导柱
GB/T 2861.1</td><td colspan="2">导套
GB/T 2861.3</td></tr>
<tr><td colspan="6">数　量</td></tr>
<tr><td rowspan="2">D₀</td><td rowspan="2">最小</td><td rowspan="2">最大</td><td>1</td><td>1</td><td>1</td><td>1</td><td>1</td><td>1</td></tr>
<tr><td colspan="6">规　格</td></tr>
<tr><td rowspan="4">63</td><td>100</td><td>115</td><td rowspan="2">63×20</td><td rowspan="2">63×25</td><td>16×90</td><td>18×90</td><td rowspan="2">16×60×18</td><td rowspan="2">18×60×18</td></tr>
<tr><td>110</td><td>125</td><td>16×100</td><td>18×100</td></tr>
<tr><td>110</td><td>130</td><td rowspan="2">63×25</td><td rowspan="2">63×30</td><td>16×100</td><td>18×100</td><td rowspan="2">16×65×23</td><td rowspan="2">18×65×23</td></tr>
<tr><td>120</td><td>140</td><td>16×110</td><td>18×110</td></tr>
<tr><td rowspan="4">80</td><td>110</td><td>130</td><td rowspan="2">80×25</td><td rowspan="2">80×30</td><td>20×100</td><td>22×100</td><td rowspan="2">20×65×23</td><td rowspan="2">22×65×23</td></tr>
<tr><td>130</td><td>150</td><td>20×120</td><td>22×120</td></tr>
<tr><td>120</td><td>145</td><td rowspan="2">80×30</td><td rowspan="2">80×40</td><td>20×110</td><td>22×110</td><td rowspan="2">20×70×28</td><td rowspan="2">22×70×28</td></tr>
<tr><td>140</td><td>165</td><td>20×130</td><td>22×130</td></tr>
</table>

表 4（续）　　单位为毫米

凹模周界	闭合高度（参考）H		零件件号、名称及标准编号					
			1	2	3		4	
			上模座 GB/T 2855.1	下模座 GB/T 2855.2	导柱 GB/T 2861.1		导套 GB/T 2861.3	
			数量					
D_0	最小	最大	1	1	1	1	1	1
			规格					
100	110	130	100×25	100×30	20×100	22×100	20×65×23	22×65×23
	130	150			20×120	22×120		
	120	145	100×30	100×40	20×110	22×110	20×70×28	22×70×28
	140	165			20×130	22×130		
125	120	150	125×30	125×35	22×110	25×110	22×80×28	25×80×28
	140	165			22×130	25×130		
	140	170	125×35	125×45	22×130	25×130	22×85×33	25×85×33
	160	190			22×150	25×150		
160	160	200	160×40	160×45	28×150	32×150	28×110×38	32×110×38
	180	220			28×170	32×170		
	190	235	160×45	160×55	28×180	32×180	28×110×43	32×110×43
	210	255			28×200	32×200		
200	170	210	200×45	200×50	32×160	35×160	32×105×43	35×105×43
	200	240			32×190	35×190		
	200	245	200×50	200×60	32×190	35×190	32×115×48	35×115×48
	220	265			32×210	35×210		
250	190	230	250×45	250×55	35×180	40×180	35×115×43	40×115×43
	220	260			35×210	40×210		
	210	255	250×50	250×65	35×200	40×200	35×125×48	40×125×48
	240	285			35×230	40×230		
315	215	250	315×50	315×60	45×200	50×200	45×125×48	50×125×48
	245	280			45×230	50×230		
	245	290	315×55	315×70	45×230	50×230	45×140×53	50×140×53
	275	320			45×260	50×260		
400	245	290	400×55	400×65	45×230	50×230	45×140×53	50×140×53
	275	315			45×260	50×260		
	275	320	400×60	400×75	45×260	50×260	45×150×58	50×150×58
	305	350			45×290	50×290		

表 4（续）

单位为毫米

凹模周界	闭合高度（参考）H		零件件号、名称及标准编号					
			1	2	3		4	
			上模座 GB/T 2855.1	下模座 GB/T 2855.2	导柱 GB/T 2861.1		导套 GB/T 2861.3	
			数量					
D_0	最小	最大	1	1	1	1	1	1
			规格					
500	260	300	500×55	500×65	50×240	55×240	50×150×53	55×150×53
	290	325			50×270	55×270		
	290	330	500×65	500×80	50×270	55×270	50×160×63	55×160×63
	320	360			50×300	55×300		
630	270	310	630×60	630×70	55×250	60×250	55×160×58	60×160×58
	300	340			55×280	60×280		
	310	350	630×75	630×90	55×290	60×290	55×170×73	60×170×73
	340	380			55×320	60×320		

3.5 四导柱模架

四导柱模架结构和尺寸规格见图 5、表 5。

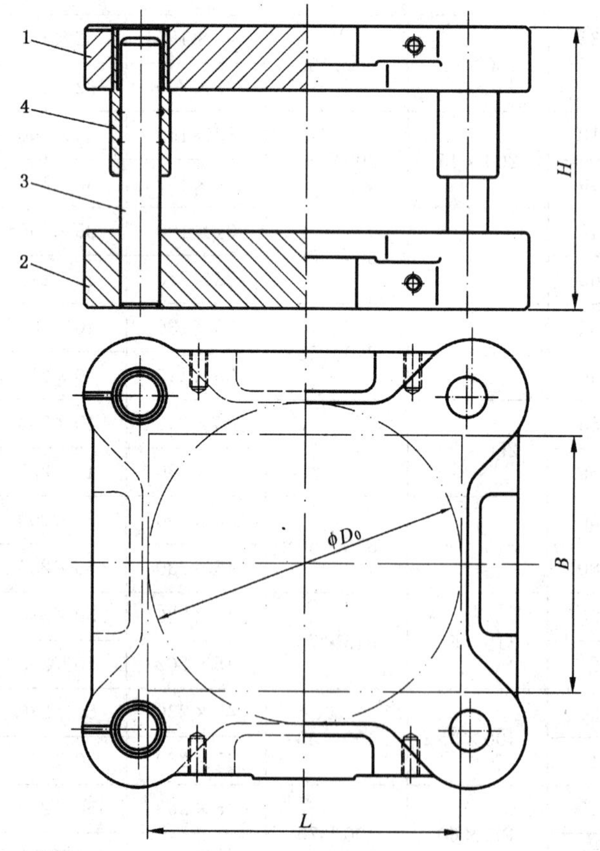

1——上模座；
2——下模座；
3——导柱；
4——导套。

图 5 四导柱模架

表 5　四导柱模架尺寸

单位为毫米

凹模周界			闭合高度（参考）*H*		零件件号、名称及标准编号			
					1	2	3	4
					上模座 GB/T 2855.1	下模座 GB/T 2855.2	导柱 GB/T 2861.1	导套 GB/T 2861.3
					数量			
L	*B*	D_0	最小	最大	1	1	4	4
					规　格			
160	125	160	140	170	160×125×35	160×125×40	25×130	25×85×33
			160	190			25×150	
			170	205	160×125×40	160×125×50	25×160	25×95×38
			190	225			25×180	
200	160	200	160	200	200×160×40	200×160×45	28×150	28×100×38
			180	220			28×170	
			190	235	200×160×45	200×160×55	28×180	28×100×43
			210	255			28×200	
250		250	170	210	250×160×45	250×160×50	32×160	32×105×43
			200	240			32×190	
			200	245	250×160×50	250×160×60	32×190	32×115×48
			220	265			32×210	
250	200		170	210	250×200×45	250×200×50	32×160	32×105×43
			200	240			32×190	
			200	245	250×200×50	250×200×60	32×190	32×115×48
			220	265			32×210	
315			190	230	315×200×45	315×200×55	35×180	35×115×43
			220	260			35×210	
			210	255	315×200×50	315×200×65	35×200	35×125×48
			240	285			35×230	
315	250		215	250	315×250×50	315×250×60	40×200	40×125×48
			245	280			40×230	
			245	290	315×250×55	315×250×70	40×230	40×140×53
			275	320			40×260	
400			215	250	400×250×50	400×250×60	40×200	40×125×48
			245	280			40×230	
			245	290	400×250×55	400×250×70	40×230	40×140×53
			275	320			40×260	

表 5（续）

单位为毫米

凹模周界			闭合高度（参考）H		零件件号、名称及标准编号			
					1	2	3	4
					上模座 GB/T 2855.1	下模座 GB/T 2855.2	导柱 GB/T 2861.1	导套 GB/T 2861.3
					数量			
L	B	D_0	最小	最大	1	1	4	4
					规　　格			
400	315	250	245	290	400×315×55	400×315×65	45×230	45×140×53
			275	315			45×260	
			275	320	400×315×60	400×315×75	45×260	45×150×58
			305	350			45×290	
500			245	290	500×315×55	500×315×65	45×230	45×140×53
			275	315			45×260	
			275	320	500×315×60	500×315×75	45×260	45×150×58
			305	350			45×290	
630			260	300	630×315×55	630×315×65	50×240	50×150×53
			290	325			50×270	
			290	330	630×315×65	630×315×80	50×270	50×160×63
			320	360			50×300	
500	400		260	300	500×400×55	500×400×65	50×240	50×150×53
			290	325			50×270	
			290	330	500×400×65	500×400×80	50×270	50×160×63
			320	360			50×300	
630			260	300	630×400×55	630×400×65	50×240	50×150×53
			290	325			50×270	
			290	330	630×400×65	630×400×80	50×270	50×160×63
			320	360			50×300	

4 要求

应符合 JB/T 8050 的规定。

5 标记

本标准冲模滑动导向模架的标记应有下列内容：

a) 滑动导向模架；

b) 结构形式：对角导柱、后侧导柱、中间导柱、中间导柱圆形、四导柱；

c) 凹模周界尺寸 L、B 或 D_0，以毫米为单位；

d) 模架闭合高度 H，以毫米为单位；

e) 模架精度等级：Ⅰ级、Ⅱ级；

f) 本标准代号，即 GB/T 2851—2008。

示例：

L=200 mm、B=125 mm、H=170 mm～205 mm、Ⅰ级精度的冲模滑动导向对角导柱模架标记表示如下：

滑动导向模架 对角导柱 200×125×170～205 Ⅰ GB/T 2851—2008

ICS 25.120.30
J 46

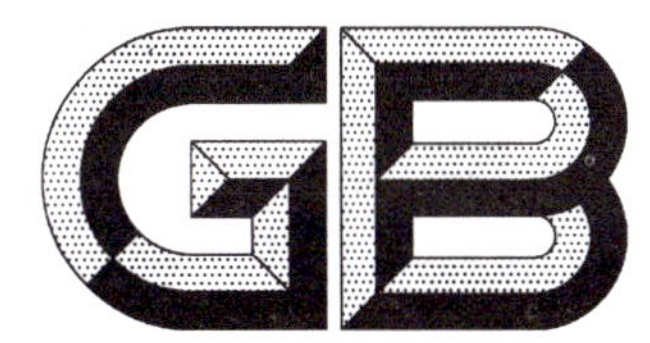

中华人民共和国国家标准

GB/T 2852—2008
代替 GB/T 2852.1～2852.4—1990

冲模滚动导向模架

Ball-bearing die sets for stamping dies

2008-04-10 发布　　　　2008-10-01 实施

中华人民共和国国家质量监督检验检疫总局
中国国家标准化管理委员会　发布

前　言

本标准是对GB/T 2852.1—1990《冲模滚动导向模架　对角导柱模架》、GB/T 2852.2—1990《冲模滚动导向模架　中间导柱模架》、GB/T 2852.3—1990《冲模滚动导向模架　四导柱模架》和GB/T 2852.4—1990《冲模滚动导向模架　后侧导柱模架》的合并修订。

本标准与GB/T 2852.1—1990、GB/T 2852.2—1990、GB/T 2852.3—1990和GB/T 2852.4—1990相比，主要变化如下：

——将标准名称改为"冲模滚动导向模架"；

——增加了"前言"和"规范性引用文件"；

——对中间导柱模架的结构和尺寸规格作了较大的修改；

——所有模架结构图中增加了限程器。

本标准由全国模具标准化技术委员会提出。

本标准由全国模具标准化技术委员会(SAC/TC 33)归口。

本标准起草单位：桂林电器科学研究所、镇江船山模架厂、杭州萧山精密模具标准件厂、桂林电子科技大学。

本标准主要起草人：翁史振、祁伟根、张玉琴、廖宏谊、奉双。

本标准所代替标准的历次版本发布情况为：

——GB 2852.1～2852.3—1981；

——GB/T 2852.1～2852.4—1990。

冲模滚动导向模架

1 范围

本标准规定了冲模滚动导向模架的结构、尺寸规格与标记。

本标准适用于冲模滚动导向铸铁模架。

2 规范性引用文件

下列文件中的条款通过本标准的引用而成为本标准的条款。凡是注日期的引用文件,其随后所有的修改单(不包括勘误的内容)或修订版均不适用于本标准,然而,鼓励根据本标准达成协议的各方研究是否可使用这些文件的最新版本。凡是不注日期的引用文件,其最新版本适用于本标准。

GB/T 70.1 内六角圆柱头螺钉

GB/T 2856.1 冲模滚动导向模座 第1部分:上模座

GB/T 2856.2 冲模滚动导向模座 第2部分:下模座

GB/T 2861.3 冲模导向装置 第3部分:滚动导向导柱

GB/T 2861.8 冲模导向装置 第8部分:滚动导向导套

GB/T 2861.10 冲模导向装置 第10部分:钢球保持圈

GB/T 2861.11 冲模导向装置 第11部分:圆柱螺旋压缩弹簧

GB/T 2861.16 冲模导向装置 第16部分:压板

JB/T 8050 冲模模架技术条件

3　尺寸规格

3.1　对角导柱模架

对角导柱模架结构和尺寸规格见图1、表1。

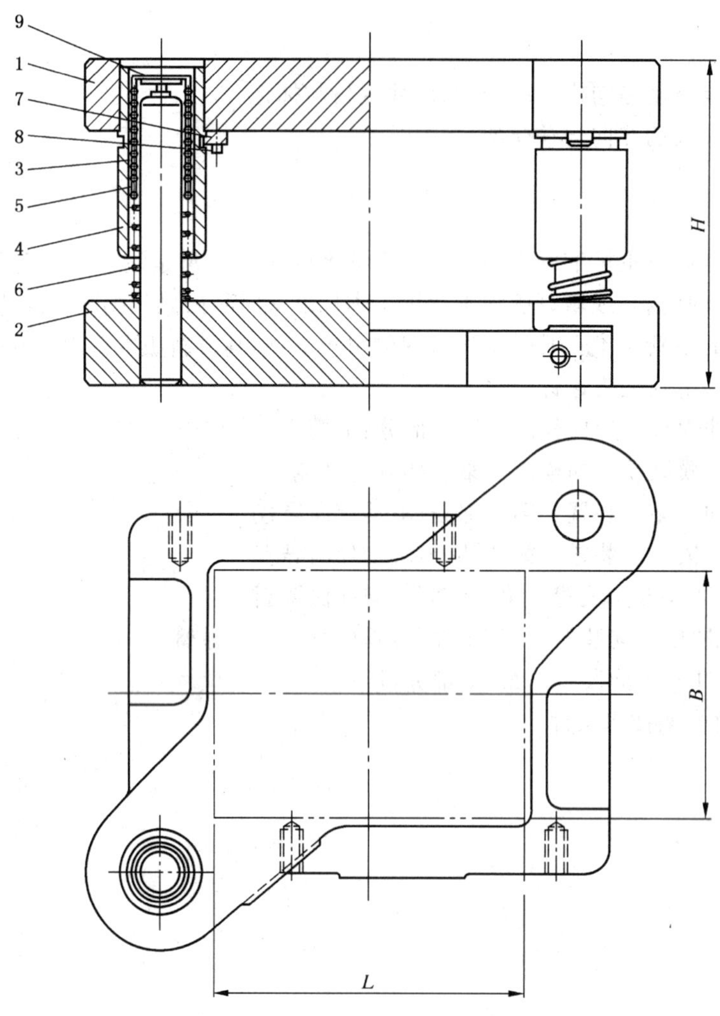

1——上模座；
2——下模座；
3——导柱；
4——导套；
5——钢球保持圈；
6——弹簧；
7——压板；
8——螺钉；
9——限程器。

注：限程器结构和尺寸由制造者确定。

图1　对角导柱模架

表 1　对角导柱模架尺寸

单位为毫米

凹模周界		最大行程	设计最小闭合高度	零件件号、名称和标准编号					
				1	2	3		4	
				上模座 GB/T 2856.1	下模座 GB/T 2856.2	导柱 GB/T 2861.3		导套 GB/T 2861.8	
				数　量					
L	B	S	H	1	1	1	1	1	1
				规　格					
80	63	80	165	80×63×35	80×63×40	18×155	20×155	18×100×33	20×100×33
100	80			100×80×35	100×80×40	20×155	22×155	20×100×33	22×100×33
125	100			125×100×35	125×100×45	22×155	25×155	22×100×33	25×100×33
160	125	100	200	160×125×40	160×125×45	25×190	28×190	25×120×38	28×120×38
200	160			200×160×45	200×160×55	28×190	32×190	28×125×43	32×125×43
		120	220			28×210	32×210	28×145×43	32×145×43
250	200	100	200	250×200×50	250×200×60	32×190	35×190	32×120×48	35×120×48
		120	230			32×210	35×210	32×150×48	35×150×48

凹模周界		最大行程	设计最小闭合高度	零件件号、名称和标准编号					
				5		6		7	8
				钢球保持圈 GB/T 2861.10		弹簧 GB/T 2861.11		压板 GB/T 2861.16	螺钉 GB/T 70.1
				数　量					
L	B	S	H	1	1	1	1	4 或 6	4 或 6
				规　格					
80	63	80	165	18×23.5×64	20×25.5×64	1.6×22×72	1.6×24×72	14×15	M5×14
100	80			20×25.5×64	22×27.5×64	1.6×24×72	1.6×26×72		
125	100			22×27.5×64	25×30.5×64	1.6×26×72	1.6×30×79	16×20	M6×16
160	125	100	200	25×32.5×76	28×35.5×76	1.6×30×87	1.6×32×86		
200	160			28×35.5×76	32×39.5×76	1.6×32×77	2×37×79		
		120	220	28×35.5×84	32×39.5×84				
250	200	100	200	32×39.5×76	35×42.5×76	2×37×79	2×40×78		
		120	230	32×39.5×84	35×42.5×84	2×37×87	2×40×88		

注 1：最大行程指该模架许可的最大冲压行程。

注 2：件号 7、件号 8 的数量：$L \leqslant 160$ mm 为 4 件，$L > 160$ mm 为 6 件。

3.2 中间导柱模架

中间导柱模架结构和尺寸规格见图 2、表 2。

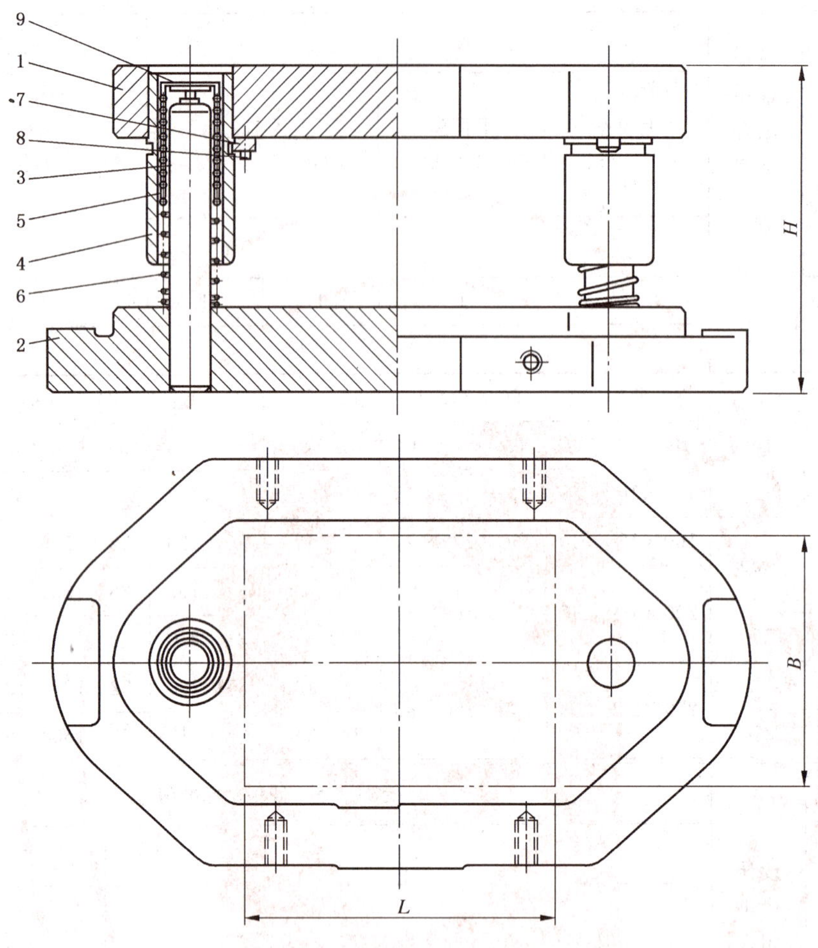

1——上模座；

2——下模座；

3——导柱；

4——导套；

5——钢球保持圈；

6——弹簧；

7——压板；

8——螺钉；

9——限程器。

注：限程器结构和尺寸由制造者确定。

图 2 中间导柱模架

表 2 中间导柱模架尺寸

单位为毫米

凹模周界		最大行程	设计最小闭合高度	零件件号、名称和标准编号					
				1	2	3		4	
				上模座 GB/T 2856.1	下模座 GB/T 2856.2	导柱 GB/T 2861.3		导套 GB/T 2861.8	
				数量					
L	B	S	H	1	1	1	1	1	1
				规格					
80	63	80	165	80×63×35	80×63×40	18×155	20×155	18×100×33	20×100×33
100	80			100×80×35	100×80×40	20×155	22×155	20×100×33	22×100×33
125	100			125×100×35	125×100×45	22×155	25×155	22×100×33	25×100×33
140	125			140×125×40	140×125×45	25×155	28×155	25×100×38	28×100×38
		100	200			25×190	28×190	25×120×38	28×120×38
160	140	80	165	160×140×40	160×140×40	25×155	28×155	25×105×38	28×105×38
		100	200		160×140×50	25×190	28×190	25×125×38	28×125×38
200	160			200×160×45	200×160×55	28×190	32×190	28×125×43	32×125×43
		120	220			28×210	32×210	28×145×43	32×145×43
250	200	100	200	250×200×50	250×200×60	32×190	35×190	32×120×48	35×120×48
		120	230			32×215	35×215	32×150×48	35×150×48

凹模周界		最大行程	设计最小闭合高度	零件件号、名称和标准编号					
				5		6		7	8
				钢球保持圈 GB/T 2861.10		弹簧 GB/T 2861.11		压板 GB/T 2861.16	螺钉 GB/T 70.1
				数量					
L	B	S	H	1	1	1	1	4 或 6	4 或 6
				规格					
80	63	80	165	18×23.5×64	20×25.5×64	1.6×22×72	1.6×24×72	14×15	M5×14
100	80			20×25.5×64	22×27.5×64	1.6×24×72	1.6×26×72		
125	100			22×27.5×64	25×30.5×64	1.6×26×72	1.6×30×79	16×20	M6×16
140	125			25×32.5×64	28×35.5×64	1.6×30×79	1.6×32×77		
		100	200	25×32.5×76	28×35.5×76	1.6×30×87	1.6×32×86		
160	140	80	165	25×32.5×64	28×35.5×64	1.6×30×79	1.6×32×77		
		100	200	25×32.5×76	28×35.5×76	1.6×30×79	1.6×32×77		
200	160			28×35.5×76	32×39.5×76	1.6×32×77	2×37×79		
		120	220	28×35.5×84	32×39.5×84				
250	200	100	200	32×39.5×76	35×42.5×76	2×37×79	2×40×78		
		120	230	32×39.5×84	35×42.5×84	2×37×87	2×40×88		

注 1：最大行程指该模架许可的最大冲压行程。

注 2：件号 7、件号 8 的数量：$L \leqslant 160$ mm 为 4 件，$L > 160$ mm 为 6 件。

3.3 四导柱模架

四导柱模架结构和尺寸规格见图 3、表 3。

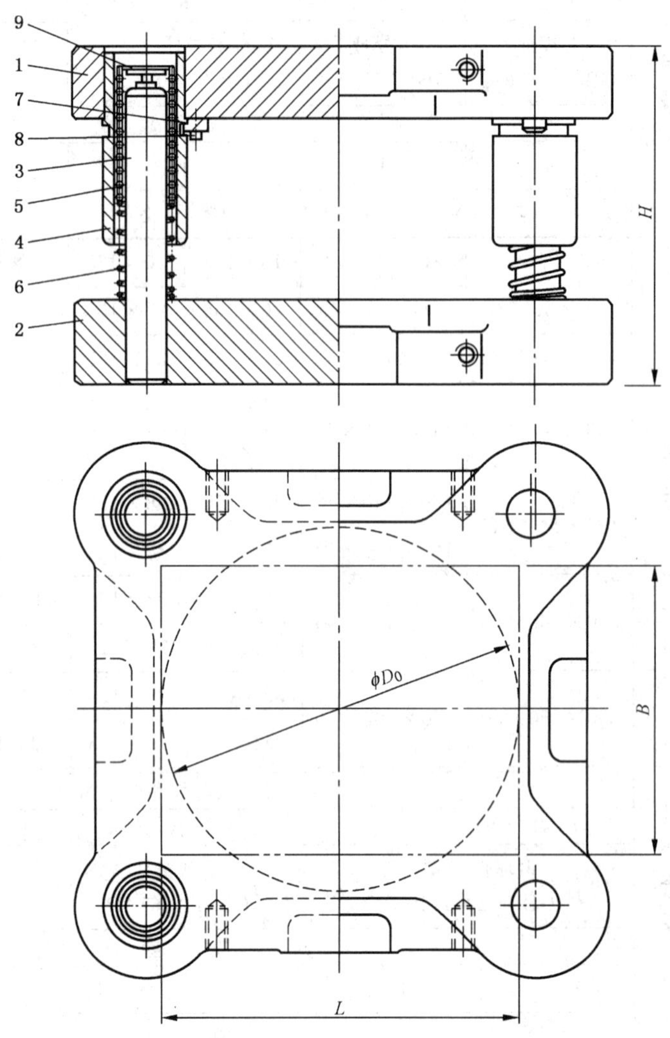

1——上模座；

2——下模座；

3——导柱；

4——导套；

5——钢球保持圈；

6——弹簧；

7——压板；

8——螺钉；

9——限程器。

注：限程器结构和尺寸由制造者确定。

图 3 四导柱模架

表 3 四导柱模架尺寸

单位为毫米

凹模周界			最大行程	设计最小闭合高度	零件件号、名称和标准编号			
					1	2	3	4
					上模座 GB/T 2856.1	下模座 GB/T 2856.2	导柱 GB/T 2861.3	导套 GB/T 2861.8
					数量			
L	B	D_0	S	H	1	1	4	4
					规格			
160	125	160	80	165	160×125×40	160×125×45	25×155	25×100×38
			100	200		160×125×50	25×190	25×125×38
200	160	200	100	200	200×160×45	200×160×55	28×190	28×100×38
			120	220			28×210	28×125×38
250		—	100	200	250×160×50	250×160×60	32×190	32×120×48
			120	230			32×215	32×150×48
250	200	250	100	200	250×200×50	250×200×60	32×190	32×120×48
			120	230			32×215	32×150×48
315		—	100	200	315×200×50	315×200×65	32×190	32×120×48
			120	230			32×215	32×150×48
400	25	—	100	220	400×250×60	400×250×70	35×210	35×120×58
			120	240			35×225	35×150×58

凹模周界			最大行程	设计最小闭合高度	零件件号、名称和标准编号			
					5	6	7	8
					钢球保持圈 GB/T 2861.10	弹簧 GB/T 2861.11	压板 GB/T 2861.16	螺钉 GB/T 70.1
					数量			
L	B	D_0	S	H	4	4	12	12
					规格			
160	125	160	80	165	25×32.5×64	1.6×30×65	16×20	M16×16
			100	200	25×32.5×76	1.6×30×79		
200	160	200	100	200	28×32.5×64	1.6×30×65		
			120	220	28×32.5×76	1.6×30×79		
250		—	100	200	32×39.5×76	2×37×79		
			120	230	32×39.5×84	2×37×87		
250	200	250	100	200	32×39.5×76	2×37×79		
			120	230	32×39.5×84	2×37×87		
315		—	100	200	32×39.5×76	2×37×79		
			120	230	32×39.5×84	2×37×87		
400	250	—	100	220	35×42.5×76	2×40×79	20×20	M8×20
			120	240	35×42.5×84	2×40×87		

注：最大行程指该模架许可的最大冲压行程。

3.4 后侧导柱模架

后侧导柱模架结构和尺寸规格见图 4、表 4。

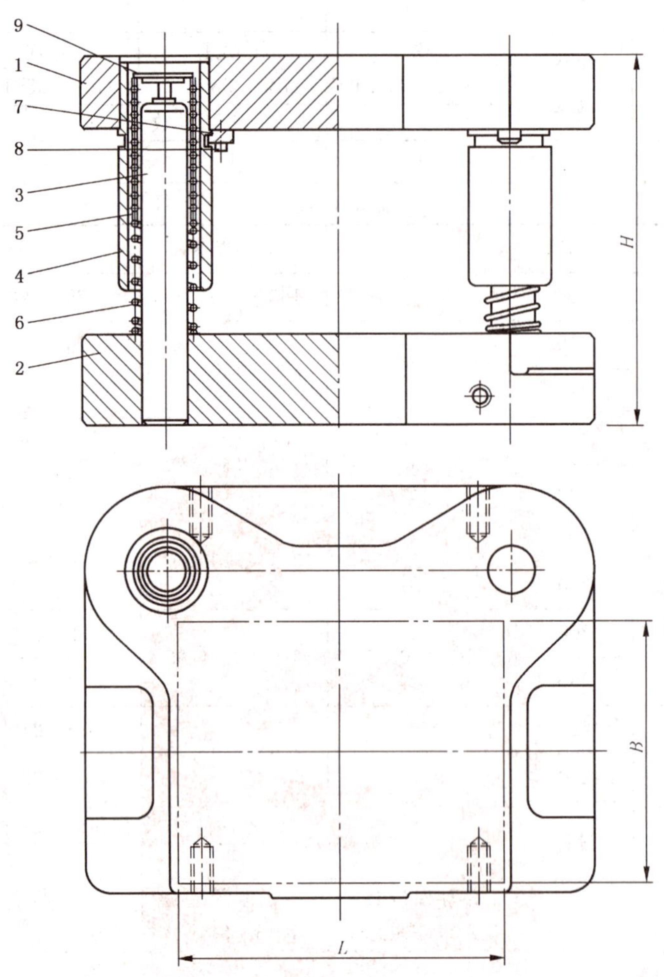

1——上模座；

2——下模座；

3——导柱；

4——导套；

5——钢球保持圈；

6——弹簧；

7——压板；

8——螺钉；

9——限程器。

注：限程器结构和尺寸由制造者确定。

图 4 后侧导柱模架

表 4 后侧导柱模架尺寸

单位为毫米

凹模周界		最大行程	设计最小闭合高度	零件件号、名称和标准编号			
				1	2	3	4
				上模座 GB/T 2856.1	下模座 GB/T 2856.2	导柱 GB/T 2861.3	导套 GB/T 2861.8
				数量			
L	B	S	H	1	1	2	2
				规格			
80	63	80	165	80×63×35	80×63×40	18×155	18×100×33
100	80			100×80×35	100×80×40	20×155	20×100×33
125	100			125×100×35	125×100×45	22×155	22×100×33
160	125	100	200	160×125×40	160×125×45	25×190	25×120×38
200	160	120	220	200×160×45	200×160×55	28×210	28×145×43
凹模周界		最大行程	设计最小闭合高度	零件件号、名称和标准编号			
				5	6	7	8
				钢球保持圈 GB/T 2861.10	弹簧 GB/T 2861.11	压板 GB/T 2861.16	螺钉 GB/T 70.1
				数量			
L	B	S	H	2	2	4 或 6	4 或 6
				规格			
80	63	80	165	18×23.5×64	1.6×22×72	14×15	M5×14
100	80			20×25.5×64	1.6×24×72		
125	100			22×27.5×64	1.6×26×72	16×20	M6×16
160	125	100	200	25×32.5×76	1.6×30×87		
200	160	120	220	28×35.5×84	1.6×32×77		

注 1：最大行程指该模架许可的最大冲压行程。

注 2：件号 7、件号 8 的数量：$L \leqslant 160$ mm 为 4 件，$L > 160$ mm 为 6 件。

4 要求

应符合 JB/T 8050 的规定。

5 标记

本标准冲模滚动导向模架的标记应有下列内容：

a) 滚动导向模架；

b) 结构形式：对角导柱、中间导柱、四导柱、后侧导柱；

c) 凹模周界尺寸 L、B 或 D_0，以毫米为单位；

d) 模架闭合高度 H,以毫米为单位;

e) 模架精度等级:0Ⅰ级、0Ⅱ级;

f) 本标准代号,即 GB/T 2852—2008。

示例:

L=200 mm、B=160 mm、H=220 mm、0Ⅰ级精度的冲模滚动导向对角导柱模架标记表示如下:

滚动导向模架 对角导柱 200×160×220 0Ⅰ GB/T 2852—2008

ICS 25.120.30
J 46

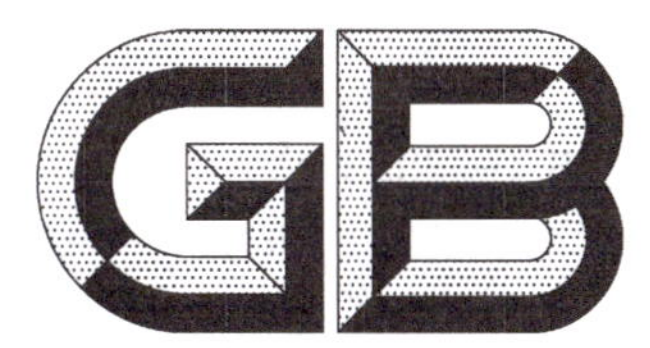

中华人民共和国国家标准

GB/T 2855.1—2008

代替 GB/T 2855.1—1990,GB/T 2855.5—1990,GB/T 2855.7—1990,
GB/T 2855.9—1990,GB/T 2855.11—1990,GB/T 2855.13—1990

冲模滑动导向模座　第1部分:上模座

Holders for sliding guide die sets for stamping dies—
Part 1:Punch holders for die sets

2008-04-10 发布　　　　2008-10-01 实施

中华人民共和国国家质量监督检验检疫总局
中国国家标准化管理委员会　发布

前　言

GB/T 2855《冲模滑动导向模座》分为2部分：

——第1部分：冲模滑动导向模座　上模座；

——第2部分：冲模滑动导向模座　下模座。

本部分为GB/T 2855的第1部分。

本部分是对GB/T 2855.1—1990《冲模滑动导向模座　对角导柱上模座》、GB/T 2855.5—1990《冲模滑动导向模座　后侧导柱上模座》、GB/T 2855.7—1990《冲模滑动导向模座　后侧导柱窄形上模座》、GB/T 2855.9—1990《冲模滑动导向模座　中间导柱上模座》、GB/T 2855.11—1990《冲模滑动导向模座　中间导柱圆形上模座》和GB/T 2855.13—1990《冲模滑动导向模座　四导柱上模座》的合并修订。

本部分与GB/T 2855.1—1990、GB/T 2855.5—1990、GB/T 2855.7—1990、GB/T 2855.9—1990、GB/T 2855.11—1990和GB/T 2855.13—1990相比，主要变化如下：

——将标准名称改为"冲模滑动导向模座　第1部分：上模座"；

——增加了"前言"和"规范性引用文件"；

——删除了后侧导柱窄形上模座的内容；

——对中间导柱上模座的结构和尺寸规格作了较大修改；

——材料改为推荐采用。

本部分由全国模具标准化技术委员会提出。

本部分由全国模具标准化技术委员会(SAC/TC 33)归口。

本部分起草单位：杭州萧山精密模具标准件厂、桂林电器科学研究所、镇江船山模架厂、桂林电子科技大学。

本部分主要起草人：张玉琴、翁史振、祁伟根、廖宏谊、奉双。

本部分所代替标准的历次版本发布情况为：

——GB 2855.1—1981、GB 2855.3—1981、GB 2855.5—1981、GB 2855.7—1981、GB 2855.9—1981、GB 2855.11—1981、GB 2855.13—1981；

——GB/T 2855.1—1990、GB/T 2855.5—1990、GB/T 2855.7—1990、GB/T 2855.9—1990、GB/T 2855.11—1990、GB/T 2855.13—1990。

冲模滑动导向模座　第1部分:上模座

1　范围

本部分规定了冲模滑动导向上模座的结构、尺寸规格与标记。

本部分适用于冲模滑动导向用上模座。

2　规范性引用文件

下列文件中的条款通过GB/T 2855的本部分的引用而成为本部分的条款。凡是注日期的引用文件,其随后所有的修改单(不包括勘误的内容)或修订版均不适用于本部分,然而,鼓励根据本部分达成协议的各方研究是否可使用这些文件的最新版本。凡是不注日期的引用文件,其最新版本适用于本部分。

JB/T 8070　冲模模架零件技术条件

3　尺寸规格

3.1　对角导柱上模座

对角导柱上模座结构和尺寸见图1、图2和表1。

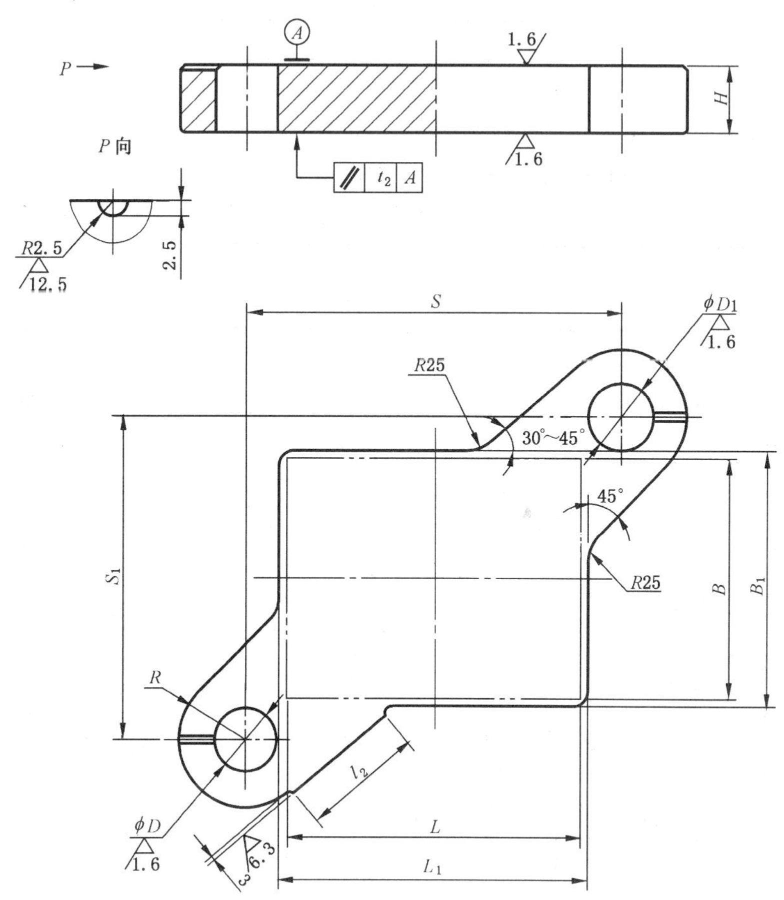

未注粗糙度的表面为非加工表面。

图1　对角导柱上模座($L\times B\leqslant 200\times 160$)

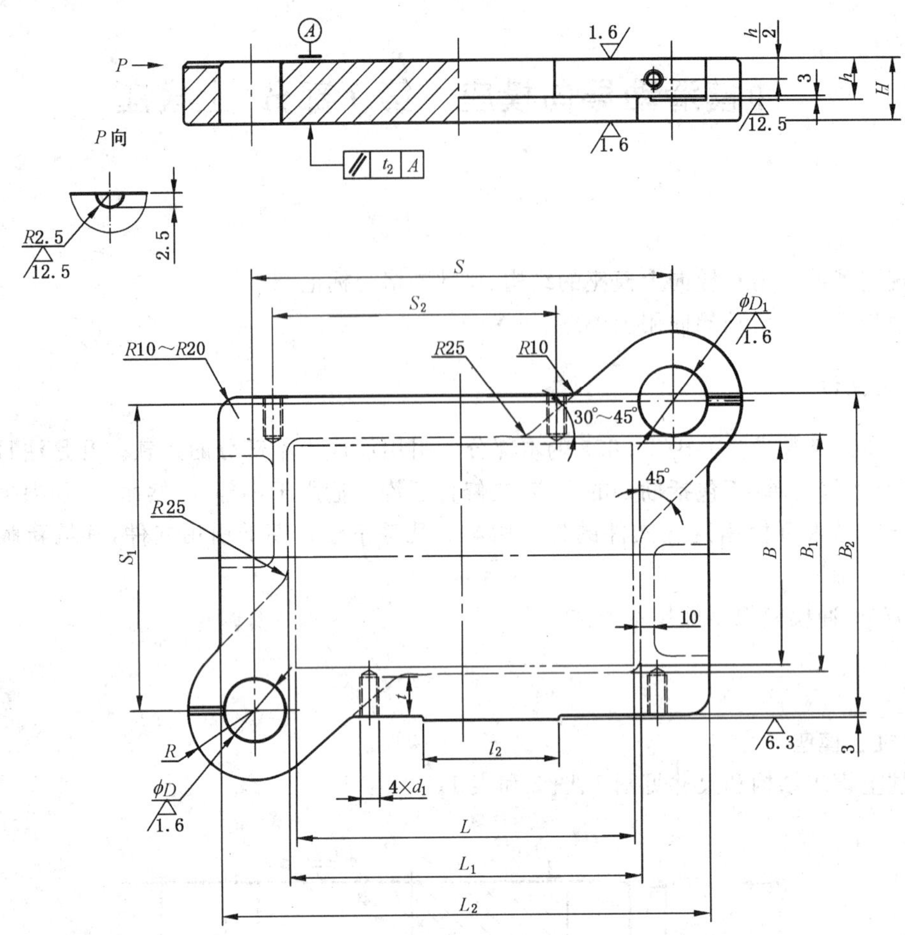

未注粗糙度的表面为非加工表面。

图 2　对角导柱上模座($L \times B > 200 \times 160$)

表 1　对角导柱上模座尺寸

单位为毫米

<table>
<tr><th colspan="2">凹模周界</th><th rowspan="2">H</th><th rowspan="2">h</th><th rowspan="2">L1</th><th rowspan="2">B1</th><th rowspan="2">L2</th><th rowspan="2">B2</th><th rowspan="2">S</th><th rowspan="2">S1</th><th rowspan="2">R</th><th rowspan="2">l2</th><th rowspan="2">D
H7</th><th rowspan="2">D1
H7</th><th rowspan="2">d1</th><th rowspan="2">t</th><th rowspan="2">S2</th></tr>
<tr><th>L</th><th>B</th></tr>
<tr><td rowspan="2">63</td><td rowspan="2">50</td><td>20</td><td rowspan="17">—</td><td rowspan="2">70</td><td rowspan="2">60</td><td rowspan="17">—</td><td rowspan="17">—</td><td rowspan="4">100</td><td rowspan="2">85</td><td rowspan="4">28</td><td rowspan="4">40</td><td rowspan="4">25</td><td rowspan="4">28</td><td rowspan="17">—</td><td rowspan="17">—</td><td rowspan="17">—</td></tr>
<tr><td>25</td></tr>
<tr><td rowspan="2">63</td><td rowspan="6">63</td><td>20</td><td rowspan="2">70</td><td rowspan="6">70</td><td rowspan="2">95</td></tr>
<tr><td>25</td></tr>
<tr><td rowspan="2">80</td><td>25</td><td rowspan="2">90</td><td rowspan="2">120</td><td rowspan="4">105</td><td rowspan="4">32</td><td rowspan="13">60</td><td rowspan="4">28</td><td rowspan="4">32</td></tr>
<tr><td>30</td></tr>
<tr><td rowspan="2">100</td><td>25</td><td rowspan="2">110</td><td rowspan="2">140</td></tr>
<tr><td>30</td></tr>
<tr><td rowspan="2">80</td><td rowspan="6">80</td><td>25</td><td rowspan="2">90</td><td rowspan="6">90</td><td rowspan="2">125</td><td rowspan="6">125</td><td rowspan="8">35</td><td rowspan="8">32</td><td rowspan="8">35</td></tr>
<tr><td>30</td></tr>
<tr><td rowspan="2">100</td><td>25</td><td rowspan="2">110</td><td rowspan="2">145</td></tr>
<tr><td>30</td></tr>
<tr><td rowspan="2">125</td><td>25</td><td rowspan="2">130</td><td rowspan="2">170</td></tr>
<tr><td>30</td></tr>
<tr><td rowspan="2">100</td><td rowspan="3">100</td><td>25</td><td rowspan="2">110</td><td rowspan="3">110</td><td rowspan="2">145</td><td rowspan="3">145</td></tr>
<tr><td>30</td></tr>
<tr><td>125</td><td>30</td><td>130</td><td>170</td><td>38</td><td>35</td><td>38</td></tr>
</table>

表 1（续）

单位为毫米

凹模周界 L	凹模周界 B	H	h	L_1	B_1	L_2	B_2	S	S_1	R	l_2	D H7	D_1 H7	d_1	t	S_2
125	100	35	—	130	110	—	—	170	145	38	60	35	38	—	—	—
160		35		170				210	150	42	80	38	42			
		40														
200		35		210				250								
		40														
125	125	30		130	130			170	175	38	60	35	38			
		35														
160		35		170				210		42	80	38	42			
		40														
200		35		210				250								
		40														
250		40		260				305	180	45	100	42	45			
		45														
160	160	40		170	170			215	215		80					
		45														
200		40		210				255	215	45	80		45	—	—	—
		45														
250		45	30	260		360	230	310	220	50	10	45	50	M14-6H	28	210
		50														
200	200	45		210	210	320	270	260	260		80					180
		50														
250	200	45	30	260	210	370	270	310	260	50		45	50	M14-6H	28	220
		50														
315		45		325		435		380	265	55		50	55			280
		50														
250	250	45		260		380		315	315					M16-6H	32	210
		50														
315		50	35	325	260	445	330	385	320	60	100	55	60			290
		55														
400		50		410		540		470								350
		55														
315	315	50		325	325	460	400	390	390	65		60	65	M20-6H	40	280
		55														
400		55	40	410		550		475								340
		60														
500		55		510		655		575								460
		60														
400	40	55		410	410	560	490	475	475							370
		60														
630		55		640		780		710	480	70		65	70			580
		65														
500	500	55		510	510	650	590	580	580							460
		65														

注：压板台的形状、位置尺寸和标记面的位置尺寸由制造者确定。

3.2 **后侧导柱上模座**

后侧导柱上模座结构和尺寸见图 3、图 4 和表 2。

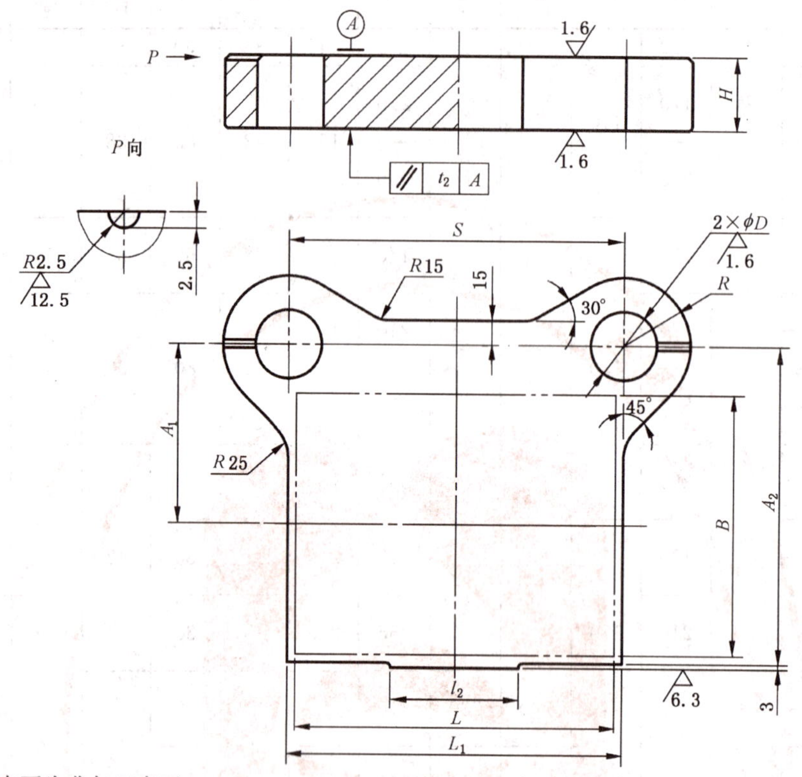

未注粗糙度的表面为非加工表面。

图 3　后侧导柱上模座($L\times B\leqslant 200\times 160$)

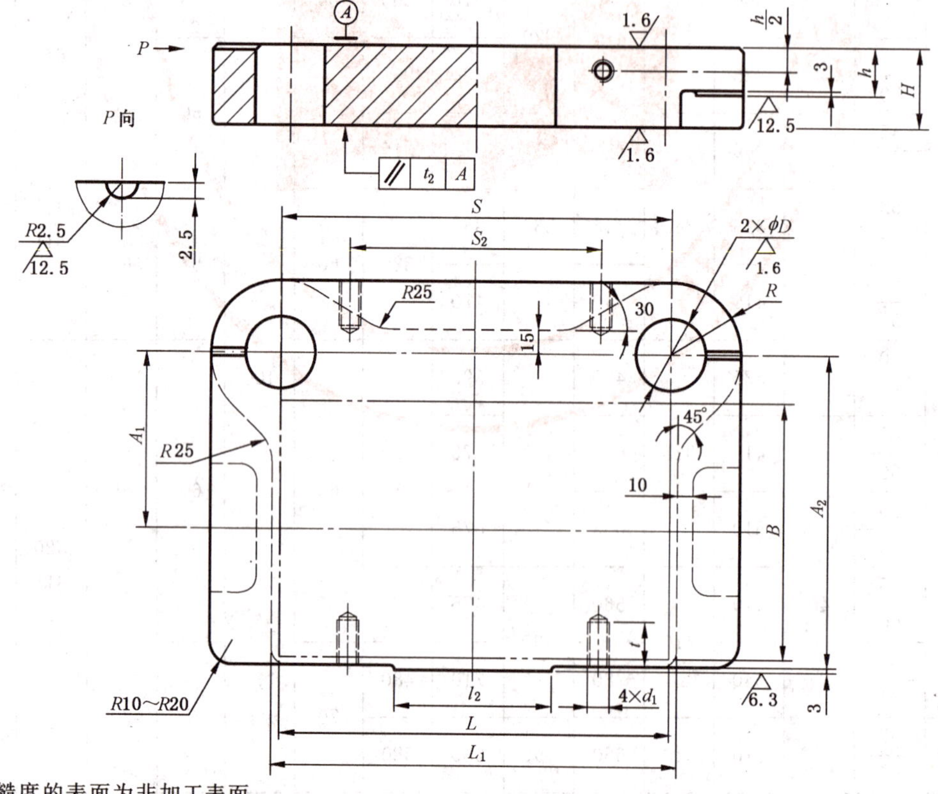

未注粗糙度的表面为非加工表面。

图 4　后侧导柱上模座($L\times B>200\times 160$)

表 2　后侧导柱上模座尺寸

单位为毫米

凹模周界 L	凹模周界 B	H	h	L_1	S	A_1	A_2	R	l_2	D H7	d_1	t	S_2
63	50	20	—	70	70	45	75	25	40	25	—	—	—
		25											
63	63	20		70	70	50	85						
		25											
80		25		90	94			28	60	28			
		30											
100		25		110	116								
		30											
80	80	25		90	94	65	110	32		32			
		30											
100		25		110	116								
		30											
125		25		130	130								
		30											
100	100	25		110	116	75	130						
		30											
125		30		130	130			35		35			
		35											
160		35		170	170			38	80	38			
		40											
200		35		210	210								
		40											
125	125	30		130	130	85	150	35	60	35			
		35											
160		35		170	170			38	80	38			
		40											
200		35		210	210								
		40											
250		40		260	250			42	100	42			
		45											
160	160	40		170	170	110	195		80		M14-6H	28	
		45											
200		40		210	210	110	195						
		45											
250		45	30	260	250			45	100	45			150
		50											
200	200	45		210	210	130	235		80				120
		50											
250		45		260	250				100				150
		50											
315		45		325	305			50		50			200
		50											
250	250	45		260	250	160	290				M16-6H	32	140
		50											
315		50	35	325	305			55		55			200
		55											
400		50		410	390								280
		55											

注：压板台的形状尺寸由制造者确定。

3.3 中间导柱上模座

中间导柱上模座结构和尺寸见图 5、图 6 和表 3。

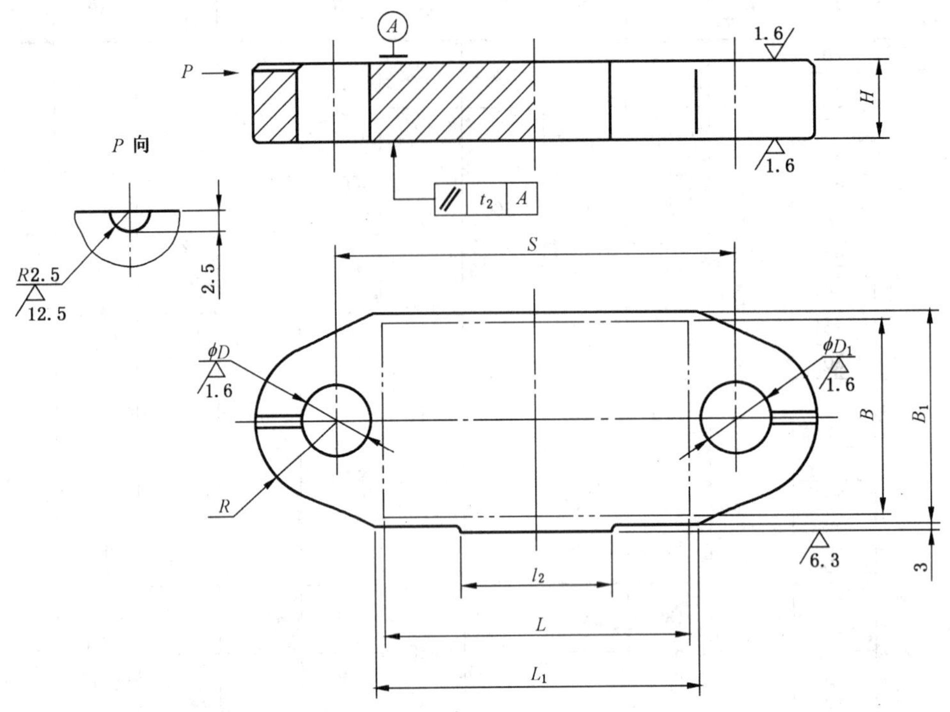

未注粗糙度的表面为非加工表面。

图 5 中间导柱上模座($L \times B \leqslant 200 \times 160$)

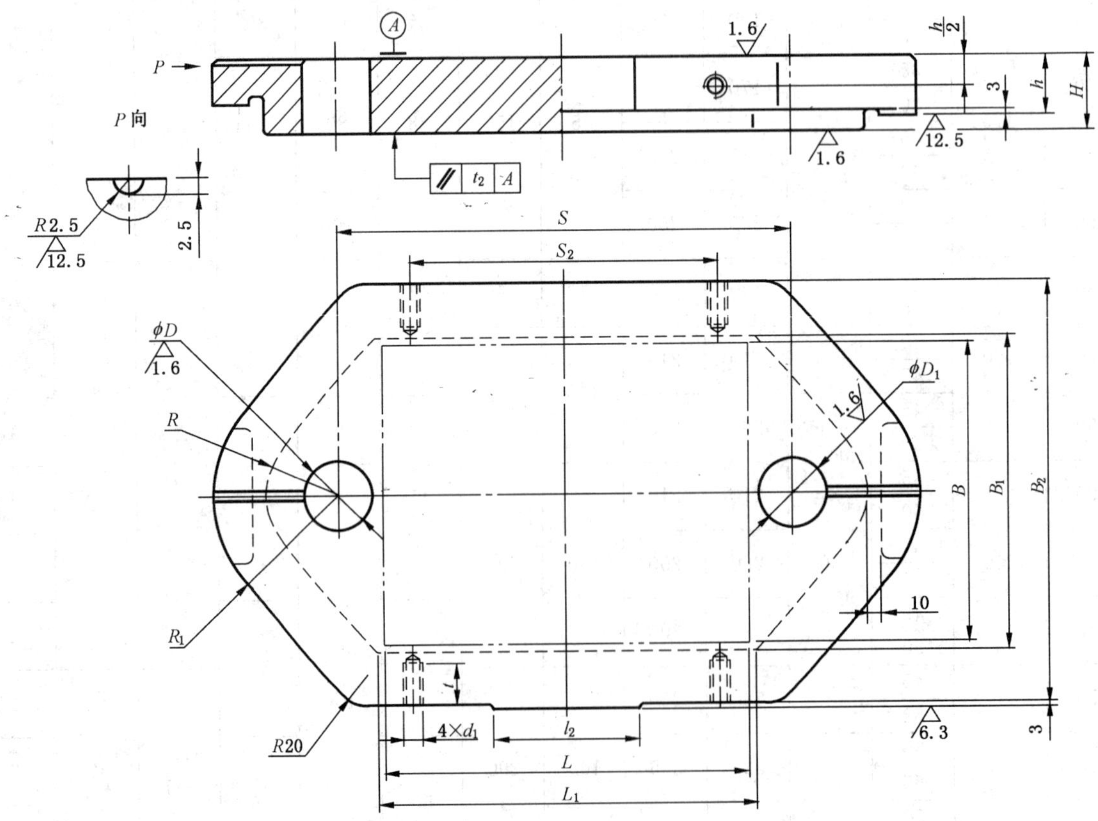

未注粗糙度的表面为非加工表面。

图 6 中间导柱上模座($L \times B > 200 \times 160$)

表 3 中间导柱上模座尺寸

单位为毫米

凹模周界		H	h	L_1	B_1	B_2	S	R	R_1	l_2	D	D_1	d_1	t	S_2
L	B										H7	H7			
63	50	20	—	70	60	—	100	28	—	40	25	28	—	—	—
		25													
63	63	20		70	70										
		25													
80		25		90			120	32		60	28	32			
		30													
100		25		110			140								
		30													
80	80	25		90	90		125	35			32	35			
		30													
100		25		110			145								
		30													
125		25		130			170								
		30													
140		30		150			185	38		80	35	38			
		35													
100	100	25		110	110		145	35		60	32	35			
		30													
125		30		130			170	38			35	38			
		35													
140		30		150			185			80					
		35													
160		35		170			210	42			38	42			
		40													
200		35		210			250								
		40													
125	125	30		130	130		170	38		60	35	38			
		35													
140		35		150			190	42		80	38	42			
		40													
160		35		170			210								
		40													
200		40		210			250								
		45													
250		40		260			305	45		100	42	45			
		45													
140	140	35		150	150		190	42		80	38	42			
		40													
160		35		170			210								
		40													
200		40		210			255	45			42	45			
		45													
250		40		260			305			100					
		45													

表 3（续）

单位为毫米

凹模周界 L	凹模周界 B	H	h	L_1	B_1	B_2	S	R	R_1	l_2	D H7	D_1 H7	d_1	t	S_2
160	160	40, 45	—	170	170	—	215	45	—	80	42	45	—	—	—
200	160	40, 45	—	210	170	—	255	45	—	80	42	45	—	—	—
250	160	45, 50	40	260	170	240	310	50	85	100	45	50	M14-6H	28	210
280	160	45, 50	40	290	170	240	340	50	85	100	45	50	M14-6H	28	250
200	200	45, 50	40	210	210	280	260	50	85	80	45	50	M14-6H	28	170
250	200	45, 50	40	260	210	280	310	50	85	100	45	50	M14-6H	28	210
280	200	45, 50	40	290	210	290	345	55	95	100	50	55	M14-6H	28	250
315	200	45, 50	40	325	210	290	380	55	95	100	50	55	M14-6H	28	290
250	250	45, 50	40	260	260	340	315	55	95	100	50	55	M16-6H	32	210
280	250	45, 50	40	290	260	340	345	55	95	100	50	55	M16-6H	32	250
315	250	50, 55	45	325	260	350	385	60	105	100	55	60	M16-6H	32	260
400	250	50, 55	45	410	260	350	470	60	105	120	55	60	M16-6H	32	340
280	280	50, 55	45	290	290	380	350	60	105	100	55	60	M20-6H	40	250
315	280	50, 55	45	325	290	380	385	60	105	100	55	60	M20-6H	40	260
400	280	50, 55	45	410	290	380	470	60	105	120	55	60	M20-6H	40	340
315	315	50, 55	45	325	325	425	390	65	115	100	60	65	M20-6H	40	260
400	315	55, 60	45	410	325	425	475	65	115	120	60	65	M20-6H	40	340
500	315	55, 60	45	510	325	425	575	65	115	140	60	65	M20-6H	40	440
400	400	55, 60	45	410	410	510	475	65	115	120	60	65	M20-6H	40	360
630	400	55, 65	45	640	410	520	710	70	125	160	65	70	M20-6H	40	570
500	500	55, 65	45	510	510	6200	580	70	125	140	65	70	M20-6H	40	440

注：压板台的形状尺寸由制造者确定。

3.4 中间导柱圆形上模座

中间导柱圆形上模座结构和尺寸见图 7、图 8 和表 4。

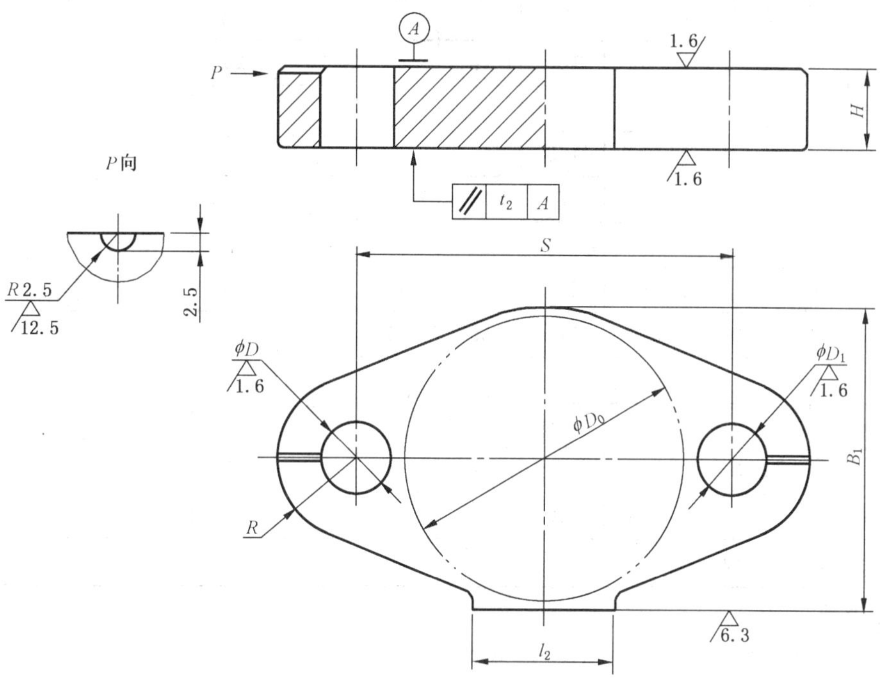

未注粗糙度的表面为非加工表面。

图 7 中间导柱圆形上模座($D_0 \leqslant 160$)

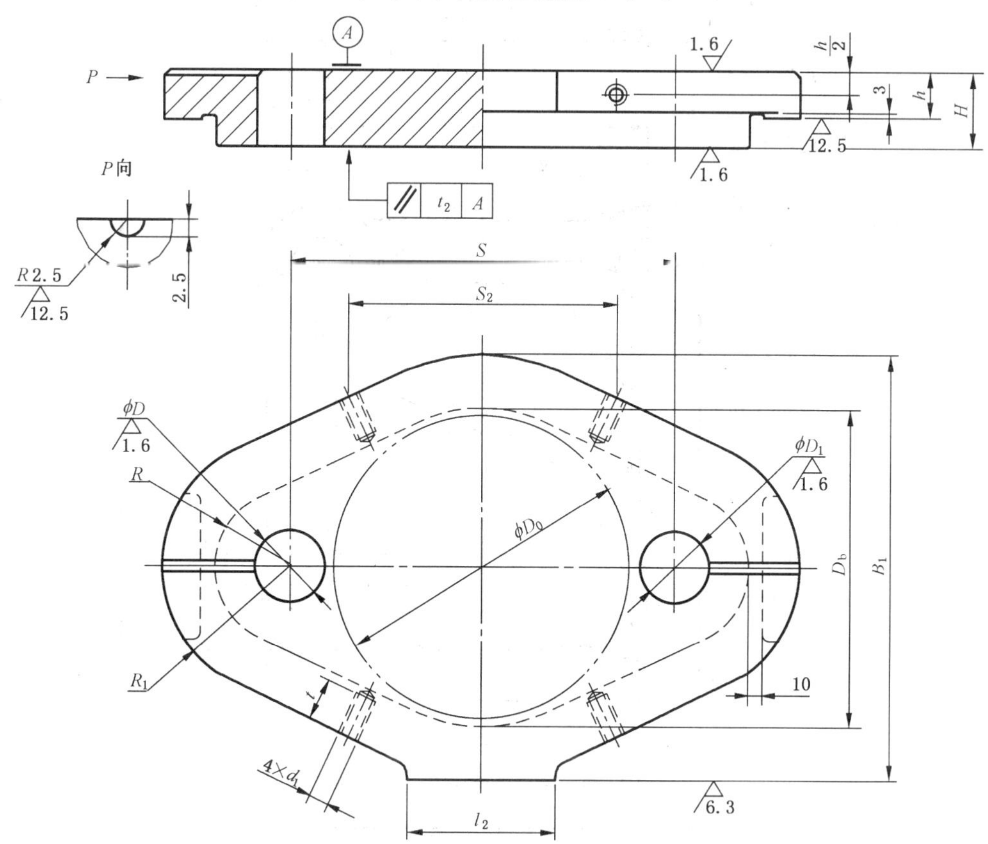

未注表面粗糙度为不加工表面。

图 8 中间导柱圆形上模座($D_0 > 160$)

表 4　中间导柱圆形上模座尺寸

单位为毫米

凹模周界 D_0	H	h	D_b	B_1	S	R	R_1	l_2	D H7	D_1 H7	d_1	t	S_2
63	20 25	—	—	70	100	28	—	50	25	28	—	—	—
80	25 30	—	—	90	125	35	—	60	32	35	—	—	—
100	25 30	—	—	110	145	35	—	60	32	35	—	—	—
125	30 35	—	—	130	170	38	—	80	35	38	—	—	—
160	40 45	—	—	170	215	45	—	80	42	45	—	—	—
200	45 50	30	210	280	260	50	85	100	45	50	M14-6H	28	180
250	45 50	30	260	340	315	55	95	100	50	55	M16-6H	32	220
315	50 55	35	325	425	390	65	115	100	60	65	M20-6H	40	280
400	55 60	35	410	510	475	65	115	100	60	65	M20-6H	40	380
500	55 65	40	510	620	580	70	125	100	65	70	M20-6H	40	480
630	60 75	40	640	758	720	76	135	100	70	76	M20-6H	40	600

注：压板台的形状尺寸由制造者确定。

3.5　四导柱上模座

四导柱上模座结构和尺寸见图 9、图 10 和表 5。

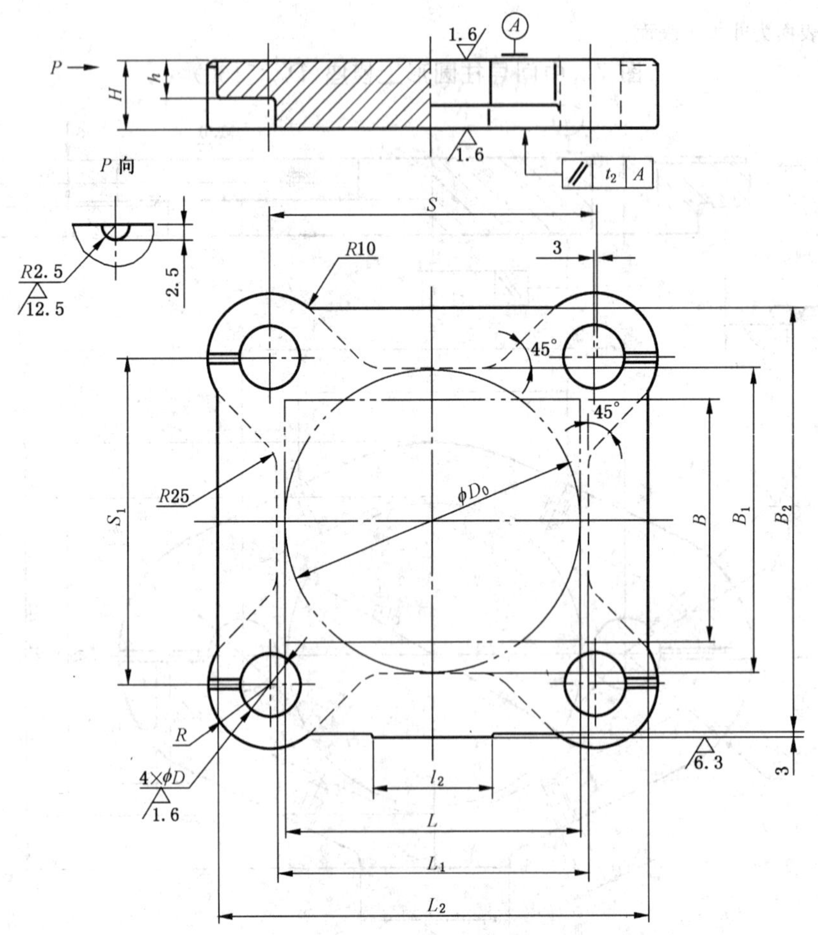

未注粗糙度的表面为非加工表面。

图 9　四导柱上模座（$L \times B \leqslant 200 \times 160$）

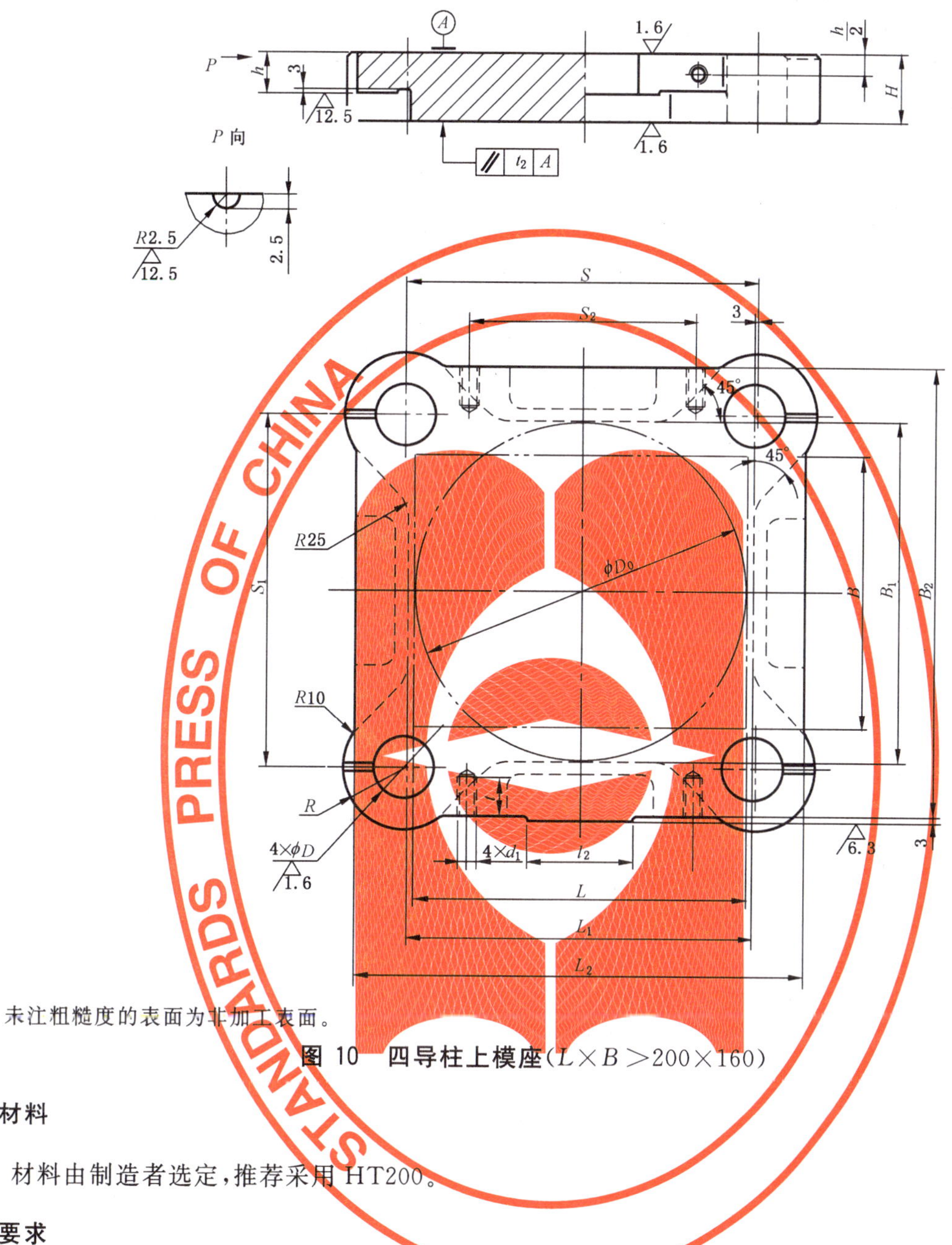

未注粗糙度的表面为非加工表面。

图 10 四导柱上模座($L \times B > 200 \times 160$)

4 材料

材料由制造者选定,推荐采用 HT200。

5 要求

t_2 应符合 JB/T 8070 中表 2 的规定。

其余应符合 JB/T 8070 的规定。

6 标记

本部分冲模滑动导向上模座的标记应有下列内容:

a) 滑动导向上模座;

b) 结构形式:对角导柱、后侧导柱、中间导柱、中间导柱圆形、四导柱;

c) 凹模周界尺寸 L、B 或 D_0,以毫米为单位;

d) 模架闭合高度 H,以毫米为单位;

e) 本部分代号,即 GB/T 2855.1—2008。

表 5　四导柱上模座尺寸

单位为毫米

凹模周界			H	h	L_1	B_1	L_2	B_2	S	S_1	R	l_2	D H7	d_1	t	S_2
L	B	D_0														
160	125	160	35	20	170	160	240	230	175	190	38	80	38	—	—	—
			40													
200	160	200	40	25	210	200	290	280	220	215	42		42			
			45													
250		—	45	30	260		340		265		45		45	M14-6H	28	170
			50													
250	200	250	45		260	250	340	330		260						
			50													
315		—	45		325		425		340		50		50	M16-6H	32	200
			50													
315	250	—	50	35	325	300	425	400		315	55	100	55			230
			55													
400			50		410		500		410							290
			55													
400	315		55	40	410	375	510	495		390	60		60	M20-6H	40	300
			60													
500			55		510		610		510							380
			60													
630			55		640		750		640		65		65			500
			65													
500	400		55		510	460	620	590	510	480						380
			65													
630			55		640		750		640							500
			65													
800			60	45	810		930		810		70		70	M24-6H	46	650
			75													
630	500		60		640	580	760	710	640	590						500
			75													
800			70		810		940		810		76		76			650
			85													
1 000			70		1010		1 140		1 010							800
			85													
800	630		70		810	700	940	840	810	720						650
			85													
1 000			70		1010		1 140		1 010							800
			85													

注：压板台的形状尺寸由制造者确定。

示例：

L=200 mm、B=160 mm、H=45 mm 的滑动导向对角导柱上模座的标记如下：

滑动导向上模座　对角导柱　200×160×45　GB/T 2855.1—2008

ICS 25.120.30
J 46

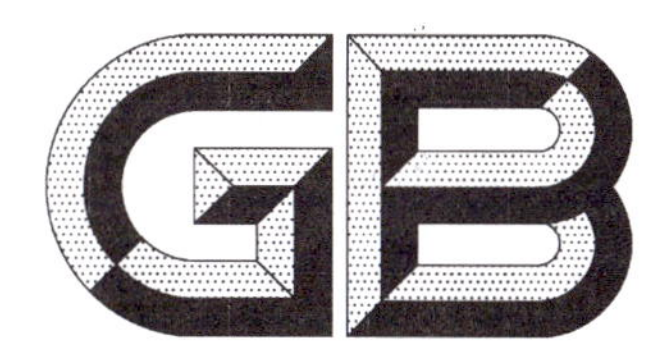

中华人民共和国国家标准

GB/T 2855.2—2008
代替 GB/T 2855.2—1990,GB/T 2855.6—1990,GB/T 2855.8—1990,
GB/T 2855.10—1990,GB/T 2855.12—1990,GB/T 2855.14—1990

冲模滑动导向模座 第2部分:下模座

Holders for sliding guide die sets for stamping dies—Part 2:Die holders for die sets

2008-04-10 发布 2008-10-01 实施

中华人民共和国国家质量监督检验检疫总局
中国国家标准化管理委员会 发布

前　言

GB/T 2855《冲模滑动导向模座》分为2部分：

——第1部分：冲模滑动导向模座　上模座；

——第2部分：冲模滑动导向模座　下模座。

本部分为GB/T 2855的第2部分。

本部分是对GB/T 2855.2—1990《冲模滑动导向模座　对角导柱下模座》、GB/T 2855.6—1990《冲模滑动导向模座　后侧导柱下模座》、GB/T 2855.8—1990《冲模滑动导向模座　后侧导柱窄形下模座》、GB/T 2855.10—1990《冲模滑动导向模座　中间导柱下模座》、GB/T 2855.12—1990《冲模滑动导向模座　中间导柱圆形下模座》和GB/T 2855.14—1990《冲模滑动导向模座　四导柱下模座》的合并修订。

本部分与GB/T 2855.2—1990、GB/T 2855.6—1990、GB/T 2855.8—1990、GB/T 2855.10—1990、GB/T 2855.12—1990和GB/T 2855.14—1990相比，主要变化如下：

——将标准名称改为“冲模滑动导向模座　第2部分：下模座”；

——增加了“前言”和“规范性引用文件”；

——删除了后侧导柱窄形下模座的内容；

——对中间导柱下模座的结构和尺寸规格作了较大修改；

——材料改为推荐采用。

本部分由全国模具标准化技术委员会提出。

本部分由全国模具标准化技术委员会(SAC/TC 33)归口。

本部分起草单位：镇江船山模架厂、桂林电器科学研究所、杭州萧山精密模具标准件厂、桂林电子科技大学。

本部分主要起草人：祁伟根、翁史振、张玉琴、廖宏谊、奉双。

本部分所代替标准的历次版本发布情况为：

——GB 2855.2—1981、GB 2855.4—1981、GB 2855.6—1981、GB 2855.8—1981、GB 2855.10—1981、GB 2855.12—1981、GB 2855.14—1981；

——GB/T 2855.2—1990、GB/T 2855.6—1990、GB/T 2855.8—1990、GB/T 2855.10—1990、GB/T 2855.12—1990、GB/T 2855.14—1990。

冲模滑动导向模座　第2部分:下模座

1　范围

本部分规定了冲模滑动导向下模座的结构、尺寸规格与标记。

本部分适用于冲模滑动导向用下模座。

2　规范性引用文件

下列文件中的条款通过GB/T 2855的本部分的引用而成为本部分的条款。凡是注日期的引用文件,其随后所有的修改单(不包括勘误的内容)或修订版均不适用于本部分,然而,鼓励根据本部分达成协议的各方研究是否可使用这些文件的最新版本。凡是不注日期的引用文件,其最新版本适用于本部分。

JB/T 8070　冲模模架零件技术条件

3　尺寸规格

3.1　对角导柱下模座

对角导柱下模座结构和尺寸见图1、表1。

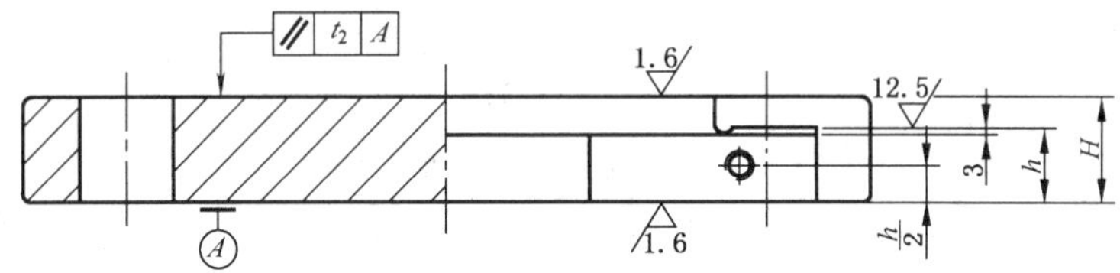

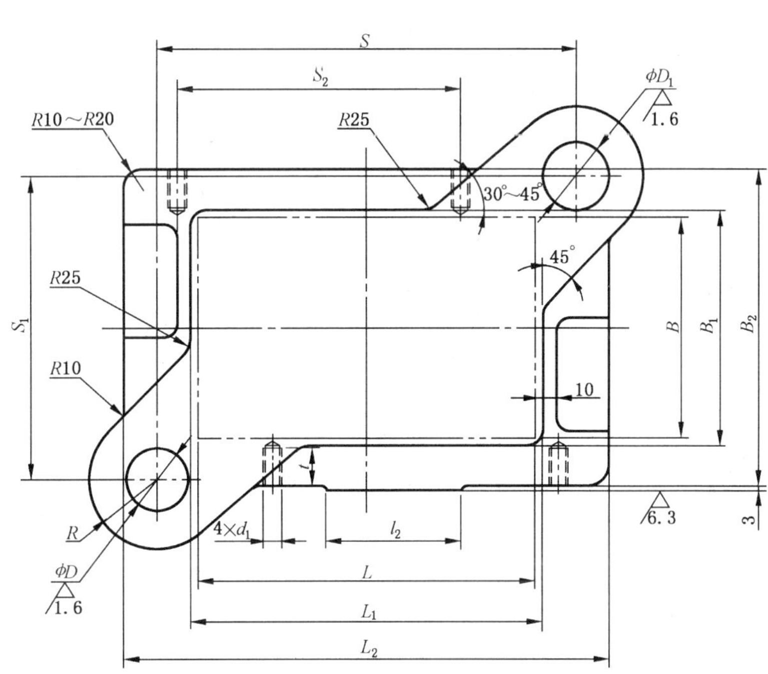

未注粗糙度的表面为非加工表面。

图1　对角导柱下模座

表 1　对角导柱下模座尺寸

单位为毫米

<table>
<tr><th colspan="2">凹模周界</th><th rowspan="2">H</th><th rowspan="2">h</th><th rowspan="2">L_1</th><th rowspan="2">B_1</th><th rowspan="2">L_2</th><th rowspan="2">B_2</th><th rowspan="2">S</th><th rowspan="2">S_1</th><th rowspan="2">R</th><th rowspan="2">l_2</th><th rowspan="2">D R7</th><th rowspan="2">D_1 R7</th><th rowspan="2">d_1</th><th rowspan="2">t</th><th rowspan="2">S_2</th></tr>
<tr><th>L</th><th>B</th></tr>
<tr><td rowspan="2">63</td><td rowspan="2">50</td><td>25</td><td rowspan="12">20</td><td rowspan="2">70</td><td rowspan="2">60</td><td rowspan="2">125</td><td rowspan="2">100</td><td rowspan="4">100</td><td rowspan="2">85</td><td rowspan="4">28</td><td rowspan="4">40</td><td rowspan="4">16</td><td rowspan="4">18</td><td rowspan="34">—</td><td rowspan="34">—</td><td rowspan="34">—</td></tr>
<tr><td>30</td></tr>
<tr><td rowspan="2">63</td><td rowspan="6">63</td><td>25</td><td rowspan="2">70</td><td rowspan="6">70</td><td rowspan="2">130</td><td rowspan="2">110</td><td rowspan="2">95</td></tr>
<tr><td>30</td></tr>
<tr><td rowspan="2">80</td><td>30</td><td rowspan="2">90</td><td rowspan="2">150</td><td rowspan="4">120</td><td rowspan="2">120</td><td rowspan="4">105</td><td rowspan="4">32</td><td rowspan="14">60</td><td rowspan="4">18</td><td rowspan="4">20</td></tr>
<tr><td>40</td></tr>
<tr><td rowspan="2">100</td><td>30</td><td rowspan="2">110</td><td rowspan="2">170</td><td rowspan="2">140</td></tr>
<tr><td>40</td></tr>
<tr><td rowspan="2">80</td><td rowspan="6">80</td><td>30</td><td rowspan="2">90</td><td rowspan="6">90</td><td rowspan="2">150</td><td rowspan="6">140</td><td rowspan="2">125</td><td rowspan="6">125</td><td rowspan="8">35</td><td rowspan="8">20</td><td rowspan="8">22</td></tr>
<tr><td>40</td></tr>
<tr><td rowspan="2">100</td><td>30</td><td rowspan="2">110</td><td rowspan="2">170</td><td rowspan="2">145</td></tr>
<tr><td>40</td></tr>
<tr><td rowspan="2">125</td><td>30</td><td rowspan="6">25</td><td rowspan="2">130</td><td rowspan="2">200</td><td rowspan="2">170</td></tr>
<tr><td>40</td></tr>
<tr><td rowspan="2">100</td><td rowspan="8">100</td><td>30</td><td rowspan="2">110</td><td rowspan="8">110</td><td rowspan="2">180</td><td rowspan="8">160</td><td rowspan="2">145</td><td rowspan="4">145</td></tr>
<tr><td>40</td></tr>
<tr><td rowspan="2">125</td><td>35</td><td rowspan="2">130</td><td rowspan="2">200</td><td rowspan="2">170</td><td rowspan="2">38</td><td rowspan="2">22</td><td rowspan="2">25</td></tr>
<tr><td>45</td></tr>
<tr><td rowspan="2">160</td><td>40</td><td rowspan="4">30</td><td rowspan="2">170</td><td rowspan="2">240</td><td rowspan="2">210</td><td rowspan="4">150</td><td rowspan="4">42</td><td rowspan="4">80</td><td rowspan="4">25</td><td rowspan="4">28</td></tr>
<tr><td>50</td></tr>
<tr><td rowspan="2">200</td><td>45</td><td rowspan="2">210</td><td rowspan="2">280</td><td rowspan="2">250</td></tr>
<tr><td>50</td></tr>
<tr><td rowspan="2">125</td><td rowspan="8">125</td><td>35</td><td rowspan="2">25</td><td rowspan="2">130</td><td rowspan="8">130</td><td rowspan="2">200</td><td rowspan="8">190</td><td rowspan="2">170</td><td rowspan="6">175</td><td rowspan="2">38</td><td rowspan="2">60</td><td rowspan="2">22</td><td rowspan="2">25</td></tr>
<tr><td>45</td></tr>
<tr><td rowspan="2">160</td><td>40</td><td rowspan="4">30</td><td rowspan="2">170</td><td rowspan="2">250</td><td rowspan="2">210</td><td rowspan="4">42</td><td rowspan="4">80</td><td rowspan="4">25</td><td rowspan="4">28</td></tr>
<tr><td>50</td></tr>
<tr><td rowspan="2">200</td><td>40</td><td rowspan="2">210</td><td rowspan="2">290</td><td rowspan="2">250</td></tr>
<tr><td>50</td></tr>
<tr><td rowspan="2">250</td><td>45</td><td rowspan="6">35</td><td rowspan="2">260</td><td rowspan="2">340</td><td rowspan="2">305</td><td rowspan="2">180</td><td rowspan="6">45</td><td rowspan="2">100</td><td rowspan="6">28</td><td rowspan="6">32</td></tr>
<tr><td>55</td></tr>
<tr><td rowspan="2">160</td><td rowspan="6">160</td><td>45</td><td rowspan="2">170</td><td rowspan="6">170</td><td rowspan="2">270</td><td rowspan="6">230</td><td rowspan="2">215</td><td rowspan="4">215</td><td rowspan="4">80</td></tr>
<tr><td>55</td></tr>
<tr><td rowspan="2">200</td><td>45</td><td rowspan="2">210</td><td rowspan="2">310</td><td rowspan="2">255</td></tr>
<tr><td>50</td></tr>
<tr><td rowspan="2">250</td><td>50</td><td rowspan="4">40</td><td rowspan="2">260</td><td rowspan="2">360</td><td rowspan="2">310</td><td rowspan="2">220</td><td rowspan="4">50</td><td rowspan="2">100</td><td rowspan="4">32</td><td rowspan="4">35</td><td rowspan="4">M14-6H</td><td rowspan="4">28</td><td rowspan="2">210</td></tr>
<tr><td>60</td></tr>
<tr><td rowspan="2">200</td><td rowspan="2">200</td><td>50</td><td rowspan="2">210</td><td rowspan="2">210</td><td rowspan="2">320</td><td rowspan="2">270</td><td rowspan="2">260</td><td rowspan="2">260</td><td rowspan="2">80</td><td rowspan="2">180</td></tr>
<tr><td>60</td></tr>
</table>

表 1(续)

单位为毫米

凹模周界 L	凹模周界 B	H	h	L_1	B_1	L_2	B_2	S	S_1	R	l_2	D R7	D_1 R7	d_1	t	S_2
250	200	50	40	260	210	370	270	310	260	50	100	32	35	M14-6H	28	220
		60														
315		55		325		435		380	265	55		35	40			280
		65														
250	250	55		260	260	380	330	315	315					M16-6H	32	210
		65														
315		60	45	325		445		385	320	60		40	45			290
		70														
400		60		410		540		470								350
		70														
315	315	60		325	325	460	400	390	390	65		45	50	M20-6H	40	280
		70														
400		65		410		550		475								340
		75														
500		65		510		655		575								460
		75														
400	400	65		410	410	560	490	475	475							370
		75														
630		65		640		780		710	480	70		50	55			580
		80														
500	500	65		510	510	650	590	580	580							460
		80														

注 1：压板台的形状、位置尺寸和标记面的位置尺寸由制造者确定。

注 2：安装 B 型导柱时，D R7、D_1 R7 改为 D H7、D_1 H7。

3.2 后侧导柱下模座

后侧导柱下模座结构和尺寸见图 2、表 2。

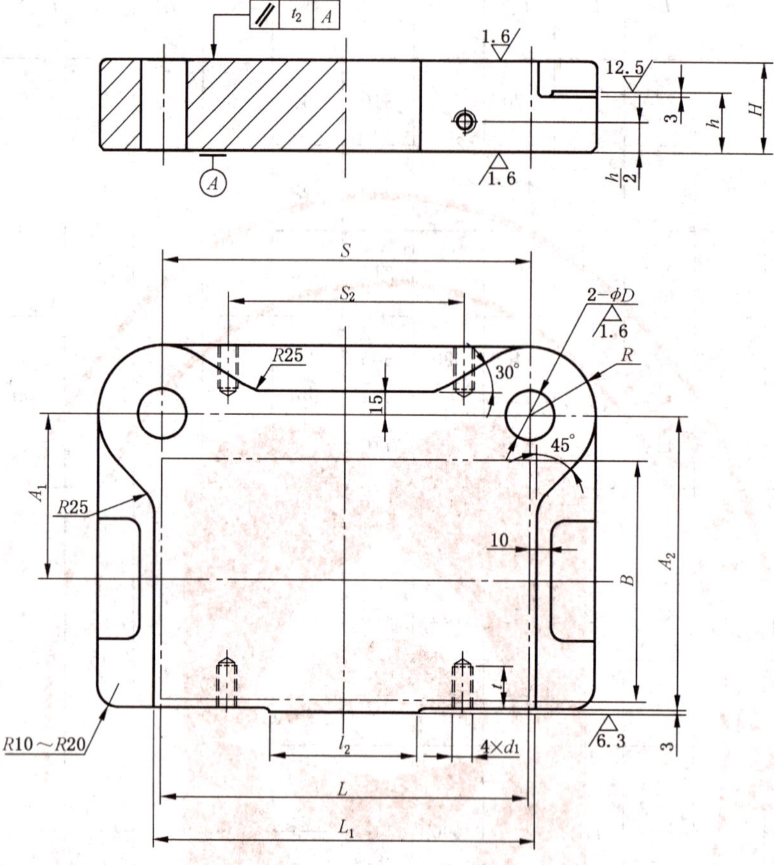

未注粗糙度的表面为非加工表面。

图 2　后侧导柱下模座

表 2　后侧导柱下模座尺寸

单位为毫米

凹模周界		H	h	L_1	S	A_1	A_2	R	l_2	D R7	d_1	t	S_2
L	B												
63	50	25	20	70	70	45	75	25	40	16	—	—	—
		30											
63	63	25		70	70	50	85						
		30											
80		30		90	94			28	60	18			
		40											
100		30		110	116								
		40											
80	80	30		90	94	65	110	32		20			
		40											
100		30		110	116								
		40											
125		30	25	130	130								
		40											

表 2（续）

单位为毫米

<table>
<tr><th colspan="2">凹模周界</th><th rowspan="2">H</th><th rowspan="2">h</th><th rowspan="2">L_1</th><th rowspan="2">S</th><th rowspan="2">A_1</th><th rowspan="2">A_2</th><th rowspan="2">R</th><th rowspan="2">l_2</th><th rowspan="2">D R7</th><th rowspan="2">d_1</th><th rowspan="2">t</th><th rowspan="2">S_2</th></tr>
<tr><th>L</th><th>B</th></tr>
<tr><td rowspan="2">100</td><td rowspan="8">100</td><td>30</td><td rowspan="4">25</td><td rowspan="2">110</td><td rowspan="2">116</td><td rowspan="8">75</td><td rowspan="8">130</td><td rowspan="2">32</td><td rowspan="4">60</td><td rowspan="2">20</td><td rowspan="16">—</td><td rowspan="16">—</td><td rowspan="20">—</td></tr>
<tr><td>40</td></tr>
<tr><td rowspan="2">125</td><td>35</td><td rowspan="2">130</td><td rowspan="2">130</td><td rowspan="2">35</td><td rowspan="2">22</td></tr>
<tr><td>40</td></tr>
<tr><td rowspan="2">160</td><td>40</td><td rowspan="4">30</td><td rowspan="2">170</td><td rowspan="2">170</td><td rowspan="4">38</td><td rowspan="4">80</td><td rowspan="4">25</td></tr>
<tr><td>50</td></tr>
<tr><td rowspan="2">200</td><td>40</td><td rowspan="2">210</td><td rowspan="2">210</td></tr>
<tr><td>50</td></tr>
<tr><td rowspan="2">125</td><td rowspan="8">125</td><td>35</td><td rowspan="2">25</td><td rowspan="2">130</td><td rowspan="2">130</td><td rowspan="8">85</td><td rowspan="8">150</td><td rowspan="2">35</td><td rowspan="2">60</td><td rowspan="2">22</td></tr>
<tr><td>45</td></tr>
<tr><td rowspan="2">160</td><td>40</td><td rowspan="4">30</td><td rowspan="2">170</td><td rowspan="2">170</td><td rowspan="4">38</td><td rowspan="4">80</td><td rowspan="4">25</td></tr>
<tr><td>50</td></tr>
<tr><td rowspan="2">200</td><td>40</td><td rowspan="2">210</td><td rowspan="2">210</td></tr>
<tr><td>50</td></tr>
<tr><td rowspan="2">250</td><td>45</td><td rowspan="6">35</td><td rowspan="2">260</td><td rowspan="2">250</td><td rowspan="6">42</td><td rowspan="2">100</td><td rowspan="6">28</td></tr>
<tr><td>55</td></tr>
<tr><td rowspan="2">160</td><td rowspan="6">160</td><td>45</td><td rowspan="2">170</td><td rowspan="2">170</td><td rowspan="6">110</td><td rowspan="6">195</td><td rowspan="4">80</td><td rowspan="8">M14-6H</td><td rowspan="8">28</td></tr>
<tr><td>55</td></tr>
<tr><td rowspan="2">200</td><td>45</td><td rowspan="2">210</td><td rowspan="2">210</td></tr>
<tr><td>55</td></tr>
<tr><td rowspan="2">250</td><td>50</td><td rowspan="4">40</td><td rowspan="2">260</td><td rowspan="2">250</td><td rowspan="4">45</td><td rowspan="2">100</td><td rowspan="4">32</td><td rowspan="2">150</td></tr>
<tr><td>60</td></tr>
<tr><td rowspan="2">200</td><td rowspan="2">200</td><td>50</td><td rowspan="2">210</td><td rowspan="2">210</td><td rowspan="2">130</td><td rowspan="2">235</td><td rowspan="2">80</td><td rowspan="2">120</td></tr>
<tr><td>60</td></tr>
<tr><td rowspan="2">250</td><td rowspan="4">200</td><td>50</td><td rowspan="6">40</td><td rowspan="2">260</td><td rowspan="2">250</td><td rowspan="4">130</td><td rowspan="4">235</td><td rowspan="2">45</td><td rowspan="10">100</td><td rowspan="2">32</td><td rowspan="4">M14-6H</td><td rowspan="4">28</td><td rowspan="2">150</td></tr>
<tr><td>60</td></tr>
<tr><td rowspan="2">315</td><td>55</td><td rowspan="2">325</td><td rowspan="2">305</td><td rowspan="4">50</td><td rowspan="4">35</td><td rowspan="2">200</td></tr>
<tr><td>65</td></tr>
<tr><td rowspan="2">250</td><td rowspan="6">250</td><td>55</td><td rowspan="2">260</td><td rowspan="2">250</td><td rowspan="6">160</td><td rowspan="6">290</td><td rowspan="6">M16-6H</td><td rowspan="6">32</td><td rowspan="2">140</td></tr>
<tr><td>65</td></tr>
<tr><td rowspan="2">315</td><td>60</td><td rowspan="4">45</td><td rowspan="2">325</td><td rowspan="2">305</td><td rowspan="4">55</td><td rowspan="4">40</td><td rowspan="2">200</td></tr>
<tr><td>70</td></tr>
<tr><td rowspan="2">400</td><td>60</td><td rowspan="2">410</td><td rowspan="2">390</td><td rowspan="2">280</td></tr>
<tr><td>70</td></tr>
<tr><td colspan="14">注 1：压板台的形状尺寸由制造者确定。
注 2：安装 B 型导柱时，D R7 改为 D H7。</td></tr>
</table>

3.3 中间导柱下模座

中间导柱下模座结构和尺寸见图3、表3。

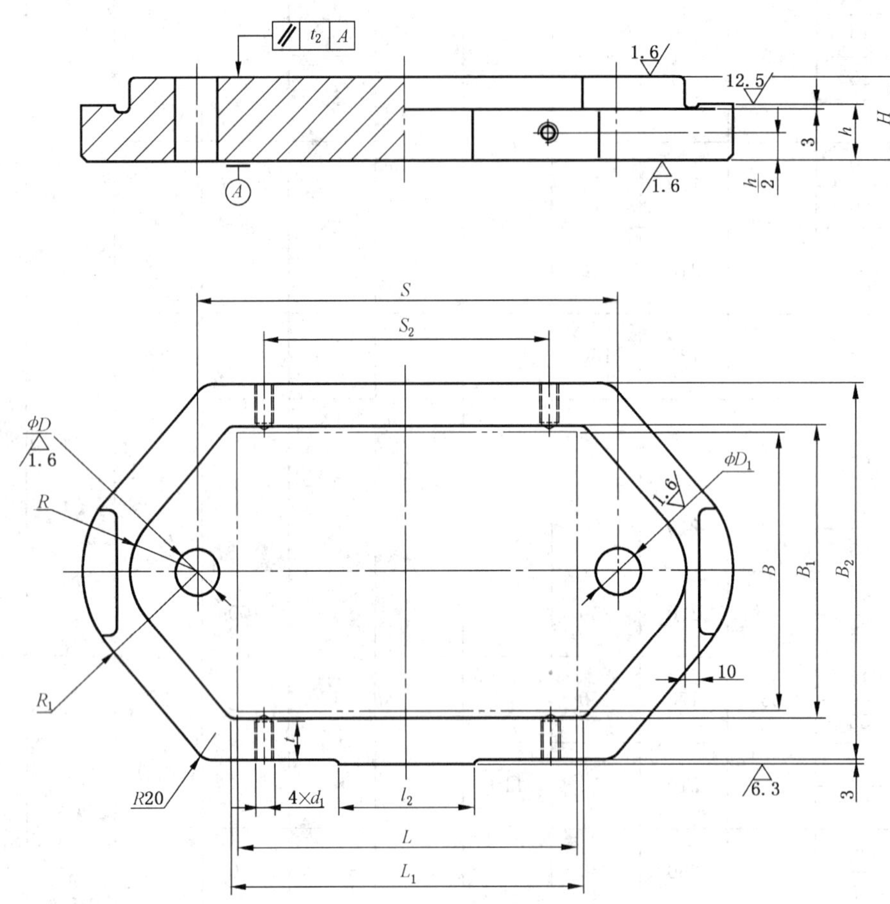

未注粗糙度的表面为非加工表面。

图3 中间导柱下模座

表 3 中间导柱下模座尺寸

单位为毫米

凹模周界		H	h	L_1	B_1	B_2	S	R	R_1	l_2	D H7	D_1 H7	d_1	t	S_2
L	B														
63	50	25	20	70	60	92	100	28	44	40	16	18	—	—	—
		30													
63	63	25			70	102									
		30													
80		30		90		116	120	32	55	60	18	20			
		40													
100		30	25	110			140								
		40													
80	80	30		90	90	140	125	35	60		20	22			
		40													
100		30		110			145								
		40													
125		30		130			170								
		40													
140		35	30	150		150	185	38	68	80	22	25			
		45													
100	100	30	25	110	110	160	145	35	60	60	20	22			
		40													
125		35	30	130		170	170	38	68		22	25			
		45													
140		35		150			185			80					
		45													
160		40	35	170		176	210	42	75		25	28			
		50													
200		40		210			250								
		50													
125	125	35	30	130	130	190	170	38	68	60	22	25			
		45													
140		40	35	150		196	190	42	75	80	25	28			
		50													
160		40		170			210								
		50													
200		40		210			250								
		50													
250		45		260		200	305	45	80	100	28	32			
		55													
140	140	40		150	150	216	190	42	75	80	25	28			
		50													
160		40		170			210								
		50													
200		45		210		220	255	45	80		28	32			
		55													
250		45		260			305			100					
		55													

表 3(续)

单位为毫米

凹模周界		H	h	L_1	B_1	B_2	S	R	R_1	l_2	D H7	D_1 H7	d_1	t	S_2
L	B														
160	160	45	35	170	170	240	215	45	80	80	28	32	—	—	—
		55													
200		45		210			255								
		55													
250		50	40	260			310	50	85	100	32	35	M14-6H	28	210
		60													
280		50		290			340								250
		60													
200	200	50		210	210	280	260			80					170
		60													
250		50		260			310			100					210
		60													
280		55		290		290	345	55	95		35	40			250
		65													
315		55		325			380								290
		65													
250	250	55		260	260	340	315						M16-6H	32	210
		65													
280		55		290			345								250
		65													
315		60	45	325		350	385	60	105		40	45			260
		70													
400		60		410			470			120					340
		70													
280	280	60		290	290	380	350			100			M20-6H	40	250
		70													
315		60		325			385								260
		70													
400		60		410			470			120					340
		70													
315	315	60		325	325	425	390	65	115	100	45	50			260
		70													
400		65		410			475			120					340
		75													
500		65		510			575			140					440
		75													
400	400	65		410	410	510	475			120					360
		75													
630		65		640		520	710	70	125	160	50	55			570
		80													
500	500	65		510	510	620	580			140					440
		80													

注 1：压板台的形状尺寸由制造者确定。

注 2：安装 B 型导柱时，D R7，D_1 R7 改为 D H7，D_1 H7。

3.4 中间导柱圆形下模座

中间导柱圆形下模座结构和尺寸见图 4、表 4。

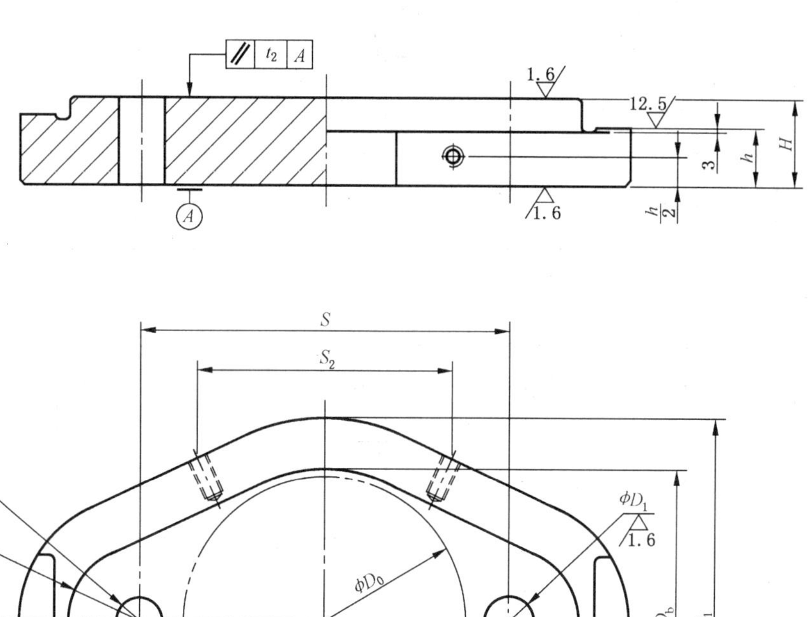

未注粗糙度的表面为非加工表面。

图 4 中间导柱圆形下模座

表 4　中间导柱圆形下模座尺寸

单位为毫米

<table>
<tr><td>凹模周界</td><td rowspan="2">H</td><td rowspan="2">h</td><td rowspan="2">D_b</td><td rowspan="2">B_1</td><td rowspan="2">S</td><td rowspan="2">R</td><td rowspan="2">R_1</td><td rowspan="2">l_2</td><td rowspan="2">D R7</td><td rowspan="2">D_1 R7</td><td rowspan="2">d_1</td><td rowspan="2">t</td><td rowspan="2">S_2</td></tr>
<tr><td>D_0</td></tr>
<tr><td rowspan="2">63</td><td>25</td><td rowspan="6">20</td><td rowspan="2">70</td><td rowspan="2">102</td><td rowspan="2">100</td><td rowspan="2">28</td><td rowspan="2">44</td><td rowspan="2">50</td><td rowspan="2">16</td><td rowspan="2">18</td><td rowspan="10">—</td><td rowspan="10">—</td><td rowspan="10">—</td></tr>
<tr><td>30</td></tr>
<tr><td rowspan="2">80</td><td>30</td><td rowspan="2">90</td><td rowspan="2">136</td><td rowspan="2">125</td><td rowspan="4">35</td><td rowspan="2">58</td><td rowspan="4">60</td><td rowspan="4">20</td><td rowspan="4">22</td></tr>
<tr><td>40</td></tr>
<tr><td rowspan="2">100</td><td>30</td><td rowspan="2">110</td><td rowspan="2">160</td><td rowspan="2">145</td><td rowspan="2">60</td></tr>
<tr><td>40</td></tr>
<tr><td rowspan="2">125</td><td>35</td><td rowspan="2">25</td><td rowspan="2">130</td><td rowspan="2">190</td><td rowspan="2">170</td><td rowspan="2">38</td><td rowspan="2">68</td><td rowspan="4">80</td><td rowspan="2">22</td><td rowspan="2">25</td></tr>
<tr><td>45</td></tr>
<tr><td rowspan="2">160</td><td>45</td><td rowspan="2">35</td><td rowspan="2">170</td><td rowspan="2">240</td><td rowspan="2">215</td><td rowspan="2">45</td><td rowspan="2">80</td><td rowspan="2">28</td><td rowspan="2">32</td></tr>
<tr><td>55</td></tr>
<tr><td rowspan="2">200</td><td>50</td><td rowspan="4">40</td><td rowspan="2">210</td><td rowspan="2">280</td><td rowspan="2">260</td><td rowspan="2">50</td><td rowspan="2">85</td><td rowspan="12">100</td><td rowspan="2">32</td><td rowspan="2">35</td><td rowspan="2">M14-6H</td><td rowspan="2">28</td><td rowspan="2">180</td></tr>
<tr><td>60</td></tr>
<tr><td rowspan="2">250</td><td>55</td><td rowspan="2">260</td><td rowspan="2">340</td><td rowspan="2">315</td><td rowspan="2">55</td><td rowspan="2">95</td><td rowspan="2">35</td><td rowspan="2">40</td><td rowspan="2">M16-6H</td><td rowspan="2">32</td><td rowspan="2">220</td></tr>
<tr><td>65</td></tr>
<tr><td rowspan="2">315</td><td>60</td><td rowspan="8">45</td><td rowspan="2">325</td><td rowspan="2">425</td><td rowspan="2">390</td><td rowspan="4">65</td><td rowspan="4">115</td><td rowspan="4">45</td><td rowspan="4">50</td><td rowspan="8">M20-6H</td><td rowspan="8">40</td><td rowspan="2">280</td></tr>
<tr><td>70</td></tr>
<tr><td rowspan="2">400</td><td>65</td><td rowspan="2">410</td><td rowspan="2">510</td><td rowspan="2">475</td><td rowspan="2">380</td></tr>
<tr><td>75</td></tr>
<tr><td rowspan="2">500</td><td>65</td><td rowspan="2">510</td><td rowspan="2">620</td><td rowspan="2">580</td><td rowspan="2">70</td><td rowspan="2">125</td><td rowspan="2">50</td><td rowspan="2">55</td><td rowspan="2">480</td></tr>
<tr><td>80</td></tr>
<tr><td rowspan="2">630</td><td>70</td><td rowspan="2">640</td><td rowspan="2">758</td><td rowspan="2">720</td><td rowspan="2">76</td><td rowspan="2">135</td><td rowspan="2">55</td><td rowspan="2">76</td><td rowspan="2">600</td></tr>
<tr><td>90</td></tr>
<tr><td colspan="14">注 1：压板台的形状尺寸由制造者确定。
注 2：安装 B 型导柱时，D R7，D_1 R7 改为 D H7，D_1 H7。</td></tr>
</table>

3.5 四导柱下模座

四导柱下模座结构和尺寸见图5、表5。

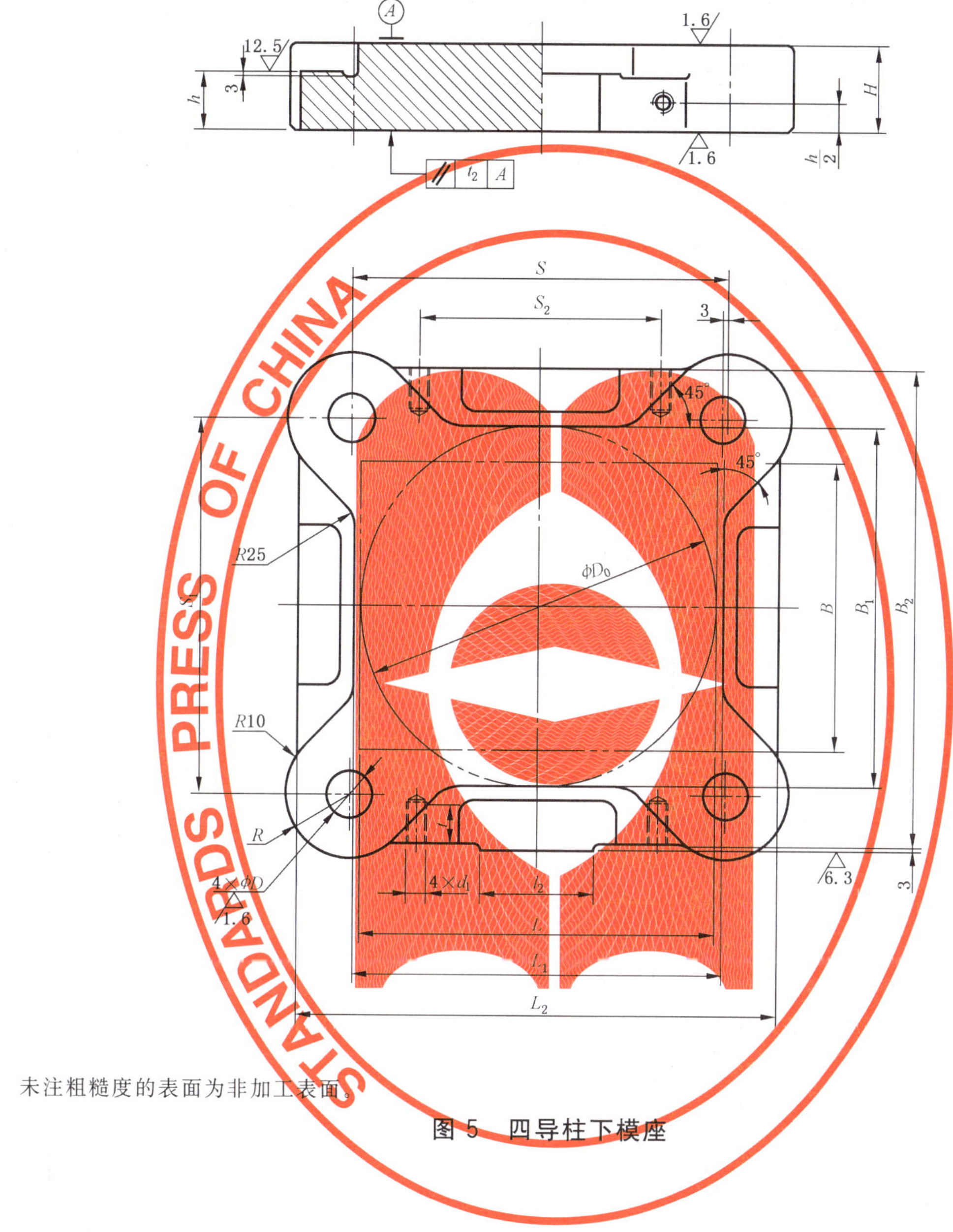

未注粗糙度的表面为非加工表面。

图5 四导柱下模座

表 5 四导柱下模座尺寸

单位为毫米

凹模周界			H	h	L_1	B_1	L_2	B_2	S	S_1	R	l_2	D H7	d_1	t	S_2
L	B	D_0														
160	125	160	40	30	170	160	240	230	175	190	38	80	25	—	—	—
			50													
200	160	200	45	35	210	200	290	280	220	215	42		28			
			55													
250		—	50	40	260		340		265		45		32	M14-6H	28	170
			60													
250	200	250	50		260	250	340	330	265	260						
			60													
315		—	55		325		425		340		50		35	M16-6H	32	200
			65													
315	250	—	60	35	325	300	425	400	340	315	55	100	40			230
			70													
400			60		410		500		410							290
			70													
400	315		65	45	410	375	510	495	410	390	60		45	M20-6H	40	300
			75													
500			65		510		610		510							380
			75													
630			65		640		750		640		65		50			500
			80													
500	400		65		510	460	620	590	510	480						380
			80													
630			65		640		750		640							500
			80													
800			70	50	810		930		810		70		55	M24-6H	46	650
			90													
630	500		70		640	580	760	710	640	590						500
			90													
800			80		810		940		810		76		60			650
			100													
1 000			80		1 010		1 140		1 010							800
			100													
800	630		80		810	700	940	840	810	720						650
			100													
1 000			80		1 010		1 140		1 010							800
			100													

注 1：压板台的形状尺寸由制造者确定。

注 2：安装 B 型导柱时，D R7 改为 D H7。

4 材料

材料由制造者选定，推荐采用 HT200。

5 要求

t_2 应符合 JB/T 8070 中表 2 的规定。

其余应符合 JB/T 8070 的规定。

6 标记

本部分冲模滑动导向下模座的标记应有下列内容：

a） 滑动导向下模座；

b） 结构形式：对角导柱、后侧导柱、中间导柱、中间导柱圆形、四导柱；

c） 凹模周界尺寸 L、B 或 D_0，以毫米为单位；

d） 模架闭合高度 H，以毫米为单位；

e） 本部分代号，即 GB/T 2855.2—2008。

示例：

L=250 mm、B=200 mm、H=60 mm 的滑动导向对角导柱下模座的标记如下：

滑动导向下模座　对角导柱　250×200×60 GB/T 2855.2—2008

ICS 25.120.30
J 46

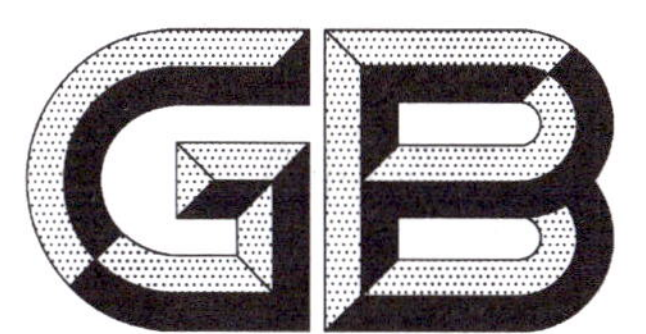

中华人民共和国国家标准

GB/T 2856.1—2008

代替 GB/T 2856.1—1990,GB/T 2856.3—1990,GB/T 2856.5—1990,GB/T 2856.7—1990

冲模滚动导向模座 第1部分:上模座

Holders for ball-bearing die sets for stamping dies—Part 1:Punch holders for die sets

2008-04-10 发布 2008-10-01 实施

中华人民共和国国家质量监督检验检疫总局
中国国家标准化管理委员会 发布

前　言

GB/T 2856《冲模滚动导向模座》分为2部分：

——第1部分：冲模滚动导向模座　上模座；

——第2部分：冲模滚动导向模座　下模座。

本部分为GB/T 2856的第1部分。

本部分是对GB/T 2856.1—1990《冲模滚动导向模座　对角导柱上模座》、GB/T 2856.3—1990《冲模滚动导向模座　中间导柱上模座》、GB/T 2856.5—1990《冲模滚动导向模座　四导柱上模座》和GB/T 2856.7—1990《冲模滚动导向模座　后侧导柱上模座》合并修订。

本部分与GB/T 2856.1—1990、GB/T 2856.3—1990、GB/T 2856.5—1990和GB/T 2856.7—1990相比，主要变化如下：

——将标准名称改为“冲模滚动导向模座　第1部分：上模座”；

——增加了“前言”和“规范性引用文件”；

——对中间导柱上模座的结构和尺寸规格作了较大修改；

——材料改为推荐采用。

本部分由全国模具标准化技术委员会提出。

本部分由全国模具标准化技术委员会(SAC/TC 33)归口。

本部分起草单位：桂林电子科技大学、桂林电器科学研究所、镇江船山模架厂、杭州萧山精密模具标准件厂。

本部分主要起草人：廖宏谊、翁史振、祁伟根、张玉琴、奉双。

本部分所代替标准的历次版本发布情况为：

——GB 2856.1—1981、GB 2856.3—1981、GB 2856.5—1981；

——GB/T 2856.1—1990、GB/T 2856.3—1990、GB/T 2856.5—1990、GB/T 2856.7—1990。

冲模滚动导向模座　第1部分:上模座

1　范围

本部分规定了冲模滚动导向上模座的结构、尺寸规格与标记。

本部分适用于冲模滚动导向用上模座。

2　规范性引用文件

下列文件中的条款通过GB/T 2856的本部分的引用而成为本部分的条款。凡是注日期的引用文件,其随后所有的修改单(不包括勘误的内容)或修订版均不适用于本部分,然而,鼓励根据本部分达成协议的各方研究是否可使用这些文件的最新版本。凡是不注日期的引用文件,其最新版本适用于本部分。

JB/T 8070　冲模模架零件技术条件

3　尺寸规格

3.1　对角导柱上模座

对角导柱上模座结构和尺寸见图1、表1。

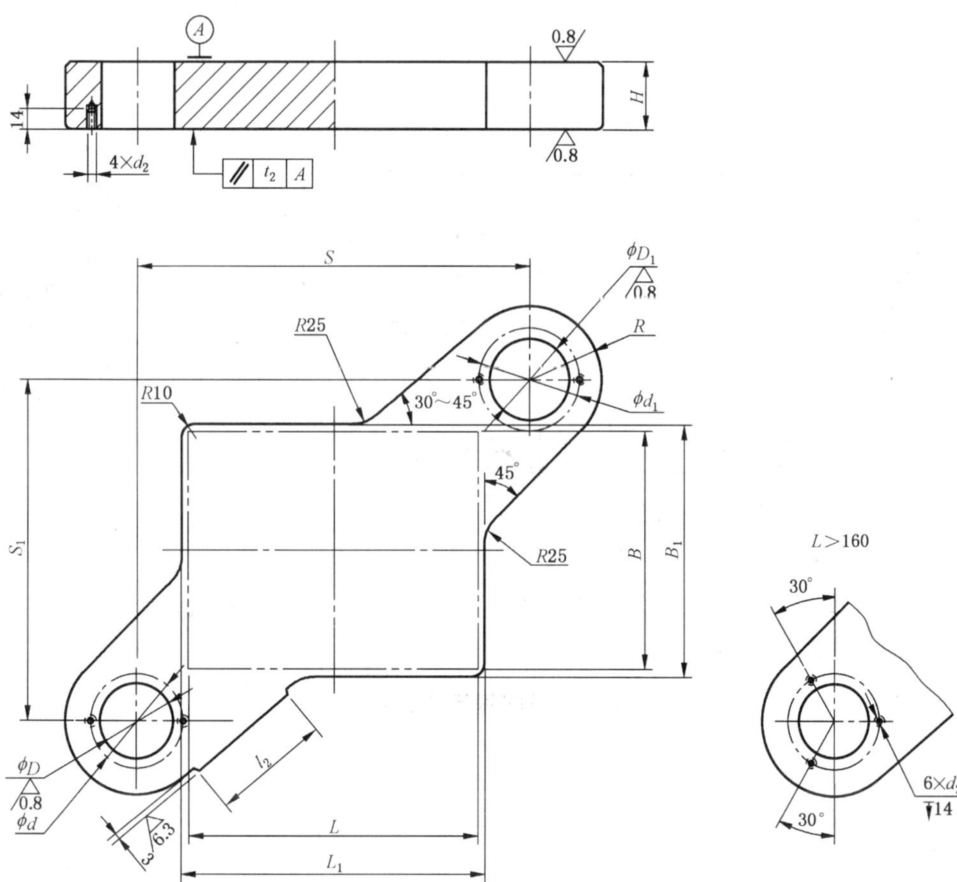

未注粗糙度的表面为非加工表面。

图1　对角导柱上模座

表 1　对角导柱上模座尺寸

单位为毫米

凹模周界		H	L_1	B_1	S	S_1	R	l_2	D H6	D_1 H6	d	d_1	d_2
L	B												
80	63	35	90	70	125	110	36	40	38	40	51	53	M5-6H
100	80		110	90	155	135	38	60	40	42	53	55	
125	100		130	110	180	160	40		42	45	55	59	M6-6H
160	125	40	170	130	225	180	45	80	48	50	62	64	
200	160	45	210	170	270	230	50		50	55	64	69	
250	200	50	260	210	320	270	55	100	55	58	69	72	

3.2　中间导柱上模座

中间导柱上模座结构和尺寸见图 2、表 2。

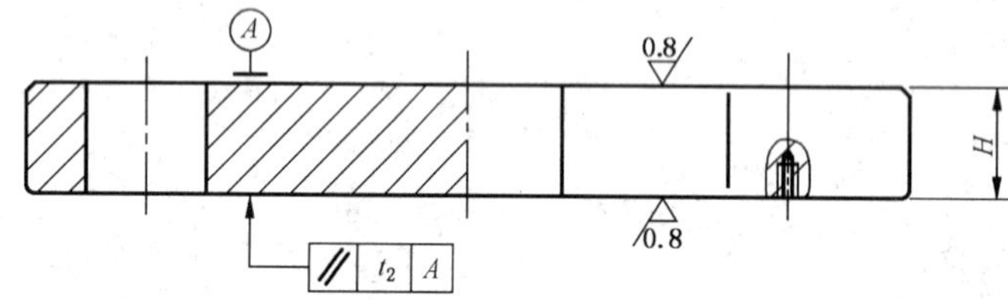

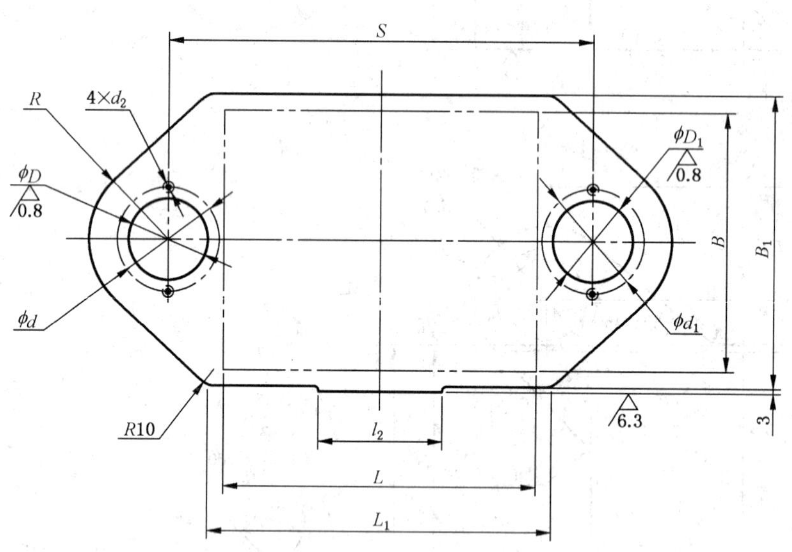

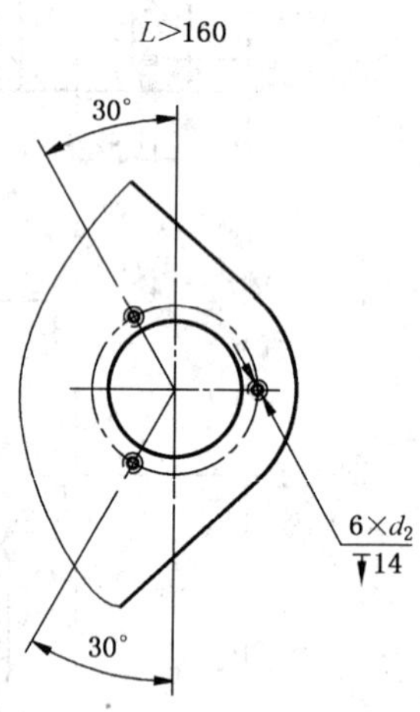

未注粗糙度的表面为非加工表面。

图 2　中间导柱上模座

表 2 中间导柱上模座尺寸

单位为毫米

凹模周界		H	L_1	B_1	S	R	l_2	D H6	D_1 H6	d	d_1	d_2
L	B											
80	63	35	100	80	130	36	60	38	40	51	53	M5-6H
100	80	35	120	100	155	38	60	40	42	53	55	M5-6H
125	100	35	140	120	180	40	60	42	45	55	59	M6-6H
140	125	40	160	140	200	45	60	48	50	62	64	M6-6H
160	140	40	180	160	225	45	80	48	50	62	64	M6-6H
200	160	45	220	180	270	50	80	50	55	64	69	M6-6H
250	200	50	270	220	320	55	80	55	58	69	72	M6-6H

3.3 四导柱上模座

四导柱上模座结构和尺寸见图 3、表 3。

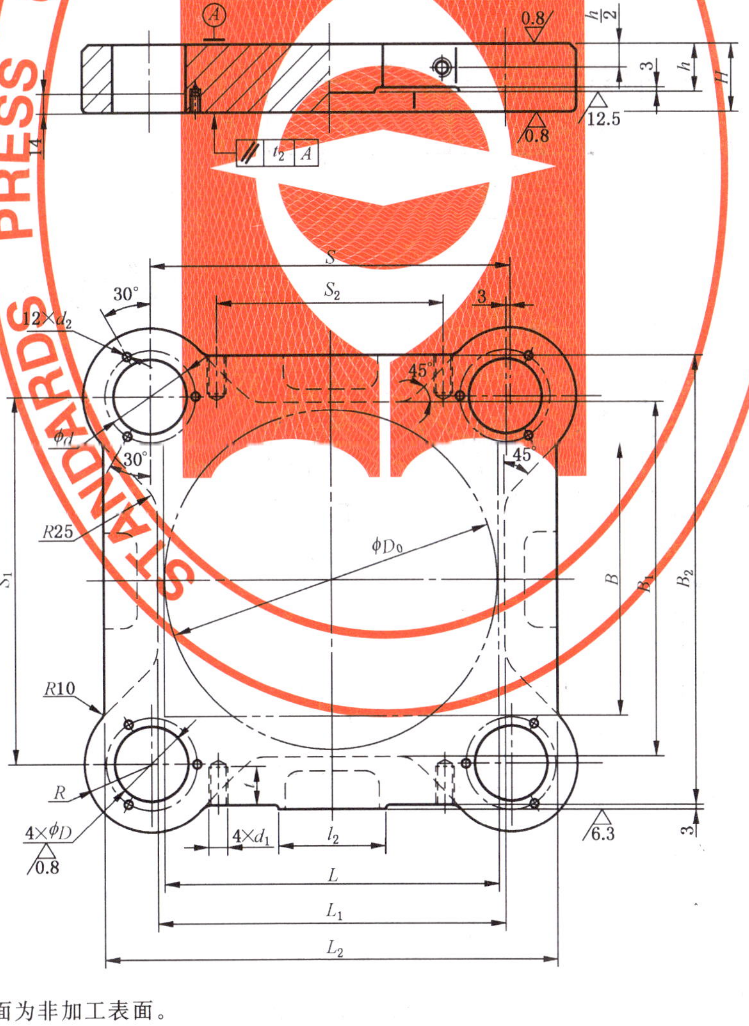

未注粗糙度的表面为非加工表面。

图 3 四导柱上模座

表 3 四导柱上模座尺寸

单位为毫米

<table>
<tr><th colspan="3">凹模周界</th><th rowspan="2">H</th><th rowspan="2">h</th><th rowspan="2">L_1</th><th rowspan="2">B_1</th><th rowspan="2">L_2</th><th rowspan="2">B_2</th><th rowspan="2">S</th><th rowspan="2">S_1</th><th rowspan="2">R</th><th rowspan="2">l_2</th><th rowspan="2">D H6</th><th rowspan="2">d_1</th><th rowspan="2">t</th><th rowspan="2">S_2</th><th rowspan="2">d</th><th rowspan="2">d_2</th></tr>
<tr><th>L</th><th>B</th><th>D_0</th></tr>
<tr><td>160</td><td>125</td><td>160</td><td>40</td><td>30</td><td>170</td><td>170</td><td>240</td><td>230</td><td>180</td><td>175</td><td>40</td><td rowspan="4">80</td><td>48</td><td>—</td><td>—</td><td>—</td><td>62</td><td rowspan="5">M6-6H</td></tr>
<tr><td>200</td><td rowspan="2">160</td><td>200</td><td>45</td><td rowspan="5">35</td><td>210</td><td rowspan="2">210</td><td>290</td><td rowspan="2">280</td><td>220</td><td rowspan="2">220</td><td>45</td><td>50</td><td rowspan="4">M14-6H</td><td rowspan="4">28</td><td>130</td><td>64</td></tr>
<tr><td>250</td><td>—</td><td rowspan="3">50</td><td rowspan="2">260</td><td rowspan="2">340</td><td rowspan="2">270</td><td rowspan="3">50</td><td rowspan="3">55</td><td rowspan="3">170</td><td rowspan="3">69</td></tr>
<tr><td>250</td><td rowspan="2">200</td><td>250</td><td rowspan="2">260</td><td rowspan="2">330</td><td rowspan="2">270</td></tr>
<tr><td>315</td><td>—</td><td>325</td><td>425</td><td>330</td><td rowspan="2">100</td></tr>
<tr><td>400</td><td>250</td><td>—</td><td>60</td><td>410</td><td>320</td><td>515</td><td>390</td><td>425</td><td>320</td><td>60</td><td>58</td><td>M16-6H</td><td>32</td><td>300</td><td>82</td><td>M8-6H</td></tr>
<tr><td colspan="19">注：压板台的形状尺寸由制造者确定。</td></tr>
</table>

3.4 后侧导柱上模座

后侧导柱上模座结构和尺寸见图 4、表 4。

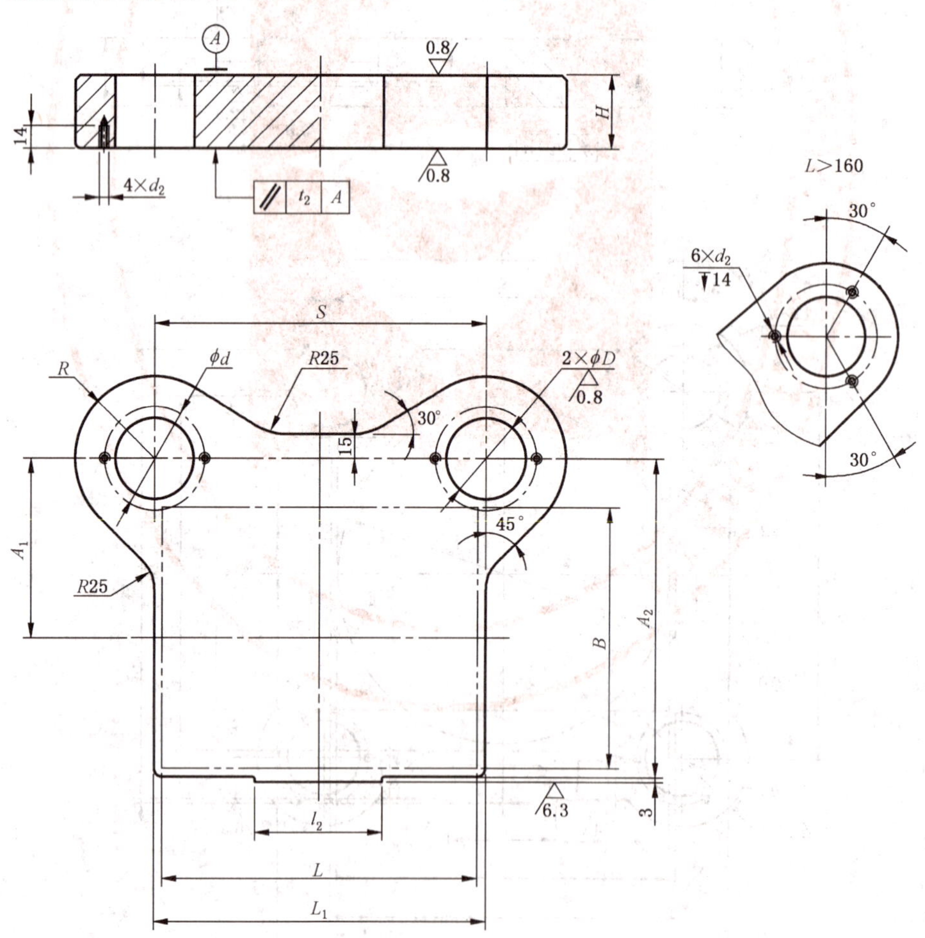

未注粗糙度的表面为非加工表面。

图 4 后侧导柱上模座

表 4 后侧导柱上模座尺寸

单位为毫米

<table>
<tr><th colspan="2">凹模周界</th><th rowspan="2">H</th><th rowspan="2">L_1</th><th rowspan="2">S</th><th rowspan="2">A_1</th><th rowspan="2">A_2</th><th rowspan="2">R</th><th rowspan="2">l_2</th><th rowspan="2">D H6</th><th rowspan="2">d</th><th rowspan="2">d_2</th></tr>
<tr><th>L</th><th>B</th></tr>
<tr><td>80</td><td>63</td><td rowspan="3">35</td><td>90</td><td>94</td><td>55</td><td>90</td><td>36</td><td>40</td><td>38</td><td>51</td><td rowspan="2">M5-6H</td></tr>
<tr><td>100</td><td>80</td><td>110</td><td>116</td><td>65</td><td>110</td><td>38</td><td rowspan="2">60</td><td>40</td><td>53</td></tr>
<tr><td>125</td><td>100</td><td>130</td><td>130</td><td>75</td><td>130</td><td>40</td><td>42</td><td>55</td><td rowspan="3">M6-6H</td></tr>
<tr><td>160</td><td>125</td><td>40</td><td>170</td><td>170</td><td>90</td><td>155</td><td>45</td><td rowspan="2">80</td><td>48</td><td>62</td></tr>
<tr><td>200</td><td>160</td><td>45</td><td>210</td><td>210</td><td>110</td><td>195</td><td>50</td><td>50</td><td>64</td></tr>
</table>

4 材料

材料由制造者选定，推荐采用 HT 200，时效处理。

5 要求

t_2 应符合 JB/T 8070 中表 2 的规定。

其余应符合 JB/T 8070 的规定。

6 标记

本部分冲模滚动导向上模座的标记应有下列内容：

a) 滚动导向上模座；

b) 结构形式：对角导柱、中间导柱、四导柱、后侧导柱；

c) 凹模周界尺寸 L、B 或 D_0，以毫米为单位；

d) 模架闭合高度 H，以毫米为单位；

e) 本部分代号，即 GB/T 2856.1—2008。

示例：

L=200 mm、B=160 mm、H=45 mm 的滚动导向对角导柱上模座的标记如下：

滚动导向上模座　对角导柱　200×160×45　GB/T 2856.1—2008

ICS 25.120.30
J 46

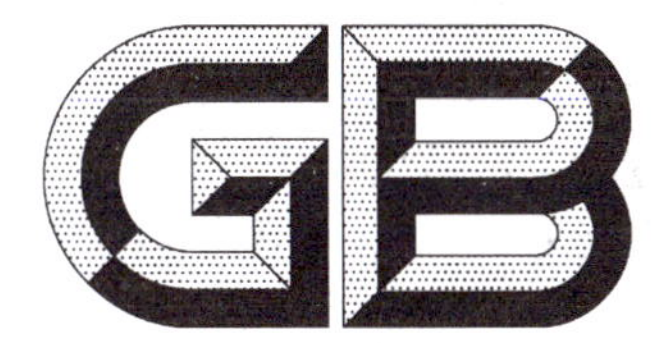

中华人民共和国国家标准

GB/T 2856.2—2008
代替 GB/T 2856.2—1990, GB/T 2856.4—1990, GB/T 2856.6—1990, GB/T 2856.8—1990

冲模滚动导向模座　第2部分：下模座

Holders for ball-bearing die sets for stamping dies—Part 2: Die holders for die sets

2008-04-10 发布　　　　2008-10-01 实施

中华人民共和国国家质量监督检验检疫总局
中国国家标准化管理委员会　发布

前　言

GB/T 2856《冲模滚动导向模座》分为2部分：

——第1部分：冲模滚动导向模座　上模座；

——第2部分：冲模滚动导向模座　下模座。

本部分为GB/T 2856的第2部分。

本部分是对GB/T 2856.2—1990《冲模滚动导向模座　对角导柱下模座》、GB/T 2856.4—1990《冲模滚动导向模座　中间导柱下模座》、GB/T 2856.6—1990《冲模滚动导向模座　四导柱下模座》和GB/T 2856.8—1990《冲模滚动导向模座　后侧导柱下模座》合并修订。

本部分与GB/T 2856.2—1990、GB/T 2856.4—1990、GB/T 2856.6—1990和GB/T 2856.8—1990相比，主要变化如下：

——将标准名称改为"冲模滚动导向模座　第2部分：下模座"；

——增加了"前言"和"规范性引用文件"；

——对中间导柱下模座的结构和尺寸规格作了较大修改；

——材料改为推荐采用。

本部分由全国模具标准化技术委员会提出。

本部分由全国模具标准化技术委员会(SAC/TC 33)归口。

本部分起草单位：桂林电器科学研究所、桂林电子科技大学、镇江船山模架厂、杭州萧山精密模具标准件厂。

本部分主要起草人：翁史振、廖宏谊、祁伟根、张玉琴、奉双。

本部分所代替标准的历次版本发布情况为：

——GB 2856.2—1981、GB 2856.4—1981、GB 2856.6—1981；

——GB/T 2856.2—1990、GB/T 2856.4—1990、GB/T 2856.6—1990、GB/T 2856.8—1990。

冲模滚动导向模座 第2部分：下模座

1 范围

本部分规定了冲模滚动导向下模座的结构、尺寸规格与标记。

本部分适用于冲模滚动导向用下模座。

2 规范性引用文件

下列文件中的条款通过GB/T 2856的本部分的引用而成为本部分的条款。凡是注日期的引用文件，其随后所有的修改单(不包括勘误的内容)或修订版均不适用于本部分，然而，鼓励根据本部分达成协议的各方研究是否可使用这些文件的最新版本。凡是不注日期的引用文件，其最新版本适用于本部分。

JB/T 8070 冲模模架零件技术条件

3 尺寸规格

3.1 对角导柱下模座

对角导柱下模座结构和尺寸见图1、表1。

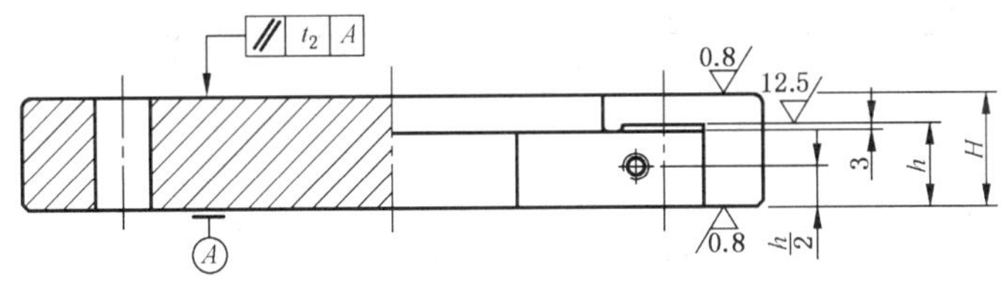

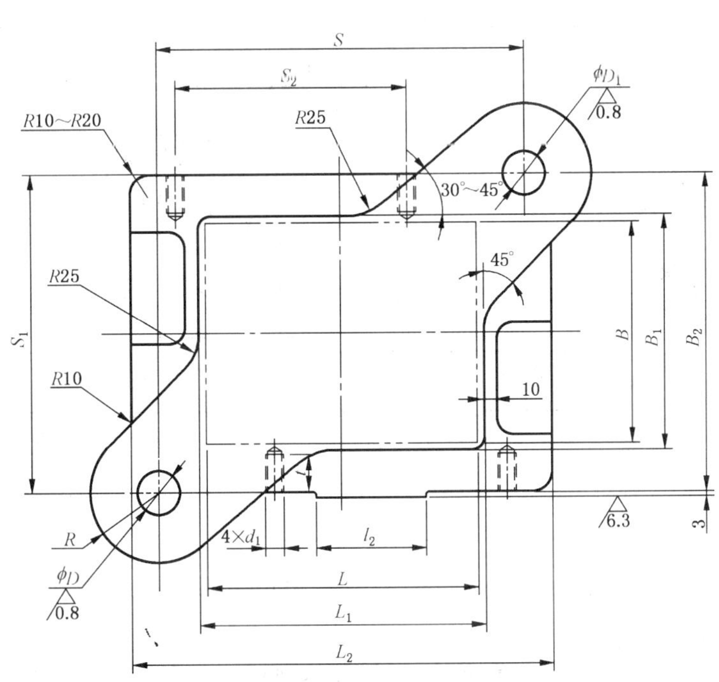

未注粗糙度的表面为非加工表面。

图1 对角导柱下模座

表 1 对角导柱下模座尺寸

单位为毫米

凹模周界		H	h	L_1	B_1	L_2	B_2	S	S_1	R	l_2	D R7	D_1 R7	d_1	t	S_2
L	B															
80	63	40	30	90	70	150	120	125	110	36	40	18	20	—	—	—
100	80			110	90	170	140	155	135	38	60	20	22			
125	100	45	55	130	110	200	160	180	160	40		22	25			
160	125			170	130	250	190	225	180	45	80	25	28			
200	160	55	40	210	170	310	230	270	230	50		28	32	M14-6H	28	170
250	200	60		260	210	360	270	320	270	55	100	32	35	M16-6H	32	190
注：压板台的形状、位置尺寸和标记面的位置尺寸由制造者确定。																

3.2 中间导柱下模座

中间导柱下模座结构和尺寸见图 2、表 2。

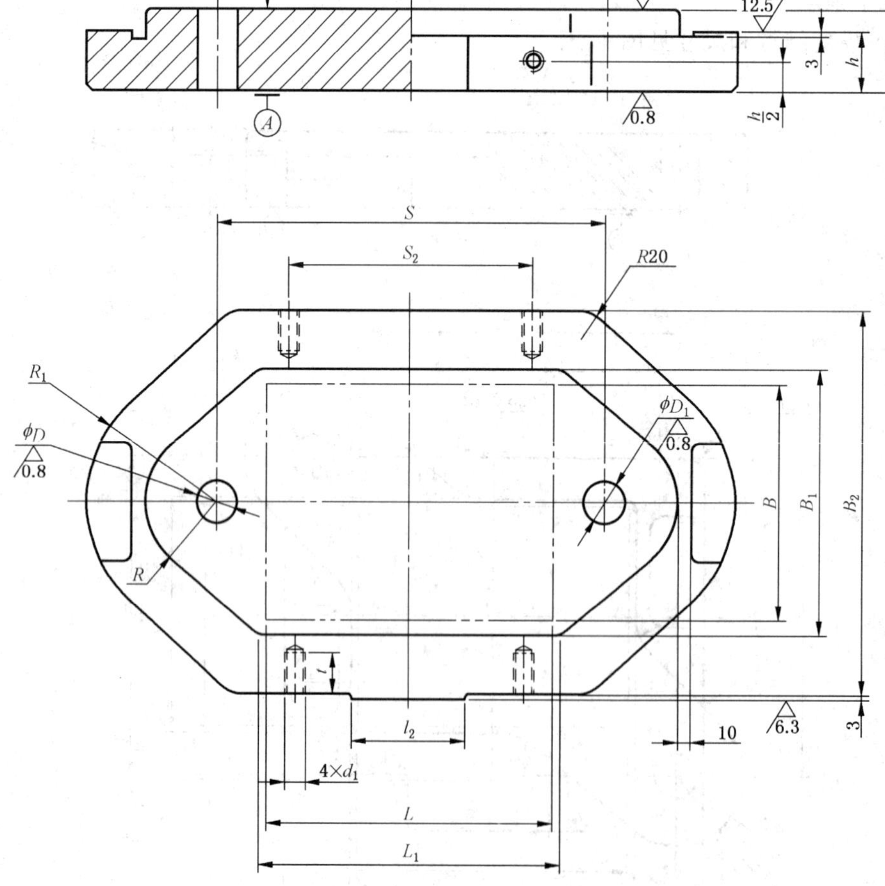

未注粗糙度的表面为非加工表面。

图 2 中间导柱下模座

表 2　中间导柱下模座尺寸

单位为毫米

凹模周界		H	h	L_1	B_1	B_2	S	R	R_1	l_2	D R7	D_1 R7	d_1	t	S_2
L	B														
80	63	40	30	100	80	130	130	36	61	60	18	20	—	—	—
100	80			120	100	160	155	38	68		20	22			
125	100	45	35	140	120	190	180	40	75		22	25			
140	125			160	140	220	200	45	85		25	28			
160	140	40		180	160	240	225			80					
		50													
200	160	55	40	210	180	260	270	50	90		28	32	M14-6H	28	170
250	200	60		260	220	300	320	55	95		32	35	M16-6H	32	210
注：压板台的形状尺寸由制造者确定。															

3.3　四导柱下模座

四导柱下模座结构和尺寸见图 3、表 3。

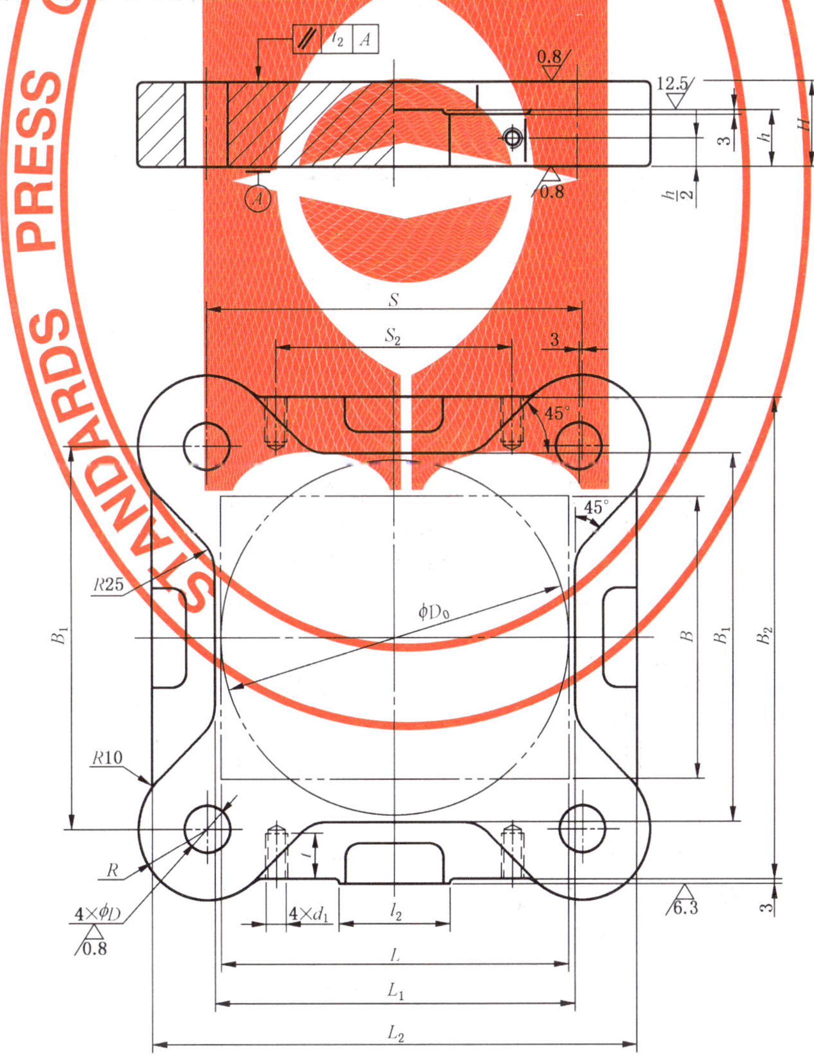

未注粗糙度的表面为非加工表面。

图 3　四导柱下模座

表 3 四导柱下模座尺寸

单位为毫米

凹模周界			H	h	L_1	B_1	L_2	B_2	S	S_1	R	l_2	D R7	d_1	t	S_2
L	B	D_0														
160	125	160	40	35	170	170	250	240	180	175	40	80	25	—	—	—
			50													
200	160	200	55	40	210	210	300	290	220	220	45		28	M14-6H	28	130
250		—	60		260		350		270		50		32	M16-6H	32	170
250	200	250	60		260	260	350	340	270	270			32			170
315		—	65		325		435		330			100	32			250
400	250	—	70	45	410	320	515	390	425	320	60		35			300

注：压板台的形状尺寸由制造者确定。

3.4 后侧导柱下模座

后侧导柱下模座结构和尺寸见图 4、表 4。

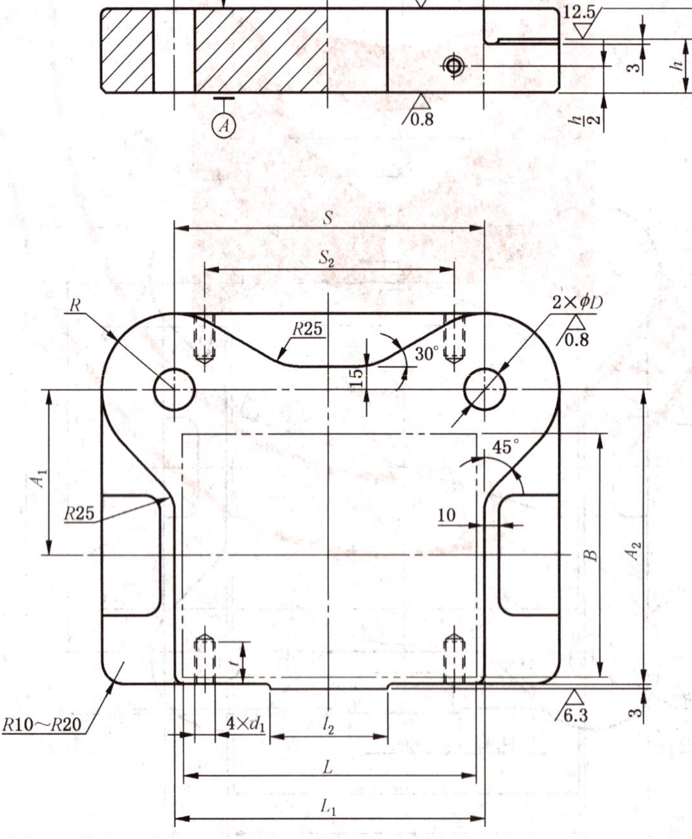

未注粗糙度的表面为非加工表面。

图 4 后侧导柱下模座

表 4 后侧导柱下模座尺寸

单位为毫米

<table>
<tr><th colspan="2">凹模周界</th><th rowspan="2">H</th><th rowspan="2">h</th><th rowspan="2">L_1</th><th rowspan="2">S</th><th rowspan="2">A_1</th><th rowspan="2">A_2</th><th rowspan="2">R</th><th rowspan="2">l_2</th><th rowspan="2">D R7</th><th rowspan="2">d_1</th><th rowspan="2">t</th><th rowspan="2">S_2</th></tr>
<tr><th>L</th><th>B</th></tr>
<tr><td>80</td><td>63</td><td rowspan="2">40</td><td rowspan="2">20</td><td>90</td><td>94</td><td>55</td><td>90</td><td>36</td><td>40</td><td>18</td><td rowspan="4">—</td><td rowspan="4">—</td><td rowspan="4">—</td></tr>
<tr><td>100</td><td>80</td><td>110</td><td>116</td><td>65</td><td>110</td><td>38</td><td rowspan="2">60</td><td>20</td></tr>
<tr><td>125</td><td>100</td><td rowspan="2">45</td><td rowspan="2">25</td><td>130</td><td>130</td><td>75</td><td>130</td><td>40</td><td>22</td></tr>
<tr><td>160</td><td>125</td><td>170</td><td>170</td><td>90</td><td>155</td><td>45</td><td rowspan="2">80</td><td>25</td></tr>
<tr><td>200</td><td>160</td><td>55</td><td>35</td><td>210</td><td>210</td><td>110</td><td>195</td><td>50</td><td>28</td><td>M14-6H</td><td>28</td><td>170</td></tr>
<tr><td colspan="14">注：压板台的形状尺寸由制造者确定。</td></tr>
</table>

4 材料

材料由制造者选定，推荐采用 HT200，时效处理。

5 要求

t_2 应符合 JB/T 8070 中表 2 的规定。

其余应符合 JB/T 8070 的规定。

6 标记

本部分冲模滚动导向下模座的标记应有下列内容：

a） 滚动导向下模座；

b） 结构形式：对角导柱、中间导柱、四导柱、后侧导柱；

c） 凹模周界尺寸 L、B 或 D_0，以毫米为单位；

d） 模架闭合高度 H，以毫米为单位；

e） 本部分代号，即 GB/T 2856.2—2008。

示例：

L=200 mm、B=160 mm、H=55 mm 的滚动导向对角导柱下模座的标记如下：

滚动导向下模座 对角导柱 200×160×55 GB/T 2856.2—2008

ICS 25.120.30
J 46

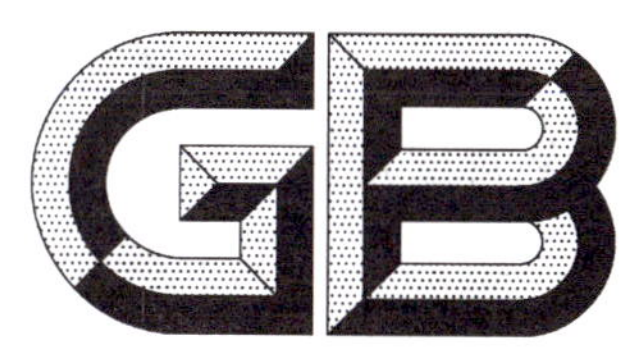

中华人民共和国国家标准

GB/T 2861.1—2008
代替 GB/T 2861.1～2861.2—1990

冲模导向装置 第1部分：滑动导向导柱

Guide unit for stamping dies—Part 1：Guide pillars for sliding guide

2008-04-10 发布　　　　2008-10-01 实施

中华人民共和国国家质量监督检验检疫总局
中国国家标准化管理委员会　发布

前　言

GB/T 2861《冲模导向装置》分为11部分：

——第1部分：冲模导向装置　滑动导向导柱；

——第2部分：冲模导向装置　滚动导向导柱；

——第3部分：冲模导向装置　滑动导向导套；

——第4部分：冲模导向装置　滚动导向导套；

——第5部分：冲模导向装置　钢球保持圈；

——第6部分：冲模导向装置　圆柱螺旋压缩弹簧；

——第7部分：冲模导向装置　滑动导向可卸导柱；

——第8部分：冲模导向装置　滚动导向可卸导柱；

——第9部分：冲模导向装置　衬套；

——第10部分：冲模导向装置　垫圈；

——第11部分：冲模导向装置　压板。

本部分为GB/T 2861的第1部分。

本部分是对GB/T 2861.1—1990《冲模导向装置　A型导柱》和GB/T 2861.2—1990《冲模导向装置　B型导柱》的合并修订。

本部分与GB/T 2861.1—1990和GB/T 2861.2—1990相比，主要变化如下：

——将标准名称改为“冲模导向装置　第1部分：滑动导向导柱”；

——增加了“前言”和“规范性引用文件”；

——增加了A型导柱的尺寸规格；

——材料改为推荐采用。

本部分由全国模具标准化技术委员会提出。

本部分由全国模具标准化技术委员会(SAC/TC 33)归口。

本部分起草单位：桂林电器科学研究所、桂林电子科技大学、杭州萧山精密模具标准件厂、镇江船山模架厂。

本部分主要起草人：翁史振、廖宏谊、张玉琴、祁伟根、奉双。

本部分所代替标准的历次版本发布情况为：

——GB 2861.1—1981、GB 2861.2—1981；

——GB/T 2861.1—1990、GB/T 2861.2—1990。

冲模导向装置　第1部分：滑动导向导柱

1　范围

本部分规定了冲模导向装置滑动导向导柱的结构、尺寸规格与标记。

本部分适用于冲模导向装置用滑动导向导柱。

2　规范性引用文件

下列文件中的条款通过GB/T 2861的本部分的引用而成为本部分的条款。凡是注日期的引用文件，其随后所有的修改单(不包括勘误的内容)或修订版均不适用于本部分，然而，鼓励根据本部分达成协议的各方研究是否可使用这些文件的最新版本。凡是不注日期的引用文件，其最新版本适用于本部分。

JB/T 8070　冲模模架零件技术条件

JB/T 8071　冲模模架精度检查

3　尺寸规格

3.1　A型导柱

滑动导向A型导柱结构见图1、表1。

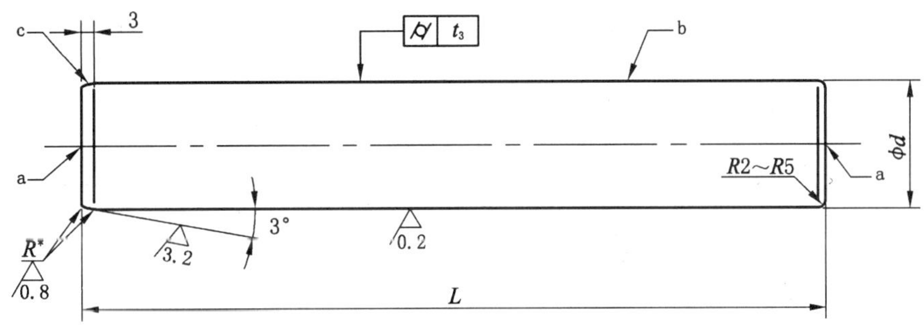

未注表面粗糙度 Ra 6.3 μm。

[a] 允许保留中心孔。

[b] 允许开油槽。

[c] 压入端允许采用台阶式导入结构。

注：R^* 由制造者确定。

图1　A型导柱

表 1 A 型导柱尺寸

单位为毫米

d h5 或 d h6	L	d h5 或 d h6	L
16	90	32	210
	100	35	160
	110		180
18	90		190
	100		200
	110		210
	120		230
	130	40	180
	150		190
	160		200
20	100		210
	110		230
	120		260
	130	45	190
	150		200
	160		230
22	100		260
	110		290
	120	50	200
	130		220
	150		230
	160		240
	180		250
25	110		260
	130		270
	150		280
	160		290
	170		300
	180	55	220
28	130		240
	150		250
	160		270
	170		280
	180		290
	190		300

表 1（续）

单位为毫米

d h5 或 d h6	L	d h5 或 d h6	L
28	200	55	320
32	150	60	250
	160		270
	170		280
	180		290
	190		300
	200		320
注：Ⅰ级精度模架导柱采用 d h5，Ⅱ级精度模架导柱采用 d h6。			

3.2 B 型导柱

滑动导向 B 型导柱结构和尺寸规格见图 2、表 2。

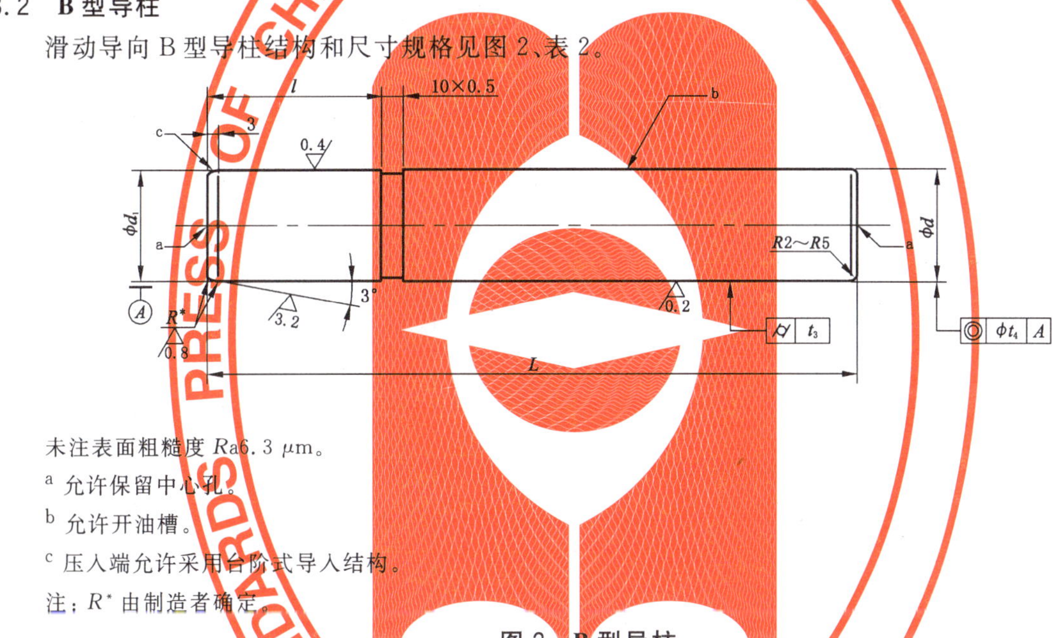

未注表面粗糙度 Ra6.3 μm。

[a] 允许保留中心孔。

[b] 允许开油槽。

[c] 压入端允许采用台阶式导入结构。

注：R^* 由制造者确定。

图 2 B 型导柱

表 2 B 型导柱尺寸

单位为毫米

d h5 或 d h6	d_1 r6	L	l
16	16	90	25
		100	
		100	30
		110	
18	18	90	25
		100	
		100	30
		110	
		120	
		110	40
		130	

表 2（续）

单位为毫米

d h5 或 *d* h6	d_1 r6	*L*	*l*
20	20	100	30
		120	
		120	35
		110	40
		130	
22	22	100	30
		120	
		110	35
		120	
		130	
		110	40
		130	
		130	45
		150	
25	25	110	35
		130	
		130	40
		150	
		130	45
		150	
		150	50
		160	
		180	
28	28	130	40
		150	
		150	45
		170	
		150	50
		160	
		180	
		180	55
		200	
32	32	150	45
		170	

表 2（续）

单位为毫米

d h5 或 d h6	d_1 r6	L	l
32	32	160	50
		190	
		180	55
		210	
		190	60
		210	
35	35	160	50
		190	
		180	55
		190	
		210	
		190	60
		210	
		200	65
		230	
40	40	180	55
		210	
		190	60
		200	
		210	
		230	
		200	65
		230	
		230	70
		260	
45	45	200	60
		230	
		200	65
		230	
		260	
		230	70
		260	
		260	75
		290	
50	50	200	60

表 2（续）

单位为毫米

d h5 或 d h6	d_1 r6	L	l
50	50	230	60
		220	65
		230	
		240	
		250	
		260	
		270	
		230	70
		260	
		260	75
		290	
		250	80
		270	
		280	
		300	
55	55	220	65
		240	
		250	
		270	
		250	70
		280	
		250	75
		280	
		250	80
		270	
		280	
		300	
		290	90
		320	
60	60	250	70
		280	
		290	90
		320	
注：Ⅰ级精度模架导柱采用 d h5，Ⅱ级精度模架导柱采用 d h6。			

4 材料和硬度

材料由制造者选定，推荐采用 20Cr、GCr15。

20Cr 渗碳深度 0.8 mm～1.2 mm，硬度 58 HRC～62 HRC；GCr15 硬度 58 HRC～62 HRC。

5 要求

t_3、t_4 应符合 JB/T 8071 中的规定。

其余应符合 JB/T 8070 的规定。

6 标记

本部分冲模滑动导向导柱的标记应有下列内容：

a) 滑动导向导柱；

b) 导柱类型 A、B；

c) 导柱直径 d，以毫米为单位；

d) 导柱长度 L，以毫米为单位；

e) 本部分代号，即 GB/T 2861.1—2008。

示例：

d=20 mm、L=120 mm 的滑动导向 A 型导柱标记如下：

滑动导向导柱 A 20×120 GB/T 2861.1—2008

ICS 25.120.30
J 46

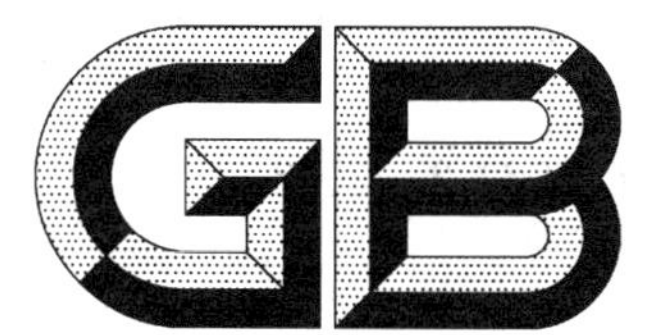

中华人民共和国国家标准

GB/T 2861.2—2008
代替 GB/T 2861.3—1990

冲模导向装置　第2部分:滚动导向导柱

Guide unit for stamping dies—Part 2:Guide pillars for ball-bearing

2008-04-10 发布　　2008-10-01 实施

中华人民共和国国家质量监督检验检疫总局
中国国家标准化管理委员会　发布

前　言

GB/T 2861《冲模导向装置》分为 11 部分：

——第 1 部分：冲模导向装置　滑动导向导柱；

——第 2 部分：冲模导向装置　滚动导向导柱；

——第 3 部分：冲模导向装置　滑动导向导套；

——第 4 部分：冲模导向装置　滚动导向导套；

——第 5 部分：冲模导向装置　钢球保持圈；

——第 6 部分：冲模导向装置　圆柱螺旋压缩弹簧；

——第 7 部分：冲模导向装置　滑动导向可卸导柱；

——第 8 部分：冲模导向装置　滚动导向可卸导柱；

——第 9 部分：冲模导向装置　衬套；

——第 10 部分：冲模导向装置　垫圈；

——第 11 部分：冲模导向装置　压板。

本部分为 GB/T 2861 的第 2 部分。

本部分代替 GB/T 2861.3—1990《冲模导向装置　C 型导柱》。

本部分与 GB/T 2861.3—1990 相比，主要变化如下：

——将标准名称改为“冲模导向装置　第 2 部分：滚动导向导柱”；

——增加了“前言”和“规范性引用文件”；

——增加了滚动导向导柱的尺寸规格；

——材料改为推荐采用。

本部分由全国模具标准化技术委员会提出。

本部分由全国模具标准化技术委员会(SAC/TC 33)归口。

本部分起草单位：桂林电器科学研究所、桂林电子科技大学、镇江船山模架厂、杭州萧山精密模具标准件厂。

本部分主要起草人：翁史振、廖宏谊、祁伟根、张玉琴、奉双。

本部分所代替标准的历次版本发布情况为：

——GB 2861.3—1981；

——GB/T 2861.3—1990。

冲模导向装置 第2部分:滚动导向导柱

1 范围

本部分规定了冲模导向装置滚动导向导柱的结构、尺寸规格与标记。

本部分适用于冲模导向装置用滚动导向导柱。

2 规范性引用文件

下列文件中的条款通过GB/T 2861的本部分的引用而成为本部分的条款。凡是注日期的引用文件,其随后所有的修改单(不包括勘误的内容)或修订版均不适用于本部分,然而,鼓励根据本部分达成协议的各方研究是否可使用这些文件的最新版本。凡是不注日期的引用文件,其最新版本适用于本部分。

JB/T 8070 冲模模架零件技术条件

JB/T 8071 冲模模架精度检查

3 尺寸规格

滚动导向导柱结构和尺寸规格见图1、表1。

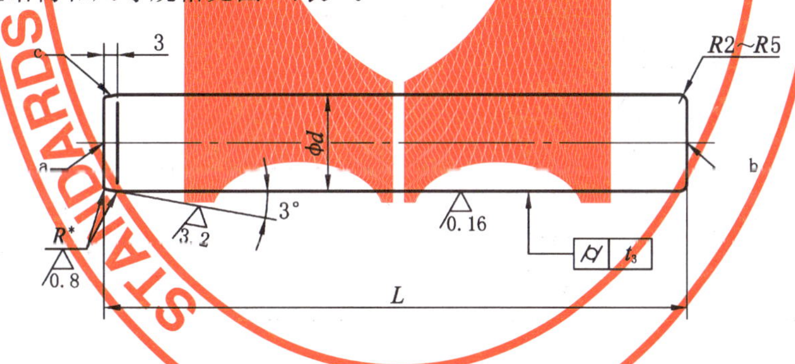

未注表面粗糙度 $Ra6.3\ \mu m$。

[a] 允许保留中心孔。

[b] 允许保留中心孔,与限程器相关的结构和尺寸由制造者确定。

[c] 压入端允许采用台阶式导入结构。

注:R^* 由制造者确定。

图1 滚动导向导柱

4 材料和硬度

材料由制造者选定,推荐采用20Cr、GCr15。

20Cr渗碳深度0.8 mm~1.2 mm,硬度60 HRC~64 HRC;GCr15硬度60 HRC~64 HRC。

表 1 滚动导向导柱尺寸

单位为毫米

d h5	L	d h5	L
18	130	35	190
18	140	35	210
18	155	35	215
20	130	35	225
20	140	35	230
20	145	40	225
20	155	40	230
22	145	40	260
22	155	40	290
22	160	40	320
25	155	45	230
25	160	45	260
25	170	45	290
25	190	45	320
28	155	50	230
28	160	50	260
28	170	50	290
28	190	50	320
28	210	55	260
32	170	55	290
32	190	55	320
32	210	60	260
32	215	60	290
32	225	60	320

5 要求

t_3 应符合 JB/T 8071 中的规定。

其余应符合 JB/T 8070 的规定。

6 标记

本部分冲模滚动导向导柱的标记应有下列内容：

a) 滚动导向导柱；

b) 导柱直径 d,以毫米为单位；

c) 导柱长度 L,以毫米为单位；

d) 本部分代号，即 GB/T 2861.2—2008。

示例：

d=25 mm、L=160 mm 的滚动导向导柱的标记如下：

滚动导向导柱 25×160 GB/T 2861.2—2008

ICS 25.120.30
J 46

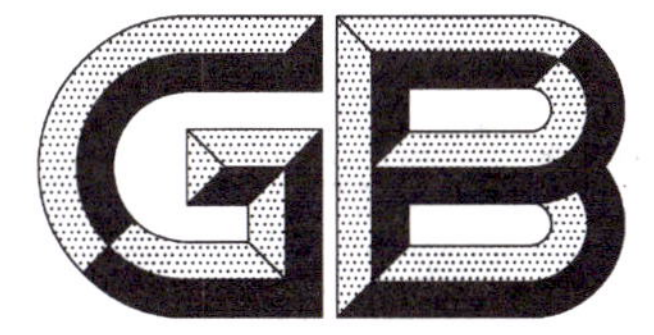

中华人民共和国国家标准

GB/T 2861.3—2008
代替 GB/T 2861.6—1990,GB/T 2861.7—1990

冲模导向装置 第3部分:滑动导向导套

Guide unit for stamping dies—Part 3:Guide bushes for sliding guide

2008-04-10 发布 2008-10-01 实施

中华人民共和国国家质量监督检验检疫总局
中国国家标准化管理委员会 发布

前　言

GB/T 2861《冲模导向装置》分为 11 部分：

——第 1 部分：冲模导向装置　滑动导向导柱；

——第 2 部分：冲模导向装置　滚动导向导柱；

——第 3 部分：冲模导向装置　滑动导向导套；

——第 4 部分：冲模导向装置　滚动导向导套；

——第 5 部分：冲模导向装置　钢球保持圈；

——第 6 部分：冲模导向装置　圆柱螺旋压缩弹簧；

——第 7 部分：冲模导向装置　滑动导向可卸导柱；

——第 8 部分：冲模导向装置　滚动导向可卸导柱；

——第 9 部分：冲模导向装置　衬套；

——第 10 部分：冲模导向装置　垫圈；

——第 11 部分：冲模导向装置　压板。

本部分为 GB/T 2861 的第 3 部分。

本部分是对 GB/T 2861.6—1990《冲模导向装置　A 型导套》和 GB/T 2861.7—1990《冲模导向装置　B 型导套》的合并修订。

本部分与 GB/T 2861.6—1990 和 GB/T 2861.7—1990 相比，主要变化如下：

——将标准名称改为"冲模导向装置　第 3 部分：滑动导向导套"；

——增加了"前言"和"规范性引用文件"；

——导套的安装分为压入式和粘接式两种形式；

——材料改为推荐采用。

本部分由全国模具标准化技术委员会(SAC/TC 33)提出并归口。

本部分起草单位：桂林电器科学研究所、桂林电子科技大学、杭州萧山精密模具标准件厂、镇江船山模架厂。

本部分主要起草人：翁史振、廖宏谊、张玉琴、祁伟根、奉双。

本部分所代替标准的历次版本发布情况为：

——GB 2861.6—1981、GB 2861.7—1981；

——GB/T 2861.6—1990、GB/T 2861.7—1990。

冲模导向装置　第3部分:滑动导向导套

1　范围

本部分规定了冲模导向装置滑动导向导套的结构、尺寸规格与标记。

本部分适用于冲模导向装置用滑动导向导套。

2　规范性引用文件

下列文件中的条款通过GB/T 2861的本部分的引用而成为本部分的条款。凡是注日期的引用文件,其随后所有的修改单(不包括勘误的内容)或修订版均不适用于本部分,然而,鼓励根据本部分达成协议的各方研究是否可使用这些文件的最新版本。凡是不注日期的引用文件,其最新版本适用于本部分。

JB/T 8070　冲模模架零件技术条件

JB/T 8071　冲模模架精度检查

3　尺寸规格

3.1　A型导套

滑动导向A型导套结构和尺寸规格见图1、表1。

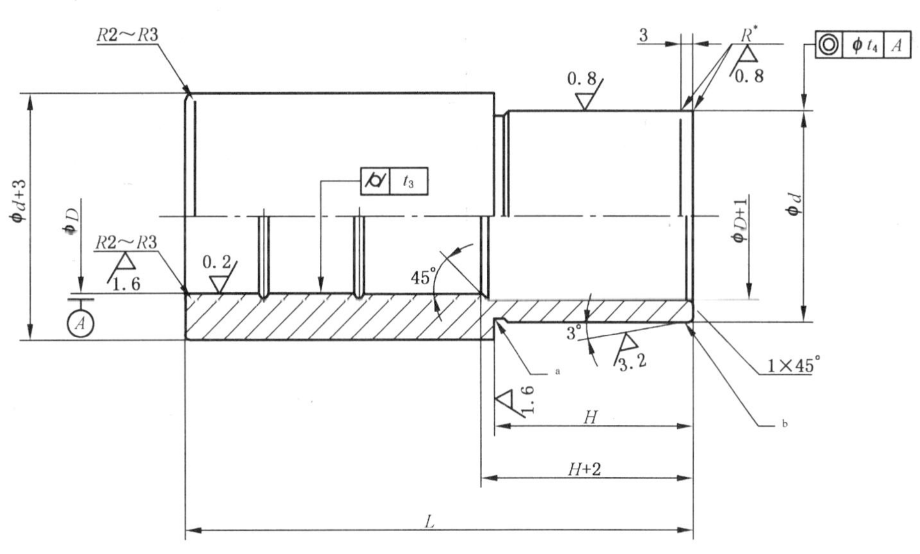

未注表面粗糙度 Ra6.3 μm。

[a] 砂轮越程槽由制造者确定。

[b] 压入端允许采用台阶式导入结构。

注1：油槽数量及尺寸由制造者确定。

注2：R^* 由制造者确定。

图1　A型导套

表 1　A 型导套尺寸

单位为毫米

<table>
<tr><th>D H6 或 D H7</th><th>d r6 或 d d3</th><th>L</th><th>H</th></tr>
<tr><td rowspan="2">16</td><td rowspan="2">25</td><td>60</td><td>18</td></tr>
<tr><td>65</td><td>23</td></tr>
<tr><td rowspan="3">18</td><td rowspan="3">28</td><td>60</td><td>18</td></tr>
<tr><td>65</td><td>23</td></tr>
<tr><td>70</td><td>28</td></tr>
<tr><td rowspan="2">20</td><td rowspan="2">32</td><td>65</td><td>23</td></tr>
<tr><td>70</td><td>28</td></tr>
<tr><td rowspan="5">22</td><td rowspan="5">35</td><td>65</td><td>23</td></tr>
<tr><td>70</td><td rowspan="2">28</td></tr>
<tr><td>80</td></tr>
<tr><td>80</td><td rowspan="2">33</td></tr>
<tr><td>85</td></tr>
<tr><td rowspan="5">25</td><td rowspan="5">38</td><td>80</td><td>28</td></tr>
<tr><td>80</td><td rowspan="2">33</td></tr>
<tr><td>85</td></tr>
<tr><td>90</td><td rowspan="2">38</td></tr>
<tr><td>95</td></tr>
<tr><td rowspan="5">28</td><td rowspan="5">42</td><td>85</td><td>33</td></tr>
<tr><td>90</td><td rowspan="3">38</td></tr>
<tr><td>95</td></tr>
<tr><td>100</td></tr>
<tr><td>110</td><td>43</td></tr>
<tr><td rowspan="4">32</td><td rowspan="4">45</td><td>100</td><td>38</td></tr>
<tr><td>105</td><td rowspan="2">43</td></tr>
<tr><td>110</td></tr>
<tr><td>115</td><td>48</td></tr>
<tr><td rowspan="4">35</td><td rowspan="4">50</td><td>105</td><td rowspan="2">43</td></tr>
<tr><td>115</td></tr>
<tr><td>115</td><td rowspan="2">48</td></tr>
<tr><td>125</td></tr>
<tr><td rowspan="4">40</td><td rowspan="3">55</td><td>115</td><td>43</td></tr>
<tr><td>125</td><td>48</td></tr>
<tr><td>140</td><td>53</td></tr>
<tr><td rowspan="3">60</td><td>125</td><td>48</td></tr>
<tr><td rowspan="3">45</td><td>140</td><td>53</td></tr>
<tr><td>150</td><td>58</td></tr>
<tr><td>65</td><td>125</td><td>48</td></tr>
<tr><td rowspan="4">50</td><td rowspan="4">65</td><td>140</td><td>53</td></tr>
<tr><td>150</td><td>53</td></tr>
<tr><td>150</td><td>58</td></tr>
<tr><td>160</td><td>63</td></tr>
</table>

表 1（续） 单位为毫米

D H6 或 D H7	d r6 或 d d3	L	H
55	70	150	53
		160	58
		160	63
		170	73
60	76	160	58
		170	73
注 1：Ⅰ级精度模架导柱采用 D H6，Ⅱ级精度模架导柱采用 D H7。 注 2：导套压入式采用 d r6，粘接式采用 d d3。			

3.2 B 型导套

滑动导向 B 型导套结构和尺寸规格见图 2、表 2。

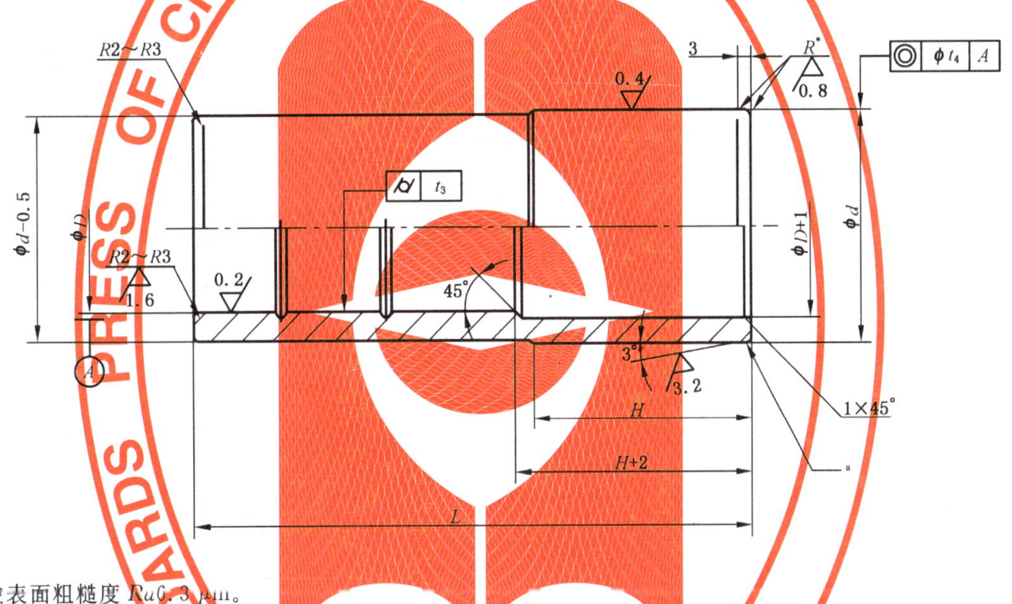

未注表面粗糙度 Ra6.3 μm。

[a] 压入端允许采用台阶式导入结构。

注 1：油槽数量及尺寸由制造者确定。

注 2：R^* 由制造者确定。

图 2 B 型导套

表 2 B 型导套尺寸 单位为毫米

D H6 或 D H7	d r6	L	H
16	25	40	18
		60	18
		65	23
18	28	40	18
		45	23
		60	18
		65	23
		70	28

表 2（续）

单位为毫米

<table>
<tr><th>D H6 或 D H7</th><th>d r6</th><th>L</th><th>H</th></tr>
<tr><td rowspan="4">20</td><td rowspan="4">32</td><td>45</td><td>23</td></tr>
<tr><td>50</td><td>25</td></tr>
<tr><td>65</td><td>23</td></tr>
<tr><td>70</td><td>28</td></tr>
<tr><td rowspan="6">22</td><td rowspan="6">35</td><td>50</td><td>25</td></tr>
<tr><td>55</td><td>27</td></tr>
<tr><td>65</td><td>23</td></tr>
<tr><td>70</td><td>28</td></tr>
<tr><td>80</td><td>33</td></tr>
<tr><td>85</td><td>38</td></tr>
<tr><td rowspan="6">25</td><td rowspan="6">38</td><td>55</td><td>27</td></tr>
<tr><td>60</td><td>30</td></tr>
<tr><td>80</td><td rowspan="2">33</td></tr>
<tr><td>85</td></tr>
<tr><td>90</td><td rowspan="2">38</td></tr>
<tr><td>95</td></tr>
<tr><td rowspan="7">28</td><td rowspan="7">42</td><td>60</td><td rowspan="2">30</td></tr>
<tr><td>65</td></tr>
<tr><td>85</td><td>33</td></tr>
<tr><td>90</td><td rowspan="3">38</td></tr>
<tr><td>95</td></tr>
<tr><td>100</td></tr>
<tr><td>110</td><td>43</td></tr>
<tr><td rowspan="6">32</td><td rowspan="6">45</td><td>65</td><td>30</td></tr>
<tr><td>70</td><td>33</td></tr>
<tr><td>100</td><td>38</td></tr>
<tr><td>105</td><td rowspan="2">43</td></tr>
<tr><td>110</td></tr>
<tr><td>115</td><td>48</td></tr>
<tr><td rowspan="4">35</td><td rowspan="4">50</td><td>70</td><td>33</td></tr>
<tr><td>105</td><td>43</td></tr>
<tr><td>115</td><td rowspan="2">48</td></tr>
<tr><td>125</td></tr>
<tr><td rowspan="3">40</td><td rowspan="3">55</td><td>115</td><td>43</td></tr>
<tr><td>125</td><td>48</td></tr>
<tr><td>140</td><td>53</td></tr>
</table>

表 2（续）

单位为毫米

D H6 或 D H7	d r6	L	H
45	60	125	48
		140	53
		150	58
50	65	125	48
		140	53
		150	58
		160	63
55	70	150	53
		160	63
		170	73
60	76	160	58
		170	73
注：0Ⅰ级精度模架导柱采用 D H6，0Ⅱ级精度模架导柱采用 D H7。			

4 材料和硬度

材料由制造者选定，推荐采用 20Cr、GCr15。

20 Cr 渗碳深度 0.8 mm～1.2 mm，硬度 58 HRC～62 HRC；GCr15 硬度 58 HRC～62 HRC。

5 要求

t_3、t_4 应符合 JB/T 8071 中的规定。

其余应符合 JB/T 8070 的规定。

6 标记

本部分冲模滑动导向导套的标记应有下列内容：

a) 滑动导向导套；

b) 导套类型 A、B；

c) 导套直径 *D*，以毫米为单位；

d) 导套长度 *L*，以毫米为单位；

e) 导套固定端长度 *H*，以毫米为单位；

f) 本部分代号，即 GB/T 2861.3—2008。

示例：

D=20 mm、*L*=70 mm、*H*=28 mm 的滑动导向 A 型导套的标记如下：

滑动导向导套　A　20×70×28　GB/T 2861.3—2008

ICS 25.120.30
J 46

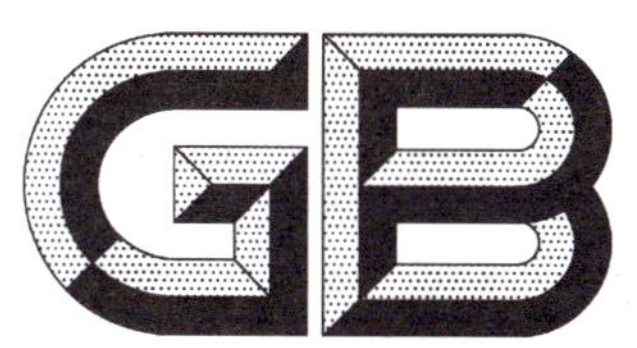

中华人民共和国国家标准

GB/T 2861.4—2008
代替 GB/T 2861.8—1990

冲模导向装置 第4部分：滚动导向导套

Guide unit for stamping dies—Part 4:Guide bushes for ball-bearing

2008-04-10 发布

2008-10-01 实施

中华人民共和国国家质量监督检验检疫总局
中国国家标准化管理委员会 发布

前　言

GB/T 2861《冲模导向装置》分为11部分：

——第1部分：冲模导向装置　滑动导向导柱；

——第2部分：冲模导向装置　滚动导向导柱；

——第3部分：冲模导向装置　滑动导向导套；

——第4部分：冲模导向装置　滚动导向导套；

——第5部分：冲模导向装置　钢球保持圈；

——第6部分：冲模导向装置　圆柱螺旋压缩弹簧；

——第7部分：冲模导向装置　滑动导向可卸导柱；

——第8部分：冲模导向装置　滚动导向可卸导柱；

——第9部分：冲模导向装置　衬套；

——第10部分：冲模导向装置　垫圈；

——第11部分：冲模导向装置　压板。

本部分为GB/T 2861的第4部分。

本部分代替GB/T 2861.8—1990《冲模导向装置　C型导套》。

本部分与GB/T 2861.8—1990相比，主要变化如下：

——将标准名称改为“冲模导向装置　第4部分：滚动导向导套”；

——增加了“前言”和“规范性引用文件”；

——增加了滚动导向导套的尺寸规格；

——材料改为推荐采用。

本部分由全国模具标准化技术委员会(SAC/TC 33)提出并归口。

本部分起草单位：桂林电器科学研究所、桂林电子科技大学、镇江船山模架厂、杭州萧山精密模具标准件厂。

本部分主要起草人：翁史振、廖宏谊、祁伟根、张玉琴、奉双。

本部分所代替标准的历次版本发布情况为：

——GB 2861.8—1981；

——GB/T 2861.8—1990。

冲模导向装置　第4部分:滚动导向导套

1　范围

本部分规定了冲模导向装置滚动导向导套的结构、尺寸规格与标记。

本部分适用于冲模导向装置用滚动导向导套。

2　规范性引用文件

下列文件中的条款通过GB/T 2861的本部分的引用而成为本部分的条款。凡是注日期的引用文件,其随后所有的修改单(不包括勘误的内容)或修订版均不适用于本部分,然而,鼓励根据本部分达成协议的各方研究是否可使用这些文件的最新版本。凡是不注日期的引用文件,其最新版本适用于本部分。

JB/T 8070　冲模模架零件技术条件

JB/T 8071　冲模模架精度检查

3　尺寸规格

滚动导向导套结构和尺寸规格见图1、表1。

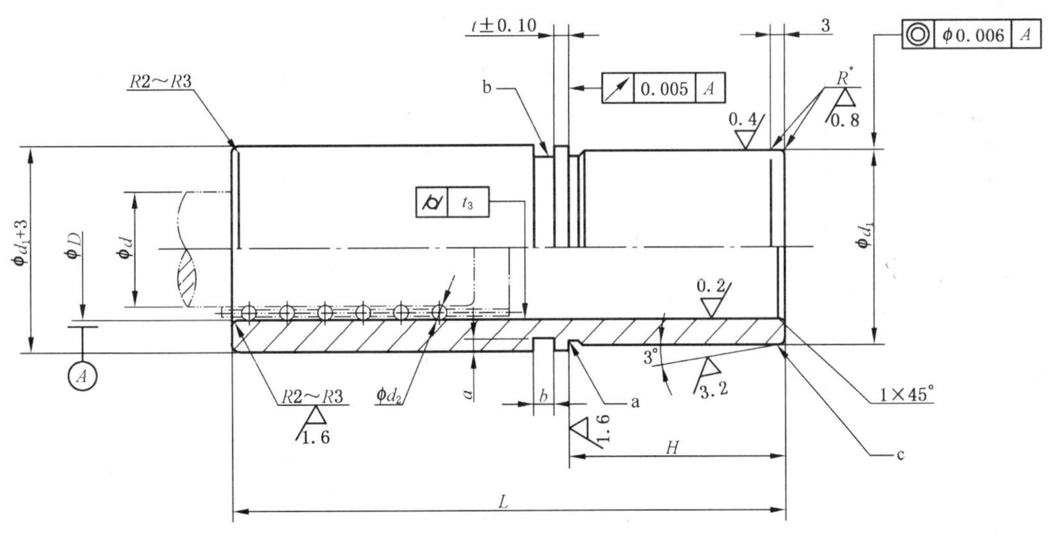

未注表面粗糙度 Ra6.3 μm。

a　砂轮越程槽由制造者确定。

b　采用粘接工艺压板槽可取消,相应上模座中螺纹孔不加工。

c　压入端允许采用台阶式导入结构。

注:R^* 由制造者确定。

图1　滚动导向导套

表 1　滚动导向导套尺寸

单位为毫米

基本尺寸		H	钢球 d_2	D		d_1 m5	t	b	a
d	L			基本尺寸	配合要求				
18	80	23	3	24	与滚动导向导柱配合的径向过盈量为0.01～0.02	38	3	5	3
	100	30							
	100	33							
20	80	23		26		40			
	100	30							
	100	33							
22	100	30		28		42			
	100	33							
25	100	30		31		45	4	6	3.5
	100	33							
	120	38							
	100	38	4	33		48			
	105	38							
	125	38							
28	100	38		36		50			
	105	38							
	120	38							
	125	38							
	125	43							
	145	43							
32	120	38		40		55			
	120	48							
	125	43							
	145								
	150	48							
35	120			45		60			
	150								
	120	58							
	150								
40	120	48	5	50		65			
	150								
	120	58							
	150								
45	120	58		55		70	5	7	4
	150								
	120	63							
	150								
50	120	58		60		76			
	150								
	120	63							
	150								
60	180	78		70		88			

注：导套压入式采用 dr6，粘接式采用 dd3。

4 材料和硬度

材料由制造者选定，推荐采用20Cr、GCr15。

20Cr 渗碳深度 0.8 mm～1.2 mm，硬度 60 HRC～64 HRC；GCr15 硬度 60 HRC～64 HRC。

5 要求

t_3 应符合 JB/T 8071 中的规定。

其余应符合 JB/T 8070 的规定。

6 标记

本部分冲模滚动导向导套的标记应有下列内容：

a) 滚动导向导套；

b) 导柱直径 d，以毫米为单位；

c) 导套长度 L，以毫米为单位；

d) 导套固定端长度 H，以毫米为单位；

e) 本部分代号，即 GB/T 2861.4—2008。

示例：

d=28 mm、L=100 mm、H=38 mm 的滚动导向导套的标记如下：

滚动导向导套　28×100×38　GB/T 2861.4—2008

ICS 25.120.30
J 46

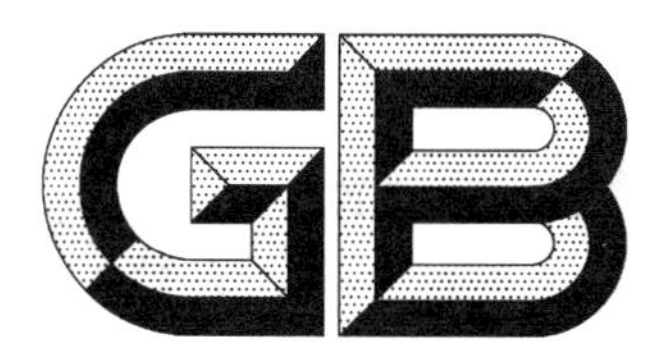

中华人民共和国国家标准

GB/T 2861.5—2008
代替 GB/T 2861.10—1990

冲模导向装置 第5部分:钢球保持圈

Guide unit for stamping dies—Part 5:Cages

2008-04-10 发布 2008-10-01 实施

中华人民共和国国家质量监督检验检疫总局
中国国家标准化管理委员会 发布

前　言

GB/T 2861《冲模导向装置》分为11部分：

——第1部分：冲模导向装置　滑动导向导柱；

——第2部分：冲模导向装置　滚动导向导柱；

——第3部分：冲模导向装置　滑动导向导套；

——第4部分：冲模导向装置　滚动导向导套；

——第5部分：冲模导向装置　钢球保持圈；

——第6部分：冲模导向装置　圆柱螺旋压缩弹簧；

——第7部分：冲模导向装置　滑动导向可卸导柱；

——第8部分：冲模导向装置　滚动导向可卸导柱；

——第9部分：冲模导向装置　衬套；

——第10部分：冲模导向装置　垫圈；

——第11部分：冲模导向装置　压板。

本部分为GB/T 2861的第5部分。

本部分代替GB/T 2861.10—1990《冲模导向装置　钢球保持圈》。

本部分与GB/T 2861.10—1990相比，主要变化如下：

——将标准名称改为“冲模导向装置　第5部分：钢球保持圈”；

——增加了“前言”和“规范性引用文件”；

——增加了钢球保持圈的规格尺寸；

——材料改为推荐采用。

本部分附录A为规范性附录。

本部分由全国模具标准化技术委员会(SAC/TC 33)提出并归口。

本部分起草单位：桂林电器科学研究所、桂林电子科技大学、杭州萧山精密模具标准件厂、镇江船山模架厂。

本部分主要起草人：翁史振、廖宏谊、张玉琴、祁伟根、奉双。

本部分所代替标准的历次版本发布情况为：

——GB 2861.10—1981；

——GB/T 2861.10—1990。

冲模导向装置　第5部分:钢球保持圈

1　范围

本部分规定了冲模导向装置钢球保持圈的结构、尺寸规格与标记。

本部分适用于冲模导向装置用钢球保持圈。

2　规范性引用文件

下列文件中的条款通过GB/T 2861的本部分的引用而成为本部分的条款。凡是注日期的引用文件,其随后所有的修改单(不包括勘误的内容)或修订版均不适用于本部分,然而,鼓励根据本部分达成协议的各方研究是否可使用这些文件的最新版本。凡是不注日期的引用文件,其最新版本适用于本部分。

GB/T 308　滚动轴承　钢球

JB/T 8070　冲模模架零件技术条件

3　尺寸规格

见钢球保持圈结构和尺寸规格图1、表1。

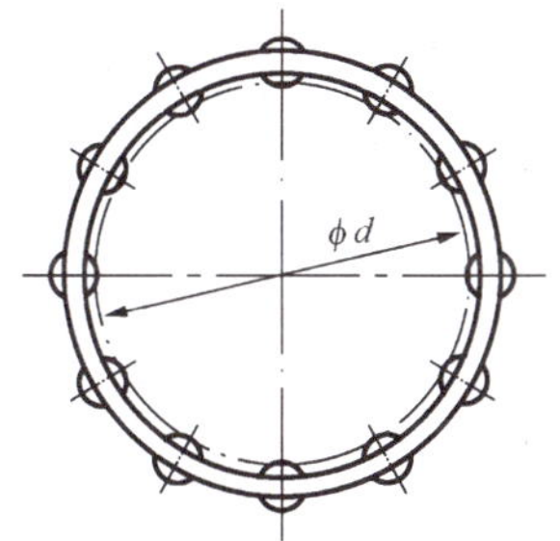

图1　钢球保持圈

表 1　钢球保持圈尺寸

单位为毫米

基本尺寸			零件件号、名称及标准编号		钢球数	
			1	2		
			保持圈	钢球 GB/T 308 （G10 级）		
导柱直径 d	钢球保持圈 直径 d_0	钢球保持圈 长度 H	数　量		普通型	加密型
			1	—		
			规　格			
18	23.5	64	18×23.5×64	3	124	146
20	25.5		20×25.5×64		146	170
22	27.5		22×27.5×64		146	170
25	30.5		25×30.5×64		170	190
	32.5		25×32.5×64	4	114	132
		76	25×32.5×76		140	162
28	35.5	64	28×33.5×64	3	100	114
		76	28×33.5×76		232	260
		84	28×33.5×84		260	290
	35.5	64	28×35.5×64	4	132	150
		76	28×35.5×76		162	184
		84	28×35.5×84		182	206
32	39.5	76	32×39.5×76		184	206
		84	32×39.5×84		206	230
35	42.5	76	35×42.5×76		206	228
		84	35×42.5×84		230	256
38	45.5	76	38×45.5×76		206	228
		84	38×45.5×84		230	256
	47.5	76	38×47.5×76	5	134	170
		84	38×47.5×84		152	192
40	47.5	76	40×47.5×76	4	206	228
		84	40×47.5×84		230	256
	49.5	76	40×49.5×76	5	134	170
		84	40×49.5×84		152	192
45	52.5	70	45×52.5×70	4	206	226
		80	45×52.5×80		240	264
		90	45×52.5×90		276	302
	54.5	70	45×54.5×70	5	134	170
		80	45×54.5×80		162	200
		90	45×54.5×90		186	230
50	57.5	70	50×57.5×70	4	226	246
		80	50×57.5×80		264	288
		90	50×57.5×90		302	330
	59.5	70	50×59.5×70	5	154	186
		80	50×59.5×80		180	220
		90	50×59.5×90		208	252

表 1（续）

单位为毫米

<table>
<tr><td colspan="3">基本尺寸</td><td colspan="2">零件件号、名称及标准编号</td><td colspan="2" rowspan="3">钢球数</td></tr>
<tr><td rowspan="6">导柱直径
d</td><td rowspan="6">钢球保持圈
直径
d_0</td><td rowspan="6">钢球保持圈
长度
H</td><td>1</td><td>2</td></tr>
<tr><td>保持圈</td><td>钢球
GB/T 308
（G10 级）</td></tr>
<tr><td colspan="2">数　量</td><td rowspan="4">普通型</td><td rowspan="4">加密型</td></tr>
<tr><td>1</td><td>—</td></tr>
<tr><td colspan="2">规　格</td></tr>
<tr></tr>
<tr><td rowspan="6">55</td><td rowspan="3">64.5</td><td>80</td><td>55×64.5×80</td><td rowspan="3">5</td><td>200</td><td>238</td></tr>
<tr><td>90</td><td>55×64.5×90</td><td>230</td><td>274</td></tr>
<tr><td>100</td><td>55×64.5×100</td><td>260</td><td>310</td></tr>
<tr><td rowspan="3">66.5</td><td>80</td><td>55×66.5×80</td><td rowspan="3">6</td><td>146</td><td>180</td></tr>
<tr><td>90</td><td>55×66.5×90</td><td>168</td><td>208</td></tr>
<tr><td>100</td><td>55×66.5×100</td><td>190</td><td>234</td></tr>
<tr><td rowspan="6">60</td><td rowspan="3">69.5</td><td>90</td><td>60×69.5×90</td><td rowspan="3">5</td><td>252</td><td>296</td></tr>
<tr><td>100</td><td>60×69.5×100</td><td>284</td><td>334</td></tr>
<tr><td>110</td><td>60×69.5×110</td><td>318</td><td>372</td></tr>
<tr><td rowspan="3">71.5</td><td>90</td><td>60×71.5×90</td><td rowspan="3">6</td><td>188</td><td>226</td></tr>
<tr><td>100</td><td>60×71.5×100</td><td>212</td><td>256</td></tr>
<tr><td>110</td><td>60×71.5×110</td><td>236</td><td>284</td></tr>
</table>

4 要求

应符合 GB/T 8070 的规定。

5 标记

本部分冲模钢球保持圈的标记应有下列内容：

a） 钢球保持圈；

b） 导柱直径 d，以毫米为单位；

c） 钢球保持圈直径 d_0，以毫米为单位；

d） 钢球保持圈长度 H，以毫米为单位；

e） 本部分代号，即 GB/T 2861.5—2008。

示例：

d=25 mm、d_0=30.5 mm、H=64 mm 的钢球保持圈标记如下：

钢球保持圈　25×30.5×64　GB/T 2861.5—2008

附 录 A
（规范性附录）
保 持 圈

A.1 保持圈结构见图 A.1、表 A.1。

A.2 材料由制造者选定，推荐采用 H62、LY11、SFB-1（聚四氟乙烯）。

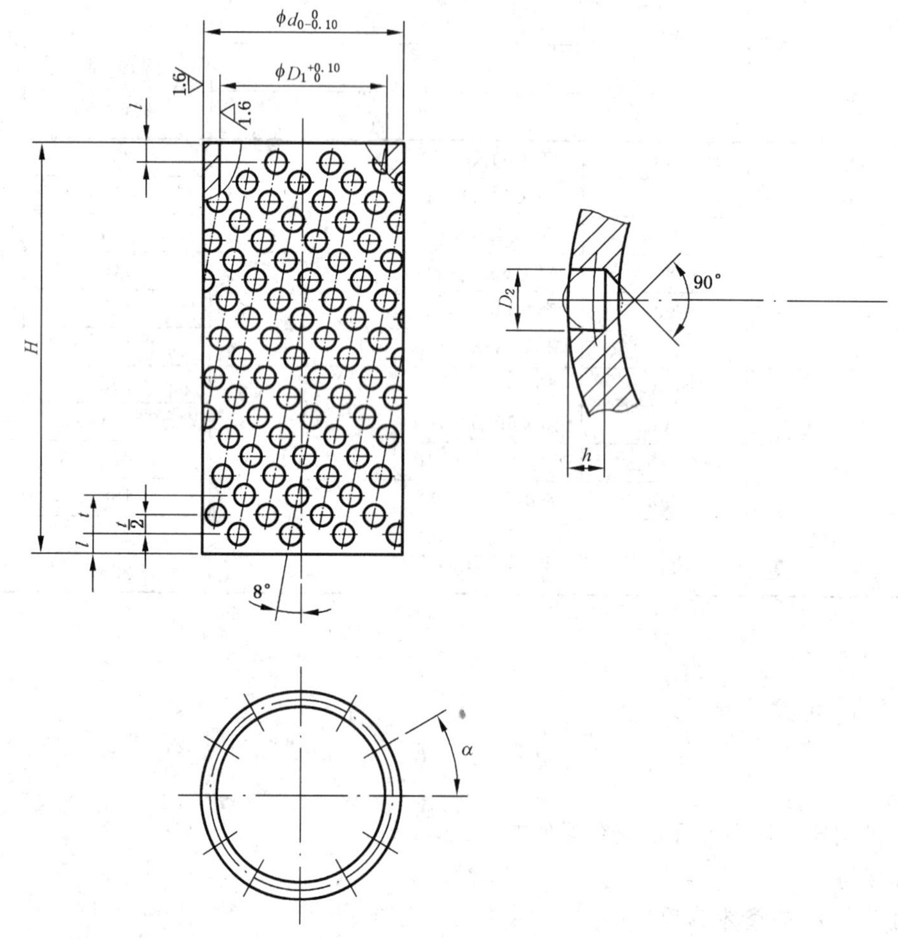

未注表面粗糙度 *Ra*6.3 μm。

图 A.1 保持圈结构

表 A.1 保持圈尺寸

单位为毫米

导柱直径 d	d_0	D_1	H	α		l	t	h	D_2
				普通型	加密型				
18	23.5	18.5	64	33°	28°	3	5	1.8	3.1
20	25.5	20.5	64	28°	24.2°	3	5	1.8	3.1
22	27.5	22.5	64	28°	24.2°	3	5	1.8	3.1
25	30.5	25.5	64	24.2°	21°	3	5	1.8	3.1
25	32.5	25.5	64,76	28°	24.2°	4	6	2.5	4.1
28	33.5	28.5	64,76,84	21.4°	19°	3	5	1.8	3.1
28	35.5	28.5	64,76,84	28°	21.4°	4	6	2.5	4.1
32	39.5	32.5	64,76,84	21.4°	19°	4	6	2.5	4.1
35	42.5	35.5	76,84	19°	17°	4	6	2.5	4.1
38	45.5	38.5	76,84	19°	17°	4	6	2.5	4.1
38	47.5	38.5	76,84	24.2°	19°	5	7	3.2	5.1
40	47.5	40.5	76,84	19°	17°	4	6	2.5	4.1
40	49.5	40.5	76,84	24.2°	19°	5	7	3.2	5.1
45	52.5	45.5	70,80,90	17°	15.8°	4	6	2.5	4.1
45	54.5	45.5	70,80,90	21.4°	17°	5	7	3.2	5.1
50	57.5	50.5	70,80,90	15.8°	14.5°	4	6	2.5	4.1
50	59.5	50.5	70,80,90	19°	15.8°	5	7	3.2	5.1
55	64.5	55.5	80,90,100	17°	14.5°	5	7	3.2	5.1
55	66.5	55.5	80,90,100	21.4°	17°	6	8	3.9	6.1
60	69.5	60.5	90,100,110	15.8°	13.4°	5	7	3.2	5.1
60	71.5	60.5	90,100,110	21.4°	17	6	8	3.9	6.1

ICS 25.120.30
J 46

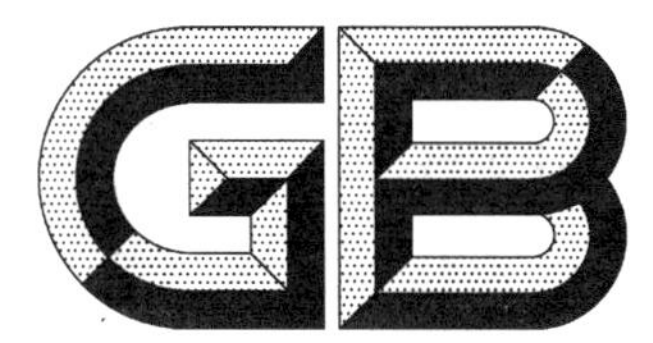

中华人民共和国国家标准

GB/T 2861.6—2008
代替 GB/T 2861.11—1990

冲模导向装置 第6部分：圆柱螺旋压缩弹簧

**Guide unit for stamping dies—
Part 6:Cylindrical helical compression springs**

2008-04-10 发布 2008-10-01 实施

中华人民共和国国家质量监督检验检疫总局
中国国家标准化管理委员会 发布

前　言

GB/T 2861《冲模导向装置》分为11部分：

——第1部分：冲模导向装置　滑动导向导柱；

——第2部分：冲模导向装置　滚动导向导柱；

——第3部分：冲模导向装置　滑动导向导套；

——第4部分：冲模导向装置　滚动导向导套；

——第5部分：冲模导向装置　钢球保持圈；

——第6部分：冲模导向装置　圆柱螺旋压缩弹簧；

——第7部分：冲模导向装置　滑动导向可卸导柱；

——第8部分：冲模导向装置　滚动导向可卸导柱；

——第9部分：冲模导向装置　衬套；

——第10部分：冲模导向装置　垫圈；

——第11部分：冲模导向装置　压板。

本部分为GB/T 2861的第6部分。

本部分代替GB/T 2861.11—1990《冲模导向装置　圆柱螺旋压缩弹簧》。

本部分与GB/T 2861.11—1990相比，主要变化如下：

——将标准名称改为"冲模导向装置　第6部分：圆柱螺旋压缩弹簧"；

——增加了"前言"和"规范性引用文件"。

本部分由全国模具标准化技术委员会(SAC/TC 33)提出并归口。

本部分起草单位：桂林电器科学研究所、桂林电子科技大学、镇江船山模架厂、杭州萧山精密模具标准件厂。

本部分主要起草人：翁史振、廖宏谊、祁伟根、张玉琴、奉双。

本部分所代替标准的历次版本发布情况为：

——GB 2861.11—1981；

——GB/T 2861.11—1990。

冲模导向装置　第6部分：圆柱螺旋压缩弹簧

1　范围

本部分规定了冲模导向装置圆柱螺旋压缩弹簧的结构、尺寸规格和标记。

本部分适用于冲模导向装置用圆柱螺旋压缩弹簧。

2　规范性引用文件

下列文件中的条款通过GB/T 2861的本部分的引用而成为本部分的条款。凡是注日期的引用文件，其随后所有的修改单(不包括勘误的内容)或修订版均不适用于本部分，然而，鼓励根据本部分达成协议的各方研究是否可使用这些文件的最新版本。凡是不注日期的引用文件，其最新版本适用于本部分。

JB/T 8070　冲模模架零件技术条件

3　尺寸规格

圆柱螺旋压缩弹簧结构和尺寸规格见图1、表1。

未注粗糙度的表面为非加工表面。

两端面压紧1.75圈并磨平。

图1　圆柱螺旋压缩弹簧

<table>
<caption>表 1　圆柱螺旋压缩弹簧尺寸</caption>
<tr><th>d/
mm</th><th>D/
mm</th><th>t/
mm</th><th>H₀/
mm</th><th>有效圈 n</th><th>总圈 n₁</th><th>弹簧刚度 P/
(N/mm)</th></tr>
<tr><td rowspan="11">1.6</td><td>22</td><td rowspan="4">10</td><td rowspan="2">72</td><td rowspan="2">7</td><td rowspan="2">8.5</td><td>1.08</td></tr>
<tr><td>24</td><td>0.81</td></tr>
<tr><td rowspan="2">26</td><td>62</td><td>6</td><td>6.5</td><td>0.74</td></tr>
<tr><td>72</td><td>7</td><td>8.5</td><td>0.63</td></tr>
<tr><td rowspan="3">30</td><td rowspan="3">14</td><td>65</td><td>4.5</td><td>6</td><td>0.63</td></tr>
<tr><td>79</td><td>5.5</td><td>7</td><td>0.51</td></tr>
<tr><td>87</td><td>6</td><td>7.5</td><td>0.47</td></tr>
<tr><td rowspan="4">32</td><td rowspan="4">15</td><td>62</td><td>4</td><td>5.5</td><td>0.57</td></tr>
<tr><td>69</td><td>4.5</td><td>6</td><td>0.50</td></tr>
<tr><td>77</td><td>5</td><td>6.5</td><td>0.46</td></tr>
<tr><td>86</td><td>5.5</td><td>7</td><td>0.41</td></tr>
<tr><td rowspan="12">2</td><td rowspan="2">37</td><td rowspan="2">17</td><td>79</td><td>4.5</td><td>6</td><td>0.69</td></tr>
<tr><td>87</td><td>5</td><td>6.5</td><td>0.62</td></tr>
<tr><td rowspan="2">40</td><td rowspan="3">19</td><td>78</td><td>4</td><td>5.5</td><td>0.72</td></tr>
<tr><td rowspan="2">88</td><td rowspan="2">4.5</td><td rowspan="2">6</td><td>0.55</td></tr>
<tr><td rowspan="2">45</td><td rowspan="5">0.72</td></tr>
<tr><td rowspan="7">21</td><td rowspan="2">107</td><td rowspan="2">5</td><td rowspan="2">6.5</td></tr>
<tr><td rowspan="3">50</td></tr>
<tr><td>128</td><td>6</td><td>7.5</td></tr>
<tr><td>149</td><td>7</td><td>8.5</td></tr>
<tr><td rowspan="3">55</td><td>107</td><td>5</td><td>6.5</td><td rowspan="3">0.74</td></tr>
<tr><td>128</td><td>6</td><td>7.5</td></tr>
<tr><td>149</td><td>7</td><td>8.5</td></tr>
</table>

4　材料和硬度

材料 65Mn，硬度 44 HRC～50 HRC。

5　要求

应符合 JB/T 8070 的规定。

6　标记

本部分冲模圆柱螺旋压缩弹簧的标记应有下列内容：

a)　圆柱螺旋压缩弹簧；

b)　钢丝直径 d，以毫米为单位；

c)　弹簧中径 D，以毫米为单位；

d)　弹簧长度 H_0，以毫米为单位；

e)　本部分代号，即 GB/T 2861.6—2008。

示例：

d=1.6 mm、D=22 mm、H_0=72 mm 的圆柱螺旋压缩弹簧标记如下：

圆柱螺旋压缩弹簧　1.6×22×72　GB/T 2861.6—2008

ICS 25.120.30
J 46

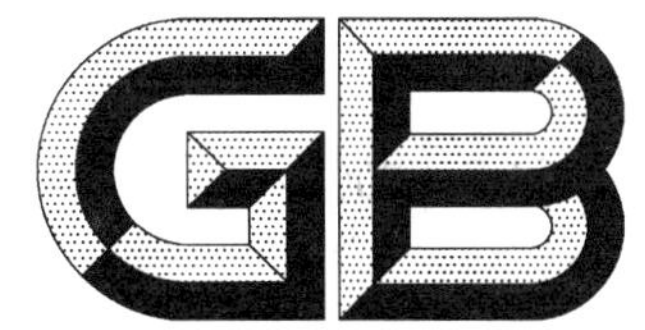

中华人民共和国国家标准

GB/T 2861.7—2008
代替 GB/T 2861.12—1990

冲模导向装置　第7部分：滑动导向可卸导柱

Guide unit for stamping dies—
Part 7: Guide pillars with taper lead for sliding guide

2008-04-10 发布　　2008-10-01 实施

中华人民共和国国家质量监督检验检疫总局
中国国家标准化管理委员会　发布

前　言

GB/T 2861《冲模导向装置》分为 11 部分：

——第 1 部分：冲模导向装置　滑动导向导柱；

——第 2 部分：冲模导向装置　滚动导向导柱；

——第 3 部分：冲模导向装置　滑动导向导套；

——第 4 部分：冲模导向装置　滚动导向导套；

——第 5 部分：冲模导向装置　钢球保持圈；

——第 6 部分：冲模导向装置　圆柱螺旋压缩弹簧；

——第 7 部分：冲模导向装置　滑动导向可卸导柱；

——第 8 部分：冲模导向装置　滚动导向可卸导柱；

——第 9 部分：冲模导向装置　衬套；

——第 10 部分：冲模导向装置　垫圈；

——第 11 部分：冲模导向装置　压板。

本部分为 GB/T 2861 的第 7 部分。

本部分代替 GB/T 2861.12—1990《冲模导向装置　A 型可卸导柱》。

本部分与 GB/T 2861.12—1990 相比，主要变化如下：

——将标准名称改为“冲模导向装置　第 7 部分：滑动导向可卸导柱”；

——增加了“前言”和“规范性引用文件”；

——删除了尺寸小于 20 mm 的可卸导柱规格；

——改变了可卸导柱组件的结构形式；

——材料改为推荐采用。

本部分附录 A 为规范性附录。

本部分由全国模具标准化技术委员会(SAC/TC 33)提出并归口。

本部分起草单位：桂林电器科学研究所、桂林电子科技大学、杭州萧山精密模具标准件厂、镇江船山模架厂。

本部分主要起草人：翁史振、廖宏谊、张玉琴、祁伟根、奉双。

本部分所代替标准的历次版本发布情况为：

——GB 2861.12—1981；

——GB/T 2861.12—1990。

冲模导向装置 第7部分：滑动导向可卸导柱

1 范围

本部分规定了冲模导向装置滑动导向可卸导柱的结构、尺寸规格和标记。

本部分适用于冲模导向装置用滑动导向可卸导柱。

2 规范性引用文件

下列文件中的条款通过GB/T 2861的本部分的引用而成为本部分的条款。凡是注日期的引用文件，其随后所有的修改单(不包括勘误的内容)或修订版均不适用于本部分，然而，鼓励根据本部分达成协议的各方研究是否可使用这些文件的最新版本。凡是不注日期的引用文件，其最新版本适用于本部分。

GB/T 70.1 内六角圆柱头螺钉

GB/T 2861.9 冲模导向装置 第9部分：衬套

GB/T 2861.10 冲模导向装置 第10部分：垫圈

JB/T 8070 冲模模架零件技术条件

JB/T 8071 冲模模架精度检查

3 尺寸规格

滑动导向可卸导柱结构和尺寸规格见图1、表1。

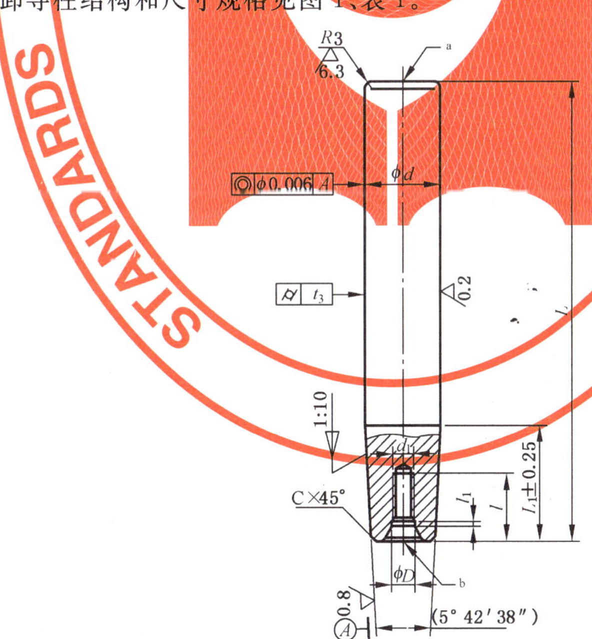

未注表面粗糙度 Ra 6.3 μm。

[a] 允许保留中心孔。

[b] C型中心孔。

图1 滑动导向可卸导柱

表 1　滑动导向可卸导柱尺寸

单位为毫米

d h5 或 d h6	L	L_1	装配高度 L_0	模座厚度 H	D	d_1	l_1	l	C
20	89	29	100	30	6.4	M6-6H	1.5	20	1.5
	109		120						
	99	39	110	40					
	119		130						
22	87	29	100	30	8.4	M8-6H	2	28	
	107		120						
	97	34	110	35					
	117		130						
	97	39	110	40					
	117		130						
	117	44	130	45					
	137		150						
25	97	34	110	35					
	115		130						
	117	39	130	40					
	137		150						
	117	44	130	45					
	137		150						
	137	49	150	50					
	147		160						
	167		180						
28	117	39	130	40					
	135		150						
	137	44	150	45					
	157		170						
	137	49	150	50					
	147		160						
	167		180						
	167	54	180	55					
	187		200						
32	137	44	150	45					2
	157		170						
	147	49	160	50					
	177		190						

表 1（续）

单位为毫米

<table>
<tr><th>d h5 或 d h6</th><th>L</th><th>L1</th><th>装配
高度
L0</th><th>模座
厚度
H</th><th>D</th><th>d1</th><th>l1</th><th>l</th><th>C</th></tr>
<tr><td rowspan="4">32</td><td>167</td><td rowspan="2">54</td><td>180</td><td rowspan="2">55</td><td rowspan="13">8.4</td><td rowspan="13">M8-6H</td><td rowspan="13">2</td><td rowspan="13">28</td><td rowspan="34">2</td></tr>
<tr><td>187</td><td>200</td></tr>
<tr><td>177</td><td rowspan="2">59</td><td>190</td><td rowspan="2">60</td></tr>
<tr><td>197</td><td>210</td></tr>
<tr><td rowspan="9">35</td><td>147</td><td rowspan="2">49</td><td>160</td><td rowspan="2">50</td></tr>
<tr><td>177</td><td>190</td></tr>
<tr><td>167</td><td rowspan="3">54</td><td>180</td><td rowspan="3">55</td></tr>
<tr><td>177</td><td>190</td></tr>
<tr><td>197</td><td>210</td></tr>
<tr><td>177</td><td rowspan="2">59</td><td>190</td><td rowspan="2">60</td></tr>
<tr><td>197</td><td>210</td></tr>
<tr><td>187</td><td rowspan="2">64</td><td>200</td><td rowspan="2">65</td></tr>
<tr><td>217</td><td>230</td></tr>
<tr><td rowspan="10">40</td><td>161</td><td rowspan="2">54</td><td>180</td><td rowspan="2">55</td><td rowspan="21">13</td><td rowspan="21">M12-6H</td><td rowspan="21">3</td><td rowspan="21">35</td></tr>
<tr><td>191</td><td>210</td></tr>
<tr><td>171</td><td rowspan="4">59</td><td>190</td><td rowspan="4">60</td></tr>
<tr><td>181</td><td>200</td></tr>
<tr><td>191</td><td>210</td></tr>
<tr><td>211</td><td>230</td></tr>
<tr><td>181</td><td rowspan="2">64</td><td>200</td><td rowspan="2">65</td></tr>
<tr><td>211</td><td>230</td></tr>
<tr><td>211</td><td rowspan="2">70</td><td>230</td><td rowspan="2">70</td></tr>
<tr><td>241</td><td>260</td></tr>
<tr><td rowspan="9">45</td><td>181</td><td rowspan="2">60</td><td>200</td><td rowspan="2">60</td></tr>
<tr><td>211</td><td>230</td></tr>
<tr><td>181</td><td rowspan="3">64</td><td>200</td><td rowspan="3">65</td></tr>
<tr><td>211</td><td>230</td></tr>
<tr><td>241</td><td>260</td></tr>
<tr><td>211</td><td rowspan="2">69</td><td>230</td><td rowspan="2">70</td></tr>
<tr><td>241</td><td>260</td></tr>
<tr><td>241</td><td rowspan="2">74</td><td>260</td><td rowspan="2">75</td></tr>
<tr><td>271</td><td>290</td></tr>
<tr><td rowspan="2">50</td><td>181</td><td rowspan="2">59</td><td>200</td><td rowspan="2">60</td></tr>
<tr><td>211</td><td>230</td></tr>
</table>

表 1（续）

单位为毫米

d h5 或 d h6	L	L_1	装配高度 L_0	模座厚度 H	D	d_1	l_1	l	C
50	201	64	220	65	13	M12-6H	3	35	2
	211		230						
	221		240						
	231		250						
	241		260						
	251		270						
	211	69	230	70					
	241		260						
	241	74	260	75					
	271		290						
	231	79	250	80					
	251		270						
	261		280						
	281		300						
55	201	64	220	65					
	221		240						
	231		250						
	251		270						
	231	69	250	70					
	261		280						
	231	74	250	75					
	261		280						
	231	79	250	80					
	251		270						
	261		280						
	281		300						
	271	89	290	90					
	301		320						
60	231	69	250	70					
	261		280						
	271	89	290	90					
	301		320						

注：Ⅰ级精度模架导柱采用 d h5，Ⅱ级精度模架导柱采用 d h6。

4 材料和硬度

材料由制造者选定，推荐采用 20Cr。

表面渗碳深度 0.8 mm～1.2 mm，硬度 58 HRC～62 HRC。

5 要求

t_3 应符合 JB/T 8071 中的规定。

其余应符合 JB/T 8070 的规定。

6 标记

本部分冲模滑动导向可卸导柱的标记应有下列内容：

a) 滑动导向可卸导柱；

b) 导柱直径 d，以毫米为单位；

c) 装配高度 L_0，以毫米为单位；

d) 模座厚度 H，以毫米为单位；

e) 本部分代号，即 GB/T 2861.7—2008。

示例：

$d=20$ mm、$L_0=130$ mm、$H=40$ mm 的滑动导向可卸导柱标记如下：

滑动导向可卸导柱 20×130×40 GB/T 2861.7—2008

附　录　A
（规范性附录）
滑动导向可卸导柱组件

A.1　滑动导向可卸导柱组件尺寸规格见图 A.1 和表 A.1。

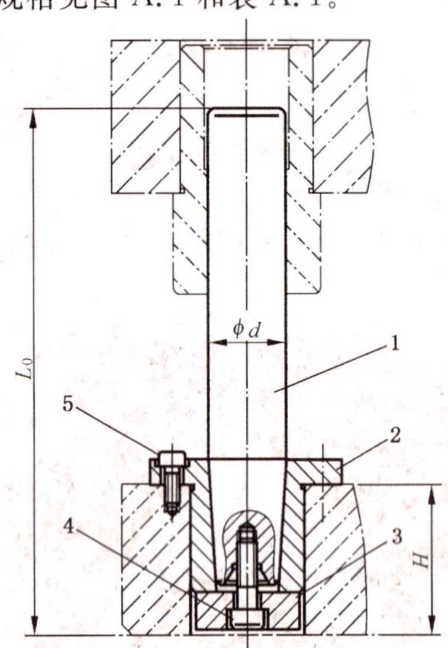

衬套与下模座可采用粘接工艺固定。
1——导柱；
2——衬套；
3——垫圈；
4——螺钉；
5——螺钉。

图 A.1　滑动导向可卸导柱组件

表 A.1　滑动导向可卸导柱组件尺寸

单位为毫米

基本尺寸			零件件号、名称及标准编号				
			1	2	3	4	5
导柱直径 d	装配高度 L_0	模座厚度 H	导柱 GB/T 2861.7	衬套 GB/T 2861.9	垫圈 GB/T 2861.10	螺钉 GB/T 70.1	螺钉 GB/T 70.1
			数　量				
			1	1	1	1	3
			规　格				
20	100	30	20×89×29	20×30	6×30	M6×20	M5×14
	120		20×109×29				
	110	40	20×99×39	20×40			
	130		20×119×39				
22	100	30	22×87×29	22×30	8×33	M8×28	M6×16
	120		22×107×29				
	110	35	22×97×34	22×35			
	130		22×117×34				

表 A.1(续)

单位为毫米

基本尺寸			零件件号、名称及标准编号				
			1	2	3	4	5
导柱直径 d	装配高度 L_0	模座厚度 H	导柱 GB/T 2861.7	衬套 GB/T 2861.9	垫圈 GB/T 2861.10	螺钉 GB/T 70.1	螺钉 GB/T 70.1
			数 量				
			1	1	1	1	3
			规 格				
22	110	40	22×97×39	22×40	8×33	M8×28	M6×16
	130		22×117×39				
	130	45	22×117×44	22×45			
	150		22×137×44				
25	110	35	25×97×34	25×35	8×36		
	130		25×117×34				
	130	40	25×117×39	25×40			
	150		25×137×39				
	130	45	25×117×44	25×45			
	150		25×137×44				
	150	50	25×137×49	25×50			
	160		25×147×49				
	180		25×167×49				
28	130	40	28×117×39	28×40	8×40		
	150		28×137×39				
	150	45	28×137×44	28×45			
	170		28×157×44				
	150	50	28×137×49	28×50			
	160		28×147×49				
	180		28×167×49				
	180	55	28×167×54	28×55			
	200		28×187×54				
32	150	45	32×137×44	32×45	8×43		
	170		32×157×44				
	160	50	32×147×49	32×50			
	190		32×177×49				
	180	55	32×167×54	32×55			
	200		32×187×54				
	190	60	32×177×59	32×60			

表 A.1(续)

单位为毫米

基本尺寸			零件件号、名称及标准编号				
			1	2	3	4	5
导柱直径 d	装配高度 L_0	模座厚度 H	导柱 GB/T 2861.7	衬套 GB/T 2861.9	垫圈 GB/T 2861.10	螺钉 GB/T 70.1	螺钉 GB/T 70.1
			数量				
			1	1	1	1	3
			规格				
32	210	60	32×197×59	32×60	8×43	M8×28	M6×16
35	160	50	35×147×49	35×50	8×48		
	190		35×177×49				
	180	55	35×167×54	35×55			
	190		35×177×54				
	210		35×197×54				
	190	60	35×177×59	35×60			
	210		35×197×59				
	200	65	35×187×64	35×65			
	230		35×217×64				
40	180	55	40×161×54	40×55	12×53	M12×35	M8×20
	210		40×191×54				
	190	60	40×171×59	40×60			
	200		40×181×59				
	210		40×191×59				
	230		40×211×59				
	200	65	40×181×64	40×65			
	230		40×211×64				
	230	70	40×211×69	40×70			
	260		40×241×69				
45	200	60	45×181×59	45×60	12×58		
	230		45×211×59				
	200	65	45×181×64	45×65			
	230		45×211×64				
	260		45×241×64				
	230	70	45×211×69	45×70			
	260		45×241×69				
	260	75	45×241×74	45×75			
	290		45×271×74				

表 A.1(续)

单位为毫米

基本尺寸			零件件号、名称及标准编号				
			1	2	3	4	5
导柱直径 d	装配高度 L_0	模座厚度 H	导柱 GB/T 2861.7	衬套 GB/T 2861.9	垫圈 GB/T 2861.10	螺钉 GB/T 70.1	螺钉 GB/T 70.1
			数 量				
			1	1	1	1	3
			规 格				
50	200	60	50×181×59	50×60	12×63	M12×35	M8×20
	230		50×211×59				
	220	65	50×201×64	50×65			
	230		50×211×64				
	240		50×221×64				
	250		50×231×64				
	260		50×241×64				
	270		50×251×64				
	230	70	50×211×69	50×70			
	260		50×241×69				
	260	75	50×241×74	50×75			
	290		50×271×74				
	250	80	50×231×79	50×80			
	270		50×251×79				
	280		50×261×79				
	300		50×281×79				
55	220	65	55×201×64	55×65	12×68	M12×40	M10×25
	240		55×221×64				
	250		55×231×64				
	270		55×251×64				
	250	70	55×231×69	55×70			
	280		55×261×69				
	250	75	55×231×74	55×75			
	280		55×261×74				
	250	80	55×231×79	55×80			
	270		55×251×79				
	280		55×261×79				
	300		55×281×79				
	290	90	55×271×89	55×90			

表 A.1(续)

单位为毫米

<table>
<tr><td colspan="3">基本尺寸</td><td colspan="5">零件件号、名称及标准编号</td></tr>
<tr><td rowspan="5">导柱直径
d</td><td rowspan="5">装配高度
L_0</td><td rowspan="5">模座厚度
H</td><td>1</td><td>2</td><td>3</td><td>4</td><td>5</td></tr>
<tr><td>导柱
GB/T 2861.7</td><td>衬套
GB/T 2861.9</td><td>垫圈
GB/T 2861.10</td><td>螺钉
GB/T 70.1</td><td>螺钉
GB/T 70.1</td></tr>
<tr><td colspan="5">数　量</td></tr>
<tr><td>1</td><td>1</td><td>1</td><td>1</td><td>3</td></tr>
<tr><td colspan="5">规　格</td></tr>
<tr><td>55</td><td>320</td><td>90</td><td>55×301×89</td><td>55×90</td><td>12×68</td><td>M12×40</td><td>M10×25</td></tr>
<tr><td rowspan="4">60</td><td>250</td><td rowspan="2">70</td><td>60×231×69</td><td rowspan="2">60×70</td><td rowspan="4">12×74</td><td rowspan="4">M12×40</td><td rowspan="4">M10×25</td></tr>
<tr><td>280</td><td>60×261×69</td></tr>
<tr><td>290</td><td rowspan="2">90</td><td>60×271×89</td><td rowspan="2">60×90</td></tr>
<tr><td>320</td><td>60×301×89</td></tr>
</table>

ICS 25.120.30
J 46

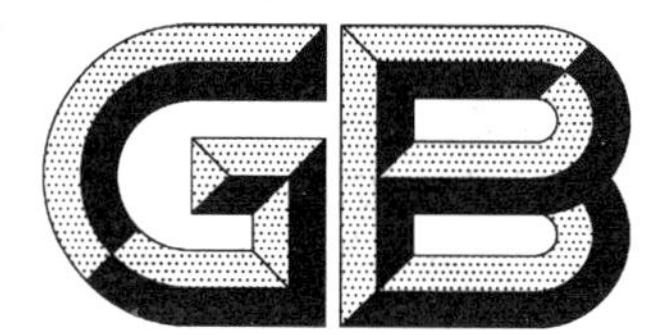

中华人民共和国国家标准

GB/T 2861.8—2008
代替 GB/T 2861.13—1990

冲模导向装置　第8部分：滚动导向可卸导柱

Guide unit for stamping dies—Part 8:Guide pillars with taper lead for ball-bearing

2008-04-10 发布　　2008-10-01 实施

中华人民共和国国家质量监督检验检疫总局
中国国家标准化管理委员会 发布

前　言

GB/T 2861《冲模导向装置》分为11部分：

——第1部分：冲模导向装置　滑动导向导柱；

——第2部分：冲模导向装置　滚动导向导柱；

——第3部分：冲模导向装置　滑动导向导套；

——第4部分：冲模导向装置　滚动导向导套；

——第5部分：冲模导向装置　钢球保持圈；

——第6部分：冲模导向装置　圆柱螺旋压缩弹簧；

——第7部分：冲模导向装置　滑动导向可卸导柱；

——第8部分：冲模导向装置　滚动导向可卸导柱；

——第9部分：冲模导向装置　衬套；

——第10部分：冲模导向装置　垫圈；

——第11部分：冲模导向装置　压板。

本部分为GB/T 2861的第8部分。

本部分代替GB/T 2861.13—1990《冲模导向装置　B型可卸导柱》。

本部分与GB/T 2861.13—1990相比，主要变化如下：

——将标准名称改为“冲模导向装置　第8部分：滚动导向可卸导柱”；

——增加了“前言”和“规范性引用文件”；

——删除了尺寸小于20 mm的可卸导柱规格，增加了大尺寸规格的可卸导柱；

——改变了可卸导柱组件的结构形式。

——材料改为推荐采用。

本部分附录A为规范性附录。

本部分由全国模具标准化技术委员会(SAC/TC 33)提出并归口。

本部分起草单位：桂林电器科学研究所、桂林电子科技大学、镇江船山模架厂、杭州萧山精密模具标准件厂。

本部分主要起草人：翁史振、廖宏谊、祁伟根、张玉琴、奉双。

本部分所代替标准的历次版本发布情况为：

——GB 2861.13—1981；

——GB/T 2861.13—1990。

冲模导向装置 第8部分：滚动导向可卸导柱

1 范围

本部分规定了冲模导向装置滚动导向可卸导柱的结构、尺寸规格和标记。

本部分适用于冲模导向装置用滚动导向可卸导柱。

2 范性引用文件

下列文件中的条款通过 GB/T 2861 的本部分的引用而成为本部分的条款。凡是注日期的引用文件，其随后所有的修改单(不包括勘误的内容)或修订版均不适用于本部分，然而，鼓励根据本部分达成协议的各方研究是否可使用这些文件的最新版本。凡是不注日期的引用文件，其最新版本适用于本部分。

GB/T 70.1 内六角圆柱头螺钉

GB/T 2861.9 冲模导向装置 第9部分：衬套

GB/T 2861.10 冲模导向装置 第10部分：垫圈

JB/T 8070 冲模模架零件技术条件

JB/T 8071 冲模模架精度检查

3 尺寸规格

滚动导向可卸导柱结构和尺寸规格见图1、表1。

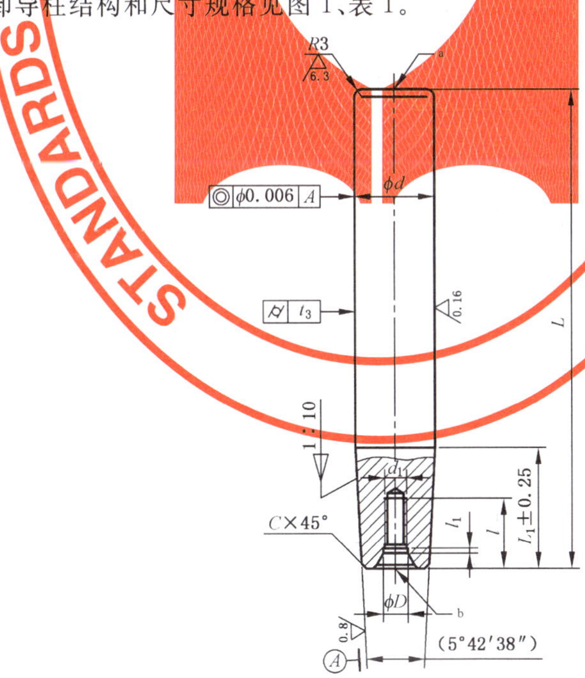

未注表面粗糙度 $Ra6.3\ \mu m$。

[a] 允许保留中心孔，与限程器相关的结构和尺寸由制造者确定。

[b] C 型中心孔。

图1 滚动导向可卸导柱

表 1 滚动导向可卸导柱尺寸

单位为毫米

<table>
<tr><th>d h5</th><th>L</th><th>L_1</th><th>装配高度
L_0</th><th>模座厚度
H</th><th>D</th><th>d_1</th><th>l_1</th><th>l</th><th>C</th></tr>
<tr><td>20</td><td>149</td><td rowspan="2">39</td><td rowspan="3">160</td><td rowspan="2">40</td><td>6.4</td><td>M6-6H</td><td>1.5</td><td>20</td><td rowspan="13">1.5</td></tr>
<tr><td rowspan="2">22</td><td>147</td><td rowspan="18">8.4</td><td rowspan="18">M8-6H</td><td rowspan="18">2</td><td rowspan="18">28</td></tr>
<tr><td>147</td><td>44</td><td>45</td></tr>
<tr><td rowspan="4">25</td><td>142</td><td>39</td><td>155</td><td>40</td></tr>
<tr><td>147</td><td rowspan="2">44</td><td>160</td><td rowspan="2">45</td></tr>
<tr><td>182</td><td>195</td></tr>
<tr><td>177</td><td>49</td><td>190</td><td>50</td></tr>
<tr><td rowspan="6">28</td><td>142</td><td>39</td><td>155</td><td>40</td></tr>
<tr><td>147</td><td rowspan="2">44</td><td>160</td><td rowspan="2">45</td></tr>
<tr><td>182</td><td>195</td></tr>
<tr><td>177</td><td>49</td><td>190</td><td>50</td></tr>
<tr><td>182</td><td rowspan="4">54</td><td>195</td><td rowspan="4">55</td></tr>
<tr><td>202</td><td>215</td></tr>
<tr><td rowspan="4">32</td><td>182</td><td>195</td><td rowspan="15">2</td></tr>
<tr><td>202</td><td>215</td></tr>
<tr><td>182</td><td rowspan="4">59</td><td>195</td><td rowspan="4">60</td></tr>
<tr><td>202</td><td>215</td></tr>
<tr><td rowspan="2">35</td><td>182</td><td>195</td></tr>
<tr><td>202</td><td>215</td></tr>
<tr><td rowspan="3">40</td><td>176</td><td rowspan="2">59</td><td>195</td><td rowspan="2">60</td><td rowspan="9">13</td><td rowspan="9">M12-6H</td><td rowspan="9">3</td><td rowspan="9">35</td></tr>
<tr><td>196</td><td>215</td></tr>
<tr><td>211</td><td rowspan="3">64</td><td>230</td><td rowspan="3">65</td></tr>
<tr><td rowspan="3">45</td><td>211</td><td>230</td></tr>
<tr><td>231</td><td>250</td></tr>
<tr><td>271</td><td>69</td><td>290</td><td>70</td></tr>
<tr><td rowspan="3">50</td><td>211</td><td rowspan="2">64</td><td>230</td><td rowspan="2">65</td></tr>
<tr><td>231</td><td>250</td></tr>
<tr><td>271</td><td>69</td><td>290</td><td>70</td></tr>
</table>

4 材料和硬度

材料由制造者选定,推荐采用 20Cr。

表面渗碳深度 0.8 mm～1.2 mm,硬度 60 HRC～64 HRC。

5 要求

t_3 应符合 JB/T 8071 中的规定。

其余应符合 JB/T 8070 的规定。

6 标记

本部分冲模滚动导向可卸导柱的标记应有下列内容：

a） 滚动导向可卸导柱；

b） 导柱直径 d，以毫米为单位；

c） 装配高度 L_0，以毫米为单位；

d） 模座厚度 H，以毫米为单位；

e） 本部分代号，即 GB/T 2861.8—2008。

示例：

d=20 mm、L_0=160 mm、H=40 mm 的滚动导向可卸导柱标记如下：

滚动导向可卸导柱 20×130×40 GB/T 2861.8—2008

附 录 A
(规范性附录)
滚动导向可卸导柱组件

A.1 滚动导向可卸导柱组件结构和尺寸规格见图 A.1 和表 A.1。

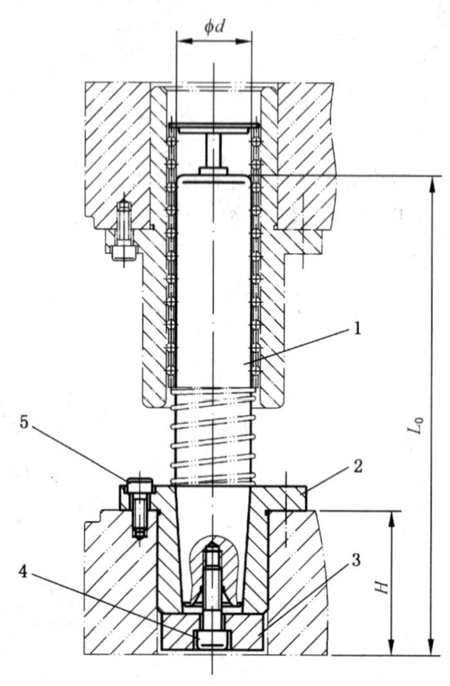

衬套与下模座可采用粘接工艺固定。

1——导柱；
2——衬套；
3——垫圈；
4——螺钉；
5——螺钉。

图 A.1 滚动导向可卸导柱组件

表 A.1 滚动导向可卸导柱组件

单位为毫米

基本尺寸			零件件号、名称及标准编号				
			1	2	3	4	5
导柱直径 d	装配高度 L_0	模座厚度 H	导柱 GB/T 2861.8	衬套 GB/T 2861.9	垫圈 GB/T 2861.10	螺钉 GB/T 70.1	螺钉 GB/T 70.1
			数量				
			1	1	1	1	3
			规格				
20	160	40	20×149×39	20×40	6×30	M6×20	M5×14
22	160		22×147×39	22×40	8×33	M8×28	M6×16
	160	45	22×147×44	22×45			

表 A.1(续)

单位为毫米

基本尺寸			零件件号、名称及标准编号				
			1	2	3	4	5
导柱直径 d	装配高度 L_0	模座厚度 H	导柱 GB/T 2861.8	衬套 GB/T 2861.9	垫圈 GB/T 2861.10	螺钉 GB/T 70.1	螺钉 GB/T 70.1
			数量				
			1	1	1	1	3
			规格				
25	155	40	25×142×39	25×40	8×36	M8×28	M6×16
	160	45	25×147×44	25×45			
	195		25×182×44				
	190	50	25×177×49	25×50			
28	155	40	28×142×39	28×40	8×40		
	160	45	28×147×44	28×45			
	195		28×182×44				
	190	50	28×177×49	28×50			
	195	55	28×182×54	28×55			
	215		28×202×54				
32	195		32×182×54	32×55	8×43		
	215		32×202×54				
	195	60	32×182×59	32×60			
	215		32×202×59				
35	195		35×182×59	35×60	8×48		
	215		35×202×59				
40	195	60	40×176×59	40×60	12×53	M12×35	M8×20
	215		40×196×59				
	230	65	40×211×64	40×65			
45	230	65	45×211×64	45×65	12×58		
	250		45×231×64				
	290	70	45×271×69	45×70			
50	230	65	50×211×64	50×65	12×63		
	250		50×231×64				
	290	70	50×271×69	50×70